2021年10月，中国石化胜利油田莱113区块CCUS项目钻井现场

中国首次自主设计建造的第六代3000米深水半潜式钻井平台“海洋石油981”，2012年5月9日在中国南海海域成功开钻

2014年，中国石油西南油气田天然气产量137亿立方米

“十二五”期间，延长石油自主创新的注水关键技术实现了油田开发方式转变

2016年，涪陵国家级页岩气示范区

2018年，中原普光天然气净化厂

长庆油田最大数字化生产指挥中心实现了各油气田生产现场千里之外的实时画面显示和数据采集，使油气田生产指挥系统更科学化、数字化、现代化

2019年8月，中国石油大学（华东）

2019年10月，国家采油装备工程技术研究中心

2019年12月，海洋石油高效开发国家重点实验室化学驱研发平台一角

2022年8月25日，胜利济阳页岩油国家级示范区揭牌

2021年4月2日，中国石化西北油田分公司部署在塔里木盆地顺北油气田的重点探井高产井——顺北41X井试获超千吨工业油气流

2022年3月，中国石油长庆油田国家科技重大专项页岩油开发示范工程——华H100平台31口水平井陆续投产，产油能力较之前增加10倍，占地面积降六成以上

2022年4月，“深海一号”生产现场

“新时期铁人”“人民楷模”国家荣誉称号获得者王启民

“海上铁人”郝振山

新时代中国石油工业

周洪成　曲晓论　杨荣才　编著

中国石化出版社
中国经济出版社

图书在版编目（CIP）数据

新时代中国石油工业 / 周洪成，曲晓论，杨荣才编著.
— 北京：中国石化出版社，2022.8
ISBN 978-7-5114-6768-3

Ⅰ. ①新… Ⅱ. ①周… ②曲… ③杨… Ⅲ. ①石油化
业—工业发展—研究—中国 Ⅳ. ① F426.22

中国版本图书馆 CIP 数据核字（2022）第 113417 号

中国石化出版社出版发行
地址：北京市东城区安定门外大街58号
邮编：100011 电话：（010）57512500
发行部电话：（010）57512575
http：//www. sinopec-press. com
E-mail：press@ sinopec. com
北京柏力行彩印有限公司印刷
全国各地新华书店经销
*
710×1000 毫米 16 开本 38 印张 8 彩插 498 千字
2022 年 10 月第 1 版 2022 年 10 月第 1 次印刷
定价：168.00 元

编 委 会

序

PREFACE

我同周洪成同志相识于《中国工业史 · 石油工业卷》的编纂过程中。由他带领的一班人，认真负责、兢兢业业，到全国各地油田现场调研，广泛收集历史资料，征询编纂意见，丰富完善编写内容，体现了高度的责任感和使命感。今天，由他主编的《新时代中国石油工业》即将出版，这部书聚焦于十八大以来我国石油工业发展的新历程、新成就、新经验，读来十分令人感奋。

党的十八大以来的十年间，是中国石油工业又一个新的发展黄金期。在以习近平同志为核心的党中央坚强领导下，石油战线上的广大干部职工深入贯彻落实习近平新时代中国特色社会主义思想，踔厉奋发、苦干实干，取得了一个又一个新成就，实现了一个又一个新突破，行业发展迈上了新的更大台阶。

十年来，中国石油工业全面推进“四个革命、一个合作”能源安全新战略，全方位深化改革，继续扩大开放，东部地区稳健高质量发展，西部持续协调加速发展，海洋石油实现规模效益发展，全国原油产量保持稳定增长，天然气产量大幅提升。中国石油人牢记石油工业的政治责任，牢记习近平总书记“再立新功，再创佳绩，把能源饭碗牢牢端在自己手中”的殷切嘱托，为保障共和国能源安全贡献更大力量。中国石油人牢记石油工业的经济责任，坚持“稳定东部、发展西部，国内为主、国外补充，油气并举，节约与开发并重”

的方针，统筹优化储量、产量、产能、投资、成本和效益，坚持国内油气勘探开发高质量高效益，提高油气田开发管理水平，实现可持续稳健发展。中国石油人牢记石油工业的社会责任，无论时代如何发展，油气资源勘探开发都不能违背客观规律、科学程序。石油企业深入贯彻“绿水青山就是金山银山”的绿色发展理念，切实加强安全环保，把绿色低碳作为全面可持续高质量发展的重要内容，切实履行社会责任，做生态文明建设的引领者、推动者、实践者。中国石油人积极践行“一带一路”倡议，深化与沿线国家油气领域合作，海外业务开创了新的局面，成为“一带一路”共建的播种机和文明使者。

《新时代中国石油工业》的出版发行，对于全面总结、展示中国石油工业这十年间攻坚克难屡创佳绩的崭新风貌，大力弘扬在石油工业波澜壮阔发展历程中长期孕育形成的伟大石油精神、伟大大庆精神与铁人精神，在新时代进行伟大斗争、建设伟大工程、推进伟大事业、实现伟大梦想具有重要的史料价值和现实意义。

“中华民族伟大复兴，绝不是轻轻松松、敲锣打鼓就能实现的”，在保障国家能源安全、全面建成社会主义现代化强国这一伟大征程中，中国石油工业任重而道远。在党的二十大即将召开之际，中国石油人要大力传承大庆精神、铁人精神，牢记习近平总书记视察胜利油田时的殷切嘱托，坚决扛起“国之大者”的使命担当，继往开来，苦干实干，开启中国石油工业“由大到强到优”的新征程，全面推动新时代石油工业高质量发展，为实现中华民族伟大复兴的中国梦做出新的更大贡献。

李寿生

2022年8月25日

前言

PREFACE

《新时代中国石油工业》是一部全面记述和真实反映2012年至2022年10年间中国石油工业高质量发展辉煌历程的著作。本书在编纂过程中，始终坚持“质量第一”的编纂原则，全面展现以习近平同志为核心的党中央领导新时代中国石油工业不懈奋斗的成功实践，让更多人了解中国石油工业在新时代新征程上再立新功、再创佳绩的崭新风貌。《新时代中国石油工业》依据的资料，包括史实、人名、地名、年代、前言、数据、引文等，来源于相关单位的各类档案、文献、图书、报刊，以及调查采访实录，等等。全书数据来源于国家统计局、石油工业主管部门及中国石油、中国石化、中国海油、延长石油。

党的十八大以来，2012年至2022年10年间，中国石油工业立足新发展阶段，践行新发展理念，融入新发展格局，进一步推动高质量发展。奋进新征程，建功新时代。石油企业以习近平新时代中国特色社会主义思想为指导，全面深入推进“四个革命、一个合作”能源安全新战略，全方位深化改革，继续扩大开放，向技术创新要效益，坚决迈进中国石油工业“由大到强到优”的新征程，全力推动新时代石油工业实现高质量发展，国内东部石油工业稳健发展，西部石油工业持续协调加速发展，海洋石油工业规模效益快速发展，全国原油产量保持稳定增长，天然气产量大幅提升，积极践行“一带一路”倡议，深化与沿线国家全方位油气合作，海外业务开创出新局面。这十年是中国石油工业矢志践行初心使命，为确保国家能源安全、端稳能源饭碗，持续推动效益稳产的十年；这十年是中国石油工业切实强化党建思想文化引领，履行政治责任，扛牢央企担当的十年；这十年是中国石油工业聚焦打造技术先导型企业，优化创新生态开辟未来的十年。中国石油人要坚持以习近平新时代中国特色社会主义思想为指导，始终牢记践行习总书记视察胜利油田时的殷切嘱托，继往开来、苦干实干、再立新功、再创佳绩，为实现第二个百年奋斗目标、实现中华民族伟大复兴的中国梦做出新的更大贡献！

只有回望历史多远，才能看得见多远的未来；只有真正理解历史，才能做到行稳致远，才能从胜利走向胜利。习近平总书记在2022年9月20日为《复兴文库》所作的序言中强调指出:“修史立典，存史启智，以文化人，这是中华民族延续几千年的一个传统。”《新时代中国石油工业》各位编纂专家真诚感恩这个伟大的新时代，深深感到自己能为国家出一份力，幸运之至，并深切体悟到肩头担负的使命无比神圣。回眸这部史书的编纂历程，犹如漫漫长征路，虽历尽各种艰难险阻，却都被各位编纂专家一一踩在了脚下，在每个人眼里，“这困难，那困难，编纂质量上不去才是最大的困难”。正是凭着“有条件要上，没有条件创造条件也要上”的雄心壮志，才用新理念新实践铸就出了这样一部新时代精品力作。这部史书的编纂工作，堪称是卷帙浩繁、异常艰巨的系统工程，各位编纂专家为此付出了许多艰辛的努力，前往祖国各地深入采风，收集油田第一手鲜活资料，可谓是“走遍千山万水，道尽千言万语，想尽千方百计，尝遍千辛万苦””，潜心编纂，勇于攻坚啃硬，真正把本书编纂工作当作科学研究攻关，像科学家攻克科技难关一样发起强攻；并当作一项专业性、政策性、科学性都非常强的关建工作切实抓紧抓好，每一个环节都体现出专业精神，从内心深处把这一编纂任务当作崇高事业，当作自己一生一世最高的人生追求。各位编纂专家在大庆油田1205钻井队井场上面对鲜红的党旗举起右手向党庄严宣誓:“请党放心，我们一定用新时代的新理念新实践铸就石油工业青史，为伟大的新时代树碑立传！”正是因为各位编纂专家揣着火热情怀，刻苦编纂，团结奋战，才使得本书编纂工作进展得又好又快，确保《新时代中国石油工业》实现思想性、学术性与精准性的完美统一，赢得了各家石油企业领导、专家的一致认可、充分肯定。

本书在编纂过程中，得到中国石油和化学工业联合会的领导关心与支持，得到中国石油化工集团有限公司、中国石油天然气集团有限公司、中国海洋石油集团有限公司党群工作部及宣传工作部的领导关心与支持，在此一并致谢。本书编写时间仓促，加之编纂者水平有限，书中不足之处，恳请广大读者指正。

目录

CONTENTS

党的十八大以来的2012—2022年，是极不平凡的十年，中国石油工业以习近平新时代中国特色社会主义思想为指导，全面深入推进“四个革命、一个合作”能源安全新战略，全方位深化改革，向技术创新要效益，坚决迈进中国石油工业“由大到强到优”的新征程，全面推动新时代石油工业实现高质量发展。

「 第一章 」

深化改革优化体制机制

新时代，石油企业改革进入攻坚期和深水区。党的十八届三中全会审议通过的《中共中央关于全面深化改革若干重大问题的决定》，站在中国特色社会主义事业发展全局的战略高度，对全面深化改革作出了顶层设计和总体规划。石油企业贯彻落实党中央、国务院关于深化国有企业改革的各项决策，开拓进取、积极稳妥地实施一系列深化改革创新发展的战略举措，推进了石油工业积极稳健向前发展。

根据党中央、国务院《关于深化国有企业改革的指导意见》总体要求，围绕建设中国特色现代企业制度，以规范集团公司董事会建设为重点，健全法人治理结构，优化完善公司治理结构与管控体系。推进实施差异化管控模式，优化完善三级管理架构，建立完善分级授权管理体系。推进供给侧结构性改革，调整优化业务结构，完善油气业务链、价值链，形成规模适度、结构合理、竞争力和抗风险能力强的发展格局。扎实推进石油工程专业化重组，油气管网运营体制改革迈出坚实步伐；积极稳妥推进混合所有制改革，矿区“三供一业”及社会职能分离移交取得重要进展。

实施管理创新发展战略，构建管理创新制度体系。落实安全环保目标责任体系，加强安全环保隐患治理与风险管控，建立应急救援联动机制，建设生态环境型企业，实现了安全环保、低碳绿色发展。推进基础工程建设，构建目标对标指标体系，“两化”深度融合，信息化在优化资源配置、强化过程管控、支持管理创新、提高经营管理水平和劳动生产率等方面的支撑作用越来越显著。通过信息化与自动化集成，创新生产作业方式，压缩管理层级，提高了劳动生产率。新时代，石油企业深化改革、创新驱动发展取得显著成就。

第一节 ＞ 深化体制机制改革

体制机制改革创新是石油企业发展的内在要求。党的十八届三中全会作出全面深化改革若干重大问题的决定，国务院国资委推动建立委托代理关系和激励约束机制等现代企业管理制度，石油企业改革进入“治理大变革”时期。石油企业坚持思想再解放、稳步再推进，按照建立中国特色现代企业制度的方向，推动深化改革向各个领域纵深发展。

一、强化公司董事会建设

构建科学规范、权责明确、架构清晰、运转有效的董事会制度体系。2011年4月8日，中共中央组织部在中国海洋石油总公司（简称中国海油）干部大会上宣布设立总公司董事会，董事长、总经理分设。2012年2月27日，国务院国资委召开中国海洋石油总公司建设规范董事会工作会议，宣布聘任外部董事决定；中国海油董事会由9人组成，其中党组成员董事3人、外部董事5人、职工董事1人，标志着中国海油完善法人治理结构、全面建设现代企业制度取得重要进展（图1-1）。3月20日，中国海油召开首届董事会第一次会议，审议通过了公司章程、董事会议事规则、董事会专门委员会议事规则、总经理工作规则、董事会授权管理办法、高级管理人员薪酬管理与业绩考核暂行办法等文件。中国海油董事会下设战略发展委员会、提名委员会、薪酬与考核委员会等。中国海油首届董事会第四次会议审议确认《中国海洋石油总公司“二次跨

图1-1 2012年2月27日，国务院国资委召开中国海洋石油总公司建设规范董事会工作会议

越”发展纲要（2011—2030年）》，明确了公司未来20年分两步建设国际一流能源公司的发展方针、原则、目标和保障措施。董事会坚持民主决策、集体决策，发挥“议大事、把方向、控风险”的作用，逐步形成科学决策机制。

2012年4月13日，国务院国资委召开中国石油化工集团公司（简称中国石化）建设规范董事会工作会议。5月28日，中国石化召开第一届董事会第一次会议，审议通过公司章程等制度文件，建立起集团公司董事会运行机制和工作制度，建立健全决策层和执行层的组织制度体系。董事会规范运作、高效运行，注重在发展战略、重大决策、业绩考核、风险管控等方面发挥作用；建立完善董事会对集团公司领导班子的业绩考核体系，建立总部考核事业部、事业部考核企业为主线的考核模式，促进了中国石化全面健康发展。

石油企业认真贯彻落实习近平总书记在全国国有企业党建工作会议上的重要讲话精神，按照国务院国资委《关于将中央企业党建工作要求纳入公司章程有关事项的通知》要求，组织有关部门在反复征求意见的基础上，先后对石油企业集团公司章程进行了全面修订，并在公司董事会上审议通过。修订后的公司章程，明确石油工业企业集团公司党组在公司法人治理结构中的法定地位，把党的领导融入公司治理各环节，将党组研究讨论作为生产经营重大事项决策的前置程序，使党组发挥领导核心作用组织化、制度化、具体化，为石油企业集团公司建设中国特色现代国有企业制度奠定了坚实基础。2017年11月7日，国务院国资委批复同意中国石油天然气集团公司（简称中国石油）改制方案，将中国石油由全民所有制企业改制为国有独资公司，董事长为公司法定代表人；改制后，更名为中国石油天然气集团有限公司，由国务院国资委代表国务院履行出资人职责。根据国务院国资委批复，中国海油、中国石化分别于2017年、2018年完成公司制改制及工商变更登记，分别更名为中国海洋石油集团有限公司、中国石油化工集团有限公司。

石油企业集团公司完成公司制改制，由国家单独出资，不设股东会。董事会由党组成员董事、外部董事、职工董事组成，董事长由国务院任命。实行外派监事会制度，由国务院国资委代表国务院向集团公司派驻监事会；监事会主席由国务院任命，监事会中的职工代表经集团公司职工代表大会选举产生；监事会依照法律、行政法规履行监督职责，检查集团公司财务，监督集团公司重大决策和关键环节，不参与、不干预集团公司经营管理活动。2019年，中国石油董事会召开董事会会议9次、专门委员会会议10次，审议通过议案27项；董事会会议严格按照国务院国资委要求，按照董事会和专门委员会工作规则组织进行，把会议决策的各项程序按规定落实到位。是年，中国石油实现营业收入2.52万亿元、比上年增长6%，经营利润1217.62亿元。2020年，在新冠肺炎疫情全球蔓延、国际油价历史性暴跌等各类风险矛盾叠加的情况下，石油工业发展经历了前所未有的困难局面。面对严峻挑战，在党中央、国务院的坚强领导下，石油企业集团公司各级领导班子和广大干部员工聚焦“六稳”“六保”，坚持抓主要矛盾、抓系统优化、抓底线防控，取得了疫情防控和生产经营双战双胜。在国际油价同比下降21美元/桶条件下，中国石化实现营业收入2.14万亿元，净利润620.5亿元，上缴税费2993亿元。中国海油海上油气产量突破6500万吨，创历史新高。

石油企业集团公司董事会，以习近平新时代中国特色社会主义思想为指导，全面贯彻落实国务院国资委的工作部署，严格按照公司章程履行职责，坚持新发展理念，坚持稳健发展方针，统筹推进稳增长、促改革、补短板、防风险、提效益，综合实力和市场竞争力持续增强。

二、完善公司治理与管控体系

按照建设石油石化综合性国际能源公司发展战略目标要求，石油企业集团公司以全面深化改革为动力，以强化管理为支撑，解放思想、坚持方向、抓住重点，完善公司治理与管控体系。加强顶层设计，对宏观管理体制和组织体系进行变革，对管理流程进行优化和再造，建立管理科学、权责对等、职能清晰、控制有效、运转有效的集团管控模式。

2012—2013年，在开展为期两年的中央企业管理提升活动中，石油企业集团公司结合实际，认真落实国务院国资委的各项工作部署要求。2014年，中国石油达到国务院国资委提出的“基础管理明显加强、管理现代化水平明显提升、管理创新机制明显完善、综合绩效明显改善”的目标，获评“管理信息化专项提升先进单位”。大庆油田推进企业改革创新，从战略和全局出发，抓好油田长远发展规划研究，强化总体设计、完善管控模式，厘清企业各层级职能定位和管理界面，集中统一决策，分级授权管理，简化审批程序，不断增强发展活力。在维护和保障员工根本利益的前提下，合并同类项、共享“公因子”，持续深化相关业务整合，推行跨行业、跨单位人员调剂，精干机关、压缩后线，进一步做精生产单元、做强科研单元、做专服务和保障单元，着力解决管理层级多、后线冗员多、结构不合理、运行效率低的问题。推进标准化管理，统筹考虑技术产品的先进性和适用性，制定统一标准，规范物资选型，做到了设计标准化、技术标准化和产品标准化，解决了工艺技术产品名目多、种类杂、生命周期短、维护成本高的问题。

中国石油在“十三五”改革专项规划中，确定管理体制专项改革方案，重点明确集团公司功能定位、完善治理体系、实行差异化管控、建立分权授权管理体系等方面的举措。2016年，围绕推进公司治理体系和管控能力现代化、国际化目标，出台全面深化改革实施意见，制定管理体制、市场化、人事劳动分配制度、混合所有制、党的建设制度等一系列专项改革方案。2017年，按照“谁出资、谁审批”原则，建立集团公司批复二级法人企业、授权二级法人企业批复下属企业的方案审批机制，确保改制工作依法合规。全年，完成151家所属各级全民所有制子企业改制工作，关闭注销全民所有制子企业70家。搭建纵向授权和横向授权相结合的授权管理体系，出台集团公司、股份公司授权管理办法（试行），制定并组织梳理确定14类业务授权管理清单，明确集团公司对不同类型专业公司及其他地区公司差异化授权事项。紧密结合企业实际，有序稳妥推进矿区“三供一业”分离移交工作，出台矿区业务社会化相关支持政策，明确资产无偿划转、移交设施维修改造、低效无效资产优先处理等配套措施，将“三供一业”分离移交配套实施的固定资产改造投资列为年度重点投资方向，按照项目分类实施费用支持政策；发布实施深化矿区服务业务改革实施方案，并将所属企业800多个“三供一业”分离移交项目全部导入信息系统，实现项目运行的跟踪管理。2018年，中国石油各企事业单位主动作为，完成361万户（项）“三供一业”分离移交。2019年，统筹推进厂办大集体企业改革，通过多种途径和方式做好职工安置工作，确保职工队伍稳定；在职职工累计安置完成率77%，超过国务院国资委确定的任务目标。至2019年年底，“僵尸企业”、特困企业79户，累计清理退出19户、保留提升60户；实现经营性利润31亿元，分流安置人员近2万人。

中国石化认真总结“十二五”改革管理工作经验，突出问题导向，形成“十三五”改革管理工作总体规划。2015年，按照一体化协调、专业化管理、市场化运作总体要求，推进总部职能转变和事业部建设工作。按照管理制度化、制度流程化、流程信息化方向，探索推进规章制度与业务职责、业务流程“三位一体”管理。中国石化胜利油田压缩管理层级，提升管理效率；优化机关机构设置，实现“小机关、大服务”管理模式；推进扁平化管理，改变以往长期实行的管理层级多、链条长的四级管理模式，按照“地上设施和地下资源相统一、管理幅度和管理效率相统一、传统技术支撑与未来信息化应用相统一”的原则，将16家开发单位的90个采油矿、394个采油队整合，组建成立130个采油管理区直接管理基层班组（站），将传统的“采油厂－采油矿－采油队”三级管理模式转变为“采油厂－采油管理区”两级管理模式，压减一个管理层级，提高了管理效率（图1-2）。整合压减油田机关部门9个、减幅20%，组建油气勘探、油气开发、工程技术、生产运行等管理中心，明确机关部门内部科室设置；二级开发单位按照“两统一、一严控”（统一机构名称、职能规范，严控科级干部指数）的原则设置机关科室，机关部门数量压减12.9%。“小机关、大服务”组织架构，为提升机关运行效率和服务水平提供了有力的组织

图 1-2　2018 年 4 月 24 日，胜利油田召开新型采油管理区建设暨主题活动推进会

保证。2016年，中国石化以结构性改革为主线，狠抓“严细实”管理，全力提效率增活力打造竞争力。扎实推进各项改革，研究制定困难企业扭亏脱困指导意见，明确“四个一批”的扭亏脱困路径，建立常态化工作机制；制定“一企一策”实施方案，完成国务院国资委当年挂牌督导的2户“僵尸企业”的关闭撤销，实现5户特困企业的扭亏脱困。研究制定直属机构和法人单位设立变更撤销管理办法，编制完成压缩管理层级、减少法人户数实施方案，形成瘦身健体工作计划。在东北油田扩大经营自主权试点，取得阶段性进展。全面提速“四供一业”分离移交工作，完成或进入方案联审批复项目52个。总结推广中原油田等37家企业和基层单位的管理理念及经验做法，推动集团公司基础管理工作整体上水平。2017年，推进“管控模式优化，提升公司治理能力”等9大领域改革任务。按照国务院国资委压缩法人管理层级和产权层级的部署要求，在纳入“压减”范围的1458户法人单位中，需调整法人管理层级的共79户，需调整法人产权层级的共28户；通过将法人子企业管理（投资）主体上移、变更性质、注销登记等措施，调整法人管理层级77户、法人产权层级10户。到年底，直属全民所有制子企业25家，其中23家完成公司制改制；直属企业所

属的子企业87家，拟改制59家、拟注销28家，其中子企业59家完成工商变更登记，子企业12家完成注销。至2018年，共计压减法人14户、压减率27%，完成国务院国资委3年压减20%的目标任务。按照“分离移交攻坚战”的统一部署，“四供一业”及其他办社会职能分离移交正式协议全部签订，实物资产交割“四供一业”完成99.2%，其他办社会职能分离移交完成88.7%。2019年，全面加强党的领导，以构建“总部战略和资本运营中心、板块业务运营中心、企业执行中心”的治理体系为主线，推动建立系统完备、科学规范、运行有效的治理体系。深化管理体制改革，完成总部机构职能调整，总部综合职能部门由25个调整为20个。加快“四供一业”及其他办社会职能分离移交的收尾工作，完成物业、供暖市场化收费改革，确保分离移交“交得出、接得住、行得稳、可持续”，圆满完成国务院国资委确定的各项任务目标；加大厂办大集体改革的推进力度，分流安置人员1477人，改革完成7家企业。至2019年，累计完成厂办大集体企业改革509家，分流安置人员4.5万人。

中国海油按照深化国企改革的部署要求，推进“三项制度”改革，实行领导人员任期制，制定领导人员退出领导岗位管理办法；建立“业绩考核奖金池”与绩效考核的联动机制；制定并实施采办体制机制改革方案，提高集中采办比例，下放部分采办权限；推动下属子企业功能界定及分类、业务重叠问题的解决；积极推动供给侧结构性改革，扎实落实“三去一降一补”“处僵治困”目标任务，开展“两金”压降、“降杠杆减负债”等专项工作，提质增效、强身健体，推进高质量发展；推进国企“三供一热”分离移交，完成全部框架协议的签署；积极稳妥推动重点领域改革，完成所属22家全民所有制企业的改制工作。

2020—2021年，石油企业集团公司积极推进全面部署深化改革“三年行动”。中国石化“科改示范行动”扎实推进，“双百行动”“三项制度”改革不断深化，“四供一业”分离移交收官，退休人员社会化管理基本完成，厂办大集体改革完成目标任务，驻京办专项清理成效得到巩固。石油企业集团公司深化体制机制改革，加强统筹协调、宏观指导、有效管控，重在把方向、谋大事、定政策、控风险，逐步发展成为战略规划中心、投资决策中心、资源配置中心、保障服务中心，形成集团公司对战略、制度、投资、资产、财务、人事、风险、督察、党建等方面的一体化管控能力，并对不同板块、不同业务、不同产权关系的所属企业进行分类管控，集团化运作水平明显提高。

三、积极推进专业化重组

在计划经济体制下，石油工业上游企业形成"大而全"管理模式。走在改革开放前沿的中国海油，率先在上游企业实现组织结构由"大而全"的旧体制向以"油公司"为核心的现代公司新体制的转变；推进专业化重组，将物探、钻井、测井等石油专业公司从上游企业中分离出来，让其走上自主经营的发展道路，从而建立了集中发展油气主营业务的"油公司"管理体制。

2012年，中国石化围绕推动发展战略和发展模式的落实，支撑世界一流能源公司建设，推进石油工程等业务领域专业化发展。根据专业化整合重组实施指导意见，将石油工程业务从油气田企业中整体剥离，组建成立中国石化石油工程技术服务有限公司，下设专业公司3个、地区公司8个，以及石油工程技术研究院、石油物探技术研究院；到年底，共划转成建制二级单位96个、人员14.38万人，总资产702.48亿元。2014年，调整完善石油工程业务管理体制，对其矿区（社区）等业务进行划转，并将石油工程公司整体改造成功上市。2015年，按照一体化协调、专业化管理、市场化运作的总体要求，深化石油工程公司内部重组，分类推进工程业务发展，着力解决石油工程市场萎缩、队伍装备富余等突出矛盾；创新管理模式，加快转型发展，优化石油工程区域资源，推进实施河南及江苏地区石油工程区域化整合重组。胜利油田优化资源、推进专业化管理，2017年完成油田层面的电力、天然气、生产用车、井下作业、物业服务、技术监督、油藏动态监测、注汽技术服务、地面工程维修、应急救援等业务统一专业化管理。做实油藏经营责任主体，推进新型采油管理区建设，制定“规范建设大纲”，明确采油管理区作为油田组织体系最基层的管理机构，具有组织架构和岗位设置的充分自主权，可按管理规模自主选择设置“三室一中心”“两室一中心”“一室一中心”，以及与之平行的采油、注采等专业化班（站）。2018年，胜利油田117个新型管理区建设全面完成，劳动生产率提高58.12%，单井用工下降34.7%。适应专业化管理的体制架构，围绕理顺运行、推进市场化运营，构建完善内外部、甲乙方市场化运营机制，由原来的垂直管理、行政指挥变为市场主体关系，由上级对下级的大调度、大统筹变为市场化运行；建立了钻井、供电、生产用车等11项业务专业化运行流程和市场平台，配套完善了市场定额、合同管理、争议仲裁、竞争比选、优质优价等市场化运营保障机制；专业化队伍按照市场规则提供优质高效的专业服务，开发单位加强对服务质量的监督、评价和考核；两级机关部门做好指导、服务和风险管控，真正建立起服务与被服务、监督与被监督的关系，合力打造符合市场规律的利益共同体、责任共同体、命运共同体。

中国石油推进专业化重组，2017年12月下发《关于工程技术业务实施重组的通知》，组建中国石油集团油田技术服务有限公司（简称中油油服），管理西部钻探工程、渤海钻探工程、东方地球物理勘探有限公司等7家子公司，负责集团公司所属其他工程技术服务企业以及科研机构的业务管理、指导与协调。中油油服作为重组后的油田服务业务管理主体，主要承担决策、协调、监督、党建和服务职能，是利润中心和经营管理中心，对7家成员企业以“战略管控+部分运营管控”模式进行分级授权管理。2018年，中油油服根据上报的改革重组方案，圆满完成测井、物探、油建业务管理权移交和财务划转，整个改革过程执行坚决、生产有序、安全受控、队伍稳定。在专业化方面，探索生产模式变革，不断优化固化工厂化钻井、压裂作业模式。在钻井推广“表层专打、技套专打、区域专打、井型专打、浅井钻机配合打深井、ZJ40钻机试油”等模式，在压裂作业推广“工厂化拉链式”和“压前准备先行、即压即走、人休机不停”模式，施工效率稳步提升。队伍专业化程度更加提升，大庆钻探建立钻前服务、下套管、钻井液服务等各类专业化队伍27支，其中下套管队伍作业5239口井，平均单井下套管时间减少2小时；西部钻探试点建立搬安专业化队伍，搬迁、安装时间缩短10%以上。大力推进物资装备共享，在新疆玛湖建立物资共享中心，实现2小时常态保供圈；在页岩气区域，各成员企业签订物资采购共享服务协议，简化采购管理流程。推进后勤生活基地专业化和共享，超过200支钻修井队实现餐饮专业化，69支钻修井队实现住宿公寓化，85支钻井队配置新型环保卫生间，基础生活条件进一步改善。推进设备维修专业化服务，在页岩气区域建立钻机、压裂车、旋转导向、顶驱、柴油机等主要装备的维修中心，专业化维修初成体系。在开拓国内市场方面，秉承“成就甲方就是成就自己”的理念，关联交易和非关联交易市场齐头并进。坚持关联交易市场服务保障原则，密切同勘探与生产板块各层次沟通对接，及时掌握勘探开发需求和存在的问题，统筹调配各类资源，大力推进“四提工程”[1]，努力提升“四种能力”[2]，为甲方提供超值服务，提升甲方满意度；坚持非关联交易市场服务竞争原则，严格落实市场责任，通过强质量、提速度、降成本，与外部队伍同台竞争。国内市场开发，在集团公司内部市场占有率75%，同比提升5个百分点；国际市场开发，海外新签合同额同比增长13.6%，国际业务利润总额创历史新高；外部市场新签合同额占比70.5%。2018年12月，设有主要专业施工队伍6574支，在册员工17.01万人。实现营业收入同比增长16%，税前利润增长28%。2018年，完成三维地震采集7.68万平方千米、同比增长33%，测井10.7万井次、录井1.4万口，分别同比增长4.9%、7.7%，为中国石油集团公司油气增产稳产发挥了重大作用。

---

[1] “四提工程”是指提质、提速、提产、提效。

[2] “四种能力”是指发现和保护油气藏，识别和评价油气藏，改造油气藏，提升单井产量和提高油气藏动用率、采收率。

四、组建成立国家管网公司

为适应油气管道业务快速发展的需要，中国石油对油气管道管理体制进行了调整，实行区域化专业化管理。2012年，经过调整及专业分工，形成以管道公司、西气东输管道公司、西部管道公司、西南管道公司、北京天然气管道公司等综合性运营公司为主，以西南油气田公司为补充的“5+1”国内管道运营管理体系。这次调整，是中国石油为确保天然气与管道事业快速健康发展的一项重大决策，是深化企业内部改革，完善集约化、专业化、一体化体制架构的重要举措。到2012年年底，中国石油国内运营油气管道里程达6.68万千米，其中，原油管道里程1.64万千米，天然气管道里程4.1万千米，成品油管道里程0.94万千米；运营海外油气管道里程1.05万千米，其中，原油管道里程0.67万千米，天然气管道里程0.38万千米。

为促进原油储运业务的专业化发展，建立符合网运分开的体制机制，巩固原油储运的战略保障作用，加强原油储运的安全运行和发挥资源优势，中国石化于2013年4月下发《关于成立原油储运专业公司的通知》。根据通知要求，将管道储运分公司重组为原油储运专业公司，并将其全部资产、负债及人员一并纳入重组后的中国石化管道储运有限公司，成为中国石化股份公司全资子公司，注册资本120亿元。

2013年10月，国务院发展研究中心课题组提交“383”方案，提出将石油天然气管网业务从上、中、下游一体化经营的油气企业中分离出来，组建若干家油气管网公司，并建立对油气管网的政府监管制度。为此，国家层面多次下发文件，不断完善顶层设计；能源领域的有关部门也多次互动并参与架构研究。2015年5月，中办、国办印发《关于深化石油天然气体制改革的若干意见》，部署8个方面的重点改革任务，其中第三条为“改革油气管网运行机制，提升集约输送和公平服务能力。分步推进国有大型油气企业干线管道独立，实现管输和销售分开。完善油气管网公平接入机制，油气管线管道、省内和省际管网均向第三方市场主体公平开放”。8月，中共中央、国务院印发《关于深化国有企业改革的指导意见》，提出对自然垄断行业，实行以政企分开、政资分开、特许经营、政府监管为主要内容的改革，根据不同行业特点实行运网分开、放开竞争性业务，促进公共资源配置市场化。11月，中国石油出资5000万元，成立中国石油管道公司；12月，中国石油以中国石油管道公司为平台，对所属的东部管道公司、管道联合公司、西北联合管道公司进行整合。交易前，中国石油分别持有东部管道公司100%、管道联合公司50%、西北联合管道公司52%的股权。交易完成后，中国石油管道公司注册资本由5000万元增至800亿元，中国石油对其持股比例为72.26%。根据协议，中国石油管道公司最终持有东部管道公司、管道联合公司、西北联合管道公司100%的股权。此举，旨在理顺各个管道运营公司之间的股权关系，建立统一的管道资产管理运营及投融资平台，节约运营成本、提升管道资产整体价值。重组后，西气东输一、二、三线的管线资产由东部管道公司、管道联合公司、西北联合管道公司分区域、分线路进行管理运营。

中国石油加快推进油气管道管理体制机制改革，实施组建中国石油管道有限公司、建立“中国石油股份公司－中国石油管道公司－区域管道公司”三级管理架构，以及中国石油管道公司从天然气板块分离等措施。积极推进天然气销售管理体制改革，出台中国石油《集团公司天然气销售管理体制改革方案》，建立“天然气销售分公司－区域天然气销售分公司－省级天然气销售机构”三级管理架构，成立天然气销售分公司及5家区域天然气销售分公司，理顺中国石油管道有限公司、天然气销售储备气分公司管理体制，实现了油气管输和销售业务分开独立运行，为天然气业务发展提供了体制保障。面对全新的管理界面和业务发展布局，中国石油管道公司高度重视资源引入，与境内外权威咨询机构、科研院所、重点高校等在战略规划、商务运营、对标管理等方面开展全方位合作，一大批重点油气管道建设取得新进展。特别是2017年以来，伴随着中缅原油管道和云南成品油管道投入运行，陕京四线、中靖联络线试运投产，中俄原油管道二线全线贯通，中俄天然气东线管道开工，油气管道建设事业步入体制机制改革后的收获期和快速发展期。

2017年，中共中央、国务院印发《关于深化石油天然气体制改革的若干意见》，明确要求“完善油气管网公平接入机制，油气干线管道、省内和省际管网均向第三方市场主体公平开放”。至2018年年底，石油企业集团公司共有油气主干道9.6万千米，中国石油、中国石化、中国海油分别占63%、31%、6%。2019年3月5日，国家发改委在全国“两会”上作关于国民经济和社会发展计划的报告，提出深化石油天然气体制改革，组建国家石油天然气管网公司，实现管输和销售分开。3月19日，中央全面深化改革委员会召开第七次会议，审议通过《石油天然气管网运营机制改革实施意见》。会议强调，推动石油天然气管网运营机制改革，要坚持深化市场化改革、扩大高水平开放，组建国有资本控股、投资主体多元化的石油天然气管网公司，推动形成上游油气资源多主体多渠道供应、中间统一管网高效集输、下游销售市场充分竞争的油气市场体系，提高油气资源配置效率，保障油气安全稳定供应。5月24日，国家发改委、能源局、住房和城乡建设部、市场监管总局等4部门联合印发《油气管网设施公平开放监管办法》。

2019年12月9日，石油工业又一家大型中央企业——国家石油天然气管网集团有限公司（简称国家管网）在北京成立。这是央企改革的又一重要举措，标志着深化油气体制改革迈出关键一步。国家管网公司列入国务院国资委监管的中央企业序列，国务院国资委、中国石油、中国石化、中国海油持股比例分别为40%、30%、20%、10%。2020年，石油企业集团公司——中国石油、中国石化、中国海油全面部署深化改革三年行动，油气管网资产、人员顺利完成划转移交；到2021年3月31日，中国油气主干管网资产整合已全面完成，实现了全部油气主干管网“全国一张网”并网运行。2021年，国家管网“全国一张网”平稳安全运营，为满足和确保全国天然气正常供给发挥了重要作用。到2021年年底，中国原油管道布局基本完成；国家管网按照“十四五”

规划布局，加快天然气、成品油输配区域性支线管道等各类管道互联互通的建设步伐。2022年5月31日，中国石化天然气分公司的集气总站轮南天然气管道工程投产，全长22.5千米，日均输气能力300万立方米，设计年输气能力55亿立方米；首日输气量达150万立方米，标志着中国石化西部区域天然气管道与国家管网实现互联互通，将进一步完善西北地区天然气管网布局，推进油气管道“全国一张网”建设，对提升市场保供能力、保障国家能源安全具有重要意义。

国家管网负责全国油气干线管道、部分储气调峰设施的投资建设；负责干线管道互联互通及社会管道联通，形成“全国一张网”；负责原油、成品油、天然气的管道输送，并统一负责全国油气干线管网运行调度，定期向社会公开剩余管输和储存能力，实现基础设施向所有符合条件的用户公平开放等。国家管网公司的成立和平稳安全运营，实现了管输和生产、销售分开，以及向第三方市场主体的公平开放，有利于促进市场竞争，提高资源配置效率，更好地体现能源商品属性，发挥市场在资源配置中的决定性作用，进一步推进市场化的油气价格机制改革，激发市场活力，从而更好地为经济社会发展服务。

第二节 > 强化安全生产管控

石油工业进入新时代，石油企业把安全生产作为硬指标和第一要求，始终贯穿于生产建设、经营管理全过程和各个业务领域，更加注重以人为本的管理，切实加强安全生产管理管控，深入推进安全生产和经营管理统筹协调发展。

坚持全面落实“党政同责、一岗双责、失职追责”的安全管理体系，每年与企业的党政主要领导签订安全生产责任书，层层分解落实安全生产目标责任；以推进HSE管理体系建设为主线，以风险监控管理为核心，着力在提高思想认识、落实岗位责任上狠下功夫；积极采取一系列固本强基措施，排查和消除存在的安全隐患，强化安全生产管控体系，提升安全管控能力取得成效，实现了石油工业安全生产形势总体稳定。

一、落实安全责任目标体系

安全生产是企业的生命线，是石油企业发展的根基。石油企业深入贯彻国家《安全生产法》，全面落实安全生产责任制，从上到下建立安全生产目标责任体系，全面提升安全生产管理水平，保障实现生产经营高质量发展。

（1）落实安全生产主体管理责任。2012年，中国石化党组按照“谁主管、谁负责”“一岗双责”原则，将安全生产职责纳入领导班子分工，为全员落实HSE责任目标树立榜样；健全完善责任目标落实机制，层层签订HSE责任状。2013年，优化机制，着力夯实安全管理基础，全面开展安全管理提升活动；围绕承包商管理、建设项目“三同时”管理、HSE信息化应用、井控安全等重点工作，结合实际查找短板、完善制度、规范流程、优化措施，取得了阶段性成效。

2013年11月22日10时25分，位于山东省青岛经济技术开发区的中国石化股份公司管道储运分公司东黄输油管道泄漏原油进入市政排水暗渠，在形成密闭空间的暗渠内油气积聚遇火花发生爆炸，造成62人死亡、136人受伤，直接经济损失7.52亿元。事故直接原因是输油管道与排水暗渠交汇处管道腐蚀减薄破裂，原油泄漏流入排水渠、反冲到路面。现场处置人员采用液压破碎锤在暗渠盖板上打孔破碎，产生撞击火花引发暗渠内油气爆炸。经过调查认定，“11·22”东黄输油管道泄漏爆炸特别重大事故是一起生产安全责任事故。按照国家法律法规及相关制度，对其15名责任人进行了司法处置，对48人给予党纪、政纪处分。

“11·22”事故发生后，中国石化从11月28日开始，在全系统开展安全生产大检查和管网隐患排查。各企业领导带队，坚持“全覆盖、零容忍”“突出重点、注重实效”，认真开展安全隐患排查治理活动，发现问题和隐患9.83万项，其中油气田企业1.97万项。12月15日，中国石化组成44个督查组的387人，采取“四不两直”[1]的方式进行专项督查，检查二级单位351个，抽查采油队、井下作业队、钻井队、油气集输站场、站库及其他危险点源等基层单位和场点183个，查处各类问题和隐患5309项。按照“四定”管理要求，落实治理方案、资金、责任和期限，确保及时消除问题和隐患；按照“总部监督、分级管理、企业负责”的监管原则，确定总部监管项目，明确总部领导、部门和企业负责人，由总部安全监管局全程跟踪督导，确保隐患治理效果；对具体治理项目，严把审批、过程监控、竣工验收和治理后评估各个关口，做到重点突出、全程跟踪。

中国石化认真落实党中央、国务院关于加强安全工作的系列指示精神，全面强化安全生产管理工作。2014年，完善安全生产责任制和事故问责制度，修订中国石化《总部机关各部门（单位）安全生产责任制》，制定集团公司生产安全事故领导干部处分办法，年内有8名党组管理的干部因事故被问责，事故单位有207人受到责任追究。2015年，按照“管业务必须管安全”的原则，制定安全生产责任制对照检查标准，明确企业领导班子、职能部门、基层单位和岗位的安全责任；各单位对照266项标准，分解安全主体责任；单位领导班子成员和主要处室负责人定点承包重点油气区块、海上平台、关键装置、罐区、油库等重点设施，挂牌公示、责任连带，促进了安全责任制的落实。

2016—2020年，中国石化认真贯彻落实党中央、国务院关于安全生产的方针政策，以“识别大风险、消除大隐患、杜绝大事故”为工作主线，全面落实安全生产主体责任。推进HSSE管理体系建设，全面修订安全、健康、公共安全管理制度，建成保障体系运行的制度支撑。2018年发布HSSE管理体系，新修订HSSE管理制度87项，与修订前的171项相比减少84项；加强基层安全

[1] “四不两直”是指不发通知、不打招呼、不听汇报、不用陪同接待，直奔基层、直插现场进行专项督查，是专项检查基层企业、施工现场的安全生产和环境保护等时所采取的一种方式。

管理体系建设，明确基层安全组织建设要求和基层单位主要安全职责；2019年，进入HSSE管理体系全面实施阶段，贯体系、抓执行、反“三违”、强基础，本质安全水平进一步提升。2020年，强化HSSE管理体系有效运行，持续强化承包商安全管理，夯实员工健康工作基础；有序推进安全生产专项整治三年行动，开展受限空间、高处作业专项整治，严格执行“双十条”管控措施，确保现场作业安全可控。“十三五”期间，中国石化安全形势保持总体平稳。

（2）建立安全生产目标管理体系。中国石油把安全生产作为企业核心价值，以深化“有感领导、直线责任和属地管理”为载体，从层层签订责任书入手，推动全员落实安全生产责任。到2012年，连续6年与各企事业单位主要负责人签订安全生产责任书，企业层层分解落实安全生产目标责任到各级职能部门和基层岗位员工。按照集团公司《HSE管理体系建设提升计划（2011—2015）》总体部署，以“转变观念、养成习惯、提高能力”为工作着力点，大力推广实施HSE体系建设，推广试点经验及有效做法。2013年，推进“直线责任和属地管理”职责的落实，紧紧围绕“理念、技术、管理、机制”驱动战略，不断完善管理体系，严格风险控制。大庆油田上下牢固树立“安全第一、质量至上、以人为本”的理念，围绕关键环节和重点领域，突出责任落实和现场监管，切实加大强“三基”、反“三违”、除隐患等各项工作力度，安全生产平稳受控；坚持以有感领导为“点”、直线责任为“线”、属地管理为“面”，健全完善安全生产责任体系，狠抓安全责任制的落实，使压力层层传递，有力促进了安全意识的提升、基础工作的加强和现场管理的规范。2014年，中国石油推动建立和完善“党政同责、一岗双责、失职追责”的安全生产责任体系；制定安全生产考核细则，严格过程管理和业绩考核；理清企业与托管单位之间的安全生产责任，签订安全生产合同；全面梳理修订专业分公司和企业各级人员安全生产职责规范，确保责任落实到位、不“挂空挡”。

2016—2020年，深化推行有感领导、直线责任和属地管理，加强安全生产过程考核，强化全员安全责任归位和落实；狠抓源头管控、强基固本，坚持落实主要领导参加重要安全活动和安全生产与生产经营同部署、同检查、同考核的工作机制，定期召开季度安全生产形势分析会，持续推进领导干部个人安全行动计划实施；分专业落实生产安全风险分级防控机制，强化各级领导的生产安全风险防控责任，在关键风险领域设置安全生产“四条红线”❶，强化高危和风险作业以及敏感时段安全责任落实。2018年，修订安全生产管理规定，对责任制的建立、内容、公示、培训、检查和考核进行规定，保证安全生产责任横向到边、纵向到底。2019年，健全安全责任体系，全面实施安全责任清单式管理，完成安全生产履职尽责、失职追责的责任体系设计，把干部员工的个人安全行动计划、安全承诺、岗位职责等有机融合，将无限责任具体化，定性责任定量化，并配套相应的考核标准。印发中国石油《所属企业主要负责人安全生产述职实施办法》，推动新任职企业主要负责人开展安全生产述职，从严压实“一把手”的安全生产责任。到2022年，连续16年与各专业公司、企事业单位党政主要领导签订安全生产责任书，层层分解责任目标，做到党政同责、齐抓共管，安全生产保持总体稳定态势。

（3）强化安全生产目标管理体系化。中国海油以安全生产目标体系化管理为主线，以安全生产率先达到国际一流为目标方向，坚持安全第一、人为根本、设备完好的核心价值理念，遵守“五想五不干”❷现场作业安全行为准则，提升全员安全生产责任，筑牢风险分级和隐患排查治理防线，坚决防止较大事故、全面防范一切事故，始终追求“零伤亡”安全生产工作目标。按照“一岗双责、党政同责、齐抓共管”，以及“五落实五到位”总要求，明确各级管理人员安全生产履职监督管理责任；制定实施和落实企业安全生产主体责任，完善领导干部巡视检查现场等十条要求；修订发布《质量健康安全环保责任制细

❶ 安全生产“四条红线”是指：可能导致火灾、爆炸、中毒、窒息、能量意外释放的高危和风险作业，可能导致着火爆炸的生产经营领域的油气泄漏，节假日和重要敏感时段（包括法定节假日、国家重大活动和会议期间）的施工作业，油气井井控等关键作业。

❷“五想五不干”是指：一想安全风险不清楚，不干；二想安全措施不完善，不干；三想安全工具未配备，不干；四想安全环境不合格，不干；五想安全技能不具备，不干。

则》《员工违纪处分规定》《全员安全生产责任清单编制指南》，层层压实安全生产责任。充分发挥绩效考核“指挥棒”作用，坚持目标导向、过程导向、结果导向，持续优化QHSE绩效考核指标设置、完善考核办法。借鉴道路交通安全违法行为累计记分办法，2014年1月发布中国海油《安全环保责任事故累计记分暂行办法》，对发生涉及人员死亡、多人重伤、火灾爆炸事故，以及被政府主管部门判定有主要管理责任的事故，除按照事故“四不放过”原则对相关责任人进行严肃处理外，还对发生责任事故的所属单位党政一把手实行事故累计记分，对任期内累计记分达到一定分值的领导干部进行处理。这个办法，进一步强化了生产经营单位第一责任人及领导班子成员的安全生产责任意识，督促各级领导班子成员切实落实安全资源保障，加强安全生产管理，不断提高企业的本质安全水平。

大力推进以“人本、执行、干预”为特色的安全文化建设。学习借鉴国际石油行业先进经验，通过加强HSE理念、制度的培训教育，全面推行“五想五不干”的现场作业行为准则和《中国海洋石油安全标志行为》，致力于把安全生产责任要求转化为员工自觉行动。以全国安全生产月为载体，结合实际每年设定一个主题，通过领导视频讲安全、领导践行安全标志行为、领导干部讲安全课、领导干部下基层等形式，强化安全领导力建设；通过技能大赛、安全征文、视频大赛等形式，广泛发动员工参与安全文化建设活动，形成了积极向上的安全文化氛围。2018年，发布《关于推进中国海油安全文化建设的实施意见》，从全面落实安全生产责任制、加强安全生产培训工作、强化安全生产宣传教育、开展安全文化创建活动等方面发力，着力打造安全文化精品工程。

坚持以体系化管理为主线，按照“建设国际一流能源公司，健康安全环保要率先实现国际一流”的目标要求，基于自身业务风险特点和实际管理需求，结合国际油气行业HSE管理先进做法，2019年发布“中国海油HSE管理体系框架”，主要内容包括“领导力与责任”等管理核心要素，提出70个分项具体要求，适用于所有业务单元和地区；按照2～3年全部覆盖的原则，确定年度审核计划和审核单位。2020—2021年，通过审核发现管理中存在的问题与不足，督促所属单位制定落实整改方案，实现了体系化管理水平的不断提高。

二、推进安全生产升级达标

石油企业深化完善HSE管理体系，认真做好HSE专业标准化技术规范，不断夯实安全环保工作基础，推进实现HSE管理升级达标。

中国石油按照《HSE管理体系建设提升计划（2011—2015）》总体部署，2012年修订"HSE管理体系规范（第一部分）"标准，调整HSE专业标准化技术委员会成员组成，召开年会审议通过修订、制定的24项HSE标准及2013年HSE标准修订、制定计划；做好标准宣贯培训，对254名企业代表就安全生产标准化建设、作业许可、工艺危害分析等重点标准进行培训。积极配合石油工业安全专业标准化技术委员会工作，组织编制完成钻井、测录井、物探、采油专业的达标标准及评分细则，督促和指导企业积极开展安全标准化达标工作。开展一年两次的全覆盖审核工作，完成对国内120家企业的两次审核，共查出问题1.32万项；通过对冀东油田、渤海石油装备公司等企业开展HSE体系运行质量评估，帮助企业发现薄弱环节，提出改进建议。2013年，强化推进安全生产标准化达标建设，下发《关于进一步加强上游企业安全生产标准化达标建设工作的通知》，组织开展上游企业安全生产标准化达标试点，举办企业安全达标工作骨干及自评员培训班。中国石油安全环保技术研究院获得国家安全生产监督管理总局石油行业安全生产标准化一级企业评审机构资质，并完成对西南油气田、西部管道公司等单位的安全生产达标评审工作，上游企业安全生产标准化工作全面进入达标评审阶段。2015年，深入开展基层队伍HSE标准化建设，印发《基层站队HSE标准化建设工作实施意见》，编制常减压装置、输油气站、钻井队等专业标准化建设模板，推广标准化作业程序，促进HSE管理先进理念和方法落实到基层、落实到岗位；加快推进干部、员工安全环保履职能力评估，制定《员工安全环保履职考评管理办法》，将评估结果作为干部任用与员工上岗的重要依据，做到岗能匹配、主动履职。到2017年年底，主要生产经营企业的3.29万个基层站队标准化建设达标2.34万个，达标率71.1%。2019年，坚持把基层HSE标准化建设和员工安全环保履职能力评估作为夯实基层基础工作的有效途径，做实做好。全年对9065名新任科处两级干部及4.36万名新上岗、调岗员工开展安全环保履职能力评估，推动关键岗位人员岗能匹配、主动履职。通过连续5年的积极推动，各企业完善标准、健全机制，主体基层队、站的HSE标准化建设达标率达到96%。

2013年，中国石化按照国务院安全生产委员会和国家安监总局的部署，大力加强安全生产标准化建设，开展安全生产标准化达标活动，推进企业安全生产工作的规范化、科学化、系统化。强化安全生产标准管理，2018年成立安全生产标准委员会，制定中国石化安全专业标准体系框架，确定了标准制定的重点方向。2019年，加快推进风险评估技术、液氮及硫化氢泄漏风险识别防护、阻火器选用维护等28项标准的修订、制定；2020年，加强安全技术标准研究，编制石油工程HSE标准整编手册，制定关键安全设施运行及维护、风险评估技术等21项企业标准，促进了企业安全生产管理的升级达标。

中国海油按照“从业单位安全生产标准化”的相关要求，2012年印发《关于全面开展安全生产标准化工作的通知》，统一部署全系统安全生产标准化达标创建工作，要求各取证单元“按期实现三级达标、尽快实现二级达标、努力实现一级达标”。危险化学品企业积极开展达标创建工作，在全国首批17家“一级企业”中，中国海油4家企业名列其中。到2019年年底，中国海油安全生产标准化一级企业达到14家，其他企业分别达到了二级、三级企业标准。2020—2021年，中国海油积极推进安全生产标准化升级达标，企业安全生产管理水平得到进一步提高。

三、强化安全生产风险监控

石油企业坚持把源头控制、过程监管作为安全生产管理的重中之重。打牢基础、把控源头，严格落实建设项目安全评价，确保建设项目依法合规建设；强化对重点企业、重点项目、重点现场、重点时段以及承包商施工的安全监督和监管，确保重大安全风险有效受控。按照“突出重点、分级监管”的原则，实施隐患治理项目分级挂牌和后评估制度，推进隐患排查治理的常态化、规范化和科学化。

（1）强化风险分级控制机制建设。中国石油进行专项检查与整治，逐步建立起风险分级控制机制。坚持严管严控严查严改，突出加强重点领域、重要部位、关键环节和敏感时段的安全监管监控。2012年，认真开展安全生产领域“打非治违”专项行动，组织开展石油天然气安全生产督查、石油库安全专项检查与整治，首次对全集团公司1万立方米以上的大型外浮顶油品储罐进行隐患排查，对需要更换密封和局部修复的165座储罐制定整改计划。启动第二轮3年隐患集中治理计划，确定4593项隐患治理项目，计划投资430.5亿元，当年分3批下达治理资金108.7亿元。实行重点项目领导挂牌督办制度，重大隐患项目由党组成员和管理层领导督办；梳理明确所面临的安全风险，开始有针对性地研究建立从基层岗位到集团公司总部的风险分级控制机制。大庆油田加强现场监管，对每个施工区块、每项施工任务，都在搞清地质情况、施工要求和外部自然环境的情况下，提前进行风险评估，制定应急防范预案。特别是对水平井、深层气井、特殊复杂工艺井等，严格方案设计，强化过程控制，实施有效监管，杜绝井喷失控等重大事故的发生。2013年，大庆油田认真贯彻执行中国石油《关于切实抓好安全环保风险管控能力提升工作的通知》精神，深入开展“写风险、定预案、强演练”活动，在钻井、基建、采油等生产站（队）推行风险交底，在沿江（松花江）等环境敏感区域实施风险写实，共识别各类风险5.4万项，进一步增强了风险管理意识和识别处置能力。按照“全覆盖、零容忍、严执法、重实效”的要求，深入开展安全生产大检查和隐患治理专项行动，对涉及安全生产、公共安全的重点领域、要害部位和关键环节，实施全方位集中排查整治，共整改各级各类问题2.59万个，有效消除了易燃易爆、高温高压、有毒有害等一批安全隐患，为实现安全生产提供了有力保障。2015年，中国石油强化安全监管体制机制建设，自上而下建立安全监督网络，组建集团公司安全监督中心，全面强化现场监管、过程监控和岗位监督。按照“重点领域可控、重点单位受控、重大项目管控”要求，对长庆油田、西南油气田等企业进行安全技术诊断和管理评估，对发现的问题紧盯不放、跟踪督办。强化油气管道隐患治理，加强与国家有关部门和地方政府的沟通协调，定期召开管道隐患治理工作月度例会。到2015年年底，长输管道总体整改率、重大隐患整改率均达90%以上，超额完成国家要求80%的预期目标。2016年，抽调各方面专家133人次，先后对12家企业及重点项目开展安全技术诊断和管理评估，并对部分企业同步开展承包商监管专项诊断评估，对倾向性问题和重大风险隐患及时进行跟踪督办；加强危险化学品监管，成立集团公司危险化学品安全技术中心；开展安全和职业卫生防护距离的定量风险评估，完成92家企业危险化学品生产储存设施外部安全防护距离合规性排查；加强油气管道隐患治理，全面完成国家督办的7475处长输管道隐患治理工作；加大油库罐区隐患治理力度，由集团总部督办的792项油库罐区隐患整改完成72.98%，其中120项重大隐患整改完成79.17%。2018年，全面推行安全风险分类监管，针对不同风险等级企业采取量化审核、专项审核和审核指导等差异化审核方式，首次采取一对一帮扶方式深度指导企业内审工作，实现对重点监管企业实施差异化专项督查全覆盖；创新安全监管实现方式，与辽宁省建立地企安全生产联合监管机制；加强海洋安全合规性管理，涉海石油企业31家取得安全生产许可证。2019年，突出重点领域，持续保持高压严管态势，先后对5家企业开展安全技术诊断与管理评估，督办整改672个深层次问题。指导76家企业建立354项企业级生产安全风险防控方案。全面完成危险化学品3年安全综合整治任务，持续在危险化学品、外浮顶储罐、油气管道等重点业务集中开展隐患治理；督导完成285万道重点管道焊口底片质量隐患复核，对6095道存疑焊口落实强化措施，确保管道本体安全。

（2）强化双重预防管理机制建设。中国海油致力于风险分级管控和隐患排查治理双重机制建设。制定事故及隐患管理办法、重大事件和隐患跟踪督办细则。通过建立统一的隐患管理信息平台，将所属单位排查上报的各种隐患归并为28类，实现上报隐患报告、整改跟踪、关闭、统计全过程信息化，强化不同级别隐患的分级审批、督办、关闭，形成了隐患排查的“闭环式管理”。

随着海上作业水深增加、钻完井作业区域不断扩大，海上安全生产面临严峻挑战。2013年5月，明确提出“五不开钻”[1]要求，其后不断完善井控管理组织架构，成立中海油井控中心和钻完井风险技术委员会，制定钻井井控管理规定等井控管理制度，编制《国际有关钻完井管理指南及钻完井复杂情况处置案例》，每年开展两次“井控宣传周”活动，不断提升井控安全意识，加强井控应急能力建设。2014年12月，中国海油按照国务院安委会关于深入开展油气输送管道隐患整治攻坚战的通知要求，召开管道隐患整治攻坚战动员部署会。在规范油气输送管道安全隐患整改工作中，重视和加强档案管理，确保隐患整治“可追溯，可验证”。到2016年9月22日，全部完成排查出的144处管道隐患整改，投入资金6000多万元，拆除建筑129座，停用管道2条15.22千米，完成5段18.4千米管道改线，提前完成油气输送管道隐患整治。

2016年，按照国务院安委会办公室关于构建双重预防机制的要求，制定《安全风险分级管控管理规定》，规范安全风险分级管控工作，明确危险源辨识和安全风险评价实施流程及管理要求，全面推行安全风险分级管理。2017年7月，蓬勃作业公司海洋石油117 FPSO被国家安监总局确定为双重预防机制建设试点单位，中国海油将其做法逐步推广至其他单位。到2019年年底，按区域、装置绘制了“红橙黄蓝”四色风险电子分布图210张，辨识出重大风险60项、较大风险2285项、一般风险3.63万项、低风险6.09万项，并对较大级别

[1]“五不开钻”是指：地层压力不落实，审计审查不通过，不开钻；钻前准备不充分，后勤保障不到位，不开钻；人员资质不合格，安全技能不具备，不开钻；钻机装备不合规，井控设备不达标，不开钻；风险识别不清楚，安全预案不完善，不开钻。

以上风险制定了风险管控措施，明确了管控层级、管控责任单位和责任人。切实加强安全风险管控，规范储罐全寿命周期安全管理行为，按照《中国海洋石油总公司常压立式储罐安全管理规定（试行）》，组织开发基于检测的风险评估工具，到2019年完成了中下游企业的风险排查和高风险储罐治理工作，取得预期成效。

建立风险研判机制，强化作业风险控制。2018年，实施《中国海油作业许可管理规定（暂行）》，按照3个维度将作业活动划分为8类，确定3种作业许可策略，实现作业许可全覆盖。2019年3月，按照新版《危险化学品重大危险源辨识》（GB18218—2018）要求，通过重大危险源辨识与评估，发现重大危险源一级81个、二级21个、三级75个、四级70个，针对重大危险源制定落实了巡检制度，定期监督检查，确保风险管控措施落实到位。持续做好台风预警和应急处理，“科学应对自然灾害，全面防范重大风险”，加强与专业气象服务机构合作，提升预测预警能力；推动台风防范“一船一案、一井一案、一项目一预案”编制，强化应急演练。2019年，组织撤台10次，动用直升机301架次、船舶72航次，撤离1.06万人次，未发生次生事故。

（3）强化重点监管受控机制建设。中国石化强化对重点企业、重点项目、重点现场、重点时段的安全监督，落实现场作业“七想七不干”[1]要求，确保重大安全风险有效受控。2012年，创新建立重点监管服务机制，采取专业指导、检查督导、现场办公会等形式，着力超前预防、风险有效受控。年内，分3批共下拨隐患治理资金18.9亿元，对海上油气设施、井控装置、液态烃球罐、油库消防系统、热油泵密封等隐患重点治理，有效提升了装备的本质安全水平。2013年，部署开展年度QHSE大检查。突出重点和薄弱环节，组织开展了井控、海上、高处作业、危险品仓储、罐区作业、氯离子污染等专项检

[1] “七想七不干”是指：想安全禁令，不遵守不干；想安全风险，不清楚不干；想安全措施，不完善不干；想安全环境，不合格不干；想安全技能，不具备不干；想安全用品，不配齐不干；想安全确认，不落实不干。

查。加强现场安全监管，从落实《安全生产禁令》入手，全面规范作业人员的行为；落实领导干部带班和领导干部下基层安全督察制度，进一步加强关键装置、要害部位的现场监管，特别是对罐区作业现场实行作业安全“双监护”。2014年，吸取“11·22”事故教训，全面强化安全监管，集中开展隐患排查治理和“六打六治”行动。启动油气输送管道及厂际管道和罐区隐患排查整治攻坚战，排查出各类管道安全问题1.81万处，其中集团公司重点监管的隐患4840处、需要政府协调解决的1745处；及时下达隐患治理计划，当年下达隐患治理项目6602项、完成5985项。2015年，中国石化认真贯彻落实党中央、国务院关于加强安全工作的指示精神和“三严三实”专题教育工作要求，全力推进油气输送管道隐患整治攻坚战，狠抓现场安全监督管理，实现了重大安全事故为零的总体目标。年内，在8个地市分别召开油气管道及罐区隐患排查整治现场推进会，企地共商隐患整治事宜；下发《中国石化油气输送管道隐患整治费用分担的指导意见》《中国石化攻坚战罐区隐患排查识别指导意见》，坚持约谈、现场督办，实行分段承包、领导挂牌，加快了整治进度。到2015年年底，完成油气输送管道隐患整治总数的92.15%，其中密闭空间隐患整治全部完成、一般隐患整治完成96.4%、重大隐患整治完成85.12%，超过国务院安委会“重大隐患整改率达60%”的预期目标要求。

“十三五”期间，中国石化按照国家安全总局的总体部署，全面开展重大安全风险识别与防控，全力推进油气输送管道隐患整治攻坚战。按照“识别大风险、消除大隐患、杜绝大事故”的要求，全面启动重大安全风险识别工作；坚持问题导向，严格重大安全风险管控，严格承包商安全监管；切实加强各级领导的安全引领力建设，强化基层安全管理体系建设。2016年，开展两轮重大安全风险识别评估，制定了防控措施；全面启动安全水平定量评估，借鉴国际通行做法开发出安全管理水平量化评估系统；以安全风险管理为主线，从安全管理体系、人员、机械设备、安全设施等方面，设置一级要素16个、二级要素91个和问题项540个，并对各要素进行赋值。通过访谈、审核和现场检查等方式，年内完成12家企业的安全水平量化评估。2018年，建立各级安全生产风险和隐患清单，集团公司级30项重大风险关闭19项、续转2019年11项，集团公司级重大隐患治理191项，完成治理147项。加强直接作业环节安全监控，采取提高预制深度、模块化施工等措施减少高危作业人数和频次，实施直接作业环节安全管控13条硬措施。开展长输管道高后果区摸排和风险防控工作，对2653处人口密集型高后果区实施分级分类动态管理；深入开展管道检验检测和缺陷修复工作，完成长输管道内检测4968米，长输管道内检测率提高到82%。2019年，强化风险识别和管控措施落实，建立集团公司系统性安全风险清单，开展酸性气田长周期安全生产专题评价，启动海洋石油生产整体风险专项评估并完成埕岛油田一号、二号平台延寿改造；专题研究川渝地区防洪防汛及地质灾害的风险防范，全年未发生因自然灾害造成的安全事故和次生灾害。2020年，中国石化贯彻习近平总书记关于安全生产的重要论述，坚持安全发展理念，以“识别大风险、消除大隐患、杜绝大事故”为主线，结合推进安全生产专项整治三年行动，组织开展易自聚、易氧化物料泄漏隐患专项排查，集中治理外浮顶罐浮盘密封油气超标、独立安全仪表系统（SIS）缺陷等安全隐患；开展受限空间、高处作业专项整治，严格执行“双十条”管控措施，确保现场作业安全可控。

四、加强应急救援联动机制建设

石油企业高度重视应急管理工作，在认真总结应急管理工作经验、深刻吸取事故应急处置教训的基础上，按照“夯实基础、突出重点、稳步推进”的原则，以风险管理为核心，以基层建设为重点，以提高应急能力为着力点，不断加强应急管理体系、应急救援联动机制建设。

为充分发挥石油企业集团公司应急资源和救援力量的优势，提高特大突发事件应急处理能力，经中国石化牵头组织，与中国石油、中国海油研究决定，成立三大集团公司应急救援联动协调小组，制定并实施《三大石油化工公司应急救援联动协调方案》。2011年4月26日，三大集团公司联合印发《关于成立三大石油化工公司应急救援联动协调小组的通知》；11月10日，召开应急联动联席会议，就逐步建立健全应急联动机制、加强应急救援协作与配合，形成共识。2012年5月，召开应急救援联动协调小组会议，讨论应急救援联动实施细则、应急资源共享数据库建设方案，推进应急联动平台的开发工作。2013年11月召开研讨会，就应急救援联动专家组管理办法、联防区划分方案、应急资源分类与采集标准进行了研讨。2014年，委托中国石化青岛安全工程研究院起草，并审议通过《三大石油化工公司应急救援联动协调方案实施细则》《三大石油化工公司应急救援联动专家组管理办法》，以规范三大集团公司应急救援联动工作。2015年6月17日，按照三大集团公司年度应急工作计划，在国家危险化学品应急救援惠州基地，三大集团公司举行了应急桌面联合演练。

中国石化认真贯彻落实国家关于加强应急管理工作的一系列指示精神，按照“以人为本，减少危害”“预防与应急并重、常态与非常态结合”的工作思路，有针对性地加大工作力度，积极推进应急管理各项工作的开展。加强应急预案体系建设，重点对直属企业应急预案进行了修订、审查和备案；本着“简洁、实用、传承、提升”的原则，完成《中国石化重特大事件应急预案》修订工作，着重在组织机构、应急响应程序、应急行动上作出较大调整，提高了应急预案的实用性和可操作性。建立区域联防体制机制，修订《区域应急联防管理规定》《区域灭火联防方案》，扩增联防区域，覆盖集团公司所有企业；建立9个应急联防区域，形成资源共享、协同联防、指挥有序的区域应急联防管理体系，提高了集团公司区域应急响应能力和协同应对水平。2012年6月25日，中国石化在胜利油田埕岛海域成功举行海上联合应急演练（图1-3）；2013年6月27日，在胜利油田举行长输原油管道泄漏应急预案综合演练及第二（山东）联防区消防综合应急演练，检验了预案、锻炼了队伍，提高了企地、企企联合应急处置能力。到2013年年底，中国石化应急指挥中心基本建成，完成胜利油田海上救援中心、普光分公司应急救援中心应急指挥系统的接入工作。到

2014年底，形成由健全的应急组织机构、完善的应急预案体系、强有力的应急指挥系统和专业应急救援队伍构成的中国石化应急管理长效机制。各企业开展了贴近实际、注重实效、针对性强的应急演练，采用不预先通知演练人员、不告知具体时间、不确定具体地点的方式进行，达到了实战效果。2015年，按照“企业负责、专业管理、统一协调”的原则，制定《安全生产应急管理规定》，突出专业应急指挥责任、明确事业部（专业公司）是所管企业（单位）应急管理的责任主体，负责应急专业管理和突发事件的应急指挥。完善基层单位义务应急队建设，油田及石油工程板块基层单位组建了义务应急队；制定管理制度和奖惩机制，完善现场处置方案、应急处置卡，组织开展专题培训，基层单位处置各类突发事件的能力得到明显提升。加强企业专职应急队伍建设，提升综合应急保障功能，推进国家危险化学品应急救援基地建设，到2019年已有8家单位完成建设任务。2020年，修订集团公司总体预案和安全生产专项预案；中原普光、西南油气田等驻川企业针对含硫天然气管道泄漏、地质灾害多发等安全风险，修订完善相关预案。积极开展应急演练，提高演练的针对性

图 1-3　2014 年 6 月 25 日，胜利油田在埕岛海域成功举行 2014 年度海上联合应急演练

和实战效果，以实战促提升。西北油田组织开展井喷失控重大火灾事故综合演练，提升重特大事故的应对能力。推动专职消防队转型升级，提升专职队伍综合应急救援能力。加强基层单位义务应急队建设，提高基层一线初期应急处置能力。加快推进国家级应急基地建设，得到国家应急管理部肯定。

中国石油对所属46家生产经营企业的应急管理工作进行调研，组织50余名专家分3批，对勘探与生产、天然气与管道、海外勘探开发、工程技术、工程建设、装备制造等主要业务板块的125家企业进行应急预案评审，有104家企业通过评审、准予备案。抽调19名审核员组成4个审核组，按照预案管理“一普三重”[1]的原则，对西南油气田等重点生产企业和事故单位进行应急预案现场审核，提高了企业加强应急管理工作的积极性和主动性。2012年，对青海油田等33家企事业单位的应急预案进行了专家评审，有30家企事业单位通过评审，实现预案备案评审的全覆盖。9月，举行成品油库火灾爆炸综合实战应急演练，连续第4年开展安全生产应急演练，检验集团公司应急响应能力、企业与地方联动配合能力及应急处置能力。2013年，制定集团公司（一级）井控、管道、海上应急救援体系建设实施方案和企业（二级）专职应急救援队伍建设实施方案；按照国家统一要求，开展应急物资源普查工作，完成统计上报普查数据745条。2014年，开展应急预案审核，抽调25名应急管理专家和预案审核员分4组对辽河油田等8家企业进行应急预案现场审核，审核机关职能部门25个、二级单位22个、基层单位38个，发现各类问题74个、提出整改建议39个，推进应急预案向专业化、实用化转变。2015年，完善预案体系结构，形成“一个总体预案+22个专项预案”的预案体系，使集团公司层面的应急预案层次清楚、结构合理，集团公司与各企业之间的预案衔接更加紧密。2016—2017年，在国家资金支持下，大庆、新疆油田获得国家化学危险品应急救援基地建设项目，管道局及维抢修分公司、东北石油管道、西部管道、西

[1] “一普三重”是指普遍开展企业应急预案备案，对重要企业、重大项目、重点事故单位开展预案审核。

南管道分别获得国家油气管道应急救援基地建设项目，大庆油田获得国家化学危险品应急救援实训基地建设项目。2018年，全力推进大庆、新疆油田等5个国家应急救援基地建设；修订《安全生产应急预案管理办法》，发布《生产安全突发事件应急预案编制指南》（Q/SY 8517—2018），组织开展管道应急救援队预案范本编制工作。2019年，中国石油按照国家“一带一路”油气管道安全运行保障工作小组的工作部署，协调中国石油海外勘探开发公司及中油国际管道公司，配合国家能源局、安全部、海关总署、外交部等9部委，共同做好中哈跨境油气管道应急演练，对建立跨国能源通道保障体系起到积极示范作用。组织中油管道公司、西南管道公司等单位，开展了中朝原油管道鸭绿江突发事件应急演练以及中缅原油管道澜沧江跨越段泄漏政企联动应急演练。

中国海油坚持“以人为本”应急原则，强调事前、主动、系统地防灾应灾，注重分级管理、分工明确、有分有合的应急体系建构，建立了一套反应迅速、行之有效的应急管理体系；形成总部、分公司、油气生产作业单位的三级应急管理架构，以应急预案、应急指挥中心、应急管理信息系统、应急救援队伍等要素为基本框架，明确每一层级应急管理职责、启动条件、应急响应程序、软硬件支持工具和处置资源。积极参加国家应急救援基地建设，2016年申请承建国家油气管道应急救援深圳队获得批准，在依托现有装备技术力量的基础上，购置深水海底管道应急救援专用装备，面向南海并兼顾东海海上油气田海底管道，承担专业应急救援和抢维修任务。中国海油井控中心为应对海上重大井喷事故风险，2018年申请建设国家海上油气应急救援渤海（天津）队获批，目标是建成装备精良、反应迅速、处置有效的国家级救援基地，面向渤海、黄海、东海和内湖，同时辐射南海及东南亚海域，为海上油气勘探开发提供专业井控应急救援支持。自承建国家应急救援基地项目以来，在积极推进项目建设的同时，大力开展实战演练和培训，为海上油气生产保驾护航提供了有力保障。2019年，开展反无人机防御系统建设，进行系统试点，在天津LNG、涠洲终端、宁波终端、广西LNG完成部署。

2014—2020年，中国海油每年组织与所属单位在生产作业现场的联动应急演练，为完善预案、加强和改进应急准备、持续提升应急响应能力提供了有力支持。始终把人员安全放在首位，关注台风、风暴潮、海冰、洪涝等极端气候的防范工作，坚持十防九空也要防。各作业区域制定防台应急计划，根据台风动向、强度、离作业点的距离和预计轨迹，制定终止作业、安排人员撤离及恢复作业行动计划，保障人员和设施设备安全。

经国家有关部门批准，石油企业集团各公司分别设立了安全生产保证基金，并在不断加强管理和规范运作中，在隐患治理整改、事故灾害理赔、安全教育培训和突出贡献奖励等方面发挥了功能作用，为抵御重大自然灾害和火灾爆炸事故提供了必要的资金支持，发挥了理赔保障作用。

第三节 > 推进环保低碳绿色发展

环境保护是国家对工业企业履行社会责任、生态责任的第一要求。石油工业油气勘探开发点多、线长、面广，环境保护管理难度大、风险高，特别是海洋油气勘探开发因环境更特殊、更复杂，所以对环境保护管理的要求更高。石油企业认真贯彻国家节约能源和保护生态环境的各项方针政策，坚持“绿水青山就是金山银山”的发展思想，积极推进资源节约型、生态环境型企业建设。通过强化落实节约能源目标责任、完善工作机制、夯实管理基础、推进实施重点工程，实现了能源节约、污水减排、低碳绿色发展的目标。

一、落实环保目标责任体系

石油企业把节能减排低碳作为调整优化结构、提升核心竞争力和履行企业社会责任的重要方式和主要内容，通过落实环保目标责任体系，实施技术改造、节能减排、系统在线实时监测污染源达标排放等措施，实现节能减排低碳绿色发展。

（1）强化环境保护管理，从严落实环保目标责任。2012年，中国石油落实国家环境保护部“十二五”主要污染物总量削减目标，安排减排工程项目206项、投资73亿元，与各企业签订污染减排目标责任书，将主要污染物总量控制指标、污染减排工程及有关管理要求落实到各企业，并将指标层层分解。加快重点减排工程实施，全年实施减排工程项目38项、结构减排项目5项、管理减排项目涉及12家企业。2013年，加大节能技术创新和推广应用力度，推进实施重点节能技术改造，能源和水资源利用水平不断提升；主要污染物排放量实现同比下降，其中化学需氧量、氨氮、二氧化硫、氮氧化物排放量分别下降3.68%、2.00%、7.52%、3.15%，全面完成国家下达的年度考核指标。大庆油田扎实推进环保重大基础性工程，热电厂“上大压小”工程顺利完成；锅炉低氮燃烧、燃气脱硫改造扎实推进，二氧化硫、氮氧化物的排放得到有效控制；改进工艺设计，优化站点布局，进一步加大含油污泥等资源化、无害化处理力度，实施不同开发区块及厂际间含油污水调配、回注；年内处理含油污泥23万立方米、回收原油2万多吨，钻井、射孔废弃泥浆固化合格率从65%提高到85%，实现了节能减排与降本增效的双赢；吨液能耗下降0.14千克标准煤，累计节能16.6万吨标准煤；防污减排措施有力，主要污染物达标排放率100%。6月，国土资源部发布关于第三批国家级绿色矿山试点单位的公告，大庆的喇－萨－杏油田正式入选国家级绿色矿山试点单位。2014—2015年，中国石油认真贯彻落实国家《万家企业节能目标责任考核实施方案》要求，推进重点业务领域和所属重点企业节能工作，将节能、污染减排目标完成情况纳入各地区公司主要负责人业绩考核体系中，加强重点污染减排工程实施及污染减排指标过程控制，强化节能减排责任落实。国家环境保护部13项责任书工程全部建成投运，提前1年完成“十二五”规划中氨氮、二氧化硫污染物减排指标。2015年，化学需氧量、氨氮、二氧化硫、氮氧化物等主要污染物排放量较2010年分别下降16.0%、16.3%、41.3%、20.3%，超额完成国家《“十二五”主要污染物总量减排目标责任书》规定的指标任务。

“十三五”开局之年，中国石油贯彻落实党中央、国务院生态文明建设工作部署，坚持“绿水青山就是金山银山”绿色发展思想，发布实施生态保护行动纲要；制定实施《污染物排放达标升级计划》，确立油田外排污水综合利用、污水处理厂提标改造、锅炉烟气污染治理、硫黄回收尾气治理、关停与并转分散小型燃煤燃气锅炉、厂界及敏感区噪声治理、钻井废物及作业废液无害化处理及资源化利用、危险废物储存场、填埋场等12个重点治理方面，部署“十三五”达标升级重点工程项目422项。年内，完成节能重点技术改造34项，能源资源利用率进一步提升；综合能源消费量同比下降1.42%，用能总量连续2年下降。严格污染源在线监测管理，持续对307个重点污染源监测点进行24小时实时监控，对超标数据、异常数据进行实时分析、现场核实，监督企业加强生产控制，平稳操作、优化运行。加快落实国家大气污染防治强化措施，制定京津冀大气污染防治强化措施实施方案，落实燃煤小锅炉并淘汰229台，锅炉减排改造170台并对剩余的8台锅炉改造进行强化督办。2018年，坚持资源在保护中开发、在开发中保护、环保优先，推进绿色发展，努力构建环境保护长效机制，环境绩效再创佳绩，化学需氧量、氨氮、二氧化硫、氮氧化物减排量同比分别下降7.9%、7.0%、7.6%、7.2%。到2018年，累计实现节能量269万吨标煤，超额完成国务院国资委下达的中央企业负责人2016—2018年任期经营业绩考核指标。

2019年，中国石油深入贯彻落实习近平生态文明思想，牢牢把握党中央、国务院关于坚决打好污染防治攻坚战的各项任务部署，坚持高质量发展总体思路，坚持依法合规，坚持问题导向，不断夯实企业生态环境保护责任，进一步加强生态环境保护工作。按照国家《打赢蓝天保卫战三年行动计划》《水污染防治行动计划》《土壤污染防治行动计划》的要求，制定实施集团公司“污染治理防治行动方案”和攻坚重点区域综合治理专项方案；有序组织企业开展土壤和地下水污染调查工作，其环境管理系统正式上线运行；持续加大含油污泥清查治理力度，处理历史遗留含油污泥179.5万吨。全年，实现节能量82万吨标准煤、节水量1084万立方米。化学需氧量、氨氮、二氧化硫和氮氧化物四项主要污染物排放总量同比下降5.7%、13.6%、8.5%、7.6%，全面完成控制指标，实现38家企业463个重点污染源监测点在线管控。2019年7月，中国石油获得国务院国资委2016—2018年任期“节能减排突出贡献企业”称号。2020年6月5日，中国石油《2019年环境保护公报》在北京发布，这是中国石油连续第21年主动对外发布。

（2）以科学发展观为指导，推进实施节能减排、低碳绿色发展战略。中国石化以持续实现污染物总量消减和实现稳定达标为目标，切实履行企业社会责任，努力打造“高度负责任、高度受尊敬”的能源化工公司。2012年11月29日，中国石化发布《环境保护白皮书》，公开承诺：凡是环境保护需要花的钱一分不少，凡是不符合环境保护的事一件不做，凡是污染和破坏环境的效益一分不要，诚挚地欢迎政府、媒体、社会公众以及社会各界的监督，共同推进企业与经济、社会、生态的和谐发展。2012年，中国石化万元产值综合能耗同比下降2.55%，节约228万吨标煤；危险化学品和“三废”妥善处理率达100%，工业水重复利用率保持在95%以上；万元产值综合能耗完成0.704吨标煤，与基期2009年的0.74吨标煤相比下降4.86%，超额完成第三任期节能目标任务；COD下降21.27%，二氧化硫排放量下降19.14%，均超额完成第三任期目标任务。2013年1月，为打造绿色低碳发展新优势，促进可持续发展，对绿色低碳、节能减排管理职能进行整合，成立了能源管理与环境保护部。开展“能效倍增”及合同能源管理工作，积极实施“碧水蓝天”环保专项治理计划，深入推行清洁生产，开展碳排查及碳捕获，各项工作开展有序、成效明显。2013年，全面完成国家环保部下达的总量年度减排指标，国家环保部重点监管的19个减排项目按期建成投运。

实施“碧水蓝天”环保专项治理计划，清洁生产活动有序开展。2013年，中国石化对胜利油田、中原油田等企业的清洁生产进行了验收。各油气田企业通过推行清洁生产活动，外排废水、有控废气外排达标率逐年提高，实现了节能、降耗、减污和增效的目标，取得了显著成效。胜利油田树立“油田产出水都是资源”的理念，按照“勘探开发减排、污水回注，海上陆上、黄河南北一体化”原则，强化节点控制，实施污水回注工程，孤东、现河、桩西采油厂的污水外排口，分别于6月28日、6月30日、12月13日关闭，实现油田采油污水“零排放”的历史性跨越，提前2年实现“十二五”采油污水零排放的目标。加强对油泥砂治理的技术攻关与研究，强化源头控制与过程削减，提升末端治理水平，相继建成年总贮存能力8万立方米的38座油泥砂贮存池，建成年处理能力10万吨的油泥砂焚烧装置和3套洗砂装置，保障了油田所有油泥砂的依法合规治理。积极推进绿色矿山建设，胜利油田胜利采油厂作为第三批国家级绿色矿山试点单位，顺利通过了国土资源部验收。启动历史上规模最大的“碧水蓝天”环保专项行动，到2016年，油田累计投入资金11.5亿元，全面完成采油厂套管气回收治理、联合站事故池隐患治理等项目27项，实现了污染减排和达标排放的目标。全力做好热源结构调整、清洁能源改造、污染治理设施升级改造，开展燃煤锅炉烟气改造，利用地热或外部热源替代关停17座、气代改造4座、污染治理升级改造3座，改造、拆除或封焊停用564台10蒸吨以下燃煤加热炉；到2017年，油田全面实现燃煤锅炉的达标排放，提前完成国家、山东省和中国石化部署的整治任务。

2014年，中国石化落实“从严管理年”活动要求，规范环保管理，修订、制定环境保护管理办法等环保制度，进一步界定各层级环保责任，规范工作流程，加大问责和处罚力度。组织对江汉油田涪陵工区等13家企业开展环保专项服务，提出解决方案；组织开展环保专项巡视，年内完成104家企业的巡视工作。国家环保部重点监管的14个废水、51个烟气治理减排项目全部建成。全年，完成减排项目119个、总投资96.3亿元。是年，中国石化获得联合国“关注气候与环境保护最佳实践”案例奖；被评为“2014中国低碳榜样”

企业。2015年，全力推进“碧水蓝天”环保专项行动，将项目总数调整为810个，投资调整为214.8亿元；到年底已落实项目653个，批复投资156.2亿元。完成“十二五”主要污染物总量减排目标责任书中要求的指标任务，环保责任书规定的34项污水提标改造项目、36项催化烟气脱硫项目、重点区域大气污染限期治理方案中涉及的45台锅炉烟气治理项目，全部按期建成投运。是年，万元产值综合耗能为0.546吨标煤、同比下降0.7%，实现节能量700万吨标煤，超额完成国务院国资委“十二五”节能500万吨标煤的考核目标；工业取水量9.58亿立方米，比2010年下降6.1%，节水6200立方米；外排废水合格率为99.8%，有控废气外排达标率为99.5%，固废合规处置率100%；化学需氧量、氨氮、二氧化硫、氮氧化物排放总量分别比2014年下降2.14%、2.33%、17.42%、24.26%，全面完成国家下达的年度减排目标，获得中国环境社会责任企业、2015中国低碳榜样企业等荣誉称号。

2016—2017年，中国石化坚持以生态文明建设为指导，深入贯彻落实十八届五中全会提出的绿色发展战略，坚持“节约优先、环保优先、预防为主”的原则，统筹节能减排降碳一体化管理，积极实施“大气、水和土壤”污染防治三大行动计划，持续推动碳资产管理，能源环境工作成效持续提升。胜利油田实施“能效倍增”计划，启动“能效领跑者”活动，在采油、注水等6个系统评选出54个“领跑者”，实施5个节能一体化能效提升工程，节能抽油机、网电修井机、碳纤维连续抽油杆等节能装备实现规模化推广，2017年油田能耗总量和强度实现“三连降”，新建节能能力2.03万吨标煤，节能增效2.71亿元。探索实施“天然气+地热+余热+太阳能+风能”多能互补的智慧绿能新模式，从首例污水余热民用供暖先导项目，到污水余热资源综合利用技术达到国内一流先进水平；新能源开发利用从无到有、从星星之火到燎原之势，逐步进入规模化、产业化轨道，实现了“从先行者到引领者”的转变。2018年，胜利油田打造能源管控中心，按照“能流可视化，在线可优化，能效最大化”的原则，试点建设了郝现管理区能源管控中心，填补了中国石化上游板块能源管控中心建设的空白，被国家市场监管总局授予“国家能源资源计量服务示范入围项目”。投入资金2.9亿元，立项实施“能效提升”项目51个。其中，“东二联区域一体化能效提升工程”被列为国家标准化委员会节能标准化示范项目，“东三联区域一体化能效提升工程”入围中国“双十佳”最佳节能实践项目名单。

2018—2020年，中国石化贯彻落实党中央、国务院关于“全面加强生态环境保护，坚决打好污染防治攻坚战”的意见，积极践行绿色低碳发展战略；树立“奉献清洁能源、践行绿色发展”理念，以环保优先为原则，不断提升能源环保一体化管理水平；持续推进绿色企业行动计划，有序推动“能效提升”行动，深入推行清洁生产，持续加强污染防治，有效管控重大环境风险，各项指标总体受控，助力集团公司全面可持续发展。2018年4月，印发《关于全面实施绿色企业行动计划的通知》。胜利油田制定《绿色企业行动实施方案》，以“清洁、高效、低碳、循环”为目标，大力实施“绿色发展、绿色能源、绿色生产、绿色服务、绿色科技、绿色文化”行动，统筹配套计划投资和成本费用，先后投入11.99亿元实施191个绿色清洁和能效提升项目，把绿色低碳发展理念融入生产经营全过程和员工群众生活各方面。积极推进CCER（中国核证自愿减排量）项目申报与交易，胜利油田鲁胜公司集油站污水余热回收利用项目在济南碳排放权交易中心落户，正式签订碳交易战略合作意向书；启动CCUS-CCER方法学开发，结合CO_2驱油封存项目实际，开发了CO_2驱油封存碳减排方法学，提升了油田在同行业碳资产开发管理中的地位。按照中国石化“绿色企业行动计划”的部署，以人民对美好生活的向往作为企业发展的方向，坚持“环境是最稀缺资源，生态是最宝贵财富”的发展理念，发布《胜利油田绿色企业行动实施方案》，将绿色低碳理念融入油田勘探开发、生产经营全过程；推进“气、水、土”环保隐患治理，优化调整能源消费结构，推广应用绿色生产工艺技术；加强绿色文化建设，绿色生产、绿色生活成为员工的行为习惯和自觉追求，促进了排放总量和强度持续下降。2019年，全面巩固绿色发展环境，坚决扛起央企保护环境的社会责任，大力开展“碧水、蓝天、净土”专项行动，推进自然保护区、涉海生产设施退出及生态恢复；油田采出水回注率连续6年保持100%，工业固废处置率保持100%，吨油气综合耗能连续4年持续下降，做到了“在保护中开发，在开发中保护”，不断塑造清洁、高效、低碳、循环的产业新形象。

中国石化深入贯彻落实习近平生态文明思想，着力推进污染防治攻坚战；坚持绿色发展理念，推进“绿色企业行动计划”和生态环保工作；坚持节能优先方针，推进能效提升、资源利用、温室气体减排等重点工作。狠抓落实，创新进取，各项指标总体受控，能源环境一体化管理水平不断提升。2019年，中国石化获中国低碳榜样、生态环境“领跑者”、环境社会责任企业和节能减排突出贡献企业等称号。2020年，深入开展绿色企业创建活动，共有39家企业完成绿色企业创建，已评审企业全部通过复核；3年共有76家企业完成创建，创建完成率达67%；有2家企业获国家级绿色矿山称号，3家企业获国家级绿色工厂称号。扎实推进绿色基层建设，油田企业完成550个绿色采油、集输等绿色基层建设；石油工程公司推进泥浆不落地、大力推广网电代替柴油发电，打造绿色钻井队、作业队240余支；集团公司8800个基层单位完成绿色基层创建，创建完成率达37%。稳步推进“能效提升”计划，实施能效提升项目559个，实现节能101万吨标煤、效益15.9亿元。持续推进用能结构优化调整，在38家企业实施采油污水余热、地热、太阳能利用等新能源项目230项，替代标煤121.4万吨；西北油田开展注气、钻井、修井、泵车油改电作业，节能1.4万吨标煤。坚决打好污染防治攻坚战，有序推进10座危险物处置中心建设。全年，集团公司万元产值综合能耗为0.519吨标煤、下降0.38%；工业取水量减少1000万立方米，污水回用率提升1.68个百分点；国（省、市）控排放源废水、废气综合达标率分别达100%、99.9%，固废妥善处理处置率100%；主要污染物化学需氧量、氨氮、二氧化硫、氮氧化物，全面完成国家下达的年度减排目标任务。年内，集团公司获环境社会责任企业和绿色发展典型案例企业称号，连续第10年获中国低碳榜样企业称号。结合碳达峰碳中和、持续强化污染防治、防范化解重大环境风险等绿色发展重点工作任务，针对性制定“十四五”绿色企业行动工作目标任务，为全面践行绿色洁净发展战略、树立行业绿色发展标杆奠定基础。

（3）坚持“环保至上”发展思想，实现低碳绿色、可持续发展。中国海油以创建“资源节约型、环境友好型”企业为宗旨，将绿色低碳作为公司发展战略之一。深入推进能源生产供给侧结构性改革，稳步提升资源能源利用水平，打造绿色油田、绿色产品。2014年，投入资金4.3亿元，实施节能减排项目121个，实现节能量28.5万吨标煤，万元产值综合能耗0.2841吨标煤，同比下降2.6%。在达标排放的基础上，采用排放总量限额分配制度，促使各作业单元全力以赴实现减排目标。依托环保管理信息系统，全方位管理所属各级单位的“三废”排放，将污染物排放数据填报、统计、监管与报警纳入信息化管理系统，实现了“横到边、纵到底”的扁平化、精细化环保管理；按照“减规模、换燃料、上措施”的方式推动减排项目的实施。2015年，实现节能量30.8万吨标煤，万元产值综合能耗0.2731吨标煤，同比降低3.9%；二氧化硫、氮氧化物、化学需氧量、氨氮的排放量分别为0.88万吨、1.52万吨、0.17万吨、0.02万吨，同比分别减少29%、16%、2%、67%。

2016—2017年，投入7.56亿元，实施节能项目210个；海油工程“典型海工装备绿色供应链系统构建”项目，入选国家绿色制造系统集成重点项目。2018年，投入节能减排资金3.7亿元，实施节能技改项目114个，升级优化能源与低碳管控系统，所属34家“百千万”重点用能单位完成相应指标任务。“贡献绿色能源、筑梦碧海蓝天”，响应《巴黎协定》，主动应对气候变化，着力构建清洁低碳、安全高效的能源体系，坚持绿色低碳循环发展。2019年，投入节能减碳资金3.8亿元，实施节能改造项目124个，实现节能量27.8万吨标煤，万元产值综合能耗0.3471吨标煤。大力开发天然气和LNG业务，稳妥发展新能源业务，努力建设低碳能源供应体系。实施“绿色油田”的行动计划，最大限度减少海洋油气勘探开发过程中的碳排放量；从温室气体排放总量、单位产品温室气体排放量、火炬放空气的管控、甲烷逸散排放控制等方面与国际领先水平的公司对标，落实减排措施。从源头入手，严格把好新建项目的“低碳关”，将温室气体减排的思想融入新建项目的全生命周期；在项目设计阶段把控工艺选择、设备选型，确保能源利用效率最大化、温室气体减排措施最优化；在项目建设全过程中，实现以严格环评管理、污染物排放达标和总量控制管理为重点的环境保护全过程管理。

在严守环保“遵法达标”底线的基础上，积极履行企业的主体责任。按照国家统一部署，持续推动挥发性有机物（VOCs）整治工作，包括排查VOCs污染源、建立设备泄漏检测与修复（LDAR）作业程序、推动实施末端治理项目。2016年，发布实施VOCs综合整治方案，开展储罐、污水处理厂、装卸车油气等末端治理项目；建设总量核算信息化平台，推动相关企业按照石化行业标准开展VOCs治理。2017—2019年，在推动企业末端治理的基础上建章立制，发布实施挥发性有机物（VOCs）管理细则及其配套指南；按照《挥发性有机物无组织排放控制标准》（GB 37822—2019），持续开展VOCs污染源排查和治理工作。

针对重点区域大气污染的防治要求，以“蓝天、碧水、净土”为目标，积极开展提标改造工作。从2018年起，实施“渤海油田环保升级三年行动计划”，开展削减污染物排放、提升井控综合能力和溢油应急能力、加大生态补偿与修复力度、升级环保管理手段等方面的工作，从制度到措施、从管理到技术全面提升环保工作水平。2018—2019年，分别投入0.93亿元、18亿元，完成了6项改造及研究项目；分别投入3.5亿元、1.4亿元，实施了74项废气治理提标改造项目。2019年，中国海油制定发布“绿色发展行动计划”，印发《绿色发展行动计划实施方案》，明确了近期、中期和远期的绿色发展目标，实施绿色油田、清洁能源、绿色低碳行动计划，努力打造成为中国特色国际一流的清洁能源生产供给企业。

二、强化环境风险管控机制建设

石油企业坚持把源头控制、过程监管作为环保管理工作的重中之重，认真执行《环境保护法》“三同时”制度[1]，确保建设项目依法合规建设。强化对重点企业、重点项目、重点现场、重点时段的环保监督，确保重大环境风险有效受控，杜绝重大及以上环境污染和生态破坏事故的发生。

2012年，中国石油编制完成《环境风险动态评价数据库建设方案》，逐步建立起了环境风险动态评价数据库；修订《事故状态下水体污染预防与控制技术要求》标准，提高对敏感地区企业的环境风险预防等级。组织有关企业对重大项目的环境风险防控措施落实情况进行核查；开展全面细致的环境风险隐患排查，梳理编制出环境“六大风险”报告；启动污染源在线监测平台建设，对重点废水、废气污染源实现监测数据实时传输、异常报警。2014年，按照“分层管理、分级防控”的风险管理机制，对环境“六大风险”实行分级、分层、分专业管控；组织开展水环境风险排查、危险废物专项整治和放射性污染防控专项检查，对环境事件进行升级管理，细化环境防控过程管理考核。2016年，组织勘探、管道、工程技术等重点企业，落实国家环境风险评估要求，全面开展环境风险评估。到2017年，中国石油实施企业环境风险评估，推进环境风险“分层管理、分级管控”，共41家主要生产排污型企业完成首轮环境风险评估，覆盖全部油气田企业，筛选出重大风险源403项，实施精准管控。2018年，落实生态环境部、国务院国资委等各项生态环境风险控制要求，开展汛期环境风险强化管控和环境隐患排查治理，对排查出的生态环境隐患实施销项管理，从源头控制环境事件的发生。2019年，建立环境风险全面管控机制。组织全系统污染型企业对照中央生态环境保护督察内容，开展环境隐患排查并对发现的1741项环境隐患，实施分类分级动态管控、定期跟踪整改；强

---

[1] “三同时”制度：建设项目中防止污染的措施，必须与主体工程同时设计、同时施工、同时投产使用。防治污染的设施必须经原环境报告书中的环保部门验收合格后，该建设项目方可投入生产或者使用。

化环保责任意识，加大各类环境事件责任追究的力度。

中国石化加强环境风险防控，落实“谁主管、谁负责”主体责任，不断提高环境风险防控能力。2012年，组织完成了对河南油田、塔河分公司的环保现状评估。通过综合评估，对企业的环保管理、污染物治理设施运行、环保装置与生产的匹配性、环境风险防控等方面提出整改建议，督促企业不断提升环保管理水平。2013年，在QHSE大检查中安排40名环保专业人员参加19个组的检查，重点围绕环境守法、固废管理、土壤和地下水、总量减排、环境风险、建设项目环保“三同时”以及环保隐患等，对全系统124家企事业单位的环保工作进行全面检查，查出问题851项，并反馈各企事业单位逐项研究整改。2014年，开展涉水企业环境安全检查，开展固废、土壤和地下水现状调查和污染物防控技术研究，开展企业环保风险评估和隐患排查。对查出的所有隐患进行分类，制定了管理措施，对48家企业上报的181项环保隐患，需立项治理的隐患均已立项解决。不断提高环境风险防控能力，指导企业全面筛查和梳理环境风险源，到2015年建立环境风险源识别评估、环境隐患排查和隐患专项治理等机制，规范应对突发及次生环境事件的应急处置程序等。2016年，根据国家相关法规和指南要求，建立符合环境风险特征的技术文件，做到“评估依据充分，要素选择科学，量化定级合理，模型设计严谨，结果贴近实际”；在全系统开展环境风险识别与评估，并梳理出6类1126项重大环境风险。加强过程跟踪与督导，对重大环境风险进行现场调研，提出工作重点和防范措施，2017年重大环境风险源削减率30.3%。2018年，对海底管道等重大环境风险开展现场督导，部署雨季汛期环境风险管控工作；通过完善管理措施，实施隐患治理，淘汰或停用红线区内生产设施等措施，完成重大环境风险源降级目标。持续降低超标排污风险，通过实施监督监测，废气、废水综合达标率达99%以上。2019年，强化环保工作要求，编制体系环保审核标准及细则、制定并发布HSSE体系环保实施指南，推动体系落地；印发《关于对环境保护突出问题进行从严从快处理的通知》，制修订《中国石化生态保护管理办法》《中国石化环境事件领导干部责任追究管理办法》《总部机关各部门（单位）主要环保职责》等环保管理制度，建立从严从快问责机制，严格执行能源环境绩效考核制度。编印污染防治工作3年实施方案项目清单，加快推进90家企业污染防治项目实施。开展固体废物管理专项检查督查，配套完善危险废物储存设施，推动区域危废处置中心建设实施；加快实施废气治理项目，持续推进环保设施升级改造，完成工艺加热炉低氮燃烧改造；持续推进污水场升级改造，增加脱氮除磷设施，按要求增置总氮、总磷在线监测设施，确保废水达标排放。深入贯彻习近平关于长江保护、黄河流域生态保护和高质量发展指示精神，做深做细重点流域生态环境保护工作。持续开展环境风险动态更新，完成《中国石化突发环境事件风险评估指南》的修订和全系统的宣贯；加快推进环境应急管理体系建设，举办“环境风险识别管控与应急管理”“环保专业人才强化提高”等培训班，420名企业相关人员参加培训，提高了履职能力。发布《企业环境绩效评价工作指南（试行）》，坚持开展环保巡视，保持常态化监督管理。2020年，印发《中国石化落实黄河流域生态保护行动方案指导意见》，明确黄河流域企业生态环境保护目标任务。推动生态保护红线区内设施关停退出和生态恢复，胜利油田、西北油田退出401口油气井和20座场站，按时完成中央生态环境保护督察要求的退出任务；关停搬迁8座油库和码头，实施码头岸线环保综合治理，覆绿面积达37.8万立方米；已退出临时占地实施生态恢复率100%。

石油企业高度重视环境事件应急管理，按照“夯实基础、突出重点、稳步推进”的原则，以风险管理为核心，以提高应急能力为着力点，不断加强应急管理体系建设。中国海油为应对海上溢油风险，建立了专业的溢油应急团队——中海油环保服务公司（COES），这是按照国际惯例和标准而建立的专业化溢油应急响应公司。中国海油不断完善提高海上设施、陆地终端及沿海码头溢油应急能力，持续推动沿海溢油应急基地建设。2015年1月，中国海油加入溢油应急响应组织OSRL，获得在全球范围内开展有效响应的三级溢油资源。除专职溢油应急人员外，还在海上各区域成立了兼职溢油应急队伍，每年至少开展1次现场级溢油应急培训和演练。作为国家重大溢油部际联席会议制度成员单位，中国海油致力于溢油预防、监测、探测和清除等领域的技术研究，研发了海上溢油立体化监测预测系统、水下（深水区）溢油应急技术、极端条件下溢油应急技术等，并成功运用到多次海上溢油应急培训、演练及数次溢油事故中。到2019年年底，在渤海、南海东部、南海西部沿海建有8个溢油应急基地（站），配置了9艘环保工作船。

提升全球溢油风险防范能力，中国海油倡议的区域溢油应急组织（RITAG），拥有韩国、日本、马来西亚、泰国、新加坡在内的6家应急单位会员。中国海油与印度尼西亚最大的溢油应急处理公司OS-CT（印尼溢油应急战备队）签订合作协议，与OSRL（溢油应急有限公司）、SINTEF（挪威科技工作研究院）、ITOPF（国际油轮船东防污染联合会）等国际知名溢油响应组织合作，组建全球应急响应体系，提升了中国海油在全球作业区域的溢油风险防范能力。

三、科技支撑环保绿色发展

根据石油工业的生产特点，石油企业始终把节能减排、安全生产与环境保护作为科技重点领域之一，强化环保技术研发和实用技术利用，持续提升节能减排、污染控制和生态保护水平。

2011—2012年，中国石油“石油石化固体废物处理和资源化技术研究与示范”“中国石油油气回收系统技术评价与推广应用”课题，获得国家环境保护部科技进步三等奖；“环境可接受型钻井液与钻井废弃物无害化处理及资源化利用新技术”等4项课题，获得中国石油化学工业协会科技进步奖项；大庆油田“含油污泥资源化利用技术研究及应用”，含油污泥资源化利用取得良好效果。2013年，加强环境科技创新和技术进步，以绿色技术改造传统产业，“石油石化典型场站浅层地下水环境风险防控技术研究与示范”“石油化工污水处理系统研究与应用”“稠油污泥资源化处理与利用研究”等项目研究取得重大成果。2014年，中国石油承担“井喷事故所致有害气体扩散事件”“油气长输管道泄漏事件”两项子课题研究，通过国家验收。2016年，开展温室气体排放核算与报告工作；建设运行温室气体排放管控信息平台，积极参与国家石化行业碳排放基准值研究；完成温室气体排放核算，拟纳入全国碳排放权交易体系的企业完成温室气体排放核算和报告。2017年，依照国家相关技术规范，开展并完成温室气体排放核算；完成《事故状态下水体污染的预防与控制技术要求》的修订。2019年，安排节能专项资金6.5亿元，实施油气生产机采系统提效、加热炉提效、重点耗能设备节能改造、系统优化等技术改革项目。

中国石化组织开展二氧化碳捕集、应用等多项温室气体减排技术研发。2013年，由中原油田牵头开展的“二氧化碳直接矿化磷石膏联产硫基复肥工艺开发”项目进入中试阶段，年可矿化二氧化碳100万吨；胜利油田建设的二氧化碳地质封存示范项目，成为世界上最大的燃煤电厂烟气CCUS示范项目。积极推进二氧化碳驱油矿场试验，在胜利、中原、华北、华东、东北油田，已累计注入二氧化碳77万吨，累计增油14.3万吨。积极开发CDM项目，在联合国成功注册2个地热集中供暖的CDM项目，获得签发核证减排量2.86万吨二氧化碳当量，实现了中国石化核证减排量零的突破。2013—2015年，针对“三高”油气井井控装置本质安全隐患，完成防喷器生产出厂、检修出厂气密封检测技术研究，并完成《闸板防喷器出厂气密封检测技术规范》等标准制定。2016年，发挥环保科技支撑作用，在全系统推广节能技术项目230项，实现节能量23.7万吨标煤、效益6.29亿元。2018年，实施技术改造项目280项，节能27.9万吨标煤，实现效益4.5亿元。江苏油田在9座站点开发应用“含油污水生化及低能耗膜处理技术”，减少新鲜水回注量超过1000万立方米。持续推进二氧化碳驱油示范工程，2019年重点在胜利、华东、江苏油田推广二氧化碳驱油技术应用，注入二氧化碳23万吨、增油7万吨；推进甲烷气体回收利用，强化密闭混输工艺运用，大力实施套管气回收，推广“边试气边进站”工艺，加强边远零散井回收等措施，年回收甲烷约4亿立方米，相应减少温室气体排放约600万吨二氧化碳当量。2020年11月，与国家发改委能源研究所、国家应对气候变化战略研究所和国际合作中心、清华大学签订合作意向书，启动中国石化引领能源化工行业碳排放达峰和碳中和战略路径课题研究，确定自身转型发展的战略目标、重点任务、实施路径和保障制度。2020年，碳交易试点企业制定合理的履约方案和交易计划，积极利用CCER抵扣配额政策，降低履约成本，按时完成年度碳配额履约工作；年内，集团公司碳交易量359.6万吨、交易额1.2亿元。开展油气田油气损耗监测与防控治理技术专项研究，对油气损耗监测及防治等关键技术进行攻关，探索建立生产系统油气损耗的定量评估及防控治理体系；油气田企业采取强化措施，年回收甲烷约6亿立方米，相应减少温室气体排放约900万吨二氧化碳当量；在胜利、中原、华东等油气田企业，实施二氧化碳驱油项目，二氧化碳驱油注入29.8万吨、增油4.3万吨，取得增油与减排的双重效益。深化分布式太阳能光伏项目研究，积极利用废弃的油气井场等资源，完成项目可研批复39个（装机规模达100兆瓦），新建装机规模21兆瓦，累计装机超100兆瓦。胜利油田16.4兆瓦光伏项目、河南油田双河东区2.41兆瓦光伏项目、新星公司咸阳法士特4.5兆瓦光伏项目顺利并网。全年，发电1亿千瓦时。2021年7月5日，中国石化宣布：启动百万吨级碳捕集、利用与封存（CCUS）建设项目——齐鲁石化–胜利油田CCUS项目；7月16日，全国统一的碳排放权交易市场正式启动，碳配额开盘价为48元/吨；7月20日，中国石化CCUS（二氧化碳捕集、利用与封存）重点实验室揭牌；7月21日，中国石化顺利完成全国碳市场首笔大宗协议交易，从华润集团买入10万吨全国碳市场碳配额。

中国海油高度重视科技创新在环保安防领域的引领和基础保障作用。“十三五”期间，围绕“安防、废弃、溢油”三个方向开展攻关研究，提出系统解决方法、方案与工艺配套技术，突破制约海上油田环保9项关键技术，海上钻井平台水下安防预警系统、含油固废化学–生物耦合处理技术、含油污泥干化–热解工艺技术、海面溢油回收物高效分离工艺技术、海上溢油泄漏量与影响范围评估技术等方面形成标志性研究成果。

2020年5月1日，经市场监督管理总局和国家标准化管理委员会批准的《输油管道环境风险评估与防控技术指南》开始实施，这是中国输油管道环境风险管理方面的首个国家标准，标志着国家管网集团公司在输油管道环境风险管理方面迈进标准化管理阶段；11月18日，由中国石油川庆钻探公司主编、国内5家单位参编的《页岩气环境保护第1部分：钻井作业污染防治与处置方法》（GB/T 39139.1—2020）获得市场监督管理总局和国家标准化管理委员会批准发布实施，这是中国第一个页岩气勘探开发的国家环保标准。2021年12月30日，国务院国资委印发《关于推进中央企业高质量发展做好碳达峰碳中和工作的指导意见》，明确中央企业绿色低碳循环发展的产业体系和清洁低碳安全高效的能源体系全面建立。2022年，石油企业集团公司按照意见的部署积极开展工作，为逐步形成绿色低碳核心竞争优势，为国家顺利实现碳中和目标努力做出积极贡献。

石油工业不同于其他行业，因其特殊性往往是在发生安全生产事故的同时会造成重大环保事件。因此，石油企业特别是油气田企业，始终坚持安全环保“以人为本”的发展理念，始终坚持把安全生产和环境保护、绿色发展作为重中之重工作任务来抓，始终坚持安全生产与环境保护管控目标责任并重，始终坚持安全环保隐患整治与风险管控措施并举做法，实践证明切实可行有效。

第四节 > 强化数字智能油气田建设

石油企业贯彻“统一、成熟、兼容、实用、高效”的信息化建设方针，坚持“六统一”[1]原则，按照国家《2006—2020年信息化发展战略》规划，加强

[1] “六统一”是指：统一规划、统一标准、统一设计、统一投资、统一建设、统一管理。

信息技术基础设施建设，积极推进专业应用系统和以ERP系统为核心的管理信息系统，取得一系列重要成果。“十二五”期间，以信息化建设“接近国际先进水平”为目标，实施综合集成创新发展战略，加强数字智能油气田建设，着力推进“两化”融合，迈上共享智能发展的新阶段。

一、推进信息共享系统建设

中国石油把ERP系统作为战略基础工程，将财务管理与采购、生产、销售、库存、设备等业务综合集成，促进以业务流程为导向的跨部门协同工作和信息共享，以及各类资源的优化配置和生产成本的精准核算，加强了经营管理各环节的过程管控。完成勘探与生产ERP、管道完整性管理系统等13个项目建设，推进工程项目管理、装备制造设计与生产管理系统等11个项目；在8个业务领域应用ERP系统、132家企事业单位全面上线，实现了“三年建成ERP系统”目标。2012年，ERP应用集成、物联网系统、具有云计算能力的数据中心“三大标志性”工程陆续启动，信息系统建设按规划稳步推进，信息系统运行维护能力逐步提升。勘探与生产领域1700多亿元勘探开发投资，近5万个项目从立项、计划下达、实施到结算的全过程纳入ERP系统管理，从根本上杜绝计划外、超计划、超概算现象；勘探与生产技术数据管理系统为475个勘探开发项目提供数据支持服务；油气水井生产数据管理系统，管理28万多口井的全生命周期生产数据。大庆油田加强数字智能油田建设取得积极成果，稳步推进油气生产物联网、云计算和ERP系统“三大信息”工程，加快数字油田建设；到2014年集成应用平台，建立了生产经营决策服务平台、科研攻关资源共享平台、现场施工远程支持平台；推进多岗合一、无人值守、集中监控的场站生产管理模式，促进了各路工作实现制度流程化、流程表单化、表单信息化。

按照“深度融合、紧密结合、广泛联合、有机契合”的指导方针，中国石油2013年完成14个项目建设，持续推进19个项目，新启动项目27个，已建信息系统在各业务领域广泛应用，对生产经营管理的支持作用日益显著。工程技术生产运行管理系统覆盖3274支作业队伍，全年管理作业超过12万次，实现现场“第一手数据”的定时上报，提升了从基层队到总部各级管理人员对生产动态的管控能力。2014年，按照“突出重点、强化应用、逐步完善、稳步推进”工作思路，在ERP应用集成、物联网和云技术平台建设方面取得重大进展。2015年，完成联合监督信息系统、公共数据编码平台等10个项目，推进勘探与生产技术数据管理系统（2.0）等24个项目的实施，新启动ERP与FMIS融合（2.0）、灾难恢复系统建设（二期）、桌面安全管理系统（2.0）等3个项目。完成ERP2.0、用户访问、报表分析、系统集成、非结构化数据、权限管理和自主开发等7个平台，在云计算环境中的部署实施，有16家企事业单位全面上线运行。在油气生产物联网系统，完成塔里木油田的示范建设和上线运行，大庆、新疆试点油田的前端采集实施和系统部署，累计在5141口油气水井、208座站库完成施工，安装采集与控制设备1.1689万台（套）、通信设备1505台（套）。建成应用工程技术物联网系统，累计在2171支作业队现场实施，实现878口钻录井作业施工、22个物探施工和1.02万井次测井施工的现场数据采集、传输和技术支持，自动采集数据34亿条。完成云技术平台开发和安全加固，实现50多项功能需求，新增负载均衡、虚拟机等云服务，具备1700台服务器、2400太字节（TB）存储的服务能力。完成8项企业信息技术标准的制修订，标准总数达119项。加强业务协同，明确跨板块间数据共享的管理机制和配套技术措施，保证相关项目的顺利实施和信息系统的一体化应用。

按照“化是过程、统是原则、建是重点、用是目的”的指导方针，落实“业务主导、统筹推进”的工作机制，“共享中国石油”（ERP应用集成）建设历时5年，于2017年全面完成。总部机关部门和140家企事业单位上线运行。搭建“四大平台”（ERP2.0、系统集成、决策支持和用户访问），实现与65个集团公司统建信息系统、126个企事业单位自建信息系统集成应用。以业务主线为统领，形成支持集团公司战略、计划、执行控制及考核的闭环管理环境，促进总部、专业公司、企事业单位三层业务“横向联动、纵向贯通”，推进跨专业、跨部门数据共享，提升管理水平。大庆油田坚持现场导向，强化顶层设计，大力实施“数字油田、智能油田、智慧油田”三步走战略。通过多年探索和实践，在工业化与信息化、传统管理与现代管理有机融合方面，取得重要的阶段性进展。围绕建设“共享中国石油”，实施了以ERP、A4、A5、A11为代表的一系列重点项目，建成应用一批生产运行管理、经营管理、办公管理等公共平台。在大庆油田及中国石油范围内，初步实现了人员、设备、技术等数据信息的跨区域、跨单位、跨业务的高效共享共用。其中A4项目，完成油田内46家单位的数据采集、处理和发布，整理基建管理子系统251类业务流程，建成统一完整、全面精准的地理信息数据库，为地面建设、土地规划设计等提供了有力支撑。ERP系统，集成勘探开发、工程技术、工程建设等各大业务板块的基础数据，建立统一的经营管理平台，实现了经营业务链的统一管控，以其为核心衍生开发的DQMDS、物资采购、决策支持等系统，已经渗透到生产经营的各个方面，成为油田日常工作不可或缺的重要工具。面对低油价的冲击影响，油田各系统各单位借助现代信息技术和人工智能手段，对业务流程实施数字化改造、智能化提升，促进管理方式和组织形态的变革，实现管理更加精准、操控更加便捷、运行更加低耗，效率效益显著提高。采油三厂二矿基于A11项目，实施的工区专业化管理，基层站队和班组数量大幅精减，单井用人从0.27下降到0.21，效果非常明显。头台油田的数字化建设示范区，整建制撤销一个小队级单位，用工数量减幅88.5%。庆新油田的整装数字化及智能油田1.0升级建设，管理细化到单井、单环及单台设备，不仅作业区减少用工172人，而且生产时率提高2%以上；检泵周期超过1000天，吨液能耗得到大幅降低，桶油操作成本始终保持在20美元/桶以下。油田生产一线推广应用的信息化系统，初步实现数据的自动采集、远程传输，站场的集中监控、无人值守，风险的自动识别、提前预警等功能，不仅减少了重复作业，压缩了管理用人，降低了劳动强度，而且改变了传统管理方式，使员工远离高温、高压、有毒、有害的工作环境，降低了安全风险，提高了本质安全水平。采油三厂二矿201工区自应用A11系统以来，结束了油田长期人工野外采录资料和手动调控水量的历史。庆新卫1转油站，作为油田第一座无人值守站库，通过应用生产智能预警系统，变传统人工巡检为系统自动扫描，人工巡检由1天2次改为7天1次，减少巡井工作量87.5%。信息化、自动化大大改善了一线工作环境，也让企业发展的成果惠及岗位员工。

2018—2019年，中国石油信息化工作按照“一个整体、两个层次”的要求，大力推进数字化、可视化、自动化、智能化发展取得一系列重要成果。2018年，中国石油党建信息化平台在总部和154家企事业单位全面上线运行，将4万个基层党组织建在网上、70万名党员连在线上，形成线上线下相互促进的党建工作新形态，被国务院国资委评为中央企业信息化应用最佳案例之一。健康安全环保系统（2.0）建成应用，实现355个重点污染源排放数据在线监测，成为企业生产安全风险预警和实时监控工具。应急管理系统（2.0）集成22个信息系统76类应急数据，支撑钻井现场、油气站库、长输管道和自然灾害等5类典型突发事件快速处置，提升突发事件应急响应能力。地理信息系统与30个统建系统集成，共享企业空间业务数据800万条，为勘探开发、管道运输等领域提供集成统一的地理信息服务。财务共享服务平台按照“一个平台、多路共享服务”的模式持续建设，在长庆油田等16家企业试点运行，支撑335个核算主体的财务共享服务。电子采购系统（2.0）在西南油气田、川庆钻探等6家企业试点上线，促进计划、采购、物流等业务协同管理。2019年，国有资产监督管理运行系统在总部和154家企事业单位上线运行，在中央企业率先实现“三重一大”事项决策过程的事中、事后监管；组织编写的系统建设指引，经国务院国资委审定下发，在中央企业发挥示范引领作用。坚持“六统一”原则，中国石油大力推动信息共享系统建设和集成应用，取得一系列新进展新成效。

二、集中集成“两化”融合发展

中国石化围绕“建设世界一流能源化工公司”目标、“资源、市场、一体化、国际化、差异化、绿色低碳”发展战略，按照信息化与主营业务深度融合的要求，不断完善和提升“三大平台”信息系统功能❶，在中国石油化工行业“两化”融合推进大会上被授予融合创新奖。2012年，坚持“集中集成，创新提升，共享服务，协同智能”的工作方针，ERP大集中系统试点取得成功；推广集中统一的人力资源（HR）管理、合同管理系统，在油田企业推广源头数据采集系统，建成投用海内外9个网络区域中心，信息系统深化应用取得新成效。信息化在推进公司结构调整、提升管理水平、促进降本增效等各项工作中发挥了重要作用。中国石化及所属7家企业，被工信部评为国家级“两化”深度融合示范企业。

按照国务院国资委“管理提升”活动的总体部署，组织开展“管理信息化”提升活动，从项目“六统一”管理、信息标准化、信息安全管理、信息化队伍建设、“三大平台”完善提升、信息系统深化应用、信息系统运行维护等方面开展工作，取得阶段性成果。生产营运指挥系统（二期）成功上线运营，覆盖集团公司上中下游90余家企业，生产数据自动获取率达到85%以上，建立起总部集中统一的生产指挥平台，实现全产业链生产运行的动态跟踪和实时监控，提升了板块间产销衔接和异常处理能力。推广源头数据采集系统，覆盖13家油田企业，实现勘探开发12个大类业务数据的规范采集、8万多口井的成果数据规范管理，实时反映6万多口油气水井生产动态，为88个系统的专业应用提供有效数据支撑。完成河南、江汉油田企业数据中心建设，为8套勘探开发软件提供了数据服务。深化应用油气集输、注水优化系统，江苏、中原油田油气集输、注水优化系统能耗降低4%以上。开发管理、动态分析、油藏工程综合分析、测井资料处理解释等系统在油田企业全面推广。2012年，胜利油

❶“三大平台”信息系统功能，是指经营管理、生产营运、信息基础设施及运维。

田完成国家“863”计划——“数字油气田关键技术研究”课题，并顺利通过专家组验收。

2013年，中国石化推进经营管理平台集中集成、移动应用、IT共享服务中心等4项示范工程建设，进一步加强“两化”深度融合；完成智能油田建设总体规划，制定胜利油田等3家智能油田试点建设方案，并在胜利油田召开智能油田提升建设启动会。胜利油田在有效储层预测与沉积相识别、地质建模与自动历史拟合、固井质量评价与热采井效率优化等方面开展大数据应用试点，解决传统手段无法解决的专业问题；充分挖掘实时数据价值，开展基于专家经验的生产组合预警、基于神经网络的油井工况智能诊断、设备预测性维护、视频智能分析等方面的智能化建设，实现数据驱动业务创新发展。推进油气勘探开发专业软件共享，实现主流与特色专业软件的集中部署、浮动共享、优化调配，软件使用效率提高20%以上。地震资料处理系统运算速度达到515万亿次/秒，并自主研发基于云技术的虚拟资源池管理，叠前深度偏移成为常规处理流程，逆时偏移成像技术实现工业化应用，指导发现了阿拉德油田和花古斜101潜山油气藏等。建成国内应用规模最大的企业级共享地震解释云系统，重构地质模型，储层描述精度由8~10米提高到4~6米，断块圈闭识别精度由原来的0.3平方千米提高到0.03平方千米。推进数据中心深化应用，建立了综合数据服务平台，为勘探开发、生产、经营等45个应用系统，以及6类23个版本的大型综合研究软件提供跨专业的综合数据服务，资料收集时间减少80%。2014年，为打造油田企业信息化新生态，启动集成服务云平台建设，实现了应用系统标准化设计、模块化开发、平台化管理、集成化应用，初步建成适用于油田企业的工业互联网平台；打造软件设计研发生产线和软件产品组装生产线，提供公共服务标准化支撑能力、业务组件复用共享能力、敏捷持续交付能力、专业应用集成能力，整体达到国际先进水平，申请国家级发明专利6项。2016年，完成中国石化勘探开发智能化关键技术研究课题，推进了智能化架构设计、计算资源池云化、油藏模型自动更新及油藏模拟自动历史拟合技术实现，整体达到国际先进水平。

深入开展信息化创新应用活动，中国石化“两化”深度融合取得明显成效，支撑和促进企业改革转型、提质增效和从严管理。ERP大集中试点取得成功，全面梳理设计944个单元流程、855个业务场景，将原有分散开发的8万多个应用程序整合为3000多个，建成集成优化的ERP大集中模板，流程标准化率达到94%；在胜利油田等10家试点企业开展ERP大集中实施并实现系统线上运行，提高了企业流程标准化程度，整合了跨板块、跨职能的业务操作，支持了共享服务、热电水务、油田区块核算等业务创新应用。智能化管线系统在7家企业上线运行，提升了油气管线运行管理水平；加快推广安全管理、环境保护、能源优化等系统，促进了“碧水蓝天”“能效倍增”计划的实施；深化应用ERP、资金集中、合同管理等系统，促进了管理规范化，提升了从严管理的实效。2014年，中国石化被国务院国资委评为“管理信息化专项提升”先进单位，有19家企业入选工信部首批“‘两化’融合管理体系”贯标试点企业名单。

2015年，以数字化、智能化为方向，推进生产营运平台建设。在8家油田企业的98个管理区开展油气生产现场信息化建设，初步实现电子巡检、远程自动管控、实时集中决策，提高了劳动生产率，其中中原油田采油六厂用工由937人优化为403人，人工成本降低约1000万元。在4家油田企业开展勘探开发业务协同平台（EPBP）推广建设，有效支撑了油公司体制改革，其中江苏油田实现勘探、开发、工程等业务一体化协同，规范了业务流程，提高了管理效益。在50家企业推广智能化管线管理系统建设，实现对全集团3万多千米长输、厂际管线和600多座站库的数字化、可视化管理，形成涵盖数据、技术、业务三个大类56项内容的智能化管线管理标准规范体系；实现对2000多处管道隐患的系统定位、分级管理和动态跟踪，对1万多处穿跨越、水体和自然保护区进行重点监控与防护，为管道安全隐患整治提供了有力支撑。集团公司信息化水平再上新台阶，“两化”融合取得新成效，中国石化和14家企业获评全国石油和化工行业“两化”融合创新示范奖，有8家企业通过工信部“‘两化’融合管理体系”贯标认定。

强化信息化“六统一”管理，按照“统筹推进、融合发展、集成共享、协同智能”的工作方针，推进信息系统深化应用，提高企业管理水平和效率效益。2016年，紧紧抓住新一轮科技革命和产业变革的历史性机遇，积极落实国家信息化战略要求，以“智能制造”和“互联网+”为主线，聚焦供给侧结构性改革、提质增效升级等中心任务，全面推进以“四大平台”[1]为主要内容的“421工程”建设（图1-4）。集团公司在123个管理区有序推进油气生产信息建设，通过部署局、厂、管理区三级生产指挥系统（PCS），实现指标波动逐级追踪、关键设施精准定位、影响范围快速评估，降低了劳动强度，提高了生产效率。勘探开发一体化协同平台（EPBP）在西南油气田试点建设取得成功，建成11个子系统1450个业务板块，能够支持物探、钻井、测井、录井、

图1-4　2016年，中国石化全面推进信息化“421工程”建设。图为工作人员在云计算中心

[1]“四大平台”是指：经营管理、生产营运、客户服务、技术支撑。

采油气、生产管理等岗位业务协同应用。自主研发的移动应用平台在百家企业推广应用，进一步提升企业生产经营管理数字化水平，促进了改革发展、管理创新，为降成本、控风险、抓优化、拓市场等各项工作提供有力支撑。移动“安全诊断”APP（手机应用程序）正式上线，实现用户发现身边不安全问题的“随手拍、随时报、随时查”。到2016年年底，安全管理系统覆盖110家企业、5万余个基层单位，总部和企业可随时了解安全隐患和治理完成情况，促进了安全管理水平提升。胜利油田“两化”融合管理体系贯标工作，顺利通过工信部评审；先后获得“国家制造业与互联网融合发展示范企业”“国家级‘两化’深度融合示范企业”等称号。

2017—2018年，中国石化坚持新发展理念，积极推进互联网、大数据、人工智能和石油石化产业深度融合，加快数字化、智能化转型发展，以信息化培育新动能、用新动能推动新发展；全面开展信息化“421工程”建设，“四大平台”更加完善，智能制造试点示范、统一电商推广应用、互联网出口集中管控等重点项目取得重要突破，消除“信息孤岛”、治理网络安全隐患等专项行动卓有成效，信息化为集团公司加快新旧动能转换、提质增效升级、全面可持续发展提供有力支撑。推进实施“深化应用创新创效行动计划”，2018年完成第一阶段目标任务，集团公司88%的企业实现综合应用达标，其中23家企业被评为创新创效示范单位；各企业通过采取参数优化、流程优化等措施，提升了规范化、标准化应用水平。中国石化“两化”融合工作成效得到国家部委的充分肯定，“石化智云”获评工信部工业互联网试点示范项目，中国石化被公安部评为国家网络与信息安全信息通报工作先进单位。

胜利油田积极落实国家“两化”深度融合战略，全面实施“互联网+”行动计划，实现了油田勘探开发、经营管理、生产运行等各业务领域的信息化全覆盖。不断提升信息化对企业创新的支撑能力，为打造绿色低碳能源企业，实现数字化转型和高质量、可持续发展提供新动能。完成油气生产前端物联网建设，支撑油田生产模式变革。坚持“标准化设计、模块化建设、标准化采购、信息化提升”原则，全面启动油气生产信息化建设。历经示范区建设、老区改造试点和全面推广，到2018年年底完成陆上114个管理区生产信息化建设，实现了对油气生产前端全过程数字化、可视化、远程化管控。建立业务横向协同、纵向贯通的生产管理信息化体系，形成以指挥中心为核心的集中监控、实时预警、在线分析、优化调度、高效应急的信息化管控模式，带来了生产组织架构和管理模式的优化。通过应用油藏技术分析优化、辅助经营决策、生产运行流程E化、现场移动巡检等信息化手段，用工优化幅度达到37.3%，劳动生产率由543吨/人·年提高到890吨/人·年。2018年，启动以油藏经营管理为核心，以信息化提升为重要支撑，配套体制机制优化的新型管理区建设；建成中国石化上游首家基础设施云，为中国石化在鲁企业的57项应用提供云化服务。推广勘探开发业务协同平台，构建数据采集–应用一体化新模式，降低基层采集工作量1/3以上，为油田140个单位应用提供数据支持；推进基于云平台的应用系统集成整合、消除“信息孤岛”，完成主力应用软件的重构改造，应用系统数量下降48%。健全信息化管理体系，为“两化”深度融合保驾护航；制定了油田信息化长远发展规划，统筹推进落实。

2019—2020年，中国石化坚持以习近平新时代中国特色社会主义思想为指引，围绕打造世界一流战略部署和“第一个三年”阶段目标，积极推进数字化转型，加快建设信息化“421工程”，不断深化“两化”融合。在经营管理数字化方面，推动ERP大集中、投资优化与管控、集团统一报表体系、共享服务等平台系统推广应用，完善提升资金集中、合同管理、审计、纪检监察等系统，促进了管理创新、效能提升。在生产营运数字化方面，加强总部生产营运指挥、一体化计划优化、安全环保、现代物流管理等系统完善提升与推广应用，统筹推进智能油气田、智能工厂、智能化研究院的试点与推广建设，促进了产业升级、提质增效。集团公司总部生产营运指挥系统集成全链条6.5万类生产数据、30余万路现场视频信息，形成集油气勘探与生产、原油资源、天然气资源等7大板块业务于一体的综合生产运营管控，提高了总部生产调度指挥能力、板块间产销衔接与资源优化能力。环保管理系统实现对生产企业623个重点污染源排放点的实时监控、超标报警和趋势分析；智能化管线管理系统覆盖总部和52家企业，实现对3万余千米长输、厂际管线数字化、可视化管理，提高了管道隐患治理和油气管网安全运行水平。在客户服务数字化方面，完善提升统一的电子商务与客户关系管理、智能化客服等系统，大力推动“易派客”“石化e贸”等专业电商平台推广应用，促进了商业模式创新、新业态发展。深入开展完善应用架构、消除信息孤岛、应用创新创效、“两化”融合宣贯等专项工作，促进了“两化”融合水平提升。2019年，有11家企业通过国家“两化”融合管理体系贯标评定，中国石化累计实施贯标企业达到54家；胜利油田被工信部评为“2019年制造业与互联网融合发展”试点示范项目。2020年，建设经营管理数据服务平台，建立3万多个数据资源模型，支持财务、物资、营销等业务领域共享和分析应用；加强ERP、合同、内控、审计、业务公开等系统集成，完成企业财务系统权限梳理和问题整改专项工作；全力配合国家管网改革的移交工作，全面完成云资源专区搭建、系统分拆和应用迁移，保证了管网资产顺利交接。党建平台实现“三个百分之百”全覆盖，新一代协同办公系统在集团公司总部和31家企业上线应用。加强生产领域数字化、智能化建设，完成智能运营中心四大功能、44项应用的总体方案设计，已实现危险化学品运输监测等15项应用上线；总结中原普光、西北油田采油三厂智能油气田试点成果，形成建设规范和业务组件，并在胜利海洋、江汉涪陵、西北油田推广建设。

2021—2022年，按照《中国石化数字化转型战略研究报告》《中国石化“十四五”信息化发展规划报告》，系统谋划集团公司未来一段时期信息和数字化发展的目标、路径和重点任务，完成集团公司信息化应用架构（信息化树），为集团公司总部、事业部（专业公司）和企业的各层级信息化建设提供基本遵循。开展对标提升专项工作，制定了12项“石化智云”平台建设技术规范，建立了以内部企业IT团队为主的“石化智云”平台运营机制；开展数据治理工作，油田业务数据资源中心试点建设取得突破。全面加强各类信息系统、电商平台的运行保障和技术支持，充分发挥了信息化在打赢疫情防控阻击战和持续攻坚创效工作中的重要支撑作用。

三、建立信息一体化运营模式

中国海油加强数字化顶层设计，坚持“业务驱动、IT引领”工作方针，搭建“集成统一共享”的信息技术平台，推进公司数字化转型。2012—2015年，实施勘探开发一体化数据整合和数据中心建设，建立了数据采集体系、数据存储体系、数据服务体系和数据管理体系，搭建包括数据采集、质量检查、资源管理和集成服务的一体化数据服务平台，打破了以往分专业开展数据库建设存在的专业壁垒，贯通了勘探开发数据流程，实现了跨专业的数据集成共享，为勘探开发一体化业务运作奠定了坚实基础。深化“两化融合”创新，推进经营管理一体化运营，完成“三重一大”决策和运行监管系统的建设，建立监管信息可追溯和风险苗头可分析的能力。通过对资金、钻完井、储量管理等系统进行整合，建立了经营分析数据仓库，实现了管理报告IT自动化数据归集。搭建了经营数据整合分析应用框架，建立了领导办公会报表、重点跟踪报表、CAPEX专题分析、DD&A深化分析和探井趋势分析等报表体系，涵盖了以勘探、开发、生产为主线的经营管理活动分析；管理报告和经营数据分析平台的建立，统一了生产经营数据标准和口径。2018年，投用随钻实时决策支持系统，实现复杂井钻井作业实时监控、动态分析、远程专家支持，促进了钻井作业管理方式转变；以减少复杂情况、作业事故和提高作业质量为目标，建立了包含实时数据传输、专家辅助决策和模拟培训等核心功能的钻井作业中心，平均提效约10%，事故处理时间减少30% ~40%。LNG罐箱多式联运支持系统上线，助力冬季天然气保供；建立了国内首个海油工程数字化技术中心，实现海上吊装、海上浮托及水下生产设施安装的仿真预演，填补了国家在海洋工程数字仿真技术领域的技术空白，提高了海工装备作业效率和作业安全水平。2019年，推动工业互联网等新型基础设施建设研究，工业互联网标识解析二级节点（石化行业）项目，获批工信部工业互联网创新发展示范工程项目。数字化技术中心自主完成“东方13-2”和“渤中34-9”项目浮托仿真模拟，为项目安全、进度提前提供了有力保障。

坚持“统筹规划、以点带面、分步实施”的原则，积极探索“两化”深度结合，建立涵盖生产、安全、环保等多业务实时、集成、协同的一体化运营模式，打造海上智能油田。以海上油气开发、生产业务流程为主线，在自动化数据采集控制、海上通信能力提升的基础上，建成全面感知的能源物联网，实现油藏管理、采油工艺、地面工程、生产运营业务的整合和持续优化。通过远程专家实时优化、大数据预测分析、动态生产调度，构建自动控制、智能预测、决策优化的生产运营体系，达到海陆跨专业一体化协同，促进生产作业方式转变。2017年，智能油田试点项目生产作业协同指挥平台二期、生产优化辅助决策系统、勘探协同研究环境等重点项目陆续上线运行；勘探开发一体化数据整合和数据中心建设（A2）推广实施工作全面展开，勘探投资优化组合系统初步建成；主要工程设施数字化工作持续推进、数字化率超过50%。基于物联网实时数据的海上智能油田管理系统，入选2018年全国物联网集成创新与融合应用项目。2019年，加快“智能海油”建设，开展海上井口平台无人化改造工作，完成东方1-1气田A平台、番禺10-2油田A平台无人化改造，实现内外部、跨空间、跨专业的一体化协同，年节约操作费30%以上；提升油田生产智能化水平，实现曹妃甸作业公司采油井电潜泵智能维护，提前10～15天故障预警。“智能海上油田”2019年入选国务院国资委“首批中央企业十大智能现场模型”。2021年4月29日，中国海油宣布，中国首个海上智能气田群——东方气田群全面建成，海上油气生产运营迈入智能化和数字化时代。

贯彻落实“十三五”信息化规划，中国海油2017年完成北京、天津、上海、迪拜、新加坡数据中心的基础设施云部署，初步形成“集约化、一体化、全球化”的中国海油云布局。2018—2019年，持续完善海外区域共享支持中心，形成亚太——新加坡数据中心、中东及非洲——迪拜数据中心、美洲——墨西哥城数据中心的建设布局，覆盖中国海油30余家海外机构，涉及勘探开发、技术服务、工程、贸易等多个业务板块。通过网络汇聚、数据汇集、资源共享和统一运维，构建海外信息技术服务支持体系，有效提升了集团公司海外信息化支持服务能力。积极推动海外SAP系统项目建设，推动海外机构IT基础架构整合工作顺利进行，搭建集中统一、覆盖全球的业务流程经营管理平台，支持国际业务整合和发展。按照国务院国资委要求，顺利完成集团公司14个门户网站的IPv6改造，按期完成美洲区域IT共享支持中心建设。推进信息基础设施资源整合，依托区域数据中心，将各地区分散机房有效整合至绿色、安全、高效、智能的集团公司数据中心；按计划完成整合机房123个。完成了海上通信规划、海上移动船舶一体化通信方案、海陆干线传输和平台群网络覆盖整体解决方案的设计，初步建成渤海等区域微波环网。按照“全球化布局，集约化管理”的建设思路，开展基础设施云（IaaS）的推广和平台云（PaaS）的建设；基础设施云覆盖8大数据中心，部署服务器500余台，上线云主机1000余个，总体运营成本下降超过30%。2019年，持续优化海路通信系统，利用散射、大宽带微波、流星余迹等技术，在渤海北部、南海东部、南海西部等油田及作业公司，开展海上支干线通信链路升级、平台网络改造和员工上网，总体实现海陆干线总带宽提升2～3倍。中国海油云服务能力进一步增强，覆盖国内5个、海外3个数据中心，建成包含计量计费和增值云服务等功能在内的云商城运营和云安全体系，推动财务共享系统和资金管理系统应用上云。“中国海油云平台点线面纵深防护安全体系”，2019年入选国资委中央企业关键信息基础设施安全防护典型应用案例。从运营、监测、通报、保障、考核等维度不断强化网络安全管理，健全网络安全考核机制，履行网络安全通报机制，2019年获得“中央企业网络与信息安全信息通报工作先进单位”荣誉称号。

石油企业推动“两化”深度融合，为转方式、调结构、提质增效升级注入了发展新动力。通过智能化油气田（工厂）建设，建立了协同一体化的生产管控新模式，提升了资源优化和调度指挥水平。生产操作实现移动化、自动化、集成化管理，提高了生产操作质量和效率。生产运行实现网络化、模型化管理，支撑生产平稳高效运行，提升了安全环保水平和应急指挥能力。

“十二五”时期，石油工业体制机制改革取得阶段性成果。按照党的十八届三中全会《关于全面深化改革重大问题的决定》精神，石油工业油气体制改革稳步推进。常规油气勘探开发体制改革在新疆试点取得重要进展，勘探开发和基础设施建设领域混合所有制试点稳步推进，投资主体进一步多元化；组建起行业监管队伍，实施基础设施第三方公平开放，推进期货市场建设，成品油价格形成机制进一步完善。

石油企业坚持社会主义市场经济改革方向，围绕“健全完善现代企业制度、推进公司治理体系和管控能力现代化国际化”的目标，坚持问题导向，突出稳准原则，持续推进管理体制机制等方面的改革创新，为建设世界一流石油石化综合性能源公司提供强大动力。以改革创新的精神推进企业稳健发展，规范建设集团公司董事会，公司治理结构和管控模式持续优化；调整业务结构，推进专业化重组与改制，资源配置和生产运行得到优化；坚持市场化改革，推进经营体制机制改革，天然气体制、管网运营体制改革迈出坚实步伐，整体效益最大化得到进一步提高。石油企业坚持改革创新，实现提质增效、节能降耗、污染减排、低碳绿色发展，安全生产保持平稳良好态势；提高劳动生产率，加强数字智能油田建设，整体经济效益、综合社会效益显著提高。

石油企业以改革创新促发展、提效率、增效益，推进了石油工业稳健发展。“十四五”以来，石油企业集团公司贯彻落实党中央全面深化改革的部署，按照石油工业“十四五”规划，为“加快建设一批产品卓越、品牌卓著、创新领先、治理现代的世界一流企业”迈出了更大前进步伐。

「 第二章 」

高质量推进油气勘探开发

在全面建设社会主义现代化强国新征程中，石油企业集团公司按照建设世界一流石油石化综合性能源公司的目标，把强化油气资源高效勘探、精细开发效益油田、整体规模开发天然气，特别是对低渗特稠油、致密油、页岩油和非常规页岩气、煤层气的规模效益勘探开发，作为新时代的新担当。石油企业坚持稳健发展方针，排除低油价、新冠肺炎疫情的严重影响，大力实施创新驱动发展战略，统筹优化储量、产量、产能、投资、成本和效益，坚持高质量推进国内油气勘探开发，为实现稳健发展和保障国家油气供应安全夯实了资源基础，为国民经济发展做出了新贡献。

“十二五”时期，石油企业立足于国内陆上、海上盆地和富油气凹陷，在鄂尔多斯、准噶尔、四川等盆地的油气勘探取得新突破、新发现，形成多个原油亿吨级、天然气千亿立方米级规模的油气储量区，实现了历史上持续时间最长的储量增长高峰期，为油气产量持续稳步上升提供了坚实的资源保障。油气田开发坚持统筹地面与地下、地质与工程、新区产能建设与老区精细挖潜、近期与长远发展的关系，持之以恒地推进精细油藏描述、精细油田注水、老油田二次开发、地面标准化设计、长停井治理等重点工作，油田自然递减率下降趋势得到有效控制，原油产量保持平稳增长，天然气产量大幅度攀升，油气田开发管理水平不断提高。2015年，累计探明石油地质储量比2010年增长58.9亿吨、增长率3.51%，原油产量增长0.11亿吨、增长率1.06%；2015年，累计探明天然气地质储量比2010年增长3.9万亿立方米、年均增速7.4%，天然气产量增长398万亿立方米，年均增速7.2%。“十二五”期间，新一轮全国常规油气资源动态评价成果表明，陆上和近海海域常规石油地质资源量为1085亿吨，到2015年连续9年新增探明石油地质储量超过10亿吨，累计探明石油地质储量达到371.7亿吨，探明程度为34%，处于勘探中期；常规天然气地质资源量为68万亿立方米，累计探明地质储量约13万亿立方米，探明程度为19%，处于勘探早期。

“十三五”时期，石油企业经历了前所未有的严峻考验。在国际油价跌宕起伏、国内经济下行趋势持续、供需关系发生变化、资源品质劣质化愈发严重的情况下，以及在新冠肺炎疫情影响下，石油企业直面挑战、勇于担当、提质增效，千方百计保障国家油气能源安全；把握机遇、转变观念、积极作为，把发展的基点放在创新上，通过技术进步、工艺突破，拓展了发展的新空间，形成了发展新优势。2018年，全国石油剩余探明可采储量达35.4亿吨、比2015年递增10.2亿吨，全国石油产量1.89亿吨、比2015年递减0.26亿吨；全国天然气剩余探明可采储量6.07万亿立方米、比2015年递增2.23万亿立方米，全国天然气产量1615.3亿立方米、比2015年递增235.7亿立方米[1]。全国石油、天然气剩余探明可采储量的不断递增，为实现可持续发展提供了资源基础。自然资源部发布《全国石油天然气资源勘查开采通报（2019年度）》，"2019年中国石油新增探明石油地质储量为11.24亿吨，比上年增长17.2%。2019年中国页岩气新增探明地质储量为7644.24亿立方米，比上年增长513.1%"。2019年全国原油产量稳步增长，原油生产增速由负转正，天然气保持快速增长。2020年1月，自然资源部发布《关于推进矿产资源管理改革若干事项的意见（试行）》，"将全面放开油气勘查开采，允许民企、外资企业等社会各界资本进入油气勘探开发领域"。2020年，全国原油产量稳健增长，天然气产量规模提高，原油产量1.9477亿吨、比2018年的1.8951亿吨增长526万吨，天然气产量达到1925亿立方米、比2018年的1581亿立方米提高344亿立方米。

"十三五"圆满收官，"十四五"实现良好开局。新时代中国石油工业，以习近平新时代中国特色社会主义思想为指导，深入贯彻落实党中央、国务院的各项决策部署，贯彻新发展理念，落实高质量发展要求，坚持稳中求进工作总基调，聚焦提质增效升级，深化供给侧结构性调整，加快创新驱动发展，创出了更加优异的成绩。新时代中国石油工业，为保障国家能源安全做出了新贡献。

---

[1] 石油储量数据包括天然气凝析油、天然气液（NGL）以及原油；石油产量包括原油、页岩油、油砂与天然气液；石油消费量包括陆地燃油需求加上国际航空用油、船用油以及炼厂自用燃料及损耗，还包括生物汽油（如燃料乙醇）、生物柴油和其他煤制或天然气制油的消费量。资料来源《BP世界能源统计年鉴2019》。

第一节 > 加强油气资源高效勘探

石油企业中的油气勘探开发企业，是油气资源勘探开发、生产建设的主体企业。全国油气勘探开发企业，分别隶属于中国石油、中国石化、中国海油、延长石油等集团公司管理。国家对油气勘探开发企业实行矿权申报、登记、年检、置换、核减、退出等管理制度，油气勘探开发企业获得矿业权须向国家缴纳矿区使用费。据国土资源部地质勘查司统计，截至2012年12月31日，全国石油天然气（含煤层气）矿业权1708个，面积412.83万平方千米，其中探矿权1037个、面积400.93万平方千米。2012年，全国石油剩余探明可采储量23.6亿吨、储采比11.4，天然气剩余探明可采储量3.10万亿立方米、储采比28.9。

2012—2022年，东部油气资源精细效益勘探又有新发现；西部油气资源勘探高效增储，新增探明油气储量快速增长；海上对外合作区、自营区油气资源勘探，探明油气储量大幅提高。石油企业集团公司加强勘探项目管理和地质基础研究，立足于高科技精细勘探、效益勘探，强化技术攻关和实施进攻性措施，加大新区风险勘探和重点区域精细勘探、立体勘探的力度，特别是物探、钻井、测井等工程技术保障支撑能力明显提高，先后在松辽、渤海湾、鄂尔多斯、四川、准噶尔、塔里木、吐哈、柴达木、北部湾、莺歌海等盆地的油气资源勘探取得一系列重要发现和重大突破，为“稳定东部、加强海上、发展西部”奠定了坚实的资源基础。

一、深化松辽盆地精细立体勘探

松辽盆地纵跨黑龙江、吉林、辽宁三省，面积约26万平方千米。中国石油大庆油田、中国石化吉林油田位于黑龙江省、吉林省境内。

中国石油在勘探程度较高的松辽盆地取得新发现、新突破。大庆油田坚持立体勘探大庆长垣，强化整体研究和技术攻关，在松辽南部天然气勘探评价英台断陷，有8口井获得工业气流，日产气0.5万～15.3万立方米，落实探明天然气地质储量600亿立方米；预探王府断陷和德惠断陷，分别有3口、2口探井获得工业气流，其中城深6井、德深11井，分别获日产气10.2万立方米、5.2万立方米。2012年，在杏树岗、葡萄花油田新增探明石油储量5272万吨。

以扶余、高台子油层致密油资源为主要勘探对象，预探评一体化，设立3个勘探开发试验区。2013年，预探水平井完钻7口，获工业油流井5口；试验区水平井完钻22口，砂岩、油层钻遇率分别为90%、83%。其中，垣平1井区扶余油层累计6口水平井获高产，垣平1井试采超1万立方米，新增探明石油地质储量2664万吨。主攻斜坡区鳞字井、凹陷区大遐子井区致密油，部署预探水平井4口、完钻3口，其中查平1井、让平4井分别获日产油30立方米、50立方米，且所有水平井试采产量稳定，整体勘探进展顺利。北部徐家围子致密气勘探取得新发现，2014年部署水平井宋深9H井获得成功；为探索东部斜坡致密气含气性和提高单井产量，部署风险探井徐探1井和水平井宋深12H井，完井试油在沙河子组分别获得日产气15.1万立方米、9.1万立方米。北部中浅层石油勘探取得新进展，2014年开展砂体精细刻画，深化葡萄花和黑帝庙油层的勘探评价，在古龙南、新站部署探井4口，均新获工业油流，试油平均日产油5.62吨，新增探明石油地质储量3211万吨。南部扶余油层致密油勘探取得进展，在让41、让29、让54、乾246等区块部署直井4口、水平井2口，新获工业油流，单井最高日产油77吨，平均日产油约6吨，展示出扶余油层致密油藏良好的勘探开发前景。北部长垣以东地区中浅层石油勘探取得进展，2015年深化葡萄花和扶余油层的勘探评价，在三肇地区完钻探井、评价井36口，新获工业油流井29口，新增探明石油地质储量3070万吨。稳步推进北部致密油勘探，2015年完试探井8口，均获工业油流，其中肇平6井获日产油35.5立方米，试采产量稳定，松辽北部地区扶余油层资源规模得到进一步落实。

大庆油田探索并基本形成了外围油田勘探开发一体化、储量经济有效动用的做法。建立新区开发方案“三否决、四优化”编审机制。坚持提前2年部署开发首钻井落实开发区块、提前1年编制开发方案。在储层精细分类评价基础上，强调个性化方案设计，做到井网、井型、井数、地面的“四优化”；方案审查严格执行厚度下限、产量下限、效益下限“三否则”原则，抓好方案设计这个实现效益开发的源头，百万吨产能建设投资控制在60.5亿元左右。建立“三段九点”法的低效井比例全过程控制机制。坚持精细地质研究，通过钻前风险预测、钻中跟踪调整、钻后方案优化，提高钻井成功率、控制低效井比例，外围油田低效井比例控制在3.8%。深化勘探开发一体化，在对评价区块分类优选的基础上，分探明、培植、准备三个层次开展评价。对于每一个区块，提前2年开展油藏地质研究，提前1年开展评价部署设计，当年完成储量提交和开发方案设计，保持了良好的区块接替和储量序列衔接。通过新区整体效益评价和已开发区滚动外扩精细挖潜两种方式，“十二五”前三年，新增石油探明储量超亿吨，保证了外围新区产能建设的顺利进行。

大庆油田在勘探程度较高的松辽盆地，坚持“构造、沉积、储层、成藏”精细研究、精细刻画，采取精细勘探与立体勘探相结合、风险预探与水平井勘探评价相结合，以及勘探评价开发一体化运作和水平井压裂新工艺新技术，在松辽盆地中浅层、致密油气藏勘探领域取得新发现、新突破。“十二五”时期，大庆油田年新增探明石油地质储量保持在5200万吨以上。吉林油田坚持“层次勘探、技术适用、经济可行，突出效益勘探、加快规模勘探、加强新区新领域风险勘探”方针，在松辽盆地南部和东部盆地群油气勘探取得新突破，新增探明石油地质储量1.3亿吨、天然气地质储量369.89亿立方米。

“十三五”期间，中国石油稳步推进松辽盆地中浅层、致密油气藏的勘探开发。2016年，立足中浅层精细勘探，寻找效益储量，在北部龙虎泡地区部署实施探井8口，获工业油流井7口，在塔283-1等区块新增探明石油地质储量3256万吨，松北中浅层石油勘探取得新成果。稳步推进松南勘探开发一体化，实现致密油“甜点”有效动用，落实常规油藏效益储量规模，部署探井5口、评价井26口，完井试油12口，获工业油流井11口，在乾246区块新增石油地质储量1136万吨。持续开展“构造、沉积、储层、成藏”精细研究，2017年在北部龙西地区中浅层石油精细勘探取得重要成果；一体化部署钻井27口，完成试井20口，获工业油流井18口，其中12口井获得高产；发现多个高产富集区块，新增探明石油地质储量1373万吨。在松北徐家围子断陷天然气勘探取得重要进展，按照“扩大勘探致密气、精细评价火山岩”的思路，针对沙河子组部署探井12口，试气9口井，均获工业气流，沙河子含气范围进一步扩大；针对营城组部署评价井4口，试气2口均获工业气流，在徐深1区块新增探明天然气地质储量125亿立方米。一体化攻关乾安致密油，部署水平井51口、完钻33口，试油25口井均获工业油流，在让70区块新增探明石油地质储量2011万吨。利用三维地震新资料，精细刻画苏家洼槽整体构造，在南部梨树断陷油气勘探获新发现；部署探井9口，完成试油井4口，获工业油气流井3口，其中苏家2井在火石岭组日产气19.3万立方米、日产油11.6吨。2018年，精细刻画登娄库组构造圈闭，优选部署探井4口、完钻3口，获工业油流2口，其中双68井在登娄库组获日产110.4立方米高产油流，是继大庆长垣之后首口自然产能超百立方米的探井，发现千万吨级效益储量区块。松北致密油勘探取得新进展，在敖包塔、齐家、肇源扶余和高台子油层新获工业油流井9口，新增探明石油地质储量2272.8万吨。2019年，松辽盆地北部基岩勘探取得新突破，部署实施隆平1水平井，在基岩采用大规模体积压裂，测试获得日产气11万立方米；以日产2万～3万立方米连续试采180天，累计产气619.5万立方米，压力稳定，实现了松辽盆地北部基岩风化壳产能突破。松南大情字井页岩油取得新突破，部署探井9口，完试井均获工业油流，其中4口井获高产；针对大于2米稳定砂岩发育区，开展长水平段水平井提产试验攻关，实施水平井5口、完试4口井，均获日产大于10立方米工业油流。在松辽南部让字井致密油勘探取得新成果，完成探井评价井43口，试采13口，在泉四段新增探明石油地质储量2855万吨。2020年，大庆油田大力提升国内油气勘探力度，坚持“油气并举、常非并重、海陆相并进”，富油凹陷常规油精细勘探、致密油气规模勘探、新区新领域风险勘探等重点领域勘探取得新进展新成果，在古龙、三肇、西坡有24口井获日产15吨以上高产油流；古龙页岩油勘探获重大战略突破，颠覆了传统找油认知，展现出页岩油的良好勘探前景，对于推动陆相页岩油革命具有重要意义。

2021年1月，松辽盆地页岩油气勘探取得新突破，首次发现51米富含气相混积页岩。在齐家－古龙凹陷、长岭凹陷部署实施的3口水平井，均获日产超10立方米的高产页岩油流；在三肇凹陷部署的直井——松页油3井，获日产3.46立方米工业油流。经综合评价，松辽盆地的青山口组页岩油资源量达75亿吨，具有广阔的勘探潜力。在梨树断陷部署实施的吉梨页油1井（直井），获日产7.6万立方米高产页岩气流，带动松辽盆地2.7万平方千米有利区陆相页岩气勘探开发。

二、渤海湾盆地勘探获得新突破

渤海湾盆地跨越山东、河北、辽宁等省区，包括济阳、临清、黄骅、冀中、辽河五大沉积坳陷和广阔的渤海海域。中国石化胜利油田，中国石油大港、华北、冀东、辽河油田，中国海油渤海油田，在勘探程度较高的渤海湾盆地，坚持精细高效勘探，不断取得新发现和新突破。

（1）中国海油在渤海海域勘探取得重要发现和重大突破，先后发现秦皇岛29－2油田、蓬莱9－1大油田等20多个大中小型油田。2012年年初，为落实秦皇岛29－2东含油气构造整体储量规模，在构造东侧甩开钻探29－2E－3井，无油气显示。随后，积极应对、整合力量快速攻关，对其控砂、控藏机理深入分析后认为，在秦皇岛29－2E－1/2井区的东侧，发育来自428构造的扇三角洲沉积，储层发育。由此，部署钻探29－2E－4井，钻遇油层237.2米，创下渤海海域单井油层厚度纪录，其中沙一、二段油层201.1米；在3280～3367米井段钻杆测试，酸化作业后用15毫米油嘴求产，平均日产油1048立方米、平均日产气12.8万立方米，获得渤海海域碎屑岩领域首口日产油千吨井。2013年1月至

3月，为落实升级秦皇岛29−2东区块储量规模、油藏油水边界，部署钻探29−2E−5井，综合测井解释油层150.2米。对沙一、二段进行测试，在3475～3500米井段钻杆测试，酸化作业后7.94毫米油嘴求产，平均日产油113.8立方米、平均日产气7522立方米；在3308～3330米井段进行钻杆测试，酸化作业后7.94毫米油嘴求产，平均日产油64.7立方米、平均日产气5976立方米。为落实古近系储层的发育特征及横向变化，在相对低部位部署钻探秦皇岛29−2E−6井，成功探得油水界面。至此，探明石油地质储量5488.29万吨油当量。2013年7月，上报国土资源部将位于渤海海域的石臼凸起东部倾末端的秦皇岛29−2油田、秦皇岛35−2油田、秦皇岛36−3油田和石臼坨428油田统一合并更名为秦皇岛29−2油田。

渤海油田攻坚克难，每年新增探明储量保持在2亿吨左右。2012—2016年，新增三级石油地质储量16.7亿吨，平均每年新增储量超3亿吨；2017—2019年，新增经济可采储量分别为183百万桶、195百万桶、242百万桶，勘探工作量与成效再创历史新高。坚持“精细勘探”“价值勘探”理念，创新提出大型叠合走滑断裂带成藏机理、深层大型整装凝析气田勘探理论、浅层油气运移“汇聚脊”成藏理论，在渤海海域油气勘探取得一大批重要成果。

在勘探难度越来越大的情况下，中国海油将油气勘探方向由凸起稳定区和陡坡带转向成藏条件更为复杂且无成熟经验借鉴的郯庐走滑断裂带，获得多项重大理论技术创新，指导勘探发现21个油田，形成5个亿吨级油田群，上报探明地质储量10.2亿吨。首次提出在地幔热隆和斜向走滑拉分双动力作用背景下渤海郯庐断裂发育多期次、多应力叠合的大型叠合走滑断裂体系，创新建立叠合走滑断裂带“增压转换控圈闭、断砂耦合控运移、压扭断裂控保存”的控藏机制及六种油气差异富集模式，提出增压型走滑转换带控制了大型圈闭的发育，突破了复杂走滑断裂带难以形成规模性油藏的认识，明确了大中型油气田勘探方向；创新提出叠合走滑断裂带中生界花岗岩“早期左旋成山−中期右旋成储−晚期快速成藏”的潜山成藏机制，发现中国最大中生界花岗岩油藏——

蓬莱9-1油田；创新提出“湖盆咸化-地壳减薄-走滑改造”三因素联控的浅盆成烃的新认识，成功指导了蓬莱15-2等多个油田的发现，突破了渤海边缘凹陷难以有规模性成藏的认识，拓展了叠合走滑带勘探新领域。

在深层大型整装凝析气田勘探理论技术上，首次揭示晚期快速沉降控制大面积爆发式生气机理，明确渤中凹陷天然气聚集量高达1.9万亿立方米，是攻关研究前的5倍，突破“资源潜力不足”的传统认识，丰富了湖相烃源岩经典生成天然气理论；首次揭示应力主导的深层变质岩潜山“优势矿物-多期应力-双向流体”三元共控成储机理，突破了经典的古潜山储层形成模式；首创晚期构造强烈活动区超压动力封闭的天然气富集成藏模式，建立了构造强烈活动区“快速沉降爆发式生气、先油后气连续强充注、厚层泥岩超压强封盖”的深层潜山凝析气富集成藏模式，突破了缺乏膏盐盖层的构造强烈活动区难以形成大气田的传统认识。在其勘探理论指导下，发现整装渤中19-6变质岩潜山凝析气田，实现了超级油型盆地找大气田的历史性跨越。

在浅层油气运移“汇聚脊”成藏理论上，建立渤海海域浅层油气“凸起背斜型”“陡坡砂体型”“凹中隆起型”成藏模式；建立了浅层油气富集与深层油气初次、二次运移的关系，深化了“汇聚脊”控制浅层油气富集模式。在“汇聚脊”理论指导下，开展基于地球物理方法的高勘探程度区浅层规模型构造-岩性目标探索，成功发现获得渤中29-6油田、垦利6-1油田等多个浅层大中型油气田。2020年3月16日，中国海油宣布：在渤海海域发现大型油田——垦利6-1油田，这是继千亿立方米大气田渤中19-6之后，在渤海获得的又一重要发现。5月26日，自然资源部完成对垦利6-1油田探明储量报告的评审备案工作；垦利6-1油田探明地质储量超过1亿吨，成为渤海莱州湾北部地区首个亿吨级大型油田。

2021年2月22日，中国海油在渤海获重大油气发现——渤中13-2油气田，探明地质储量亿吨级油气当量。9月29日，在渤海海域又发现大型油田——垦利10-2油田，新增探明石油地质储量超1亿吨。垦利10-2油田的成功发现，打破了渤海油田凹陷带浅层从未获得亿吨级岩性油田的局面，展示了渤海岩性油气藏勘探的广阔前景。

（2）中国石油在潜山、岩性油气藏勘探上取得重要突破。2012年，部署钻探的茨110井在潜山深层日产油22立方米，发现太古宇潜山内幕油藏。为探索泥灰岩致密油气的勘探潜力，部署钻探束探1H井，水平井段618米，完井试油获日产油75.28立方米、日产气1.74万立方米，首次实现冀中探区凹陷缓坡区深层致密岩性油气藏勘探新突破。在埕北低断阶部署探井5口、完试井3口均获工业油流，其中部署在东部洼槽区的埕海38井，沙二段试油2层，日产油分别为59.3立方米、104.5立方米，日产气分别为1410立方米、2.21万立方米，证实洼槽区油气富集，南北断鼻油气连片，形成亿吨级整装效益储量区。在廊固凹陷大柳泉构造带主攻固安构造和琥珀营北构造，部署实施探井11口、完井10口，试油5口均获工业油流，大柳泉地区形成油气当量5000万吨规模储量区。2013年，在辽河东部凹陷潜山勘探取得新进展，部署实施探井茨111井、茨113井，在太古宇潜山分别试获日产油17.3立方米、7.12立方米；在西部凹陷岩性油藏勘探取得新发现，部署在南部坡洼过渡带的锦325井获日产油133立方米高产油流，东部陡坡带实施的冷189井、冷190井分别日产油29立方米、32.6立方米。在华北饶阳中部勘探取得新进展，针对斜坡低部位构造——岩性圈闭，部署探井9口，新获工业油气流井5口，其中宁90X井获日产油96.9立方米。2014年，针对辽河西部凹陷雷家地区的石油勘探，开展致密油储层“七性关系”评价、“两宽一高”三维地震采集攻关与地震“甜点”预测，向南北两翼扩展部署直井3口、水平井1口，新完钻的雷93井获日产10.36立方米。2015年，在辽河大民屯凹陷西部岩性勘探取得新进展，整体部署探井6口、老井试油4口，获工业油气流井5口，在平安堡－安福屯沙四段，新增探明石油地质储量1230万吨，控制有利含油面积26平方千米。

2016年，在辽河大洼－海外河勘探部署探井8口、老井试油4口，获工业油流井8口，大洼地区新增探明含油面积14平方千米、石油地质储量1082万吨，同时在海外河地区控制含油有利区面积35平方千米，老区精细勘探取得重要发现。在大港潜山勘探取得新发现，部署实施探井16口，完井试油6口均获工业油流；港北潜山古1505井，日产气2.36万立方米、日产油17.6立方米，东关潜山枣1510井日产油20.9吨。通过开展整体连片叠前深度偏移处理、精细构造解释与沉积相分析，明确有利储集相带和层位，在华北廊固凹陷河西务潜山带勘探取得重要发现，在杨税务潜山西高点部署风险探井安探1X井，完井试油获日产油57.86吨、日产气40.88万立方米。坚持富油气洼槽精细勘探，在华北饶阳凹陷勘探取得重要进展，部署探井14口，完井试油13口，获工业油流井8口，在高阳、雁岭、刘李庄、肃宁、河间等地区新增探明石油地质储量1350万吨。按照"断槽输砂、坡折控砂，岩性控藏，优势砂岩控制油气富集"的思路，在冀东南堡凹陷岩性油气藏勘探取得重要发现；针对南部物源东营组沙三段－沙河街组构造－岩性油气藏，部署风险探井——堡探3井，完井试油压裂后自喷日产油96吨、日产气1.34万立方米。2017年，突出中高斜坡区岩性油藏精细砂体和目标刻画，在大港岐口斜坡区高效勘探取得重要进展，部署探井、评价井25口，完钻24口，获工业油气流井20口；在埕北斜坡新获工业油流井5口，其中庄17101井、庄1618井在沙一段分别获日产油242吨、129.6吨，新增探明石油地质储量1456万吨。2019年，辽河坳陷滩海地区月探1井取得新发现，完井测试在东二下段获日产油76.8吨、日产气22.05万立方米高产油气流；通过进一步的评价研究，在潜山、沙三段、东营组发现落实有利圈闭16个，海月斜坡展现良好的勘探前景。在辽河西部兴隆台中生界勘探取得新成果，完钻5口井，完试4口井均获工业油流，新增探明石油地质储量1082万吨。在华北束鹿凹陷石油勘探取得新成果，按照地层超覆新模式、精细目标落实，整体部署、分批实施，斜坡南段部署束27井、束19X1井获成功；斜坡北段横向扩边、纵向扩层评价结合，晋古14－5井区钻探13口井均发现厚油层。北段束21区块通过优化钻探，投产23口井，平均单井日产油8.5吨，新建产能5.9万吨，新增探明石油地质储量1246万吨。在大港埕北滩海地区油气勘探取得重要成果，完钻探评井7口，在4个区块、9个断块新增探明石油地质储量3198万吨，新增溶解气地质储量48.69亿立方米，形成大港油田重要的增储上产地区。2020年5月7日，辽河油田驾探1井压裂后8毫米油嘴放喷，日产气32.5万立方米，刷新了辽河油田40年来天然气勘探单井日产纪录，展现了辽河油田火山岩天然气巨大勘探潜力，这对于火山岩天然气勘探、优化辽河油田“油多气少”的产量结构具有重大意义。

（3）中国石化在济阳坳陷“三新”领域资源勘探获得重要发现。胜利油田依靠科研和技术攻关，在济阳老区精细勘探取得重大成果，连续29年探明石油地质储量1亿吨、连续9年新增三级石油地质储量超过3亿吨。2012年，在埕岛东坡古近系东营组发现油层，其中埕北819井获日产油157.2吨、日产气1.2万立方米，新增控制石油地质储量666万吨；持续加大济阳坳陷精细勘探力度，年新增探明石油地质储量1.01亿吨，实现连续30年探明石油地质储量超1亿吨。2014年，部署在滩海的垦东893井、垦东91井获工业油流，实现垦东岩性油气藏勘探新发现。

2016年，胜利油田在滩浅海地区评价勘探取得商业发现，新增控制石油储量1191.43万吨；在东营北带砂砾岩评价勘探取得商业发现，新增控制石油储量1716.08万吨；在沾化凹陷渤南洼陷及其西部勘探取得商业发现，新增控制石油储量748.88万吨；在古生界评价勘探取得商业发现，新增控制石油储量571万吨。2017年，持续加大济阳坳陷及滩海新类型、新领域潜山的勘探力度，探井8口获高产油流，新增控制石油储量1350万吨，开辟了低油价下、成熟探区规模效益增储的新阵地。2018年，在济阳坳陷多类型潜山勘探取得重要发现，新增控制石油储量826万吨、预测储量1013万吨，拓展了下古和上古生界勘探新空间。2019年，济阳深层油气勘探取得重要突破，丰深斜101井在东营凹陷北带、罗176井在沾化凹陷罗家地区取得沙四下深层勘探上的突破，新增预测储量1654万吨，证实了老区深层巨大勘探潜力；埕岛－桩海地区下古生界潜山和浅层馆陶组岩性油藏获得新突破，新增预测储量1018万吨；在埕岛地区、东营凹陷、惠民凹陷的油气勘探取得商业发现，分别新增石油探明储量1245万吨、846万吨、248万吨。2020年，胜利油田油气勘探获多个新成果。2020年2月，部署在胜坨油田的坨斜726井获高产工业油流，日产油达164吨，预计新增控制石油地质储量约500万吨；这口井的勘探实践，使胜利油田岩性油藏勘探实现点上开花到面上扩大，培育出一个高产整装的储量区块。渤海湾南岸海域的埕北313井，日产超过300吨，实现了潜山勘探从“高山头”到“山脚下”的转变。2020年5月，埕北830井获得日产179吨高产工业油流，这是继上年打出百吨井后，中国石化胜利油田在渤海湾海域再次钻遇产量超百吨的油井；胜利滩海东部斜坡带古近系新区带勘探取得重要突破，桩海斜25井、埕北830井获高产工业油流，新增预测石油储量1076万吨，初步落实古近系圈闭资源量2亿吨。年内，东营凹陷新区带新类型油藏勘探取得重要突破，丰深斜11井深层系获高产油流，新增预测石油储量1008万吨，进一步落实盐家－利津地区沙四下砾岩圈闭资源量5200万吨；利910、利940、利斜890、坨斜729、坨斜768等井，中浅层系获工业油流，进一步落实东营凹陷带岩性圈闭资源量6500万吨，揭示了成熟探区多层系的勘探潜力。济阳坳陷渤南洼陷页岩油勘探获重大突破，义页平1井21段压裂试获峰值日产油93吨，明确了济阳坳陷中演化－富灰质夹层型页岩具有规模勘探潜力。

胜利油田加大油气勘探经济评价工作力度，探索建立勘探区带、预探井、评价井和储量区块等不同目标的经济评价思路和方法。建立了经济评价网上系统，实现了勘探全过程经济评价，使得经济评价的应用更加便捷和高效；对所有勘探区带、部署探井和储量区块进行经济评价，确保了申报储量的经济性和可动用性。在青西地区剥蚀地层油藏、东营南坡沙四下红层、临南凹陷带西部兴隆寺断鼻构造带、三河村洼陷西部斜坡带部署的探井均获工业油流，表明老区“三新”领域精细勘探仍具有较大潜力。胜利油田在成熟探区持续稳定增储，促进勘探工作的规范化和标准化，攻关形成《中石化东部成熟探区（层系）精细勘探研究工作规范》《探井部署基础工作规范》，为高效增储提供了有力的制度保障。它以勘探层单元划分评价优选为基础，以复杂断块圈闭、地层圈闭、碳酸盐岩潜山圈闭和岩性圈闭等类别的7种油藏精细研究为核心，以勘探目标优选及部署优化为目的，形成精细勘探研究工作及目标优选全过程的质量控制体系。依据规范，以砂砾岩、浊积岩、滩坝砂、河道砂为主要勘探目标，优选出66个高效勘探层单元。通过精细研究工作和科学部署，保障了评价井的高成功率。

2021年10月，胜利油田年内首批新增探明石油地质储量，顺利通过国家自然资源部油气储量评审。胜利埕岛、乐安、王庄等10个油田24个区块，新增探明石油地质储量3885万吨，相当于发现了一个中型油田。“十三五”以来，胜利油田累计探明储量达1.93亿吨。“十四五”期间，胜利油田明确了10亿吨未动用储量高效建产，为保障国家能源安全再作新贡献。

济阳页岩油勘探取得重大成果，在完钻的4口页岩油专探井中，樊页平1井日产油171吨。2021年胜利油田首批上报预测石油地质储量4.58亿吨，标志着济阳页岩油实现商业产能的战略性突破。

三、鄂尔多斯盆地勘探取得丰硕成果

鄂尔多斯盆地横跨陕、甘、宁、内蒙古、晋五省（区），勘探面积约37万平方千米。在鄂尔多斯盆地有中国开采历史最悠久的三叠系延长油田。随着勘探开发技术提高，中国石油、中国石化、延长石油在鄂尔多斯盆地的油气勘探不断取得新发现、新突破，实现探明资源储量大幅增长、油气产量高速增长的大好局面。

（1）中国石油在鄂尔多斯盆地华庆、姬塬、陇东等地区的石油勘探不断取得新进展。2012年，深化主力层系成藏地质条件研究，加大勘探力度，长8油藏规模进一步扩大，新增探明石油地质储量2.02亿吨；坚持立体勘探，扩大长4+5勘探成果，钻遇油层井83口，完试75口，获工业油流井38口；在多层系复合成藏模式指导下，实现长4+5、长6、长8等油层勘探的重大突破。2013

年，坚持多层系立体勘探，部署探井、评价井200口，获工业油流井145口，在侏罗系延安组和三叠系延长组长4+5油层组，新增探明石油地质储量2.14亿吨，使姬塬地区探明石油地质储量达到11亿吨。2014年，落实规模储量，部署探井、评价井230口，新获工业油流井94口，试油平均单井日产油10.17吨，新增探明石油地质储量5327万吨。2015年，以长8段储量升级、落实长9段含油规模为重点，完钻探井、评价井258口，试油243口，获工业油流井149口；长8段油藏含油规模扩大，新增探明石油地质储量1.31亿吨；长9段油藏评价取得突破，有18口井获工业油流，首次新增探明石油地质储量3325万吨。

针对长7油层物性差、直井产量低的特点，2012年在宁县－合水地区部署宁平1井，应用长水平段和体积压裂技术完井，试油日产118.2立方米；在陇东西233井区长7致密油水平井体积压裂试验区完试井7口，均获100立方米以上高产油流，长7致密油攻关取得重要进展。到2013年，共有89口井在长7油层获工业油流，落实了12个含油富集区。2014年，在新安边地区长7段致密油勘探取得重要成果，完试探井22口，获工业油流井18口；新增探明石油地质储量1亿吨，探明新安边致密油田。2015年，以落实致密油资源为重点，获工业油流井171口，进一步落实陇东、新安边、陕北含油富集区。

围绕长8油层主力层系，加强地震砂体预测，深化沉积特征和油藏富集规律研究。2015年，在环江地区新增探明石油地质储量1.01亿吨，实现陇东地区长8段含油连片。2016年，为落实环江－镇北、合水长6和长8油层规模储量，部署探井、评价井185口，完井试油153口，获工业油流井108口；在环江长8油层有24口井获工业油流，累获工业油流井105口，探明含油面积352平方千米，新增探明石油地质储量1亿吨。陇东庄183井区长7油层页岩油勘探取得新的进展，到2017年年底，建成西233、庄183、宁89、安83等页岩油水平井试验区，新增探明石油地质储量1亿吨。2018年，为扩大页岩油勘探成果，部署探井150口，完试125口，其中87口井获工业油流。

陕北志丹地区新层系勘探获重要发现，到2016年年底探明石油地质储量

12.2亿吨，主要在长6油层等较浅层位。南梁－花池地区石油勘探取得重大进展，到2016年年底探明石油地质储量8.8亿吨。2017年，坚持“安塞下面找安塞”的勘探思路，甩出去打下去，加强下组合勘探，完钻探井110口，有65口井获工业油流；在长8油层有29口井获工业油流，落实5个含油有利区；顺116井在长9油层获日产油111吨，发现长9油层2个高产区块。加大南梁－花池地区延长组中下组合勘探力度，部署预探井30口，完钻24口，先后获工业油流井38口；在长6油层和侏罗系有6口井获工业油流，累计工业油流井71口，新增探明石油地质储量1.1亿吨。

2016年，以落实长9油层储量规模、预探评价长6油层为目的，部署探井225口，完井试油117口，获工业油流井79口；在长9油层有51口井获工业油流，落实8个富集区，探明含油面积101平方千米，新增探明石油地质储量4429万吨；在长6油层有23口井获工业油流，初步落实含油有利区面积530平方千米。姬塬地区石油勘探取得重大成果，到2016年年底探明石油地质储量15.8亿吨。2017年，以落实长6油层规模为主，部署探井、评价井215口，获工业油流井124口；在长6油层有38口井新获工业油流，累计132口井获工业油流，落实探明含油面积397平方千米、石油地质储量1.26亿吨；甩开预探盐池地区12口井，日产油大于20吨，发现多个高产富集区。2018年，坚持立体勘探，在合水－盘客地区勘探取得重要成果，部署探井100口，完试89口，获工业油流井55口；在长8油层新获工业油流井15口，累计达到163口，平均试油日产11.3吨，新增探明石油地质储量1亿吨；在长6油层新获工业油流井12口，累计达到53口，平均试油日产10.4吨，新增探明石油地质储量1.08亿吨。

中国石油在鄂尔多斯盆地勘探发现10亿吨级庆城页岩油大油田。2018年，建成西233、庄183、宁89、安83等致密油水平井试验区；2019年探索页岩油新领域，持续开展多学科联合研究，开展提产攻关试验，在庄183、西233井区新增探明石油地质储量3.58亿吨，新增预测石油地质储量6.93亿吨，这对生油层内资源勘探开发具有重要意义。年内，吴旗、姬塬老区立体勘探取得新成果，在吴旗新432井、新286井发现延长组长9、延安组延10等新的含油富集区，在新475、新282井区长9、长6、延10、延9新增探明石油地质储量6104万吨；姬塬油田滚动评价完钻探评井144口，在长8、长6油藏及上部开发程度较高的长3、延9、延8油藏新增探明石油地质储量2002万吨。

2021年6月20日，中国石油宣布长庆油田在鄂尔多斯盆地长7生油层探明地质储量超过10亿吨的页岩油整装大油田，成为中国探明储量规模最大的页岩油大油田。6月25日，长庆油田部署的陆上最大页岩油长水平井平台——国家级页岩油示范区华H100平台31口水平井提前完井。长庆油田，围绕重点区域进行精细、高效勘探，应用水平井体积压裂增产技术实现致密油效益勘探开发，应用大井组工厂化钻井技术使水平井平均机械钻速提高50%，技术创新为油田持续高效勘探提供了重要支持和保障。

（2）中国石油在鄂尔多斯盆地苏里格等地区的天然气勘探取得新突破。以提交规模储量为目的，在苏里格西部西二区新增天然气地质储量1719亿立方米的基础上，2012年加大南区的勘探力度，有62口探井钻遇上古生界气层，获工业气流井24口，平均单井日产气5.99万立方米，整体控制了南一区气藏规模。2013年，积极甩开勘探，南区勘探整体取得新进展。2014年，加大体积压裂工艺技术试验，完钻探井31口，获工业气流井14口，苏416井盒8段试气获日产62.81万立方米，在东三区和南二区新增天然气储量超过6000亿立方米。主攻南三区、积极评价西二区，2015年完钻探井55口，获工业气流井25口，在西二区盒8段、山1段、山2段、太原组新增探明含气面积3134平方千米，探明天然气地质储量3445亿立方米；在南部获工业气流井13口，落实有利勘探范围3000平方千米。2016年，部署探井55口，完井试气48口，获工业气流井21口，在西二区新增探明含气面积2295平方千米、天然气地质储量3311亿立方米。苏里格地区天然气勘探面积6万平方千米，至2016年年底探明天然气地质储量1.65万亿立方米，年产气170亿立方米。2017年，在苏里格南部、西部完钻探井57口，获工业气流井27口，在南一区累计获工业气流井64

口，盒8、山1、山2气层落实探明含气面积2363平方千米、天然气地质储量2150亿立方米。

中国石油在靖西地区下古生界天然气勘探不断取得新成果。2012年，围绕桃利庙、席麻湾、高桥有利目标区，整体研究、整体部署、整体勘探不断取得突破，获工业气流探井50口，平均单井日无阻流量30.18万立方米，落实含气面积4513.83平方千米，新增探明天然气地质储量2215.34亿立方米。2014年，以寻找勘探新领域、提交规模储量及有效掌控资源为目的，在盆地东部神木、榆林地区加大天然气勘探力度，部署探井39口，完钻探井44口，获工业气流井31口，试气平均日产4.15万立方米，在神木地区新增探明天然气地质储量2486亿立方米。陇东地区天然气勘探获得新发现，2015年部署实施的陇18井在奥陶系下部马二段试气，日产气10.65万立方米，首次在马家沟组下组合获高产，对推动古隆起东侧下古生界勘探具有重要意义。盆地东部多层系天然气勘探取得新进展，2016年围绕盒8、山2层系，以扩大含气面积和提高单井产量为目标，积极开展工艺技术攻关，部署探井23口，完井试气39口，有21口井在山2、盒8层系及本溪组、马五段等获工业气流，其中麒10井在本溪组获日产109.38万立方米。奥陶系中下组合碳酸盐岩天然气勘探取得新进展，到2017年年底累计探明天然气地质储量6910亿立方米，年产天然气49亿立方米。盆地东部神木－清涧上古多层系立体勘探取得新成果，2018年完试探井66口，获工业气流井29口；在盒8气藏有16口井新获工业气流，含气范围向南、向北持续扩大，新增探明天然气地质储量1236亿立方米。大宁－吉县致密砂岩气立体勘探取得新进展，郝6－高3井区累计22口井获工业气流，其中11口井日产气大于1万立方米，落实探明天然气地质储量458亿立方米。

2019年，古隆起东侧下古生界天然气勘探取得新成果，在马五4、马五5新类型风化壳领域钻获26口工业气流井，其中9口井日产超百万立方米，苏东40－25C3井在马五5试气获日产212万立方米高产气流。马五4、马五5气藏新增探明天然气地质储量2124亿立方米，建成年生产能力20亿立方米，实现碳酸盐岩第二个储量增长高峰。苏里格地区天然气勘探取得新成果，在苏里格南一区37口探井获工业气流，投产开发井306口，新增探明天然气地质储量1229亿立方米，建产能8亿立方米，为苏里格南区加快发展提供了坚实资源保障。神木地区天然气勘探取得新进展，甩开追踪勘探表明，神木气田周边太原组砂体延续发育、含气性好，落实含气面积1657.1平方千米。

（3）中国石化在鄂尔多斯盆地南部、北部等地区的油气勘探取得重要成果。2012年，盆地北部杭锦旗大型岩性圈闭勘探，有多口探井获工业气流，新增控制天然气储量1271.8亿立方米；在定北地区落实西部柳杨堡目标区太2段气藏含气面积，新增探明天然气储量550亿立方米；在大牛地气田下古生界奥陶系勘探取得新进展，新增探明天然气储量377亿立方米。2013年，鄂南旬邑–宜君石油勘探取得商业发现，新增石油控制储量8496万吨；杭锦旗新增天然气控制储量1265亿立方米；定北区块柳杨堡区带天然气勘探获新发现，定北17井在盒1段获日产气4.07万立方米。2014—2015年，在鄂北新增天然气控制储量974亿立方米，在鄂北杭锦旗十里加汗区带新增天然气控制储量974亿立方米。

2016年，杭锦旗地区独贵加汗岩性圈闭气藏勘探取得新发现，锦108、锦107、锦124等井均在太原组获工业油气流，含气面积进一步扩大；杭锦旗十里加汗区带评价勘探取得商业发现，新增天然气控制储量685亿立方米。2017年，杭锦旗地区天然气勘探取得商业发现，新增天然气控制储量832亿立方米。2018年，鄂南红河油田石油勘探取得商业发现，新增石油控制储量318万吨；鄂北杭锦旗地区锦77井区天然气勘探取得商业发现，新增天然气控制储量498亿立方米。2019年，鄂北新区带、新层系天然气勘探取得新突破，为鄂北增储建产开辟新阵地；杭锦旗东胜气田天然气勘探取得商业发现，新增探明储量443亿立方米、控制储量435亿立方米。2020年，大牛地盐下奥陶系勘探取得重要突破，风险探井大深1井马四段钻遇良好气层，新增预测天然气储量405亿立方米，证实深层风化壳岩溶具备较好勘探潜力；大牛地气田大98、大

48等井区天然气勘探获商业发现，新增探明天然气储量281亿立方米。在彬长地区油气勘探取得新突破，泾河75、55井中生界油气勘探获成功；风险勘探长探1井古生界获工业气流，提升了鄂南海相勘探潜力。

（4）延长石油坚持“常非并举”油气勘探成效显著，通过精细地质评价、钻完井及压裂工艺技术攻关，在油田下组合、南部致密油、东部浅层取得新发现。至2019年，新增探明石油地质储量9.12亿吨，累计探明储量达31.42亿吨。通过深化沉积与成藏地质理论新认识，在上古生界本溪组、山西组、石盒子组盒8段新增探明致密砂岩天然气储量3704亿立方米；在下古生界碳酸盐岩发现多套含气层系，其中在马家沟组马五1+2段新增探明天然气储量1398亿立方米。

四、四川盆地勘探取得历史性突破

四川盆地面积约18万平方千米，是中国重要的天然气产区之一，气源层为海相碳酸盐岩。已发现油气田，都是裂缝性油气藏。盆地的地层坚硬、膏岩层断多，一些高陡背斜构造褶皱复杂、地层倾角大、断层多，油气层埋藏深、温度高、压力大，这些都给油气勘探增加了较大难度。

（1）中国石油在磨溪地区天然气勘探取得历史性突破。2012年9月4日，位于古隆起磨溪地区的磨溪8井，在寒武系龙王庙组获得日产气107.18万立方米高产气流，四川盆地下古生界天然气勘探取得重大突破。在磨溪－高石梯地区，部署震旦系－下古生界探井7口、完钻7口、完试5口，测试灯二段、灯四段，平均单井日产气分别为31.91万立方米、38.12万立方米，证实磨溪－高石梯构造震旦系大面积含气。2013年，按照“整体探明龙王庙组，整体控制震旦系”展开工作，部署探井37口。在龙王庙组完试17口，有16口井获工业气流，新增探明天然气地质储量4404亿立方米，成为中国发现单体最大的海相碳酸盐岩气藏。到年底，在磨溪－高石梯地区共部署震旦系探井29口、完试15口均获工业气流，发现震旦系灯二段、灯四段下亚段、灯四段上亚段气藏，其中高石3井、高石6井和磨溪22井试气，日产气均在百万立方米以上，震旦系勘探取得重要成果。2014年，围绕富集带甩开预探外围，完钻探井20口，新获工业气流井12口，在高石梯灯影组新增天然气储量超过6000亿立方米，高石梯－磨溪地区下古生界－震旦系万亿级立方米大气区得到落实。2015年，立足灯四段台缘带富集区，落实规模储量，甩开勘探外围，完试15口、12口获工业气流，在高石1井区灯四段探明天然气地质储量2200亿立方米，同时发现磨溪22井区新的灯四段规模富集区。

2016年，主攻灯影组台缘带，评价勘探磨溪22井区，完井试气13口、获工业气流井12口，其中磨溪22井区灯四段8口井新获工业气流，新增探明天然气地质储量1527亿立方米，实现整体基本探明台缘带高产富集区。同时甩开勘探北部台缘带的磨溪52井、磨溪111井，在灯四上段测试分别获日产气4.75万立方米、30万立方米，台缘带含气范围进一步扩大。2017年，为提高灯四段气藏单井产量和储量动用，在高石梯－磨溪台缘南带高石19井区，部署钻探先导试验水平井——高石110井，酸化后测试获日产气65.77万立方米，新增探明天然气地质储量382.36亿立方米，推动灯影组气藏的整体有效升级动用。2018年，评价灯四段台内磨溪8井区3口工艺评价井获得成功，测试日产气全部超过30万立方米，新增探明天然气地质储量581亿立方米。同时向台缘带南部甩开部署荷深2井，在灯四段取得新发现，酸化测试日产气19万立方米，灯四段气藏含气范围向南进一步扩大。至2019年，高石梯－磨溪地区灯四段台内气藏勘探取得重要突破。在2018年灯影组累计探明天然气地质储量4991亿立方米的基础上，面对台内储层厚度薄、非均质性强、产量较低的挑战，2019年预探甩开部署磨溪129H井，在灯四段获日产141.19万立方米高产气流，为高石梯－磨溪地区台内规模储量落实和升级动用打开了新局面。

中国石油川中天然气勘探取得重大新突破。2020年5月14日，蓬探1井获得日产天然气121.98万立方米。这是中国石油西南油气田，在川中古隆起高石梯－磨溪地区高效探明万亿立方米储量、高水平建成150亿立方米特大型气田的同时，持续深化盆地下古生界－震旦系联合研究，通过灯二台缘精细刻画技术，优选部署在德阳－安岳裂陷槽东侧蓬莱区块的一口风险井，目的是深化下古生界－震旦系勘探，寻找油气田规模效益上产新区块。这次重大新突破——蓬探1井获高产工业气流，意味着在川中发现一条富含天然气的新区带；可供勘探面积2000平方千米，潜在资源量超过万亿立方米，展示了大川中地区巨大的勘探潜力。

（2）中国石化川西中浅层、川东天然气勘探取得重大突破。2012年，中国石化按照“聚焦浅层、展开海相、攻关深层”的勘探总体思路，深化川西地区叠覆型致密砂岩气区成藏理论认识，在马井－什邡中浅层12口井获工业气流，侏罗系蓬莱镇组含气面积进一步扩大；在广汉－金堂地区的广金5井、广金6井，获工业气流，实现了成都凹陷东坡中浅层油气勘探突破；川西中浅层新增探明天然气地质储量2060亿立方米。2015年，甩开部署勘探的鸭深1井，完井在雷四段试气获日产48.5万立方米，取得龙门山前带天然气勘探的重大发现，新增天然气控制储量1112.95亿立方米、预测储量1290亿立方米。2016年，在川西新场雷口坡组气藏评价勘探取得商业发现，新增控制天然气储量652亿立方米；在川西东坡中江－回龙构造侏罗系评价勘探取得商业发现，新增控制天然气储量104.27亿立方米。2018年，在川西先期部署的彭州1井等探井相继获高产工业气流，由此发现川西气田。2019年以来，川西气田勘探取得重大突破；到2020年，新增探明天然气储量830亿立方米。至此，川西气田累计探明储量1140亿立方米，相当于亿吨级当量大油田，成为中国能源发展战略的重要支撑。2020年，川西南二叠系新层系勘探取得重要突破，井研地区金山1井火山岩获工业气流，新增天然气预测储量783亿立方米，对培育川西南规模增储新阵地具有重要意义；威远地区靖和1井茂一段泥灰岩、茂二段溶蚀缝洞储层获工业气流，落实圈闭资源量1064亿立方米，威荣页岩气田进行立体勘探具有广泛前景。

川东地区寒武系新层系天然气勘探取得重大突破。2020年，平桥1井获高产工业气流，证实下组合存在“新生古储、侧向供烃”成藏模式，开辟了海相勘探新领域，新增天然气控制储量112亿立方米，落实区带资源量5000亿立方米，可成为新的资源阵地。

（3）中国石油川西下二叠统海相碳酸盐岩风险勘探获重要发现。2014年，部署在川西北双鱼石构造的风险探井——双探1井，在下二叠统栖霞组、茅口组分别获日产气87.6万立方米、127.8万立方米，栖霞组裂缝–孔隙型白云岩储层天然气勘探取得重要突破。

2016年，完钻的双探3井在栖霞组钻遇块状孔隙型白云岩储层，测试获日产气41.86万立方米并在泥盆系观雾山组获日产气11.6万立方米，发现新的含气层系，证实川西北地区具备立体勘探的潜力，是盆地重要的勘探接替领域。2017年，在加强成藏条件研究的基础上，立足栖霞组白云岩发育有利区，在构造高带部署探井4口，完钻双探8井，双鱼山构造带栖霞组获日产气36.88万立方米，九龙山构造龙探1井栖霞组获日产气106万立方米高产气流。

（4）非常规油气勘探取得重要进展。2019年，中国石油川南页岩气勘探取得重大新成果，在长宁、威远页岩气实施储量控制井126口、完钻井96口，实施深层评价井33口、埋深大于4000米的井9口。其中阳101H1–2井水平段长1478米，测试日产气46.9万立方米；威远213井水平段长1500米，测试日产气36万立方米。新增探明页岩气地质储量6050.21亿立方米，川南地区累计提交探明天然气地质储量1.06万亿立方米，形成国内首个万亿立方米探明储量区。2020年6月8日，中国石油西南油气田209H41平台累计测试获日产页岩气301.58万立方米，创中国页岩气平台测试产量新纪录，这是中国首个测试产量超过300万立方米页岩气平台。

2020年，中国石化川东南侏罗系陆相页岩油气新领域勘探获重大突破，涪页10HF井试获日产油17.6立方米、日产气5.58万立方米。涪陵页岩气田东胜–平桥西区块常压页岩气规模获商业发现，新增探明地质储量1918.27亿立方米，为涪陵气田持续上产奠定资源基础。中国石化勘探分公司在贵州省遵义市道真县河口镇部署实施的重点页岩气预探井——真页1HF井，试获日产气5.03万立方米，取得四川盆地外围复杂构造区常压页岩气勘探新突破。勘探分公司以海相页岩气“二元富集”理论为指导，部署实施真页1HF井，落实有利区资源量1530亿立方米，这对推动四川盆地东南缘残留向斜常压页岩气勘探开发具有重要意义。2021年10月24日，中国石化勘探分公司部署在重庆市綦江区东溪构造的重点页岩气探井——东页2井，在埋深4300米的优质页岩气层试获日产41.2万立方米页岩气，标志着中国在4000米以上的深层页岩气勘探领域取得重大进展。

进入“十四五”以来，中国石油西南油气田把握“资源基础”，聚焦川中古隆起、川西二叠系、陆相致密气重点领域，突出高效勘探取得新进展。太和含气区立体勘探取得重大新突破，安岳气田灯二气藏取得新进展，为“上产500亿”奠定良好资源基础；聚焦海相领域，在川中古隆起太和含气区角探1井茅口组获测试日产气超100万立方米，在高石1井区获测试日产气超50万立方米，在川西北部双鱼石栖霞组新获百万立方米气井3口、8口生产井日产气超过200万立方米，为新区开发和气田稳产夯实资源基础。中国石化西南石油局中江气田，2021年8月新增探明天然气储量340.29亿立方米，累计探明储量1061亿立方米，助力川渝地区建设千亿级天然气生产基地。

五、准噶尔盆地勘探取得重大进展

准噶尔盆地位于天山、扎依尔山与阿尔泰山之间，平面上呈南宽北窄的三角形态，总面积约13万平方千米。区域构造位置处于阿尔泰褶皱带、西准噶尔褶皱带和北天山褶皱带所夹持的三角地带，油气生储条件好、资源富集，预测油气资源总量达到103亿吨，是中国陆上油气资源总量超过100亿吨的四大盆地之一。石油企业在准噶尔盆地东部、腹部、南缘及西北缘等地区的油气勘探，不断获得新成果、取得重要发现。

（1）中国石油在准噶尔盆地勘探取得重要成果。2012年，按照“新老井结合、直井控制、水平井提产”的勘探思路，部署探井——直井5口、水平井2口，在芦草沟组钻探试油中获良好效果，其中吉172H井日产油67.74吨；老井探井复试5口获油流，整体控制面积超过300平方千米，致密油资源量超过4亿吨。通过老井复查、测井重新解释和综合地质研究，认为马湖北地区三叠系具有大面积含油特征。按照“分区块、分层次逐步实施，最终实现整体连片”的勘探思路，新井完井试油和老井复查共10井、12层获得油流。2013年，按照“直井控面、水平井提产”思路，部署探井9口，均获工业油流，其中玛132H井测试最高日产油40.45立方米，玛湖北斜坡致密油勘探取得新进展。为整体探索环玛湖坡折带发育的百口泉组扇体群、三叠系百口泉组、二叠系岩性油气藏的含油气性，在玛湖南斜坡部署风险探井——玛湖1井，完井测试在三叠系获日产油48.3立方米，开辟了玛南斜坡岩性油气藏勘探新领域。2014年，为进一步开发低渗透资源，落实储量部署探井23口，获工业油流井12口，单井日产油5.2～29.8吨。2015年，加大斜坡区勘探力度，部署探井19口、完钻19口，试油9口，获工业油流井6口，其中盐北4井获日产油32立方米；在艾湖1－玛18井区新增探明石油地质储量5666万吨，并发现艾湖2井区等多个含油有利区。

准噶尔盆地西北缘中拐凸起勘探取得重要进展。2013年，针对石炭系部署探井6口，完钻后获工业油流井4口，日产油10～20吨，新增探明石油地质储量6981万吨。2014年，以石炭系储量升级为目标，部署评价井4口，获工业油流井3口，其中金龙102、金龙103井压裂后获日产油46.3吨、45.9吨，展现出良好的勘探开发前景。为开发低渗透资源，落实储量，通过水平井体积压裂提高单井产量，2014年在沙湾凹陷部署中佳2H井，在二叠系佳木河组水平井＋体积压裂，获日产气8.98万立方米、日产油95.58立方米，打开了盆地西北缘勘探新局面。

立足有利相带，寻求规模发现，2016年部署探井8口，完井试油4口，有3口井获工业油流，其中达13井、达15井在三叠系百口泉组分别获日产油

22.12吨、33.0吨，玛东斜坡石油勘探取得重要发现。2018年，针对石炭系、二叠系佳木河组整体勘探，石炭系在车471、车481、车541、车91、车362等地区勘探开发一体化落实整装规模储量，新增探明石油地质储量7829万吨；二叠系佳木河组优选钻探4口井，均见厚油层，其中车排18井日产油221立方米、车排21井日产油23立方米，发现两个浅层高效区块。

2016年，立足中浅层，勘探评价一体化，寻找规模可动用储量，部署探井28口、完井试油28口，新获工业油气流井9口，在车峰7、红153井区新增探明石油地质储量7850万吨，西北缘多层系立体勘探取得重要成果。中拐北斜坡上乌尔禾组，前期勘探主要集中在南部，累计探明石油地质储量6083万吨，区内多口井油水同出，制约了勘探进一步展开。通过开展系统研究，大面积成藏的认识逐渐明朗，2017年部署探井28口，新获工业油流井25口，玛湖8井、玛湖013井日产油均超过百吨，成为继百口泉组之后环玛湖地区又一新的规模接替层系。2018年，为开辟沙湾凹陷勘探新领域，部署钻探风险探井沙探1井，在侏罗系八道湾组、三叠系百口泉组、二叠系上乌尔禾组均见良好油气显示，完井测试在上乌尔禾组获日产油30.25立方米，其将成为准噶尔盆地勘探的重要接替领域。

准噶尔盆地南缘勘探获重大突破。2018年，针对高泉背斜风险勘探，部署钻探高探1井；2019年1月6日试油，在白垩系清水河组13毫米油嘴日产油1213立方米、日产气32.17万立方米，创中国陆上碎屑岩领域单井最高日产量，证实南缘深层发育高效储层，打开南缘下组合勘探新局面。车排子凸起石炭系勘探，优选第二断阶带部署实施风险井车探1井，在石炭系太勒古拉组发现两套内幕油气层，下部测试获日产油30立方米高产油流；上部测试获日产气23.2万立方米、凝析油34.2立方米，实现车排子凸起石炭系勘探突破，有望成为盆地下一步重要的战略接替区。是年，在东道海子凹陷二叠系上乌尔禾组勘探获得新发现，在玛南集中勘探取得重要成果，在红车断裂带二叠系佳木河组勘探取得新进展。在玛湖中浅层多层系勘探成效显著，中浅层侏罗系、三叠系白碱滩组等新获工业油流井29口、32层；玛湖地区中浅层累计获工业油气流井99口、120层，在5个井区新建产能12万吨。

中国石油新疆油田分公司（新疆石油管理局），主要从事准噶尔盆地及其外围盆地的油气勘探，2019年登记申报采矿权项目19个。截至2019年，新疆油田累计探明石油地质储量29.99亿吨，累计探明天然气地质储量1718.85亿立方米，油气资源探明率分别为30.0%、7.4%。

（2）中国石化在准噶尔盆地北缘哈山、西缘春光等地区石油勘探取得重大进展。2012年，在哈山上古生界的8口井钻遇良好油气显示，新增预测石油地质储量5054万吨，勘探发现阿拉德油田。2013年，在哈山地区深层勘探取得重大发现，哈深2井石炭系获得商业油流，山前带领域勘探取得突破。盆地西缘春光探区多类型立体勘探取得进展，扩大了春光油田沙湾组含油气范围，新增探明石油地质储量3623万吨。推进石炭系勘探，积极探索侏罗系、白垩系、古近系，盆地西缘车排子地区多层系立体勘探取得重大发现，部署的排663井、排665井在石炭系分别获日产油81.67立方米、52.45立方米。2014年，部署的春57井、春59井在白垩系获工业油流，实现盆地西缘新层系勘探的突破；车排子凸起古近系勘探获得突破，在凸起西翼部署完钻的苏1、苏101井获得油流，且油质较好，展现了车排子凸起西翼广阔的勘探前景。2015年，部署的春79井，在白垩系获工业油流，新增预测储量870万吨。

2016年，盆地西缘车排子西翼石炭系勘探取得新发现，苏13井在石炭系获工业油流，进一步证实凸起西翼是一个多层系含油的复式油气聚集区。盆地西缘评价勘探取得商业发现，新增控制石油储量2326.74万吨。2017年，盆地西缘车排子地区石油勘探取得商业发现，新增控制石油储量666万吨；春光探区石油勘探取得商业发现，新增控制石油储量508万吨。2018年，车排子凸起东翼白垩系勘探获得新进展，上报排646块预测储量1236.98万吨。2019年4月，钻探的排斜73井获得成功，峰值日产油8.68立方米，白垩系成为车排子凸起新的增储接替层系。在车排子地区，按照“扩大沙湾组、解剖石炭系、探索中生界”的勘探思路，勘探取得丰硕成果。到年底，累计上报沙湾组探明储量9469.47万吨；落实车排子凸起东翼石炭系储量规模，呈现出含油连片趋势，上报探明储量2193.81万吨。准西地区立体勘探获重要进展，迈入2亿吨级大型油田行列。2020年，西缘石油勘探获商业发现，新增探明石油储量1605万吨。

六、塔里木盆地勘探取得重大发现

塔里木盆地位于新疆南部，介于天山和昆仑山两大山脉之间，东西长约1400千米、南北宽约520千米，呈不规则的椭圆形，面积约56万平方千米。盆地中部是塔克拉玛干沙漠，面积约33万平方千米。塔里木盆地是中国面积最大的含油气盆地，有海相、陆相两类油气资源，油气蕴藏量为191.5亿吨，其中石油107.6亿吨、天然气8.39万亿立方米。塔里木盆地油气勘探，先后经历了“五上五下”艰难曲折历程，直到20世纪80年代才有较大突破。“十二五”以来，塔里木盆地油气勘探不断取得新进展、新发现。

（1）中国石油作业区域遍及塔里木盆地周边的南疆五地州20多个县市，矿权总面积17.5万平方千米。“十二五”时期，塔里木油田年新增探明石油地质储量保持在5500万吨以上，年新增探明天然气地质储量保持在1400亿立方米以上；截至2015年，累计探明石油地质储量9.95亿吨，累计探明天然气地质储量1.95万亿立方米。

塔北地区油气勘探取得新进展。2012年，部署在哈拉哈塘地区热瓦普区块最南部的预探井——热普8井，完井测试在奥陶系日产油166.53立方米、日产气2.5万立方米，将有利勘探范围进一步向南扩6000米。2013年，甩开预探金跃、其格地区，评价勘探新垦－热瓦普地区，完钻探井23口，完井测试19口，有15口井获工业油气流。金跃－其格区块9口井获高产工业油气流，发现2个新区块，哈拉哈塘油田含油气范围持续扩大；新垦－热瓦普区块累计获工业油气井47口，新增探明石油地质储量5670吨。到年底，塔北哈拉哈塘碳酸盐岩石油勘探，累计探明石油地质储量1.65亿吨。2014年，主攻金跃、哈得逊，甩开跃满，准备玉科，部署探井18口、评价井10口，获工业油气流井18口，其中跃满3井日产油57.8立方米、日产气1.79万立方米，在金跃-热普区块新增探明石油地质储量3338万吨，哈拉哈塘碳酸盐岩勘探取得新进展。到年底，塔北碳酸盐岩石油勘探，累计探明石油地质储量6.1亿吨。2015年，评价勘探跃满、哈得逊区块，积极准备富源、玉科区块，完钻探井17口、开发井59口，投产57口，在跃满、哈得逊区块新增探明石油地质储量5010万吨。2018年，坚持勘探开发一体化，在碳酸盐岩和碎屑岩勘探领域取得新进展，碳酸盐岩勘探围绕主干走滑断裂带进行，部署富源区块一间房组累计完钻井18口、17口获工业油流，平均日产油119吨，新增探明石油地质储量2093万吨；碎屑岩勘探评价塔北隆起英买力低凸起玉东7油藏，按构造岩性油藏新认识，精细落实油水界面和滚动扩边，获工业油流井9口，含油范围和储量规模进一步扩大，新增探明石油地质储量1095万吨，且具有单井产量高、生产效果好的特点。

塔里木盆地库车坳陷油气勘探取得重要突破。2012年9月，部署在库车坳陷克拉苏冲断带克深区带克深8号构造上的克深8井，完钻层位白垩系巴什基奇克组，完井测试日产气72.3万立方米，新发现一个超千亿立方米天然气储量区块，证实克深区带天然气的富集。到年底，克深2号构造带有7口井测试获得高产气流，新增探明天然气地质储量1542亿立方米。2013年，积极甩开预探，精细评价克深区块，完试探井11口，获工业气流井7口，其中克深9井试获日产气45.6万立方米，发现新的含气构造；精细评价克深5、克深8气藏，有5口井获得工业气流，整体形成新的规模储量区块。在库车坳陷西部阿瓦特区块，优选埋深适中、保存条件较好的阿瓦3圈闭，部署实施风险探井阿瓦3井，完井测试在白垩系获日产气15.7万立方米、日产油2.66立方米的工业油气流，发现一个新的含气区带，实现库车山前带的整体突破。到年底，在库车坳陷克拉苏冲断带克深区带发现克深2、克深5、克深8等14个气藏。2014年，为了解克深6号构造的含油气性，部署克深6井，完井试气在巴什基奇克组获日产气91万立方米，新发现一个规模气田，进一步证实克拉苏构造带克深段整体含气。为加快库车克拉苏构造带克深区块预探与评价，落实天然气规模储量，部署探井9口，新获工业气流井12口，在克深、大北与博孜段均取得新进展，新增三级储量超过4000亿立方米，整体形成万亿立方米大气区。继续探索奥陶系鹰三–鹰四段新层系，持续预探寒武系白云岩，部署探井、开发井49口，新获工业油气流井36口，中古15井区投产21口井、平均日产油31吨，中古434井区投产8口井、平均日产油23.6吨，新增探明石油地质储量2019万吨。2015年，加大克深区带评价勘探力度，积极甩开预探，完钻探井10口，试气9口井，有7口井获工业气流，克深9气藏新增探明天然气地质储量466亿立方米；甩开勘探克深13井，测试获日产气34.38万立方米，发现一个新的含气构造。

“十三五”期间，2016年加强老资料精细处理解释，落实中浅层有利目标，以寻求新发现；部署二维地震1289千米，探井9口，完井试气5口，有3口井获工业气流，克深10、克深11井在白垩系巴什基奇克组分别获日产气21.52万立方米、69.58万立方米，新发现两个含气构造；同时，评价勘探博孜1、克深13气藏，博孜1气藏新增探明天然气地质储量730亿立方米。2017年，重点深化构造地质建模，强化叠前深度偏移处理攻关，锁定构造转换带、逆掩叠置带作为预探评价重点区，完钻探井7口，获工业气流井4口；其中克深24井、大北11井，在白垩系巴什基奇克组分别获日产气52万立方米、7.8万立方米，博孜3井在白垩系巴什基厅克组酸化后测试获日产油49.34吨、日产气32.33万立方米工业油气流，发现3个新的含油气构造。2018年，评价勘探克深24、克深11、大北11气藏，新增探明天然气地质储量1518亿立方米。12月12日，位于秋里塔格构造带上的中秋1井，在白垩系巴什基奇克组6073～6182米井段酸压测试，用5毫米油嘴放喷求产，油压81.5兆帕，折算日产天然气33万立方米、凝析油21.4立方米，发现一个千亿立方米级凝析气藏，库车坳陷打开了一个新油气富集区。

2018年在博孜－大北部署钻井24口，2019年完成测试11口井，获工业油气流井8口，其中博孜9井获日产气70.6万立方米、日产油167立方米，新发现一个优质、高产、整装千亿立方米超深层凝析气藏。在博孜－大北发现气藏16个，有望形成万亿立方米凝析气规模储量区。同期，塔北玉科、富源区块勘探取得新成果，在玉科2、玉科3断裂集中部署开发井18口，完井试油5口井均获高产，新增探明石油地质储量1078.4万吨；富源Ⅱ完钻评价井3口，投产2口、试油1口，建产能3.2万吨，控制含油面积23.9平方千米。秋里塔格构造带勘探取得新成果，2019年新增探明天然气地质储量658亿立方米、凝析油232万吨；中秋1气藏用时310天探明，创造库车山前由发现到探明的最快纪录，展示秋里塔格构造带巨大的勘探潜力。克深地区天然气勘探取得新进展，2019年新发现克深14、克深19气藏，在克深10构造新增探明天然气地质储量519亿立方米，克拉－克深万亿立方米大气区进一步夯实。

2018—2019年，中国石油塔里木油田年新增三级油气储量当量创近10年新高。2020年，塔里木油田油气勘探取得多个重大成果。1月19日，重点风险探井——轮探1井（亚洲陆上最深井），经酸压测试获得工业油气流，日产油133.46立方米、日产气4.87万立方米；发现一个新层系——寒武系吾松格尔组，证实8000米以深依然可发育原生油藏和优质储盖组合，开辟了一个重要接替层系和崭新的勘探领域。这是世界石油勘探开发史上，首次在8200米以下的深层找到液态的石油烃。4月8日，满深1井10毫米油嘴测试求产，日产油624立方米、日产气37.1万立方米，石油资源量超过2亿吨，这标志着盆地腹部超深层油气勘探获得重大突破。满深1井的钻探成功，标志着新发现一条区域级富含油气的断裂带，证实了塔北－塔中整体连片含油，新增有利勘探面积3520平方千米，这为塔里木油田加快发展夯实了资源基础。

2021年6月，在塔里木盆地富满地区发现10亿吨级超深大油气区，是塔里木盆地石油勘探的最大发现。部署在富满油田的重点探井——满深2井，创出塔里木盆地大沙漠区最深出油和最大油柱高度纪录。富满油田主力产层埋深8000米左右，为碳酸盐岩挥发性油藏，其勘探开发难度属于世界前沿。塔里木油田满深2井钻探成功，标志着中国石油攻克了高品质地震资料采集处理技术和超深复杂碳酸盐岩布井技术难题，推动超深油气高效勘探开发。

（2）中国石化在塔里木盆地的勘查区块28个、面积11.75万平方千米，主要分布于塔北、塔中、巴麦和孔雀河地区；区块石油地质资源量56.12亿吨，天然气地质资源量2.5万亿立方米；累计发现油气田10个，主力油田塔河油田位于塔里木盆地北部沙雅隆起阿克库勒凸起南部，地处库车县❶、轮台县境内。2015年，西北油田新增探明石油地质储量5339.07万吨，新增探明天然气地质储量35.8亿立方米；至2015年，累计探明石油地质储量13.57亿吨、天然气地质储量1674亿立方米，石油探明率24%、天然气探明率7%。

塔河奥陶系石油勘探取得重大进展。2012年，中国石化落实了塔河AD20–AD26井区碳酸盐岩探明储量，塔河盐下地区沙115–4井等一批评价井获工业油气流，扩大了奥陶系油气勘探成果，新增探明石油地质储量9505万吨。2013年，在塔北跃进区块奥陶系勘探取得重要发现，跃进3井在奥陶系下统鹰山组获日产油57立方米、日产气2.3万立方米，坚定了向南探索顺北地区的信心。2015年，部署在顺北区的顺北1–1H井，在奥陶系一间房组获日产油184.95吨、日产气9.07万立方米（图2–1）。

2016年，顺北探区石油勘探有7口完钻评价井，在奥陶系均获日产超百吨高产轻质油流，在塔河油田之外取得重大发现——勘探发现顺北油田，实现了“塔河之外找塔河”的突破。2018年，顺北一区5号、7号断裂带和1号断裂带深层勘探取得重要进展，顺北7井、顺北51X井、顺北501井获得高产工业油气流，新增预测储量7176万吨。2018—2019年，中国石化西北油田新增探明石油地质储量分别为5050万吨、4885万吨，新增探明天然气地质储量142.56

❶ 2019年12月，撤销库车县，设立县级库车市。

图 2-1　西北油田顺北 1-1H 井全景

亿立方米、130.69亿立方米。2020年3月30日，西北油田部署在塔里木盆地的重点探井——顺北52A井获得油气突破，日产油150吨、日产气5.9万立方米，这是西北油田复工复产后首口取得重要突破的探井。

进入“十四五”以来，中国石化西北油田油气勘探取得重要成果。2021年8月26日，西北油田部署的重点探井——顺北44X井，获日产油865吨、日产气59万立方米，标志着顺北油气田4号断裂带获得亿吨级油气区的重大发现，探明油气储量超2亿吨。至此，西北油田累计探明石油地质储量15亿吨、天然气地质储量740亿立方米。

七、柴达木盆地勘探取得重要成果

柴达木盆地位于青海省青海湖西面，四周高山环绕，地势西高东低，平原地区为戈壁、盐泽，海拔2700～3000米。盆地面积约12.1万平方千米，沉积岩面积约10万平方千米；从上到下有侏罗纪、第三纪含油气层系和第四纪含气层系，石油和天然气资源十分丰富，是中国七大含油气盆地之一、四大天然气区之一。地处柴达木盆地的中国石油青海油田，作业区域平均海拔超

2900米，是国内自然条件、工作环境较为艰苦的油田之一。“十二五”时期，新增探明石油地质储量1.95亿吨，新增探明天然气地质储量819.73亿立方米；截至2015年，累计探明石油地质储量6.3亿吨、天然气地质储量0.39万亿立方米。

中国石油在柴达木盆地英雄岭地区英东构造石油勘探取得重要成果。2011年开展山地地震采集攻关，完成三维地震勘探350平方千米，构造格局进一步落实。通过勘探开发一体化，整体勘探、整体部署实施，到2014年累计完钻探井、开发井272口，获工业油气井211口，单井日产油5～15吨，新增探明石油地质储量6685.28万吨、天然气储量61.45亿立方米，英东油田成为柴达木盆地单个油藏储量规模最大、丰度最高、物性最好、开发效益最佳的整装油气田。2018年，一体化勘探英西、甩开预探英中、探索英北干柴沟，部署探井和评价井11口、开发井27口，探井和评价井获工业油流9口，开发井获工业油流7口。一体化勘探英西地区，获工业油流井4口，新增探明石油地质储量2472万吨；甩开预探英中，狮新58井裸眼中途测试，日产油93.6立方米、天然气11.5万立方米；探索英北干柴沟，狮60井E32油藏压裂后日产油26.21立方米，英北－英中地区深层拓展勘探取得突破。

东坪地区勘探取得良好效果。2012年，按照“围绕生烃凹陷，立足两个鼻隆，兼顾中部隆起”的勘探思路，在东坪鼻隆、牛东鼻隆勘探取得良好效果。其中，牛1井在侏罗系试获日产气13.29万立方米、日产凝析油6.7立方米。2013年，主攻东坪、扩展牛东，完钻探井16口，完成试井18口，获工业气流井12口，新增探明天然气地质储量519亿立方米；牛东地区3口井获工业气流，含气面积进一步扩大，山前天然气勘探整体取得新进展。2016年，继续向西探索尖北斜坡，部署风险探井——尖探1井，在基岩压裂测试获日产气14万立方米，发现一个新的含气区带，并证实尖北地区周缘存在侏罗系烃源岩，阿尔金山前天然气勘探取得重要发现；2018年，阿尔金山前尖北斜坡天然气勘探取得新进展。

狮子沟深层下干柴沟组石油勘探获得重要突破。狮子沟深层发育上、中、下三套成藏组合，浅层已发现油田。深层单井产量高，开发效果好，但地表及地下地质条件复杂，勘探成果难以扩展。2014年，为探索下组合、扩展高产富集区，部署实施探井3口，其中狮42井获日产油203立方米，狮40、狮41井见到良好显示，进一步证实狮子沟地区盐下构造蕴藏着丰富的油气资源。2015年，主攻盐下、兼顾盐间白云岩储层，完钻探井、评价井10口，有6口井获工业油流，其中狮83井在盐下获日产油605立方米，狮202井在盐间获日产油40立方米，落实英西盐下、盐间有利含油面积100平方千米，英西深层石油勘探获得新突破。坚持勘探开发一体化整体评价，到2015年在纵向上发现6套油层组，落实3个油气富集区。2016年，围绕富集区控制规模、快速建产，两侧甩开勘探谋突破，一体化部署实施预探井、评价井共14口，获工业油流井13口。勘探评价建产一体化效果显著，在英西中带部署的狮1-2、狮205、狮1-3向1井相继获得千吨高产；同时甩开预探向西北部署的加深狮49、狮39等井获新发现，向东南部署的狮52井首次在Ⅲ油组获日产油161立方米，发现新的含油区。2019年，在英西－英中地区石油勘探取得新成果，在英西南带部署的狮52井、英中地区部署的狮58井获突破，两个区块试采井4口，日产原油90吨，累计产油12.97万吨、产气1630.75万立方米；狮52区块新增探明石油地质储量3244.5万吨。

切克里克凹陷勘探取得新发现。重点开展叠前时间和叠前深度目标处理解释，进一步评价断层活动期次，准确落实圈闭形态与各期砂体分布范围，优选凹陷北斜坡钻探切探2井，2019年试获日产12.3吨工业油流，累计产油1570吨，具有高产、稳产、不产水的特征，证实凹陷区发育优质储层，进一步坚定“下坡下凹找油”的信心。

2020年，青海油田油气勘探取得持续进展。突出目标导向，按照“坚持高效勘探，突出以气为先”的思路，突出风西、南翼山、英中、柴西南等重点目标，干柴沟、英中深层、风西等区块勘探取得突破，切克里克、跃进等地区多口井获得工业油流，基本落实三级地质储量超过1亿吨。在干柴沟部署实施柴9井，试油获日产油121.12立方米、日产气5万立方米，后期试采稳定。干柴沟的突破，证实纵向发育F32、N21两套含油层系，具备新增油气地质储量1亿吨的潜力。2021年，在英雄岭构造带干柴沟落实油气层厚度40～80米，有利勘探面积120平方千米，新增油气预测地质储量3923万吨。

八、吐哈盆地勘探取得新进展

吐哈盆地为吐鲁番盆地和哈密盆地的统称，南北分别与塔里木盆地、准噶尔盆地相邻，东起梧桐窝子泉，西至喀拉乌成山，北依博格达山，南抵觉罗塔格山，东西长约600千米，南北宽60～130千米，面积约5.35万平方千米；地势东高西低、北高南低，海拔高度300～800米，多为戈壁荒滩。吐哈盆地的主力油田分布在台北凹陷鄯善弧形构造带，鄯善、丘陵、巴喀等油田为构造油藏，其他大多为断块油藏和岩性油藏；主力油层埋深2800～3000米，已发现的油气田和探明石油地质储量绝大多数集中于侏罗系，普遍为低压、低渗、低孔、低饱油藏，气油比高。

2012年，玉北1井发现二叠系梧桐沟组油藏。2013年，中国石油整体评价古近系－新近系，甩开预探梧桐沟组，完钻探井10口，获工业油流井7口，在中西区古近系－新近系新增探明石油地质储量1182万吨；北一区、北二区梧桐沟组含油规模进一步扩大。到年底，探明石油地质储量1.1亿吨。2014年，主攻北一区、扩展北二区，落实发现区块的建产资源，甩开预探扩大油藏规模，部署探井6口，新获工业油流井2口，其中玉北602井压裂后获日产油54.33立方米，在玉北6井等井区新增探明石油地质储量2824万吨，梧桐沟组鲁克沁稠油勘探取得新进展。

三塘湖盆地多层系勘探取得重要进展。2012年，芦1井发现条湖组油气层；2013年，中国石油按照致密油勘探思路，完钻探井5口，获工业油流4口。其中，强化致密油水平井体积压裂技术攻关，水平井马57H、马58H获高产油流，整体控制了致密油含油规模。2015年，扩展勘探致密油、继续探索火山岩油藏，部署探井、评价井9口，完钻6口、试油6口，获工业油流井5口；在马56-芦1井区块条湖组新增探明石油地质储量3009万吨；马67井、牛东100井在石炭系火山岩分别获日产油21.08立方米、65.6立方米，三塘湖盆地多层系勘探取得新进展。到年底，探明石油地质储量1.4亿吨。2016年，按照“扩展致密油、火山岩规模储量，攻关低压砂岩油藏”的思路，部署实施探井7口，新获工业油流井3口，在牛东110井石炭系新增探明石油地质储量2121万吨。马朗凹陷立体勘探取得重要成果。

中国石油吐哈油田，探区包括吐哈、三塘湖、民和、银额、总口子等中小盆地，探矿权面积4.82万平方千米。“十二五”时期，新增探明石油地质储量1.09亿吨，其中2015年新增探明石油地质储量3830.57万吨。2018年，推动高效勘探和低成本开发，新增探明石油地质储量1950.61万吨。2019年，新获工业油气井5口，综合探井成功率31.2%。截至2019年，累计探明石油（含凝析油）地质储量5.8742亿吨，累计探明天然气（含溶解气）地质储量1171.11亿立方米。

九、北部湾盆地勘探取得新发现

北部湾盆地面积约3.4万平方千米，沉积凹陷面积约2.7万平方千米。2012—2022年，中国海油、中国石油、中国石化在北部湾海域油气勘探取得新进展。

立足岩性油气藏勘探，在花场构造两翼均取得突破，含油范围不断扩大。2012年，中国石油部署在东翼的花107-5X井，在流一段试油获日产油12.3立方米；立体评价白莲地区，储量规模进一步落实；整体勘探永安构造，展现了后备勘探潜力。2013年，中国石油主攻永安-花场流沙港组一段岩性油气藏，加快白莲和美台-红光流二段、流三段的勘探，完钻探井20口、完试15口，有9口井获工业油气流。在永安-花场流一段地区，有6口井获工业油气流，证实永安-花场流一段地区岩性油气藏具有叠加连片含油特征。

加强北部湾盆地涠西南、乌石、海中等凹陷的持续勘探，不断获得新发现。2012年，中国海油在涠西南凹陷，重点在2号断裂带西段及南部评价涠洲11-4N、11-7N油藏，获得新发现；预探井A洼北部陡坡带WZ5-9-1、WZ6-1E-1井见油气显示。开发评价WZ6-12/N油田，钻探开发评价井3口，均发现油层。在乌石东区部署采集400平方千米的地震资料，通过采用宽方位高密度的OBC采集方式并运用多项海上地震资料处理新技术，获得一批高品质三维OBC地震资料；继续评价乌石17-2油田，4口井获得成功。2013年，加大勘探力度和领域突破，在北部湾盆地钻井21口。在涠西南凹陷主攻斜坡带，东南斜坡带预探涠洲12-11构造获得成功，流二段、流三段测井解释油层59.6米，接连钻探评价井6口，在WZ12-11-3井流二段进行测试，获得日产油163立方米，探明涠洲12-11超千万立方米油田，进一步证实东南斜坡带富油区。在东部斜阳斜坡带钻探WS1-6-1井获得成功，流三段发现油层15米，展示良好的勘探前景。在乌石凹陷"加快东区评价、积极拓展中区"，钻井9口都有油气发现。运用物探解释新技术、创新勘探思路，对乌石17-2构造进行多轮整体评价，精细落实复杂断块圈闭与储层发育分布特征，寻找储层"甜点"，整体部署了一批井位；评价井WS17-2油层厚度最大135.9米，主力油组流三段和流二段测试均获得高产，其中流三段日产油189立方米，流二段日产油328.3立方米。在乌石凹陷中区甩开勘探，钻探WS22-5-1、WS22-7-1、WS16-8-1井发现油层，其中WS22-7-1井发现油层81.3米，涠洲组14米、流一段67.3米，证实乌石中区具有良好勘探潜力。2014年，在乌石凹陷发现涠洲22-9流一段油藏、16-9流二段油藏，进一步证实乌石中区走滑断裂带油气运移活跃，且具有连片含油的特征；首次在北斜坡流二段钻遇厚层、高流度优质油层，实现新领域新层系勘探突破；继续评价东部反转带乌石17-2油藏，证实乌石17-2油田流二段、流三段上下复合成藏，横向连片含油，进一步扩大了储量规模。2015年，在东部反转带西翼预探发现并评价16-1W油藏，在东部反转带南端发现乌石23-5油藏，进一步扩大了东部反转带储量规模。WS16-1W-2d井流二段测井解释油层122.6米，DST测试日产油553.1立方米、日产气53674立方米，产能高、油质好，压力恢复平稳，能量供应充足。评价北部16-9油藏，流二段解释油层厚60米，探明石油地质储量近千万立方米。预探东部乌石17-5构造，流二段测井解释油层61.2米。

中国海油评价涠西南凹陷东南斜坡带涠洲12-11、涠洲12-2油藏获得新发现。2014年，中国海油在B洼北部2号断裂带，预探发现涠洲6-3S、涠洲6-13油藏。在企西隆起西端拓展，浅层角尾组低幅背斜构造钻探2口井，发现了涠洲12-10油藏。2015年，在涠西南主攻东部斜阳斜坡带，钻探8口井，预探评价乌石1-6S、乌石1-5W等，落实乌石1-6S油藏储量规模。证实了斜阳斜坡带北段流三段油气运移活跃，储层埋藏浅、物性好。同时评价2号断裂带周边涠洲6-1、涠洲6-8油藏，在涠三段、流一段获得储量发现。中国石化部署在北部湾海域的涠西区块涠4井，在涠洲组两层分别试获日产油1458立方米、1349立方米高产油流，实现海域自营区油气勘探的重大发现；2016年，甩开勘探部署的涠6井试获高产油气流，勘探成果进一步扩大。中国海油从构造型圈闭转向构造岩性复合圈闭，涠西南凹陷重点预探和评价B洼北部-2号断裂带南部，发现涠洲6-13N油藏，评价涠洲6-8、涠洲6-9油藏成功，证实凹陷沉积中心涠二段、流一段岩性+构造油藏成藏条件。拓展C洼新层系，在流二段钻遇良好的储层，揭示成藏有利条件。2017年，创新涠西南凹陷隐蔽圈闭勘探研究的思路和方法，在3号断裂带北端发现涠三段、流一段岩性+构造圈闭，钻探7口井，发现涠三段、流一段岩性+构造油藏。在2号断裂带中段创新“断砂耦合”认识，流一段具备发育砂质碎屑流砂体的地质构造条件，发现涠洲11-2E油藏，钻遇70.5米厚层油层，滚动勘探再次获得优质规模储量。2018年，在涠西南凹陷重点评价和拓展涠洲11-2E油藏，在2号断裂带以断面正应力建立了油柱高度预测图版，优选井位部署，8口井连续获得成功，单井解释油层206米，探明石油地质储量超千万立方米。同时评价涠洲11-12油藏成功，拓展二号断裂带西段，在中新统下洋组获得油层发现，证实了富砂地层具备发育岩性+构造油藏条件，下洋组具有较大的勘探潜力。

2016年，中国海油在乌石凹陷主要预探南部陡坡带东段，发现乌石23-6等含油构造，揭示陡坡带流沙港组的良好潜力。2017年，在乌石凹陷评价乌石16-1W油藏，在沟槽控砂模式的指导下，流二段含油范围向西扩边，3口井都获得成功，探明千万立方米级油田。流一段、流二段油层厚度85.7米，在流二段测试获得高产油流，用17.46毫米油嘴求产、日产油553.1立方米。在东部反转带南端发现乌石23-5S油藏，评价获得商业产能。测试日产油466.6立方米，属于中高渗储层。在中西区发现乌石22-8油藏。2018年，在乌石凹陷继续评价乌石16-1、乌石16-1W、乌石23-5N等油藏，获得成功，进一步揭示了乌石东区中浅层流一段、涠洲组的油藏特征，即“油柱高度小，油藏呈‘牙刷’状纵向分布”。首次在中新统下洋组获得商业发现，下洋组发育低幅背斜型圈闭，油层厚16.6米，展现了乌石凹陷中浅层原油勘探前景。预探乌石16-8W，获得成功，解释油层71.1米，在流二段钻遇337米厚油页岩，再次证实北斜坡烃源条件好且已大规模生排烃。

中国海油实施“七年行动计划”，2019年加大北部湾盆地探井工作量，由多年保持年约20口井的基础上，年探井数增加到52口井。在涠西南凹陷2号断裂带中段涠洲11-2E开展流一段储层特征半定量预测，在物源远端发现优质储层；创新原油烃检技术，多口井整体评价获得千万立方米储量发现。向二号断裂带西段拓展，在角尾组、下洋组、涠三段、流一段发现厚层油层，展现立体勘探潜力。在涠西南南部次洼钻探WZ11-11-1井，流二段、流三段录井见油浸-荧光显示79米，测井解释油层38.3米，提升了次洼的生烃潜力，展示了凹陷边缘的勘探前景。在乌石凹陷精细分析乌石16-1反转花状构造圈闭与成藏差异规律，继续在乌石16-1东部反转带滚动勘探，获得良好效果，单口井探明近千万立方米油藏，单井储量发现规模创近年来新高。

十、莺歌海与琼东南盆地勘探取得新突破

莺歌海盆地位于海南岛西南部，面积约10万平方千米，沉积凹陷面积约

6.8万平方千米。琼东南盆地位于海南岛南部和东南部，面积约4.1万平方千米，沉积岩面积3.37万平方千米。2012—2022年，中国海油加强高温高压天然气成藏研究与技术攻关，在莺歌海盆地不断发现新领域，在琼东南盆地取得新突破。

按照“主攻中深层、加快评价”的勘探部署，2012年重点评价中新统黄流组海底扇东方13–1气藏，并在其西部拓展发现东方13–2海底扇高温超高压气藏，连续钻探6口井获得成功，证实盆地西部物源海底扇天然气富集区。在DF13–2–1井黄流组一段发现39.4米气层，测试获日产气120万立方米。2013年，继续评价东方13–1、东方13–2气藏，多口井钻获气层，增加了储量规模，探明千亿立方米大气田，成为莺歌海盆地中央底辟带浅层大气田之后的第二个大气田。预探发现和评价东方1–4气藏，获得成功，在莺歌海组二段测试日产气9.25万立方米。2015年，按照“探索新区、突破斜坡带”的勘探思路，创新莺东坡折带控砂机制与轴向水道沉积认识，在莺歌海凹陷东部斜坡区南段乐东10区甩开勘探，在黄流组水道砂发现天然气，展现了斜坡带南段新领域良好的天然气成藏条件和广阔勘探前景。

2016年，在乐东10区海底扇拓展钻探，发现了乐东10–3海底扇气藏。在乐东底辟带附近，探索浅层莺歌海组水道砂，发现含气构造，揭示了乐东区莺二段轴向水道砂的勘探潜力。在莺东斜坡带甩开钻探乐东11–1构造，发现并证实1号断裂带–斜坡带的成藏条件。2017年，主攻斜坡带南段，获得重大突破。进一步明确斜坡带构造脊控藏规律，在乐东斜坡带轴向水道中新统黄流组二段钻探LD10–1–3井获得成功，测试获日产天然气12.25万立方米，证实轴向水道砂高温超高压天然气规模成藏，且具备商业产能。在乐东10–1气藏北部，拓展发现乐东10–2气藏。在东方29底辟带南部，拓展发现东方29–2黄流组二段含气构造。2018年，重点评价乐东10–1水道砂气藏，连续4口井获得成功，单井测井解释气层厚度最大达99.5米，初步落实千亿立方米气田规模。同时，为探索莺歌海凹陷东部斜坡区中段，新采集岭头北区2100平方千米三维地震资料，精细刻画水道沉积与储层，预探发现含气构造。2019年，继续重点评价乐东10-1水道砂气藏，基本探明中国海域首个高温超高压大气田，乐东区中新统拓展勘探前景广阔。

琼东南盆地深水东区勘探获得重大突破。2020年，中国海油在琼东南盆地深水东区成功测试永乐8-3-1探井，获百万立方米优质天然气流，创造了中国海域潜山天然气测试产能新纪录，标志着琼东南盆地深水勘探领域取得重大突破。永乐8-3-1井位于海南岛东南约180千米，设计井深3015米，作业海域水深1831米，属于超深水作业（大于500米水深海域称为深水，超过1500米称为超深水）。中国南海地处欧亚、太平洋和印度－澳大利亚板块交汇处，石油地质条件特殊，油气勘探开发面临高温、高压和深水等一系列世界级技术难题。永乐8-3-1井测试成功，标志着中国海油攻克了琼东南盆地超深水油气勘探开发这一公认的世界级难题。

十一、珠江口盆地勘探取得重大发现

珠江口盆地是南海北部大陆架最大的沉积盆地，总面积约20万平方千米，以新生代沉积为主。珠江口盆地以东经113° 10′ 为界，分为珠江口盆地东部、珠江口盆地西部。

（1）珠江口盆地东部油气勘探。中国海油坚持“油气并举、价值勘探”思路，在中浅层、古近系等多层系的立体勘探不断获得油气新发现。2012年，成功评价恩平18-1含油构造，EP18-1-2d井在韩江－恩平组钻遇大量油气显示，获得地质储量1565.11万立方米，实现浅层“新层系”勘探的突破。在恩平南部斜坡带先后探明恩平24-2、恩平23-1、恩平23-2、恩平18-1等油田，探明石油地质储量超过5000万立方米。2016年，在恩平北带钻探恩平15-1构造获得成功，在此基础上整体评价恩平北带的恩平10-2、恩平15-2构造获得重大发现，探明储量3500万立方米，奠定了恩平北部油田群开发的储量基础。2017年，重上恩平凹陷南斜坡，拓展恩平18-1油田的周边勘探，钻探EP18-

6-1井，获得三级地质储量1605.7万吨。

白云深水区油气勘探获重大突破。2012年，自营钻探流花29-2获商业发现，探明天然气地质储量42.84亿立方米；成功评价番禺35-1C构造，扩大了气田开发规模。围绕白云东油区向两翼拓展，2013年钻探LH29-2-2、LH23-1-1d井，在白云东洼南北两侧发现两个含油构造；开展集束钻探发现流花20-2、流花21-2两个优质轻质油田，获得探明+控制储量3340万立方米，一举改变了流花16-2、流花11-1油田两井区多年难以开发的局面。2014年，在白云东半深水区钻探5个圈闭目标，发现了两个商业气田——流花27-1、流花28-2，以及两个含气构造——流花28-1、流花29-4，发现三级地质储量338.9亿立方米。整个白云东油气区发现流花20-2、流花21-2油田，流花27-1、流花28-2等气田，天然气储量规模达400亿立方米、石油储量规模达5500万立方米。

坚持以富烃凹陷及其有利区带为主要勘探方向，把新领域突破作为老油区的重要增长点。2012年钻探岩性构造圈闭，在惠州26-8、惠州33-1探明地质储量1500万立方米。2013年，惠西南老油区勘探在惠州21-1W岩性构造、惠州25-7古近系勘探获重要发现，惠州25-7构造三级地质储量达到4470万立方米，复式成藏区初现连片。2016年，评价惠州21-1S岩性地层圈闭首获成功。

重上陆丰南，开展含油构造再评价、探索古近系，拓宽储量接替区。2012年，对陆丰15-1含油构造再评价，在灰岩中钻遇27.5米厚油层，在灰岩层段测试产能约127.3立方米，获得三级储量2066万立方米，推动了陆丰地区新一轮自营勘探进程。2014年，按照“整体部署、分步实施、由浅及深、以点带面”的勘探策略，在钻探的LF8-1-1井发现恩平组油层，获得探明+控制储量443万吨，首次在陆丰下恩平组发现油气；钻探LF14-4-1d井在文昌组获商业油气发现，探明+控制储量2884万吨，DST测试自喷求产，日产油203.6立方米、天然气6870立方米，首次在埋深近4000米的古近系地层获得自喷高产工业油流，标志着古近系勘探取得重要突破。2017年，勘探开发一体化，优选钻探潜力较大的陆丰14-8获工业油流，为商业轻质油田；陆丰8-1西高点评价获得成功，为中型商业油田。2018年，立足陆丰15富生烃洼陷，识别浅层立体高效输导带，钻探评价陆丰12-3构造，探明石油地质储量2111.44万吨，为近10年合作发现的最大商业油田。

2018年，阳江东洼勘探区阳江凹陷勘探取得突破。首钻恩平20-4-1d井获得重大发现，证实了恩平20洼为“小而肥”的生烃洼陷。2019年，对阳江东凹整体评价和集束钻探，分层次评价恩平20-4、恩平20-5、恩平20-2等构造，评价为5000万吨级油田。

（2）珠江口盆地西部油气勘探。2012—2013年，中国海油坚持在成熟区生产油田装置周边挖潜，在文昌A凹陷南断裂东段下降盘文昌10-9构造钻探2口井、在琼海凸起周缘文昌8-3N构造钻探1口井均获油气发现，同时甩开勘探神狐隆起北缘、琼海凸起。2014年，在文昌B凹陷陡坡带成功评价文昌19-6构造，珠海组二段、三段测井解释油层17.37米，获得商业发现。在珠三南断裂中段下降盘预探文昌10-8构造获得成功，首次在文昌A凹陷珠海组三段发现厚油层；钻探WC14-3N-1d井，测井解释珠海组气层151.61米。2015—2016年，评价文昌10-8构造，发现油层；在珠三南断裂西段北支下降盘钻遇优质烃源岩，扩大了文昌B凹陷烃源岩范围；甩开勘探文昌A凹陷北坡，发现含气构造。

2017年，在珠三南断裂西段北支下降盘预探文昌19-9构造，测井解释油层64米，首次在恩平组钻遇厚层优质油层，获得商业发现，开拓了文昌B凹陷深层石油勘探新领域。在文昌A凹陷六号断裂带钻探的WC9-3S-1井，珠海组三段测井解释气层78.4米。在珠三南断裂东段下降盘珠海组三段钻遇厚层气层，测井解释气层66.33米，坚定了在富洼周缘天然气滚动勘探的信心。2018年，拓展珠三南断裂下降盘，在西段钻探2口井均获得商业发现；在中段发现油层23.5米；在东段成功评价文昌10-3S构造，测井解释气层95.4米，为商业发现，进一步扩大文昌10-3气田储量规模。2019年，坚持油气田周边滚动勘探，在南断裂西段继续评价文昌19–6构造，钻探评价井1口，获得石油商业发现；在中段钻探WC14–3–2d井，油气显示576米，测井解释气层25.8米、油层9.8米。在文昌A凹陷六号断裂带继续评价文昌9–3S构造，测井解释油层45米；在文昌9区北部钻探发现气层，证实文昌9洼北坡油气运移条件良好。在文昌B凹陷北部缓坡带拓展勘探发现油层，证明油气向北部缓坡带运移。甩开钻探阳江凹陷、神狐隆起南部，获得新的认识。

2020—2021年，中国海油在珠江口盆地油气勘探取得重大发现。2020年6月29日，在南海东部海域的HZ26–6–1井，钻遇油气层厚度422.2米，测试获得高产工业油气流；至2021年1月，审定惠州26–6油气田，探明地质储量为5000万立方米当量。这个油气田，是中国海油在珠江口盆地自营勘探发现的最大油气田。这一重大发现，打破了南海东部海域在古潜山领域40余年无商业资源发现的历史。

“十二五”时期，全国油气区域勘探取得丰硕成果。石油剩余探明可采储量由2011年的20.1亿吨递增到2015年的25.2亿吨，天然气剩余探明可采储量由2011年的3.05万亿立方米递增到2015年的3.84万亿立方米（表2–1）。“十三五”期间，加大国内低渗特低渗、致密、页岩油气勘探力度，探明可采储量持续增长。2019年，全国石油剩余探明可采储量达35.7亿吨，天然气剩余探明可采储量达8.4万亿立方米；石油储采比18.7，天然气储采比为47.3。

表2–1　2012—2020年全国石油和天然气产量与剩余探明可采储量

项目	2012年	2013年	2014年	2015年	2016年	2017年	2018年	2019年	2020年
石油产量（万吨）	20747.4	20812.9	21142.9	21456.0	19968.5	19151.0	18910.6	19101.4	19476.9
石油剩余探明可采储量（亿吨）	23.6	24.7	25.2	25.2	35.0	35.0	35.4	35.7	35.4
储采比	11.4	11.9	11.9	11.7	17.5	18.3	18.7	18.7	18.2
天然气产量（亿立方米）	1072.2	1170.5	1344.8	1379.6	1383.9	1491.9	1615.3	1775.6	1940.1

续表

项目	2012年	2013年	2014年	2015年	2016年	2017年	2018年	2019年	2020年
天然气剩余探明储量（万亿立方米）	3.10	3.27	3.46	3.84	5.37	5.48	6.36	8.40	8.4
储采比	28.9	28.0	25.7	27.8	38.8	36.7	37.6	47.3	43.3

注：此表数据来源于中国石油年鉴。

“十三五”期间，全国石油天然气探矿权由2015年的1000个递减到2019年的919个，探矿权面积由370.66万平方千米递减到297.58万平方千米，采矿权由720个递增到800个（表2-2～表2-5）。2020年，全国石油探明储量位列世界主要国家和地区的第11位，全国天然气探明储量位列世界的第6位。

表2-2 2012—2020年中国石油矿业权（含煤层气）统计

年度	探矿权		采矿权		合计	
	数量（个）	面积（平方千米）	数量（个）	面积（平方千米）	数量（个）	面积（平方千米）
2012	415	1608290.91	396	91578.33	811	1699869.24
2013	409	1601495.894	396	105806.724	805	1707302.618
2014	371	1429441.784	405	109932.274	776	1539374.058
2015	357	1334672	414	114500	771	1449172
2016	345	1259868	424	117072	769	1376940
2017	332	1160550	434	120155	766	1280705
2018	325	1071651	441	124154	766	1195806
2019	314	1039634	451	126025	765	1165659
2020	292	958169.84	475	131874.62	767	1090044.47

注：此表数据来源于中国石油年鉴。

表2-3　2012—2020年中国石化矿业权（含煤层气）统计

年度	探矿权		采矿权		合计	
	数量（个）	面积（平方千米）	数量（个）	面积（平方千米）	数量（个）	面积（平方千米）
2012	284	908211.65	194	20420.03	478	928631.68
2013	293	983680.855	195	22563.236	488	1006244.091
2014	286	956786.938	198	24963.974	484	981750.912
2015	269	857421	202	25748	471	883169
2016	249	765398	211	28436	460	793834
2017	211	621530	217	31499	428	653029
2018	194	525270	219	31643	413	556913
2019	189	472016	231	33467	420	505483
2020	186	414689.14	236	33676.11	422	448365.25

注：此表数据来源于中国石油年鉴。

表2-4　2012—2020年中国海油矿业权（含煤层气）统计

年度	探矿权		采矿权		合计	
	数量（个）	面积（平方千米）	数量（个）	面积（平方千米）	数量（个）	面积（平方千米）
2012	243	1390345.74	65	5687.27	308	1396033.01
2013	247	1419817.123	68	5788.195	315	1425605.318
2014	247	1418626.852	86	6978.7188	333	1425605.571
2015	242	1388591	87	6987	329	1395578
2016	241	1388190	93	7314	334	1395504
2017	241	1385089	93	7314	334	1392403
2018	246	1377570	93	7314	339	1384884
2019	243	1359022	94	7425	337	1366447
2020	242	1352444.81	99	7943.35	341	1360388.16

注：此表数据来源于中国石油年鉴。

表2-5 2012—2020年延长石油矿业权（含煤层气）统计

年度	探矿权		采矿权		合计	
	数量（个）	面积（平方千米）	数量（个）	面积（平方千米）	数量（个）	面积（平方千米）
2012	38	75957.91	5	443.97	43	76401.88
2013	39	79926.742	5	443.97	44	80370.712
2014	40	80622.939	5	443.97	45	81066.909
2015	46	81461	6	518	52	81979
2016	45	74329	6	518	51	74847
2017	43	63696	7	538	50	64234
2018	43	63696	8	849	51	64545
2019	44	61167	8	849	52	62016
2020	37	47200.16	8	848.56	45	48048.72

注：此表数据来源于中国石油年鉴。

第二节 > 经济稳健开发石油资源

石油工业的上游企业——油气勘探开发企业，拥有油气勘探开发矿业权。国土资源部地质勘查司统计，截至2012年12月31日，全国石油天然气（含煤层气）采矿权671个、面积11.90万平方千米。到2015年12月31日，全国石油天然气（含煤层气）采矿权达720个、比2011年增加65个，面积14.86万平方千米、比2011年增加3.16万平方千米。其中，中国石油拥有采矿权414个、比2011年增加25个，面积11.45万平方千米、比2011年增加2.47万平方千米；中国石化拥有采矿权202个、比2011年增加10个，面积2.58万平方千米、比2011年增加0.55万平方千米；中国海油拥有采矿权87个、比2011年增加29个，面积6987平方千米、比2011年增加1395平方千米；陕西省延长石油拥有采矿权6个、比2011年增加1个，面积518平方千米、比2011年增加74平方千米。经济稳健开发效益油田，东部老区油田的油气产量保持基本稳定，西部油气田产量稳步增长，海上油气田产量快速增长，油气田开发管理水平有了较大提高。

“十三五”时期，石油企业着力在新老区油藏地质研究、方案优化、工程设计、措施改造、组织管理等方面，力求实现单井日产稳定和提高。新老区产能建设，通过优选产能建设资源、优化井网、优选开发方式、规模实施水平井和强化跟踪调整等工作，最大限度实现产能方案设计目标。老油田通过深化油藏地质研究，强化精细开发管理工作，以油田精细注水为主线完善注采井网，提高分注率及分注级别、改善注水效果；工艺上实施分层压裂改造、深部调驱和调剖等技术措施，提高了水驱动用程度和油藏开发水平；加快新区开发速度，一批新油田投入开发，弥补了老区自然递减产量。2020年，全国原油生产平稳、原油产量保持在1.9492亿吨，天然气产量高峰增长、达到1888.5亿立方米，确保了能源安全及长效供给的需要。

一、优选原油产能建设资源

加强油气田产能建设提高单井产量。2012年，中国石油在自营区建成原油产能1584.6万吨，每百口井建产能9.3万吨，万米进尺建产能0.51万吨，同比保持平稳。全年新投采油井1.62万口，12月份开井1.45万口，日产油3.64万吨，平均单井日产油2.51吨，含水率73.5%，年产油676.2万吨。2014年，重点项目年度设计新建产能649.8万吨，实际完成528.8万吨，为设计指标的81.4%，其中大庆油田6个主要区块的产能建设方案按设计运行，建成产能209.4万吨，为方案设计指标的100%。2015年，以提高单井产量和开发效益为出发点，以投资成本最优化、整体综合效益最大化为目标，加强综合地质研究和新技术推广，加强产能部署与产能结构优化，积极探索产能建设新方式，深化全过程项目管理，严格控制投资成本，提高了产能建设效益。2016年，重点项目设计新建产能267.13万吨，实际完成226.83万吨，为设计指标的84.9%。

2017年，推广“大井丛、多层位、多井型、平台式、工厂化”建产新模式，推广水平井+体积压裂新技术，扩大地面一体化集成装置应用规模；科学部署大平台丛式井方案，节省征地、减少人员设置、降低建设投资和管理成本。在2506个丛式井平台新钻井8404口，钻井数占产能建设总量的77.8%，建成产能673.1万吨，其中新建10口井以上的大平台71个，建成产能55.2万吨。2019年，严格执行立项程序和投资计划，突出达标管理；严格开发指标与效益指标论证，坚持向目标优选要效益、向方案优化要效益、向技术进步要效益、向精细管理要效益。强化源头质量效益控制，加强产能建设前期工作，全方位优选建产区块，一体化研究优化地质与工程、地下与地面、储量与产能、产能与投资、开发方案与工程设计，达不到效益标准的产能项目，采取效益倒逼机制，必须降投资和运行成本。全年，新建原油产能1537.5万吨，其中自营区新钻井11531口、新建产能1385.5万吨，合资合作新建产能152万吨。

中国石化针对产能建设区块地质条件越来越复杂、认识难度越来越大的现状，对产能建设项目实施计划分批下达，对重点产能建设项目实行专家审查制度，强化过程跟踪监督、及时调整，最大限度地降低风险，提高投资效益。2012年，完成钻井3594口（其中水平井1154口），新建产能618.3万吨，其中新区新建产能380.2万吨；依照已开发油田原油生产能力核减原则，全年对11个油田企业核减老井原油生产能力545.4万吨。2013年，实施产能建设项目280个，钻井3858口，新建产能519万吨，项目开发成本20美元/桶。2015年，按照效益目标进行多轮次反复优化，对78个跨年续建项目，结合油价重新系统复议和优化，停缓建28个效益较差的项目；对47个已形成方案的新开项目进行再论证、再优化，停缓建达不到效益标准的项目30个；积极跟踪勘探、滚动、评价新进展，及时落实18个新的效益项目方案。上半年按60美元/桶、下半年按70美元/桶油价评价筛选实施，全年投产新井1674口，平均单井日产油5.2吨，同比提高0.8吨。2016年，根据油价走势，加强基础研究与潜力摸查，落实高效新项目、效益井位，及时将新的效益项目纳入运行；加强

"五位一体"(油藏、钻井、采油、地面、经评)全过程全节点交互优化，严格落实增量项目决策管理制度和方案技术首席负责制，确保将有限的投资投放到优质项目和井位，提高产能建设效果；加强全过程投资管控，从井型、地面、钻井、录井、测井、试油等方面做好工序优化和投资控制，在确保安全、环保、质量的前提下严格控制支出。新井单井的阶段产油从1075吨提高到1134吨，创2010年以来最好效果。2017年，持续推进"四个优化"，扩大产能建设规模，提高产能建设质量和效益。抓好部署、方案、设计、实施过程等4个层面的优化，加强勘探、开发、工程一体化，油藏、工艺、地面、经评、安全环保等统筹优化。按照"提高单井产能、降低工程成本、降低开发成本"的工作思路，对产能建设方案进行深度优化，降低平衡油价。全年完钻开发井1171口，投产油井1465口，平均单井日产油5.7吨。2019年，深化顺北、塔河、准西缘、济阳低渗致密、胜利海上、溱潼西斜坡等重点区带建产潜力认识，狠抓产能方案优化，加快井位运行节奏，高效培育效益建产阵地，全年新建产能增加12.2万吨。2020年，面对低油价挑战，分类优化调整产能结构，暂缓一批地质工程风险大、平衡油价高于40美元/桶的产建项目，开发成本较年初计划下降0.5美元/桶；深化顺北、塔河、济阳低渗致密、胜利海上等重点区带建产潜力认识，超前研究、超前部署、超前论证，6月底完成了全年工作量准备，为低油价下优化调整提供了空间；以"少井高产"为目标，建立"一体化"设计流程，地质、工程、工艺等环节交互式优化，单井平均日产能力提高0.5吨；按照地质工程风险、经济效益、钻前准备进展等优化实施节奏，各环节高效衔接，顺北一区、难采储量开发等重点项目有序运行，全年新建产能253.8万吨，与上年基本持平。

二、实施"二次开发"工程建设

中国石油在总结辽河蒸汽驱成功经验基础上，明确"二次开发"理念，提出技术、思路和对策。通过加强基础地质认识，重构地下认识体系，组织开展专题研究，为“二次开发”提供技术支持和储备。按照“整体部署、分步实施、试点先行”的原则，在大庆、辽河等7个油田进行试点。编制印发《二次开发管理办法》《二次开发方案编制规范》，从制度上确保“二次开发”工程规范、有序开展。

“十二五”期间，2012年实施“二次开发”工程，完钻新井1697口，新建产能164万吨，新增可采储量9134万吨，提高采收率7.6%；年产油规模达到910万吨，新投产井平均单井日产油4.9吨。2013年，在“三重”理念指导下和地下认识体系描述技术不断发展的基础上，进一步完善注采精细调控和油藏精细动态分析及调整优化技术，形成了多油层砂岩油藏、砾岩油藏、稠油油藏转换开发方式，低渗透油藏、复杂断块油藏等不同类型油藏提高采收率“二次开发”模式，使“二次开发”工程不断深化，年完钻新井1919口，新建生产能力113万吨，年产油规模达到1008万吨，实施效果日臻显现。大庆油田长垣11个“二次开发”区块年产油达到324万吨，占长垣水驱产量的16.75%；累计增油867万吨，阶段提高采出程度2.05个百分点。加强关键技术攻关研究，有序扩大“二次开发”深部调驱实验规模，确保试验取得预期效果。在大庆葡北、新疆砾岩等19个区块开展现场试验，提高采收率3～5个百分点；累计注剂341万立方米，年增油10.27万吨，累计增油20.86万吨。2015年，稳步推进“二次开发”工程，不断完善“二次开发”配套技术和模式。单砂体及内部构型刻画、以单砂体为单元的层系细分和井网重组、精细注采调控、深部调驱、“二三结合”（“二次开发”与三次采油相结合）等5项关键技术取得新进展，为“二次开发”工程提供技术保障。全年完钻新井791口，新建生产能力65.2万吨；“二次开发”区块平均综合含水率88.9%，地质储量采出程度31%，采油速率0.6%。实施“二次开发”区块，累计生产原油8719万吨，阶段提高采出程度5.6个百分点。“二次开发”深部调驱经过持续探索与攻关实践，发展成为“二次开发”完善水驱的重要手段和主体配套技术，在改善开发效果和提高采收率方面的作用越来越突出。“二次开发”深部调驱15个试验项目现场实施，年产油31.8万吨，增油8.9万吨，累计增油33.7万吨。到年底，“二次开发”工程累计实施石油地质储量15.6亿吨，建产能1153万吨，年产油规模1092万吨，新增可采储量12127.4万吨，提高采收率7.8个百分点。

“十三五”期间，不断完善“二次开发”配套技术和开发模式，与产能建设紧密结合，突出效益建产理念，稳步推进实施“二次开发”工程。2016年，中国石油面对老区井网调整空间不断压缩、剩余油挖潜越来越难的情况，积极探索老区挖潜新模式，将“二次开发”水驱与三次采油统筹考虑，形成“二三结合”模式，充分挖掘老油田开发潜力。对已开发油田（区块）进行潜力普查，初步建成动、静参数齐全的数据库，基本摸清已开发油田的潜力。建立“二三结合”潜力评价方法，分油藏对“二三结合”潜力进行深度评价，筛选出可实施储量，其中稀油52.1亿吨，可提高采收率14.5%；稠油4.17亿吨，可提高采收率24%。解剖38个“二三结合”典型区块，落实潜力区块683个，其中“十三五”可实施的潜力区块147个。到年底，完钻新井481口，新建生产能力50万吨。“二次开发”深部调驱18个试验项目现场实施，其中8个项目注完调驱剂。到2017年年底，累计在12个油田117个区块开展“二次开发”工程，新增可采地质储量1.24亿吨，区块年产量达1042万吨。2018年，“二三结合”项目新钻井826口，投产680口，新建产能54.5万吨；新疆七中区克拉玛依组、朵斯库勒中浅层等6个方案全部进入矿场试验，推动老油田持续有效挖潜的转型升级。至2019年年底，“二三结合”主要在大庆、新疆、大港、辽河、青海等油田实施，实施区块18个，覆盖地质储量4.3亿吨。其中，辽河油田锦16、大港油田港西二区等6个区块已进入三次采油阶段，其他区块处于层系调整、水驱阶段。

三、提高精细注水工程效果

以建立完善精细注水长效机制、改善水驱效果为重点，以实施“注够水、注好水，精细注水、有效注水”为主要内容的精细注水工程，促进油田水驱储量动用程度、注水合格率大有提高，剩余可采储量持续增长，油田含水上升率、自然递减率得到有效控制。

（1）构建精细注水常态化机制，完善长效保障措施。2012年5月，中国石油在辽河油田召开“油田开发基础年活动总结暨注水专项治理工作”推进会，认真总结活动所取得的好效果、好经验和好技术；提出油田开发要在统筹“近期与长远、新区与老区、地面与地下”等方面下功夫，完善长效保障措施，全力推动油田开发精细注水常态化。2013年，在油田注水组织管理、检查考评、技术培训等方面建立起长效机制保障体系，油田开发基础年活动与注水专项治理工作步入常态化管理，原油生产总体处于“平稳、均衡、受控、效率、协调”运行，超投资、堆工作量的情况得到杜绝，极大地促进了精细研究、技术进步和管理创新。油田精细注水、精细管理得到落实，分注技术升级换代，开发层系更加合理，注采井网进一步完善，水质合格率、分注率、测试合格率、注水合格率等技术指标都有提高，自然递减率和含水上升率得到有效控制，极大地夯实了油田可持续发展的基础。中国石油“油田开发精细注水管理”项目，获第二十六届全国石油石化企业管理现代化创新优秀成果一等奖。

2014年，以建立完善精细注水长效制度体系为重点，围绕注水组织机构、规章制度、技术创新、队伍建设、装备配备和资金保障等方面开展工作。中国石油组成专家组，对大庆、长庆等12个油田16个采油厂（作业区）精细注水工作现场进行检查，包括基础资料和注水管理的各项规章制度、操作规程、技术标准等。8月，召开精细注水第三次推进会，全面总结“油田开发基础年”活动与“注水专项治理”工作的经验做法，优选推广新的注水技术，确定精细注水的工作目标；在大庆油田举办两期注水技术与注水管理培训班，为各油田企业培养精细注水技术、管理人员。

中国石油持续开展7年之久的油田精细注水工作，取得了明显成效。2015年，以推进完善与升级的主体实用技术为重点，强化采出水处理和注水系统完整性管理；加强改善开发效果技术的现场试验，探索提高油田采收率的技术对策；精细注水工作进一步深化，地质研究更加精细，开发调整更加精确，自然递减率等主要开发指标再创历史最好水平。全年完成注水井更新、分层注水、大修、投转注、检管等主干工作量2.28万口，分层注水率64.3%，分层注水合格率81.8%，水质合格率85.9%，同比分别提高2.3个百分点、0.4个百分点、0.3个百分点。油田自然递减率连续2年低于10%，含水上升率保持稳定，实现了既定的工作目标。

针对高含水、低渗透油田两大注水开发主体，深入研究改善开发效果、提高采收率的技术对策。对高含水油田明确“二三结合”作为工作重点，以深化精细注水带动三次采油技术的发展；开展潜力评价，完成2003个区块的“二三结合”潜力评价数据库建设。对低渗透油田明确直井多层、水平井多段体积压裂作为工作重点，以创新开发技术带动开发效益提高，在老油田调整和新油田建设上加大应用力度。2016年，完成注水井更新、分层注水、大修、投转注、检管重配等工作量3.11万口，维修改造系统站场197座，检查、维修、清洗各类罐体5688座，清洗、维修管道1.43万千米。注水系统效率54.83%，同比提高0.16个百分点；注水井分注率65.8%，分注合格率86.9%，水质合格率88.76%。油田自然递减率9.39%，连续3年低于10%。

2017年，巩固和发挥注水开发的主导地位，促进老油田注水工作的重点由“精细注水”向“效益注水”转变，油田注水量首次出现负增长。以控水提效技术攻关为契机，各油田建立水流优势通道和无效循环注水的识别标准，深化无效循环分布模式研究，制定针对性的调整对策，细化治理手段，形成控制无效注采的配套调整技术，改善区块开发效果。大庆油田将电测曲线、水淹解释及多学科成果等资料应用到无效循环识别工作中，制定适合喇嘛甸油田的无效循环识别标准，建立无效循环识别方法，并研制开发无效循环识别平台。大港油田利用多资料定量研究优势通道发育情况，推算喉道半径，指导井网重建和深部调驱。吉林油田在分层认识的基础上，依据动静态指标综合评价研究成果，按照“区－井－层－方向”四个层次，实施无效注采的精确识别。新疆油田建立基于模糊综合评判的砾岩油藏优势通道识别技术，通过停注高耗水井、层，关停、间开高含水油井以及针对性调驱、调剖措施减少无效水循环。2018年，加大低效、无效注水治理力度，完成注水井更新、新增分注、大修、检管重配等工作量3.9万口，其中新投注水井3481口、老井转注1125口、套损更新300口、新增分注井2438口、大修1879口、检管1.33万口；注水井分注率63.3%，分注合格率83.13%，井口水质合格率90.05%。2019年，紧紧抓住“控制递减率”和“提高采收率”两条主线，精确把握油藏地质情况，精准实施分类治理，巩固和发挥注水开发的主导地位，持续推进精细注水工作常态化，深化研究水流优势通道分布模式，加大低效无效注水治理力度，油田稳产基础得到进一步加强。全年，实施注水专项治理区块161个，覆盖地质储量135亿吨，完成注水井更新、大修和新增分注等工作量4.2万口井；注水井分注率63.5%、分注合格率85%、井口水质合格率89.7%，注水关键指标持续向好，精细注水正朝着有效注水转变。扩大第四代智能分注试验区规模，在大庆油田中高渗油藏、长庆油田低渗油藏、吉林油田特低渗油藏、华北油田岩性构造油藏试验区，现场应用380口井，有效提高了测试效率和油藏动用程度。大庆油田采油一厂示范区监测数据20余万组，实现全层段全过程注水量实时监测与自动控制、压力在线监测、在线验封。

（2）以改善水驱为重点、保持注采系统完善为核心，控制老区油田自然递减。2012年，中国石化深化老区油田精细开发，稀油油藏自然递减控制在13.61%，同比减缓1.23个百分点。2013年，推进“改善水驱、改善低渗透油藏开发效果”等精细开发重点工程，老区油田开发水平进一步提升，自然递减率、综合递减率、综合含水率分别为13.2%、7.3%、89%。2014年，以胜利、中原为代表的东部油田，持续加强高含水油田的精细注水管理，开辟提高“三率”示范区，加强井组治理力度，自然递减率控制在11.7%，同比下降0.3个百分点。技术集成应用取得新成效，形成了精细注水测调一体化，实现可视、实时在线测调，两层分注测调时间可节省65%，累计应用1200多口井。2015

年，调整注水、产液结构，全面开展注水大调查，按节点查找分析影响水驱效益原因，推广实施整装油藏韵律层细分注水、低渗油藏间歇采油、断块油藏不稳定注采等低成本水驱技术；以联合站为中心，制定系统优化注采方案，科学压减运行负荷，优化地面系统，实现了降液、降水、降电、降本。通过结构优化，全年压减低效液量678万吨、注水量604万立方米，节约直接成本8亿元。

2016—2020年，持续强化水驱油藏精细注水控递减，夯实老区油田稳产基础。2017年，胜利油田以细分注水为核心，强化水质源头治理，加大测调一体化技术应用，实施提质增效等方案72个，稀油自然递减率9.1%，比计划下降0.8个百分点。西北油田开展扩大注水、精细注水工作，老区自然递减率15.4%，创历史最好水平。2018年，强化水驱油藏精细注水提高“三率”，加大水动力注采调整力度，应用矢量开发、立体调整等多项精细注水开发技术，配套韵律层细分注水、高效分层采油、长寿命管柱等工艺技术，优化注水产液结构，自然递减率降低0.51个百分点。2019年，强化水驱油藏精细注水，推广应用矢量开发、立体调整等精细开发技术；实施高效流场调整，集成应用测调一体化、碳纤维杆、小直径分层注水等技术恢复完善注采井网，狠抓水质管理和“三率”提高，自然递减率持续降低。2020年，坚持油藏精细描述与稳产基础投入力度不减，细化整装、断块、低渗透不同油藏分注政策界限，大力推广转流线调流场、层系轮替、注采耦合、分区调控、人工强边水驱等高效调整技术，坚持从严水质管理，持续提高水驱“三率”，水驱自然递减率持续降低。

（3）开展“开发注水年”活动，全面改善注水油田的开发效果。2017年，中国海油提出把2018年作为“开发注水年”，全力推动注够水、注好水、精细有效注水工作。2018—2019年，在两年的“开发注水年”活动中，完善组织机构、梳理管理制度，完成注水井管理规定、沿程水质管理规定、新工艺新技术项目管理办法、注水大调查管理办法、水源井管理规定等管理制度；有缆智能测调工艺、智能分注技术、智能分采技术等研究方面取得重大进展，在9个油田成功实施35口井，实施井调配率提升至100%，测调效率提升至95%，调配不占用平台作业窗口。

为提升注水开发效果、夯实渤海油田的稳产基础，中国海油在分析总结油田开发形势，从地下、井筒、地面等方面，系统开展新一轮注水状况大调查的基础上，制定措施、落实方案，编写了渤海油田三年注水指导书。2018年，渤海油田加强以分注、分层调配为主的注水工作，致力于提高注水利用率。注水井措施由2017年415井次增至2018年的1123井次，自然递减率由8.4%减缓到6.4%；综合递减率由5.4%减缓到3.6%，渤海油田实现了稳产不递减。

2019年，中国海油通过深化油藏认识和注水开发规律研究，加强油田精细注采优化工作，控制含水上升、控制自然递减率。做好统筹工作，充分应用在线酸化、“杨氏”微压裂解堵工艺、注水井注入压力优化等高效低成本技术，保证增注措施作业量、有效率和有效期。通过调剖调驱、防膨、堵水、分云调配等技术解决注水井层间矛盾，推进智能测调分层注水技术扩大应用，确保精细有效注水、提高油田注水开发效果，自然递减率下降到10%，平均综合递减率下降到7.6%。南海西部油田引入桥式偏心细分注水技术；南海东部油田通过攻关研究形成稠油地热水驱技术，试验表明驱油效率提高14.7个百分点。

四、提高精细油藏描述应用效果

精细油藏描述成果应用于油田开发调整、加密调整、注采系统调整、综合调整、滚动勘探开发扩边等，以及采取相应的配套调整挖潜措施，可增加可采储量，提高油田采收率。

2012年，中国石油完成精细油藏描述区块76个，覆盖地质储量14.06亿吨。其中，优选重点区块31个、覆盖地质储量7.62亿吨。精细油藏描述成果应用于加密调整，到年底建成产能81.75万吨，增加可采储量567.93万吨；应用于滚动扩边，到年底建成产能53.64万吨，增加可采储量2141.96万吨；应用于重点综合治理区块，综合递减由治理前的9.59%下降到治理后的4.08%，减缓递减5.51个百分点。

随着精细油藏描述工作的规模开展和不断深入，描述技术不断发展，研究工作不断细化，地质认识不断深化，潜力得到进一步落实，为老油田挖潜奠定了坚实的基础。2013年，中国石油完成精细油藏描述项目91个，覆盖地质储量19.3亿吨。三维地震处理2722平方千米，解释4553平方千米，测井解释2.21万口井，地层划分2.57万口井，地质建模储量15.6亿吨，数值模拟历史拟合1.74万口井。2015年，完成精细油藏描述区块96个，覆盖地质储量15.8亿吨。精细油藏描述成果有效指导了油田开发调整，在老区加密调整、滚动扩边、注采系统调整和老油田综合治理等方面发挥了重要作用。

精细油藏描述工作规模开展以来，中国石油上下对精细油藏描述的重要性形成普遍共识，在精细油藏描述管理、技术发展和成果应用等方面取得长足进步。2015年4月，组织专家对12个油田企业近两年开展的28个重点精细油藏描述项目进行检查，对油藏描述基础资料、图形图件、地质建模成果应用平台建设等有形化成果进行了现场抽查，以督促各类数据资料规范管理。2016年，组织勘探院、大庆油田、大港油田、辽河油田等单位修订《精细油藏描述技术规范》，明确规定精细油藏描述阶段的划分、主要任务、基础资料、描述内容及描述成果。2017年，在精细油藏描述技术方面取得创新性成果。大庆油田紧密结合井震资料对储层整体沉积特征进行再认识，细分沉积微相，提高单砂体刻画精度，分流河道预测精度提高到89%；大港油田复杂构造油藏通过“泥岩剥离法”，揭示砂体顶面的微细起伏变化所显示的局部构造特征，认识精度提升3～5米、断层精细识别至5米以下；新疆油田利用同一构型单元内部连通砂体厚度、渗透率、井距参数，建立反映单砂体连通关系的定量指标，深入开展储层精细刻画，提高了剩余油分布预测水平；塔里木油田利用非线性随机反演技术，实现石炭系薄砂体储层精细刻画，新井检验砂体预测吻合程度超过80%；青海油田创新复杂储层测井精细解释技术，利用主成分分析法，优选参数，建立判别模型进行全井段岩性判别分析，提高解释精度，复杂岩性图版解释精度超过90%。2018年，中国石油完成精细油藏描述区块84个，覆盖地质储量24.12亿吨。三维地质建模覆盖地质储量10.21亿吨，数值模拟历史拟合1.3万口井。支撑编制产能建设方案73个，提供井位5300余口。精细油藏描述技术取得创新成果：复杂断块油藏攻关构造动力学解析低级序断层技术，精细落实构造特征，实现构造解释、建模成图一体化；通过地质库约束砂体横向追踪、河道主流线分析、开发地震预测定边界及连通类型、动态验证及吻合度分析等5个关键步骤创新砂体刻画；微裂缝油藏建立储层裂缝研究－三维地质建模－裂缝油藏数值模拟“一体化”，实现储层裂缝的等效模拟；低渗透油藏创新测井解释方法，综合岩心物性、电性、孔隙结构和分形维数等多信息，建立三类储层分类评价标准，指导井网完善和优化射孔。2019年，中国石油完成精细油藏描述区块85个，覆盖地质储量14.02亿吨。三维地质建模覆盖地质储量11.57亿吨，数值模拟历史拟合1.59万口井，预计采取相应的配套调整挖潜措施后可增加可采储量2672.8万吨，提高采收率1.9个百分点。精细油藏描述成果有效指导油田调整，在老区加密调整、滚动扩边、注采系统调整和老油田综合治理等方面发挥重要作用；支撑编制产建方案135个、提供井位6029口。精细油藏描述技术取得创新成果，发展基于测井资料的裂缝定量表征和建模技术，为低渗透油藏开发提供支持；创新“三项耦合”井震构型相刻画技术，实现砂体精细描述。利用数字岩心、CT扫描等新技术研究储层孔喉特征，为微观剩余油表征提供依据。中国石油发展高精度数值模拟技术，指导水驱和化学驱精细调整挖潜。

中国石化转变大而全的油藏描述思路，围绕高效注采完善，精准定向韵律层、非主流线等剩余油富集类型，深化精细油藏描述，精准定量刻画剩余油分布。2017年，中国石化西北油田利用高精度三维资料精细刻画，实现了小型缝洞体储量有效开发。2018年，中国石化紧密围绕开发调整需要，由单元整体系统描述转向重点方向及潜力描述，把握不同类型油藏、不同开发阶段矛盾，在整装油藏重点加强储层内部结构表征及高耗水层带描述，在断块油藏加强低序级断层描述及组合研究，在低渗油藏加强储层微观孔喉、非均质性等研究，精准定量刻画剩余油分布。以增加老油田经济可采储量为核心，在强化精细油藏描述的基础上，盯住不同类型油藏增效的关键因素，抓好老区结构优化和精益调整，持续增强老油田创效能力，自然递减率降低0.51个百分点。2020年，中国石化坚持以提高老区开发效益为目标，紧盯不同类型油藏增效关键要素，狠抓精细描述、精细开发和稳产基础投入，全力控含水、控递减、强基础，开发质量进一步提升。以提高储量动用程度和构建空间结构井网为目标，深化风化壳区和断熔体油藏岩溶系统精细描述工作，在缝洞规模逐年减少的条件下，单井能力维持在20吨/日；以溶洞空间关系和溶洞配置关系为基础，以注水、注气重力驱替理论为指导，年注水增油72万吨、注气增油85万吨，水驱、气驱控制储量分别增加1.3亿吨、2.0亿吨。

五、提高采收率技术攻关与应用

2012—2020年，以提高油田采收率为中心，开展先导项目试验，按照“成熟技术工业化推广，配套技术扩大应用，接替技术持续攻关”的层次有序推进，取得明显效果。

（1）以高含水、低渗透、稠油和特殊岩性油藏为重点进行开发试验。中国石油长庆油田超低渗透（0.3毫达西）油藏重大开发项目试验经过3年攻关，创新形成六大技术系列、20项特色技术，实现超低渗透油藏有效开发，累计新建原油产能1000万吨以上，其中2012年产油量超过700万吨。大庆油田三元复合驱，2012年在南六区、杏六区等4个区块开展扩大试验，覆盖地质储量2233万吨，年产油112万吨；经过10年持续攻关试验，到2015年推广实施42个区块，年产油349.8万吨，三元复合驱成为大庆油田持续稳产最为重要的战略接替技术。

辽河油田的二元驱，在锦16高渗砂岩油藏开展现场试验，作为高含水油藏提高采收率的重要接替技术。2013年，完成锦16二元驱总注入量的50%，试验区日产油从63吨上升到350吨，采油速率3.9%，综合含水率下降13.1个百分点，累计产油16.4万吨，阶段采出程度为6%；2014年进行工业化推广，2015年日产油300吨以上，稳产达29个月；到2015年年底，阶段采出程度高达13个百分点，综合含水率为81%。2016年，辽河油田锦16二元驱试验取得重大进展，年产油10万吨持续稳产4年，阶段采出程度达到14.5%；到年底，吨油完全成本33.5美元/桶。新疆克拉玛依七中区二元驱试验区平均单井日产油从1吨增至4.2吨，综合含水率由95%下降到65.4%，阶段采出程度达12.2%。试验表明，二元驱具有“高效、低成本、绿色”的特点，可成为中高渗透油藏高含水后期大幅度提高采收率的主体技术。2017年，中国石油深入开展重大开发试验的技术攻关。聚合物表面活性剂二元驱试验历经10年攻关，在表面活性剂研制、配方优化、乳化作用机理等研究方面取得重大进展，现场试验取得成功。辽河油田锦16试验区日产油增至353吨，日产油在300吨以上持续稳产4年，阶段采出程度达到15.6%；吨油操作成本20.5美元/桶，投资回报率12.8%。新疆油田七中区二元驱试验区，综合含水率下降至56.1%，阶段采出程度达14%，税后内部收益率12.7%。试验表明，二元驱是继大庆油田三元复合驱技术之后的新一代大幅度提高采收率的战略接替技术，是低油价形势下实现“双高”油田效益开发的现实途径。2018年，辽河锦16、新疆七中区、大港港西三区中高渗油藏二元驱试验目标完成，提高采收率16～19个百分点，全面启动工业化推广。

“十三五”期间，中国石油强化接替技术的配套完善、成熟技术的推广应用，火驱、气驱等技术基本成熟配套，试验成果对低油价下增储上产的推动作用进一步显现。稠油注空气火驱技术逐渐配套，成为稠油油藏开发中后期重要的战略接替技术。新疆红浅试验区注蒸汽开发后废弃长达10年，在对其开展火驱试验8年来，到2016年年底火驱阶段累计产油8.15万吨，阶段采出程度达19.1%；2017年，在其试验区取心井资料表明，燃区残余含油饱和度小于3%，阶段采出程度达22%；连续6年采油速率保持在3%以上；创新形成移动式点火装备，集成点火、监控、动力等模块技术，体现“模块化、自动化、标准化、集成化”的设计理念，突破火驱工业化点火核心装备这一技术瓶颈。稠油火驱技术效果显著，到2017年辽河油田杜66块转火驱井组105个，年产油24.5万吨，累计空气油比885立方米/吨，油田开发水平大有提高。2018年，稠油注空气火驱技术成熟配套并进入工业化推广，年产油在40万吨以上，实现注蒸汽热采稠油油藏开发后期开发方式的有效转变。

气驱技术日臻成熟，2016年长庆靖安油田五里湾一区空气泡沫驱试验取得较好效果，试验区地层压力提升，动用程度明显改善，累计增油2.8万吨，阶段采出程度5%；在泡沫体系优化、注采参数、地面配套等方面，形成低含氧、低风险、安全可控的空气泡沫驱技术配套体系。塔里木东河塘油田注天然气重力混相驱试验取得重大突破，投注以来到2017年累计增油12.8万吨，气油比1094立方米/吨，含水上升率从4.5%下降到−0.4%，并连续3年实现负增长，区块产量实现止跌后的大幅回升。二氧化碳驱技术基本实现二氧化碳捕集、驱油、埋存的一体化目标，吉林油田在黑46块开展二氧化碳驱工业化推广，大庆油田在外围、海拉尔分别开展年产油10万吨规模的二氧化碳驱工业性试验，长庆油田黄3井区正式投注二氧化碳。

以整体体积压裂和减氧空气泡沫驱为代表的开发技术攻关，探索“双低”油藏“提单产、转方式、增效益”新途径。长庆油田元284超低渗透油藏常规水驱采出程度0.9%、采油速率0.19%，属于典型的“双低”油藏；通过借鉴致密油开发理念，采取整体体积压裂+有效驱替+渗吸采油的方式，2017年实施4口井，措施后初期平均单井日增油5.8吨。长庆靖安油田空气泡沫驱扩大试验，初步形成泡沫体系优化、注采工艺设计等配套技术体系，试验区地层压力提升，水驱动用程度明显改善，递减率由注入前的23.2%下降到5%，累计增油3.5万吨，采收率提高5%以上。2018年，以长庆安塞油田、青海尕斯库勒油田、华北任9潜山油藏为代表的减氧空气驱油技术进入工业化试验新阶段，吉林小井距二氧化碳混相驱试验阶段采出程度突破20%，这些技术有效拓展低渗、特低渗和潜山油藏提高采收率的新领域，工业化试验和推广规模逐步扩大。

中国石油推进“四个转变”[1]，围绕“提高单井产量、提高采收率、降低开发成本”三大主题，瞄准油田开发中的重大技术难题，重点在高含水、低渗透、稠油及特殊油藏开展技术攻关和现场试验。2018年，重点管理包括辽河锦16二元驱工业化试验、长庆元284超低渗油藏转变注水开发方式工业化试验、新疆红浅1井区火驱工业化试验、华北任9潜山减氧空气驱试验、塔里木东河塘天然气重力混相驱工业化试验、大庆聚合物驱后聚表剂驱提高采收率试验等10项试验。试验区覆盖地质储量2.24亿吨，年产油168.2万吨，平均单井日产油2.6吨；试验区和工业化推广区年产油1803.9万吨，试验成果表明对增储上产的推动作用进一步显现。2019年，长庆元284超低渗油藏通过压前注水补能、整体同步压裂、大规模改造、焖井置换等措施，水平井复压后平均单井日产油15吨以上，是复压前的5倍，超过本井新投产时的产量，预计可实现采收率翻番，这对类似油藏的高效开发具有重要指导意义。新疆、辽河、华北等油田开展的注空气火驱试验预计提高采收率35个百分点以上，长庆、吐哈等油田开展的减氧空气驱试验预计提高采收率15个百分点以上。辽河锦16、新疆七中区和大港港西三区中高渗油藏二元驱试验目标圆满完成，提高采收率16～19个百分点，全面启动工业化推广；中低渗油藏化学驱技术处于组织攻关阶段，长庆生化水工业化试验取得重要进展，形成三次采油新的产量增长点。

（2）以提高采收率为中心，开展重大项目先导试验。中国石化抓好化学剂上下游一体化研发工作，提高采收率技术取得一系列新进展，特别是稠油热化学蒸汽驱技术、聚合物驱后非均相复合驱技术、水驱高含水开发后期三元复合驱技术、耐温抗盐聚合物和耐温抗盐表面活性剂研发应用取得重大突破。到2012年，实施重大先导试验16项，涵盖整装、断块、低渗透、稠油、化学驱Ⅲ和Ⅳ类、聚合物驱后、碳酸盐岩油藏类型，代表了水驱、化学驱、蒸汽驱、气驱提高采收率方向，多项先导试验项目增油效果显著。“挑战60%”——提

[1] “四个转变”是指从重产量向产量效益并重、从重地质储量向重经济可采储量、从靠投资拉动向靠创新驱动、从传统生产向精益生产的转变。

高采收率技术取得突破，胜利油田孤岛中一区聚合物驱后井网调整非均相复合驱先导试验区，采收率从55.1%提高到63.6%；河南油田双河Ⅳ5-11砂层组水驱高含水后期井网重组三元复合驱先导试验区，采收率从55.7%提高到63.3%。“突破50%”——提高采收率技术取得重大进展，胜利油田孤岛中二北稠油油藏热化学蒸汽驱先导试验项目，提高采收率18.1个百分点，采收率达到53.4%。

坚持有序接替，扎实推进化学驱成熟技术的工业化应用。加强化学驱技术界限研究，将选区原油黏度由80毫帕·秒拓展至150毫帕·秒，储层条件由连片发育拓展至条带状储层，资源阵地由整装拓展至边角拾零区域，扩大了化学驱筛选资源范围。实施工业化应用项目7个，新增动用储量3400万吨，增加可采储量240万吨，提高采收率8%。跟踪生产动态，细化化学驱项目分级分类，精细管理、增强注聚效果。胜利油田孤岛中二北注聚项目优化段塞注入量，含水率下降6.5%，日增油439吨。到2012年年底，中国石化实施化学驱项目66个，年增油166万吨，连续9年保持在165万吨以上；累计增产原油2446万吨，提高采收率5%，为减缓东部老油田的产量递减、实现产量稳定起到了重要作用。

扎实开展重大先导试验和三次采油用剂上下游一体化研发工作，基本形成提高采收率40%、50%、60%的技术系列。化学驱、蒸汽驱、气驱工业化应用规模进一步扩大，化学驱连续11年保持产油量、增油量稳定，蒸汽驱、气驱产油量持续稳定增长。在孤岛、孤东等油田推广“采收率挑战60%”，覆盖储量830万吨；“采收率突破50%”，在孤岛中二北稠油油藏热化学蒸汽驱、东辛永三复杂断块立体开发先导试验，实现原油产量翻两番，采收率分别达到53.4%、52.1%；在孤岛、东辛等油田推广应用，覆盖储量1.2亿吨。西北塔河油田缝洞型油藏注气替油、胜利河口油田沾3区块内源微生物驱提高采收率先导试验取得突破，开辟了大幅度提高采收率的新途径。上下游一体化联合攻关，耐温聚合物、耐温抗盐表面活性剂、油田降黏剂研发取得突破，并在先导试验中应用。扩大化学驱应用规模，到2013年年底，共实施化学驱项目76

个，覆盖储量5.1亿吨，年产油363万吨，年增油163万吨，连续11年保持稳定，累计增油2611万吨，提高采收率5.1个百分点；推广应用注气提高采收率技术，共实施单井注氮气替油120井次，有效率95.2%，年增油9.7万吨。2014年，西北塔河油田完善提高采收率技术选井标准，制定注气参数优化办法，优化配套性价比较高的管柱、工艺和设备，形成技术系列；扩大应用规模，全年实施注气270轮次，年增油23.4万吨，提高采收率2.5个百分点，平均单井周期产油1275吨。2017年，持续攻关试验，特高含水油藏深度堵调、强边底水稠油冷采、高温高盐油藏聚合物驱、微生物驱等技术攻关取得新进展。2018年，抓实三次采油优化调整和成熟技术扩大应用，通过对已实施项目的个性调整，控制窜流、提高油井见效率，矿场实施效果不断改善；同时扩大聚合物驱、二元驱、非均相驱等成熟技术的应用，新投实施项目6个。2019年，抓实大幅度提高采收率技术攻关与应用，持续强化正注三采项目的跟踪调整，积极推进非均相复合驱提高采收率示范工程，稳步推进6项大幅度提高采收率先导试验，拓展化学驱技术应用领域与规模，化学驱年增油保持稳定。2020年，推进大幅度提高采收率技术攻关与应用。积极扩大聚合物驱、非均相驱等成熟技术应用规模，持续加强化学驱正注项目调整增效，加快推进6项提高采收率重大先导和海上二元复合驱先导试验实施进度，化学驱年增油108万吨。持续提升稠油热采质量，加强全过程保干配套，高效推广组合吞吐、复合化学吞吐、分层注汽等蒸汽流场高效调整技术，解决了热采单元汽窜、水淹、动用不均衡等问题，年热采稠油保持产量稳定，油汽比稳中有升。

六、强化油田开发生产管理

以效益开发为目标，加大老油田油藏、井筒、地面一体化综合调整治理力度，强化新区精细开发管理，油田开发生产管理水平进一步提高。

（1）加强动态监测，为深化油藏认识提供可靠资料。2012年，中国石油修订油藏动态监测管理规定，突出动态监测各项要求更具有针对性和可操作性，强调动态监测要紧紧围绕油田开发的实际需要，完成各类测井、试井8万井（组）次。2015年，围绕提质增效的核心目标，优化年度计划和运行安排，加大重点区块监测力度，完成各类动态监测工作量8.87万井（组）次。地层压力完成4.12万井次，其中采油井2982井次、注水井1.14万井次；生产测井完成4.43万井次，其中产出剖面5410井次、注入剖面2.87万井次、工程测井9657井次；饱和度测井完成502井次，其中碳氧比198井次、中子寿命220井次、过套管电阻率5井次；井间监测完成801个井组，其中干扰试井41个井组、井间示踪603个井组。

“十三五”期间，中国石油强化动态监测管理，组织实施A2系统动态监测内容拓展，主要包括油气水井压力、产吸剖面、注水井分层测试、井况监测、油气水界面、饱和度测井及取心井分析等，可生成满足集团公司、油气田和采油厂三级管理需求的报表，自动汇总油藏压力、注产剖面、注水井分层测试等解释成果，计算相关指标。2018年，完成各类动态监测工作量8.25万井（组）次。经历国际油价下行的冲击，以及降本增效的压力，油气田企业高度重视动态监测等开发基础工作。各油气田企业开发部门作为动态监测的主管部门，从方案制定、实施到资料录取质量都实行规范化管理，监测资料的录取及应用效果有很大提高。2019年，完成各类动态监测8.63井（组）次，同比增加3849井（组）次。油藏动态监测重点做好定点测压、产吸剖面、剩余油饱和度测井等工作，为油田开发提供资料支撑。持续推广新工艺、新技术，解决生产现场测试难题，不断提升动态监测质量；中高渗油藏形成多维立体渗流变化监测体系，开展基于机器学习的饱和度解释新方法和多域渗流地球物理试井技术研究；低渗透油藏形成缝网全生命评价监测体系，基本建立压裂效果评价检测技术体系。页岩油开展相关基础工作，优化井下仪器及工具，制定技术标准及规范。

（2）开展区块效益评价，全面实施效益配产。2012年，中国石化按照开发项目分层次管理和季度对接优化、跟踪调整的管理流程，进一步加强过程管理。积极做好滚动勘探与油藏评价工作，重新梳理工作流程，形成项目筛选、计划下达、跟踪检查各个环节的工作要求。按照规范化、制度化、程序化、科学化的要求，规范操作方法与流程，制定《油气田开发项目统一优化筛选管理办法》。针对不同类型的开发项目，建立了以收益率、经济可采储量为主的评价和排队指标体系。积极推行方案首席负责制，制定《开发方案技术首席负责和评估咨询管理办法》，严格方案评估咨询程序和责任制。2014年，覆盖7个大类开发投资项目的统一排队筛选平台首次投入应用，针对申报的2015年的503个投资项目进行效益统一排队筛选，形成了不同油价条件下的部署方案。以区块和单井为基本单元，开展效益评价，制定不同油价下的弹性生产方案，对达不到临界效益的无效油水井实施关停；2015年关停油井1829口、注水井639口。对不同类型的1600口低效井采取调参、延长转周、选择性生产等手段，节约了生产费用。调整措施结构，建立不同区块、不同类型措施的单井经济极限评价图版，无效的措施坚决不干；严格控制大修、堵水、压裂等投入高、风险大的措施。油井措施同比压减1659井次，措施有效率达85.4%，同比提高3.6个百分点，单井次增油从393吨提高至440吨。建立以效益为中心的生产运行机制，组织完善和规范区块、单井、措施增产效益评价模型，制定不同类型油藏关停低效、无效井的管理流程和后续管理要求，形成整体压减负荷的一套技术思路和条件。胜利油田针对油藏特点、开发技术及管理方式等，探索建立低油价、新常态下的油田开发经营效益管理法：建立科学高效运行机制，完善方案优化决策机制，深化“三线四区”经济模型。通过做优增量增效、做实存量创效、优化管理提效，实现油田开发降本增效、效益最优的目的。

建立科学高效运行机制，优化运行增效。构建多维闭环动态决策机制，开发、工程、生产、财务、运行和经营等部门共同参与，按照“分层编制、逐级审核、分级负责”的原则，最优部署做大经济可采，在工艺上最低投入满足开发需求，在地面上最大限度盘活设备资产，在运行上全过程保障，在财务上全节点介入，在经营上全要素考核，做到事前算赢，事中优化，事后评价，从而形成决策、执行、反馈的多维闭环动态决策机制。为实现低油价下效益产量最优和高油价时保持生产能力稳定，根据油价变化，按月编制原油效益生产方案。开发生产单位根据财务发布的下月预计油价，以管理区为单位，按“三线四区”经济运行模型（图2-2），编制效益最优化的下月度产量运行方案，形成弹性效益工作实施机制。

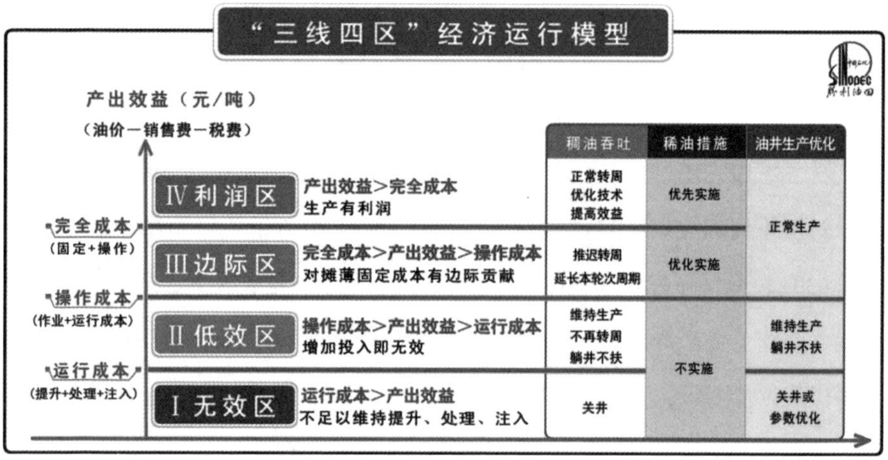

图2-2　胜利油田“三线四区”经济运行模型

完善方案优化决策机制，做优增量增效。加强制度管理，完善运行机制，建立了方案风险节点责任制，二级单位首席负责、机关处室重点管控，方案审查由原来的1年2次（6～8天）转为常态化审查。建立不同油藏类型开发指标预测模型，把握好单井产能、产量递减、含水上升等规律，切实做好指标预测；建立开发单元、单井标准成本体系模型，出台不同地域、不同油藏类型成本取费标准，强化项目经济评价，确保成本取费、利润估算准确合理。整装油藏应用矢量调整模式，进行转流线、变流场调整提效开发。断块油藏应用立体开发技术、人工边水驱技术进行提效开发。低渗油藏集成配套了差异开发技术系列：特低渗透仿水平井注水开发、致密油藏“井工厂”开发模式开发及特低渗油藏精细注水开发。推行钻井单井承包制，由钻井公司区块大包转变为单井承包，实现了四个转变：在设计预算上改原先定额预算模式为清单计价模式，明确了费用构成；在合同签订上改年度施工合同为单井施工合同，明确了施工要求；在计划下达上改整体投资下达为单井投资下达，细化了投资分解；在财务结算上，改先支付预付款为按实施进度结算，节约了财务费用。

深化“三线四区”经济模型，做实存量创效。针对油价、产量、成本变动情况，应用“三线四区”运行模型分类评价，在低油价下实现随油价波动弹性配产，动态优化生产和工作量，灵活运用“优、延、缓、关”治理措施，多干效益活、多产效益油。调整注采结构，低油价下老区开发调整重心由整体层系井网调整向高效注采完善转移，由大幅度提高采收率向强基础、控递减、可采储量保值增值转移。调整产液结构，中高渗油藏调整由“十二五”的“稳液量、调结构、控含水、控递减”转向“调产液结构、转流场、控无效注水、控能耗、降成本”。调整产量结构，完善以油价变化为基准的弹性经济配产模式，实现了由以产量安排生产向以效益安排生产转变。出台《低油价下月度预算运行办法》《低油价下油田开发生产及运行管理实施细则》，从利润最大化和现金流最大化两个角度，测算不同油价下的产量规模。加强措施结构优化，重点实施高效注采完善、注采调整方案中的措施工作量，水井分注、细分、攻欠增注等“提三率”工作量，夯实稳产基础。调整三采结构，深化经济界限研究，明确了不同油价、不同药剂价格下，运行成本、操作成本、完全成本对应的经济极限吨聚增油。以增加经济可采储量为中心，持续强化油藏经营管理，做优增量、做实存量、优化运行，扎实推进高效产能建设，有效盘活存量资源价值，扭转了低油价以来经济可采储量下滑、原油成本大幅上升的态势，新建产能由2016年最低的57.5万吨增加到2019年的150万吨；稀油自然递减率由14.21%下降到9.1%；经济可采储量替代率由负转正，达到121%；单井投资从2014年900万元降到2019年795万元；百万吨产能投资从2014年74.0亿元降到2019年的48.7亿元；开发成本从2014年的16.0美元/桶降到2019年的12.0美元/桶。

中国石化面对低油价重压，全面实施效益配产，加大结构调整力度，把“算效益账、干效益活、产效益油”落到实处。2016年年初，编制不同油价下年度配产方案，建立开发、生产运行、财务一体化优化的月度配产机制。坚持“保持产能稳定、井网完整、地面系统完好、技术可采储量不损失”的原则，进一步优化“产量结构、注采结构、措施结构、成本结构”。按照边际贡献原则对无效区块进行整体优化，依据“三线四区”模型开展单井效益评价，全年暂关无效油井2680口，压减无效产量244万吨；全面开展单井措施经济评价，全年压减高成本措施598井次；大力加强精细注水，整装油藏严控无效注水，断块油藏提高水驱动用，全年控减无效液量2000万吨、无效注水量1284万立方米，并以联合站为中心，统筹优化注采方案和地面流程。在实施关停限产的情况下，全年油田自然递减率控制在13%，措施有效率提高到87.2%。持续深化难采储量合作开发，细化完善合作机制，联合攻关提高单井产能技术，推广“井工厂”模式，优化钻井设计、缩短钻井周期、降低项目平衡油价，已实施合作开发区块经济可动油价从75美元/桶以上降至50美元/桶；2019年合作开发新建产能19万吨，增加12万吨。到2019年年底，中国石化投入开发油田223个，动用石油地质储量74.9亿吨，当年新增动用储量8889万吨；井网、工艺条件下标定可采储量19.3亿吨，采收率25.8%。2020年，中国石化加强开发项目评价，强化滚动井的风险管控，暂缓部署高风险低效滚动井位25口，暂缓下达22口井批次计划；严把开发项目效益关，严格按照基准平衡油价40美元/桶，暂缓胜利、西北、中原、江汉、河南、江苏等油田地质工程风险大、收益率不达标产建项目50余个；结合SEC储量目标化管理，压实各层级责任，逐个单元定期进行风险评估和应对措施论证，同时将高效储量阵地及时纳入产能建设，提高了对新增SEC储量的贡献率。

2022年以来，中国石化深入贯彻习近平总书记视察胜利油田重要指示精神，坚决落实集团公司党组统筹抓好疫情防控和生产经营部署，一手抓疫情防控专班高效运行，一手抓油气生产组织运行，持续加大油气勘探开发力度，确保了疫情期间油气增储上产不停步。到2022年4月，国内原油和天然气产量分别比去年同期增加7.8万吨、8.7亿立方米，以实际行动践行了保障国家能源安全的责任担当。

（3）强化质量效益管理，促进提质增效常态化。面对国际油价持续下跌的形势，中国海油从2014年开始，连续4年开展“质量效益年”活动，并把降低桶油成本作为关键着力点，进一步加强精细管理，促进提质增效常态化。按照35美元/桶油价进行压力测试，从源头入手精细优化开发方案。颁布三项设计指南，推进平台设计“新四化”（简单、实用、紧凑、低成本），通过优化设计有效降低投资；开展大数据分析，开展多项作业费用专项整治；优化钻完井、工程设计方案，创新项目机制，缩短项目周期。通过勘探开发生产一体化协同发展，实现利益最大化，桶油成本连续6年下降，到2019年降至30美元以内，操作费降至7.39美元/桶。

中国石油深入推进油藏分类治理。2019年，下发《中国石油已开发油藏分类治理工作指导意见》，组织各油田开展“三双”油藏大调查。根据调查结果，优选重点治理“双高”（综合含水率不小于80%和可采储量采出程度不小于60%的高含水、高采出程度老油藏）区块33个，治理对策是立足精细注水挖潜和层系井网优化，持续深挖水驱潜力；治理目标是实现控水稳油，挖掘剩余油潜力。通过治理，“双高”油藏单元数减少14个，综合递减率5.07%、同比下降1.85%，含水上升率0.37%、同比减缓0.08%。优选重点治理“双低”（采油速率不大于0.5%和地质储量采出程度不大于10%的难采、低速开采油藏）开发单元，治理对策是改善储量动用程度，提高单井产量，大力发展水平井体积压裂和多轮次重复压裂技术；治理目标是实现提速增产，改善开发效果。通过治理，“双低”油藏单元数减少13个，地质储量采油速率0.25%、同比提高0.02%，平均单井日产量1.13吨、同比提高0.1吨。“双负”（年度生产经营活动中利润与现金流均为负值的开发单元）油藏的治理对策是通过推进精细管理、方式转换、技术升级和生产优化，综合采取组合式、进攻性的措施；治理目标是降低完全成本，控制运行成本，最大限度控亏减亏。通过治理，“双负”单元125个，负利润产量由19.45%下降到15.5%。是年，通过统一标准、树立标杆、发布对标结果，建立自上而下的对标工作体系，优势与差距更加定量化显性化，更有利于分析存在的问题，确立工作目标和实施针对性措施；从上千项开发数据中筛选出管理、技术和经营三大类37项关键指标，建立对标指标体系开展对标。创新使用四象限图版进行宏观对标，并借鉴因素分析法将指标结果层层分解到原因性指标，层层剖析指标背后的因素。通过对标分析，找准原油开发业务痛点，在老油田控制递减、提高采收率、提高采油系统效率方面提出12项具体工作措施。

“十二五”时期，国内石油在探明储量稳步增长基础上，油气勘探开发企业通过优化和加快产能建设、实施油田“二次开发”和精细注水工程，强化新老油田开发经营管理，控制综合递减、减缓自然递减，以提高采收率为中心目标任务，实现了油田开发形势持续向好，全国石油产量由2011年的2.04亿吨提高到2015年的2.15亿吨，增长约1100万吨。“十三五”时期，在国际油价持续走低，国内油气田企业降本增效，在停关大批无效低效油井、区块的情况下，全国石油产量由2018年的1.89亿吨上升到2019年的1.92亿吨；在新冠肺炎疫情严重影响下，石油企业直面挑战、全力增储上产、保障国家能源安全，2020年国内石油产量上升到1.95亿吨，同比增长1.6%。进入“十四五”时期，石油企业坚持稳健高质量发展，全国石油产量继续回升，2021年上升到1.99亿吨、同比增长2.1%，连续两年保持在1.9亿吨以上水平高峰运行。

第三节 ＞ 规模效益开发天然气资源

石油企业全面贯彻落实“油气并举”“天然气再翻番”的战略部署，坚持以安全环保生产为保障，以提高储量动用程度、提高采收率、提高单井产量和天然气田开发效益为主线，突出产量运行、产能建设和前期评价“三大关键”环节，实现了天然气产量快速增长。

（1）中国石油规模开发天然气，工业产气量突破千亿立方米。整体规模效益开发天然气，发展形成西南气区、长庆气区、塔里木气区、青海气区、大庆气区、新疆气区、吐哈气区、吉林气区“八大”气区。加强工程与地质的结合，积极推进重点气田水平井的规模应用，天然气产量快速增长。全部完成天然气开发管理制度体系构建工作：第一层次《天然气开发管理纲要》，属于宏观性、纲领性管理文件；第二层次是相配套的各项管理规定，涵盖天然气开发前期评价、气藏工程、钻井工程、采气工程、地面工程、天然气开发HSE管理等6个专业领域，属于专业性、程序性管理文件；第三层次主要包括相关实施细则、规范和标准等，属于操作性管理文件。这套制度体系，规范了天然气开发各专业、各阶段、各关键岗位的工作内容和要求，在天然气开发管理等各项工作中发挥了重要的制度保障作用。截至2012年，累计建成采气井1.36万口，集（输）气站1678座，清管站480座，增压站178座，污水处理站99座，天然气净化厂（处理厂）54座，各类管线26.16万千米。辽河、华北、大港、新疆、西南、长庆6个油气田储气库已完钻注采井41口。2012年，完成工业产气量798.6亿立方米，同比增加42.44亿立方米；完成天然气商品量704.0亿立方米，同比增加37.81亿立方米。其中，长庆气区完成工业产气量290.3亿立方米，塔里木、西南气区完成工业产气量分别为193.1亿立方米、131.5亿立方米，青海、大庆、新疆、吉林、吐哈气区完成工业产气量分别为63.5亿立方米、33.7亿立方米、31.0亿立方米、17.6亿立方米、10.5亿立方米。2015年，中国石油气田总数达184个，投入开发气田163个，气井总数1.65万口；全年，完钻气井1232口，新建产能154.0亿立方米；生产天然气954.8亿立方米，完成天然气商品量849.0亿立方米（表2-6）、同比增加2.9亿立方米。其中，长庆气区完成工业产气量374.6亿立方米，塔里木气区完成工业产气量235.6亿立方米，西南气区完成工业产气量154.8亿立方米，青海、大庆、新疆气区完成工业产气量分别为61.4亿立方米、35.3亿立方米、30.0亿立方米。储气库建设取得阶段性成果，第一批6座储气库全部注气试运行，其中5座冬季采气调峰。

表2-6　2012—2020年中国石油气田开发和天然气工业产量

项目	2012年	2013年	2014年	2015年	2016年	2017年	2018年	2019年	2020年
天然气田（个）				184	185	187	196	198	200
投入开发气田（个）				163	164	164	171	177	187
气井总数（口）	13613	15307		16539	17852	19713	22952	33018	36413
气井开井数（口）				13325	14062	15366	17938	26124	28856
平均单井日产气（万立方米）				2.17	2.06	1.89	1.76	1.38	1.36
完钻气井（口）		1682	1219	1232	1132	2426	3573	3402	3163
新建天然气产能（亿立方米）	146.0	212.9	172.2	154.0	109.4	133.7	187.4	289.0	301.9
天然气工业产量（亿立方米）	798.6	888.0	954.6	954.8	981.1	1032.7	1093.8	1187.9	1306.0
天然气商品量（亿立方米）	704.0	781.2	846.1	849.0	883.0	931.5	983.4	1073.6	1181.4

注：此表数据来源于中国石油年鉴，气井开井数为每年12月份的开井数。

“十三五”期间，工业产气量继续保持快速增长。2017年，中国石油天然气工业产量突破千亿立方米，达到1032.7亿立方米（表2-7）。2019年，投入开发气田177个，气井总数达3.3万口，工业产气量达到1188亿立方米（表2-6）。其中，长庆气区工业产气量突破400亿立方米，达到412.5亿立方米；塔里木、西南气区工业产气量保持在200亿立方米以上生产能力，青海、大庆气区工业产气量保持在45亿立方米以上生产能力。2020年3月，中国石油塔里木油田克深13气田两口井获高产气流，新增日产天然气103万立方米，标志着克深气田进入全面开发阶段。

表2-7　2012—2020年中国石油各大油气区天然气工业产量（亿立方米）

油气区	2012年	2013年	2014年	2015年	2016年	2017年	2018年	2019年	2020年
长庆	290.3	346.8	381.5	374.6	365.0	369.4	387.5	412.5	448.5

续表

油气区	2012年	2013年	2014年	2015年	2016年	2017年	2018年	2019年	2020年
塔里木	193.1	222.8	235.6	235.5	235.6	253.3	266.2	285.5	311.0
西南	131.5	126.1	137.3	154.8	190.1	210.2	226.3	268.6	318.2
青海	63.5	68.1	68.9	61.4	60.8	64.0	64.1	64.0	64.0
大庆	33.7	34.4	35.1	35.3	37.7	40.1	43.4	45.5	46.6
新疆	31.0	30.5	32.4	30.0	28.5	28.4	29.2	29.3	30.0
煤层气公司							21.0	23.6	24.6
华北							13.6	14.6	15.8
浙江							12.7	14.4	16.1
吉林	17.6	18.2	16.0	13.2	11.4	10.2	10.0	10.5	10.8
吐哈	10.5	10.5	10.0	9.1	7.3	6.0	5.0	4.0	3.2
其他	27.4	30.9	37.7	40.7	44.7	51.1	19.8	15.3	17.2
总计	798.6	888.0	954.6	954.8	981.1	1032.7	1093.8	1187.9	1306.0

注：此表数据来源于中国石油年鉴。

中国石油深入贯彻落实习近平关于加快天然气产供销体系建设重要批示精神，按照储气库总体规划部署，认真履行储气库建设责任书任务，重点围绕已建库扩容达产、新建库开工建设、评价库前期评价和投运库安全生产运行等工作，积极推进并实现储气库整体工作气能力103亿立方米、日最大采气能力1.08亿立方米工作目标。截至2019年年底，开展扩容达产、续建及新建评价项目19个，其中9座投运储气库实施扩容达产、续建工程，设计新钻井78口，完钻30口；启动新建评价项目10个，设计新钻井26口、完钻13口，设计老井36口、处理30口。注气期内10座储气库（群）注气83.86亿立方米、采气85.88亿立方米（表2-8、表2-9）。

表2-8　2019年中国石油储气库注气量（亿立方米）

年度	大港大张坨	华北京58	华北金坛	华北刘庄	新疆呼图壁	西南相国寺	辽河双6	华北苏桥	大港板南	长庆陕224	合计
2019	15.49	3.52	6.19	0.42	13.78	14.28	14.87	9.05	3.25	3.01	83.86
2018	18.35	3.33	3.89	0.82	17.54	16.66	18.45	6.85	3.25	2.56	91.70
同比增减	−2.86	0.19	2.30	−0.40	−3.76	−2.38	−3.58	2.20	0	0.45	−7.84

注：此表数据来源于中国石油年鉴。

表2-9　2019年中国石油储气库采气量（亿立方米）

年度	大港大张坨	华北京58	华北金坛	华北刘庄	新疆呼图壁	西南相国寺	辽河双6	华北苏桥	大港板南	长庆陕224	合计
2019	16.62	3.82	8.46	0.87	15.71	16.58	11.00	7.13	2.97	2.72	85.88
2018	15.61	3.10	1.54	0.09	15.57	13.97	9.88	4.55	2.66	2.36	69.33
同比增减	1.01	0.72	6.92	0.78	0.14	2.61	1.12	2.58	0.31	0.36	16.55

注：此表数据来源于中国石油年鉴。

（2）中国石化加强重点地区产能建设和主力气田的安全平稳运行，天然气产量突破200亿立方米。2012年，全面投产普光气田大湾区块，实现普光气田主体平稳运行；元坝长兴组气藏17亿立方米试采工程产能建设按计划有序进行，钻井工程、滚动建产区开发评价进展顺利；鄂尔多斯盆地天然气会战成果突出，实现中国石化首个整体利用水平井开发建设产能10亿立方米的目标；川西中浅层低渗致密气增储上产会战稳步推进。全年，新建产能46.63亿立方米，其中新建气层气产能44.64亿立方米；完成工业产气量169.36亿立方米，同比增加22.92亿立方米，增长幅度15.65%；完成天然气商品量153.88亿立方米，同比增加22.85亿立方米，商品率90.86%，比2011年提高1.36个百分点。2015年，生产常规天然气174.24亿立方米（表2-10）；中原、西南、江汉“三大”油气区，工业产气量保持在30亿立方米以上生产能力（表2-11）。是年，加强滚动勘探与气藏评价工作，基本建成元坝海相超深高含硫生物礁气田，建成净化气产能31.5亿立方米（图2–3）。

表2–10　2012—2020年中国石化气田开发与天然气产量

项目	2012年	2013年	2014年	2015年	2016年	2017年	2018年	2019年	2020年
投入开发气田（个）	108	109	115	135	140	144	145	149	151
气井总数（口）	3847	4219	4550	4582	4707	4527	4527	4938	5259
气井开井数（口）	2950	3197	3497	3550	3406	3678	4698	3989	4365
气井开井率（%）	76.68	75.78	76.86	77.48	72.36	81.25	82.63	80.78	83.00
采气速率（%）	2.29	2.28	2.19	1.80	1.60	1.80	1.90	1.90	1.80
采出程度（%）	15.56	16.67	16.88	17.40	18.60	19.40	21.00	23.00	23.50
新增天然气动用储量（亿立方米）	1782	782	1197	792	522	313	226	351	495
储采比	10.36	9.68	9.23	11.20	11.70	9.50	8.20	7.50	9.80
天然气生产能力（亿立方米）	187.06	198.69	222.41	236.22	237.65	217.30	215.50	220.57	230.06
工业产气量（亿立方米）	169.36	185.30	190.56	174.24	163.74	194.30	205.80	218.80	214.40

注：此表数据来源于中国石化年鉴，2015年及以后投入开发气田个数包括气藏，工业产气量为生产常规天然气产量。

表2–11　2012—2020年中国石化各大油气区天然气工业产量（亿立方米）

油气区	2012年	2013年	2014年	2015年	2016年	2017年	2018年	2019年	2020年
中原	80.12	85.42	83.05	58.53	39.97	59.76	65.62	70.68	64.05
西南	29.10	32.25	34.18	48.25	55.10	60.68	61.45	66.21	67.14
西北	16.45	16.40	16.30	16.00	14.00	16.00	17.42	18.02	19.10
江汉	1.70	3.14	12.31	33.07	51.72	61.34	61.41	64.43	68.05

注：此表数据来源于中国石化年鉴。

图 2-3　2015 年，基本建成元坝高含硫气田净化处理厂

“十三五”期间，中国石化天然气产量持续稳步增长。2018年，全力推动川西气田、鄂北杭锦旗、川西中江气田等重点产能建设工程；编制完成普光气田整体稳产方案，强化普光、大牛地、雅克拉等主力气田的精益管理和调整挖潜，加强滚动勘探和气藏评价，天然气产量突破200亿立方米，达到205.8亿立方米。常规天然气生产能力达215.5亿立方米，其中气层气生产能力204.0亿立方米、溶解气生产能力11.5亿立方米。2019年，推动重点产能建设工程，川西气田30亿立方米产能建设工程有序推进；鄂北致密低渗砂岩气藏产能建设，新建产能6.2亿立方米，新增经济可采储量17亿立方米；川西中浅层开发建产，新建产能2.1亿立方米，新增经济可采储量14亿立方米；普光气田滚动扩边和综合调整，新增动用储量30亿立方米，新增净化气产能2.67亿立方米；加强滚动勘探与气藏评价取得积极进展，实现天然气产量持续增长。全年，新增天然气动用储量351亿立方米，生产常规天然气218.8亿立方米。至2019年年底，中国石化各油气田企业投入开发气田（藏）149个，累计动用天然气地质储量1.6万亿立方米，储量动用率52.4%，标定采收率31.32%。其中，气层气动用储量1.25万亿立方米，标定采收率32.52%；溶解气动用储量3483亿

立方米，标定采收率27%。截至年底，共有常规天然气生产井4938口、开井3989口，开井率80.78%；平均单井日产气1.7万立方米，采气速率1.9%，采出程度23.0%，动用储量储采比为7.5。2020年，加快推进东胜、川西须家河组气藏等滚动评价，全力实施川西气田、东胜气田，以及威荣、永川页岩气等重点新区上产工程，持续加强川东北海相、涪陵页岩气田、大牛地气田等老区综合调整和精细管理，克服新冠肺炎疫情和市场双重影响，全年天然气产量增加7亿立方米，年天然气生产能力上到230亿立方米新台阶。截至2020年5月11日，中国首个商业开发的大型页岩气田——中国石化涪陵页岩气田累计生产页岩气突破300亿立方米。

加快页岩气专探开发步伐。2022年以来，中国石化江汉油田持续加快涪陵页岩气田产能建设步伐，强化新装备新技术运用，积极开展低产低效井治理，全力推进增储上产；截至5月初，建成投运集气站9座，投产新井45口，到5月4日涪陵页岩气田产气达25亿立方米。中国石化中原油田首口页岩气专探井——普陆页1井，到2022年5月9日累计试采82天，共生产天然气506万立方米，这标志着中原油田在川东北工区实现了页岩气勘探的重大突破，为普光气田长期稳产夯实了基础。为此，中原油田又部署了普陆2、普陆3、普陆7、普陆8井，到“十四五”末探明陆相页岩气地质储量1000亿立方米，为端牢能源饭碗贡献中原力量。

（3）加大海洋天然气勘探开发力度，实现整体规模效益开发。“十一五”时期，中国海油天然气产量突破100亿立方米。“十二五”期间，天然气产量由2011年的111.5亿立方米提高到2015年的134.86亿立方米（表2–12），发展形成“四大”气区；其中，南海西部气区产量在50亿立方米以上，渤海气区产量由18亿立方米上升至25.73亿立方米，南海东部气区产量由18.7亿立方米上升至44.11亿立方米，东海气区由7.2亿立方米上升至12.4亿立方米。

表2-12　2012—2019年中国海油各大油气区天然气工业产量（亿立方米）

油气区	2012年	2013年	2014年	2015年	2016年	2017年	2018年	2019年
南海西部	64.9	58.1	56.8	52.6	47.0	47.5	46.1	52.3
渤海	21.4	23.4	25.0	25.7	25.0	26.3	28.7	29.2
南海东部	17.5	17.3	27.0	44.1	32.7	42.2	57.0	60.3
东海	8.8	8.0	8.8	12.4	15.1	15.5	14.7	12.6
总计	112.6	106.7	117.7	134.9	120.1	131.5	146.5	154.4

注：此表数据来源于中国海油。

“十三五”时期，中国海油按照“发展煤层气、强攻致密气、探索页岩气”的发展思路，坚持勘探开发一体化、生产销售一体化、自营与对外合作一体化、致密气煤层气一体化，积极推动非常规天然气的勘探开发。2018年，中国海油中联公司临兴8/9井区致密气一体化试验取得突出成效，气层发现率100%、气井高产率88%、试气成功率87%，其中LX-58井单层压后无阻流量50万立方米，单层测试产量创历史新高；在试验区探明储量100亿立方米，新建产能2.3亿立方米，投产12口井日产气45万立方米。柿庄北一体化区21口井中10口日产量超过1000立方米，达产率47.6%，平均单井日产量810立方米。2018—2019年，中国海油天然气份额新增探明地质储量分别为145.2亿立方米、138.14亿立方米。2019年，中联公司集中攻关非常规天然气提速上产，落实临兴－神府区块4个高产条带，发现优质气层；潘河气田作为国家示范区，新层位（15号煤）22口单支水平井试验，全部投产并实现智能化排采，成为国内首个年产气10亿立方米级煤层气田。2020年6月，中国海油位于南海西部的深水自营大气田——陵水17-2气田顺利完成首口开发井作业，标志着该气田开发建设迈出重要一步。10月，渤海湾首个千亿立方米大气田——中国海油渤中19-6气田试验区开发项目正式投产，将实现高峰日产气100万立方米、凝析油910立方米的生产能力。11月，海上最大高温高压气田——中国海油东方13-2气田成功投产。这些气田的投入开发，大幅增加了中国海油的天然气生产规模能力。

“十二五”时期，在党中央、国务院的坚强领导下，石油工业稳健发展取得显著成就（表2-13）。石油企业面对全球能源格局调整、国际油价剧烈波动的复杂外部环境，积极适应国内经济发展新常态，实现石油储量快速增长、产量稳中有升。截至2015年年底，连续9年新增探明石油地质储量超过10亿吨，累计探明地质储量371.7亿吨，探明程度达34%。综合保障能力显著提升，西北、东北、西南和海上四大进口战略通道布局基本完成，油源供应、进口渠道和运输方式逐步实现多元化。国内新投运原油长输管道总里程5000千米，新投运成品油管道总里程3000千米。到2015年年底，累计建成原油长输管道2.7万千米、成品油管道2.1万千米，基本满足国内原油、成品油资源调配需求。天然气储量、产量快速增长，2015年全国天然气产量达1350亿立方米，储采比29。截至2015年年底，累计探明天然气地质储量约13万亿立方米，探明程度达19%。“十二五”期间，全国累计新增探明天然气地质储量约3.9万亿立方米，累计产量约6000亿立方米，比“十一五”增加约2100亿立方米，年均增长6.7%。

表2-13　“十二五”时期石油工业发展成就

指标	2010年	2015年	年均增速（%）
累计探明石油地质储量（亿吨）	312.8	371.7	3.51
原油产量（亿吨/年）	2.03	2.14	1.06
石油表观消费量（亿吨/年）	4.32	5.47	4.83
石油净进口量（亿吨/年）	2.39	3.33	6.86
原油管道里程（万千米）	2.2	2.7	4.18
原油管输能力（亿吨/年）	3.9	5.3	6.33
累计探明天然气地质储量（万亿立方米）	9.1	13	7.4
天然气产量（亿立方米/年）	952	1350	7.2
天然气表观消费量（亿立方米/年）	1075	1931	12.4

续表

指标	2010年	2015年	年均增速（%）
天然气占一次能源消费的比例（%）	4.4	5.9	6.0
天然气进口量（亿立方米/年）	170	614	29.3
天然气管道里程（万千米）	4.26	6.4	8.5
管道一次运输能力（亿立方米）	960	2800	23.9
LNG接受能力（万吨/年）	1610	4380	22.2
地下储气库工作气量（亿立方米）	18	55	25

注：此表数据来源于中国石油年鉴。

国家石油发展“十三五”规划，到2020年累计探明石油地质储量420亿吨，原油产量稳定在2亿吨以上（表2-14）。石油企业贯彻落实党中央、国务院的战略决策，按照“十三五”规划目标任务，加强石油勘探开发保障国内资源供给。陆上和海上并重，加强基础调查和资源评价，加大新区、新层系风险勘探，深化老区挖潜和重点地区勘探投入，夯实了国内石油资源基础。巩固老油田、开发新油田，加快海上油田开发，大力支持低品位资源开发，实现国内石油产量基本稳定。整体规划和科学布局推进原油、成品油管网建设，加快推进国家石油储备二期、三期项目建设和成品油储备基础设施建设，加强节能管理和推进石油行业能效提升，大力发展清洁替代能源等方面的建设，取得重大进展及优异的成就。

表2-14 “十三五”时期石油工业发展规划

指标	2020年	年均增速（%）	备注
累计探明石油地质储量（亿吨）	420	2.47	
原油产量（亿吨/年）	2亿吨以上		
石油表观消费量（亿吨/年）	5.9	1.52	
石油净进口量（亿吨/年）	3.9	3.21	
原油管道里程（万千米）	3.2	3.46	

续表

指标	2020年	年均增速（%）	备注
原油管输能力（亿吨/年）	6.5	4.17	
累计探明天然气地质储量（万亿立方米）	16	4.3	
天然气产量（亿立方米/年）	2070	8.9	
天然气占一次能源消费的比例（%）	8.3～10		
气化人口（亿人）	4.7	10.3	2015年为3.3亿人
城镇人口天然气气化率（%）	57		2015年为42.8%
天然气管道里程（万千米）	10.4	10.2	
管道一次运输能力（亿立方米）	4000	7.4	
地下储气库工作气量（亿立方米）	148	21.9	

注：此表数据来源于中国石油年鉴。

国家天然气发展“十三五”规划，到2020年累计探明地质储量16万亿立方米，2020年天然气产量达到2070亿立方米。石油企业按照“海陆并进、常非并举”的方针，加强基础调查和资源评价，持续加大国内勘探投入，围绕塔里木、鄂尔多斯、四川、海域等天然气生产基地，加大新区、新层系风险勘探，深化老区挖潜和重点地区勘探投入，夯实国内资源基础；在加强常规天然气开发的同时，加大致密气、页岩气、煤层气等低品位、非常规天然气科技攻关和研发力度，突破技术瓶颈，实现了规模效益开发，形成了有效产能接替。低品位、非常规天然气勘探开发有较大突破。页岩气开发水平不断提升，创新页岩气开发模式、攻关核心技术，大幅度提高了页岩气的采收率。2020年，全国页岩气产量达200.4亿立方米，同比增长超过30%；致密气开发技术水平不断上升，探索形成了致密气高效建设模式；煤层气产能建设取得了良好效果。加快天然气管网建设、提高干线输气能力，加快储气设施建设、提高高峰储备能力，培育天然气市场和促进高效利用，取得了重大进展及显著成就。全国天然气产量快速增长，成为石油工业新的经济增长点。

把能源饭碗牢牢端在自己手里，是中国石油工业在新时代的使命担当。石油企业以习近平新时代新发展理念为指导，按照国家石油天然气“十四五”发展规划，深入实施七年行动计划，大力推进油气资源高质量勘探和效益开发，加快天然气产供储销体系建设；面对国际油价持续下跌和新冠肺炎疫情的双重影响，坚持高质量调结构、上规模、增效益、创新驱动发展，为高质量发展石油工业再立新功再创佳绩，实现了“十四五”良好开局。2021年，全国原油产量达1.9898万吨，天然气产量达2053亿立方米，天然气产量首次突破2000亿立方米，为保障国家油气能源安全创出了新佳绩。

「 第三章 」

勘探开发工程技术跨越发展

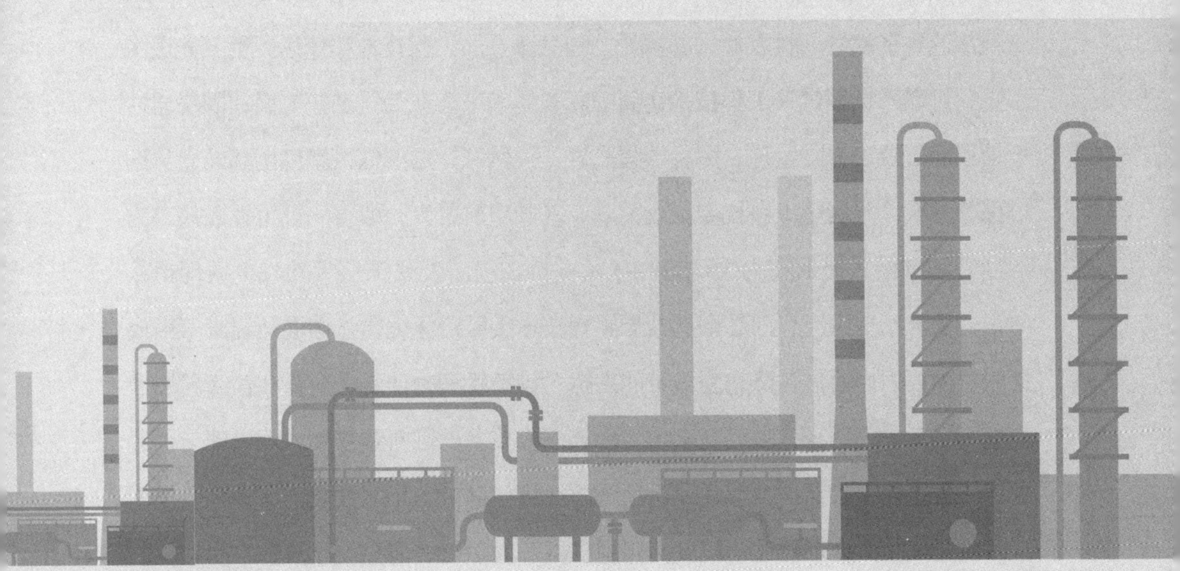

石油工业上游企业主营业务，离不开勘探开发工程技术的保驾护航。石油企业在对石油工程板块业务重组、体制机制深化改革的基础上，坚持“主营业务战略驱动、发展目标导向、顶层设计”的科技发展理念，贯彻落实习近平总书记“四个革命、一个合作”的能源革命新战略和大力提升油气勘探开发力度重要指示批示精神，集中优势力量组织重大科技项目攻关，努力攻克制约主营业务发展的关键瓶颈技术，持续推进科技创新技术体系建设，全面落实“十二五”“十三五”“十四五”科技规划，油气勘探开发工程技术整体优势、市场竞争力不断增强。石油工业上游企业坚持技术创新、管理创新，强化新工艺新技术、实用技术和关键核心技术攻关，推广应用适用技术，促进了油气勘探开发、生产管理效率效益不断提高。

2012年以来，油气勘探开发工程技术不断进步，陆上深层、海洋深水、低渗透致密油气、页岩油气勘探开发和海洋石油工程技术整体达到世界先进水平，可燃冰钻探试采工程技术达到国际领先水平。在油气勘探方面，围绕岩性地层油气藏、前陆盆地、海相碳酸盐岩、天然气、成熟探区精细勘探及立体勘探等领域，开展重大科技专项攻关以及基础超前研究，取得一批重要成果，为油气储量增长提供有力的理论和技术支持。创新发展深层天然气地质理论认识，实现勘探深度极限和巨厚盐层工程技术突破；深化古老碳酸盐岩大气田成藏理论认识，促进古隆起斜坡带的勘探；创新晚期构造复式成藏和盆缘斜坡天然气复合成藏认识，攻克复杂山地地震成像技术；创新致密油成藏机理与“甜点”区主控因素认识，形成致密油资源评价与有效动用配套技术；多源油气复杂成藏分子失踪地球化学测试与判别技术，为深层、海相碳酸盐岩、非常规油气等领域的重大发现提供理论技术支撑。在油气田开发方面，紧密围绕提高油气田采收率、单井产量和储量动用率等重大科技专项攻关以及特高含水油田改善水驱、三次采油提高采收率、低渗透油气藏有效开发、超稠油高效开发、复杂天然气开发等领域的基础和超前储备研究，取得了系列重要科技成果，为原油产量稳中有升、天然气产量快速增长提供强有力的技术支撑。在工程技术方面，围绕提高物探、测井数据采集和解释精度、钻井提速提效等技术难题，开展了工程技术、软件升级等重大科技专项攻关、重大工程技术装备现场试验及超前储备基础研究，不断丰富和完善物探、测井、钻井、井下作业新方法和新工艺，推进高端软件、装备、工具等技术利器研发应用，工程技术服务保障能力和竞争力持续提升。在油气储运方面，围绕第三代大输量天然气管道建设、天然气液化、油气管道装备国产化、储气库建设等领域开展攻关取得显著成效，油气储运技术和工程建设处于国际领跑地位。在安全环保绿色发展方面，集中力量开展系统优化技术集成、低碳技术、井喷预防应急、水域溢油应急处置、场地污染风险控制及修复、油气田开采节能、污水减排回注、含油污泥资源化利用、天然气脱硫等技术攻关和集成应用，取得重大进展和突破，为安全环保节能工程提供了有力技术支撑。

新时代石油工业，科技创新能力建设得到新加强，科技攻关应用得到新成效，形成一批创新理论和具有自主知识产权的新技术新产品，多项重大标志性科技成果获得国家科技奖励，一批尖端科技挺进世界第一方阵、成为国之重器。新时代石油工业，由中国制造向中国创造转变，由中国速度向中国质量转变，由中国产品向中国品牌转变。

第一节 > 物探工程技术发展进步

石油工程物探企业持续开展物探工程技术攻关取得长足进步，为在一些重点地区的勘探突破提供了强有力的技术支撑。

（1）在高陡构造、碳酸盐岩、致密油气、岩性、潜山等领域勘探取得突破性进展；地震采集“两宽一高”（宽方位、宽频，高密度）设计，为复杂地区圈闭落实和地质评价奠定了良好基础。2012年，中国石油物探技术攻关项目17个、39个课题，通过强化静校正、保幅、速度分析、岩性地球物理等处理解释前期基础工作，建立完善处理质量控制体系，加强点线面体关键环节质量监控，开展精细近地表吸收补偿衰减、井控处理、OVT域处理、各向异性深度偏移、逆时深度偏移、弹性阻抗系数反演、裂缝预测等处理解释新技术，资料品质大幅度提高，取得一系列重要地质成果，发现落实圈闭210个，预测有利面积3372平方千米，有效指导了油气勘探开发工作。在英中地区持续开展地震采集、处理、解释一体化攻关，部署实施三维地震252平方千米，最高覆盖次数从英东的468次提高到540次，纵横比由0.73提高到0.80，道密度从69万～104万道/平方千米提高到80万～120万道/平方千米；通过强化分层精细速度建模和叠前深度偏移等一系列关键技术攻关，进一步明确了英中地区地质构造，证实了受油砂山断层影响的冲断构造样式呈典型双层构造样式；在此基础上，新发现6个圈闭构造、面积176平方千米，扩大了英雄岭构造带勘探领域。碳酸盐岩缝洞体系定量雕刻技术成为塔里木盆地储量计算的重要依据，在塔中中古15井区应用攻关资料部署评价开发井13口，完钻2口均获工业油气流，储层预测吻合率超过90%。在致密油气领域设立物探攻关项目6个，占攻关总项目数的35%，初步形成了针对致密油“甜点”预测的一体化研究思路，建立了地质、地震、井筒资料相结合的动、静态分析流程，提出了基于岩性、物性、电性、含油气性、脆性、地应力、地震属性、压力异常的“八性”研究标准，为水平井部署和设计提供了技术支持。开展“地震资料采集实时质量监控与自动评价软件系统”的研发和推广工作，到2014年年底90%以上的三维地震采集项目采用现场实时质控系统，可进行激发效果实时监控、接收效果实时监控、炮点位置检查、能量分析、异常道检查、掉排列检查等；其应用使质量控制效率提高10倍以上，实现野外质量监控的实时、规范和量化评价，减少了质量评价人员、热敏纸张等材料及运输等成本。

优化物探工程技术方案设计，推进高密度单点采集、可控震源高效采集、节点地震采集等新技术的应用，持续在高陡构造、碳酸盐岩及岩性等领域开展技术攻关，开展井震结合油气藏精细描述、VSP地震成像、多波地震反演等领域的科研攻关。2015年，实施高密度地震采集项目23个，面积6014平方千米。通过优化设计，在大庆、辽河、大港、西南、新疆、塔里木等油田的12个项目中采用高精度检波器单点接受，减少检波器使用个数90%左右，节约检波器使用成本一半以上。推行绿色勘探，在沙漠、戈壁、平原区持续推广应用宽频可控震源技术，新采集的地震资料品质明显改善，为高分辨率勘探奠定基础。准噶尔盆地腹部沙漠区沙109井区三维地震，通过采用宽频可控震源采集，频带拓宽10～15赫兹，断裂刻画更清晰，石炭系内部火山岩体刻画更清楚。应用新型HAWK节点地震仪，在复杂地表等地区有效提高施工效率，控制施工成本。随着井中装备及井中处理解释技术的不断进步，以VSP和微地震为重点的井中地震技术迅速发展，在复杂构造成像、井驱处理参数提取、储层精细成像、含油气性检测以及页岩气压裂预测等方面取得进展。在玉门油田实施的VSP项目，进一步明确老君庙地区逆掩推覆体的构造模式，重新确定油藏边界，部署开发井27口，开发效果显著，有力支撑玉门老油田开发。到年底，共实施井中微地震压裂监测近300口井、1000多个层段，在威远区块威202H1平台、威204H4平台等页岩气水平井大型压裂过程中，有效指导压裂工艺的改进，在页岩气高效开发中发挥重要作用。

“十三五”期间，推广先进适用技术、推广量化质控，持续进行技术攻关，挖掘老资料潜力，实施处理解释一体化，规范技术应用和管理；加强信息化建设，对重点难点问题进行专题技术研讨，研发推广物探定量质控方法和软件。2016年，围绕高陡坡构造、碳酸盐岩、复杂岩性等领域部署攻关项目11个，落实圈闭76个、圈闭面积613平方千米，新发现圈闭11个、圈闭面积27.1平方千米。在各探区开展老资料重新处理解释工作，二维地震4.49万千米、三维地震3.43万平方千米，取得突出成效。大庆龙西地区，通过对老资料高分辨率处理、精细构造解释和薄储层预测，识别构造圈闭216个、岩性圈闭206个，优选有利钻探目标，其中塔48、塔52等井获高产油流。由勘探院西北分院牵头研发的“地震采集数据质量实时分析与自动评价系统”，可进行现场实时质量监控和数据分析，实现无纸化、自动化、定量化质控，是地震野外采集质量监控模式的突破，为“两宽一高”等大数据量地震采集提供科学高效的质控手段；到年底推广应用374套，采集项目覆盖率大于90%，提高质控效率10倍以上，每个项目地震队可节约采集成本80万~100万元。2017年，围绕提质增效优化技术方案，统筹考虑技术实用性与经济可行性，加强过程质控；地震生产项目100%实现现场实时量化质量监控，做到了施工过程质量控制全覆盖。地震目标精细处理解释高端技术的工业化应用，取得良好效果，特别是层控层析静校正、高保真噪声衰减、高密度速度反演与建模、高精度的成像算法等标志性技术效果显著；表层吸收补偿、Q偏移等一批新技术为解决复杂地质问题发挥重要作用。全面推广具有跨平台并行计算能力的地震处理质控系统，实现处理过程质控的定量化、可视化、高效化和网络化；创新研发深浅层速度模型融合技术，实现全深度速度建模，在前陆冲断带及东部潜山的应用中取得突出效果。2018年，突出创新驱动和精益管理、打造物探利器，不断提升物探技术在油气勘探开发中的保障能力，完成二维地震采集项目42个、三维地震采集项目54个，完成三维地震1.26万平方千米、天然气开发三维地震925平方千米（表3-1）。开展物探技术攻关项目9个、科技项目7个，物探技术攻关创新8项关键技术，落实圈闭55个，预测有利储层面积1081平方千米，建议井位28口、采纳16口，为风险勘探等研究提供重要支撑；利用攻关成果，部署的中秋1、沙探1等探井取得历史性突破。

表3-1　2012—2020年中国石油完成勘探开发工作量

项目	2012年	2013年	2014年	2015年	2016年	2017年	2018年	2019年	2020年
勘探钻井（口）	1918	1746	1584	1588	1651	1773	1793	1405	1658
探明石油地质储量（亿吨）	7.11	6.70	6.90	7.30	6.49	6.59	6.33	8.35	8.60
探明天然气地质储量（亿立方米）	5292	4923	4840	5702	5986	5698	5847	12399	6483

续表

项目	2012年	2013年	2014年	2015年	2016年	2017年	2018年	2019年	2020年
原油开发钻井（口）	17936	14231	14955	10579	11317	12751	12106	12790	8779
天然气开发钻井（口）	2419	2375	1284	1492	953	2569	2643	3543	2193
开发完钻水平井（口）	1351	1620	1610	1060	601	896	1264	2415	2503

注：此表数据来源于中国石油年鉴，2016—2020年探明天然气地质储量中包含煤层气。

为贯彻落实习近平总书记关于大力提升勘探开发力度重要指示批示精神，中国石油加大地震勘探部署力度，2019年完成二维地震采集项目39个、三维地震采集项目70个，开展物探技术攻关项目13个、科技项目70个。持续深化全深度建模为核心的高陡构造成像配套技术和“双高”为核心的储层预测配套技术，实现地震资料成像精度、有利地质目标预测精度的提高，发现落实圈闭67个、面积1893平方千米，建议井位123口，支撑切探2井和天安1井部署、沈页1井压裂、庆城油田规模储量提交。继续深化智能化物探技术、聚焦双复杂目标采集及成像处理、裂缝–孔隙型储层渗透性预测等关键技术研究，取得重要进展。完成国内首个针对沙漠区鸣震消除的智能化去噪软件，处理效率是人工去噪的8～9倍。智能断层识别准确率在93%以上，智能化层序地层解释效率较常规提高9倍以上。2020年，东方物探首创时频电磁高精度油气储层识别技术，推动了行业技术进步。时频电磁高精度油气储层识别技术及工业化应用，突破了常规电磁勘探深度和精度的限制，推动了电磁方法在石油工业的新发展，在国际电磁方法中处于领先地位。

（2）针对西部地区勘探面临的复杂地表、复杂构造、复杂储层带来的制约，东部老区勘探面临的复杂断块、岩性、隐蔽油气藏等技术难题开展实用技术攻关与应用。中国石化研发了高精度的RTM成像技术、高斯束叠前深度偏移技术及深度域角度道集生成技术、基于高斯束角度域共成像点道集的层析速度反演模型修正等技术，很好地解决了西部玉北地区3D碳酸盐岩缝洞成像问题、库车东3D复杂山前带成像问题，逆时偏移剖面分辨率和信噪比在整体上得到明显提高，断面清晰、收敛性强，缝洞的成像更加清晰，断点位置准确，易于正确解释断层。开展百万道、高密度、单点、数字检波器接受的采集、处理、解释、储层预测一体化综合研究，形成了高密度地震采样理论与地震波场分析技术，基于健全空间波场的观测系统设计技术，高密度三维地震采集噪声特征调查、分析与应用技术，高密度三维地震采集现场质量监控技术，高密度三维海量数据分析方法，高密度三维地震资料空间域保真去噪技术，高密度三维地震资料弱信号处理技术，高密度三维地震资料解释方法等实用技术；2012年，在罗家高密度三维地震数字采集项目的应用取得了良好效果，提高了地震资料的分辨率和保真度，2.0S频带宽度达5～116赫兹，主频达到50赫兹。鄂南地区黄土塬三维地震勘探项目多项技术的联合应用，使勘探开发中的水平井油层钻遇率达84%，比此前提高21个百分点，实现了从“摸着打”到“看着打”的转变，使得油气储量、产量大幅度提高。可控震源技术在西部地区广泛应用，水网地区多种震源联合激发技术显著提高地震资料品质，镇巴三维地震攻关取得较大进展，绕射成像技术提高了缝洞储集体识别精度，初步掌握了火成岩地表激发技术。2013年，通过对半个多世纪以来为油气勘探服务所积淀、探索和创新的物探技术进行梳理、整合、集成，形成了具有自主知识产权的集理论、方法、技术于一体的地球物理技术体系——“I”技术正式发布，主要包括：精细地震勘探、复杂地区复杂油气藏勘探、油藏地球物理、海洋地球物理勘探、非常规资源勘探、实验地球物理、地球物理装备以及地球物理软件。

2014年，首次实施大面积三维地震块内无痕采集。针对陆上三维地震采集实施受装备、规模、近源干扰等制约，长期以来不能同时进行大面积施工、分块施工存在边界效应等问题；开展大三维地震整体设计、近地表整体建模、超级排列共享联动、超级排列实时监控、多源混源协同激发技术攻关，形成陆上大面积三维无痕采集技术；在杭锦旗独贵加汗地区首次应用，满覆盖面积1377平方千米，自西向东分为4个区块，统一施工设计、统一表层建模、统一质量标准、统一设备管理、统一队伍管理、统一施工组织，在530平方千米超级排列整体同步采集，资料优良率达到94.88%，其4个区块无痕迹连接，获得高品质剖面。可控震源高能高频激发技术发展完善，在塔里木盆地皮山地区成功应用，成为国内首个特大流动沙漠超深目的可控震源生产项目。高效可控震源技术的突破，加快了向绿色、高效物探转型的步伐。2015年，可控震源地震采集技术实现工业转化。发展形成可控震源低频勘探等多项技术，在塔里木盆地阿东区块、东北十家户区块、敦煌盆地清台凹陷、武威盆地儿马湖地区推广应用，地震采集施工效率和资料精度得到明显提高，推动了地震采集施工向绿色、安全、高效转型。新型单点陆用压电检波器在胜利东风港地区实现首次生产应用，获得高保真、高品质的地震资料，减少组合压噪过程中有效信息的损失，保护弱反射信号的获取，为后期高分辨率地震资料处理奠定了基础。全年完成二维地震5143千米、三维地震5055平方千米，完成各类探井（预探井、评价井、滚动勘探与油藏评价井）418口（表3-2）。

表3-2 2012—2020年中国石化油气勘探基本情况

项目	2012年	2013年	2014年	2015年	2016年	2017年	2018年	2019年	2020年
完成探井（口）	835	312	297	418	376	393	383	449	491
成功率（%）	35.8	29.6	47.7	41.9	32.4	30.6	33.3	41.2	45.3
新增探明石油储量（亿吨）	4.25							1.03	1.30
新增石油控制储量（亿吨）		2.58	2.51	1.27	1.43	1.60	1.69	1.72	2.08
新增石油预测储量（亿吨）		3.39	2.36	1.70	2.23	2.10	2.00	2.00	2.10
新增天然气探明储量（亿立方米）	3194							2819	3756
新增天然气控制储量（亿立方米）		3770	2951	3176	2881	2511	1727	1576	1675
新增天然气预测储量（亿立方米）		5369	4551	3607	3997	2656	3694	3442	2816

注：此表数据来源于中国石化年鉴，2020年新增天然气探明储量含页岩气1918亿立方米。

“十三五”期间，针对勘探开发难题与市场需求，大力实施创新驱动战略，努力把科技成果转化为现实生产力。2016年，中国石化可控震源技术应用范围不断扩大，高效低频采集技术实现工业化应用，“两宽一高”地震勘探技术在东部老区应用效果显著。2017年，胜利油田开启三次三维地震勘探新时代。按照“全频带、宽方位、健全波场、单点接受”的理念，发展形成基于单点接受的高密度地震采集技术，并在胜利油田罗家地区三维地震项目中成功应用，地震剖面主频有较大提高、有效频带明显拓宽、中深层目的层成像更加清晰、地质特征更加准确。这是中国石化首个三次三维采集项目并首次全部采用高灵敏度陆用压电检波器单点接受、采集数据量最大、勘探精度最高的采集项目，其成功实施拉开了东部老区油田新一代地震勘探的帷幕。装备与软件研发取得重要成果，新型宽频加速度检波器历经3年多的攻关研究，完成样机研制、应用技术研究和对比试验，取得5项创新成果、形成3项原始创新，填补了国际空白。浅海声学定位系统产品定型并逐步实现国产化，打破了国外的技术垄断。开发出自主知识产权的高斯射线束正演照明分析软件，发展了面向复杂地质目标准确成像的观测系统优化设计和评价技术，可满足复杂地质目标区地震勘探采集工程技术需求，整体达到国际先进水平。2018年，中国石化单点高密度地震勘探技术在东部地区实现工业转化；高精度地震勘探技术在四川、准中等地区实现工业转化；复杂地表地震勘探技术在四川、塔里木等地区实现工业转化；准南山前带地震勘探技术持续攻关，塔里木顺北特深层技术攻关取得重要进展；节点自主采集系统研发成功并逐步试验。2020年，全面贯彻落实习近平总书记“四个革命，一个合作”能源安全新战略和重要批示精神，持续抓好国家重大专项和关键勘探开发理论技术攻关应用，断陷盆地油气精细勘探理论技术及示范应用、单点高密度地震等技术攻关应用取得重要进展。自主研发的节点地震仪器攻关成功，标志着中国石化首次有了自己的地震采集设备；节点采集技术一年内实现从试验到展开、从“有缆+节点”混合采集到全节点采集的两个跨越，促进了施工效率大幅提升。渤南三维地震项目采用全节点采集，创东部老区生产新纪录；经鉴定，“节点地震采集系统的研发与工业化应用”成果达到国际领先水平。持续推广单点高密度地震勘探技术，地震资料品质、施工日效和项目质量大幅提高。是年，中国石化制定出台《促进中国石化物探专业高质量发展的措施》，明确高质量发展思路、“一年见成效、两年提水平、三年上台阶”的工作目标，以及加快提升物探技术保障能力等重点措施，对物探专业的发展具有重要意义。

（3）深入开展近海复杂油气藏高效勘探、海洋深水区油气勘探等新领域与新技术研究，创新形成渤海活动断裂带油气差异成藏、高温高压天然气成藏、西湖凹陷大中型油气田“塔”式成藏以及南海北部深水扇与峡谷水道浊积岩控藏等国内4项地质新认识和新理论，丰富了中国近海大中型油气田成藏理论。中国海油在海上“三低”油气层和深层油气勘探、高温高压天然气勘探、近海隐蔽油气藏勘探、深水地震勘探等技术领域取得进展，突破了震源激发技术、“三低”油气藏识别技术及高温高压孔隙压力预测技术等关键技术。

勘探地质新理论、新认识及新技术，助力油气勘探发现储量屡创新高，不仅发现了一批大中型油气田，还不断开辟了勘探新区和新领域。通过南海深水峡谷沉积理论指导、深水地震勘探技术支撑，发现中国海油首个自营深水天然气大气田——探明陵水17-2千亿立方米储量；“高压控藏、塔式聚集”成藏理论、海上“三低”油气层和深层油气勘探技术，指导东海西湖凹陷油气勘探实践，发现了宁波22-1、宁波17-1等千亿立方米大气田；南海高温高压底辟翼部天然气成藏认识、多域去噪地球物理勘探新技术及海上高温高压（200℃、90MPa）钻完井技术，为探明千亿立方米储量的底辟翼部高温高压东方大气田提供理论指导与技术支撑；初步形成相控模式下以致密砂岩含气储层暗点识别为核心的勘探技术系列，累计新增探明致密砂岩气储量1250亿立方米。

“十二五”时期，在油藏评价过程中创新应用潜山识别、花岗岩钻井取心、稠油测试等多套作业技术组合，形成了气云区构造校正、稠油油源分析、花岗岩潜山复杂储层正演模拟与预测、花岗岩侵入体成因分析等一系列独具特色的亮点技术，获得了花岗岩潜山“似层状”油藏模式、花岗岩潜山储层成因机理、花岗岩储层垂向分带序列与半定量划分标准等多项创新地质理论认识，其中花岗岩半定量化的划分标准为国内首次提出。

“十三五”期间，中国海油油气勘探在新区新领域、深水、深层及高温高压等方面实现系列理论创新和技术突破，相继提出“中国近海发育两个油气带”“陆内裂谷盆地断陷期‘源－汇’耦合控砂原理”等地质新认识，在深层超深层潜山油气勘探、南海古近系勘探、东海深层天然气勘探等多个新领域的关键技术上取得重要进展，形成了南海北部陆缘深水天然气成藏理论、渤海深埋潜山大型整装凝析油气藏成藏理论。在近海新区新领域勘探获得技术与理论突破，勘探发现渤中19-6、宁波19-6等大中型油气田及珠江口盆地深层古近系高产油田。中国海油研究总院开展宽频地震采集、处理、反演一体化技术攻关，形成了深水宽频地震勘探技术体系。承担国家科技重大专项“南海深水区油气勘探地球物理关键技术”项目，取得系列成果与创新点：研发国际先进的海洋“犁式”斜缆地震采集系统，采集二维地震资料4210.85千米，地震频带宽度达3～120赫兹，推动国内地震采集设备的产业化进程，开创了中国海油海上拖缆地震采集新时代；建立了以“犁式”电缆、常规拖缆、上下拖缆宽频处理技术为核心的高精度地震资料处理技术系列，使地震资料信噪比提高35%，其中基于远场子波的宽频地震资料处理技术，解决了常规拖缆采集资料的拓频难题，技术成果达到国际先进水平，推动了国内企业参与国际地震采集竞标，打破了国外公司对中国的技术封锁，从采集、处理、反演三方面提升了地震资料品质，降低了勘探风险，有效指导了南海深水勘探。

中国海油创立深水东区松南低凸起区断层旋转翘倾控储技术，实现了松南低凸起由“贫砂区”到“富砂区”的认识新突破；证实深水区油气侧向运移理论体系，建立了松南低凸起多烃源灶供给、源－储压差驱动、上覆超压约束下的构造脊＋砂体长距离侧向运移模式；创立深水区前古近系基岩潜山评价技术体系，识别了斜坡－低凸起区风化壳有利储集体，实现了首个古近系、潜山优质天然气藏重大突破，新增天然气探明地质储量63.3亿立方米。北部湾盆地富烃凹陷精准勘探与优质储量发现，形成北部湾盆地精准勘探理论，创建了涠西南中深层雁列断控砂质碎屑流储集体精细雕刻技术，创新富砂层系断层封闭性定量评价技术，指导成功评价涠洲11-2E、涠洲11-12、乌石23-5、乌石16-1W等一批优质油田，探明储量6509万立方米。“十三五”期间，中国海油新增油气探明储量18.6亿立方米，其勘探技术创新为发现和探明油气地质储量提供了强有力的支撑。

加快自主成套海上地震勘探装备系统的产业化，突破固缆检波器、挤塑工艺、超低功耗电路等关键技术及工艺，实现了“海亮”固体拖缆、“海途”综合导航、“海源”震源控制等系列产品技术定型；培育和聚集行业优势资源，形成中国海洋地震装备产业化基地，实现自主装备规模化商业应用；在渤海、南黄海、东海和南海等海域，累计采集二维地震资料超过1万千米，三维地震资料近500平方千米。自主成套装备的产业化，为推动中国海洋特别是深海油气勘探技术进步迈出坚实一步。紧跟国际海洋勘探技术，发展形成深拖水平缆为代表的宽频采集地震技术，2016年成功竞标西非加蓬1.8万平方千米超大面积宽频采集合同。持续开展拖缆宽方位多船观测设计技术、多源同步激发采集技术等关键技术攻关，发展高覆盖高密度采集技术和高效采集技术攻关，2017年在蓬莱油田群实现海底电缆双源激发采集技术；2018年在渤中凹陷实现宽束线宽方位高覆盖海底电缆地震采集，形成针对中深层复杂断裂、模糊带、低信噪比、潜山裂缝地震地质目标“两宽两高”勘探技术体系；2019年在南海松涛深水区成功实现三船同步源采集宽方位高覆盖地震资料采集，为海洋深水新领域勘探奠定了坚实的技术基础。2020年10月23日，由东方物探承担的“海洋地质勘探导航定位关键技术与国产装备研发”项目，获国家卫星导航定位科技进步一等奖；专家认为，该技术成果达到国际先进水平，标志着东方物探拓展海洋业务再添新利器。海洋地质勘探导航定位关键技术成果在海洋勘探项目运作中，独创的声学粗差数据处理技术，能够自动探测与剔除基于抗差估计的水下高精度非差、差分定位处理及附有深度约束的水下高精度定位处理数据，在海上OBC勘探作业等实际应用中取得良好效果。

第二节 > 钻井工程技术发展进步

石油钻井工程技术攻关取得长足进步，水平井钻井技术、欠平衡钻井技术、垂直钻井技术、大井丛工厂化钻井技术等工程技术，在勘探开发致密油气、页岩油气、碳酸盐岩、煤层气等非常规油气藏发挥了重要作用。

“十二五”时期，中国石油水平井、欠平衡井钻井规模化应用成效显著，钻井提质、提效、提速“三提”效果较好，钻井科技研发及应用取得新进展。2012年，完成水平井1701口，其中国内完成1351口，发展形成一套适合苏里格致密砂岩气藏的水平井地质、快速钻井和多段改造技术，带动超低渗、致密油藏水平井技术的规模应用。建井周期由初期的225天缩短到63.8天。完成国内欠平衡井502口，创历史新高。华北油田采用欠平衡钻井，在太古界变质岩地层获工业油流，首次获得冀中坳陷变质岩储层成藏的突破。欠平衡/气体钻井提速降低事故复杂性效果显著，在川渝、冀东、华北、新疆和塔里木等地区试验应用“精细控压钻井系统”，形成自主精细压力控制钻井配套技术，实现井底压力的精细控制，有效解决了“溢漏共存”钻井难题，其核心技术及各项指标总体达到国外同类先进技术水平。在塔中创造塔里木地区水平段最长1345米等新纪录，实现零漏失、零复杂，超过国外公司服务水平，能完全满足碳酸盐岩地层、窄密度窗口地层、深井高温高压复杂地区安全高效钻井需要。长宁、威远页岩气项目，8井次气体钻井治漏提速效果显著。欠平衡/气体钻井有效保护储层、提高单井产量，吐哈三塘湖油田采用微泡沫欠平衡钻井，平均单井产量同比提高42.1%，取得较好的增产效果。到2013年，旋转导向钻井系统研发取得突破；“指向式旋转地质导向系统研制”课题的导向模块在中国和美国申请专利，具有完全自主知识产权；欠平衡钻井新装备研制成功，自主开发35兆帕专用分流管汇、专用控制箱，成功实现在不同井段、井眼条件下气体钻井连续循环接立柱、氮气连续循环钻井接单根作业、钻井液连续循环接立柱、充气钻井连续循环接立柱作业等；自主研发的BH-MWD高温随钻测量仪器、BH-PWD环空压力随钻检测仪通过科技鉴定，175摄氏度高温MWD打破外国公司的技术垄断，为占领水平井高端市场奠定了基础；大膨胀率膨胀套管现场试验顺利实施。依托勘探开发重点项目，积极推进井身结构优化、大井丛大平台工厂化作业、非API套管等技术措施。2015年，吉林油田在新立Ⅲ区块产能建设中，部署优化大井丛平台、钻井压裂工厂化作业，在控制产能建设投资、提高作业效率、减少土地征用、钻井废弃物集中处理等方面取得非常好的效果。平台设计由最初的23个最终优化为大平台2个87口井（分别为48口、39口），单井建井周期缩短22%，实现“双提、双降”，即单井产量提高1吨、区块采收率提高8.3个百分点，产能建设投资下降20.8%、吨油运行成本降低119元，内部收益率由13.8%提高到17.84%。长庆油田在苏里格、神木气田设立工厂化示范区，通过持续攻关和试验，初步形成定向井大井组、水平井大井组、多井型混合井组三种工厂化钻井模式，同比单井钻井周期缩短4.5%、成本下降8%以上，钻机利用率提高20%，取得良好的开发效果和经济效益。中国石油到2015年，连续管侧钻技术获得突破，形成一套现有装备和工具条件下连续管侧钻井配套技术，填补连续管精确定位斜向器、开窗、连续管旋转定向钻具、连续管侧钻等多项国内技术空白。2015年，中国石油开钻9390口井、完钻井9387口，其中完成4000米以上深井648口，平均井深5043米；平均建井周期11.94天，同比缩短9.03%；平均钻井周期97.42天，同比缩短8.45%；平均机械钻速5.56米/时，同比提高4.91%，平均钻机月速1352米/（台·月），同比提高3.92%。完成水平井1061口、欠平衡井157口、垂直钻井14口（表3-3）；在485口探井中进行了成像测井，应用覆盖率34.3%。

表3-3　2012—2020年中国石油钻井工作量及钻井技术应用

项目	2012年	2013年	2014年	2015年	2016年	2017年	2018年	2019年	2020年
开钻井（口）	13272	13459	12294	9390	9232	11916	11385	11698	9127
完钻井（口）	13153	13378	12286	9387	9328	11687	11264	11571	9350
钻井进尺（万米）	2719.51	2749.77	2492	2089	1950	2579	2571	2745	2103
水平井（口）	1351	1620	1610	1061	601	937	1275	2415	2503
欠平衡井（口）	502	606	285	157	74	112	183	167	179
垂直钻井（口）	52	70	57	14	33	58	63	111	143
大井丛工厂化钻井（口）					4522	8213	9617	9424	7045
成像测井（口）	550	589	506	485	495	584	563	552	503

注：此表数据来源于中国石油年鉴，2016—2020年欠平衡钻井包括气体钻井数。

中国石化非常规油气钻井技术逐步完善，配套页岩油气开发的油基钻井液、固井等技术取得长足进步，形成自主产权的油基钻井液技术、页岩气固井技术；重点探区钻井提速提效取得明显效果，在川西、元坝、西北等重点探区全面推广螺杆+PDC复合钻井技术、涡轮+孕镶金刚石钻井技术、捷联式垂直钻井等成熟配套技术，应用扭力冲击器、水力加压器及高效破岩工具等，有效提高了机械钻速；超深水平井钻井技术趋于成熟，通过开展超深水平井井眼轨道设计及定向工艺优化、管柱力学及井眼轨迹监测与控制、井眼净化水与水力参数优化等技术研究，引进国外旋转导向钻井技术，有效解决了水平井钻压传递、轨迹控制、高温高压MWD和螺杆可靠性等技术难题。以水平井分段压裂为代表的非常规油气工程技术等一批重点科研项目攻关取得突破，为勘探开发提供强有力的支撑和保障。2012年，研发成功高精度RTM成像技术，开发具有自主知识产权的RTM成像软件，很好地解决了西部玉北地区3D碳酸盐岩缝洞成像、库车东3D复杂山前带成像问题；逆时偏移剖面分辨率和信噪比在整体上得到明显提高，断面清晰、收敛性强，缝洞的成像更加清晰、断点位置准确，易于正确解释断层。到2014年，页岩气钻井技术逐步完善，形成页岩气长井段水平井钻井、三维大斜度定向井、“井工厂”钻井、油基泥浆固井等工程技术，实现了页岩气钻井和工具的国产化。2015年，进一步完善油基钻井液消耗控制技术和钻井废弃物处理技术，并形成优快钻井和充气钻井等特色技术。超深井钻井技术趋于成熟，形成超深井大水眼钻具钻进技术、垂直钻井技术、井壁稳定技术、PDC+螺杆、孕镶钻头+高速螺杆、孕镶钻头+涡轮钻具、扭冲+PDC复合钻井技术等深井、超深井配套技术，成功应用于元坝、塔河等深层油藏。研发激光诱导岩屑自动定名，为提高效率、优化人力提供了条件。综合地质导向技术日益成熟，得到大范围推广，为提高储层钻遇率发挥重要作用。页岩气试气压裂技术取得实质性突破，形成页岩气开发大规模试气压裂关键技术，压裂液体系由单一到复合，作业方式由单井作业到“工厂化”作业，实现了跨越式发展。油田板块牢固树立高效勘探理念，深化研究、科学论证、优化部署，严格执行“三不打”要求，取得显著成效；超深井完井102口（其中超过7000米的井25口），平均井深6714米，机械钻速5.17米/时，钻井周期123.07天。

中国海油所属的中海油服公司历时5年，自主研发具有完全知识产权的旋转导向钻井系统，具备井下涡轮发电机供电、非接触能量信号电磁耦合、近钻头惯性测量、程控分流指令下传等一系列关键技术特征，其技术水平与国际主流同类产品相当，并实现与随钻测井系统无缝挂接的地质导向功能。2014年11月19日，在旅大5-2A的A7S1钻至2358米的设计完钻井深，顺利完成首次海上定向井作业；成功命中1613.8米、2023.28米、2179.33米三处靶点，最大井斜49.8度，最小靶心距2.1米；在砂岩、泥岩等不同地层井段，实现全程高速旋转定向钻进，既保证了轨迹准确又提高了钻井时效。旋转导向钻井系统（Welleader）的成功运用，标志着中国海油完全掌握了旋转导向钻井这项国际领先技术。加快随钻测井系统、旋转导向钻井系统的系列化与产业化，随钻测井从两条线发展到伽马电阻率中子密度四条线，研制成功随钻声波、随钻测压、随钻探边三项高端技术装备；旋转导向钻井系统增加了垂直造斜、高造斜率、近钻头测量、垂直钻井等功能；形成完整的随钻测井和旋转导向钻井技术产品产业化体系，尺寸规格从6.75英寸（1英寸=2.54厘米）发展到8英寸和4.75英寸，在渤海、东海、南海和新疆、吉林、四川等油田，完成作业430井次，实现规模化应用。

“十三五”期间，中国石油水平井钻井技术、欠平衡钻井技术、垂直钻井和气体钻井技术、大井丛工厂化钻井技术日趋成熟，保障能力进一步提升。2016年，完钻水平井601口，主要应用在致密油气、页岩气、煤层气等非常规油气藏。尽管油气藏地质条件日趋复杂，但通过强化油气藏精细刻画、强力推进先进适用工程技术，水平井总体效果依然十分突出；平均水平段达到830米，为体积改造和提高水平井应用效果奠定基础。长庆油田完成国内陆上油田最长水平段水平井西平238-77井，水平段长度2740米，油层钻遇率82.5%，采用可溶桥塞体积压裂技术完成30段106簇压裂。大庆钻探公司顺利完成首个大平台井组葡47区块5个平台99口井施工任务，平均钻井周期4.39天、平均建井周期6.77天，分别比优化前缩短2.7天、3.8天；其中32口井钻井周期实现4天以内，12口井实现3天以内，并创出单井钻井周期1.92天、建井周期3.63天高指标。西部钻探公司在塔里木油田完成克深907、克深131、克深8-5井的垂直钻井技术服务，累计垂直钻井进尺1.94万米，平均机械钻速较同区块同井段常规钻井方式提高1.9～3.6倍，实钻井斜控制在0.6度以内；在青海油田英西区块实施简易控压钻井6口井，其中5口井均钻遇良好油气显示，储层保护、发现效果显著。固井技术服务，完成表层固井9818井次、技术套管固井1211井次、生产套管固井9687井次，特殊工艺固井929次，固井专业化服务能力进一步提高。大庆钻探公司推广应用精细地层压力预测和检测技术、多级划眼井眼净化技术、大位移井套管居中技术、高效固井冲洗隔离技术、高压层固井防窜技术和高渗透层界面增强技术，固井工艺技术不断完善，固井质量优质率创出新高，达到78.35%，同比提高5.91个百分点。2017年，塔里木油区应用垂直钻井58井次，最大井斜基本控制在1度以内，成为山前钻井提速的重要利器之一；应用井深由以前的4000米左右增至7000米以上，特别是在克深区块盐膏层推广应用油基钻井液+垂直钻井技术提速效果显著，与同区块邻井常规钻井相比，平均机械钻速提高90%~120%，日进尺提高120%~170%。南海海域天然气水合物试采工程是国家重大工程项目，中国石油海洋工程公司整合利用资源、创新技术整合、加强施工过程管控，2017年顺利完成南海天然气水合物钻井施工，实现理论、工程技术的重大突破，基本掌握深水井口稳定、深水水合物地层井筒完整性分析与对策、深水水合物试采井井身结构设计方法、深水水合物地层送入管柱安全与设计方法、深水水合物储层钻井液和完井液体系、PAD钻井液工艺、水合物钻井井控技术等多项深水综合配套钻井工程技术，初步形成深水浅部地层安全钻井技术体系。南海天然气水合物试采工程项目取得重大成果，受到党中央和国务院贺电嘉奖。2019年，完成水平井2415口，同比增加1倍，创历史新高，主要应用集中在致密油气、页岩气、煤层气等非常规油气藏。通过强化工程地质一体化研究，推进近钻头地质导向、长水平段水平井等先进适用工程技术，水平井开发效果和技术进步成效显著。是年，长庆油田完成水平井1163口；通过水平井规模应用，钻井总数同比下降20%以上，尤其陇东页岩油示范区通过持续多年攻关，平均水平段长1736米，钻井周期18.4天，初期日产油18.6吨，实现效益开发。西南高磨震旦系气藏由于井深、漏失等原因一直未能有效动用，通过精细水平井靶体设计、精细控压钻井等技术应用，水平井钻井周期由301天缩短至175天，水平井段长由331米延伸至1610米；结合分段压裂改造，井均测试日产量、日产能较方案设计产量提高71%，使近于边际效益气藏成为常规气上产的主战场。双鱼石区块完钻2口水平井，平均完钻井深7981米，平均水平段长729米，平均测试产量超百万立方米，超深层气藏提效提产工作再上台阶。川渝页岩气通过强化水平井整体开发、平台化部署、工厂化作业等技术推进、强化组织管理等措施，2019年完成钻井348口，页岩气产量达80.3亿立方米，创历史新高。在塔里木河南岸完成水平井32口，平均井深7499.5米，当年试油定产23口、成功率100%，其中百吨井17口、占比73.9%；新井平均单井产量59吨，当年产油100万吨，实现超深缝洞型碳酸盐岩油藏高效开发。到2019年，水平井钻井技术日趋成熟，保障能力进一步提升。长庆H50-7井水平段长4088米，国内首次突破4000米纪录；完成国内陆上最大水平井平台——华H40，完井20口、平均水平段长2014米，平均钻井周期17.9天。西南油气田双鱼X133井，完钻井深8102米、水平段长383米，创中国石油水平井斜深最深纪录；塔里木油田跃满251H井，完钻垂深7733.74米，创中国石油水平井垂深最深纪录；华北油田郑4-76-32L井水平段最长（2001米）、水垂比最大（3.67），刷新L形煤层气水平段长度。精细控压等钻井技术提高了复杂地层安全钻进效率，西南油气田针对高石梯-摩西区块裂缝-孔洞型储层喷漏同存难题，推广应用精细控压钻井技术50井次，配置抗高温高压PWD（抗温175摄氏度、耐压140兆帕），保证井底压力实时精确监测，钻井液漏失量、复杂处理时间分别同比下降73.3%、81.6%，裂缝-孔洞型储层实现“钻、测、完”一体化精细控压作业。欠平衡钻井技术提高了储层保护和油气的及时发现，吉林油田针对德惠低压和长岭地区敏感性气藏采用水包油欠平衡钻井工艺，相继在德深63井、德深107井等多口井上获得勘探发现，其中长深40井首次在沙二段获得发现，实现保护油气藏和及时发现的目的。垂直钻井技术提速效果十分显著，青海油田在英雄岭构造应用垂直钻井系统34井次，平均机械钻速6.46米/时。大井丛工厂化钻井技术提高作业效率、减少土地占用、降低工程成本，长庆油田实施747个丛式平台3990口井，钻井作业效率提高30%，油井平均单井节约103万元，气井平均单井节约75万元，累计节约工程费用7.7亿元，建井周期缩短15%以上。

中国石化研发页岩气水平井水基钻井液助剂，2016年形成ZY-APD水基钻井液体系，实现页岩气水平井水基钻井液应用零的突破；开发推广BT100和BT200钻井液体系、可控胶凝等堵漏工艺技术，有效降低井漏风险。联合攻关钻井提速提效关键工具，研制适应性强的混合钻头，有效解决小河坝研磨性地层可钻性差的问题，机械钻速提高20%。自主研制的水力振荡器进行现场使用，有效解决定向托压难题。水平段应用旋转导向技术，有效解决轨迹调整频繁的问题，大大缩短了钻井周期。到2017年，涪陵地区页岩气水平井“一趟钻”钻井技术取得突破；通过优化钻头+螺杆复合钻进技术、三维定向井轨迹控制技术、水平井井眼延伸技术、水平段防漏堵漏技术，实现一开井段、三开造斜段和水平段“一趟钻”，提高了钻井速度。形成一套完善的堵漏承压技术，包括浅表层恶性漏失的凝胶+水泥复合堵漏技术、中深部地层的桥浆+固结快速堵漏技术、恶性井漏联合堵漏技术、高失水固结承压堵漏技术，产层的油基钻井液非固结承压堵漏技术，减少井漏处理复杂时间；形成高防漏防气窜固井技术、泡沫水泥浆固井技术，提高了固井质量。2017年，石油工程地球物理公司参加完成的“涪陵大型海相页岩气田高效勘探开发”项目获国家科技进步一等奖。2018年，中国石化完成钻井3100口，其中超深井82口（表3-4），平均井深6750.66米、平均机械钻速5.42米/时、平均钻井周期135.49天。超深井钻井集成配套技术趋于成熟，为特深层油气勘探开发提供强力支撑。在西北工区（油气藏埋深超过8500米）形成钻井分层提速、超深定向、超深小间隙固井、高温高压测试等系列技术。钻井液技术取得突破，高性能水基钻井液技术，首次在中深层页岩气水平井YS117H1-6钻完井一体化中成功应用；以烷基糖苷为主剂的近油基钻井液技术，突破水基钻井液无法安全钻穿长裸眼段纯泥岩的技术瓶颈；应用该技术成功打成中国第1口页岩油水平井——松页油2HF井，标志着国内水基钻井液技术的革命性突破。2020年，完成页岩气井钻井320口，平均井深4855.61米，机械钻速7.27米/时，钻井周期82.81天。页岩气钻井技术逐步完善，形成涪陵工区激进参数钻井技术、高压喷射钻井技术、旋转导向、近钻头定向技术、旋转下套管技术、控压钻进技术、复杂水平段防卡技术，为页岩气井提速提效提供了保障。超深井钻井技术趋于成熟，由中原石油工程公司施工的顺北71X井，创中国石化完钻井深8000米以深钻井周期最短纪录132.74天；施工的枫1井，创中国石化273.10毫米套管下深最深纪录6925米。定向钻井创造新纪录，由胜利石油工程施工的顺北53-2H井，创中国石化水平井最深纪录8874.4米；由华北石油工程公司施工的顺北55X井，创中国石化定向井最深纪录8725米。推广“瘦身型”井身结构优化技术，江汉油田部署在平桥区的“瘦身Ⅰ型”井身结构试验井——焦页108-S3HF井顺利完井，是国内首口“瘦身Ⅰ型”页岩气水平井，科学降本300余万元；5月16日，“瘦身Ⅱ型”页岩气井——焦页6-S8HF井顺利完钻。“瘦身Ⅰ型”井身结构，钻井目的层在3500米以浅层，采用小尺寸井眼和套管；“瘦身Ⅱ型”井身结构，钻井目的层在3500米以深层，采用大尺寸井眼和套管。采用“瘦身型”井身结构，可大幅度降低钻井成本。在涪陵页岩气田9个开发井组部署65口井，已开钻6口、完钻2口，实施效果良好，相比以往常规井身结构，机械钻速大幅提高、钻机能耗大幅降低，钻井套管用量大幅减少，钻井综合成本直线下降。

表3-4　2012—2020年中国石化重点工艺井完成情况

项目	2012年	2013年	2014年	2015年	2016年	2017年	2018年	2019年	2020年
完钻井（口）	4892	5340	4675	2997	2083	2198	3100	3410	3089
深井超深井钻井（口）	348	248	321	323	215	287	305	472	525
其中，超深井钻井（口）	162	190	150	102	80	93	82	130	140
定向井钻井（口）		2257	1935	1115	670	1191	1337	1670	1662
其中，水平井钻井（口）	1204	637	587	397	205	299	359	469	510
常规欠平衡钻井（口）	23	65	26	28	31	18	19	29	41
其中，气体钻井（口）	19	40	21	21	27	17	16	17	25
各类固井（次）	9672	11906	9269	4565	2288	4488	6705	8262	7552

注：此表数据来源于中国石化年鉴。

中国海油完成深水钻完井液技术体系建设，建成深水室内实验平台、钻完井液技术体系、工程软件、配套装备、技术标准，形成了深水钻完井液整装技术能力；完成深水钻完井液研发团队及作业技术团队的构建，形成覆盖超深水井、深水高温高压井及深水复杂井等全套作业能力。在南海东部、南海西部深水和超深水涉及作业区块7个57口井，最大作业水深2619米，最低泥线温度2.3摄氏度，形成了深水作业规模化应用，实现了作业零事故率，打破西太平洋作业水深、最快建井周期等多项纪录；成功取得HUSKY等外方作业者深水作业合同，获得了作业者对技术体系的书面认证。进行技术创新升级，发展形成了具有海油特色的深水固井技术体系。研发的以晶种低温早强剂、低温弱缓凝防窜型降失水剂、液体减轻剂为核心的深水系列外加剂及配套体系，满足4摄氏度超低温环境作业需求。形成的“底部垫超高密度钻井液起钻、打水泥塞封堵高压层、下套管正常固井”与“水泥浆出管鞋后精准稠化，边注边挤封堵高压层”等复杂情况固井工艺，有效解决了窄压力窗口下“上漏下溢”的现场难题。开发的水合物安全固井技术，通过软件与装置的双重预测模拟，极大提升预测准确性，有效指导现场施工。自研的PCS-1500B型大排量固井双机双泵撬、远程控制顶部驱动固井水泥头和水下胶塞释放系统，实现了深水固井关键设备技术的自有化。中国海油具备最低温度4摄氏度、水深2600米深水固井作业能力，国际市场竞争力大幅提升。2019年，“海洋石油旋转导向钻井系统研制与应用”项目获天津市科学技术进步奖特等奖。

第三节 > 测井工程技术发展进步

石油企业石油工程板块测井系统，探索和攻关研究新领域新类型油气藏的测井技术，在做好测井设计保证资料取全取准的基础上，深化资料处理，做精做细解释评价，测井解释符合率不断提高。

“十二五”时期，中国石化完善低孔渗致密砂岩、裂缝性致密碎屑岩、滩坝砂岩和低阻油气层等复杂储层测井评价与流体性质识别技术。引进配套存储式测井技术，完善复杂井筒工艺测井技术。研发测井装备，高温小井眼满贯测井系列、井下爬行器实现国产化，雷达测井成像系统样机研制成功；射孔器及射孔工艺技术取得较大进展，负压射孔、射孔和压力测试一体化技术、分级射孔技术等得到广泛应用。建立了非常规测井系列设计方案和技术规范、非常规油气层测井评价技术，开发了泥页岩油气测井评价处理解释软件，射孔桥塞联作分段射孔技术应用取得实效。2012年，胜利测井公司创造队年测井标准米420.24万米新纪录，西南测井公司创造存储式测水平井段最长1497米新纪录；胜利测井公司创造水平井钻具输送成像测井深度最深7569米新纪录；中原测井公司创造一次入井发射炮数最多4390炮新纪录；江汉测录井公司创造水平爬行器爬行距离1236米新纪录。2013年，快速平台测井、八扇区水泥胶结测井、泵出存储式测井等成熟技术得到推广应用，在提速增效等方面发挥了重要作用。2014年，泵送桥塞及多级射孔联作技术实现国产化，对国家级页岩气示范区焦石坝一期50亿立方米产能建设起到了重要支撑作用。全年完成各类测井1.95万井次，测井曲线合格率100%。

中国石油在重点探井推广应用高精度成像测井技术，2012年应用覆盖率达33.3%，包括电成像、阵列声波、核磁共振、MDT/CHDT、ECS、MSCT等作业。在致密油气储层中，核磁共振和阵列声波测井技术评价储层有效性和计算工程参数已成为关键井的必测项目。以较为准确的核磁共振孔隙度可确定出储层骨架密度，形成识别复杂岩性类别的有效参数；由此建立饱和度模型，有效解决了致密油气储层中饱和度准确计算的难题。致密油气（含页岩气）需经大型压裂而提高油气日产量，阵列声波测井可计算脆性指数和确定地应力方位与大小，为压裂层段选择提供重要参数，这在水平井压裂中发挥了极为关键的技术支撑作用。过钻杆测井技术是应对水平井、大斜度井以及恶劣井况等复杂井眼条件下快速高效取全取准测井资料的有效手段，2012年在长庆、塔里木、大庆、大港、冀东等油田集中应用163井次，作业时效高，完成了一批井况极为复杂的重点井测井采集作业，带动了相关国产技术研发与成熟推广，“技术窗口”作用明显。2014年，为满足快速建产、钻井提速提效以及应对复杂井况的需要，实现一次下井取全取准常规资料的目的，推广应用“一串测”快速平台，测井项目包括自然伽马能谱、岩性密度、补偿中子、数字声波和阵列感应等，资料质量达到满足要求；在长庆、华北、吐哈等油田完成622井次，一次下井成功率为98%左右，作业时效提高30%以上，单井占井时间节约近7小时、减少“口袋”长度10米左右。通过3年攻关，陆相致密油评价方法与技术已配套形成，相应处理软件模块研发成功并推广应用。到2015年，发展形成缝洞碳酸盐岩储层测井精细刻画与评价配套的方法技术，主要包括岩性岩相电成像测井模式图版库、缝洞储集空间与有效性评价技术、缝洞储层流体性质识别技术与标准、产能级别预测技术和井震结合储层识别技术等；实现井周3米以内储层精细评价、井旁20～30米范围内的缝洞储集体有效判识，生产应用效果好，平均解释符合率86%。

“十三五”期间，中国石化新一代网络成像测井系统，在试验应用的基础上取得重大进展；偶极横波软探测井技术得到应用；页岩气测录井评价研究、评价成功率进一步提高；超高温高压测井技术不断完善。2017年，偶极横波软探测技术，为精细刻画井周裂缝、溶蚀孔洞等地质异常体增加了新的技术手段。研制配套深层页岩气射孔工艺设备，实现整套工具与器材耐压140兆帕、耐温175摄氏度、泵送成功率达99%、施工成功率达98%，能满足垂深4500米的泵送桥塞与多级射孔施工需求；在焦页52平台、鄂宜页1HF井、焦页89平台、丁页4水平井等超深井推广应用，创井深最深5924米、垂深最深4224.81米、水平井段最长2400米、泵送压力最大84.4兆帕等多项涪陵工区施工纪录。相继推出岩石激发极化电位测井技术、瞬变电磁法测井技术，在胜利油区推广应用10余口井，为提高老油田采收率提供技术保障。借助重大专项“特深层油气勘探开发工程关键技术与装备”项目支持，对SI-NOLOG900超高温高压小直径测井仪进行针对性完善，最高耐温230摄氏度、耐压175兆帕；完成顺北平1H井、富源1井等重点井测井施工，为深部油气勘探提供必要的技术保障。自有品牌LOGIK解释软件完成4.0版本测试，完善处理、显示模块，新增核磁、声电成像、生产测井等功能，提升了软件适应性、稳定性，投入应用近100口井，并立项扩大应用。构建不同探区不同类型储层的测录井评价技术体系，为区块储量申报及资源评价提供了有力支撑。2018年，研制完成存储/直读水平井产出剖面测井仪器，对于大斜度/水平井含气量较小情况下的产气剖面监测具有重要意义，打破了国外垄断；改变页岩气水平井首段射孔施工采用连续油管的射孔方法，创造性地将牵引器优势技术与多级射孔施工相结合，实现水平井牵引器输送射孔，填补了国内的技术空白。

介电扫描测井技术可敏感地指示出地层水的分布，是提高复杂油水层解释符合率的有效技术。2016年，中国石油在鄂尔多斯延长组中下组合的复杂油水关系储层中，集中应用9口井介电扫描测井，全部10个试油层的测井解释符合率90%，相比于该区其他流体识别方法提高近30个百分点。2017年，中国石油立足于富油气凹陷，通过测井、油藏地质和试油等多专业的一体化组织，持续开展老井油气层再评价、推广应用形成的低饱和度和低孔隙度低渗透储层等测井技术取得良好效果，大庆、辽河、长庆、塔里木、新疆、华北、冀东等油田共复查37个区块、3300口井，提出重新试油276口，完成试油井185口，获工业油气流井129口，成功率69.7%。2019年，中国石油在552口探井进行成像测井（不含阵列感应和阵列侧向），探井覆盖率40.6%。成像测井主要用于准噶尔盆地玛湖地区复杂砂砾岩的电成像的岩相分析和核磁共振的空隙结构评价，储层产能预测符合率85%，油气解释符合率90%以上，有力支持玛湖凹陷乌尔禾组的勘探与建产。强化测井设计，保证取全取准资料，开展精细测井解释评价，优选试油层段；全年完成37口风险探井测井评价，解释符合率95%，有力地支持风险勘探；全年完成MDT测井76井次，提质增效作用显著。

中国石化开发了直推式测井工艺技术，无须电缆、一次下井可完成所有常规测井作业，与湿接头测井工艺相比不需要多次对接，与泵存储式相比节约了泵出仪器的时间，同时也避免了无法泵出仪器的风险，提高了实效，2019年在川渝工区应用20口井，一次作业平均可节约时间超10小时。在可靠性、安全性、抗震性、功能兼容等方面不断完善提升牵引器射孔技术，体现出在上翘水平井射孔、抗爆炸冲击能力强等方面的特点，在涪陵、威远－长宁等区块应用60余口井。在大牛地气田，深入优化测井解释模型，优化测井解释标准，测井解释符合率提高了5个百分点。在河南油田老区，对低阻薄差层测井评价进行研究，实现变参数饱和度模型的精确计算，提高了低阻薄层油气层的识别准确率；通过390余口老井二次处理和复查，提出44口井58个潜力层，实施5口井取得较好的增油增储效果。2020年，以“十三五”国家科技重大专项为依托，创新形成复杂地质体测井评价、智能化页岩气地质“甜点”测井评价等技术，并配套先进软件，全面提升地质体测录井能力，成功解释涪页10HF井、平桥1井、隆页3HF井、丰深斜11井、顺北隆1井、顺北71X井等一批重点探井，在发现新区域、新层系中，充分发挥油气勘探的“眼睛”作用。为应对大斜度、阻卡严重等复杂井况施工难题，形成泵出式、直推式、过钻头存储测井施工工艺，有效提升测井时效及安全性，多次刷新测井施工纪录，其中顺北53-2H井利用直推式存储测井工艺，取全取准各项测井资料、测井井深8874.4米、井底温度170.5摄氏度，创造亚洲最深定向井测井纪录。

中国海油ELIS测井技术水平不断提高，实现了从常温到高温、从中高渗到低渗的全覆盖，七芯电缆数据传输速率达到1Mbps。其中，地层测试异向解卡、远探测正交耦极阵列声波、大直径旋转井壁取心、高温阵列侧向、高温核磁共振和高温电成像等技术产品达到国际领先水平。

第四节 ＞ 录井工程技术发展进步

石油企业录井工程技术进步发展。“十二五”时期，中国石化在地层流体录井方面，利用核磁共振技术突破了钻井液荧光条件下油层判识的瓶颈，有效提高了地层流体识别的准确性。拉曼光谱技术通过陆相致密砂岩气、页岩气、空气钻井等试验应用，证实设备性能稳定，适合复杂钻井地质条件下的油气发现。红外光谱录井技术满足快速钻井施工以及薄层、裂缝性油气资源开发要求。在非常规地层研究应用方面，利用XRF及XRD技术、高分辨率多维核磁共振技术为非常规地层综合评价提供了关键参数。在工程应用方面，碳酸盐岩地层压力随钻监测方法研究取得突破，大幅度提高了监测精度。发展新型井下随钻检测设备，在井筒温度和压力等工程参数随钻检测方面取得进展。2012年，西南石油工程公司创造综合录井队年进尺4.04万米新纪录；胜利石油工程公司创造了单井录井剖面符合率最高98.3%的新纪录。2013年，中国石化录井队伍完成录井5975口。到2013年，利用拉曼激光气体检测、基于半透膜的油气在线检测技术完成多口井的应用，对油气实时发现及定量评价形成技术支撑，达到国际先进水平。复杂储层尤其是页岩气的综合评价能力进一步提升，建立了不同地区的页岩油气参数计算模型及有利储集段的识别和分类标准，为页岩油气资源评价提供了技术支撑。综合地质导向技术进一步成熟，2014年实现了井场多源数据采集、地质建模及实时监控调整，为提高储层钻遇率发挥了重要作用。2015年，研发激光诱导岩屑自动识别装置，初步解决各种复杂条件下的岩屑自动定名问题，为提高效率、优化人力提供了条件。

中国石油2012年完成录井总口数11674口，同比增加502口，增长4.5%。在录井技术及油气层评价方面，推广应用三维定量荧光技术、岩屑图像分析技术、元素录井技术、微地震裂缝监测技术、空气钻井录井技术、水平井地质导向录井技术等成熟技术。全年，应用水平井录井综合导向技术录井1110口，同比增加619口。在录井设备方面，推广应用德玛、雪狼和GW-MLE录井系列产品、试油录井仪、远程传输、碳酸盐岩智能分析仪等。2015年，录井企业发挥常规录井技术优势，利用特色录井技术特点，搞好单井评价，强化不同区域地质综合研究，使单井评价与区域地质特征有机结合，探索致密油、水淹层解释评价方法和剩余油分布规律等非常规油气藏评价方法研究，在422

口探井上发现油气显示层1.11万层、评价油气显示层6.39万米，在3245口开发井上发现油气显示层6.97万层、评价油气显示层3.56万米，油气显示发现率100%。发挥录井专业的综合录井、预警系统、远程录井监控预警功能，实现提前发现事故隐患，及时预报异常，降低钻井风险事故，提高了工作实效和钻井速度，以及减少经济损失。特色技术广泛应用，2015年完成定量荧光录井1098口、核磁录井261口、岩屑成像录井630口、元素录井101口、录井综合地质导向370口、远程传输3117口、试油录井47口。大庆钻探地质录井一公司的致密油气层评价技术，应用X衍射技术，开展三轴应力实验，建立基于岩石矿物成分的岩性识别和脆性评价方法，对非常规油藏勘探具有较大意义；其混油混样岩屑含油性分析技术，改进岩屑成像技术，开展混油混样实验，提高产状定量及含油性评价参数精度，是对录井技术的更新与提升。

“十三五”期间，石油工程企业发挥录井在地质研究方面的优势，形成了可以承担油气区带优选、地质研究与工程施工的一体化技术。2016年，中国石化在近30口井上应用多专业联合的地质导向技术，油层钻遇率从70%提高到90%以上。拉曼气体分析技术在实践中不断完善，完成基于狭缝分光技术的拉曼国产仪器研制，并在川西致密砂岩气藏中的5口井上试验应用，共发现16层、累计钻厚330米；在弱油气层、薄层气等方面具有非常好的检测能力。

2018年，中国石油完成录井1.43万口，其中国内录井1.37万口；在637口探井上发现并评价油气显示8.48万米/1.46万层，在4662口开发井上发现并评价油气层69.27万米/10.96万层，均创出历史新高。中国石化地质导向技术日趋成熟，2018年完成近200口井，涪陵页岩气优质储层钻遇率提高至95%，三开平均导向用时比常规导向缩短14天；到2019年，发展形成录井整体承担导向业务并具备决策权的“定、测、录、导”一体化模式、仅提供导向服务不提供工具等的联合项目组模式。2019年，在川渝工区应用90余口井，应用井储层钻遇率平均在95%以上，在华北工区施工60余口井，砂岩钻遇率平均在85%以上，含气显示钻遇率在66%以上；两种服务模式，为川渝、华北工区页岩气及致密气开发提供了技术支持，有效提高了目的层钻遇率，实现轨迹精细化控制，促进了钻井提速提效。

2020年，中国石化水平井综合地质导向技术，集钻井轨迹设计、随钻地质模型构建及轨迹动态调整等功能于一体，提高了地质中靶率、地层钻遇率及钻井时效。全年，在川渝工区应用80余口井，平均优质储层钻遇率达97.6%；在华北工区应用85口井，砂岩钻遇率90.67%，含气显示钻遇率68.7%；在胜利工区应用45口井，水平井油层平均钻遇率从88.3%提高到95.4%，有力促进了钻井提质提速提效。采用科里奥利质量流量计实现钻井液出口流量的精确测量，配套自主研发的软件，形成随钻井涌、井漏早期预警系统。基于区域测井、录井资料综合分析，钻前静态预测和钻中动态监测相结合，形成随钻地层压力预测技术；在胜利工区15口探井施工中，提供随钻地层压力监测技术服务，预报地层压力异常60次，为安全钻进提供有力保障。

第五节 ＞ 采油工程技术发展进步

油气田企业以稳定和提高单井产量为抓手，大力发展和推广应用先进适用的采油采气工程技术，在促进节能减排、实现安全环保、完成油气生产任务等各项工作中发挥了重要作用。

（1）机械采油工艺技术。中国石油应用抽油机井系统效率优化设计技术取得明显成效，2012年实施系统效率综合测试13.4万井次，实施调整2.5万井次，调整井系统效率平均提高3个百分点左右，年节电超过0.91亿千瓦时。2013年，全面推广抽油机井系统效率优化设计技术，系统效率测试及评价手段配备到最基层，并建立系统效率管理考核体系。全年，实施系统效率综合测试10.72万井次、优化设计3.26万井次、实施调整2.76万井次，调整井系统效率平均提高2.33个百分点，年节电1.01亿千瓦时。2014年，大庆油田以“变转速、衡功率”为目标，实现抽油机井系统运行的优化；应用1003口井，衡功率运行后日产液由36.8吨上升到38.4吨，泵效由46.8%提高到52.1%，日耗电由217千瓦时减少到196千瓦时，系统效率由23.1%提高到26.7%。

“十三五”期间，聚焦抽油机井减载提效，破解低产井系统效率低的困局。2016年，针对特低渗透低产井，中国石油研发配套“减载提效”技术，打破传统抽油泵结构局限，创新开发出高可靠小直径（直径25毫米、28毫米）抽油泵，降低泵上液柱载荷30%～45%；优化低冲次运行，降低系统动载荷40%～80%；采用小直径抽油杆杆柱轻量化设计方法，降低杆柱重量15%～30%。现场试验井1558口，平均降低抽油机悬点载荷16.9%、节电34.7%，提高系统效率7.7个百分点，为低产井采油提效挖潜闯出新路。推进柱塞气举技术排水采气，助推见水气田挖潜增效。柱塞气举充分利用地层天然气能量，不动管柱作业就可上措施举升排液，投入小、维护少、运行费用低，在西南、长庆、青海等气田得到很好应用。

电动潜油柱塞泵采油技术不断配套完善。2017年，在大庆、新疆、长庆等油田试验应用360口井，最大下泵深度3508米，最长检泵周期2068天，与同排量抽油机相比节电率40%以上。电动潜油螺杆泵采油技术，在大庆、长庆、新疆等油田试验应用在60口井，泵效在70%以上，最大下泵深度1642米，最长检泵周期1397天。新疆油田建立国内最大的平台丛式井无杆泵示范区，部署丛式井平台5个，采用多功能非金属连续管+无杆泵举升工艺，实现井站一体化智能控制；形成多功能非金属连续管+潜油往复泵技术、多功能非金属连续管+潜油螺杆泵技术，解决非金属连续管信号传输、修井等配套技术，应用50井次，同地面螺杆泵对比，吨液耗电量下降30%，井口温度提高40%。

2019年，在机械采油管理上着力抓好新井高效建产、老井系统改造、数字化提升管理等，机械采油系统效率、吨液耗电量、检泵周期等指标持续向好，有效支撑原油1亿吨稳产。推广机械采油井诊断与优化设计技术，实现机械采油系统工作常态化。形成示功图诊断决策和电参优化分析技术，开发具有自主知识产权的优化设计软件，通过优化设计调整，实现油井供排协调、高效生产。至2019年，共测试系统效率81万余井次，优化设计调整30.8万井次，调整井系统效率平均提高1.5个百分点以上，当年系统效率整体达到25.5%。大庆油田应用超长冲程抽油机213口，冲程50米、冲次0～10次/时，泵效达到64.9%，系统效率提高11.6个百分点，节电率62.1%。

新建产能以大平台、丛式井建设为主体，水平井、定向井比例超过70%。针对水平井、定向井举升需求，从采油工程方案入手，推进数字化、智能化采油技术，推动管理机构向扁平化转化，打造丛式井平台集成举升、常规低产井节能举升两种高效举升模式，建立了一批精益生产示范区，展现出良好的提质降本效果。新疆油田吉7大平台应用电潜柱塞泵+电潜螺杆泵采油85口井，节约投资4278万元，泵效在60%以上，系统效率提高10.2个百分点，节电率在40%以上。强化老井机械采油系统升级改造，提升了系统效率。对安全环保隐患突出、老化严重的抽油机进行更新换代，主要推广超长冲程抽油机和长冲程立式抽油机，提高生产时率和系统效率，消除安全环保隐患；开展基于电参的低成本机械采油数字化改造，配套应用智能间抽和智能闭环控制，深化大数据分析应用，提高机械采油数字化、智能化水平；应用内衬油管、喷涂管等耐磨油管，推进老旧管杆更新，实现短检泵周期井检泵周期大幅提升，降低了生产成本。推进机械采油数字化提升，变革管理模式，实现了减人增效。

（2）分层注水工艺技术。中国石油攻关研究和推广应用油田分层注水工艺技术，取得明显的成效，2012年注水分注率为59.2%，常规直井最高分注级数达到7级，深井超深井分注最深达到6000米；攻关突破低渗透、小水量、大斜度定向井分注技术，改善和提高了相关油藏的开发效果和开发水平。通过攻关试验，形成“桥式偏心+高效测调”主体分注技术。2013年，分注井数为4.69万口，年分注率达到63.8%；细分程度进一步提高，细分注水4段以上井数达到1.72万口。到2013年，细分注水技术在大庆油田累计应用6462口，其中7段以上井1544口；全油田升级组建高效测调班组414个，月测试能力达到

7.67口井，最高可达到10口井；高效测调班较常规测调班层段测调效率增幅60.2%，在7段井一次测调时间由常规7天缩短到4天，全面实现油田注水测调周期由6个月缩短到4个月，检配合格率提高近10个百分点。

“桥式偏心+高效测调”技术进一步完善，配注精度和效率进一步提高。2014年，大庆油田桥式偏心分层注水应用规模达到9725口井；地面控制机电一体化直读高效测调工艺，为每年实现3次测调提供技术支撑。配套高效测调队伍460个，占总测调队伍的50.9%，测调层段数占61.8%，测调效率提高60.4%。多级细分注水工艺卡距由6米缩小到0.7米、隔层厚度由1米缩小到0.5米、管柱7段及以上30吨负荷安全解封，推广应用2536口井，其中实现小卡距、小隔层井773口，实现“卡得开、保密封，易测试、易解封”的总体目标，实现了分层注水技术的更新换代。

定向井小水量桥式偏心分层注水工艺及电缆高效测调技术不断成熟与发展，逐步成为低渗透油田细分注水主体技术。以长庆油田为代表的低渗透注水，具有单井配注量小、丛式井开发等特点；到2014年年底，长庆油田规模应用定向井小水量桥式偏心分层注水3826口井，电缆高效测调技术应用6077井次，平均单井测调时间由1～2天降到8小时，测调效率大幅度提高。

桥式同心分层注水工艺技术不断成熟完善，助推低渗透油田细分注水技术升级换代。桥式同心分层注水工艺技术具有免投捞作业、测调效率高、小水量测调精度高等优势，可解决大斜度、深井、多层小卡距井的分注与测调难题，使分层注水技术应用领域进一步拓展。2014年，长庆油田实施740口井，累计推广应用1472口，最大井深2975米、最大井斜48.5度、最多分注层数6层、最小卡距1米，测调成功率由以往的68%提升到90%以上，平均单井测调时间由1天缩短到4～6小时。这项工艺技术的成功应用，有效提高了试验区精细水驱开发效果，水驱储量动用程度提高8.8%，自然递减率减缓4.2%，压力保持水平提升6.2%，含水上升率下降1.8%。到2015年年底，中国石油在12个油田推广应用井数达到3195口。到2017年年底，各油田推广应用桥式同心分层注水工艺技术井数超过4500口，进一步提升了油田注水的分注水平。

攻关数字式智能分注技术，探索“数字化、智能化”油田分层注水新途径，为油田持续稳产储备新的利器。数字式智能分层注水工艺技术将流量温度和压力传感器、数据处理控制、流量调节、数据存储等集成到配水器内，实现流量自动测调，分层流量、压力及温度等参数实施连续监测，免除人工测调作业，分注合格率长期保持较高水平，为注采动态分析提供数据支持。2014年，长庆油田试验36口井，其中存储式28口井，初步实现井下0.3～0.5米非接触式无线通信和自动测调；直读式8口井，通过预置电缆实现通信和供电，初步实现分层数据实时采集、地面远程实时监控。共录取监测有效流量、压力和温度数据30余万组，测调精度达15%左右。2015年，中国石油开展注水井智能配注技术攻关与试验，将流量监测、控制、通信等系统置于井下配水器中，实现生产参数连续监测及自动调配，可任意缩短测调周期，保证了注水合格率。到2018年年底，在大庆、长庆、华北等油田试验和应用井数超过380口井，实现井下压力、流量等生产参数实时监测和配注量的自动调配，分层注水合格率一直保持在90%以上。

中国石油分注技术不断成熟配套，应用规模不断扩大。桥式偏心注水管柱+地面直读电缆高效测调分注技术，与普通偏心分注技术相比，测调效率提高2倍以上；到2018年，在各油田全面应用，在用井数1.8万口。桥式同心注水管柱+地面直读电缆高效测调分注技术，有效解决井斜60度以内大斜度分注井测调难题，提高测调效率、细分程度和小水量井测调精度；在大斜度分注井全面应用，在用井数6800口。应用电动投捞和验封技术，提高普通偏心分注井测调和验封效率，与钢丝投捞和验封相比，效率提高1倍以上，大大减轻工人测调劳动强度，也为提高分层注水精度、“注好水、注够水、有效注水”提供了技术支撑。

中国石化胜利油田以提高水驱“三率”为中心，突出精细分注、突出高效测调、突出技术进步，到2017年规模应用测调一体化技术，累计井数达到

2523口，在井比例53.4%；分注井数达到4726口、同比增加252口，分注率达45.3%、同比提高2.2个百分点，细分率达26.1%、同比提高0.8个百分点，层段合格率达81%；拓宽分注技术界限，最大分注层数达7层，智能分注技术实现突破。2018年，完善不同类型油藏细分注水标准，推广精细分注技术，新增分注井、细分井389口，分注率达47.1%、细分率达29.3%，同比分别提高1.7%、2.1%，层段合格率保持在81%。2019年，实施精细注水工程，分注率达50.2%，创历史最高水平。

2019年，中国石油围绕精细注水、有效注水，加大桥式偏心、桥式同心+电缆高效测调和精细分层注水技术应用力度，分注率稳步提升，分层注水率达到62.24%。“十三五”期间，规模推广配套分层注水工艺1438口，分层注水率提高7个百分点，注水开发油田稳产基础进一步巩固，自然递减率下降8.3个百分点，多产原油280万吨。开展第四代分层注水技术攻关，推动分层注水技术更新换代。研究形成的有缆智能分层注水和无缆波码传输分层注水技术基本定型，针对3段以内分层注水井的地面智能分层技术基本成熟；在大庆、长庆、华北等示范区累计应用816口井，2019年实施400口井，分层注水合格率保持在90%以上。

大庆油田为满足油田细分挖潜的需要，研究形成的精细分层注水技术实现了系列化、标准化。先后共对1276口井进行7段以上细分注水工艺现场试验，其中7段分层注水井1116口，最高段数11段，细分注水吸水层数比例由65.3%提高到72.9%，对应油井平均单井日增油0.22吨，含水率下降0.5%。针对储层高渗透、高含水、层段数多的特点，研究形成缆控式智能分层注水技术，2019年试验45口井，累计实施134口井。杏树岗油田杏六区的第四代分层注水技术示范区，现场试验35口井，改善开发效果明显，砂岩吸水厚度提高4.5个百分点。

长庆油田针对储层低渗/超低渗、深井、高压等特点，研究形成井下波码通信智能分层注水技术，2019年试验279口井，累计实施410口井。第四代分层注水技术示范区的分层注水井平均吸水厚度由18.5米提高到19.4米，水驱储量动用程度由68.7%提高到70.2%，小层水驱动用程度由68.5%提高到69.9%。

吉林油田针对储层低孔低渗、井筒腐蚀结垢等特点，研究形成可钻桥塞地面智能分层注水技术，2019年试验52口井，累计实施129口井。示范区自然递减延缓8.61个百分点，水驱动用程度提高5.5个百分点。

华北油田针对储层中孔低渗、深井和高温高压的特点，研究形成适应高温深井的缆控式智能分层注水技术，2019年试验36口井，累计实施134口井。示范区建设2年，解决深井测调困难的难题，注水合格率由70.5%增长至91.7%以上，采油速率提高0.14个百分点，水驱动用程度由75.2%提高到78.2%，年自然递减率由16%下降到了10.5%。

（3）井下作业工艺技术。通过加强科技攻关和技术实践，在井下作业系统发展形成了配套成熟的井下作业技术体系。“十二五”期间，石油企业推广应用成熟的带压作业技术、大尺寸超长连续油管施工技术、套损井大修技术、井下作业管理系统等先进适用技术系列；“十三五”期间，各项工艺技术不断完善持续提高，为油气田稳产、节能减排增效、安全环保绿色发展做出了贡献。

推广应用带压作业技术。2012年，中国石油完成带压作业工作量3096口井，其中油井675口、气井51口、注水井2370口；累计减少注入水排放量204万立方米，提前恢复注水168万立方米，增油6318吨，增气1018万立方米，实现了“节能、减排、增效”。2015年，完成带压作业工作量4467口井，其中油井1335口、气井92口、注水井3040口，减排污水191.6万立方米，提前恢复注水160.7万立方米，增油8.1万吨，增气18.2万立方米。“十三五”期间，带压作业技术水平进一步提高，施工范围涵盖油气水井完井投产、大修、维护性作业及热采井、压裂井等作业。中国石化在105兆帕高压带压作业市场的开发及工业化能力得到提升，到2016年年底，在重庆涪陵页岩气田（图3-1），累计完成中高压带压作业井30余口，实现安全生产无事故。2018年，高压带压作业等专业化队伍保障能力不断加强，水平井细分压裂、大型酸压等技术服务能力持续增强，建成国内最高实验条件的高温高压井下工具检测中心，“页岩气井带压作业工艺技术”获石油石化科技成果转化与推介会银质奖章。中国石油完成带压作业5730口，其中油井1808口、注水井3731口、气井191口（表3–5）；减排注入水量215.6万立方米，提前恢复注水224.5万立方米，增油2.93万吨、增气2.27亿立方米，创经济效益7.79亿元。形成“油气水井带压作业效果评价方法”，经应用验证：注水井带压作业单井创效15万元以上，采油井带压作业单井创效10万元以上，气井带压作业单井创效30万元以上。中国石油通过10年的推进，带压作业技术与施工能力取得长足进步，施工范围覆盖油气水井完井投产、大修、维护性作业及压裂等措施作业。2019年，中国石油完成工作量6056口井，减少注入水排放356万立方米，提前恢复注水430万立方米，增油12.9万吨、增气2.3亿立方米，创经济效益7.8亿元。

图3-1　涪陵页岩气田焦页42号平台井工厂同步压裂施工现场

表3–5　2012—2020年中国石油带压作业主要指标

项目	2012年	2013年	2014年	2015年	2016年	2017年	2018年	2019年	2020年
动用带压作业队伍（支）	130	161	166	191	179	205	242	242	165
带压作业井数（口）	3096	4034	4269	4467	5161	5500	5730	6056	

续表

项目	2012年	2013年	2014年	2015年	2016年	2017年	2018年	2019年	2020年
其中，注水井（口）	2370	2844	2776	3040	3596	3888	3731		
油井（口）	675	1095	1377	1335	1407	1504	1808		
气井（口）	51	95	116	92	98	108	191		
减排注入水量（万立方米）	204.0	263.4	230.0	191.6	276.6	214.0	215.6	356.0	
提前恢复注水量（万立方米）	168.0	99.0	172.0	160.7	237.4	426.0	224.5	430.0	
增油（万吨）	0.63	1.25	3.00	8.10	12.40		2.93	12.90	
增气（亿立方米）	1018	59	91.00	18.20	123.40		2.27	2.30	

注：此表数据来源于中国石油年鉴。

推广应用套损井大修技术。“十二五”时期，中国石油累计修复套损井2.02万口，累计恢复产油307.4万吨，恢复注水4849万立方米。在恢复生产能力的同时，有效完善开发井网，套损井上升趋势得到遏制。2012年，套损井大修成功率达到94.6%；推广应用膨胀管补贴作业242口，增产原油2.74万吨，增加注水92.8万立方米。大通径膨胀管补贴技术逐步成熟，免钻胀捞一体化补贴工具应用规模不断扩大，在高压注水井应用膨胀管补贴获得成功，开发膨胀管悬挂小套管完井技术取得良好效果。中国石化复杂井况大修技术进一步完善，胜利井下配套200吨大功率修井机、大功率泥浆泵，特制5种特殊钻具及相应钻具组合；研制25兆帕高压旋转封，研发配套15种深井修井工具。中原井下研制的直径73毫米非标钻杆、微牙痕吊卡填补了国内在4英寸套管内修井钻具方面的空白，探索出套、磨、铣、捞、震等一系列修井工艺技术。侧钻技术进一步配套，胜利井下通过完善注灰式液压导斜器开窗，开窗口的安全率达100%；推广应用95毫米尾管等提高固井质量的系列配套技术，极大提高了小井眼固井质量，侧钻固井质量合格率98%。中原井下研发YDY型快速分叉斜向器、复合钻绞式开窗铣锥、定向钻进技术、转盘和动力钻具双驱钻井技术、水力液压式扩眼技术、液压变径4英寸套管扶正技术和4英寸套管固井技术，全年完成侧钻井44口。大庆油田采用顶驱修井配套无绷绳修井机，对高危敏感区域套损井进行大修治理，应用规模逐步扩大，有效解决井场受限的修井问题；2015年完成208口井，修井成功率100%，最小井场面积仅150平方米，井口距最近建筑物仅3米，解决了环境敏感区、因井场受限用常规大修机根本无法进行施工的难题，而且每口井可节约成本25万元以上。“十三五”期间，2016年中国石油完成油水井大修侧钻井3946口，修复3846口，成功率97.5%，修复油井恢复产能41.2万吨，注水井恢复注水能力929.8万立方米。2018年，中国石化完成油水井大修1214口、成功1165口，成功率96.0%，平均修井天数32天；2020年，实施油气水井大修作业1068口，成功980口，成功率91.8%，平均修井天数42天。从大修工艺类型上看，大修井主要以套损井修复、井下落物打捞、管柱解卡、复杂故障修复等复杂工艺为主，共实施964口，占大修成功井数的90.3%。

开展清洁作业工艺技术研究与应用。大庆、吉林等油田开展清洁作业工艺技术研究、试验与推广应用，形成地面、井筒两个系列，以及环保作业平台、便携式软体清洁、新型井场防渗材料、井筒内杆管在线清洗等4项环保修井新工艺，清洁生产的效果逐步展现。到2015年年底，吉林油田累计实施9349井次，累计消减油土增量1.56万吨，减少油土处理费用400万元，减少土地污染赔偿5600万元，取得显著的社会经济效益。2017年8月，中国石油组织部分油气田企业在吉林油田召开交流研讨会，梳理形成“两大类七个方面”的技术。其中井筒控制类技术，包括带压作业、连续油管作业、井筒防喷控制和杆管井筒清洗等4项技术；地面控制类技术，包括井口集液、地面集液、废液回收处理等3项技术。9月，召开清洁作业技术推广视频会，在16家油气田企业全面推广清洁作业技术。2018年，中国石油推广应用清洁作业技术，完成清洁作业13.1万井次，减少油土泥增量7.48万吨，减少一次性防渗布1.2万吨，减少废液拉运75万立方米，创效1.01亿元；敏感地区清洁作业覆盖率100%，总体清洁作业覆盖率62.4%。

超长连续油管施工技术日臻成熟。到2015年，中国石化在常规油气开发方面，形成连续油管冲砂、洗井、气举、拖动酸化压裂、切割、小物件打捞、清蜡和速度管柱等技术；在非常规油气开发方面，形成井深6000米、水平段长2000米井、致密油气井射孔、钻塞、钻滑套、复杂井处理、产出剖面测试的技术服务保障能力。2015年，中国石油拓展应用领域，完成连续油管作业1451井次，应用工艺包括冲砂、洗井、排液、测试、射孔、钻磨、老井加深侧钻等，其作业工艺技术已成为常规作业、水平井作业与油气层改造的利器；2018年，加大连续油管作业技术的应用力度，应用2530井次、比上年2480井次提高50井次。长庆油田开展速度管柱示范130口井，年增产天然气1.01亿立方米，作业效率提升40%。连续油管作业在气井完井、快速修井、试油测试、储层改造、水平井作业、老井侧钻等方面得到广泛应用。2019年，中国石油连续油管作业3112井次，较常规修井机作业效率提高3～4倍，节省成本60%～80%。青海油田、大庆油田推进连续管作业常规化，实现高端设备“平民化”；通洗井、冲砂、解堵等快速修井作业对比修井机作业可提高效率3～4倍、节省成本60%～80%、工期缩短70%～90%。新疆油田、长庆油田推进连续管试油、压裂作业，为新疆玛湖、吉木萨尔页岩油、长庆致密油开发提供了技术保障。西南、浙江等油气田推进连续管作业，在川渝页岩气压裂与完井投产中应用，配合页岩气水平井压裂改造完成首段射孔、压裂过程井下故障处理、压裂后钻桥塞等工作，成为页岩气水平井作业的必备手段。中国石化连续油管作业最深7091米，连续油管钻塞水平段最长2348米，连续油管单井钻塞最多达30支。2020年，中国石化连续油管作业技术取得新进展，研发八大类76种196项工具和36项特色技术成为国内首家连续管穿光纤/电缆技术服务商，在胜利东部老区连续油管侧钻实现突破性进展。各项施工纪录不断刷新，连续油管单井钻塞数量最多40支，连续油管实现一趟钻32支桥塞，连续油管侧钻井完钻井深1460米。

（4）储层改造工艺技术。中国石油、中国石化、延长石油应用水平井分段改造技术、直井分层压裂技术，对低渗透油气藏储层进行改造，油井单井产量成倍提高。中国石油“水平井钻完井多段压裂增产关键技术及规模化工业应用”项目，获2012年度国家科学技术进步一等奖。

“十二五”时期，在对低渗透油气藏储层改造中，推广应用水平井分段改造和直井分层压裂技术。2012年，中国石油完成水平井改造775口，其中5段以上分段改造井608口（最高达到21段、最大长度2030米），平均单井产量达到直井的3.5倍；完成直井5层以上分层压裂318口（最多达到9层）。加强非常规储层改造技术攻关与现场试验，在体积压裂设计与实时监测、复合桥塞多段压裂、可开关滑套裸眼封隔器多层多段压裂、套管滑套多层压裂、连续油管分层压裂等方面取得新进展；开展各类现场试验423口，其中关键工具试验50口井，水平井多段、直井多层压裂试验246口，井下“微地震”监测32口。大庆茂15-1区块水平井规模应用示范区，水平井压裂投产5口，均采用双封单卡分段压裂工艺，平均单井日产油11吨，是直井的3.9倍，区块整体应用效果显著。2013年，积极推进致密油水平井大井组“工厂化作业”示范工作；在长庆安83长7、新疆吉木萨尔、西南安岳及长宁页岩气区块开展现场试验，采取专业化施工、模块化组织、自动化控制、流水线作业，实现多井批量化复制，试验大井从“七个一”作业模式，应用高效多层多段压裂技术大幅度提高压裂效率，液体重复利用技术提高备水效率、降低环保压力。到2014年，攻关形成双封单长、水力喷射、套内封隔器滑套、速钻桥塞、裸眼封隔器滑套等6套技术，有力地促进水平井在非常规储层的有效开发动用，并大大降低工程和施工成本。直井分层压裂增产是同区块2～3层分压井的1.5倍以上。重复压裂技术现场应用见到较好效果，二氧化碳无水压裂技术现场应用获得成功，体积改造优化设计初步形成设计方法并用于指导现场施工。

中国石化2012年完成水平井分段压裂546口，其中油井315口、气井231口，占压裂总井次的74.1%；自主研发裸眼封隔器分段压裂、水力喷射分段压裂、泵送桥塞分段压裂等技术，最高分段达20段，在华北油田“米”字形

DP43井组开展同步压裂试验，实践“井工厂”模式。2013年，实施分段压裂水平井585口，最多分段达到26段；深入推进“井工厂”试验，盐227区块实现全过程自主设计、研发和施工，成功完成3井台8口井87段的压裂施工。2014年，形成了3500米以浅水平井压裂试气配套工艺技术系列，包括标准化压裂设计方法和流程、不同层位水平井压裂施工工艺参数、低成本高效压裂材料体系、长水平段连续油管钻塞工艺；成功开展页岩气“井工厂”同步、交替模式压裂；研制了国产化配套压裂设备，形成适应于复杂山地条件下地面配套装备。

中国石油水平井改造重大攻关成果显著。水平井压裂改造向段内多簇射孔、造复杂缝网发展，初步形成体积压裂理论体系，技术水平进一步提升，地质工程一体化，布井、钻井、压裂整体考虑，逆向设计正向施工，工厂化作业，立体改造储层，追求最大有效改造体积，实现单井采出量和效益最大化，并进行区块整体规模建产示范，总体单井产量是直井压裂的3.5倍以上。形成水平井体积压裂技术体系：地质－工程一体化综合研究及体积改造优化设计技术；长水平井、大排量、大液量、多簇射孔分段压裂施工；小粒径支撑剂组合；低黏滑溜水为主体压裂液，返排液回收处理重复利用；多井交叉（拉链式）压裂，“工厂化”作业；微地震压裂监测等。研发形成具有自主知识产权的分压工具系列，包括双封单长、水力喷射（动管柱、不动管柱）、套内封隔器滑套、桥塞（快钻桥塞、大通径免钻桥塞）、裸眼封隔器滑套、固井滑套。页岩气压裂工作取得良好成效：大通径免钻桥塞、快钻桥塞成为页岩气分压主体技术，压裂投产井平均日产10万立方米以上，成效显著。2015年，中国石油完成水平井改造982口，其中5段以上分段改造井808口，完成直井5层以上分层压裂1082口。至2015年，水平井分段改造最大水平井段长3056米、单井最多分压达到26段，直井分层压裂改造最大井深达到6969米、单井最高分层压裂达13层。

“十三五”期间，体积压裂改造成为致密油气开发的主体技术。2016年，中国石油水平井压裂井数完成550口，占水平井完钻井数比例的92%；新疆油田玛18井区特低渗透储层水平井MaHW6004井固井桥塞分12级22簇压裂，投产初期日产油118.80吨。推行页岩气压裂设计地质与工程一体化，优化施工参数，压裂后产量不断提高；2016年完成页岩气压裂67口井、压裂层段1408段，其中完成压裂测试43口井，累计获测试产量893.16万立方米，平均单井测试产量20.77万立方米、最高单井测试产量43.30万立方米。2017年，完成压裂平台9个、井数53口，压裂层段1172段。体积改造技术不断完善，浅层页岩气增产效果显著，深层页岩气压裂获得突破。3500米以浅技术不断优化，3500米以深技术初步形成，为加快页岩气发展提供了技术保证。开展井组蓄能压裂攻关及现场试验，针对油田压裂返排液处理成本高、环保压力大的问题，攻关不返排清洁压裂液技术，实现压裂酸化措施后“油井零外排、水井不返排”，保护环境的同时提高增产、增注效果。持续完善体积改造配套工具技术，固井滑套内径由100毫米增大至106.50毫米，外径由210毫米减小至206毫米，可实现全井105段312簇；压裂胶塞实现全部可溶，施工24口井112层/段，成功率100%。套管启动滑套应用于页岩气水平井压裂第一段，开启成功率超过70%，相比国外同类产品成本降低10万元。优化桥塞泵送技术，相比2016年泵送速度提高25%～36%。连续油管火攻延时分簇射孔与桥塞联作技术，创出一次下井完成8簇射孔国内纪录。水平井重复压裂技术攻关试验取得新进展，形成以产能预测和模糊聚类为核心的水平井重复压裂选井选层方法，形成基于“三场”（含油饱和度场、孔隙压力场、应力场）的致密油水平井重复压裂优化设计方法；研发配套双封单卡拖动选层压裂管柱和专用带压作业井口，具备拖动选层压裂的能力，单趟管柱加砂能力可达300立方米，在大庆、长庆、吐哈等油田开展现场试验见到初步成效。扩大微地震裂缝监测应用范围，研发并初步建立网格微地震监测平台及数据库。水平井改造重大专项技术攻关取得进展，初步建立“缝控储量”理念，将井控储量变为缝控储量。基于区块整体最短渗流原理，提出实现缝控储量改造的途径：增加水平长度，缩小井间距；缩小簇间距，实现密切割；交错布缝；大规模注入液体、渗吸置换等。2018年，完成水平井分段改造1125口，其中5段以上982口，占比为87.3%。体积改造的理念应用于直井，完成直井5层以上多层多段改造1054口，增产是同区块2～3层分压井的1.5倍以上。多项指标创历史最好水平，最大水平井段长3056米；单井最多分压54段；10段以上井的比例为60.5%；最大排量17.8立方米/分，液量8.5万立方米，砂量4780立方米。中国石油以水平井体积改造重大专项为抓手，形成可溶桥塞、多簇射孔、低黏滑溜水、微地震实时监测等配套技术，2019年完成水平井1592口，强力支撑非常规致密油气、页岩油气的规模效益开发及建产。水平井压裂优化段长、缩小簇间距、提高加砂强度等改造工艺取得进步，实现水平井压裂提效提产。长庆长7致密油水平井分压段长缩小到60米，簇间距由32米下降到11米，加砂强度由1.6吨/米提高到2～3吨/米，单井测试日产量由10.3吨上升至18.6吨。推进石英砂替代陶粒，不断降低压裂成本；推进体积压裂工艺升级换代，压裂工艺由1.0向2.0迈进。

中国海油针对低渗储层单井产量低等问题，研制出海水基压裂液、连续混配、压裂返排物处理等海上特色压裂技术，海水基压裂液在渤海过筛管压裂中应用15井次。为解决低孔低渗油田增产的瓶颈，中海油深圳分公司技术攻关，应用“爆燃压裂+酸化”联合作业技术取得成功，使低孔低渗油田的措施增产效果显著，为陆丰、惠州等油田低孔低渗储层开发提供了有效途径。针对海上高孔高渗陆相沉积砂岩油田注水、注聚开发的矛盾，研发“层内生成CO_2”提高采收率技术、聚合物微球调驱技术、在线调剖技术、复合调驱技术等海上特色的稳油控水技术。“十三五”期间，在27个井组应用聚合物微球调驱技术，累计增油超过17万立方米，创经济效益近4亿元，有效改善了渤海复杂陆相砂岩油藏注水开发效果；发展形成了强水窜油藏控水治理、水平井调驱治理等关键技术，助力海上油田提高采收率。

中国石化高新技术取得重大突破，形成以涪陵页岩气水平井压裂为代表的细分压裂技术，作业方式由单井作业到“井工厂”作业，保障了勘探开发需求；形成以塔河、普光、元坝等海相油气藏为代表的大型酸压技术，为海相气藏开发提供了技术支撑。2019年，页岩气井压裂单日最多压裂5段，单井最大加砂量4462立方米，单井压裂最大液量8.45万立方米，水平井泵送桥塞最深达6600米；塔里木盆地酸压井段最深达8411米。2020年，中国石化油气水井老井压裂256井次，有效229井次，有效率89.5%。

（5）稠油开发工程技术。中国海油针对海上中深层稠油油藏储层特点及开发难点，创新海上稠油热采方法及理论，攻克高温腐蚀防护、射流泵注采一体化、井下安全控制、化学逐级调堵等技术难题，形成多元热流体吞吐技术、水平井蒸汽驱技术。海上稠油开发，形成了多项创新关键技术：采稠油脱水除砂工艺、热采平台井口放喷和计量技术、翻斗式称重计量技术、高温热采生产的监测与防护技术、过热蒸汽锅炉应用技术、海上蒸汽锅炉给水处理工艺技术，以及全面安全风险分析评估、热采平台总体集成布置技术。2018—2019年，研发350摄氏度多轮次稠油热采工具和高温高压工具等高端工具取得技术突破。在南堡35-2油田推进多元热流体吞吐作业，油田采油速率由0.27%升至最高0.75%；到2019年累计增油8.4万立方米，推动了海上稠油油田规模化高效开发。进行注采一体化海上适应性研究，在渤海稠油油田应用蒸汽驱技术。2019年8月，首个海上超稠油油田开发基本设计项目——旅大5-2北油田I期开发通过专家审查，正式进入工程建设阶段；采用射流泵一体化注采工艺管柱，替代了传统的注采两趟管柱方案，每轮次单井可节约操作费上百万元。这标志着中国海上超稠油油田开发从小型试验向大规模开发迈出关键性一步。

中国石油辽河、新疆油田稠油SAGD、蒸汽驱和火驱三项技术可使稠油最终采收率达60%以上，2019年稠油年产量在1000万吨以上。中国石化按照“均衡注采，冷热并举”稠油油藏的工艺思路，强化均衡热采、高效冷采等技术的集成应用，2020年完成稠油产量459.5万吨，油汽比稳定在0.54。

（6）试油工程工艺技术。在油气勘探开发生产中，试油工程技术水平和施工能力不断提升，保障作用日益增强。“十二五”时期，特殊工况完井测试技术日趋成熟，多联作测试技术得到广泛推广应用。2012年，中国石化针对致密油气藏渗透率低的特点，采用井底关井压力恢复测试技术，缩短了测试时间，压控式测试管柱、毛细管测压监测工艺满足高温高压高含硫地层的测试需要，现场得到成功应用。江汉石油工程公司在新疆皮山北2井，创造了测试井段温度最高184.99摄氏度的新纪录；在塔里木克深8井，创造了地面测试流动压力最高94.8兆帕的新纪录。针对非常规油气藏复杂的地层特点，形成了早期试井解释方法、低渗透储层产能试井评价方法等实用的试井解释技术。智能测试器及工艺用于现场施工9口井，成功率100%。中国石油评价井试油630口、获工业油气流井460口，综合评价井成功率70%；到2013年，试油技术攻关发展形成的10项技术，在塔里木库车、四川川中（震旦系和寒武系）、准噶尔盆地的160口井239层试油中得到应用效果。2014年，中国石油研制的200摄氏度、200兆帕高温高压射孔枪，起爆药饼通过180摄氏度/200小时耐温测试，配套起爆器和延时装置等耐高温高压射孔器材，现场应用7口井，发射率100%。采用优化后的“五阀一封”管柱解决原管柱“先提液则存在井控风险、先坐封后无法提液”及超深井钻井液长时间静置后固相颗粒造成循环阀打不开的问题；现场应用11井次、成功率100%，测试最高压力122兆帕、最高温度172摄氏度。裂缝产能系数法应用于塔里木油田大北－克深地区新井产能预测，现场应用11口井，产能符合率90.9%。探索无线地面直读系统的研制，实现井深4500米、温度149摄氏度内井下温度、压力数据上传和地面实时直读。探索水平井分段测试技术，初步形成水平井中长期产能预测技术；水平井分段测试工具及工艺技术，在葡28井试验成功；开发出水平井多级压裂试井评价系统，形成典型曲线理论图版，通过跟踪投产井压力、产量资料，验证长期产能预测的准确性，预测6口井、符合率100%，日产量预测误差小于16%。在高温高压含硫化氢储层方面，研制了175兆帕/210摄氏度/170小时的89型和121型两种系列超高温超高压射孔器材，基本替代了进口器材；2015年在川渝、塔里木等地区现场应用42井次，最大作业井深7308米（双探1井），最高作业井温180

摄氏度（荷深1井），发射率100%、一次成功率100%。优化形成超深井测试管柱，提高了测试效率。通过研发E型阀、液压循环阀、E型常闭阀三种测试工具，将原有两阀一封测试管柱逐步优化为五阀一封测试管柱，形成适合库车山前超深井的测试管柱，现场应用44层，测试成功率由2012年的88.8%提高到2015年的94.45%。研制180摄氏度/70兆帕耐高温可取式液压完井封隔器和机械完井封隔器，配套密封脱节器、插入式球阀、锚定密封、CMQ-22滑套等关键工具，形成试油封堵和试油完井投产两种一体化管柱，试油封堵现场试验9口井，平均单层转层周期节约6.5天。改进完善3套中高密度耐高温试油工作液体系，完善地面流程集中控制技术，确保高温高压含硫化氢储层试油顺利开展。在复杂岩性低渗透储层方面，形成大庆长垣扶余及高台子油层水平井中长期产能预测技术，中期预测12口井，符合率83.3%。建立低渗透储层非达西渗流及全压力历史拟合，可有效解释地层压力、渗透率等参数，现场应用13井次，符合率由2011年的60.5%提高到2015年的75%。

“十三五”期间，试油技术攻关取得突破性进展，为高效勘探开发提供强有力的技术支撑。高温高压含硫化氢储层试油技术不断提升，复杂岩性低渗透储层试油针对性措施和产能评价技术取得突破。2016年，中国石油在大庆、新疆等油田开展储层评价和产能预测技术研究，分区域、分层系建立产能预测模型，部分层系的试油结论预测符合率和采油指数预测符合率在75%以上。2017年，试油交井1622口，获工业油流井1071口，其中评价井590口。2018年，全井无线直读系统试验取得重大进展；高温高压含硫化氢储层试油技术提高了测试效率，井下稳定传输距离5000米、耐温150摄氏度、承压140兆帕、工作时长500小时；完善井筒安全评价及管柱力学分析国产化软件，符合率在90%以上，开始规模应用。到2018年，中国石油一趟管柱多层试油技术全面应用；针对复杂岩性，采取个性化技术提高储层改造效果；初步建立致密油储层压裂选层分类方法，形成不同压裂规模的产能预测模型。射孔器材性能大幅提升，高端产品研发满足勘探开发需求；常规射孔穿深和质量合格率稳步提高，研发210兆帕/210摄氏度/170小时系列技术达到国际先进水平。加强试油改造工程技术攻关，助力勘探发现和提质增效。2019年，完成探评井试油1649口，获工业油气流1033口，综合成功率达62.7%。中国石化具备8000米以深高温高压高含酸性油气井测试作业能力，2020年“三超一高”测试技术取得突破，测试技术处于国内领先地位。围绕西北油田超深+超高温+超高压+高含硫井测试的世界级难题，不断深化技术攻关，先后发现顺北52A井、顺北72X和顺北1-24X井等多口高产井，成为中国石化西北油田和中国石油塔里木油田测试服务的保障主体。

第六节 > 地面工程技术发展进步

为适应油气田勘探开发工程、油气集输工程的发展需要，石油地面工程技术水平及设备制造能力明显提高。“十二五”时期，中国石油制定发布512项标准化设计有关规定，涵盖设计、施工等整个建设环节，其中修订了《油气田地面工程标准化设计管理规定》《油气田地面工程标准化设计技术规定》等10项规定。到2012年年底，油气田地面建设大、中、小型场站标准化设计覆盖率分别达到61.8%、88.9%、94.3%，规模化采购率达86.4%，预制化率达78.2%。与常规相比，设计工期缩短40.3%，施工工期缩短20.1%。2013年，认真做好老区地面系统技术改造，确保油气田的安全稳定生产；规范注水开发油田水处理，采用新工艺新技术，采出水处理站水质达标率为94.1%，注水单耗为5.97千瓦时/立方米，注水系统效率为52.49%。结合重大开发试验，持续推进地面工程技术攻关，积极配合做好二元驱、二氧化碳驱等重大开发试验及地面配套技术的研究，为重大开发试验顺利开展创造了条件。2015年，结合油气生产物联网（A11）和采油与地面工程运行管理系统（A5）等统建信息系统，开展油气田地面工程数字化建设。到2015年年底，建成各类数字化井10.38万口、数字化场站4695座，占井、场站总数的36.5%、33.3%。

中国石化石油工程建设公司施工能力、技术水平不断增强。2012年，胜利建设公司定向穿越工程公司创造1016毫米口径穿越最长距离1380米新纪录，以及323.9毫米口径管道穿越最长距离2124米新纪录。2012—2015年，开展薄互层低渗透油藏注水配套技术研究，高温高盐油藏化学驱采出液处理技术研究，采输系统腐蚀控制技术及采出气二氧化碳回收循环利用技术研究，集输系统积液、硫沉积与腐蚀控制技术研究，鄂尔多斯大牛地致密低渗气田勘探开发示范工程采气集输工艺技术、增压集输工艺技术研究等国家级科研项目研究，其中“高含硫气田集输系统硫沉积预测与控制技术”研究成果，整体技术达国际先进水平。到2015年，石油工程建设公司拥有施工工法129项，其中国家级工法12项、省部级工法117项；拥有授权专利339件，其中2015年获得授权专利54件。

“十三五”期间，中国石油加强油气田大、中、小型场站标准化建设，持续开展油气田地面工程数字化建设。2016年，油气田地面建设大、中、小型场站标准化设计覆盖率分别达到77.2%、94.1%、98.8%，规模化采购率达86.8%，预制化率达79.9%；与常规相比，设计工期缩短27.7%，施工工期缩短20.6%；通过实施标准化设计，节约投资11.5亿元，节约土地面积185.58万平方米，减少用工7330人，节能37.3万吨标准煤。推广应用一体化集成装置776套，替代常规中小型场站240座；设计工期和建设工期分别缩短46.2%、50.3%，减少用地面积77.39万平方米，减少用工3130人，节约投资2.43亿元。开展油气田地面工程数字化建设，到2018年年底，累计建成各类数字化井14.4万口、数字化场站9804座，约占总数的52%、43%。其中，长庆、西南、大港、青海、冀东等8家油气田初步实现数字化全覆盖，部分中小场站实现无人值守。通过实施A11项目，减少现场新增员工2.64万人，增加效益13.19亿元。2018年，加大科技攻关力度，针对制约油气田地面系统绿色安全效益发展的重大问题，在集团公司层面开展稠油火驱地面新工艺技术及关键设备研究、高酸性天然气高效处理技术、油气田非金属管道应用及配套检测评价技术、油气田采出水低成本高效处理工艺技术和设备研究、油气田地面工程技术经济评价及潜力研究、油气田集输钢制管道内腐蚀完整性评价技术研究等6项科研课题；在勘探板块开展低产高含水油田常温集输适应性研究、页岩气集输工艺优化研究等5项科研课题。2019年，油气田地面建设计划项目3100项，正点运行率95.4%，建成投产重点工程30项，其中原油产能建设工程9项、天然气产能建设工程5项、油气管道建设工程6项、提质增效工程3项、页岩气/煤层气工程2项、储气库工程2项；建成管道1.37万千米，各类场站590座。标准化设计工作向更深层次、更高水平发展，基础工作进一步完善，模块化建设取得新突破，数字化建设与管理水平有了新提升。大、中、小型站场标准化设计覆盖率分别为70%、95%、98%；推广一体化集成装置1770套，同比增长38%，替代中小型站场1015座；模块化建设大型站场15座。预制化率达80%，平均缩短建设工期38%，节约投资12亿元，节省用地287万平方米，减少新增生产定员6780人，多产原油55.8万吨、天然气20.8亿立方米。页岩气田全部采用标准化设计，建产周期缩短60天，所有站场当年设计、当年投产。常规气、页岩气、煤层气基本实现一体化集成装置全覆盖，天然气处理厂模块化建设覆盖率100%，油田联合站覆盖率60%。推行标准化设计11年来，累计节约投资146亿元，减少新增生产定员7.29万人，多生产原油536.9万吨、天然气127.7亿立方米。

2016年，中国石化石油工程建设公司成立非开挖、全自动焊接、带压封堵、大型旋转设备安装技术服务中心，促进技术创新与创效的协同推进。2017年，制定《技术科研体系建设框架方案》，组建工程勘察、阀门检测维修、土壤及固体废物污染防治技术服务中心，工程技术服务实力进一步提升。逐步发展形成国家级施工工艺技术主要有：钢制管道聚乙烯、硬质聚氨酯泡沫塑料一次成型防腐保温预制，饱和软土夯击式预应力锚杆施工，高性能复合改性沥青路面施工，大型水平定向钻穿越施工，长距离大坡度隧道内管道施工等工艺技术。2018年，中国石化拥有施工工法168项，其中国家级12项、省部级129

项。到2019年，中国石化滩浅海工程建设装备齐全，可建造浅海自升式平台、1万吨级大型固定平台，铺管作业水深可达100米；带压封堵设备覆盖管径范围40～1219毫米，满足国内大多数长输管道所采用的管道口径；全自动焊接装备适用508～1900毫米管道焊接，达到全球范围内最大口径；水平定向钻穿越最长4071米，管径最大1422毫米，处于国内领先水平。主要专业装备自动化智能化发展，增强了高端化装备实力。2020年，重大科研项目“油气地面工程建设‘五化’关键技术与装置研究”全面启动。完成油气田及长输管道电控一体化小屋、络合铁脱硫吸收氧化循环撬等成果转化，自主研发的“焊接数据采集系统”实现量产、规模化应用。开展科研项目83项，其中国家项目6项、国家管网项目4项；工程创优成效显著，获省部级以上奖励71项，山东液化天然气项目获国家优质工程奖。中国石化机械公司建有国家认定企业技术中心，以及“海洋物探及勘探设备国家工程实验室”，2020年6月成功研制世界首台陆地电动固井车，2020年8月新型压裂管汇成功实现工业化应用。

第七节 > 海洋工程技术发展进步

海洋石油工程装备和海洋石油工程技术，处于海洋产业价值链的核心环节，是发展海洋石油工业的先导性产业。“十二五”时期，中国海洋石油工程装备制造业发展取得长足进步，基本实现浅水油气装备的自主设计建造，部分海洋石油工程船舶已形成品牌。中国海洋石油工业在海洋石油工程设计、工程施工等多技术方面具备了独立自主开发的能力，中国海油石油工程技术从浅水海域发展到深水海域实现跨越式进步。

海洋深水工程技术取得重大突破。中国海油攻克了1500米深水油气田开发工程关键技术，基本建成深水油气田开发工程设计技术体系。水下工程技术获得突破，相继完成了荔湾3-1、番禺35-1/35-2、流花19-5、文昌10-3等油气田开发方案设计，逐步具备了自主研发和工程设计能力；水下产品应用实现从零到多单体、多类型、多规格的突破，具备管汇连接终端/管汇连接末端、基盘、在线管汇、水下管汇、集成SUTU设计、制造、测试和安装能力，实现水下项目交钥匙工程；通过水下井口回接到新建FPSO，成功实现流花16-2/20-2/21-2油田联合开发，具备了500米以内深水油田设计和开发能力，掌握了深水FPSO设计能力。2014年，中国第一个千米级深水气田——荔湾3-1气田建成投产，带动周边20亿立方米天然气开发，标志着中国深水油气田开发工程建设能力实现了水深从300米到1500米的跨越。2019年，依托中国首个自营深水气田——陵水17-2气田的开发，基本掌握了半潜式生产平台的设计、建造、安装、调试技术，初步具备了1500米深水气田自主设计和开发能力。通过陵水17-2气田开发，推进了1500米水深级水下生产系统的设计、制造、测试和安装技术能力。

自主完成文昌9-2、文昌9-3、文昌10-3等气田水下生产系统研究设计，自主完成流花16-2油田群（500米）、陵水17-2气田（1500米）水下生产系统基本设计，掌握了水下生产系统的基本设计技术，基本具备1500米水深级水下生产系统的设计能力。依托国家科技重大专项“水下生产技术”、国家863“水下采油树关键技术研究及成套设备研制”、工信部水下创新专项和渤海浅水水下生产系统示范工程等科研项目，有序开展水下生产系统核心设备国产化攻关及研制。通过技术创新，突破“水下卡脖子”关键技术，实现了水下关键设备的国产化，基本具备500米水深级关键水下生产系统设备的工程样机研制能力，形成了水下设备研制的标准体系、测试标准与认证体系，国产水下多相流量计在流花21-2油田、流花29-2气田等油气田成功应用。

中国海油持续提升常规水域海洋油气开发工程装备和技术能力，发展形成浮托安装技术、海底管道技术、FPSO系统集成、固定式导管架技术；基本掌握300米水深大型固定式平台、导管架设计、建造和安装技术，其整体技术达到和部分技术超过国外同类先进技术水平；掌握了锚系浮托法、低位浮托法、动力定位浮托法等多种方式海上安装作业，最大浮托重量3.2万吨；攻克了恶劣海况及复杂地质条件下的海底管道设计、铺设、应急维抢修等系列重大难题，创建了具有自主知识产权的中国海洋油气管道工程技术与装备体系，建成渤海、东海、南海海底油气管网，年输送油气当量达5000万吨；实现应用水下设施检测维修技术、完整性管理技术、专项焊接技术、海底管道AUT检测技术等技术的突破。海洋石油工程的数字化、智能化稳步推进，首创国内海洋工程数字化仿真平台，突破了海洋工程作业风险识别、船舶多体耦合运动响应建模与实时解算、分布式仿真时空一致性等关键技术，构建了海洋工程作业工程仿真技术体系；开展无人智能化平台项目设计，进一步降低油田开发成本，增加边际油田的开发效益。海洋石油工程实践，为研发石油工程技术提供经验积累支持，继而推进了海洋石油工程技术进步。

海洋深水立管技术。深水立管设计技术难度大，投资成本高。中国海油通过技术引进、中外双方联合设计、部分自主完成等阶段推进，发展形成自主的前期研究能力、部分深水油气开发自主工程设计能力。2014年在恩平23-1油田群基本设计项目中，首次自主设计动态立管系统；2015年自主完成东海100米水深恶劣海况下的大型FLNG立管系统设计选型，首次对缓S形和配重缓波式挠性立管进行系统的分析研究；2016年自主完成南海300米水深FPSO缓波形挠性立管系统设计分析；2017年在流花16-2、流花20-2、流花21-2等油田开发中，独立完成18根动态管缆的形态设计、干涉分析、疲劳分析、安装分析，分析结果与国外第三方独立验证结果吻合良好。2017—2018年，通过独立设计与联合设计相结合，在陵水17-2项目中完成中国首个1500米深水钢悬链立管设计。通过深水立管设计技术创新和体系建设，结合引进、消化、吸收国外深水立管成熟设计技术，加强对理论、规范的系统研究，具备了自主进行深水挠性立管总体布局规划、管材选型、形态设计到动态响应分析、管缆干涉分析、运动疲劳分析、涡激振动疲劳分析以及安装设计能力，形成深水挠性立管设计技术体系文件——国家标准《石油天然气工业·水下生产系统的设计和操作第10部分：粘接性挠性管规格书》，基本建立了适用于南海开发的深水立管选型评估、强度分析和疲劳分析方法，规格书、计算报告等文件体系框架；建立了深水立管构型数据库，制定了《深水立管结构专业技术规程》，编制了《SCR立管总体设计》《SCR立管疲劳分析》和《SCR立管安装分析》设计指南，自主编制的《深水悬链线立管形态设计软件》获国家软件著作权登记。相关成果应用于陵水17-2深水气田钢悬链立管设计之中。

海洋深水导管架技术。2014年，中国海油建成水深190米的荔湾3-1导管架（图3-2）、番禺34-1导管架，两座平台分别为亚洲第一、第二大导管架平台，标志着中国已掌握了200米深水级导管架技术。同年，发布新版企业标准《渤海海域钢质固定平台结构设计规定》。2018年，在陆丰15-1油田、流花11-1油田新建超深水导管架，采用干式采油树对两个油田进行开发。其中陆丰15-1导管架工作水深286米，流花11-1导管架工作水深达到330米，刷新了亚洲最大导管架的纪录。中国海油不断加强海洋石油工程勘察、材料研发、设计、建造、安装等技术的攻关研究，到2019年将导管架平台的应用水深从200米以内推进至超过300米，实现了中国在深水导管架技术从跟随向技术引领的转变；深水导管架钢材屈服强度等级从355MPa提升至420MPa，带动中国海洋工程材料行业产业升级；海洋工程结构设计技术从频域分析向时域分析进化，从跟随API标准到出台中国海工标准，单座平台建造吨位从2万吨到4万吨，提升了大型海洋工程装备的整体制造水平。随

图3-2　2012年8月30日，荔湾3-1导管架运输至预定海域准备下水

着300米水深导管架的应用，拓展了在南中国海油气资源开发的适用版图。对于年产一百万吨的深水油气田，采用导管架平台方案相比其他浮式平台方案可节省开发投资5亿元以上。导管架平台作为海上油气开发的"定海神针"，为海洋油气资源的经济高效开发发挥重要作用。2018—2019年，中国海油制定《海上固定平台规划设计和建造的推荐作法——工作应力设计法》《石油天然气工业·海洋结构物特殊要求第4部分：岩土工程及基础设计》行业标准，针对导管架设计相关技术性问题提出了新的要求和推荐做法。

海上大型组块浮托安装技术。随着海上平台向大型化、集约化方向发展，平台上部组块的整体面积、重量也随之增加，对海上超大型平台的安装技术及作业能力提出了更高的要求。浮托安装技术可以一次性安装上万吨的平台组块，从而节省海上调试时间，实现油田提前投产（图3-3）。中国海油科技攻关、大胆实践，逐步从1万吨级组块浮托安装发展到2.7万吨的组块浮托安装。到2019年，完成20余座组块浮托安装，包括亚洲最重的LW3-1CEPA组块浮托安装、动力定位浮托HZ25-8组块浮托安装、极浅水浮托JZ9-3组块浮托安装等，完成安装重量达到30余万吨。经过十几年的技术发展，相继攻克高位浮托、低位浮托、动力定位浮托、超浅水浮托、冬季浮托等技术难题，掌握了全序列、全海域浮托安装技术，实现了施工海域从渤海到南海、从国内走向国际的拓展。中国海油海上大型组块浮托安装技术达到国际先进水平。

中国海油在全力抓好海洋油气勘探开发、加强关键核心技术攻关等方面持续发力，已掌握和突破一大批具有知识产权的关键技术，形成近海油气勘探开发全套技术能力，带动海洋工程高端制造业实

图3-3 海上大型组块（荔湾3-1组块）浮托安装技术应用

现快速发展。2021年1月14日，中国海油宣布全球首座10万吨级深水半潜式生产储油平台——“深海一号”能源站在山东烟台交付起航。这一最新海洋工程重大设备，实现了3项世界级创新、运用了13项国内首创技术。2月6日，中国海油“深海一号”能源站顺利抵达海南岛东南陵水海域，落位“深海一号”大气田（陵水17-2），开启海上系泊、安装和生产调试工作，标志着中国首个1500米深水、千亿立方米自营大气田向正式投产迈出了关键一步。4月15日，中国海油“深海一号”完成全部开发井的钻完井作业；8月30日，“深海一号”首次提油作业顺利完成；9月6日，“深海一号”大气田实现全部投产；11月24日，“深海一号”日产天然气达1000万立方米，提前达到设计产量峰值，具备了年产气30亿立方米的生产能力，这对保障国家能源安全、推动能源结构转型升级具有重要意义，是提升中国深海资源开发能力、建设海洋强国的坚实一步。

2022年5月，中国首套国产化深水水下采油树在南海莺歌海海域完成海底安装，标志着中国深水油气开发关键技术装备研制迈出坚实一步。水下采油树是水下油气生产系统的关键设备之一，它连接来自地层深处的油气和外部的油气运输管道，可以控制油气开采速率、实时监测和调整生产情况。长期以来，全球仅有5家公司掌握水下油气生产系统的设计建造技术，导致设备采办周期长、价格高、维保难。为研制这一关键技术装备，中国海油牵头联合16家单位持续攻关水下生产、水下控制、水下监测等多项技术，掌握了设计、制造及测试技术。这套自主研制的水下油气生产系统较以往成本降低约27%，对于加快海洋油气勘探开发具有重要意义。

在海洋工程技术方面，中国石化发展形成的国家级施工工艺技术主要有：浅海油田海底管道浮拖法施工技术，滩海油田大型平台整体浮装就位施工技术，滩海铺管船铺设海底管线施工技术，浅海海底管道干箱法无水作业环境维修施工技术。中国石化海洋石油工程公司“海洋第四系钻探绳索取心技术研究”项目成果——研制的新型取心器通过鉴定，整体达到国际先进水平。

石油工业进入新时代，石油企业在关键技术、核心技术等方面取得跨越发展，石油工程技术助力油气勘探开发在新领域实现新突破，发现一批亿吨级和千亿立方米级规模的油气储量区，为油气田企业扩大可采储量、提高产能建设质量创造了条件。2014—2019年，石油企业科技攻关取得丰硕成果，其中在油气勘探开发和石油工程技术领域获得国家科技进步奖8项。中国石化"元坝超深层生物礁大气田高效勘探及关键技术"项目，获得国家科学技术进步奖一等奖（表3-6）；中国海油"超深水半潜式钻井平台研发与应用"获得国家科学技术进步奖特等奖；中国石油"中东巨厚复杂碳酸盐岩油藏亿吨级产能工程及高效开发"获得国家科学技术进步奖一等奖。石油企业坚持改革创新、管理创新、科技创新，推动石油工业勘探开发工程技术不断发展进步。石油工业规模实力不断增强，石油企业整体协调发展，生产力、科技力水平不断提高，综合实力和国际竞争力显著增强。

"十二五"时期，石油企业按照"自主创新，重点跨越，支撑发展，引领未来"指导方针，推进和不断完善科技创新体系建设，组织完成了一大批国家重大科技专项及企业重大科技项目攻关，在攻克制约主营业务发展的关键瓶颈技术上取得丰硕成果。在中国油气战略通道建设与运行关键技术、5000万吨级低渗透-致密油气田勘探开发与重大理论技术创新、元坝超深层生物礁大气田高效勘探及关键技术、超深井超稠油高效化学降黏技术研发与工业应用、高效环保芳烃成套技术开发及应用、超深水半潜式钻井平台研发与应用等关键技术取得重大进展。技术创新和装备自主化再上台阶，创新连续型油气聚集等地质理论，发展完善了低渗及稠油高效开发、三次采油等世界领先的技术系列，大型成套压裂机组、近钻头端地质导向系统等核心技术装备国产化取得突破。掌握了300米水深勘探开发成套技术，具备了1500米水深自主勘探开发能力和3000米水深工程技术装备及作业能力，建成投运"海洋石油981"深水半潜式钻井平台。

"十三五"时期，在涪陵大型海相页岩气田高效勘探开发、南海高温高压钻完井关键技术及工业化应用等关键技术上取得重大突破。这些具有自主创新的油气勘探开发领域的核心技术、关键技术，为新时代中国石油工业高质量发展发挥了关键作用。

表3-6　2014—2019年石油企业获得国家科学技术进步奖

年度	项目名称	主要完成单位	获奖等级
2014	中国油气战略通道建设与运行关键技术	中国石油天然气股份有限公司管道建设项目经理部 中国石油天然气管道局 中国石油集团石油管工程技术研究院 中国石油天然气股份有限公司管道技术研究中心 中国石油天然气股份有限公司西气东输管道分公司 中国石油天然气股份有限公司西部管道分公司 中国石油天然气股份有限公司管道分公司 中国石油中亚天然气管道有限公司 中国石油天然气股份有限公司北京油气调控中心 中国石油大学（北京）	一等奖
	元坝超深层生物礁大气田高效勘探及关键技术	中国石油化工股份有限公司勘探南方分公司 中国石油化工股份有限公司石油工程技术研究院	
	超深井超稠油高效化学降黏技术研发与工业应用	中国石油化工股份有限公司西北油田分公司 中国石油化工股份有限公司石油化工科学研究院 中国石油大学（北京） 中国科学院广州地球化学研究所	
	超深水半潜式钻井平台研发与应用	中海石油（中国）有限公司 中海油研究总院 上海外高桥造船有限公司 中国船舶工业集团公司第七〇八研究所 西南石油大学 上海交通大学	特等奖
2015	5000万吨级特低渗透－致密油气田勘探开发与重大理论技术创新	中国石油天然气股份有限公司长庆油田分公司 中国石油天然气股份有限公司勘探开发研究院 中国石油大学（北京） 中国石油集团川庆钻探工程有限公司 中国石油集团测井有限公司 中国石油集团东方地球物理勘探有限责任公司 西南石油大学 西安石油大学	一等奖
2017	涪陵大型海相页岩气田高效勘探开发	中国石油化工股份有限公司勘探分公司 中国石油化工股份有限公司江汉油田分公司 中国石油化工股份有限公司石油工程技术研究院 中国石油化工股份有限公司石油勘探开发研究院 中国石化中原石油工程有限公司	一等奖

续表

年度	项目名称	主要完成单位	获奖等级
2017	涪陵大型海相页岩气田高效勘探开发	中国石化江汉石油工程有限公司 中国石化石油机械股份有限公司 中国石油化工股份有限公司石油物探技术研究院 中国石化胜利石油工程有限公司 国土资源部油气资源战略研究中心	一等奖
	南海高温高压钻完井关键技术及工业化应用	中海石油（中国）有限公司湛江分公司 中海油研究总院 中海油田服务股份有限公司 中国石油大学（北京） 中海油能源发展股份有限公司 西南石油大学 长江大学 深圳新速通石油工具有限公司 华油阳光（北京）科技股份有限公司 深圳市远东石油钻采工程有限公司	
2018	凹陷区砾岩油藏勘探理论技术与玛湖特大型油田发现	中国石油天然气股份有限公司新疆油田分公司 中国石油天然气股份有限公司勘探开发研究院 中国石油集团东方地球物理勘探有限责任公司 中国石油集团工程咨询有限责任公司 南京大学 中国石油大学（华东） 长江大学 西南石油大学 中国石油大学（北京） 中国石油集团测井有限公司	一等奖
2019	渤海湾盆地深层大型整装凝析气田勘探理论技术与重大发现	中国海油石油集团有限公司 中国石油大学（华东） 成都理工大学 中国地质大学（武汉） 中国石油大学（北京） 吉林大学 长江大学	一等奖
	中东巨厚复杂碳酸盐岩油藏亿吨级产能工程及高效开发	中国石油国际勘探开发有限公司 中国石油天然气股份有限公司勘探开发研究院 中国石油工程建设有限公司	

注：此表来源于中国石油年鉴、中国石化年鉴，以及中国海油所提供资料。

“十四五”期间，加大页岩油勘探开发力度，以实现重要的战略接替能源。

中国页岩油资源潜力巨大，但仍处于局部突破阶段。近年来，中国石化不断加大勘探开发力度，在渤海湾盆地济阳坳陷古近系、四川盆地侏罗系、苏北盆地古近系取得页岩油勘探重大突破，落实了3个亿吨级页岩油资源阵地，初步形成了页岩油加快发展的新格局。通过多年理论与技术攻关，中国石化初步明确了东部断陷盆地陆相页岩油富集的主控因素，建立了陆相页岩油选区评价的方法。通过对济阳坳陷页岩油富集高产控制因素的精细解剖，并借鉴国内外其他探区页岩油评价参数，中国石化探索建立了济阳坳陷多因素叠加的陆相页岩油综合评价参数体系，包括含油性、储集性、可动性、可压裂性四个方面的20项参数。

2021年，中国石油页岩油地质储量快速增长，鄂尔多斯盆地长7段、松辽盆地青一段及青二段、准噶尔盆地吉木萨尔芦草沟组及玛湖凹陷风城组等七大盆地的页岩油年产量达265万吨，较2020年增长42.5%。在鄂尔多斯盆地，陇东页岩油探明储量超10亿吨，创造性地用小井场、大平台、“井工厂”模式实现平台井数更多、水平段更长、速度更快、质量更高、更节能环保的工程技术新目标，建成了百万吨页岩油开发示范区，成为页岩油规模开发范例，整体达到北美水平；在准噶尔盆地，新疆油田创建多井施工新模式，58号平台50天完成全部312级施工，创造了单井加砂量、一次性拉链式作业井数、单日施工级数等多个国内第一；在松辽盆地，大庆油田古龙古页油平1试验井组通过“钻井设计优化、工序工艺简化、数据分析量化、施工方案细化、施工模板固化”，水平井钻井周期缩短近99天。中国石油创新页岩油源储一体、大规模成藏、“甜点”区/“甜点”段富集新认识，攻关形成“甜点”评价预测、长水平井钻完井、细分切割体积压裂等6项核心技术。2021年，中国石油又大力推动管理创新、技术创新，推进“大井丛、多层系、多井型、立体式”工业化建产模式，提高了页岩油规模效益开发。中国页岩油中高成熟度区地质资源量达283亿吨，具备增储上产的巨大潜力，页岩油规模效益开发可实现未来原油持续发展。

「 第四章 」

加强石油科技体制机制建设

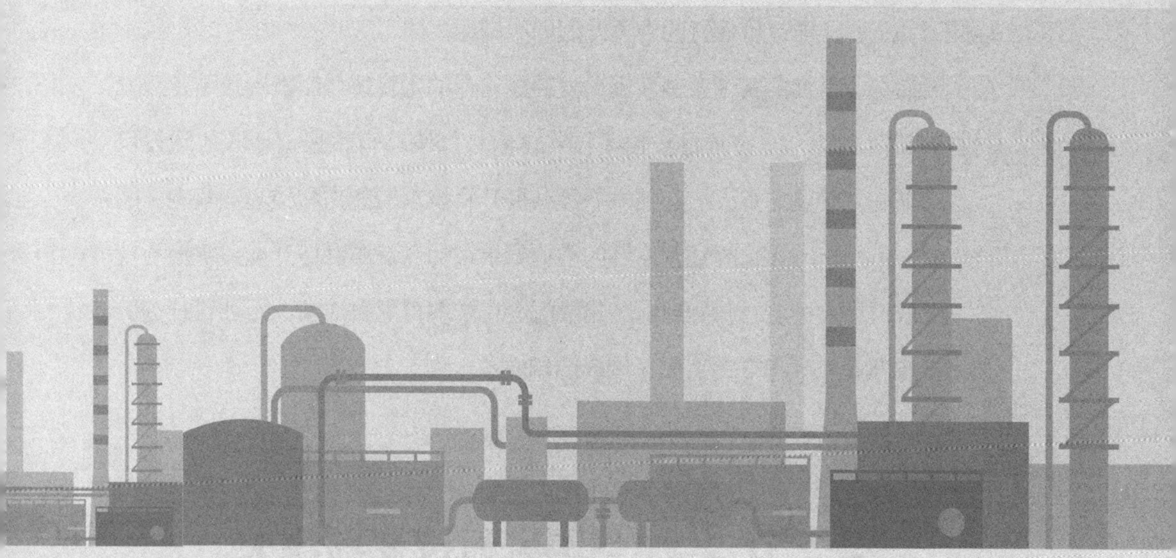

党的十八大以来，党和国家把科技创新摆在国家发展全局的核心位置，深刻把握世界科技发展大势，强调强化国家战略科技力量、提升国家创新体系整体功能，为加快建设科技强国、实现高水平科技自立自强指明了方向。

中国石油工业整体科技水平大幅跃升，已跻身于世界石油先进国家行列。中国石油科技革命和产业变革加速推进，石油科技创新进入大融通时代。把握新时代机遇，需要统筹布局、紧密合作、协同发力，提升科技创新体系化能力和重点突破能力，这就需要构建和强化国家实验室、国家科研机构、高水平研究型大学、石油科技领军企业等各类创新主体。中国石油工业推进石油科技自立自强，需要在基础研究与原始创新、关键核心技术、产业链与创新链融合等方面，整合石油企业重大创新领域的优势科技力量，强化国家石油战略科技力量，补齐石油科技的短板，以确保石油产业链供应链自主、安全、可控，推动中国石油工业从全球价值链的中低端迈向中高端。

石油企业贯彻落实国家创新驱动发展战略，深化科技体制机制改革，激发科技创新活力动力，完善科技创新技术体系，加快培育积聚创新人才建设步伐，突破制约发展的重大核心技术瓶颈，提升科技创新能力和核心竞争力。围绕资源、市场、国际化等经营方针的实施要求，油气资源勘探开发关键核心技术攻关取得重大进展，基础超前和集成配套技术取得显著成绩，石油科技创新体系支撑产业升级和重大工程建设取得新成效。

第一节 ＞ 加强国家科技专项攻关

石油企业不断加强石油科技体系建设，实施科技创新驱动战略，加大技术研发与应用力度，取得重大进展和重要成果，大大提升了企业自主创新能力和核心竞争力，为推动新时代石油工业发展提供有力的技术支撑。坚持“主营业务战略驱动、发展目标导向、顶层设计”科技发展理念，集中力量组织完成国家重大科技专项、企业重大科技项目攻关，努力攻克制约主营业务发展的关键瓶颈技术，在某些技术领域走在世界石油科技前列。

根据“十二五”科技规划部署，中国石油按照超前储备、技术攻关、配套推广三个层次，组织实施国家重大科技专项，以及企业重大科技专项。2012年，完成落实“新一代测井软件”等4个国家重点新产品计划项目，组织完成“863”计划项目19项、“973”计划项目9项、科技支撑计划项目4项的立项论证、中期检查工作。中国石油勘探开发研究院牵头完成的“水平井钻完井多段压裂增产关键技术及规模化工业应用”项目，获国家科技进步一等奖。这是中国石油“九五”以来，在石油工程技术领域获得的最高等级奖项。中国石油规划总院完成了中国天然气利用结构优化研究、天然气利用政策研究等，为国家制定能源规划提供了技术支持。2013年，中国石油国家油气重大专项实施进展顺利。国务院领导及中国工程院牵头组织专项中期评估，专家组对专项关键技术研发、高端装备研制取得的重大进展、实施成效和专项的组织管理方式予以高度评价。2014年，中国工程院在呈报国务院的评价报告中指出：“大型油气田勘探开发理论与核心技术突破，带动油气探采实现跨越式发展。”2015年，中国石油全面完成承担的国家科技重大专项“十二五”阶段目标任务，科技攻关成果丰硕：创新油气勘探理论与配套技术，支撑发现一批大油气田；高含水油田和复杂油气田开发技术不断创新，支撑大庆等东部老油田提高采收率和鄂尔多斯盆地等低渗油气田规模效益开发；自主研发G3i数字地震仪等13项重大装备，改变了石油高端装备与软件主要依赖进口的局面。重大科技专项的实施，大幅度提升中国油气科技自主创新能力，实现石油产量稳中有升，天然气产量跨越式发展，保障了国家能源安全供给。“863”“973”等其他各类国家科技计划项目工作有序开展，进展良好。中国石油全面实现“十二五”攻关任务和目标，形成20项重大技术，研制13项重大装备，建设22项示范工程，有力保障国家油气战略实施。在国家“十二五”科技创新成就展上，国家油气专项重大成果得到党和国家领导人充分肯定。中国石油牵头编制的“十三五”规划通过国务院审查，其中中国石油承担18个项目、8个示范工程。2016年，国家重点研发计划项目有序开展，在智能分层注水、采油技术装备等方面取得良好进展。2017年，发挥国家科技资源优势，提升自主创新能力，完成国家科技重大专项“大型油气田及煤层气开发”项目部署、任务合同书签订，保证中央财政资金及时到位。创新管理方式，瞄准2020年专项目标，组织凝练预期形成的7大标志性成果及细分二级成果。定期更新专项推进工作路线图，实现“挂图推进”。完成三部委2017年度监督评估、配合科学技术部及时发布专项成果；完成21项其他国家级科技计划项目经费课题立项，原“973”计划、工业和信息化部海洋装备项目、国家重点计划、国家自然基金项目均有序开展。

中国石化加强顶层设计，制定科技发展规划，提出清洁绿色技术专项发展规划和引领产业技术发展规划，加强科技创新、加强基础研究。“直属院－分院”管理体制机制进一步完善，产销研结合进一步密切，协同创新效应显著增强。2012年，中国石化中原油田主要完成的“特大型超深高含硫气田安全高效开发技术及工业化应用”项目，获国家科学技术进步特等奖。2014年，中国石化石油工程技术研究院作为第二承担单位的“元坝超深层生物礁大气田高效勘探及关键技术”获国家科技进步一等奖。这一项目研究，攻克了元坝大型生物礁带勘探的难题，创新形成超深层优质储层发育机理新认识；攻克超深层能否形成大气田的难题，提出了超深层油气成藏富集机理新认识；攻克复杂山地超深层地震信号弱、信噪比与分辨率低、目标识别难度大的难题，创新形成了复杂山地超深层地震勘探技术系列；攻克超深复杂井钻探工程事故多、周期长、成本高、效率低的难题，创新形成复杂超深井完井和测试技术。2015年，中国石化统筹组织“十条龙”等重大科技攻关，加快成果转化与推广应用，各项工作取得良好进展；坚持企业为主体、院所为龙头、市场为导向，提出中国石化贯彻创新驱动发展战略的措施意见。中国石化“十二五”国家重大专项顺利通过结题验收，由石油勘探开发研究院承担的4个项目及14个课题通过结题审计和财务验收，其中2个项目成绩为优秀。为实施国家科技重大专项、国家重点研发计划，中国石化制定发布《中国石化“十三五”科技进步规划》，明确14个重点领域（专项）、40个方向的目标和任务。2016年，围绕国家能源战略，承担“大型油气田及煤层气开发”国家科技重大专项“十三五”攻关任务，胜利油田特高含水期提高采收率技术、高含硫气藏安全高效开发技术、深层页岩气开发关键装备及工具研制等12个项目和示范工程全面启动。低渗透油气是未来油气勘探开发的重要领域，钻完井技术作为低渗透油气藏实现高效勘探开发的关键技术，极具创新性和挑战性。为了突破低渗透油气藏的工程技术难题，石油工程技术研究院联合西南油气分公司等9家单位组成研究团队，成立项目管理办公室，全力推进项目立项阶段的组织和管理工作，一次性通过国家重大专项办公室组织的“低渗透油气藏高效开发钻完井技术”立项审查。石油工程技术研究院申报的国家重点研发计划“极地冷海钻井关键技术研究”项目，通过国家科技部评审立项并启动实施。2017年，由中国石化石油工程技术研究院主要完成、石油勘探开发研究院等参与完成的“涪陵大型海相页岩气田高效勘探开发”项目，获国家科技进步一等奖，其主要成果：提出大井距平行丛式渐增式五段制和鱼钩型三维井眼轨道设计方法；揭示涪陵地区页岩地层井壁失稳机理，开发高强度韧性水泥浆和高效清洗液体系；建立“井工厂”技术经济评价模型，创新应用钻井“学习曲线”指导现场施工；开展水力压裂大型物模试验和数值模拟研究，揭示五峰组-龙马溪组不同层位裂缝起裂扩展机理，提出涪陵页岩复杂缝网改造思路。这一项目，获授权发明专利37件、软件著作权12项，制定各类标准107项，为涪陵气田百亿立方米产能建设以及中国页岩气工程技术进步做出了突出贡献；项目获世界页岩油气国际先锋奖，引领和推动了中国页岩气产业发展。2019年，中国石化编制《科技中长期规划（2019—2045）》和《科技行动方案（2019—2023）》，聚焦国家重大战略需求，积极推进国家级创新平台建设。2020年，强化顶层设计，制定《“十四五”科技专项规划》；强化基础研究，制定《基础研究课题管理实施细则》，加大基础研究支持力度；启动“科改示范行动”，在8家直属研究院扩大实施。制定《中国石化“十四五”标准化专项规划》，编制发布ISO国际标准5项、国家标准12项、行业标准49项；获批筹建全国石油计量技术委员会。

中国海油加强海洋油气勘探开发科技创新体系建设，组织完成国家重大科技专项、企业重大科技项目攻关取得重要成果。2012年3月19日，中国海油承担的国家“863”计划海洋技术领域重大项目课题“深水立管工程设计关键技术研究”顺利通过国家科技部组织的验收；3月31日，中国海油“深水钻井表层导管施工关键技术研究与应用”“超大型组块浮托安装的创新设计与突破”项目，分别获得海洋工程科学技术奖一、二等奖；中海石油环保服务（天津）公司获得首届海洋工程科学技术奖。5月，中国海油承担的国家“863”计划“深水海底管道铺设技术”课题顺利通过国家验收，由此提升了深水海底管道铺设施工能力；6月18日至19日，由中国海油承担的国家“863”计划海洋技术领域重点项目“旋转导向钻井系统工程化技术研究”和重大项目课题“深水高精度地震勘探技术”顺利通过国家科技部组织的验收；7月21日，中国海油承担的“863”项目“浅水超大型浮式生产储油系统关键技术”课题在上海顺利通过了国家验收；9月，中海油研究总院牵头承担的国家“863”计划——海洋技术领域“深水表层钻井关键技术及装备研究”课题通过国家验收，标志着中国海油自主掌握了深水表层钻井关键技术。2013年3月22日，中国海油承担的国家“863”计划课题“水下生产系统脐带缆关键技术研究”顺利通过国家科技部组织的验收；5月23日，荔湾3-1号气田中心平台上部组块在南海海域成功实施浮托安装，标志着中国成为第三个掌握三万吨级平台整体浮托技术的国家；6月13日，中国海油承担的国家“863”计划课题“南海油气开发区极端海洋动力环境监测技术研究与示范”通过国家科技部组织的验收；8月6日，海油工程公司与哈尔滨工程大学等单位联合自主研制的动力定位系统HDP3通过工业和信息化部专家组验收，标志着中国在动力定位系统领域实现零的突破；9月11日，中海油研究总院申报的“南海深水区复杂地质结构地震勘探关键技术创新与应用”科研成果，获得第二届中国地球物理学会唯一的科学技术进步一等奖。2014年，中国海油“超深水半潜式钻井平台研发与应用”获得国家科学技术进步特等奖。2016年7月14日，中国海油承担的“十二五”国家油气重大专项6个项目、2个示范工程项目通过国家验收。2018年1月8日，“南海高温高压钻完井关键技术及工业化应用”成果荣获国家科技进步一等奖；该项目攻克了南海莺琼盆地高压成因复杂、压力预测精度低等系列难题，创建了多源多机制压力精确预测的安全钻井技术等 4 大核心技术体系，安全高效实施54口高温高压井作业，发现7个大中型气田，建成中国第一个海上高温高压气田——东方13-1气田，实现了海上高温高压天然气从勘探向开发的历史性跨越。2019年，中国海油牵头并主要完成的“渤海湾盆地深层大型整装凝析气田勘探理论技术与重大发现”项目，获2019年度国家科技进步一等奖；该理论创新成功指导发现了全球储量最大的变质岩潜山凝析气田，中国东部第一个大型、整装、高产、特高含凝析油的凝析气田——渤中19-6凝析气田，确定天然气地质储量超千亿立方米、凝析油探明地质储量超亿吨，为油型盆地天然气勘探打开了新局面；到2019年年底，探明油气当量地质储量达3亿吨。

第二节 > 推进国家级实验室建设

石油企业着力加强应用基础研究，以具有优势条件的科研机构为依托，以及引进国内外最优秀的科技人才，采用“流动、开放、联合、竞争”新机制，组建对石油科技发展有重要影响的重点实验室，使其成为出理论、出方法、出高水平硬件（样机）及软件的研究基地，成为培养高水平人才及学科带头人、形成合理的学科梯队的人才培养基地，以及国内外在这个领域中的重要学术和技术交流中心。中国石油先后组建“油气藏地质及开发工程”“重质油加工”等国家重点实验室，以及“油气地球化学”“油气储层”等一批企业重点实验室。采用这种重点实验室建设的新体制、新机制，使优秀人才集中起来办科研上的大事要事，提高了科学研究起点和科研效率、科研水平。到“十一五”末，在国家政策的扶持下，依托重点研究院及重点石油企业，相继建立一批国家级重点实验室，并发挥了重要作用。中国石油在勘探开发研究院建有“提高石油采收率”国家重点实验室、国家能源页岩气研发实验中心，在钻井工程技术研究院建有“油气钻井技术”国家工程实验室，在石油管工程技术研究院建有“石油管材及装备材料服役行为与结构安全”国家重点实验室。

“十二五”期间，中国石油搭建科技基础条件平台持续推进，平台功能不断完善，支撑作用不断增强。2012年，油气地下储库工程重点实验室等6个集团公司级在建平台项目按计划实施，在设备引进和研制、组织机构和团队建设等方面取得重要进展。非常规油气勘探等6个国家级平台建设取得重要成果，其中二氧化碳驱油与埋存、测井装备平台建设被列入国家能源创新能力建设项目；高含硫气藏开采先导试验基地升格为国家研发实验中心。2013年，中国石油重点实验室和试验基地新增实验（试验）方法和技术175项，其中20多项基础研究取得重要进展，形成一批原创性成果。2015年，先期投资新建的油藏描述等5个重点实验室及二氧化碳埋存、2个驱油试验基地建设任务全面完成，并在科技创新中发挥了重要作用。

“十三五”时期，中国石油搭建统一开放的科研设施与仪器网络管理平台，形成重点标志性仪器设备开放共享管理办法，提高实验室、试验基地开放程度和实验设备、试验装置的利用率。2016年，完成重点实验室和试验基地47个，开发139项实验功能、新增209项实验方法。中国石化首个国家重点实验室——页岩油气富集机理与有效开发国家重点实验室，于2016年在中国石化石油勘探开发研究院挂牌成立。2017年，中国石油完善低渗透油气田勘探开发国家工程实验室等47个在役平台功能；启动信息技术和软科学研究等5个平台建设，开展平台管理系统建设和实验室评估指标体系研究，启动重点实验室和试验基地第二轮评估；修订重点实验室和试验基地管理办法，完善仪器开放共享、平台运行管理等内容；新增实验（试验）功能144项，开发实验（试验）新技术、新方法240项，有效支撑426项国家和中国石油重大项目和课题的研究。中国海油加强科技创新平台建设，建立了海洋石油勘探国家工程实验室、海洋石油高效开发国家重点实验室、石化工业水处理国家工程实验室、天然气水合物国家重点实验室等国家级科研实验室机构，设立地球物理重点实验室、提高采收率重点实验室、深水工程重点实验室、边际油田开发技术研究室等集团公司级重点实验室，有效支撑了海洋石油科技发展。

南海试采可燃冰取得重大进展。可燃冰[1]是一种理想的高效清洁能源，但对其开采是一道世界性难题。2017年5月18日，国土资源部宣布在南海神狐海域进行的中国首次可燃冰试采取得成功，实现连续产气60天、总产气量30.9万立方米，创出采气时间最长、总产量最高的世界纪录，以及气流稳定、环境安全等多项重大突破，标志着中国成为全球第一个可燃冰试采获得连续稳定产气的国家。可燃冰被命名为中国第173号新矿种，党中央、国务院发贺电祝贺可燃冰试采成功，并要求参研参试单位依靠科技进步，保护海洋生态，促进天然气水合物勘查开采产业化进程，为推进绿色发展、保障国家能源安全做出新的更大贡献。中国石油是此次试采工程的重要合作者，其所属的海洋工程公司作为项目的总承包商，充分发挥管理和技术优势，大力开展技术攻关，集成先进工艺技术，成功解决粉砂质储层水合物试采、储层埋藏浅、深水低温、地层出砂、水合物二次生成等技术难题，保障工程的顺利实施。

中国南海可燃冰资源丰富，中国海油历经10多年的天然气水合物科学研究，逐步发展形成一支专业化多学科团队。2017年5月25日，中国海油运用全球首创固态流化法试采可燃冰取得成功，实现可燃冰勘探技术的突破，包括海洋高分辨率地震探测技术、海洋可控电磁探测技术、水深4500米级遥控潜水器探测技术、保压取样技术等；实现钻完井技术的突破，包括窄密度窗口

[1] 可燃冰，学名为“天然气水合物”，是一种分布于深海的沉积物或陆域永久冻土层中由天然气与水在高压低温条件下形成的类冰状结晶物质。因其外观像冰一样，且遇火即可燃烧，故人们形象化地称之为“可燃冰”。

平衡钻井技术、井口稳定性增强技术、井中测试系统集成技术等；实现储层改造技术的突破，包括储层快速精细评价技术、产能动态评价技术、水砂气分离技术，以及地层流体抽取技术、未成岩超细储层防砂技术、天然气二次生成预防技术等。8月24日，中国石油与国土资源部、广东省人民政府签署《推进南海神狐海域天然气水合物勘查开采先导试验区建设战略合作协议》，进一步开展天然气水合物试采工业化现场试验，以提高单井产量、降低试采成本、有效保护环境，实现可燃冰的产业化规模开发。鉴于可燃冰蕴含巨大经济价值，以及具有“后石油时代”替代能源的作用，经科技部验收批准，在中国海油建立了天然气水合物国家重点实验室，并于2018年1月23日挂牌成立（依托单位：中海油研究总院），天然气水合物技术创新联盟同日挂牌运作。

中国油气勘探开发领域国家重点实验室，在中国石油主要建有：①提高石油采收率国家重点实验室（图4-1），是科技部批准建设的中国第一批国家重点实验室（2010年10月）。依托中国石油勘探开发研究院建设，2017年12月通过科技部第一轮评估。实验室以国家油气重大战略需求和提高油气田采收率技术前沿为导向，围绕国家油气资源战略目标，重点开展提高采收率应用基础研究，研究制定国家和行业标准。“十二五”以来，在复杂油气藏成藏机理与油气田形成、高含水老油田二次开发设计技术与工业化应用、驱油用表面活性剂的研制与先导试验、稠油开发关键技术与试验、CO_2驱提高采收率基础研究与工业化试验等方面的研究与应用取得了显著进展，在行业的重大基础理论研究、关键技术攻关和应用中发挥了重要作用。②石油管材及装备材料服役行为与结构安全国家重点实验室，是科技部

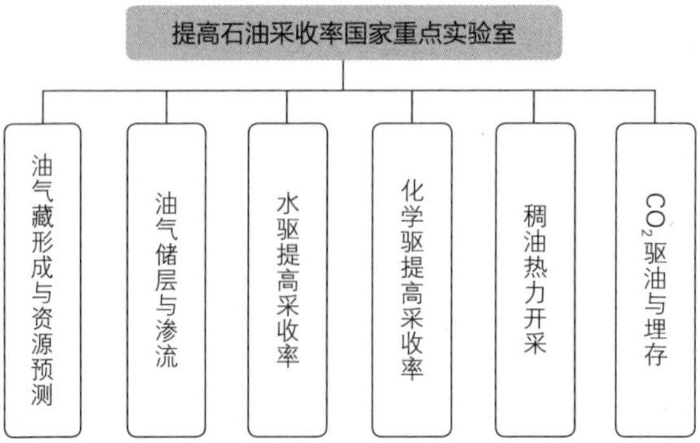

图4-1 中国石油提高石油采收率国家重点实验室

于2015年9月批准建设的国家重点实验室之一，以石油管工程技术研究院为依托单位。实验室面向行业未来发展需求，开展石油管材及装备材料服役行为与结构安全领域的应用基础研究，以提升国家石油管材及装备科技支撑能力为目标，发展石油管材及装备的应用关键技术，建立失效控制理论，形成石油管材及装备材料服役行为与结构安全核心技术体系和标准体系。③石油石化污染物控制与处理国家重点实验室，于2015年9月由科技部批准建设，以安全环保技术研究院为依托单位。实验室的主要任务是开展石油石化污染控制与处理领域的应用基础研究，研究制定国际标准、国家和行业标准，引领和带动行业技术进步。

中国油气勘探开发领域国家重点实验室，在中国石化主要建有：①化学品安全控制国家重点实验室，是在整合中国石化青岛安全工程研究院化学品安全领域优势资源的基础上建立起来的，是第一批通过验收的18家企业国家重点实验室之一，以中国石化青岛安全工程研究院为依托单位。②页岩油气富集机理与有效开发国家重点实验室（图4-2），2015年10月成立，以中国石化石油勘探开发研究院为依托单位。实验室以页岩油气富集机理与分布预测、页岩油气流动机理与开发技术、页岩储层流固耦合与体积压裂为重点研究方向，开展以页岩油气富集、流动和页岩缝网形成机理为核心的基础理论研究和以一体化勘探开发工程技术为主要内容的创新性研究。“十三五”期间，主攻方向为复杂构造区海相页岩气和陆相页岩油富集、流动、页岩流固耦合机理、页岩油气资源评价和“甜点”预测技术方法、页岩油气地质－地球物理－油藏－工程核心技术系列。

图4-2　中国石化页岩油气富集机理与有效开发国家重点实验室

中国油气勘探开发领域国家重点实验室，在中国海油主

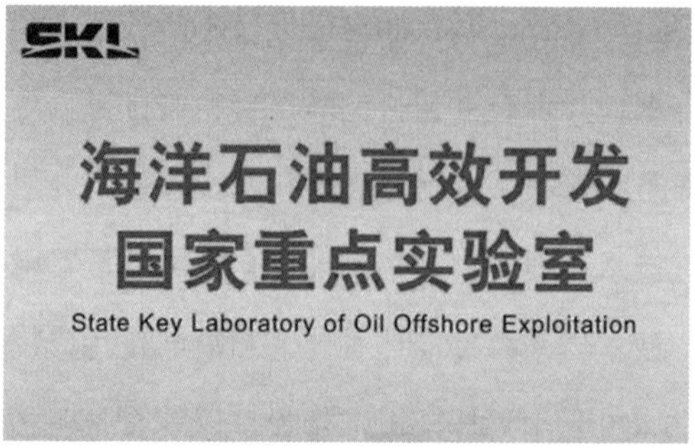

图 4-3　中国海油海洋石油高效开发国家重点实验室

要建有：①海洋石油高效开发国家重点实验室（图4–3），是科技部批准建设的国家重点实验室（2010年12月17日），以中海油研究总院为依托单位。2018年5月30日，通过科技部第一轮评估，获评“优秀类实验室”。实验室以高效开发海洋油气为目标，开展基础与应用基础研究、重大和关键技术攻关，引领和支撑海洋石油高效开发领域的技术创新，指导并协助油田开展矿场试验，解决科研成果转化应用过程中的重要及共性技术问题。研究方向：海上双特高油田水驱提高采收率技术研究；海上油田化学驱提高采收率技术研究；海上稠油热力采油技术研究；海上复杂油气田高效开发钻采技术研究；海上油田高效开发海洋工程技术研究；海上油田二氧化碳有效利用及注气技术研究。②天然气水合物国家重点实验室，于2017年建设成立，以中海油研究总院为依托单位。实验室建立了“2000米深水水合物勘探–测井–取样–评价–试采”技术体系，使中国成为掌握该技术的第三个国家；研发了“1500米深水流动安全保障评价–设计–监控–数字化”技术装备体系，为南海万亿立方米大气区建设提供技术保障；提出的“海洋水合物固态流化开采和多气合采方法”具有广泛国际影响力。研究方向：天然气水合物多气叠合成藏机理和资源评价研究；天然气水合物多层系钻采机理、关键技术及装备研究；多相流动体系流动安全保障机制研究；天然气水合物多气合采与可再生能源立体开发方法研究；海洋CO_2水合物利用与封存机制研究；深海水合物环境风险评估与防控机制研究。

中国油气勘探开发领域国家重点实验室，在中国高校主要建有：①油气资源与探测国家重点实验室（图4–4），其前身是以“石油天然气成藏机理教育部重点实验室”和“中国石油集团公司物探重点实验室”为基础组建的多学科

图 4-4　中国石油大学（北京）油气资源与探测国家重点实验室年会

交叉研究实体，后经科技部批准建设为油气资源与探测国家重点实验室（2007年），设于中国石油大学（北京）。实验室的主要任务是围绕国家重大需求，开展地质资源、地球物理和油气工程的多学科交叉研究，以资源评价为基础，发展和完善复杂条件下油气成藏理论，解决油气勘探、油气藏开发中存在的重大技术难题，引领油气资源与工程研究综合化、系统化的发展趋势，主要研究方向为“盆地演化与油气资源分布”“油气成藏机理”“油气地球物理”“油气钻探理论与技术”“油气测井理论与方法”。②油气藏地质及开发工程国家重点实验室，依托单位为西南石油大学、成都理工大学。它是中国石油工业上游领域第一个国家重点实验室，是布局在中国西部油气勘探开发领域的国家重点实验室。面向世界科技前沿，围绕国家能源重大战略需求，以西部复杂油气、海洋深水油气以及页岩气、煤层气、天然气水合物等非常规油气资源为对象，开展应用基础研究，向基础研究和技术创新两头延伸，致力解决油气勘探开发领域关键科学和技术问题，实现前瞻性基础研究、引领性原创成果取得重大突破。实验室的主要研究方向：含油气盆地动力学与油气成藏理论；油气储层地质学理论与预测方法技术；复杂油气藏开发开采理论与方法；复杂油气藏钻完井理论与关键技术；深海天然气水合物开发理论与关键技术。③海洋物探与勘探设备国家工程实验室。2016年，国家发改委批复建设中国海洋物探及勘探设备领域国家级创新示范平台。2020年5月14日，由中国石油大学（华东）作为法人单位，联合中国石化石油机械股份有限公司、中国石化海洋石油工程有限公司等单位共同建设的海洋物探与勘探设备国家工程实验室通过专家组验收，认为实验室完成筹建期各项任务，实现了预期目标。

第三节 〉推进国家级研发中心建设

石油技术研发中心是石油企业为实施科技创新战略，提升核心竞争力，促进企业成为技术开发与创新主体，探索科技与经济有效结合而构建新型技术创新体系所采取的一种组织形式。中国石油以建设技术中心的形式，促进科技资源优化配置，发挥整体科技优势，克服资源分散、研究项目低水平重复的缺陷，提升自主创新能力，为建成现代化石油企业和具有国际竞争能力的跨国企业集团提供技术支撑。中国石油择优择重择需组织一批技术中心建设，取得了阶段性成果：重点建设了覆盖全集团公司10大主体专业、支撑7大业务发展的20个技术中心，凝聚1600多名科研骨干，初步形成了“布局合理、特色鲜明、精干高效、协同互补”的技术创新体系。“十一五”期间，在国家优惠政策的扶持下，中国石油创建技术中心并承担国家级重大科研课题，取得地震数据处理解释一体化系统、快速成像测井系统、交流变频顶部驱动钻井装备、高清晰度管道漏磁监测系统等一批具有自主知识产权的成果。中国石油勘探开发研究院“国家能源二氧化碳驱油与埋存技术”研发中心、“国家能源致密油气”研发中心，石油管工程研究院“国家石油管材质量监督”检验中心等一批以科研院所为依托的研发技术中心，在油气勘探开发、工程建设等领域发挥着极其重要的作用。

“十二五”时期，国家在石油工业重点企业批准组建了一大批国家级研发技术中心。2012年，中国石油渤海装备制造公司被认定为国家级企业技术中心；油气勘探计算机软件工程中心被国家发改委授予技术中心优秀业绩奖。2013年2月，国家能源局批准西南油气田建设“国家能源高含硫气藏开采”研发中心；8月，中国石油“稠油开采研发中心”国家平台建设项目顺利通过国家能源局组织的专家论证。

2013年4月，胜利油田高原石油装备有限责任公司作为依托单位，中国石化胜利油田工程技术研究院和中国石油大学（华东）作为协作单位共同建设，经科技部批准组建国家采油装备工程技术研究中心。主要进行采油装备研发和产业化，集成依托单位人力、物力和技术资源等方面的优势，承担国家的科技攻关、工程化技术研究等创新任务；面向国际前沿，针对采油装备行业发展的共性和关键技术，开展技术研究、产品中试和产业化转化；开展行业标准、信息化等研究，推动和引领国家采油装备行业创新发展。重点开展常规油田增效、复杂油藏开发和海洋钻采装备等方向研究；建有海工装备螺杆机械工程实验室、材料与表面工程实验室、水平井分段压裂实验室，抽油机、采油工具、作业装备等5个中试基地。研究中心与美国公司合作生产新型游梁式抽油机，具备年产1000台能力。2014年5月，与美国威德福公司等合作生产高性能抽油杆、高端井下工具等产品；2016年，与美国威兰特公司合作生产电潜泵（ESP）系统设备，发展潜油螺杆泵、潜油离心泵、潜油往复泵等系列产品。2017年，与美国威德福公司合作生产高质高效螺杆泵，形成年产1.5万台能力。2018年11月1日，工业和信息化部、中国工业经济联合会为胜利油田高原石油装备有限责任公司（胜利高原公司）制造的“皮带抽油机”颁发“制造业单项冠军产品（2019—2021年）”。研究中心先后与中国石油大学（华东）、胜利油田工程院、胜利油田钻井院等院所签订战略合作协议，整合各方资源、优势互补，开展科研合作和科技成果的工程化转化，推动采油装备结构升级，引领国内采油装备行业高质量发展。根据国家工程技术研究中心管理办法要求，2017年9月由科技部专家组通过对胜利高原公司“国家采油装备工程技术研究中心”的验收；2018年3月7日，科技部发文公布。

2014年8月，国家能源局批准建设“国家能源页岩油研发中心”，依托中国石化石油勘探开发研究院、胜利油田分公司和中国科学院地质地球物理研究所、中国石油大学（华东）组建。研发中心以页岩油地质评价、地球物理、水平井优快钻井、储层改造和开发优化技术为重点研究方向，开展页岩油赋存机理与选区评价方法、页岩油储层地球物理响应与“甜点”预测技术、页岩工程力学与优快钻完井关键技术、页岩岩石力学与储层改造工艺技术、页岩油流动机理与开发优化技术研究。“十三五”的攻关目标是形成适合于不同探区地质特点的、具有自主知识产权的页岩油勘探开发关键技术体系和技术标准体系，查明中国页岩油可采储量及分布特征，优选一批页岩油有利勘探目标，为国家页岩油大规模商业性开发奠定基础。“胜利探区页岩油地质与地球物理勘探”研究，由胜利油田分公司物探研究院、勘探开发研究院负责；“胜利油田页岩油开发综合研究”，由胜利油田分公司石油工程技术研究院等负责。主要研究方向：①页岩油地质与资源潜力评价。开展页岩油地质综合研究，包括地层、沉积、储层、含油气性、“甜点”形成要素、有利勘探目标预测等，由胜利油田分公司勘探开发研究院承担。②页岩油地球物理勘探。开展页岩油地球物理参数评价、“甜点”预测等研究，由胜利油田分公司物探研究院承担。③工程工艺配套研究。开展页岩储层起裂－扩展物模实验、胜利页岩微观结构分析测试、启动压力梯度实验测试、非线性渗流规律实验等基础性的研究，指导页岩压裂工艺的优化，由胜利油田分公司石油工程技术研究院承担。④配合国家重大专项的研究工作。由中国石化勘探开发研究院牵头承担，胜利油田分公司参与的国家重大专项“陆相页岩油勘探开发目标评价”的协作研究。

国家能源局批准建设“国家能源稠（重）油研发中心”，依托单位是中国石油辽河油田。该中心总体建设目标为针对国家稠油开采领域重大需求，开展应用基础和应用关键技术研究，制定重要技术标准，培养高层次人才，开展科技合作与交流，推动技术扩散和技术储备，建成产学研相结合的国家稠油开采技术创新体系。“国家能源致密油气研发中心”被国家能源局批准建设，由中国石油科学技术研究院联合中国工程院与矿业工程学部、中国石油大学（北京）共同建设。该中心总体目标是针对致密油气产业发展具有重大影响的理论和技术难题，创新性开展致密储层储集空间表征与实验模拟、致密油气形成分布与“甜点”区优选、致密储层压裂改造机理与工厂化生产模式、致密油气流动机理与开发效益评价等基础理论研究与技术研发，形成体系完备、具有自主知识产权的致密油气勘探开发技术系列和标准，建设成为中国致密油气勘探开发领域一流理论与技术的研发基地，一流人才的培养中心，成果转化以及对外合作研发的平台。“国家石油天然气管材工程”技术研究中心，于2014年11月17日高标准高质量通过国家科技部验收，并取得企业类排名第二位的优异成绩，达到中心总体建设目标。至2014年年底，中国石油拥有16个国家级科技基础条件平台，在国家石油科技创新中的主体地位进一步突出。

中国海油拥有国家能源深水油气工程技术研发中心、国家工业水处理工程技术研究中心、国家涂料工程技术研究中心等3家国家级科研中心。①2018年，中国海油国家能源深水油气工程技术研发中心承担各类科研生产项目66项。科研成果应用显著，持续推进深水工程关键设备和产品国产化研发，18项产品纳入集团公司“三新三化”清单，其中9项实现了转化或示范应用，助力了公司高质量发展。深水钻井隔水管悬挂井间移位技术应用于陵水17−2气田群的11口深水井的设计，实现效益1.86亿元；实现文昌气田群脐带缆的国产化，降低成本10%，在文昌10−3气田成功应用水下虚拟计量系统。依托惠州终端基地建设水下产品研发及测试中心并初步完成了方案设计，深水工程设施现监测信息管理平台已完成系统总体方案以及软件开发和硬件配置，海上油气田流动安全中试评价基地已完成初步设计。2018年共申请专利36项，获省部级科技奖励11项，编制标准5项、取得软件著作权3项。②2018年，国家工业水处理工程技术研究中心共承担各类科技项目23项，申请发明专利40项、授权发明专利9项，制定（修订）国家和行业标准15项，获得科技成果奖励4项，主办全国性技术学术交流会5次。开发了循环水电化学一体化控制技术，构建了炼化智慧化水务系统雏形；油田水膜法精细化处理工程技术开发取得中国海油“零”突破；电驱离子膜技术（ED）及其组合工艺技术实现了污水“零”排放；开发出第三代电催化氧化污水处理技术及装备、无梯度全混高效生物反应器及其适用于高浓度炼化污水的生物菌剂、有机废液无机膜分离一体化装备技术等十余项新技术及产品和装备，为国家和公司节能减排、环境保护、产业结构升级做出重要贡献。③国家涂料工程技术研究中心承担各级科技项目55项，在水性工业涂料、船舶涂料、特种涂料、合成乳液等方面开发了20余项新产品。全年共申请专利15件，授权专利3件；牵头制定2项国际标准。航空飞行器涂层技术通过“军转民”应用于高铁车厢连接件，项目荣获第三届中国军民两用技术创新应用大赛铜奖。船舶涂料用于海洋石油526船的涂装，实现了防污漆的首次应用。新组建了新材料研究所并确立了“立足核心涂料主业，打造高附加值上游，拓展能源环保材料”的发展思路，在石墨烯防腐涂料、有机硅材料和生物基新材料的研制和应用方面取得进展。

为贯彻落实国家创新驱动发展战略和建设海洋强国的宏伟目标，围绕深海能源领域的重大战略需求，重点开展对深海油气、天然气水合物及其他金属矿产资源勘探开发的战略性、前瞻性和关键性问题的咨询研究，中国海油与中国工程院成立中国海洋资源发展战略研究中心，2017年11月23日，中国海油“中国海洋资源发展战略”研究中心挂牌成立；同年，海油工程公司被认定为国家企业技术中心。

中国石油股份公司勘探开发研究院，是面向中国石油全球油气勘探开发业务的综合研究机构。截至2019年年底，建有“国家能源页岩气研发（实验）中心”“国家能源二氧化碳驱油与埋存技术研发（实验）中心”“国家能源致密油气研发中心”“国家油气战略研究中心”等5个国家级研发机构。2019年，中国石化加强技术中心等研发平台建设，强化经费支持机制，进行运行管理评价。截至2020年，中国石化股份公司石油勘探开发研究院拥有“国家能源页岩油研发中心”“国家油页岩开采研发中心”“国家能源陆相砂岩老油田持续开采研发中心”等4个国家级研发机构。

第四节 > 加强行业知识产权管理

石油企业知识产权创造、保护和管理能力继续获得大幅提升，专利申请和授权数量跃上新台阶。中国石化截至2012年10月31日，累计申请专利2.79万项，获得专利授权1.38万项；境外累计申请专利2032项，获得专利授权906项。强化知识产权管理工作，重点开展了提高专利质量和核心技术领域知识产权战略制定工作，在15个单位开展29个技术领域的专利战略研究工作，对科研项目立项、技术路线制定和新兴领域技术的知识产权布局起到了重要指导作用，为探索知识产权管理和科研项目管理互动的管理模式、提高科技创新的有效性作了有益的尝试。针对近年部分技术流失，在维权立案过程中发现知识产权保护存在漏洞等问题，对直属研究院的44项重要技术逐项进行梳理，对技术要点进行了分类，对适宜用专利保护的，制定了申请策略；对于适宜用专有技术保护的，明确了保密要点，并对专有技术载体、涉密人员及相关保密措施进行了落实；共梳理出专有技术162项，实现了对重大技术采取专利与专有技术相结合的保护策略。中国石化“因拥有世界级的知识产权创造、运用和管理模式，以及在知识产权领域的贡献和潜力”，被英国知识产权媒体集团旗下的《知识产权资产管理》杂志授予中国知识产权倡导者称号。2014年，中国石化在国家知识产权局举办的“第十六届中国专利奖”评选活动中，获得1项专利金奖、6项专利优秀奖。7月，国务院国资委发布的《2013年中央企业专利情况排序》，中国石化累计有效发明专利拥有量排名第一、发明专利申请量和授权量均排名第二。2015年，中国石化申请专利达到6128件，获得授权专利4343件，在央企中保持领先地位。在国家知识产权局举办的“第十七届中国专利奖”评选活动中，获得1项专利金奖、8项专利优秀奖。在国务院国资委2015年中央企业专利情况排名中，中国石化累计有效发明专利拥有量、当年发明专利授权量均排名第一。

中国海油2012年，申报专利606项，取得专利授权546项；专利质量有了明显提升，授权发明专利数占授权专利总数的比例达到39.2%；海外专利申请工作取得新进展，获得了一项美国发明专利授权。2015年4月23日，中国海油所属海油工程公司申报的“浅水导管架安装方法”，获得美国专利局的批准，并受到美国专利局17年的保护。

中国石油加强知识产权工作，提升集团公司技术创新能力。2012年，组织参加第十四届中国专利奖推荐，获得9项优秀奖。全年统管专利申请2719件，其中，发明专利1314件；获得授权专利2297件，其中发明专利551件。认定技术秘密123项，完成软件著作权登记47项。完成科技成果登记755项，鉴定科技成果48项，达到国际先进水平以上的37项，占所鉴定成果的77%，成果水平较以往有较大幅度的提高。2014年，加强对专利申请的审批管理，充实专利代理力量，组织对重大科技项目知识产权管理理论、风险管理现状及国外实践进行研究分析。2015年，进一步规范知识产权基础管理，稳步推进专利申请、计算机软件著作权登记等各项工作，确保创新成果及时获得知识产权保护；高效办理专利许可审核等知识产权运用与维护工作，有效维护集团公司知识产权资产。全年申请专利5153件，达到历年最高水平，其中发明专利2778件，发明占比54%；计算机软件著作权登记391项，认定技术秘密220项，获得6项国家专利优秀奖。

2016—2020年，石油企业稳步推进专利战略研究工作。2016年，中国石化重点做好重大成套技术自由运作权的分析，加强对成套技术成果进行专有技术梳理和保护工作；完成专利申请质量评估系统和涉外专利管理系统的建设；全年申请专利6563件，获得授权专利4878件。中国石油围绕知识产权资产评估与维持放弃机制、知识产权运营模式、科技奖励政策等开展研究，为修订完善知识产权管理制度及系统管理平台升级、推动知识产权管理改革创新打下基础；2016年申请专利5017件，其中发明专利2797件；授权专利4855件，其中发明专利1205件，专利质量持续提升。2017年，中国石油规范知识产权基础管理，加强组织国家科技奖励、中国专利奖的推荐和评审、申报工作，全年授权专利4879件，其中发明专利1225件；计算机软件著作权登记460项，认定技术秘密321项；获得中国专利优秀奖7项。2019年，中国石油申请专利6781件，其中发明专利3704件；授权专利4513件，其中发明专利1641件。强化知识产权保护与运用，优化专利申报、审核、审批流程，推进知识产权管理信息系统上线运行，提高专利申报审核效率。截至2019年，中国海油有效专利5887件，为建设核心技术体系打下良好基础。2020年，中国石化获授权专利5140件，其中境内发明专利3119件；中国石化在中央企业专利质量排序中综合排名第一。

新时代中国石油工业，随着石油企业深化改革、重组改制、专业化重组不断深入，石油企业建立起适应新时代发展要求的科技管理体制机制。石油工业研发组织体系不断完善，为提升自主创新能力提供了体制保障；科技基础条件平台体系建设成效显著，一批国家级实验室和研发中心建成投用；科技保障体系建设持续推进，为科技创新营造了良好环境。石油企业以高等院校、科研院所为依托，建立起国家级科技项目、国家级实验室、国家级研发（技术）中心等相配套的专业研发组织机构，大力推进国家重大科技专项、重大开发项目试验、基础超前共性和集成配套技术及核心技术、关键技术、适用技术等重大科技项目的科研攻关，取得一大批重要科技成果，有效地服务和支撑石油工业有质量有效益可持续发展。

「 第五章 」

东部石油企业稳步发展

石油工业进入新时代，陆上东部石油企业稳步发展。陆上东部石油工业的主体，为中国石油的大庆、辽河、吉林、大港、华北、冀东、浙江等油气田企业及地区专业公司，中国石化的胜利、中原、河南、江汉、江苏、东北、华北、华东、南方等油气田企业及地区专业公司。其中，大庆、胜利、辽河等油田为全国主力油气区。

党的十八大以来，陆上东部石油企业以提高综合效益为目标，坚持创新驱动发展战略，调整老区油气产能、产量结构，采取有效措施减缓自然递减、提高油田采收率、强化勘探开发一体化管理取得明显成效。在国际油价大幅下跌、新冠肺炎疫情严重影响下，油气田企业坚持“深化东部”发展战略，原油生产保持基本稳定、天然气增储上产，东部石油工业保持稳健发展态势。

2019年9月，在庆祝大庆油田发现60周年之际，中共中央总书记、国家主席、中央军委主席习近平在致大庆油田贺信中强调指出，大庆油田的卓越贡献已经镌刻在伟大祖国的历史丰碑上，大庆精神、铁人精神已经成为中华民族伟大精神的重要组成部分。站在新的历史起点上，大庆油田和全国石油战线广大干部职工不忘初心、牢记使命，大力弘扬大庆精神、铁人精神，不断改革创新，推动高质量发展，为实现“两个一百年”奋斗目标、实现中华民族伟大复兴的中国梦做出新的更大的贡献！

第一节 > 大庆油田实现双增长

大庆油田（为大庆石油管理局、大庆油田有限责任公司的统称）是世界上为数不多的特大型砂岩油田之一，位于黑龙江省西部、松嫩平原北部，由萨尔图、杏树岗、喇嘛甸等52个油气田组成，含油面积6000多平方千米，登记探矿权面积26.3万平方千米。2012年，生产原油4000万吨、天然气33.68亿立方米，实现营业收入2715亿元。2017年，大庆石油管理局完成公司制改制，更名为大庆石油管理局有限公司。截至2019年年底，累计生产原油24.03亿吨、天然气1365.45亿立方米，上缴税费及各种资金2.9万亿元，为维护国家石油供给安全、支持国民经济发展做出高水平贡献。

大庆油田贯彻落实习近平总书记重要指示精神，按照“当好标杆旗帜、建设百年油田”的总体目标，分固本强基、转型升级、持续提升三个阶段，就本土油气业务持续高效发展，海外油气业务规模跨越发展，服务保障业务优化升级发展，新兴接替业务稳步有序发展，进行系统研究与科学谋划，努力把大庆油田建设成为以能源开发为主、相关业务协同高效发展的中国特色社会主义现代化强企，成为党和国家最可信赖的骨干力量。2019年，实现油气当量产量和经济效益“双增长”，经营业绩创“十三五”期间最好水平，完成油气当量产量4362.82万吨、同比增长4.7%，完成天然气产量45.53亿立方米、同比增长5%。

一、高效勘探提质增储

大庆油田始终把谋求储采平衡作为中心任务，围绕实现“高效益、可持续、有保障”的目标，按照“立足长垣、加强深层、精细海塔、拓展三肇、准备西坡、探索外围、研究非常规”的部署，通过强化项目管理组织，应用适用技术，推进松辽盆地北部中浅层、松辽盆地北部深层和外围盆地三大领域的效益勘探。2012年，抓住勘探重组整合和新增新疆塔东区块的机遇，按照“加强研究、攻关技术，立足松辽、主攻塔东，精细海拉尔，预探外围、探索非常规资源”的部署，以寻找可动用储量为目的，以突破致密油气勘探领域为主线，以提高综合效益为目标，各领域油气勘探均取得重大进展。在松辽盆地北部江桥油田江55区块、江77区块、杜Ⅰ-3区块、来65区块，以及在高台子油田56区块，新增石油控制地质储量8069万吨。在方正油田方15区块、葡萄花-敖包塔油田葡318区块、海拉尔盆地乌尔逊油田乌51区块、贝尔油田霍12和贝70区块，新增石油预测地质储量10480万吨。在松辽盆地北部大庆长垣南气田敖7区块、长垣北气田杏浅11区块，新增天然气探明地质储量308.38亿立方米。新获工业油气流井24口，综合探井成功率和圈闭钻探成功率分别达到50%、52.6%，预探发现成本1.57美元/桶（考核指标2.48美元/桶）。

在致密油勘探方面，按照“搞清资源，准备技术，突破重点，稳步推进”“先简单后复杂，先好后差，先浅后深”的部署要求，在地质选区、产量突破、控制规模、探索适用技术上狠下功夫。大庆长垣扶余油层、齐家地区高台子油层和致密油层勘探均取得好效果，初步形成致密油水平井+体积压裂配套技术，建立了致密油勘探新模式。在杏树岗、葡萄花油田新增探明储量5260万吨，部署葡平1、葡平2和高26H井，探索水平井+体积压裂+试采配套工程技术，葡平1井获日产油34.2吨，实现了产能上的突破；完钻高26H井，钻遇油层319米；葡平2井水平段长度1221米，含油砂岩1175米，油层钻遇率达96.2%。在齐家地区对齐平1井进行大规模体积压裂改造取得好效果，齐家地区高台子油层整体展现3亿吨储量潜力。另外，在松辽盆地以黑帝庙油层为主的浅层气勘探、营城组的火山岩气藏勘探和以沙河子组为主的深层致密砂砾岩气藏勘探均有新的进展，初步具备1000亿立方米储量规模。在大庆长垣开展浅层气分布规律与勘探目标研究，探索新领域，部署探井4口，均获工业气流，发现杏树岗浅层气新区，且具有埋藏浅、产量高、易动用的特点。

为确保勘探领域、区带、目标有序接替，实施“项目研究提前两年，井位部署提前1年，生产运行提前半年，储量成果确保当年”的新举措，按照“效益优先、规模优先”的原则优化储量安排，当年提交的三级储量整装，可升级性强，平均丰度54万吨/平方千米，单井日产油6~10吨。2012年，提交探明石油地质储量1亿吨，天然气预测储量308亿立方米，超额完成各级储量任务。

2013—2015年，加强勘探确保增加可采储量，每年新增石油控制地质储量都在8000万吨以上。2013年，面对勘探对象日益复杂、发现难度不断增大的现实挑战，通过精心组织严格考核，新区“两率”指标显著提高。低效井比例连续4年控制在5%以内，平均降低到3.8%；产能到位率连续3年保持在80%

以上，平均提高到90.5%。全年提交探明石油地质储量10139万吨，探明天然气地质储量742亿立方米。致密油勘探：在长垣、龙西、三肇扶余油层部署的葡平2、敖平1、龙平1、高26H井，获日产油32～87立方米高产工业油流；在齐家地区高台子油层部署的齐平2井获日产油38立方米，齐平3、齐平1-1、齐平1-2井含油砂岩钻遇率均达99%以上，证实致密油有9亿吨储量资源可逐步升级为动用储量，提交预测储量超亿吨。深层天然气勘探：在徐家围子火山岩部署的肇深19井，首次钻遇200多米厚气层，获日产气21.8万立方米；在沙河子组致密砂砾岩部署的宋深9H井获日产气20.8万立方米，宋深12H井见到好显示，首次实现沙河子致密气储层产能上的突破。新区塔东区块勘探：古城8井获日产气47.8万立方米，揭示古城低凸起发育大面积岩性气藏。创新发展地震采集处理解释、油藏精细描述、水平井优化部署跟踪、钻完井、储层测井评价及水平井增产改造等技术，致密薄差储层砂岩钻遇率、油层钻遇率分别达到87.4%、81.6%，达到了国际领先水平。油藏评价紧跟预探突破，加强储量优选评价，配套完善相关技术，大力推进垣平1、齐平2、龙26三个试验区建设，积极探索水平井规模动用整体开发方式，首次实现工厂化钻井、压裂，进一步提高了施工效率，储量动用率达70%以上，使致密油有效开发带来新希望。勘探管理再上新水平，综合探井成功率达67%，评价井成功率达75.7%，水平井钻探成功率达100%，探井压裂施工优良率达99%，三大类16项指标均达到较高水平。

推进效益勘探，加强精细勘探，勘探效益、效率和资源品位均实现有效提升。2014年，年完成探井39口，获工业油气流井26口，新增石油控制地质储量8378万吨、石油预测地质储量8549万吨，新增天然气预测地质储量218亿立方米。在塔东新区勘探，实现3年突破的目标，古城9井获百万立方米产能的重大突破。2015年，大力实施地质工程一体化、勘探开发一体化、研究实施一体化、增储上产一体化、科研生产一体化，努力打造成为无缝衔接、高效运行的有机整体勘探。面对低油价的持续冲击和挑战，立足重点领域、加强精细勘探，突出新区新领域甩开勘探，全年完成探井29口，获工业油气流井14口，新增石油控制地质储量8326万吨、天然气预测地质储量533亿立方米。油气勘探始终保持良好的发展态势，为油田持续稳产提供了资源保障。

“十二五”期间，大打油气勘探进攻仗，取得重要进展和突破。勘探领域从大庆到塔东、从石油到天然气、从常规到非常规、从陆相到海相，勘探认识逐步深化、领域不断拓展，无论是塔东区块的古城丘滩体、松辽中浅层致密油，深层火山岩、砂砾岩，还是海拉尔、依–舒等外围勘探，都获得了突破性进展。这些新领域、新类型、新层系，蕴含着巨大潜力，展示广阔前景。实践证明，认识无止境，勘探无禁区，只要解放思想、敢闯敢试，就一定会不断取得油气勘探新突破。储量任务全面超额完成，提交石油预测储量超5亿吨、控制储量超4亿吨、探明储量近3亿吨。重点目标取得可喜成果，中浅层常规油及致密油勘探，形成长垣、三肇、齐家–古龙三个亿吨级规模储量区；深层气勘探，近火口中性岩、沙河子致密气均获高产气流，实现领域、类型新突破；海拉尔盆地勘探，苏46、霍20–2井分获日产油11.6吨、80.5吨高产工业油流；塔东勘探相继取得重要发现。持续创新发展核心技术，致密油、致密气、海拉尔复杂断陷成藏理论不断深化，地震储层精细预测、大比例尺沉积微相工业化制图、多方法砂体精细刻画等识别评价技术不断创新发展，预测符合率、砂岩钻遇率、目标中靶率大幅提升。管理运行效率进一步提高，通过构建“大勘探”格局，推进管理专业化、标准化、信息化，实施致密油项目管理、平台化钻井、“工厂化”作业等有效举措，一体化优势得到充分发挥，组织运行效率大幅提高；在油价持续走低的情况下，发现成本稳中有降，各项指标保持较高水平，探井综合成功率达58%，评价井综合成功率77.8%，致密油开发水平井单井投资降到2600万元。

“十三五”期间，按照“手里有握的，眼里有望的，心里有想的”，确定勘探主要目标：突出常规油，攻关致密油，发展天然气，兼顾新能源，保持储量增长箭头向上；松辽北部要有新发现，塔东区块要有大发现，海拉尔盆地要有新突破，方正等外围盆地要有新进展，确保提交石油和天然气可采储量。2016年，立足提交规模效益储量，在老探区、新领域、新层系都取得一些具有标志性意义的重大突破。中浅层常规勘探，塔66、龙45、龙55井获高产油流，龙西地区展现亿吨级规模。致密油勘探，敖平6井压裂后日产油22吨，芳38区块平均初期日产油8.2吨，落实了资源潜力，开发动用试验取得好效果。深层天然气勘探，继宋深9H、12H井突破后，宋深10井压裂后日产气5.7万立方米，安达沙河子致密气展现千亿立方米规模。在松北双城、海拉尔呼和湖两个新凹陷取得战略发现，双66、和17井获工业油气流，勘探领域进一步拓展。全年新增石油三级储量2.14亿吨，探明天然气储量524亿立方米；动用地质储量3170万吨，新建产能61.5万吨。油气预探成本1.87美元/桶，油气发现成本2.07美元/桶。

2017年，面对油气资源发现难度越来越大的现实挑战，大庆油田解放思想、攻坚克难，加大勘探力度，取得重要发现和突破。坚持油气并举、常非兼顾，积极优化方案部署，突出重点目标领域，大打油气勘探进攻仗。全年新增探明石油储量5095万吨，新增探明天然气储量124亿立方米，全面超额完成储量任务，而且找到的储量，其质量比以往更优、品位创近年最好、可动用程度明显提高，并探索了低油价下高效勘探的新模式。探明储量采收率达到21.25%，创5年来新高。“松辽盆地龙虎泡和龙西地区石油勘探”，获得中国石油油气勘探重大发现成果一等奖。

高产井比例创近年来最好水平。经过几年来对地质规律、失利区和老井的重新认识，逐步形成成熟的高产高效井部署策略，建立了富油凹陷高效勘探开发模式。大力实施“双百”工程，在松辽中浅层部署的探井和评价井，高产井井数和比例创出历史新高。其中，长垣以西10口井获17立方米以上高产工业油流，长垣以东18口井获10立方米以上高产工业油流，使原来的“空白区”变成了含油区。围绕高产井编制开发方案、设计产能，带动了一批低产低效资源的升级动用。

龙西地区平面上已成连片之势。继塔66、龙45等井突破后，进一步解放思想，推动理念创新，树立龙西成熟探区“满凹含油”的思想，改变“好储层不需要压裂、差储层难以获得高产”的传统思维，创新增产改造理念，搭建开放式研究平台，与多家研究单位开展深度合作，多视角认识油藏，多轮次比选目标，大幅度提高了井位数量和质量，探井成功率达到100%，实现了精准勘探。正是在新思想新理念的引领下，落实了一批优质高效钻探目标，实现了龙西常规油勘探由点到面的突破，带动了中浅层勘探进入新时期，为开发建产能提供了资源基础。

海拉尔盆地勘探获得重大突破。集中优势力量，潜心研究、刻苦攻关，开展乌尔逊－贝尔凹陷3510平方千米的三维地震资料连片处理解释工作，落实6个有利勘探区带，在贝尔凹陷部署的贝X80等2口探井，均获40吨以上高产工业油流，贝西、贝中整体展现出5000万吨的储量规模，使沉寂几年的海拉尔盆地勘探，再现新的生机和活力。

致密油增储提产见到明显成效。面对低油价给致密油动用带来的不利影响，进一步解放思想、锐意进取，按照“深化研究、优选‘甜点’、完善技术、提产增效”的思路，大力推进致密油勘探与有效动用。通过地质与地震相结合，地质工程一体化设计，完善河道砂体预测技术，开展压裂技术攻关，二氧化碳吞吐试验，建立扶余油层试验区等，努力使低油价下不可动用的储量变成可动用。直井、水平井大规模压裂提产效果明显，多口井获日产油10～50立方米工业油流，动用下限进一步降低，水平井单井投资控制到1800万元以下。试验区累计建产能20万吨、累计产油35万吨，难采储量有效动用取得新进展。

深层气在新领域新层系获得新进展。松辽北部天然气勘探场面不断扩大，从中浅层到深层，从营城组到沙河子组，从徐西到徐南，均取得重要发现。继徐家围子火山岩累计提交探明储量2000亿立方米之后，沙河子组致密气勘探取得新进展，达深22H等多口井获工业气流和好的显示，安达地区整体展现了千亿立方米储量规模。同时，营城组基性火山岩新类型、古中央隆起带新领域均获突破和新发现，展示了大庆松辽基岩潜山勘探潜力。

塔东区块勘探展现出新前景。在储层研究上形成了奥陶系鹰三段白云岩滩体和寒武系丘滩体新认识，由“点”到“串”，由“串”到“片”，领域进一步拓展，部署的古城11井在新层位见到油气产量。

油气勘探的生产管理更加严密，组织运行顺畅高效，一体化优势充分发挥。油田勘探开发研究院、钻井工程研究院、采油工程研究院、物探研究院等单位，坚持问题导向，结合勘探需要，切实加大技术攻关的力度，推动了勘探理论和技术的创新发展。物探、钻井、录井、测井、试油、井下作业等单位，立足服务勘探、保障大局，着力在提升施工能力和水平上下功夫，各项工程技术都取得了新的进步。探井、评价井综合成功率、试油气井成功率，创出最好水平，产能到位率达86.5%，低效井比例控制在4%。

2018—2019年，资源勘探坚持油气并举、常非并重，超额完成各级储量任务。2018年，松北中浅层常规油钻探实现多点发现、多区高产，致密油实现规模增储、有效动用，创造多个纪录，实现历史性突破，双68、红6、隆平1等井取得一批重大标志性突破。2019年，大庆油田坚持增资源保发展不动摇，突出勘探开发“一体化”组织，解放思想、深化认识，攻关技术、创新管理，大打重点领域进攻仗，资源勘探实现标志性突破。深入推进常规油集中勘探、精细勘探，同步实施快速建产，高产井比例创历史新高，展现增储上产新潜力；从地质工程到开发建产，形成致密油配套技术系列；超前攻关准备，Ⅰ类页岩油实现有效动用，Ⅱ、Ⅲ类页岩油开展提产试验，分类探索见到良好效果；实施扁平化管理、一体化组织、市场化运作，资源优势转化成为产量优势，走出了一条“技术+管理”双轮驱动的发展新路。

大庆古龙陆相页岩油国家级示范区位于松辽盆地北部齐家古龙凹陷，覆盖面积2778平方千米。古页油平1井是大庆油田探索陆相页岩油的一口水平井，于2019年4月16日开钻，2020年2月21日开始见油，试油期间最高日产油30.52吨，日产气1.3032万立方米，成为古龙凹陷陆相页岩油勘探的战略突破井。2021年1月29日，松辽盆地页岩油气勘探取得新突破，首次发现51米厚富含气混积页岩。松辽盆地青山口组页岩油地质资源量75亿吨，梨树断陷沙河子组页岩气地质资源量超5000亿立方米，开拓了松辽盆地油气资源接替新领域。中国地质调查局沈阳地调中心和油气调查中心针对勘查难度最大的白垩系青山口组一段深湖相页岩油开展攻关，在齐家－古龙凹陷、长岭凹陷部署实施了3口水平井，经压裂测试均获得日产超10立方米的高产页岩油流，在三肇凹陷部署的松页油3井直井压裂获得日产3.46立方米工业油流。经资源潜力、技术经济、环境影响“三位一体”综合评价，松辽盆地青山口组页岩油资源量5亿吨，具有广阔的勘探潜力。8月28日，大庆古龙陆相页岩油国家级示范区建设推进会暨示范区揭牌和古页油平1井揭碑仪式举行，标志着大庆油田古龙页岩油发展进入了新阶段。2021年，已落实含油面积1413平方千米，新增石油预测地质储量12.68亿吨，并已通过审查。大庆油田部署钻探的古页油平1井、英页1H井、古页2HC井等重点探井，试获日产油30立方米以上高产且试采稳定，其中古页油平1井见油生产超500天，累计生产原油6000多吨，累计生产油气当量近万吨。2021年，平面上已有43口直井出油，5口水平井获高产。面对油田储采失衡和稳产难的挑战，大庆油田创新非常规勘探思路，加强页岩油富集规律研究和富集层评价及水平井压裂提产攻关，取得了页岩油原位成藏理论、关键工程技术、勘探实践等一系列进展。2021年，正按“项目化管理、市场化运行、平台化布井、工厂化作业、智能化管控、低碳化发展”全新模式，开展开发先导试验，积极推动大庆古龙陆相页岩油国家级示范区建设。“十四五”期间，古龙页岩油将新增石油探明地质储量10亿吨，页岩油年产量超100万吨。

2021年，大庆油田资源勘探成果喜人。大庆油田大打油气勘探进攻仗，超额完成三级储量任务，实现油气储采平衡。常规油气勘探取得新发现，实施长垣“金边工程”，长垣老油区周边展现亿吨级增储规模；川渝流转区块勘探取得新发现，揭示川渝大油区、大气区勘探前景。

二、精细开发老区油田

大庆油田从履行国有企业“三大责任”出发，以科学发展观为统领，编制实施《大庆油田可持续发展纲要》，确立了“永续辉煌”的战略目标，把建设一个资源探明率最大、油田采收率最高、分阶段持续稳产，在国家能源布局中始终保持重要地位的百年油田，作为“三个建设”的首要任务。2012年，坚持“高效益、可持续、有保障”的开发方针，按照“保持、加强、提升”的工作要求，紧抓原油生产这条工作主线，全面推进“水驱控递减，聚驱提效率”的各项工作。在油田“双特高”情况下，不仅全面完成原油生产任务，而且油田开发形势持续向好；实现了年产原油4000万吨持续10年硬稳定，继续为保障国家能源安全做出高水平贡献。油田开发再创新水平，长垣水驱自然递减率控制到5.41%、综合递减率控制到2.86%，年平均含水上升值控制到0.28%，综合治理示范区实现“三年产量不降、含水不升”；生产气层气13.34亿立方米、同比增长16%，溶解气20.34亿立方米、同比增长4%，为油田生产和城市燃气提供了有力保障。应用油田水驱精细挖潜技术，多级细分注水工艺逐步配套，配注层段由5段提高到7段以上，平均单井分注层段数由3.56提高到5.16。优化聚驱提效技术，持续优化分子量、浓度等注入参数，注聚后期跟踪调整技术日益完善，在6个提效试验区多产油1.9万吨，提高采收率2.43个百分点。应用大规模压裂等工程技术，直井多层压裂平均单井初期日增油5吨，水平井分段压裂单井初期日产油9.4吨，是普通直井产量的4.4倍，展现了外围难采储量有效开发的新希望。应用强碱、弱碱三元复合驱技术，配套工艺适应性不断增强，矿场试验均提高采收率20个百分点以上。水驱结构调整成效显著，各项开发指标持续攀升。以示范区为引领，按照分类研究、分类挖潜、分类管理的工作思路，在油井工作量没有明显增加的情况下，通过大力开展精细挖潜工作，实现控含水、降递减目标。全油田水驱未措施超产39.2万吨。自然递减率由2009年的8.24%控制到2012年的5.69%，综合递减率由6.47%控制到

2012年的3.42%，连续两年分别控制在6%、4%以内。在不规模推广三元复合驱的情况下，通过最小尺度个性化设计，最及时有效跟踪调整，聚驱效率进一步提高。在新增注聚规模保持稳定的情况下，三次采油产量逐年增长，2012年再创历史新高，达到1367.18万吨，比计划多产原油11.78万吨。在原油产量较2011年增加47万吨的情况下，聚合物干粉量减少1600吨。吨聚增油由2009年的40.5吨提高到2012年的43.5吨。2013年，连续11年实现原油4000万吨稳产。全油田水驱自然递减率控制在7.09%，综合递减率控制在4.44%，年均含水率控制在91.83%，吨聚增油由43.5吨上升到46.3吨，机采井检泵周期保持在700天以上，出站水质、井口水质合格率分别达到90.7%、71.2%，进一步推进了老油田的精细高效开发。

随着稳产实践的持续推进，油田开发面临许多现实的矛盾和挑战。2013年大庆长垣主力油田采收率已高达52%，可采储量采出程度达到80%，剩余储量主要分布在二、三类油层；外围油田已探明未动用储量8.52亿吨，主要分布在扶杨、葡萄花油层和复杂断块油藏。这些储量，规模品位都比较低，优选动用的难度都比较大，投资成本也比较高。其中，长垣外围未动用储量，在现有经济技术条件下，优选评价可效益开发的储量不到2亿吨，储量的有序接替亟待加大力度研究解决。几年来，油田开发形势总体是可控的，工作是有序有效的，但也出现了一些倾向性的问题：部分区块压力失衡，套损比较严重；有一些区块能量补充不足，地层压力、沉没度下降比较快，检泵周期缩短，自然递减上升，措施工作量大幅增加。这些问题的存在，反映了在原油产量压力下，生产组织上出现了一定偏差，如果不及时进行调整，原油4000万吨稳产就会慢慢陷入恶性循环。在种种矛盾和困难面前，大庆油田正视问题、研究问题、解决问题，上下统一思想、坚定信心，动员广大干部员工坚持“有质量、有效益、可持续”的发展方针不动摇，坚持原油4000万吨持续稳产的责任担当不动摇，坚持老区有序调整、外围加快上产的稳产路线不动摇，立足保稳产、增效益，持续深化精细挖潜和综合调整；立足控投资、降成本，统筹推进系统优化和节能降耗；立足站排头、立标杆，稳步实施改革创新和管理提升，努力走出一条特高含水期老油田精细开发、稳产增效的新途径。经过全油田广大干部员工的艰苦努力，2014年实现连续12年原油4000万吨稳产。坚持“有质量、有效益、可持续”发展方针，以精细开发保稳产，以管理提升增效益，不仅圆满完成原油生产任务，而且使投资成本得到有效控制。生产组织有序有效，运行质量和效率效益不断提升，油田调整开发井平均钻速提高11.5%，致密油开发单井投资由4000万元控制到3000万元，见到明显效果。在个别三采区块开发效果未达预期、局部地区集中套损，以及外围油田产能未能如期建成等不利因素影响下，通过加大油田开发调整及生产组织协调力度，较好地掌握了原油生产的主动权。其中，长垣水驱产油1907万吨，三次采油产油1415万吨，连续13年保持在1000万吨以上；长垣外围产油547万吨，海塔盆地产油131万吨。各项开发生产指标均控制在计划之内，水驱自然递减率4.97%，综合递减率2.39%，年均含水率91.96%；吨聚增油47.1吨。

原油持续稳产，是大庆油田对政治、经济和社会责任的最大贡献。2014年，面对原油稳产遇到的各种新情况、新矛盾、新挑战，油田广大干部员工，发扬大庆精神铁人精神，解放思想、勇于担当，攻坚克难、开拓进取，完成年初确定的原油生产任务。面对油价下行造成的影响，以及资源接替、开发调整、技术配套、投资成本、发展空间等一系列问题，为实现产量和效益指标，遵循经济发展规律和油田开发规律，对2015年的原油产量做出战略性调整，在长期高产、稳产之后，构建油田开发生产的新常态。同时，由于大庆油田的特殊地位，又必须把总量规模保持在一个相当高的水平上，最终确定了油气当量4000万吨持续稳产的目标，原油产量在3000万吨台阶上再稳产8～10年。油田广大干部员工解放思想，坚持“有质量、有效益、可持续发展”的指导方针不动摇，坚持“持续有效发展、创建百年油田”的战略目标不动摇，坚持“高举大庆红旗、弘扬大庆精神”的工作主线不动摇，坚持“老区有序调整、外围加快上产、海塔规模开发、天然气快速发展”的总体部署不动摇，坚持“产量最优化、技术系列化、管理规范化、运行有序化”的发展方向不动摇，一本经念到底、一件事抓出头，持续改进、持续完善、持续提升，大打产量调整后的持续稳产第一仗。

面对低油价的冲击和影响、产量和效益的双重压力，大庆油田在压力面前主动担当，困难面前积极进取，油田开发各项工作取得了良好成效。2015年，受经济评价、安评、环评及施工条件等因素制约，在全年少动用开发区块41个，少钻井1198口、少基建2179口、少建产能106.77万吨、少上措施2000多口井的情况下，采取有效措施、加大工作力度，不仅全面完成了油气生产任务，而且总体开发形势稳定向好。长垣水驱未措施产量达1714.8万吨，超产23.4万吨，创出近年来最好水平；复合驱产量达350万吨，同比增加118.5万吨，迈出规模化推广的关键步伐；长垣外围产量达529.1万吨，保持向上的良好势头；海塔盆地上产幅度连续3年在20万吨以上，实现年产150万吨的新跨越。同时，天然气产销同步增长，工业产量实现5连增，达35.5亿立方米。开发效果不断改善，水驱自然递减率、综合递减率分别比计划减缓1.93个百分点、1.45个百分点，其中老区地层压力稳步回升0.05兆帕，油层动用程度提高1.2个百分点，外围自然递减率首次控制到12%以内。聚驱吨聚增油达53.6吨，同比提高2.7吨；复合驱比计划超产26万吨，已结束区块提高采收率达18个百分点以上。特别是面对低油价的严重冲击，大庆油田从上到下牢固树立经营油藏、效益开发理念，深入推进开源节流降本增效活动，与“十二五”前四年平均增幅相比，全年注水量增幅下降37.4%，产液量增幅下降54.6%。吨液生产综合能耗较2014年降低1.08个百分点，仅节电、节气就减少成本2.45亿元。

2015年1月，大庆油田三元复合驱大幅度提高采收率技术配套实现工业化应用，入选2014年度中国石油科技十大进展项目。这项技术的应用使油田采收率在水驱基础上提高20%以上，突破了“双高”阶段常规技术的禁区，奠定了此领域的国际领先地位——中国成为世界上唯一实现三元复合驱商业化应用的国家。

“十三五”开局之年，是大庆油田发展史上具有里程碑意义的一年。习近平在全国“两会”期间强调指出：“大庆就是全国的标杆和旗帜，大庆精神激励着工业战线广大干部群众奋发有为。”中国石油党组召开扩大会议，专题研究大庆油田可持续发展问题，出台《关于大庆油田当好标杆旗帜建设百年油田的意见》，明确提出当好标杆的总体要求。大庆油田上下贯彻总书记讲话精神，按照中国石油党组的部署要求，发扬大庆精神，直面油价挑战，着力抓好以油气生产、提质增效为重点的各项工作，实现了原油生产平稳有序、开发效果不断改善。

加强综合调整，确保水驱开发有序高效。完善砂体注采关系，实施油井转注448口，更新补钻及对应补孔982口，调整井区的水驱控制程度由84.0%提高到89.2%，多项连通比例由21.7%提高到34.3%。加大注水方案调整力度，深入开展地下大调查，逐井逐层查找问题、落实潜力，有针对性地调整方案8429井次，有1.1万口未措施油井见效，平均单井日增油0.11吨。在调整过程中，持续强化细分注水，层段细分重组1649口，全油田平均单井注水层段已达4.1个，其中5段及以上井数比例达到35.4%。强化措施挖潜，实施对标管理，推广先进经验，坚持“先算账、后实施”，确保挖潜效果好、效益高。油井压裂1426口，平均单井初期日增油3.5吨，比上年提高0.15吨。推进长关、低效井治理，治理长关水井396口，当年恢复注水375万立方米；治理长关油井678口，当年恢复产油15.3万吨；治理低产低效井890口，当年增油20.5万吨。

推进优化提效，改善聚驱开发效果。随着对标分类评价工作的不断拓展，构建开发区、注聚区块和注水井组的分层次对标管理体系。通过“对标、赶标、超标”，有3个区块实现开发效果提档升级，有4个区块采收率提高1.05个百分点。当年，聚驱产油852万吨，超产3.9万吨。年生产原油3656万吨，其中长垣水驱产油1701.07万吨，三次采油产油1282.23万吨，长垣外围产油527.81万吨，海塔盆地产油144.89万吨。各项开发生产指标均控制在计划之内，其中，水驱自然递减率6.87%，综合递减率4.12%，年均含水率92.74%；三采吨聚增油54.4吨。

2017年，面对繁重的油气生产任务和依然复杂的严峻形势，继承发扬大庆精神、铁人精神，解放思想，勇于担当，全面完成各项目标任务，振兴发展实现良好开局。全年，生产原油3400万吨，其中长垣水驱产油1574.9万吨，三次采油产油1169.6万吨，长垣外围产油520.0万吨，海塔盆地产油135.5万吨。各项开发生产指标均控制在计划之内，其中，水驱自然递减率6.87%，综合递减率4.09%，年均含水率93.09%。持续强化注水方案调整，逐井逐层查找问题，落实潜力，优化配注水量，由“分得细”向“分得准”转变；实施注水方案调整9154口，连续5年保持在8000口以上；周围1.2万口未措施油井见效，平均单井日增油0.13吨，是2016年的1.3倍。持续优化措施挖潜，立足“四个突破”，实现“七个转变”，大力推广缝网压裂、精控压裂、控砂体压裂等技术，油井压裂1475口；在综合含水逐年上升、措施对象逐年变差的情况下，长垣和外围油井压裂初期日增油保持稳定，年增油比2016年增加6.8万吨。扎实推进长关井治理，以经济有效为标准，逐区逐块落实潜力，逐井逐层优化措施。全年治理长关井1158口，其中水井591口、油井567口，当年恢复注水543.1万立方米、恢复产油10.4万吨。通过专项治理，全油田长关井数5年来首次实现负增长，长关油井减少279口，长关水井减少382口。开展高效井和高效开发区块建设，“创标杆、立旗帜”，确立了15个高效开发标杆区块和549口产量高、效益好的高效井。

聚驱优化提效，以“开发区、区块、井组”分层次对标管理体系为基础，以“高效开发区块”为标杆，在37个注聚区块开展“对标、赶标、超标”活动。通过综合调整，有4个区块实现开发效果提档升级，有22个区块开发效果得到改善。强化全过程跟踪调整，总结形成提效率技术要点及精准调整原则，依据注入参数匹配图版和措施选井选层量化标准，实施注入方案调整6111井次、增产增注措施1376井次，分注率由69.5%提高到70.3%，压裂初期单井日增油保持在5.0吨以上。持续攻关提效技术，先期筛选的新型聚合物，在杏六区中部一类油层试验区进行注入试验，阶段提高采收率15.5个百分点，最终可提高17.5个百分点。为满足中低渗透油层注聚需要，自主研发系列新型中低分抗盐聚合物，实现油田内工业化生产。

复合驱规模推广，注入体系质量不断提升，表活剂产品合格率由上年的92.6%提高到97.8%，优质率由80.0%提高到96.7%。坚持一体化联动、专业化管理、信息化监控，注入体系质量合格率达到95.7%，黏损率控制到21%以内。科学组织、密切配合，4个区块按时投产，4个区块顺利注剂。开展对标管理，强化跟踪调整，实施各类措施3220井次，措施有效率93%，注采参数匹配率92%，注采井时率达到95%以上。复合驱开发效果明显改善，13个注剂区块中有8个区块好于预期。不断完善技术标准体系，按照“共同点优化沿用、差异处补充完善、空白项科学建立”的原则，大力推进复合驱全流程标准化、制度化建设，制修订技术标准8项，已颁布企业标准29项，形成了比较完善的开发管理体系。

2018—2019年，实施精准开发，推动“水驱控递减、三采提高采收率”两大工程，加快推进效益建产，主要开发指标继续保持高水平。2018年，油田水驱自然递减率、综合递减率、年均含水上升值均好于预期，未措施产量超产24.7万吨，三次采油产量连续17年保持在1000万吨以上；加快松辽深层及川渝地区天然气上产步伐，产气量连续8年稳定增长，年产气达43.35亿立方米，产销量均创历史新高。2019年，大庆油田深入实施精准开发战略，创造性开展工作，生产运行压茬推进、滚动督导，产能建设一体化管理，数字化平台信息共享、提质提效，油气生产始终保持主动态势。水驱继续发挥主力作用，深化综合调整挖潜，精准实施各项措施，自然递减率、综合递减率、年均含水上升值均得到有效控制；推进优化提效，提高注入体系质量，完善配套工艺技术，三次采油有力支撑原油稳产；加大部署投产力度，深化低产低效井综合治理，天然气产量连续9年稳步增长。

2021年，大庆油田油气产量当量保持在4300万吨以上持续稳产，同比实现箭头向上。实现高水平、高质量、高效益3000万吨原油稳产，天然气产量连续11年稳定增长，海外权益产量连续3年保持在900万吨以上，各项生产经营指标好于预期，油气开发再创新高。面对疫情、洪涝、暴雪等诸多不利因素，大庆油田坚定稳产目标不动摇，持续深化精准开发，超前组织生产运行，全力以赴抢产夺油，三次采油年产量连续20年保持在1000万吨以上，喇萨杏油田采收率达到55.06%；生产天然气同比增加3.6259亿立方米，为“气化龙江”战略提供了强力支撑。

三、创新生产管理模式

在大庆油田发现50周年庆祝大会上，习近平强调指出：“继续高举旗帜，始终胸怀全局；继续解放思想，坚持改革创新；继续弘扬优良传统，大兴艰苦奋斗之风；继续以人为本，构建和谐企业；继续发挥优势，加强和改进党的建设。”大庆油田将这“五个继续”作为前进的动力和发展方向，坚持改革创新，以改革提质、改革增效、改革强企为动力，努力把油田业务做强，把“蛋糕”做大，把成长性的篇章做好。

为保持原油4000万吨持续稳产，坚持“科学管理，统筹协调，整体推进”的运作方式，充分发挥整体一体化优势。2012年，积极推进地上地下一体化、设计施工一体化，抓住组织运行的关键环节，在过程上系统把握，在节点上加强控制，做到科学运行、均衡运行、高效运行，向整体化要效益，向运行质量要效益。这一年，按照“保持、加强、提升”的工作要求，转变管理思路，尝试推行大生产运行管理模式，着力从宏观控制上，提升把握原油生产主动权的能力。“大生产运行管理模式”，是打破原有“条块管理”、各自为政的“小运行”方式，坚持以产量规划为纲，在生产组织上围绕产量形成方案设计与组织、计划制定与执行、注水运行与调配、措施实施与调整、生产维修与保障、原油集输与运营等多专业一体化管理模式。可以简洁形象地表述为用原油产量这根琴弦，将方案、计划、注水、措施、维修、集输等键盘音符串在一起，根据产量的需要，适时拨动不同音符，实现通力配合下的“大运行”，提升宏观把控力，掌握产量主动权。在产能运行上，建立油藏、采油工程方案与钻井、射孔项目管理一体化运行模式，当年建成油水井4934口，建成产能238.34万吨。在原油生产上，建立采出、注入两大系统一体化运行模式，原油生产组织和整体运作能力明显增强，生产形势积极主动，全油田平均日产10.93万吨，比计划高1093吨。

2014年，推行大生产运行管理模式，实行扁平化管理，成立多专业、多部门、多单位联合的专业化管理项目组，提升了生产组织的合力和执行力。推行大修井组织运行项目组管理：项目组主动深入一线，积极协调、主动攻关，理顺工作流程，坚持“三不修、三优先”原则，满足油藏需要，全年完成了2380口，比计划多80口，修复率为86.3%。推行常规压裂组织运行项目组管理：全年压裂施工4545口，单井施工周期从2.75天缩短到2.60天，单队施工能力由102.8口提高到107.1口。推行大规模压裂组织运行项目组管理：实施专项管理，平衡压裂队伍、攻关反排液处理技术、提高运行效率，保证勘探、开发及科研需求。打破部门界限，统筹编排整体运行方案，运行效率提高36.6%；打破压裂小队管理界限，合理优化车组，施工能力同比提高70.6%。全年完成大规模压裂261口，比2013年多108口。推行地面疑难井治理组织运行项目组管理：针对部分井处于环境敏感地带，存在安全环保隐患，且涉及单位多，涵盖范围广，仅凭某个单位和部门一己之力难以解决，开展专项治理，全年共治理238口，开井118口，其中油井63口、年恢复产油6.8万吨，水井55口、年恢复注水117万立方米。

编制“标准统一、方法统一、格式统一”的生产运行手册，建立分级产量分析标准，明确不同管理层面和时间频次的分析内容，强化“日跟踪、旬对比、月总结”，生产组织运行始终处于平稳有序状态。2015年，日均积压井减少135口，少影响日产量264吨。编制运行方案，配备环保装置，实施专业化管理，使工作量需求与队伍施工能力协调一致，下半年作业施工周期比“两法”颁布初期减少1.3天。坚持大生产运行模式，强化全过程闭环管理，不断提高施工效率，在雨季完成常规压裂555口，同比多161口；完成大修井374口，同比多97口。产能建设扎实有序推进，克服环保政策调整、经济评价参数变化、低洼地井增多等因素，优化钻井运行，加快产能建设，全年钻井3929口，基建4871口，建成产能214.5万吨。以经济效益为中心，优选产能建设目标区，取消效益差的区块18个，少钻井517口、少建产能20万吨，节约投资20.3亿元。

“十二五”时期，大庆油田开发生产管理提升成效显著，发展质量活力明显增强。以做精做实管理单元、做强做大创效单元、做专做优服务保障单元为目标，立足开源节流降本增效，加强顶层设计，对标行业先进，深入抓好管理提升工作。“三化”管理试点先行、总结提升，稳步推行采油单位区域化大班组管理、技术服务单位专业化运行管理、生产保障单位扁平化管理，以及施工作业的工厂化、模块化、自动化，后勤单位的区域化、便捷化、人性化，干部员工思想观念逐步转变，操作成本明显下降，队伍用工水平、施工效率、创效能力大幅提升。

“十三五”期间，大庆油田大力推进勘探开发一体化、地质工程一体化、设计施工一体化、科研生产一体化，加强各项业务的联动协作，加强流程节点的无缝衔接，加强全方位全过程的系统优化，最大限度挖掘内部潜力、构建整体优势，提升油田整体效率效益。2016年，加强组织协调，确保生产运行平稳有序。优化生产组织，编制生产运行手册，坚持“日跟踪、旬对比、月总结”，实时把控生产动态。强化措施运行，编制措施运行方案，压裂、大修、补孔队伍整体运作、同步布局、资源共享，最大限度发挥上产合力，完成压裂3940口、大修2200口、补孔1797口，老井措施年增油66.2万吨、比上年多17.7万吨。加快产能建设，完成油水井3455口，产能155.8万吨，产能贡献率31.4%；气田产能建设完成气井25口，产能5.47亿立方米；老区改造工程完工

19项，完成各种扩改建站8座、安全隐患治理工程13项。

在油田开发生产管理上，分区块细化产量构成，逐项逐月量化影响因素，科学编制生产运行曲线。2017年，坚持产量督导、靠前指挥，按旬组织运行，按日跟踪产量，原油生产形势平稳、受控。为确保完成产量任务，多措并举，吨油必争，实施探评井投产64口，边远零散井提捞或罐车套管接油975口，年产油达到8.1万吨。增产措施组织高效，优化队伍运行，强化施工保障，常规压裂效率比上年提高9%；大规模压裂360口井，施工能力提高6%；油水井大修2420口，同比增加295口，修复率提高4.2个百分点。大力推进效益型标杆站队建设，立足基层站队，完善评价体系，将效益类指标比重提高到55%以上；选树采油、作业、测试等效益型标杆站队22支，营造全员重效益、抓效益、创效益的氛围，推动了生产管理向“抓产量、提效率、增效益”的转变。实施降本增效战略成效显著，注水量及产液量得到有效控制。以低效无效循环识别与治理为重点，强化注采两端综合调整，全年注水7.23亿立方米，比计划少注4596万立方米，年增幅−1.46%，为10年来首次实现负增长。全年产液5.83亿吨，比计划少1780万吨，仅耗电耗气就降低成本2.78亿元；产液量年增幅0.68%，创10年来最低。优化施工设计，合理调控运行参数，机采井检泵率和直井缝网压裂费用持续降低。机采井检泵率比2016年降低0.7个百分点，相当于少检泵4459井次，节省作业费用2.65亿元。优化方案设计，区域集约式工厂化施工，直井缝网压裂施工效率提高8%，单井施工费用249.2万元，比2016年降低7.7%。节能降耗成效显著，注水单耗5.95千瓦时，比2016年降低0.05千瓦时；吨液举升单耗7.57千瓦时，降低0.22千瓦时；集输吨液耗气1.31立方米、耗电1.29千瓦时，分别降低0.02立方米和0.08千瓦时。

2017年2月，为有效应对低油价挑战，在全油田开展“传统立身、勤俭立业、百年立功”全员行动，大力推进群众性创新创效活动。油田广大员工积极参与，利用各种创新平台，围绕解决日常生产中的各种疑难问题，开展了形式多样、成效显著的创新创效活动。到2017年，全油田共建立国家级和省级技能大师工作室8个、劳模创新工作室56个、青工技能创新示范基地10个、技能专家工作室17个、技能革新工作室110个。在技能大师、专家、劳模的带动下，基层岗位员工的创新热情空前高涨，创新潜能充分释放，呈现出全员创新、人人创效的生动局面。这其中，既有群众性的小发明、小创造、小革新，也有适应扁平化管理和站场无人值守的大创新、大创造、大手笔。采油二厂自主研发的“螺杆泵井多功能电缆护管”，在全油田推广应用1000多套，消除了安全隐患、延长了使用寿命，提高了工作效率。认真落实开源节流降本增效10个方面30项工作任务，一大批经济适用的创新成果得到推广应用。采油一厂六矿技术人员研制的盘根盒、总结的抽油机“243”调平衡法、皮带五级管理法等，为全队节省上百万元的生产成本。矿区服务事业部自主研发的“主动式无线报警器”，为热力站无人值守提供了准确的信息传递，节省30余人的用工成本。2016—2017年，全油田共取得技术革新成果532项、青工“五小”成果172项，累计创效1亿元以上。通过推进“三立”全员行动，优良传统得到传承弘扬。在经济社会的巨大变化中，油田广大员工创新创效的优良传统没有丢，创新创效的热情没有减，艰苦奋斗的本色没有变，而且创新创效的内涵更加丰富，劳模精神、劳动精神、工匠精神的时代风采更加浓厚。“有条件要上，没有条件创造条件也要上”，铁人1205钻井队建立了“精准钻井流程看板”，确立了每个工序的标准施工时间，并坚持改进优化，创出月9开9完、最短建井周期2.83天的新纪录。

2018—2021年，油田管理高效运行，超前组织、统筹协调，措施产量创近年来最好水平；水驱分注率、注水合格率、机采井检泵率继续保持较高水平，油田管理水平不断提升。

四、科技创新长足进步

大庆油田历来高度重视科技工作，始终坚持科技领先、科技兴油发展战略，形成了“一切经过试验”“五级三结合”“超前15年储备，超前10年攻关，超前5年配套”等优良传统，创新发展以提高采收率技术为代表的一整套核心主导技术系列，推动原油持续高产稳产，支撑特高含水期经济有效开发，走出了一条中国特色石油工业发展之路。进入新时期，油田上下继续高扬创新的旗帜，坚持“以技术换资源，以技术拓市场，以技术谋发展”，进一步加大科技创新力度，无论是重大项目攻关，还是科研组织管理，都取得了许多新进展、新成效。

“十一五”时期，大庆油田科技创新取得一批重要成果：复杂深层目标勘探及增产改造技术，长垣水驱精细挖潜技术，超高分子高浓度聚驱技术，三元复合驱技术，外围油田有效开发技术，天然气安全高效开发技术，以及工程建设、装备制造、油田化工等技术，都有了新的发展和进步，不仅支撑原油4000万吨持续稳产，而且推动了非油气业务的扭亏解困。尤其是“大庆油田高含水后期4000万吨以上持续稳产高效勘探开发技术”，再一次荣获国家科技进步特等奖，充分显示了大庆油田的科技水平和实力。“十二五”期间，大庆油田把科技作为长期性、根本性的战略任务来抓，努力担负起“保稳产、保发展、保转变、保市场、保红旗”的重大使命，为永续大庆辉煌提供强有力的技术支撑。2012年，贯彻落实《大庆油田可持续发展纲要》，把握“三个方向”、坚持“五个集中”，规范科技管理，加快油田重大科研项目与现场试验攻关步伐，坚定不移地走“干当前、想长远、强推进”的科技创新之路，全年共取得公司级科技成果245项，获得省部级科技奖励27项，其中，“水平井钻完井多段压裂增产关键技术及规模化工业应用成果”获得国家科技进步一等奖；“老油田精细油藏描述技术及规模化应用”等三项成果获中国石油和黑龙江省科技进步一等奖。水驱开发技术研究取得新成果，形成了长垣油田井震结合精细构造解释技术及规范，准确识别断距3米小断层与微幅度构造，断点组合率由80%提高到95%以上；形成完善配套的多级细分注水工艺技术，配注层段由5段提高到7段以上，配水器最小间距由6米缩小到0.7米，7段井测调时间由常规测试的7天缩短到4天以内；建立喇－萨－杏油田特高含水阶段各开发区层系井网调整方式，可提高水驱采收率1～3个百分点。长垣6个水驱精细挖潜示范区，实现3年产量不降、含水不升的阶段目标。2013年，通过建立外围油田和完善长垣水驱细分注水量化标准，在地质意义上实现了全油田的精细注水。当年细分注水1600口，平均单井注水层段增加1.6个，使全油田2.3万口分注井的平均注水层段首次达到4个，其中5段及以上井占到三分之一。完善多级细分注水工艺配套，低负荷解封封隔器实际推广应用2126口，7段以上细分工艺推广424口井。小隔层小卡距工艺，完成小隔层工艺应用290口井、小卡距工艺应用40口井。通过双胶筒、长胶筒封隔器的应用，可卡最小隔层由1米缩小到0.4米。通过正反导向、偏封一体配水器等应用，实现连续薄层细分要求，大大提高细分水平，满足了油藏细分的要求。

2014年5月26日，大庆油田在科技工作会议上提出，“对标世界一流，大力实施创新驱动战略，以核心主导技术的持续创新，破解瓶颈难题，打造竞争优势，努力实现有质量有效益可持续发展”，部署“十大攻关任务”。当年，长垣水驱开发、聚驱提高采收率、三元复合驱、三类油层提高采收率、外围油田经济有效开发、海塔油田开发、深层天然气开发等技术攻关取得重要进展。运用井震结合三维可视化断层描述方法，结合穿断层取心结果，精细刻画断层空间展布和内部结构特征，指导断层边部大斜度定向井挖潜，实施38口井，投产后单井日产油14吨，综合含水率72.9%，效果显著。研发集成的0.2米高分辨率水淹层测井系列，现场实施测井94口，0.2米薄层识别率达到82%，比常规系列提高50%以上。针对持续发展技术的需求，成立“十三五”科技发展规划整体研究组，进行国内外技术调研，明确“十三五”技术攻关主攻方向。2015年，关键技术持续创新，井震结合精细构造描述、层系井网评价优化等水驱精细挖潜技术，注入参数优化设计、抗盐聚合物试验等聚驱优化提效技术，主表活剂深化研究、分层注入、防垢举升工艺等复合驱提高采收率技术进一步创新发展，有力支撑了长垣老区的精细高效开发；致密油储层精细描述、一体化设计和动态评价、水平井综合调整，薄差储层对应精控压裂、过渡带大穿透比压裂，以及复杂断块油藏开发等技术进一步发展完善，切实加快了长垣外围和海塔盆地的增储上产步伐。同时，信息化平台建设和数值模拟软件的应用也取得新进展，技术工艺集成化、序列化、有形化、产品化迈出重要步伐。实践证明，只要牢牢把握科技创新这一驱动力，充分发挥第一生产力作用，破解难题、实现稳健发展，就有了根本依托和可靠保证。全年取得公司级科技成果188项，其中"大庆长垣油田特高含水期含水控制递减关键技术研究及应用"，获得中国石油科技进步特等奖，"大庆长垣油田特高含水期开发地震技术研究及应用"获得中国石油科技进步一等奖。

"科技创新是实现发展任务的核心，抓住了科技创新就抓住了牵动全局的牛鼻子。"习近平的这一重要论断，进一步凸显了科技第一生产力的作用。进入"十三五"后，大庆油田坚持资源有限、创新无限的科研理念，坚持突出重点、精准开发的攻关方向。2016年，油田水聚两驱技术、复合驱技术、工程技术、信息化技术进一步创新发展，经济性、适用性、可靠性大幅提高。长垣水驱精细挖潜工艺技术水平进一步提升，注水井智能分注工艺技术基本定型，进入工业化现场试验；精细分层采油技术基本成熟配套，实现6段以上分层采油，分层产量地面控制测量，分层静压直接监测更加准确。单砂体精控对应压裂技术应用效果显著，形成"水井单压－油水井对应压裂"的工艺调整模式，并建立对应精控压裂设计方法和多工艺管柱优化组合模式，提高了工艺的针对性。实施细分精控对应压裂1112口井、6781层，单井平均改造6.1段，油井日增油5.2吨，水井日增注38.2立方米。在杏六区中部开展新型超高分抗盐聚合物现场试验，含水率下降15.6个百分点，采收率提高12.61个百分点。针对中浅层致密油藏、深层砂砾岩气藏科研攻关的迫切要求，勘探、开发科研人员合署办公，勘探向开发后延，开发向勘探前伸，实现勘探开发综合地质研究、工程技术成果共建共享，攻关效率大幅提高，研发周期大幅缩短。致密油累计建成产能18.6万吨，年产油9.85万吨，累计产油33.6万吨。

2017年，突出关键技术、重大技术、颠覆技术三个层次，工业化、配套、攻关、储备四种类别，制定油田核心技术发展路线图，明确方向，锁定目标，加快攻关。创新研发模式：完善《勘探开发课题制项目管理办法》，对核心主导技术实行市场化、开放式管理，首次对承担“十三五”重大专项的课题长实施竞聘上岗，有效调动了科研人员的积极性、主动性和创造性。加大攻关力度：油气勘探，叠后薄层阻抗直接反演、复杂地区精细构造解释及圈闭识别、深层钻井提速等技术持续配套完善，为资源发现评价提供了有力指导；油田开发，长垣井震结合构造及储层描述、二类油层化学驱提质提效、三类油层压驱、直井缝网压裂、水平井能量补充和重复压裂等技术获得重要进展，为精准高效开发提供了新的支撑。全年获省部级以上科技奖励23项，其中“三元复合驱大幅度提高原油采收率技术及工业化应用”获国家科技进步二等奖。加快信息化步伐：召开油田油气业务数字化工程现场会，总结推广典型经验，探索创新管理模式，有序推进场站集中监控、无人值守，施工作业自动化、智能化改造，以及数据远程传输、信息集中共享、劳动组织优化，五个试点场站减少用工41%。

“十二五”期间，大庆油田经历了“资源接替、开发瓶颈、投资回报”三大挑战，在国际油价大幅震荡下跌的情况下，实现储量增长箭头向上、稳油增气向好发展、生产经营平稳受控、各项事业稳健发展；生产原油1.98亿吨（年均3968万吨）、天然气169.6亿立方米（年均33.92亿立方米），为维护国家石油战略安全、支持国民经济发展，继续做出了高水平贡献。

为实现“十三五”新发展，大庆油田按照“发展、转变、和谐”总体部署，立足“两种资源、两个市场”，充分发挥综合一体化优势，全面实施《大庆油田可持续发展纲要》，以经济效益为中心，以结构调整为重点，以精细管理为手段，以科技创新为支撑，扎实推进原油持续稳产、整体协调发展，为永续大庆辉煌奠定了坚实基础。2017年，全面推进振兴发展，新增探明石油地质储量5095万吨，新增探明天然气地质储量124亿立方米，形成了巩固发展稳油增气目标的新格局。2018年，实施《大庆油田振兴发展纲要》，以当好标杆旗帜为根本遵循，以深化改革创新为重中之重，以立足本土、开拓海外为必由之路，以练好内功提质增效为固本之举，以再学习再教育再实践为强基之本，以构筑政治优势为坚强保证，进一步贯彻新理念、把握新特征、打造新动能，推进新发展。全年新增石油三级储量1.6亿吨，天然气三级储量678亿立方米，超额完成各级储量任务；实现油气产量当量4166.85万吨，其中国内原油产量3204.43万吨（表5-1），海外权益产量617万吨、同比增长11.8%，海外开发迈出重大跨越新步伐；收入、利润、上缴税费，创近3年最好水平；海外市场收入首次突破百亿元。稳油增气、内外并举的发展战略进一步巩固。

表5-1　2012—2020年中国石油大庆油田主要生产指标

指标	2012年	2013年	2014年	2015年	2016年	2017年	2018年	2019年	2020年
原油产量（万吨）	4000	4000	4000	3838.6	3656.03	3400.03	3204.43	3090.01	3001.03
天然气产量（亿立方米）	33.68	34.42	35.12	35.32	37.70	40.13	43.35	45.53	46.59
新增原油产能（万吨）	424	426	434	370	319	242	243	172.15	176.95
新增天然气产能（亿立方米）	0.96	4.60	0.66	2.51	1.71	3.0	2.03	5.23	2.80
新增探明石油地质储量（万吨）	5546	5314	4063	5201	5120	5017	5215		
新增探明天然气地质储量（亿立方米）					524	617	214		
勘探投资（亿元）					27.25	29.59	29.19	43.59	31.64
开发投资（亿元）					162.35	180.54	188.77	185.28	183.65

注：此表数据来源于中国石油年鉴。

2021年，大庆油田实现油气当量4322.6万吨，同比增加19.6292万吨，其中原油产量3000万吨。大庆油田的水驱开发技术越发精准，水驱年自然递减率保持稳定、含水上升值持续下降。化学驱提高采收率技术保持国际领先，界面位阻表面活性剂中试产品与国外性能相当、价格减半。大庆油田大力攻关连续油管技术，平均单井初期日增油6.7吨、作业周期5天，分别较常规工艺提高了31.3%、28.5%。创新攻关直井精细压裂技术，积极推广连续油管直井精控压裂技术，具备0.2米以上储层精准改造能力，平均单井作业周期仅4天，增油效果达同区块3.1倍。在外围扶杨储层新井上，试验推广连续油管直井缝网压裂技术，单趟管柱最大压裂层数提高到13层，储层改造体积提高20%以上，建产周期缩短5～7天，改造效果达同区块1.5倍以上。

大庆油田创造领先世界的陆相油田开发水平，连续27年保持年产油5000万吨以上，连续12年保持年产油4000万吨以上；主力油田采收率突破50%，比国内外同类油田高出10～15个百分点；三元复合驱年产量突破400万吨，使中国成为世界唯一的大规模工业化应用的国家；获国家自然科学奖一等奖，荣获首批中国工业大奖，三次获国家科学技术进步特等奖，油田勘探开发与“两弹一星”等共同载入中国科技发展史册。孕育形成大庆精神、铁人精神，打造过硬的铁人式职工队伍，涌现出以“三代铁人”为代表的一大批先进模范人物，改革先锋、大庆“新铁人”王启民被党中央授予“人民楷模”称号。大庆油田广大干部职工不忘初心、牢记使命，大力弘扬大庆精神、铁人精神，不断改革创新，推动高质量发展，肩负起当好标杆旗帜、建设百年油田的重大责任，为中国石油工业高质量发展做出了突出贡献。

第二节 ＞ 胜利油田高质量发展

胜利油田（为胜利石油管理局、胜利油田分公司的统称）勘探开发区域，在东部地区主要分布于山东省东营、滨州、德州、济南、潍坊、淄博、聊城、烟台等地市，主体位于东营市黄河尾闾西侧，包括渤海湾盆地的济阳、昌潍等坳陷；在西部地区主要分布于新疆、内蒙古、青海、甘肃、宁夏等省、区，涉及准噶尔、吐哈等11个盆地。

2017年11月，胜利石油管理局完成公司制改制，更名为中国石化集团胜利石油管理局有限公司。截至2020年，胜利油田已找到不同类型油气田81个，累计探明石油地质储量55.87亿吨；投入开发油气田74个，累计生产原油12.45亿吨、生产天然气594亿立方米，为保障国家能源安全，促进国民经济发展做出了重要贡献。

一、精细勘探稳中增储

胜利油田大力实施资源战略，油气勘探不断取得新发现。2012年，垦东北部勘探取得新突破，钻探的垦东88井在沙河街组获得百吨以上的高产油流；临南凹陷岩性油藏勘探取得新突破，新增预测石油地质储量3794万吨；青东北部中生界勘探取得突破，青东25井中生界试油，折算日产油47.7吨；埕岛东坡古近系勘探取得新进展，埕北819井沙一段中途测试自喷获日产油181.44立方米、天然气1.2万立方米；东营东部滩坝砂岩勘探取得新进展，莱斜90井日产油39.15立方米，莱92井日产油31.2立方米，新增莱87井区预测石油地质储量2261.58万吨；东营北带扇体勘探取得新进展，利988井日产油28.3立方米，坨724井日产油7.67立方米，新增探明石油地质储量673.15万吨、控制石油地质储量858.55万吨；三合村洼陷带地层油藏勘探取得新进展，罗322井沙四段获日产油6.16立方米；孤岛西南部新近系勘探取得新进展，孤南218（侧）井日产油7.04立方米，孤南219井日产油7.65立方米。在西部探区，哈山地区勘探取得新突破，发现二叠系风城组优质烃源岩，在石炭系–二叠系见到中等油质原油，在侏罗系西山窑组钻遇厚油层，并发现阿拉德油田；部署在准噶尔盆地哈山三维内的探井哈浅22井获得良好油气显示，9月15日开始注汽热试，9月24日至25日3毫米油嘴放喷，24小时产油17.24立方米；10月24日，阿拉德油田通过中国石化储量评审，上报控制石油地质储量2592.75万吨。阿拉德油田是胜利油田勘探历史上发现的第79个油田。

2012年，胜利油田完成二维地震7635千米、三维地震7516平方千米；完成石油钻井2362口，勘探投资50.73亿元；新增探明石油地质储量13232.5万吨，新增探明天然气地质储量89.68亿立方米；连续30年新增探明石油地质储量超1亿吨，连续10年新增三级储量均超1亿吨。2013年，中国石化制定《油气勘探管理办法》《石油天然气储量管理办法》，勘探系统负责控制石油地质储量、预测石油地质储量申报，探明石油地质储量交由开发部门申报；对拟申报储量的可靠程度进行更加严格的界定，要求控制石油地质储量三年内实现升级、预测石油地质储量五年内实现升级，期间内不能升级的储量将予以降级或核销。新办法要求勘探以经济效益为中心，胜利油田油气勘探进入效益为先、高效发展新阶段。是年，优化勘探部署、强化经济评价，突出油气发现和商业发现，油气勘探取得新进展。垦东北部垦东89井、垦东891井试油获得百吨高产，实现当年钻探、当年新增控制储量740.81万吨；三合村洼陷带罗322井、垦119井在沙河街组、馆陶组见到良好油气显示，沙三段试油分别获得日产油6.16吨、5.49吨，突破了沙三段地层稠油油藏工业油流关。在青南洼陷沙四段滩坝砂岩油藏新增控制储量916.67万吨，勘探发现青南油田。王庄地区郑381井沙一段，新增控制储量1057.14万吨；滨县凸起南坡滨692井沙四段获日产油10.77立方米，新增预测储量1879.54万吨。西部探区哈山地区中深层勘探获重大油气发现，哈深2井在二叠系推覆体获日产油10.08立方米，新增预测储量1517.83万吨，展现哈山地区中深层大范围含油的良好局面。车排子地区获新的商业发现，沙湾组新增控制储量1116.92万吨；石炭系新增控制储量1929.35万吨、预测储量1498.32万吨，车排子东部石炭系呈现连片的趋势。2014年，按照“精细勘探东部稳定基础，创新突破西部加快发展”的勘探总体目标，突出油气发现和商业发现。东部探区新增控制储量5243.56万吨、预测储量5425.84万吨，在埕南断裂带、垦东东部、埕岛东部勘探取得油气新发现，在三河村洼陷、垦东北地区、博兴南坡、孤北长堤地区、青城北坡、东营北带等6个地区勘探取得商业发现。西部探区新增控制石油地质储量3219.88万吨、预测石油地质储量1124.18万吨，取得4个油气新发现、2个商业发现的勘探成果。下半年，国际油价呈断崖式下跌，并长期在低位徘徊。为适应新常态，胜利油田积极探索效益勘探方法，深化探区石油地质规律认识，促进勘探目标的主动战略转移，在油气发展的“寒冬期”，实现了高效勘探增储。在东部探区勘探发现第81个油田——三合村油田，实现连续6年每年发现1个新油田。在构造上，三合村油田位于济阳坳陷孤岛凸起西南部倾没端，勘探面积150平方千米，主要产油层段为馆下段和沙三段，油层类型为稠油油藏，控制含油面积15.9平方千米，控制石油地质储量3192.2万吨。2015年，坚持高效勘探，新增控制石油地质储量6560.44万吨、预测石油地质储量8688.6万吨，在辽东东地区、车镇凹陷、高青地区、准噶尔盆地中部、乌伦古坳陷等地区勘探取得5个新发现，在埕岛北部河道砂、东营南坡地层油藏、高青断裂带、济阳陡坡带扇体、车排子等地区勘探取得5个商业发现。

“十三五”期间，为适应新常态，持续深化“四个重新认识”❶，推进国家专项、中国石化重大项目课题及重大导向项目等不同层级科研协同攻关，积极探索效益勘探方法，打造配套勘探技术，开启新一轮资源评价工作；加强出油点、油层井等储备资源梳理评价，实施《中石化东部成熟探区（层系）精细勘探研究工作规范》和《探井部署基础工作规范》，在油气发展的“寒冬期”，谋求高质量发展。2016年，以经济效益为中心，把发现规模优质可动用储量作为工作重心，坚持勘探开发工程一体化，深化理论技术和勘探管理创新，全力推进高效勘探。通过加强研究、深化认识，潜山勘探取得重要发现，车古27井古生界中途测试获日产气7.64万立方米，桩斜169井下古生界获日产油356吨、天然气1.32万立方米，上报控制储量1128万吨；三合村洼陷西斜坡的垦西1井馆下段试油稳定，日产油9.15吨，新增预测石油地质储量859.26万吨；青西地区永123井沙三下获得稳定日产油16.1吨，实现东营凹陷东边界剥蚀地

❶“四个重新认识”是指重新认识资源、重新认识沉积储层、重新认识复杂构造、重新认识成藏规律。

层环带勘探的突破；陈官庄构造带北部的官斜17井沙四下压裂后试油稳定，获日产油9.1吨、天然气309立方米，新增预测储量813.26万吨。部署在车排子西翼石炭系的预探井苏13井，中途测试稳定日产油20.7吨、天然气1393立方米；地面密度0.83克/立方厘米，黏度4.08毫帕·秒，发现轻质油整装含油区带。在东营北带、滩浅海地区、沾化凹陷、惠民凹陷、车排子等地区勘探取得5个商业发现。全年新增控制石油地质储量6692.25万吨，新增预测石油地质储量1.04亿吨。2017年，勘探聚焦效益增储、高效动用，深化基础研究和潜力评价，区带动态论证井位部署，加快落实经济规模阵地，勘探取得10个商业发现，新增控制储量在油价60～70美元/桶的条件下可全部开发动用。东部探区实现规模增储，对地震资料质量重新进行梳理评价，加强地质研究、优化勘探部署，由"块单元"向"层单元"细化油气勘探潜力研究，埕岛周缘第三系及潜山、东营凹陷北带、沾化凹陷超覆带等发现规模储量阵地，东营南坡孔店组红层取得新发现，展示了东部老区较大的增储潜力，全年新增控制储量5974.95万吨、预测储量4168.64万吨。

2017年4月21日至23日，中国石化召开上游勘探潜力论证会，胜利油田提出"勘探层单元"新理念，将济阳坳陷划分为305个勘探层单元，初步建立了勘探层单元评价优选方法，通过评价优选出66个效益勘探层单元（区带）作为"十三五"后三年的增储区带。2018年，以"'十三五'末稳产2340万吨，盈亏平衡点降低至50美元/桶"为工作目标，持续深化"四个重新认识""两个规范"，为成熟探区精细勘探提供方法指导和质量标准，为高效勘探增储提供有力的制度保障。加强勘探关键技术攻关，形成一系列高效勘探配套技术，有效促进了油气勘探稳步发展。新近系河道砂岩精细勘探，提出"砂体与油源大断层和低级序油源断层对接控制成藏""只要稳定泥岩隔层发育,毯内也能形成富集高产微幅构造油藏"的新认识，拓展勘探领域，形成不同地质模型控制下的河流相储层描述、断裂网精细刻画及河道砂体含油性综合评价技术。缓坡带滩坝砂岩精细勘探，发展形成"三古控砂、三元控藏、压吸充注"

新认识，实现滩坝砂油藏的规模勘探，形成断陷湖盆滩坝砂体的宏观地质建模和地球物理精细描述技术，提高了薄互层储层预测与有效储层评价精度。陡坡带砂砾岩体精细勘探，建立“多源供烃、高压充注、常压运聚、差异富集”的成岩圈闭油气运聚模式，形成砂砾岩旋回划分、储层评价及油藏综合评价技术。洼陷带浊积岩精细勘探，发展形成多属性综合描述技术、砂体含油性定量评价模型。盆缘地层油藏精细勘探，发展形成以不整合结构综合判识、油藏含油程度量化评价、圈闭地球物理精细描述为核心内容的勘探配套技术，提高了地层油藏勘探成功率。2019年，按照中国石化“七年行动计划”战略部署，以“实现较长时间内持续稳产2340万吨，盈亏平衡点2020年降至50美元/桶”为目标，持续推进高质量勘探，取得3个油气新发现、4个商业发现；新增探明石油地质储量4644.29万吨、控制石油地质储量6696.39万吨、预测石油地质储量8258.53万吨。

胜利油田济阳页岩油勘探多点开花。2021年11月3日，胜利油田首批上报预测石油地质储量4.58亿吨，已具备全面勘探条件。已完钻4口页岩油专探井，其中樊页平1井创国内页岩油单井日产最高纪录，最高日产油171吨，标志着胜利油田页岩油实现商业产能的战略性突破。胜利油田济阳页岩油的埋深都超过3000米，有的页岩油气藏埋深更是超过4000米，地下温度超过170摄氏度，这给钻井工程、压裂工艺、设备性能带来极大挑战。10多年来，科技工作者矢志攻关，创新建立陆相断陷盆地页岩油成藏富集模式，研发出页岩油突破目标优选评价技术，揭开了页岩油“藏身之地”真面目；研发优快钻井技术在地下3300米以下使得水平段超2000米以上的水平井得以高效钻进；形成的缝网压裂技术，让页岩油在人工制造的毫米级“高速公路”上流出，极大提升单井产能。根据初步测算，胜利油田济阳页岩油资源量超40亿吨。

新型钻机为国家级页岩油示范区建设添“动力”（图5-1）。在胜利油田国家级页岩油示范区——牛页一区，胜利石油工程公司黄河钻井70169平台新配备的ZJ70DB新型钻机顺利就位。该钻机配套具有中国石化自主知识产权的全套管柱自动化设备，可满足页岩油气、超深油气藏等各种复杂油气藏的勘探开发需求。

图 5-1　2022 年 5 月 23 日，胜利石油工程公司 4 座钻井平台在牛页一区试验井组同时进行钻井施工，其中 3 座平台使用 ZJ70DB 新型钻机（张玉 摄）

二、效益开发稳中提质

胜利油田原油产量稳中有增，2012年生产原油2755万吨，超计划5万吨。全年新增技术可采储量2754.7万吨，储量替代率1.0，连续16年保持储采平衡；稀油自然递减率11.81%，连续5年持续下降；水驱油藏注采对应率80.2%，同比提高0.3个百分点。全年钻开发井2053口，新建原油生产能力313.1万吨，产能达标率93.5%，新井产油同比增加9.99万吨；措施有效率85.23%，同比提高2.02个百分点；油水井利用率达93.37%。非常规技术实现新突破，致密砂岩油藏建产能11.13万吨，产油5.22万吨。2014年，青东5区块（地处莱州湾西部极浅海海域，平均水深3.6米）投入开发，采用海油陆采方式，由一条8.48千米的进海路和1.35万平方米的人工岛平台组成。该区块所属油藏小、散、薄，单层厚度仅3米。通过“井工厂”模式建设，采取丛式井组作业方式，将44口油井全部投产；动用含油面积3.6平方千米、储量1066万吨，日产油540吨，新建产能19万吨，成为中国石化海油陆采的样板工程。2015年，聚焦开发质量效益，全力推进低成本开发战略，干效益活、产效益油。全年生产原油2710.03万吨，受低油价下新井投入减少及措施调控影响，新井投产井数、年产油分别减少753口、60.09万吨，措施工作量、年增油分别减少560井次、24.36万吨。全年新增技术可采储量2737.2万吨，储采平衡系数1.01。在提质创效上，建立不同油价产能项目库、新井井位库，制定不同油藏类型、地区投资效益评价模型，优化储量阵地、细化产能方案、调整产能结构，效益达标项目从年初的33个增加到156个；全年新增产能120万吨，百万吨产能投资下降3.8亿元，项目开发成本下降1.6美元/桶。突出存量优化增效，水驱油藏控减保效，持续提升注水“三率”和老区一体化治理力度，深化低效无效单元注采结构调整，注采对应率、水井分注率、层段合格率分别提高1.0个百分点、3.4个百分点、0.8个百分点。稠油油藏提高油汽比，加强分层注汽、组合吞吐调整汽流场，优化吞吐参数，强化全过程包干，稠油产量达到525万吨，吞吐油汽比提高到0.6；三次采油提高吨聚增油，个性调整在注项目，强化全程保黏，化学驱年增油稳定在150万吨。

2015年，在西部探区建成百万吨原油生产基地。自中国石化西部矿权调整以来，胜利油田立足准噶尔盆地西缘，相继发现春风、春晖、阿拉德油田，形成车排子、哈山、准中等3个亿吨级增储阵地，累计探明石油地质储量1.03亿吨。按照“扁平化管理、属地化用工、专业化承包、市场化运作、制度化管控”的要求，建立现代化油公司管理模式；以“建成准西、攻关哈山、评价准中、跟踪勘探新发现”为目标，创新攻关HDNS为主的浅薄层超稠油高效开发技术，西部原油产量从2010年的5.5万吨上升到2015年的102万吨，年均上产19.3万吨，实现了“建成百万吨产量基地”的目标，为中国石化“西部快上产”战略部署做出了贡献。2016年，实施“加快海上”战略，推进海上油藏提速提效、降本增效开发。对埕岛老区实施大调整，建立埕岛油田大模型，优化层系细分、井网加密调整，破解海上主力油藏“层间矛盾大、地层压降大、单井液量低、采油速率低、采收率低”等开发矛盾；坚持实施精细注水提效工程，注水井分注率、注水层段合格率、注采对应率同比分别提高0.9%、2.4%、0.6%，自然递减率6.0%，含水上升率1.0%，均控制在历史最好水平。全年生产原油312.4万吨，实现了原油产量持续增长和低油价时期效益开发。

面对国际油价断崖式下降，以及新区储量主要为深层特低渗透、薄层超稠油和低丰度滩浅海油藏，老区油田整体进入高含水（综合含水率91.4%）、高采出程度（采出程度23.7%）、高剩余速率（剩余可采储量采油速率11.9%）的“三高”开发阶段，剩余油分布更加复杂、认识难度加大的开发现状，胜利油田在“十三五”期间，始终坚持把解放思想、更新理念贯穿于油田开发全过程，积极探索发展新模式，提升油藏开发水平，保持油田持续稳定发展。2016年，坚持以低成本开发战略为核心，全力推进创新创效、提质增效、节支保效，把工作重心由规模建产、外延发展转向高质高效建产和老油田高效注采完善、存量升级，坚持算效益账、干效益活、产效益油，努力破解生存发展困局。加强10个重点地区滚动评价，加大老区高效注采完善，健全产能建设项目效益评估、排队优选机制，强化钻井运行管理和质量监督，加快油藏评价、优化效益开发方案，全年新增商业开发储量2486万吨，新建产能57.5万吨，单井生产能力提高0.6吨，百万吨产能新增开发投资下降8.5亿元。深入开展“五项潜力大调查”，依据“三线四区”经济运行模型，大力实施产量、液量和工作量结构优化调整，暂关一批无效区块和油水井，调减无效益产量98.6万吨、无效液量880万吨、无效注水470万立方米。受低油价影响，在新井投产井数、年产油同比分别减少622口、63.59万吨，措施工作量、年增油分别减少762井次、41.3万吨的情况下，全年生产原油2390.19万吨，超年度计划0.19万吨。2017年，加强产能建设方案一体化优化，下放零散井、更新井、侧钻井审批权限，建立采油厂承包、合作难动用储量开发模式，做大增量规模，新建产能110.5万吨，比计划增加了20万吨，项目开发成本由12.4美元/桶降到11.8美元/桶。加强老区开发提质增效，严控低效无效工作量，治理低效单元16个、扶停产油水井760口、恢复产能22.7万吨。完善稳产投入长效机制，抓实水驱油藏水质治理、细分注水，推进化学驱个性注入调整，加强稠油开发全过程热能管理，不断改善开发技术指标，稀油自然递减率控制在8.8%，夯实了稳产基础。全年新增经济可采储量2532万吨、替代率110%，生产原油2341.61万吨、天然气4.07亿立方米（图5-2）。2019年，与胜利石油工程公司合作，突出价值引领、合作双赢，制定未动用合作开发管理办法、未动用储量开发运营流转办法，油藏、工艺、工程一体化攻关提升技术，优化方案设计，降低开发成本，提高单井产量，实现低渗砂砾岩、浊积岩油藏经济有效开发，在49个未动用储量区建产，新增动用储量3376万吨，新建产能48.6万吨。年内完钻各类开发井1438口，新建产能155.4万吨。持续扩大化学驱规模，推广提升非均相驱技术，攻关高温高盐化学驱技术，年增油保持在100万吨以上。全年生产原油2340.51万吨，生产天然气4.88亿立方米；新增SEC储量[1]3257

图5-2　2017年，胜利油田效益开发基础持续稳固。图为胜利油田陆上东部最大的丛式井组——滨南采油厂白鹭湖丛式井组

[1] SEC储量，是指现有经济和操作条件下的剩余经济可采储量。

万吨，储量替代率142%。

加强多专业一体化运行，明确井位设计、投资下达、环评批复、工农协调“四同时”重要节点，研发新井运行一体化管理平台，实现节点整合优化、单井运行监控、责任明晰到人，加快实施节奏。2013—2019年，在516个新区块开展产能建设、年均74个区块，新钻井2898口、年均414口，新建产能467.1万吨、年均66.7万吨。以低渗、中高渗断块岩性为主，其中东部陆上低渗区块174个、占33.7%，新钻井1006口，建产能150万吨、占32.1%；中高渗断块岩性区块206个，新钻井634口，新建产能104.3万吨；稠油区块99个，新钻井616口，新建产能94.5万吨；海上区块16个，新钻井80口，新建产能46.1万吨。2014年达到300万吨产能规模，2019年产油336万吨。西部区块21个，新钻井562口，新建产能72.9万吨；2015年达到100万吨产能规模，2019年产油112万吨。

以提高老油田采收率为核心，持续深化潜力认识，持续完善调整模式，优化方案设计，强化项目考核，确保新增产能规模持续稳定。加强精细油藏描述，对整装油藏重点开展储层内部结构表征、高耗水层带识别、韵律层的细分等研究，加强零散砂体、韵律层描述，提高非主力、薄差层采收率；对断块油藏重点开展精细断棱及断面刻画、低序级断层描述及组合、复杂断裂系统地质建模等研究，深化构造、低序级断层认识，查找构造高点、断层边角等储量失控区潜力；对低渗油藏重点开展微观孔隙结构研究、地应力与裂缝表征等研究。持续深化高效注采完善，重点围绕整装薄差砂体、非主流线和韵律层，断块低序级断层无井控制区、断棱控制构造高，低渗中高丰度井区，稠油薄差层，海上注采井网不完善井区等剩余油富集区，推广应用水平井、多靶点井、径向水射流、降黏开发等技术，提高单控储量与产能。2013—2019年，老区产能建产区块355个、年均51个区块，钻井数5015口，新增产能617.6万吨、年均新增产能88.2万吨。其中，整体调整区块钻井数3002口，新增产能393万吨。整装油藏建产区块44个，钻井数393口，新增产能33.1万吨；断块油藏建产区块146个，钻井数1162口，新增产能111.6万吨；低渗透油藏建产区块70个，钻井数700口，新增产能66万吨；稠油油藏建产区块76个，钻井数577口，新增产能86.5万吨；海上油藏建产区块19个，钻井数170口，新增产能95.9万吨。零散井钻井数2013口，新增产能224.6万吨。

通过推广成熟技术，攻关研究新技术，实现了“一项突破、两项拓展、两项发展”，保持了化学驱增油的稳定。突破了聚驱后井网调整非均相复合驱技术；二元复合驱技术拓展到普通稠油Ⅱ类油藏，聚合物驱技术拓展到低温高盐Ⅲ类油藏；发展了Ⅲ类油藏长支链耐温抗盐聚合物和Ⅴ类油藏乳液表活剂两种驱油剂，发展了强化聚合物驱油体系、低张力泡沫复合驱体系、乳液表活剂体系、有机碱三元复合驱油体系等4种驱油体系。发明了黏弹性颗粒驱油剂（B-PPG），研制了聚合物、表活剂、PPG高效非均相复合驱油体系。以大幅度提高采收率为中心，持续加强正注项目个性管理，积极扩大投入规模，加快关键技术攻关与推广，支撑油田可持续发展。针对聚驱后油藏，首次提出了“井网调整+非均相复合驱”提高采收率方法；通过非均相复合驱技术攻关和推广、加大储量投入接替保效、个性化调整等措施，共实施化学驱项目15个，动用地质储量0.52亿吨，增加可采储量416万吨，平均提高采收率8.1个百分点。至2019年10月，油田分公司累计实施三次采油化学驱项目66个，累计覆盖地质储量5.04亿吨。除22个已结束项目外，在实施化学驱项目44个，其中：已转后续注水项目21个，覆盖地质储量24302万吨；正注项目23个，覆盖地质储量13631万吨。共有注聚井513口，年末开井471口，日注溶液3.82万吨，年注入干粉2.62万吨 、表活剂1.60万吨。投产油井2938口，开油井2365口，日产油水平5996吨，综合含水率95.6%。见效油井2250口，日增油水平2714吨，年增油85.30万吨，累计增油3151万吨，当年吨聚增油28.4吨。

至2021年10月28日，樊页平1井峰值日产油171吨，创国内页岩油单井日产最高纪录，累计生产原油1.28万吨；渤页平5井峰值日产原油160吨，累计生产原油1.64万吨。2021年，胜利油田实现油气当量2390万吨，其中原油产量2340.3万吨。胜利油田通过不断的技术突破，累计生产原油超12.5亿吨，约占全国同期陆上原油产量的1/5。

三、推进“四化”管理

2012年，胜利油田以“岗位责任制”为核心的制度体系建设，以“统一管理行为”为核心的标准体系建设，以“增强执行力”为核心的考核体系建设全面展开。4月23日，中国石化召开“标准化设计、模块化建设、标准化采购”工作视频会议，要求进一步解放思想、转变观念、扎实推进，大力提升经营管理水平，全面增强企业竞争力，为建设世界一流能源化工公司做出积极贡献。胜利油田积极推进“四化”管理，6月5日召开“标准化设计、模块化建设、标准化采购、信息化提升”管理工作会议，并成立“四化”管理工作领导小组，下设项目组全面负责推进油田“四化”建设各项工作。年内，制度标准化改造工作基本完成，油田层面存量制度由1432件减少至517件，二级单位的制度由7401件改造为4785件。生产经营一体化管理平台见到良好效果，项目前期工作周期缩短28%，新井设计审批周期缩短44%，物资库存周转天数减少9天。调整完善经营考核、HSE考核以及文明创建考核政策，推进季度考评常态化，建立了干部业绩行为档案。“四化”建设整体谋划及示范区技术方案论证工作取得阶段性成果，启动实施“控制用工总量，提高劳动生产率”5个示范区项目，用工总量压减55%。按照“十统一”原则，完成77种产品和技术的选型定型、标准化采购工作，确定了产品战略供应商并签订框架合作协议，采购成本明显降低。2015年8月20日至21日，中国石化油气生产信息化建设现场会在胜利油田成功召开，标志着胜利油田“四化”建设和油气生产信息化建设进入向中国石化上游板块全面推广应用阶段，具有重大意义。胜利油田“四化”建设以来，始终坚持将技术创新作为核心驱动力，瞄准油田勘探开发、生产经营等方面的关键问题，把“四化”建设与应用需求相契合，从油田信息化建设关键技术、油田大数据智能应用等重点领域开展了技术攻关与技术转化，累计获得国家实用新型专利48项、软件著作权10项。2016年1月19日，全国企业管理现代化创新成果评定委员会下发文件，发布第二十二届全国企业管理创新成果，胜利油田以“四化”建设为核心内容申报的“大型油田智能化开采管理”获国家级管理创新成果一等奖。

胜利油田积极探索走油公司之路，按照“三个层次”——新厂新项目、现有油公司、传统老采油厂，全面构建胜利油公司建设模式。2013年，确定10家油公司体制机制试点单位，桩23示范区、史127示范区按新模式投入运行。推进管理局、分公司、石油工程公司“三位”一体化运行，关联交易结算率明显提高。建立投资项目优化平台、回报考核和动态调整机制，优化资源、产量和工作量结构，采取油气产销一体化、天然气推价、消除原油购销差价、降低物资采购成本、研究财税减免政策等措施，有效提高了精细化管理水平。加强10项重点业务流程梳理，完成主流程10个、子流程322个，完成勘探开发工程监督管理、产能建设、用工管理、网络办公等4项流程信息化设计工作。加强基层管理创新，“五段五化”安全管理法、岗位经济运行模板等一批经验做法，起到了示范作用。2015年，胜利油田以改出效率、改出质量、改出效益、改出战斗力为目标，统筹部署、试点先行、稳妥推进，油公司体制改革全部调整到位。通过优化实施方案，油田机关部门由45个整合压减到36个，定员减少19.4%，组建油气勘探、油气开发、工程技术、生产运行等4个管理中心；二级开发单位机关部门数量压减12.9%，将484个采油矿、队整合为130个管理区，直接管理到基层班（站），管理干部比矿、队时减少1117人、减少23.7%；整合建立采油厂层面的作业、维修、集输等10个专业化队伍，优化设置专业化队伍122支，实现技术、人员、设备的专业化集中管理；调整充实科研队伍，整合成立勘探开发研究院、石油工程技术研究院。加快推进配套机制建设，重点完善内外部市场体系、运行机制等各项工作。

适应油公司体制建设发展需要，完善各项管理运行机制，支撑油田开发生产管理水平稳步提高。持续完善开发管理制度，突出价值引领和效益导向，完善开发项目管理考核体系。油田层面组建由集团公司高级专家、油田首席专家任组长的滚动评价新区产能、油藏描述老区产能、CO_2混相驱开发、三次采油开发、稠油热采提质增效、稠油降黏及微生物、双低单元治理等7个开发项目组，充分发挥专家团队技术优势，推进科技攻关及成果转化，着力破解瓶颈问题；配套完善了考核办法，根据七个项目组工作量完成情况、开发质量和效益，年底实施考核兑现。为适应油公司体制机制建设，围绕油田层面6项机制、开发单位7大体系、管理区5项机制及7项权利，强化分级责任落实及考核评价，进一步做实管理区油藏经营管理主体责任，全力打造高效开发运营管理新模式，组织制定《油田开发管理指导意见》，涵盖油田开发战略规划、采矿权及储量管理、滚动勘探、油藏评价、产能建设、开发动态管理、生产运行等多个专业环节，涉及机关开发业务部门、研究院、开发单位和管理区等多个单位，对油田开发管理水平提升起到指导作用。2018年1月8日，胜利油田《新型采油管理区规范建设管理大纲（试行）》（后文简称《大纲》）正式印发执行。《大纲》包括7部分22项内容81个要点，明确新型管理区建设的目标方向和实施路径、明确“五大机制”建设重要内容，突出油藏经营管理的核心、突出信息化重要支撑作用、突出市场化运行的重要理念，是指导新型管理区建设的纲领性、规范性文件，为保证新型管理区建设不变形、不走样提供了制度保障。

持续加强油藏经营管理，可持续发展基础得到改善。2017年，新增经济可采储量2532万吨、替代率110%；生产原油2341.61万吨、超产1.61万吨，生产天然气4.07亿立方米、超产0.37亿立方米。注重效益建产，加快油藏评价和滚动勘探，在排10西、孤北断裂带、义和庄潜山等区块落实上报商业储量2288万吨。加强产能方案一体化优化，下放零散井、更新井、侧钻井审批权力，建立采油厂承包、与胜利工程公司合作难动用储量开发，做大增量规模，全年新建产能110.5万吨、比计划增加20万吨；项目开发成本由12.4美元/桶降到11.8美元/桶。加强老区开发提质增效，严控低效无效工作量，全年治理低效单元16个、扶停油水井760口、恢复产能22.7万吨。完善稳产投入长效机制，抓实水驱油藏水质治理、细分注水，推进化学驱个性注入调整，加强稠油开发全过程热能管理，不断改善开发技术指标。稀油自然递减率控制在8.8%，夯实了稳产基础。

持续加强区块目标管理，督导低效油田区块治理。2017年，针对25个无现金流区块（50美元/桶评价），在深化区块投入产出分析的基础上，分6类制定治理对策；通过与“双低”治理、大修、扶停、侧钻、更新及注采调配等措施相结合，与新型管理区建设、信息化提升、压减用工相结合，与财务经营精细化管理相结合，区块年产油同比增加5.8万吨，完全成本下降到1724元/吨，至2018年9月开始现金流全部转正。2019年，对渤南、王家岗、乐安油田等20个低效区块制定治理方案，通过产能建设、更新侧钻、大修扶停、增注分注、注采完善及“双低”治理，配套节能降耗、人力资源优化、降本增效工作，年内完成各类工作量950口，新增（恢复）产能29.0万吨；实施增效措施695井次，增油22.0万吨；产液结构调整120井次，减少无效液量95万立方米；水质改造攻欠增注110井次，日增注5950立方米；双低治理8个单元，恢复产能1.2万吨。治理后，单位完全成本由3450元/吨下降到2950元/吨，操作成本1661元/吨与去年同期持平，盈亏平衡由86.1美元/桶下降到71.0美元/桶，老河口、富台、套儿河等3个油田实现盈利，年利润分别为5250万元、780万元、410万元。

持续加强安全环保治理管理。牢固树立“发展决不能以牺牲安全为代价”的理念，抓实安全环保质量管理。一是狠抓环境保护，扎实推进自然保护区涉海生产设施退出，编制《黄河三角洲自然保护区涉海核心区和缓冲区退出方案》，有序退出核心区、缓冲区涉海生产设施，抓好实验区已关停油水井封井退出的生态恢复，完成了封井100口年度计划。二是推进质量提升，制定《钻井工程质量考核办法（试行）》《石油工程QHSE考核细则（试行）》；建立测录井工程质量管理平台，对施工单位月度按质量评价、考核兑现，对开发单位月度质量管理评分、排名；出台《开发井录井项目指导意见》（2018版），提高对钻井地质、工程异常情况预警和报警能力，有效减少了井控事件、工程复杂事故的发生。建立了开发单位单井工程质量评价制度，加强钻、测、录井工程质量监督考核评价，固井质量合格率96.9%、同比提高17.7个百分点，井身质量合格率83.6%、同比提高8.1个百分点。

持续提升开发信息化水平，打造完善“精细地质研究、方案优化决策、开发评价管理、基层注采管理”等4个开发工作信息化平台，不断推进油田开发管理现代化进程。推进“数字透明油藏”建设，强化主力单元模型化建设，推进“模型化+”与油田开发深度融合，累计建成主力单元地质模型603个和动态模型482个，模型化率分别达到100%、80%；累计应用油藏描述项目、老区调整方案和新区产能方案525个，跟踪应用模型成果400余个，夯实开发地质基础；持续加强地质建模、数值模拟技术资质取证工作，累计403人获得技术资质，取证覆盖率达到88%，管理区取证实现“零的突破”。推进开发管理系统功能完善，推广应用钻井工程质量管控、天然气开发月度数据处理和废弃井管理等3个业务系统；基于中国石化勘探开发应用服务平台（SASP），建成并全面推广胜利油田企业级开发业务应用系统；精细业务梳理和需求分析，形成PCS开发业务建设方案，为PCS开发业务建设奠定了基础。

胜利油田自启动生产信息化建设7年来，历经示范区建设、老区扩大试点、全面推广应用，探索建立了生产信息化标准化体系、建设模式、核心技术系列以及配套管理模式，实现生产信息化在管理区全覆盖，涉及油井27499口、水井7811口、站库470座；实现温度、压力、电参等8大类56项参数实时采集；实现生产全过程、全流程、全天候实时管控，为提高油气生产开发科学化、精细化、高效化管理水平提供了支撑。生产信息化建设促进和推动五大变革：①方案设计模式变革。主要工艺标准化：通过5个示范区的建设，探索形成低渗透、稠油、海上、滩海、海油陆采等6种标准化设计方案，基本满足油田地面工程建设的需求，推广应用到新建产能区块，合理嫁接到老区改造工程。主要功能单元标准化：以标准化设计为基础，对生产流程节点进行功能单元划分，对井场布局、井口流程、加热炉、混输泵等主要功能单元进行优化和规范，形成了29个功能单元的标准化设计。主体设备标准化：依据标准化功能单元的设计要求，编制主体设备产品规格书，统一317项产品的性能要求和价格，定型194类设备，设备种类涵盖油田地面设备种类的90%。后期建设项目在此工作基础上，实施标准化设计，标准化设计覆盖率达到90%以上，设计周期缩短45%，实现方案设计由一方案一设计到一类型一模式的转变。②地面建设模式变革。创新布站模式：实施示功图源头自动采集，提升混输工艺，实现自动计量，取消计量站建设，集输系统布站由三级布站转到一级半布站，实现布站方式、管网布局以及计量工艺的最优化。改进建设模式：模块化集成标准化设计的单体设备、构件和元器件，研究配套先进施工工法及图集标准，大量现场施工工作量集中到后方的室内预制场地完成，工序可以深度交叉、并行推进，地面建设模式由接力式向并行式转变，机械化程度更高，质检手段更完善，施工质量更有保证，施工效率可提高30%以上。③物资采购模式变革。建立油田自己的用户标准，实现变选购产品为定制产品、变单项目招标为框架规模化采购、变短期合同为长期合作。④生产管控模式变革。搭建“局、厂、区”三级生产指挥平台，打造高效、优化、超前、精准、精细、效益、安全运行的生产指挥新模式，实现对生产全过程实时、立体、透明化管理和人工、自动、远程协同化管控，做到“所想即所得、报警变预警、监控变指挥”，支撑生产管控实现了四个转变：由人工定期巡检转变为电子实时巡检、由手工资料录取转变为实时自动采集、由现场手工操作转变为远程自动调控，由事后发现被动应对转变为事前预防超前化解。⑤生产组织模式变革。在生产管控方式转变的基础上，全方位梳理了信息化条件下各项管理制度、管理流程、岗位职责和考核体系，对工作组织和劳动力组织形式进行优化，划清工作界面，明确工作权限，重构管理架构。在纵向上压扁一级管理层，推行扁平化管理，由历史上多年形成的厂、矿、队、班的4级管理模式，转变为厂、管理区、班组的3级管理的新型油公司管理模式。在横向上，实施专业化管理，管理区作为油藏经营责任主体，只保留油气开发主要业务，将辅助生产、科研技术、维修护卫等单位和人员进行专业化整合。

胜利油田生产信息化建设成效显著，建设投入大幅降低，特别是在新区“四化”建设表现得尤为明显，在5个示范区少建计量站25座、节约征地4.7万平方米（70.5亩）、减少管网41.7千米，在信息化自动化投入增加的情况下，节约产能建设投资4136万元。开发效果持续向好，投产“四化”项目在新井投产大幅减少的情况下，年年超额完成原油产量任务，自然递减率稳步下降。劳动生产率大幅提高，以“四化”为支撑的新型采油管理区建设，管理区主营用工优化1.23万人、优化比例37.3%，单井用工下降0.27人/口井、下降比例37%，劳动生产率提高347吨/（人·年）、提高比例63.9%。生产处置快捷高效，具体表现为发现问题快、预案准备快、指令下达快、落实资源快、现场处置快。油区综治明显加强，生产现场实现智能视频闯入报警和参数报警，及时发现偷盗破坏现象，从“没有围墙的工厂”变成“电子井场”，油区环境得到有效净化。工作环境明显改善，大量重复性工作被信息化手段取代。

四、石油工程保障有力

胜利石油工程公司是由胜利石油管理局原钻井、测井、录井、井下特种作业等成建制二级单位整合重组，于2012年12月20日注册登记成立。业务涵盖钻完井、测录井、井下特种作业、石油装备仪器研发制造等，拥有完整的井筒工程一体化产业链，具备提供勘探开发“一揽子”解决方案和工程服务的能力。公司成立以来，坚持以服务保障上游勘探开发为己任，按照“做稳胜利市场、做优国内外部市场、做大做强海外市场”的战略布局，积极拓市场、调结构、抓高端、促转型，在专业化、市场化、高端化、国际化发展上迈出了新步伐，奋力开创新时代高质量发展新局面。

坚持做强核心主业，持续调整市场布局，推动由“内部保障”向“市场扩张”转变。2012—2013年，统筹优化资源，推进市场开发管理体制、创新运行机制，建立“项目决策、生产运行、分级分析、预算核算、经营考核、责任追究”制度体系，着力构建“市场运行管理处、海外中心牵头分别抓总，区域项目部主责经营，专业化公司保障支持，机关部门协调支持”的项目管理模式。巩固胜利市场、优化外部市场，拓展发展空间。至2013年年底，累计完井2379口，完成钻井进尺544.83万米，创出公司成立以来最高纪录。其中，在胜利油田内部市场积极探索提质提速提效举措，在青东5井组试验“集约化”施工模式，完井61口，平均建井周期比设计缩短11.8天，打造出“海油陆采开发”的精品工程。全年在胜利内部完成钻井进尺444万米，同比增加3.95万米，保障了胜利油田勘探开发任务的完成。在外部市场，钻井、测井、录井等主营业务累计设立项目部（分公司）52个，专业化队伍215支、5800人，征战在新疆、四川、山西、陕西、吉林、海南、内蒙古、重庆等10多个省、市、自治区，年收入36.3亿元，实现了由内部保障向外部规模扩张的战略转型。2014—2015年，针对低油价态势，提升项目创效能力，建立“三不一奖”机制，即“不准亏”的决策机制、“不能亏”的管控机制、“不敢亏”的问责机制和创新创效激励机制，同时全面推进单井单项目考核，项目盈利能力持续提升。同时，采取末位淘汰，压减过剩产能，三年累计压减钻井队68支、测井队13支、录井队49支。至2016年年底，钻井队减少至142支；胜利内部、胜利外部、海外市场队伍规模比例为5∶3∶2，外部市场首次占据“半壁江山”，实现了由规模扩张向内涵发展的转变。2016年，坚持“市场化运行、项目化管理、效益化考核”思路，打破行政化管理思维，积极推进市场化运营，结合市场开拓和发展需要，成立一体化项目管理办公室，形成灵活机动、精干高效、权责匹配的项目管理运行机制。2017年，国际油价开始小幅回升。面对新形势、新变化，工程公司科学优化队伍布局，逐步向高质量可持续发展目标奋进。在胜利市场，采取“定额为主、议价为辅”的双赢合作模式，有效促进边际工作量的释放。同时，将难动用储量合作开发和扶停井合作开发作为新的增效点，探索出低成本背景下的“难动用”运行模式，2017—2019年，“难动用”项目完成171口井，累计产油14.8万吨，合作修复长停井180口，累计产油11.3万吨。通过持续优化、提速提效，以服务质量保障胜利油田高品质勘探开发。

坚持科技支撑引领，持续深化创新驱动，推动由“技术创新”向“科技创效”转变。完善制度建设，先后颁布实施《胜利石油工程公司科技项目管理办法》《胜利石油工程公司知识产权管理办法》等9项制度体系，从项目管理、经费管理、知识产权管理、激励管理等方面进行规范，不断夯实管理基础、提升整体管理水平。创新开放式研发平台，集成外部科技资源开展战略合作，形成自主知识产权的核心技术；打造坚实的实验平台，拥有各类重点实验室18个，随钻测控重点实验室被评为中国石化重点实验室；组织高效管理平台，科技委+6个技术创新中心+14家推广应用“三位一体”（科委+技术创新中心+工程施工单位）管理平台。在创新激励机制上，设立科技进步奖励和专利授权奖励，每年评审1次；推进科技成果转化，评选科技创效奖，按照后评估效益5%进行奖励，打通成果转化“最后一公里”。加强重点领域科研攻关，创新形成一批“杀手锏”主导技术，其中随钻测控仪器、井间电磁成像测井等10项技术达到国际先进水平，有力提升了胜利石油工程公司核心竞争力。在钻井技术方面，形成深井超深井、复杂结构井、滩浅海等集成配套技术。研制电磁波电阻率、高温MWD等系列随钻测控仪器，高温MWD突破175℃技术瓶颈，成为世界上少数掌握高温随钻测量技术的油服公司之一，为进军胜利西部勘探开发准备了尖端武器；开发精细控压钻井系统、膨胀管和系列井下工具，大大降低施工风险，气体反循环、气举穿漏技术试验获得突破；形成抗高温、合成基、强抑制等10 余种钻井液体系，在250 余口深井中应用，井下复杂情况降低50%，工程保障能力显著增强；创新形成24英寸隔水管开窗和天然气水合物钻探取心技术，在南海区块成功实施。在测井技术方面，成功研制SINOLOG900网络成像测井系统、高温满贯测井仪、偶极横波远探测仪等关键装备，具备了进军高温、小井眼市场的高端设备；开发超高温、定方位、动态负压等高效清洁射孔技术，实现了甲乙方共赢；形成致密砂岩、页岩油气等非常规储层评价及选层技术，提高了解释符合率,赢得更多市场份额。在录井技术方面，研发中国石化自主品牌的系列综合录井仪，能够规模化生产2大类9种主力设备；碳同位素录井、早期井涌井漏监测等获得试验突破；井下随钻气体检测技术攻克了井下钻井液采集、气液分离等多项世界级难题，录井方式由地面扩展到井下，搭建井场信息综合平台，大大提高了施工效率。在井下作业技术方面，完善复杂井修井技术系列，拓宽连续油管作业应用领域，带压作业技术在礁石坝地区规模化应用，打破国外公司垄断，填补集团公司页岩气带压作业关键技术上的空白；形成滩浅海修井、分层防砂、酸化、压裂等特种作业技术，复杂情况处理能力大大提升。

推动成果转化应用，提升技术创效能力。2012—2019年，以科技成果转化为突破口，释放“知识”红利，成熟配套技术、成熟未配套技术两级转化体系日益完善，科技成果转化率达到85%。胜利东部老区，高含水、剩余油、环保、低成本等勘探开发难题尤为突出，系列石油工程科技成果的应用，有效保障“东部硬稳定”，为甲方节约了投资，也为工程公司赢得更多市场工作量。其中，滨37区块实施“井工厂”模式，创新应用新工具、无害化处理等技术，使机械钻速提高了一倍，废水利用率达到98%，累计缩短钻井周期543天，节支4000多万元；大43、滨425 等多个区块实施低伤害油气层保护技术，由“压裂投产”转变为“全过程油层保护+常规射孔”的投产方式，延长了油井寿命，降低了施工成本，实现了双赢；推广套管井剩余油饱和度测井技术，实现含水率由95%下降至45%，日产油提高3倍以上；集成应用射孔与压力测试一体化技术，在射孔的同时采集地层数据，赢得1000余口井工作量；动态监测、水淹层评价、处理解释等应用，为老区提高采收率提供了技术支撑，工作量同比增加30.4%。

2019年年底，胜利石油工程公司用工总量2.55万人。公司具有中国石化资质施工队伍485支，其中钻井队162支、测井队85支、录井队148支、井下作业队90支；主要专业设备2876台（套），其中陆地钻机173部、钻井平台10

座、作业平台6座。在服务保障胜利油田勘探开发的同时，将外部市场拓展到新疆、四川、重庆等10多个省市自治区，以及沙特、科威特、尼日利亚等13个国家。

五、科技创新支撑发展

2012—2019年，胜利油田紧紧围绕“打造世界一流，实现率先发展”的目标，全面推动创新驱动发展战略。针对勘探资源接替不足、开发“三高”矛盾突出、稳产难度增大的形势，战略布局“做稳老区、加大海上、加快西部”，发挥科技创新第一动力作用，积极推进科技攻关和科技成果转化取得良好效果。2012年，胜利油田共承担并组织实施各类科技课题412项，其中国家课题21项，包括国家重大专项9项、“863”计划项目8项、科技支撑项目3项、国家工信部项目1项。至2019年，胜利油田承担实施各类科研项目1992项。其中，国家项目38项、中国石化项目591项；获得国家级科技奖励2项，省部级科技奖励174项。“油藏地球物理技术突破及老油田高效开发应用”获得国家科学技术进步奖二等奖，“高勘探程度区油气精细勘探理论技术与实践——以济阳坳陷为例”获得山东省科技进步一等奖，“春风油田浅薄层超稠油百万吨产能高速高效开发关键技术”获得中国石化集团公司科技进步特等奖。获得专利授权3303件，国家级专利奖11项，省部级专利奖10项。拥有国家级创新平台2个，省级创新平台9个。

“十二五”期间，胜利油田完成国家专项研究及重大专项研究：①完成国家863计划“油藏地球物理关键技术”项目研究，建立三维转换波特色处理及综合解释技术序列及流程，形成一体化的发展和应用平台；建立陆上非一致性时延地震和微地震关键技术，丰富和完善了剩余油分布预测和油藏监测的技术序列。以油藏地球物理软件平台为核心，综合应用多波地震、时延地震和微地震处理技术在胜利大王庄油田、盐家油田、罗家油田、大庆萨尔图油田、鄂尔多斯红河油田，解决了构造不落实、储层展布不确定、流体分布不清等问题，新增探明石油地质储量1455万吨、可采储量222万吨，储层模型吻合率达到91%，开发调整井成功率达到98%。油藏地球物理软件系统于2014年4月14日在北京正式发布。②完成国家重大专项“胜利油田特高含水期提高采收率技术研究”，形成“局部突变、极端耗水”特高含水后期开发新认识，建立基于拟渗流阻力的矢量开发调整技术；形成以复杂断裂系统精细描述、复杂结构井优化设计、小规模剩余油富集区立体组合开发为关键的立体开发技术，实现小规模剩余油高效开发；发明新型黏弹性颗粒驱油剂，创建井网调整非均相复合驱技术，突破聚驱后油藏大幅提高采收率技术瓶颈。新技术实施覆盖地质储量4.46亿吨，增加可采储量2566万吨，阶段产油7706万吨。③完成国家重大专项“胜利油田薄互层低渗透油田开发技术研究”项目，主要开展精细储层描述及评价研究，优化有效开发方式，形成了储层预测与评价技术；开展水平井提高钻井效率、钻井液技术、固井技术研究，形成了薄互层低渗透油藏水平井优快钻井技术；开展薄互层压裂裂缝非平面起裂－延伸规律、压裂工艺优化、长水平井分段压裂工具、高性能压裂液体系研究，形成了直井长缝压裂完井技术和长井段水平井多级分段压裂完井技术；开展回注污水处理与水质控制、增注及细分注水技术研究，形成了水质精细处理及注水技术。通过技术集成及配套，推广应用92个单元，覆盖地质储量10016万吨，新建产能110.3万吨，形成适合胜利油田薄互层低渗透油藏开发技术系列，实现了薄互层低渗透油藏的有效开发，对国内同类型油藏的开发具有重要示范作用。④胜利油田牵头完成国家科技重大专项“渤海湾盆地精细勘探关键技术”（二期），揭示陆相断陷盆地咸化环境烃源岩高效生排烃本质，建立“超压－流体－储集性”三元耦合控藏模式，丰富了断陷盆地石油地质理论；精细评价“成熟”勘探层系，建立成熟勘探层系精细勘探的技术流程和规范，保证了探区油气勘探的效益发展；以重建凹陷地质模型为基础，以多领域成藏模式重构为核心，大力实施“三新”领域勘探，奠定了探区持续发展的资源基础；配套完善高精度地震、测井、井筒、储层改造等勘探技术系列，有效支撑了探区“十二五”任务顺利完成。

⑤完成国家重大专项“准噶尔盆地碎屑岩层系大中型油气田形成规律与勘探方向”研究，建立盆地精细地质格架，明确盆地主力源岩层系发育演化规律，评价探区内新增油气资源10亿吨，落实了车排子、哈山、准中等3个亿吨级勘探阵地；揭示盆缘区油气长距离运移机制，建立远源区“断-毯输导、毯缘聚集”油气运聚模式，预测出车排子、哈山的5个油气富集区；形成复杂山前构造重-磁-电-震联合建模技术，提高复杂山前构造地震-地质解释精度，明确了突破目标；形成深层储层识别描述、保护与改造技术，促进了勘探开发一体化进程。“十二五”期间，盆缘区落实2个亿吨级储量规模区，发现2个油田；准中地区实现新突破，获高产油气流；山前构造带见到好苗头。上报探明储量0.98亿吨、控制储量1.82亿吨、预测储量1.3亿吨，为累计新建170万吨产能提供了储量阵地。

2013—2016年，胜利油田完成“十三五”国家高技术研究发展计划项目（863计划）“微生物采油关键技术”中课题“中高温油藏微生物驱油技术研究”，系统建立5种采油功能菌的基因定量检测方法，在DNA分子水平上实现了功能菌的准确定量；揭示驱油功能菌群在油藏环境下的生长代谢规律，建立了驱油功能菌生长代谢与驱替效率的定量关系；明确微生物驱油“好氧厌氧联合作用、代谢产物降黏溶胀、菌体富集微观封堵”的主导驱油机理；形成中高温油藏微生物激活提高采收率技术体系，项目成果在胜利油田沾3区块、辛68区块得到工业化推广应用。其研究成果获2016年度山东省科技进步二等奖。2016年开始，承担国家重大专项“渤海湾盆地精细勘探关键技术”（三期）烃源岩成烃、油气富集机制及勘探关键技术研究，深化咸化环境优质烃源岩形成及高效生排烃机制研究，建立了资源量经济性评价方法；揭示地层压力-流体-储集性协同演化、匹配成藏机理，建立了斜坡带油气差异富集模式。形成单点高密度采集等地震精细技术，研发了声波远探测测井及提高产能井筒技术系列。提出勘探层单元概念，集成了成熟探区精细评价技术规范。2016—2019年，项目研究成果为渤海湾盆地新增三级地质储量5.77亿吨，有效支撑了渤海湾盆地持续增储。

承担国家重大专项“准噶尔盆地碎屑岩层系油气富集规律与勘探评价”研究，形成压扭叠合盆地盆缘区火山岩岩性体差异控藏、断壳体富集的新认识，实现了石炭系规模效益增储；提出准噶尔盆地大中型油气田分布规律的“序列性、旋回性”新认识，基本形成了准中莫西庄、征沙村、永进等3个5000万吨级勘探阵地；盆缘区浅层精细砂体描述，指导准西北缘新发现3000万吨规模储量，实现了盆缘区浅层持续高效规模增储。2017年开始，承担国家重大专项“济阳坳陷页岩油勘探开发目标评价”研究，建立基于主要岩相组合的页岩油储层储集模式，明确了多元增孔减孔因素共同控制的储集空间发育规律；揭示页岩油赋存机理，建立不同赋存状态页岩油定量评价方法，明确了济阳坳陷页岩油资源潜力；形成陆相页岩油“甜点”评价参数体系及分级评价思路，提出目标10个、采纳3个，并逐步实施；建立陆相页岩可压性评价方法，明确复杂裂缝控制因素及扩展规律，形成了适用于胜利页岩的多尺度复杂裂缝压裂技术，在樊159、官斜26等井上取得成功应用，取得压后最高日产油40吨的效果。

“十二五”以来，胜利油田坚持科技创新和管理创新双轮驱动，围绕价值创造和培育新的增长点，全面提升企业核心竞争力，推动理论技术、体制机制、模式方式等全方位创新，不断聚集发展新要素、释放发展新动力、打造发展新动能；发挥市场在资源配置中的决定性作用，激发油田内生动力，发挥各类资源优势，推进信息化融合，培育新产业新业态，对内促进高效流动、对外加强市场合作，不断提高资源效率、资本效率和劳动效率，最大限度把老油田资源优势转化为发展优势；树牢发展决不能以牺牲安全为代价、绿水青山就是金山银山的理念，坚持安全发展、质量至上、环保优先、以人为本，构建完善安全环保责任体系和长效机制，深化勘探开发全过程和技术服务各专业的质量进步、标准提升，打造安全绿色发展新优势；市场化互利合作，社会化开放包容，加强油田各单位、各业务、各系统协作，深化胜利分公司、管理局有限公司与石油工程公司合作，推动油田与地方政府、高校、改制企业、社会企业之间的合作，发挥油田技术、品牌、人才等优势，提高全产业链的价值创造能力。推进实现“三大目标”，致力于增强企业活力、市场竞争力、发展引领力，实现油田较长时间内持续稳产2340万吨；致力于持续推进质量变革、效率变革、动力变革，构建老油田科学高效的现代运营管理模式；致力于践行“重规范、讲风范、做示范”的胜利担当，形成风清气正、规范经营、风险受控的企业政治生态和管理生态，全面开启油田可持续高质量发展新征程。至2019年10月，胜利油田累计探明石油地质储量54.81亿吨，动用石油地质储量47.94亿吨。2019年，生产原油2341万吨（表5-2），累计产油12.19亿吨；采出程度25.42%，剩余可采储量采油速率16.31%。

表5-2　2012—2020年中国石化胜利油田主要生产指标

指标	2012年	2013年	2014年	2015年	2016年	2017年	2018年	2019年	2020年
原油产量（万吨）	2755	2776	2787	2710	2390	2342	2341	2341	2340.11
天然气产量（亿立方米）	5.00	5.00	5.00	4.57	4.04	4.07	4.80	4.88	5.68
新增原油生产能力（万吨）	313.10	298.30	253.20	145.70	68.43	115.60	144.30	155.39	152.00
新增天然气生产能力（亿立方米）	1.32	0.95	0.52	0.43	0.31	0.68	0.49	1.02	0.97
新增探明石油地质储量（万吨）	13232.50	3091.41	2012.24	1090.72	2989.19	3458.90	2502.61	4644.29	5760.65
新增探明天然气地质储量（亿立方米）	89.68	12.53		4.25	6.94	11.95	7.52	13.78	24.92
勘探投资（亿元）	50.73	45.75	36.12	33.42	32.37	37.47	37.83	56.45	57.91
开发投资（亿元）	216.28	240.57	194.45	96.42	44.99	74.42	101.94	129.12	105.91

注：此表数据来源于中国石化年鉴。

2021年，胜利油田三项关键技术进展顺利。①自主创新的页岩油勘探开发技术。针对胜利油区页岩油埋藏深、成熟度低、油稠、流动性差的特点，围绕改变流动性、提高产能、降低成本等关键问题，加强攻关研究和钻探评价，通过长井段水平井和立体压裂造缝技术，使更多的油流动起来，实现经济开发，单井峰值产量100吨/天，稳定产量30～50吨/天，盈亏平衡点由70美元/桶降至50美元/桶，评价资源量41亿吨。②高温高盐聚合物驱技术。针对胜利油田油藏高温高盐的特点，研究耐温抗盐的聚合物驱油体系，提高驱油剂黏度的稳定性，增加流动性，增强驱油效果，应用温度突破85℃、矿化度达到30000毫克/升，累计产油7000万吨，提高采收率10%以上，保持了国内外领先水平。③碳捕集、利用与封存技术（CCUS）。聚焦CCUS安全高效工业化应用，重点深化低成本捕集储运、低温密闭注入、高效驱油与埋存、安全监测等技术研究，已累计注入二氧化碳41万吨，换油率0.3，一次埋存率60%～70%，二次埋存率90%，建成百万吨级CCUS示范工程（图5-3），在提高采收率和减碳方面发挥重要作用。

图5-3　2021年10月，胜利油田在位于莱州湾的莱113区块实施CCUS项目（张鹏 摄）

胜利油田以习近平新时代的新思想新理念指导新实践，大力实施“价值引领、创新驱动、资源优化、绿色低碳、合作双赢”五大战略，用价值衡量企业发展、体现央企作为，让一切工作向价值创造聚焦、一切资源向价值创造流动，把保持规模效益稳产和经济可采储量增长作为油田核心价值，在现代化经济体系建设中走在前列，在保障国家能源安全中发挥重要作用，在区域经济社会发展中做出了贡献。

第三节 〉辽河油田持续稳定发展

辽河油田（为辽河石油勘探局、辽河油田分公司的统称）是中国最大的稠油、高凝油生产基地，业务范围地跨辽宁省、内蒙古自治区。2012年，完成辽河石油勘探局公司制改制，更名为辽河石油勘探局有限公司。

“十二五”时期，辽河油田年原油产量持续保持1000万吨以上生产规模。2012年，生产原油1000.01万吨，生产天然气7.21亿立方米；新增探明石油地质储量3178.28万吨。截至2015年，在辽河盆地陆上、海滩和外围，勘探发现油气田40个，探明含油气面积1080.54平方千米，探明石油地质储量23.95亿吨；投入开发建设油田35个，累计生产原油4.36亿吨、天然气855.85亿立方米。

一、持续增加可采储量

辽河油田加强区域勘探，持续增加经济可采储量。2012年，新增控制含油面积26.7平方千米，新增探明石油地质储量3178万吨、可采储量638.81万吨，新增溶解气地质储量11.59亿立方米、可采储量2.71亿立方米；全年新增三级储量1.38亿吨，储量替代率0.94。大民屯凹陷边台油田边台潜山、曹台潜山和静安堡油田新增探明储量2901万吨，中央凸起南部赵家潜山新增控制储量4558万吨，茨榆坨潜山新增预测储量6046万吨，形成3个亿吨级规模储量区。致密油气和岩性油气藏精细勘探取得重要进展，在雷家、董家岗斜坡带等

4个地区落实三级储量规模1.1亿吨。火成岩勘探取得重大突破，在东部凹陷和陆家堡凹陷，发现整装含油气区带。推进新区勘探，在南海探区中建和华光坳陷部署探井6口；在南黄海地区新登记矿权3559平方千米，辽北地区新登记矿权2.26万平方千米。

2013年，按照“突出西部，深化东部和潜山，准备滩海和外围，推进新区新领域”的工作思路，组织“突出两大潜山，确保规模储量发现；精细岩性和火成岩油气藏研究和勘探，寻求新发现；探索致密油勘探方法，实现勘探新突破；探索新区新领域，寻找战略接替区”等4个层次的勘探，深化油气地质综合研究，加强油气预探，推进工程技术攻关，推广应用适用的勘探新技术，促进勘探工作取得新进展。在茨榆坨潜山、中央凸起南部潜山、西部凹陷曙光低潜山找到规模储量。其中：茨榆坨潜山茨111井、茨113井获工业油流，茨110块实现规模储量升级，新增控制含油面积19.6平方千米，新增控制石油地质储量3096吨；在西部凹陷南部岩性、西部凹陷中北部潜山、东部凹陷中段火山岩等区域，重点部署探井22口，火成岩勘探获得重要进展，东部凹陷中南部储量达5000万吨。致密油勘探取得突破，雷家地区实施探井4口，其中3口获得工业油流，新增石油地质储量5118吨，新增预测含油面积47.2平方千米。大民屯沙四段致密油藏落实有利勘探面积190平方千米，预测资源规模2.58亿吨。外围勘探取得新突破，实施的探井庙31井、库2井，获得高产油流，预测陆西凹陷马北斜坡九佛堂组下段岩性油气藏有利面积31.8平方千米，为外围盆地勘探提供了目标。辽北、南黄海地区再获矿权1.58万平方千米，扩大了勘探范围。全年，新增控制石油地质储量3996万吨，新增预测石油地质储量5118万吨；新增动用可采储量700.9万吨，储采平衡系数0.68，为稳定发展打下了良好基础。

强化地质综合研究，深化勘探技术攻关，实施勘探滚动评价。2014年，在东部凹陷中南段火山岩勘探取得新突破，红28井、驾31井等获得百吨高产油流，新增预测石油地质储量5084万吨。在雷家地区致密油勘探实现储量升级，雷88井、雷93井获得工业油流，新增控制石油地质储量4199万吨。在曙光潜山深层勘探展示较大潜力，曙古169井、曙古175井获得百吨高产油流，成为规模增储区块。在西部凹陷岩性油藏勘探取得新成果，双229井获得百吨高产油气流，双243井见到较好的油气显示。老区评价勘探、滚动勘探，在茨120井、欢626井等区块，新增探明石油地质储量1243.7万吨，为产能建设提供了资源保障。

按照“立足富油气区带精细勘探、加强非常规油气一体化评价，加快新区新领域勘探发现”的勘探思路，2015年精细组织资源勘探，注重增加稀油、高凝油储量，推进效益勘探，获得重要进展和突破。大民屯凹陷西部斜坡砂砾岩体勘探获重大突破，预探安福屯－平安堡扇体，老井试油与新井实施相结合，沈351井、沈354井等4口探井获得工业油流，新增控制储量4111万吨；大民屯东部凹陷牛居构造带勘探有所突破，牛94井试油获得高产工业油气流，新增预测储量3300万吨。雷家碳酸盐岩勘探成效明显，实施6口探井均获工业油流，落实高升油层含油面积60平方千米。外围陆家堡凹陷勘探展现良好前景，继庙31井等之后，包38井再获工业油流，开辟了新的资源接替领域。2014—2015年，新增探明石油地质储量分别为1243.73万吨、1278.7万吨，新增天然气地质储量分别为4.01亿立方米、7.3亿立方米。

“十三五”期间，辽河油田以寻找优质储量为重点，加强精细油气勘探。2016年，推进精细勘探、效益勘探，加大稀油、高凝油和中浅层油气藏勘探力度，新增三级储量1.12亿吨，其中稀油、高凝油占新增探明储量的90%、控制储量的100%、预测储量的68%。大洼－海外河立体勘探获得新发现，部署的6口探井获工业油流，其中海57井在沙三段压裂后8毫米油嘴日产油近百吨；新增三级储量近7000万吨，获中国石油油气勘探重大发现成果一等奖。大民屯凹陷勘探实现新拓展，东胜堡潜山东斜坡胜29区块落实预测储量1415万吨；部署在韩三家子潜山带的哈39井、哈42井均在太古宇获工业油流，展示出较大的勘探潜力。红星沙三段碎屑岩勘探有新突破，探井红34井、驾33

井获高产工业油流，新增控制储量1558万吨。牛居中浅层勘探，部署的3口探井均获工业油流，牛101井在沙一段日产油超百吨，储量规模达4000万吨，成为有利勘探目标。奈曼凹陷勘探获得新发现，部署在东部斜坡带的奈13井，在九佛堂组获工业油流；实施三维地震采集200平方千米，推动奈曼凹陷的勘探进程。评价勘探、滚动勘探取得新成果，双229区块、洼77区块等3个区块评价增储1291万吨，于606区块、洼60区块等4个区块滚动勘探增储401万吨；双229区块实现当年上报控制储量、当年探明储量升级、当年开发建产。通过优化部署勘探，2016年节约钻井进尺2685米，探井成功率达到68%，创近年来勘探最好水平。2017年，辽河油田实施勘探开发一体化管理和纵向立体勘探，挖掘盆地潜力；将投资和研究力量集中转向区带相对整装、勘探潜力大、效益好的稀油、高凝油、中浅层领域，实施整体部署、集中勘探。建立重点项目地质－工程一体化组织，建立重点领域一体化研究团队，打破区域研究限制、实现数据资源共享。加快新矿权区块研究，制定合理勘探方案，确保新区投入见到成效，实现辽河探区资源和产量长远接替，储量和产量同步增长。在东部凹陷勘探取得重大进展，牛居中浅层、红星火山岩多口探井获工业油流，新增控制石油地质储量3114万吨。曙光－雷家碳酸盐岩勘探成效显著，落实有利勘探面积91.5平方千米，新增预测石油地质储量4711万吨。大洼－海外河断裂带勘探获得新发现，探井5口获工业油流。外围陆家堡坳陷勘探展现良好前景，有10口井获工业油流，成为勘探重点潜力区。滚动勘探、评价勘探取得良好效果，强化预探升级评价，新增探明石油地质储量1589.45万吨；加快老区滚动扩边，新增探明石油地质储量614.1万吨，其中稀油、高凝油占98.6%。扩大勘探开发领域，获得柴达木矿权流转4个区块1.9万平方千米探矿权、2个区块161平方千米采矿权，为油田发展打下坚实的资源基础。全年，新增三级石油地质储量1.19亿吨，节约勘探投资4650万元，压缩勘探费用2.7亿元。2016—2017年，辽河油田新增探明石油地质储量分别为1692万吨、2203.55万吨。2018年，强化新区新领域风险勘探，细化老区滚动评价勘探，探井成功率52.3%，新增探明石油地质储量2262.06万吨。

2019年，辽河油田实践“老区不老、小块不小、新区块突破”理念，围绕“地层岩性、古潜山、火山岩、致密油”重点领域，强化新区新领域风险勘探，突出富油气凹陷精细勘探，细化老区滚动评价勘探，取得重大进展和重要发现。在滩海海月东坡风险勘探取得突破，月探1井日产油气当量产量278吨，成为滩海地区10年来第1口高产井；驾探1井中途测试日产气1.12万立方米，实现东部凹陷深层火山岩新发现。滚动评价勘探在陈古6块、曙古169块等10个区块，新增探明石油地质储量2519万吨，稀油、高凝油占比90%。流转矿权勘探完成二维地震1220千米；在鄂尔多斯实施的长52井日产油26立方米，展示出良好的勘探前景。

二、推进转换开发方式

按照“产量稳、成本稳、效益稳，规模增、实力增、效益增”的部署，推进产能增长、恢复产量、稳定产量、减缓产量递减及开发准备“五大开发布局”，实现“产量稳定与结构调整并重，技术研发与现场试验并重，评价勘探与开发建设并行，新方式开发与老方式延续并存”，实施大民屯潜山等新区高效开发、难采储量开发及老油田二次开发、分层开发，维持油区产能增减平衡。2012年，针对产能建设新区目标主要集中在深层潜山和薄层油藏、老区目标以实施二次开发区域为主的特点，加快研究、加快设计、超前组织、实时跟踪、及时调整，全年完钻产能建设新井300口，新建原油生产能力79.7万吨，新井产油40万吨。推进转换开发方式重大试验，实施10大类473个井组，年产油212万吨；齐40块蒸汽驱连续4年稳产在60万吨以上，曙一区SAGD年产油达到70万吨。扩大水平井规模，累计实施新井1205口，年产油265万吨，占全油田总产量的25%以上。优化产量结构，兴隆台潜山保持百万吨生产能力；提升注水油田开发水平，稀油、高凝油年产量达到428万吨。二次开发、分层开发累计建产能190万吨，提高采收率10%。海南－月东、高升火驱，年产油22万吨。

2013年，坚持勘探开发一体化，确保新增储量“当年发现、当年探明、当年建产”，全年完钻新井332口，新建产能76.9万吨，产油40.1万吨，产能贡献率52.1%。推进蒸汽驱、SAGD（蒸汽辅助重力泄油）、火驱、调驱等多种方式组合开发；抓好生产动态跟踪调控，加快转驱实施步伐，新转井组151个，累计实施井组613个，增加可采储量4043万吨，提高采收率19%。突出“培养百吨井、培植高产井、治理低产井”，推进“低物性段改造”“驱泄复合”“氮气辅助SAGD试验”，杜84块48个井组日产油同比提高130吨；坚持“以采为先、以液定汽、以产定注”的开发理念，齐40块实施多介质辅助气驱试验，区块日产油稳定在1500吨；扩大常规火驱规模，加快完善注采井网，强化生产动态调控，杜66块和高升新转火驱井组66个，实施储量6261万吨，增加可采储量1772万吨，年产油28.7万吨，同比增加2.9万吨；推进先导试验项目，锦45块二类储量完善“回”形汽驱井网，投产新井4口，采注井数比达到6：1，区块9个井组日产油稳定在170吨以上，年产油6.1万吨。开展保压开采、三元复合吞吐、集团注汽、分层注汽等多种方法吞吐注汽，吞吐油藏综合递减率12.1%。开展老区精细研究，实施多途径挖潜产气量，部署新井10口、完钻9口，日增加产气能力10.7万立方米；开展“老区、老井、老资料”复查、“浅层气潜力、长停井潜力、已开发区潜力”调查，完成天然气储备措施工作量103井次、有效84井次，初期增加天然气生产能力68万立方米。2013年，生产原油1001万吨、生产天然气7.2亿立方米，连续28年实现千万吨稳产。

2014—2015年，坚持“油藏管理重在经营、生产管理成在精细、运行管理功在提效”思路深化开发工作，超前准备各类开发方案设计，优化部署重大开发项目，克服新老区建产目标日益复杂等难题，全面实施重点上产措施。通过细化注水、优化注汽，减缓老井自然递减，加大措施挖潜力度，加强老井管理水平，实施新老区评价一体化、老油田二次开发、“二三结合”开发方式，推进老油田多元化注水、多方法注汽，科学组织开发方式转换和新技术接替试验，加大长停井复查工作，夯实油田稳产基础，超额完成年原油产量任务，生产原油分别为1021.9万吨、1037.07万吨，生产天然气分别为7.0亿立方米、5.77亿立方米（表5-3）。科学评价开发潜力，坚持以油气稳产上产为目标，深化效益生产，实现自营区与合作区同步提升。

表5-3　2012—2020年中国石油辽河油田主要生产指标

指标	2012年	2013年	2014年	2015年	2016年	2017年	2018年	2019年	2020年
原油产量（万吨）	1000.01	1001.01	1021.90	1037.07	974.11	1000.1	995.1	1007.56	1004.26
天然气产量（亿立方米）	7.21	7.2	7	5.77	4.64	4.6	5.7	6.04	7.24
新增探明石油地质储量（万吨）	3178.28		1243.73	1278.2	1692	2203.55	2262.06	2519	4089
新增探明天然气地质储量（亿立方米）	−10.40		4.01	7.3			27.3		
勘探投资（亿元）	21.37	19.65	27.43	62.18	14.2	15.69	13.76	13.79	8.96
开发投资（亿元）	69.26	67.91	50.50	44.54	37.2	61.68	63.28	63.03	52.34

注：此表数据来源于中国石油年鉴。

通过优化部署、强化运行、推进钻井总承包等措施，提高新井实施节奏和生产时率，2014年完成钻井472口、同比增加126口，累计生产原油52.2万吨、同比多生产原油11.5万吨；2015年，产能建设实现提质提速，完钻新井487口、投产413口，建产能70.2万吨。扩大开发方式转换规模，2014年新转蒸汽驱、SAGD、火驱、化学驱等62个井组。SAGD百吨井达到6口，比实施前日产油增幅超过千吨；火驱日产油跨越千吨；改善化学驱效果，潜山非烃类气驱初见成效。转化油气开发方式发挥了稳产支撑作用，2015年新转井组104个，累计实施692个，产油297.4万吨，占全油田总产量28.7%。提升注水、注汽效果，2014年完成注水工作量2746井次，新增及恢复动用储量2520万吨，注水油田日产油增加近600吨。加大注汽保压开采、二氧化碳辅助吞吐的力度，实施1780井次，节约注汽量80万吨，增加了周期产量。2015年改善注汽、注水效果，吞吐稠油产量稳定在330万吨以上，注水油田日产油稳定在万吨以上。加大老井治理，通过大修、侧钻、压裂等措施，2014年恢复长停井698口，恢复日产油1380吨，累计增油26.5万吨；治理水平井48口，累计产油5.2万吨。2015年，恢复长停井复产829口，增油24.7万吨。加强合作开发，冷家油田、高升项目实现了生产目标，2014年月东油田生产原油35.6万吨，比计划多生产21.9万吨；未动用储量合作生产原油1.2万吨。2015年，推进合作开发工作，产油125.2万吨，比2014年增加11.7万吨。

2016—2019年，按照效益优先的原则，生产决策向效益决策转变，实现油气生产低成本开发。2016年，以经济开发、能力稳产为主线，优化开发生产组织，实现原油产量目标。根据中国石油的部署，兼顾市场规律、开发规律和油价走势，调整减少无边际贡献产量50万吨，将年度产量目标由1024万吨调整为974万吨；加大开发生产组织和经济评价研究，顺利完成全年生产任务，实现原油生产千万吨稳产。产能建设实现提质提速，白营区优化新井117口、完钻395口，新建产能64.2万吨、年产油29.3万吨。方式转换按效益推进实施，新转井组29个、累计达627个，年产油达281.3万吨、占全油田总产量的28.8%；SAGD开发日产水平连上2个百吨台阶，新增百吨井1口。坚持注水油田优化产量不减工作量，日产水平稳定在万吨；优化稠油吞吐工作量，油汽比由0.29提高到0.31。老井复产和措施增产实施5661井次，增油54.1万吨。2017年，产能建设提速提效，完钻油井834口、投产622口，新建产能110万吨，新井日产能力2230万吨；完钻天然气井3口、投产2口，折算建成天然气生产能力0.2亿立方米。开展注水方式、注水关系、注水时机、注入介质、调控方法等多元化注水，注水油田日产油重上万吨水平，自然递减率同比下降1.7个百分点。开展三元复合吞吐、集团注汽、保压开采等方式注汽，稠油吞吐年产油331万吨，油汽比0.28。坚持老油田转换方式开发，新转井组53个，累计达到612个，年产油278.3万吨。组织长停井复产，恢复油井914口、水井87口，年增油27.9万吨。加强潜力井优选排查，详细论证增产措施，由单一类型措施增产转为复合类型措施增产，实现一井多策的个性化方式实施。提高产能建设投资强度，多安排新井234口；加大侧钻井、水平井等综合治理措施投资，保障稳产上产运行。规模组织工艺流程，实施采油、集输、热注、作业、注水、污水、油泥资源化利用等提质增效工程，降低成本2.32亿元。推进生产组织体系，畅通产、运、储、销渠道，形成大运行、大联动生产保障格局。推动工程技术服务市场放开，协调经济评价、作业施工、水电讯保障、物资采购、车辆服务等工作，重点工作到位率100%、运行负荷率83%，交井一次成功率100%。合作开发实现超产，月东油田、冷家油田、难采合作区产油108.6万吨。2019年，推进“全员抓质量、管理保质量、科技提质量”，油气生产呈现新水平。全年，完钻新井724口，整体开井率提高到70.4%，新建产能107.6万吨，同比提高0.6万吨；方式转换年产油268.4万吨，同比增加4.3万吨；注水油田日产油稳定在万吨水平，吞吐稠油年产量保持在330万吨以上。

2021年，辽河油田实现油气当量1071万吨，其中原油产量1008万吨。辽河油田原油年产量连续36年实现千万吨规模稳产，油田效益创近8年最佳，同汇率下桶油完全成本较预算下降4.6%。通过实施“产能建设承包制”，仅2021年上半年就涌现出60口日产量大于10吨的高产井，新井平均单井生产天数同比增加28.8%。在降本增效方面，按照“不可采不动用、不经济不建产”的原则，将原方案中投资高的锦29块3口水平井、1口直井暂缓实施，增加挖潜侧钻及方式转换完善井网侧钻，全年新建产能同比提升约19.5%，百万吨产能建设投资较计划下降16.4%。在开采技术方面，通过优化配方，用新型“多头有机硼交联剂”代替传统交联剂，在同等挟砂能力下，每立方米压裂液瓜胶浓度由4.5%降低至3.5%，成本下降51元。借助水平井蒸汽流量控制技术（FCD）实现蒸汽均匀注入与流体均匀产出，抑制汽窜，改善生产剖面，提高油井产量，有效提高水平井储层动用程度15%以上。

三、创新形成关键技术

2012年，辽河油田“千万吨稳产重大科技专项”顺利启动，被中国石油列为“样板工程”，确立4项工程17个课题；经过论证，初步形成4大增储格局、5大开发布局，先后共20项先导试验进入现场，建立起千万吨原油产量再稳产10年的技术架构。推进国家科技重大专项蒸汽驱、SAGD示范区建设，稠油开发技术保持行业领先水平。开展中国石油低碳专项课题研究，有力支撑稠油降本增效和节能减排。信息化建设在基础设施、系统集成、信息共享和应用等方面取得显著效果，推动企业管理现代化。科技进步助力企业实现“双千”目标作用越发凸显。2013年，坚持“主营业务驱动，生产目标导向”和顶层设计的发展理念，以国家、中国石油重大科技专项为引领，以降低成本、提高效益为中心，强化科技管理，加快人才培养，发挥科技工作的“引领、支撑、储备”作用。全年投入科技经费3.72亿元，围绕国家低碳发展战略，组织开展重大科技专项4项，重大、重点科技项目29项。推进国家科技重大专项“渤海湾盆地辽河坳陷中深层稠油开发技术示范工程”建设，形成“基岩油气藏裂缝预测”“组合蒸汽驱”等35项关键技术，取得“无碱二元驱”等18项标志性成果，研制出“无绷绳修井机”等装置设备120台（套），推进先导试验23项，增强科技支撑能力。组织开展低碳专项“热采节能节水关键技术研究”，形成“不除硅污水回用锅炉”等2项理论成果，突破“注汽管线新型保温改造”“污水达标外排”等20项关键技术；研制装置8套，现场试验6项。推动科研条件平台建设的升级，加强“稠油开采先导试验基地”建设，新建分层注汽模拟等中间试验系统7套，形成实验（试验）方法16项，总试验设备达1000余台（套）。深化以ERP为核心的信息系统应用，夯实数字化油田建设基础。国家级“稠（重）油开采研发中心”通过认定评审。

2014—2015年，突出重大专项和重大科技项目攻关，加大成熟技术推广应用，致力解决关键技术瓶颈问题，深化科技创新创效，促进提升勘探成功率、油田采收率和核心竞争力，增强科技的引领、支撑和创效能力。2014年，坚持以重大科技专项为引领，解决制约生产的瓶颈问题，关键技术取得重要进展。推动物探采集处理技术攻关和应用，实现低信噪比等复杂地区“两宽一高”工业化高效采集，提高资料品质。在实施千万吨原油稳产、中深层稠油示范工程中，研发试验多介质组合蒸汽驱、分层火驱等核心技术，推广应用水平井分段注汽、水力压裂等成熟技术，实现科技增油80万吨，国家能源局正式批准辽河油田组建“国家能源稠（重）油开采研发中心”。形成出砂水井分注、膨胀筛管防砂等4项特殊井综合治理技术，完善水平井大修、小井眼修井等6项技术，新技术现场试验46井次，阶段增油3000吨；带压作业技术处于中国石油领先水平。低碳专项“热采节能节水关键技术研究”取得进展，在稠油产汽、输汽、注汽、采油、污水处理等5大环节取得技术突破13项。全年制修订技术标准29项，获省部级科技成果11项，获得国家专利授权284项。2015年，勘探开发技术日趋完善，砂砾岩体储层识别、“两宽一高”地震资料处理等技术攻关取得重要进展，形成6项勘探关键技术，促进重点领域勘探实现突破。配套完善化学驱、火驱、非烃类驱等技术，研发形成12项关键技术，支撑方式转换项目持续上产。深化低渗透储层压裂、复杂井修井、带压作业技术，形成7项关键配套技术，现场应用效果显著。长输管道施工设计、海外地面建设设计等技术攻关取得新成效，形成4项配套技术，在锦州－抚顺输油管线、海外乍得油田二期工程投标中成功应用，创效近5000万元。广泛应用节能减排技术，环状掺水、串接集油新工艺年创效600多万元；稠油污水达标排放完成技术中试，燃气热泵提取污水热能技术进入现场试验。开发应用ERP系统，数据建设支撑勘探开发部署，物联网和云技术得到示范应用，实现了业务流程和管理效益提升。在应对低油价冲击、促进油田有质量、有效益、可持续发展中发挥重要作用。

“十三五”期间，辽河油田坚持科技创新，助力勘探开发提质增效。2016年，加强科研攻关和新技术推广，发挥创新驱动作用。完善勘探开发技术，多元结构潜山储层预测和“两宽一高”成像技术取得进展，支持复杂目标区域精细勘探；完善低成本复合驱油、水淹油藏火驱等技术，促进稠油经济开发。推动移动点火、可调分层注汽等技术，促进低成本开发。提升工程施工技术，成熟推广复杂套损井修复、大修提速提效等5项关键配套技术，提高作业时效20%。热采井带压作业技术取得突破，进入现场试验阶段。高寒地区管道全自动焊接、多点网状输气工艺等项技术应用效果显著；油田建设工程施工技术在漠河－大庆二线实施全自动焊接130千米，成本降低10个百分点；绿色低碳技术效果良好，完成稠油污泥非蒸发干燥技术中试，油泥减量80%以上，原油回收率90%以上。完善低成本调剖等7项自主知识产权技术，回用污泥8.4万立方米、增油4000吨以上。加强科研综合管理，全面启动国家“稠油超稠油开发技术示范工程”，推进国家能源专项“稠（重）开采研发中心”建设，顺利通过中国石油重大专项“千万吨稳产”现场核查；深化实施科研机构“双序列”改革，完善科技管理和激励机制，增强科技创新驱动作用，支撑油田主营业务发展。2017年，提升自主创新能力和核心竞争力。开展勘探开发领域技术研究，陡坡带砂砾岩体精细勘探、水淹油藏火驱、化学驱、多元热流体等技术研究取得新进展；实施千万吨稳产重大专项，助推原油稳产，年产油1000.1万吨。举办国际稠（重）油勘探开发技术论坛，承担的中国石油重大科技专项“辽河油田原油千万吨持续稳产关键技术研究”通过一期验收，二期顺利开题；推进国家能源稠（重）油开采研发中心建设，初步建成稠油复合蒸汽驱、超稠油SAGD、稠油火驱3个国家技术示范区。工程施工技术攻关，形成疑难井大修、大修提速提效等4项配套技术，研制完成集成式带压作业修井机等装置17台（套），修井作业周期缩短3～5天；形成长输管道水土保持设计、管道自动化测量、大管径全自动焊接等5项配套技术，提高了施工能力。2019年，推进国家能源稠（重）油开采研发中心建设；实施沉积型潜山油藏精细评价、砂砾岩储层精细刻画等勘探技术，提高探井成功率；运用超稠油蒸汽驱、双水平井SAGD等开发技术促进了油气持续稳产。研制电缆传输电动切割、小井眼侧钻加深等技术，填补技术空白。深化油气工程技术和地面工程建设技术创新，大口径管道定向钻穿越、高效压裂、火驱分注等技术大幅度提升施工效率；推广连续油管作业、低成本投球调剖、串接集油等技术，实现降本增效6500万元。突出生产需求，注重生产实效，2019年通过提高科学技术手段产油260多万吨，获省部级以上科技成果9项、国家授权专利302件。

第四节 > 吉林油田经济勘探开发

吉林油田（为吉林石油集团有限责任公司、吉林油田分公司的统称）勘探开发和生产区分布在吉林省37个市、县（区）。2012年，生产原油575万吨，生产天然气17.61亿立方米。至2012年，探明油田23个、面积2741平方千米，累计探明石油地质储量15.06亿吨；投入开发油田22个，累计生产原油1.44亿吨；投入开发气藏11个（其中5个气顶），动用天然气地质储量906.41亿立方米。

“十二五”期间，吉林油田年均原油产量528.2万吨，年均天然气产量16.11亿立方米。2012年，油气勘探获得新进展，英台、王府、德惠等3个千亿立方米含气区进一步明朗，伏龙泉营城组气藏勘探取得新突破。让字井地区致密油勘探取得重要成果，荣获中国石油股份公司勘探重大发现成果一等奖。东部盆地群勘探项目，通过加深地质认识和加强区块评价，在岔路河断陷和鹿乡断陷西北缘初步落实4个有利圈闭，面积为123平方千米，初步分析有1亿吨的资源潜力。是年，新增探明石油地质储量4566.06万吨，新增原油产能94.56万吨、天然气产能8.6亿立方米，生产原油575万吨、天然气17.61亿立方米。2015年，坚持“层次勘探、技术适用、经济可行”方针，突出效益勘探、加快规模勘探、加强新区新领域风险勘探，设立松辽盆地南部石油勘探项目、松辽盆地南部天然气勘探项目和东部盆地群油气勘探项目。全年，新增探明石油地质储量1280.28万吨、新增探明天然气地质储量3.15亿立方米，新增原油产能32.48万吨、新增天然气产能0.66亿立方米，生产原油466万吨、天然气13.23亿立方米。“十二五”期末，受新区资源品位变差、提高储量动用配套技术不适应等影响，产能建设规模减少，储采平衡系数下降。受低油价冲击，在自营区产能建设规模缩减及合作区降产的情况下，坚持以效益为中心，持续改善油田开发效果，把有效注水作为老区稳产关键，深挖注水分类管理潜力，实现连续两年减缓自然递减；综合含水稳中略升，含水上升率得到有效控制；保持注采平衡，宏观上注够水、微观上注好水，各主力油田地层压力明显回升，平均地层压力恢复至原始地层压力的80%左右。

扶余油层致密油资源量10亿吨，是吉林油田石油勘探开发的主要领域。2016年，通过加强扶余油层致密油地质研究，提交探明石油地质储量1136.31万吨；在新北、余字井地区逐步开展致密油研究及攻关试验，突破产能关；扶余油层致密油勘探成果，获中国石油股份公司勘探发现一等奖。在英台断陷北部龙深3区块营二段开展致密气增产改造技术攻关，对4口井实施复杂缝网压裂，其中龙深3平4井压裂后日产天然气超过10万立方米；加强英台断陷南部致密气富集成藏主控因素研究，龙深9区块营二段提交预测储量。全年，新增探明石油地质储量1663.73万吨，新增探明天然气地质储量141.43亿立方米；新建原油生产能力14.58万吨、新建天然气生产能力0.75亿立方米，生产原油404.5万吨，生产天然气11.37亿立方米。

2017年，生产原油390.01万吨，生产天然气10.21亿立方米。按照“突出效益勘探、加快规模勘探、坚持风险勘探”的原则，完成探井40口、评价井30口，新增探明石油地质储量2010.59万吨，新增原油生产能力36.84万吨。攻关乾安致密油，新增三级储量1.85亿吨，动用储量3146万吨，累计建产能16万吨；攻关余字井地区，初步落实储量3000万吨，实现致密油规模增储建产。加强新区预探，梨树断陷勘探取得重大发现；苏家地区苏家1井、苏家2井、苏家4井分别在火石岭、营二段获得高产气流，初步落实天然气储量规模100

亿立方米、石油储量3000万吨；怀德地区杨12井、杨17井见到良好显示，揭示营城组、沙河子组储量规模3000万吨。加快孤店致密气预探，岭深1井、岭深2井、岭深12井、岭深201井试采均获工业气流，并提交天然气预测储量。伊通盆地勘探取得新进展，完钻的伊78井试油，日产油3.5立方米。探索页岩油气非常规领域，在新北地区新373井常规试油获日产10.2立方米高产油流，坚定了泥页岩的勘探信心。在油田开发方面，加强油藏研究，优化注水方案。根据油田开发特点，制定相应的注水政策，跟踪复查注水方案，及时调整，确保注水效果；2017年自然递减率减缓至11.0%，同比减缓0.5个百分点，老井含水上升率控制在1.0%，同比减缓0.2个百分点。通过精细注水，分注率保持在95%左右，有效注水合格率保持在86.5%；水质达标率保持较高水平，井口水质达标率90.3%，同比提高0.1个百分点。

2018年，设立非常规项目、松辽盆地南部天然气勘探项目、东部盆地群油气勘探项目，按照“突出效益勘探，加快规模勘探，坚持风险勘探”的原则，实施各项工程，全年完成探井62口，超额完成股份公司下达的石油三级储量任务。2019年，大情字井夹层性页岩油先导试验获重要突破，预测储量3亿吨，展现勘探动用潜力；针对单层厚度大于2米的稳定砂岩发育区开展长水平段多段多簇切割+体积压裂技术攻关试验，多口井获工业油流，井控面积100平方千米，储量规模达6000万吨。针对德深80井区复杂气藏，一体化部署8口井，投产5口井，单井日产气2万~8万立方米，实现复杂气藏的效益动用。至2019年年底，探明油田27个、面积3037平方千米，探明石油地质储量16.25亿吨，技术可采储量3.41亿吨，标定采收率22.1%。投入开发油田26个（永平油田未投入开发），动用石油地质储量10.85亿吨，探明石油地质储量动用率66.8%，动用可采储量2.4亿吨；累计生产原油1.75亿吨，地质储量采出程度16.21%，可采储量采出程度72.9%，综合含水率89.63%，储采比16.4（表5-4）。投入开发气田7个，累计生产天然气207.33亿立方米，气层气可采储量采出程度53.58%，采气速率2.97%，储采比14.31。

表5-4　2012—2020年中国石油吉林油田主要生产指标

指标	2012年	2013年	2014年	2015年	2016年	2017年	2018年	2019年	2020年
原油产量（万吨）	575	527	493	466	404.5	390.01	393.72	396.72	400.00
天然气产量（亿立方米）	17.61	18.15	16.03	13.23	11.37	10.21	10.02	10.51	10.81
新增原油产能（万吨）	94.56	75.19	43.48	32.48	14.58	36.84	29.42	28.65	40.38
新增天然气产能（亿立方米）	8.6	8.35	2.62	0.66	0.75	1.0	1.02	1.7	1.33
新增探明石油地质储量（万吨）	4566.06	1369.83	1615.93	1280.28	1663.73	2010.59	3411.61	3768.62	3231.15
新增探明天然气地质储量（亿立方米）			6.69	3.15	141.43		247.61		115.22
勘探投资（亿元）						13.42	12.34	16.05	13.2
开发投资（亿元）						38.85	41.34	51.34	46.49

注：此表数据来源于中国石油年鉴。

在科技创新方面，2017年高效推进火山岩和致密气砂岩储层精细预测、扇体精细刻画等技术不断完善，指导苏家、梁家、英台勘探获新突破；致密油砂体精细刻画、“甜点”压裂等技术取得新成效。大平台防碰绕障钻井、整体压裂等技术取得新进展，建成大平台24个，投资和成本分别下降27%、53%。形成“调转扰蓄”多元组合集团压裂技术体系，实施14个区块163口井，经济有效率比常规压裂提高10个百分点。工程技术管理成效明显，钻井平均机械钻速11.26米/时，钻井井身质量合格率99.37%，固井质量合格率97.17%。应用二氧化碳驱技术，在黑79小井距试验区比水驱提高产量近4倍，预测提高采收率25%。低成本注采工艺——双井抽和液压抽规模应用，设备投资分别节约30%、58%，单井能耗分别下降40%、22%。成功应用智能分注技术，滑轨电动捞油进入现场试验，带压作业和大小修作业向自动化迈进。建成大老爷府油田物联网示范区，电子巡井、智能启停、水量调控、工况诊断等功能配套，实现低成本、简单实用。到2019年，深化地质研究，大型陆相湖盆地页岩油成藏认识初步形成，中浅层储层预测、复杂气藏地震评价等技术走向成熟，剩余油预测技术指导20万吨产能部署。工程技术不断取得进步，页岩油、致密气压裂模式初步建立，致密油压裂提产10%，20个区块集团压裂增油量翻一番；排水采气、智能分注等技术配套完善；三次采油技术稳步发展，黑46区块实现循环注气、二氧化碳“零排放”，氮气驱扩大到50个井组。井间物联网快速建成，采油时率提高1.5个百分点。

2021年，吉林油田超前谋划、科学摆布、优化运行、精准管控，全力以赴抓稳产、抓增长，从而圆满完成了各项目标任务，实现了“十四五”良好开局。①大力实施高效勘探。突出勘探龙头地位，以发现效益储量为核心，加强成熟区精益勘探、突出富油气区带精准勘探、加大新区新领域风险勘探，多措并举扎实推进高效勘探抓储量。全年提交探明地质储量石油2311万吨、天然气145亿立方米，新增石油技术可采储量302万吨、天然气技术可采储量42亿立方米。页岩油勘探、中浅层精细勘探均取得新进展。②全面推进低成本开发。细化油藏经营工作方案，科学调整工作节奏，多轮次优化效益建产方案，深入挖掘有效注水、措施增油和开发管理等各方面潜力，促进资源、储量、产能、产量及效益的总体平衡，全面实现高水平效益稳产。结合开发现状，继续大力推进“双十”工程和“三提”工程，不断完善单砂体注采井网，强化精细注采调控，发展第四代精细分注工艺，强力推进重点区块综合治理，老区稳产水平持续提升。坚持效益排队、优化产能部署，提升方案源头效益，提升产能建设效果。③全力推动天然气产销储一体化。积极应对春季需求放缓、冬季保供压力加大等各类挑战，精准施策，稳定老区、挖掘产量，快上新区，打造增量。针对长岭气田气井高产液、低产、低压等开发矛盾，突出抓好营城组调整挖潜，充分发挥气井产能，综合递减率控制在10%以内，长岭气田继续保持稳产水平。是年，吉林油田完成油气产量当量494.9万吨，其中生产原油407万吨、天然气11.03亿立方米，实现连续4年超产。

第五节 > 大港油田持续稳健发展

大港油田（为大港油田集团有限责任公司、大港油田分公司的统称）勘探区域位于渤海湾盆地黄骅坳陷中南部，矿区面积1.87万平方千米，分为陆地、滩海和极浅海三大勘探领域，包括黄骅坳陷中、南部陆地，滩海海域以及沧县隆起东半部、埕宁隆起北半部陆地部分，地跨津、冀、鲁三省市。

“十二五”期间，大港油田围绕“寻发现、求突破、增资源”战略目标，按照“整体研究、整体评价、整体部署”工作思路，立足歧口、沧东两大富油气凹陷，扎实推进储量增长高峰期工程，实现连续6年新增三级储量超过1亿吨。2012年，在埕北低断阶勘探取得重要发现，完钻探井5口，其中埕海37井、38井、39井试油均获高产工业油流，成为大港探区继北大港、孔店构造之后发现的又一个复式油气富集区，获中国石油股份公司年度油气勘探重大发现成果一等奖。全年，新增探明石油地质储量2148.35万吨，新建原油产能87.37万吨，生产原油478.52万吨、天然气4.44亿立方米。2013—2015年，年新增探明石油地质储量保持在1000万吨以上、新建原油产能保持在80万吨以上，年生产原油保持在440万吨以上，天然气产量提高到5亿立方米以上。

坚持“精细勘探、科学勘探、效益勘探”“海陆并举、油气并重、深浅兼顾”原则，油气勘探取得重要成果。2013年，孔南地区岩性油藏勘探获得新发现，探井4口获工业油气流；在岐南-岐北低斜坡区部署的滨90井两层试油均获高产油气流，其中板4油组8毫米油嘴试油折日产油85.12吨、日产气6.29万立方米；在埕海低断阶部署探井4口，其中埕海34井8毫米油嘴试油折日产油46吨、日产气6467立方米；致密油勘探取得新突破，部署的水平井滨深1601H井，油层钻遇率71.4%，试油六段压裂后一次求产，用4毫米油嘴放喷折日产油41.2吨、日产气4692立方米。2014年，歧口凹陷板桥斜坡老区新探获得新发现，板深37井8毫米油嘴求产，日产油197.2吨、天然气2.7万立方米，落实油气圈闭资源量3312万吨；岐南-岐北低斜坡勘探，岐122-11井和港深24-28井均获高产油气流，形成叠合含油气连片的新局面。2015年，板桥地区预探评价建产协同实施，板深41X1井、板43-26井、板深43-20井等6口井获高产工业油气流，新增三级储量油当量1042万吨，当年建产3万吨，形成千万吨级规模效益增储区。埕北地区埕68X1井、张1504井获高产，岩性油气藏勘探获新成果。

以增储、增产、增效为主线，不断提升开发水平与效益。2013年，油气当量产量连续10年保持在500万吨以上。年内，开展精细油藏评价，寻找优质高效建产区块并稳步推进，实现新井产量有效接替；持续深化油田注水专项治理，实施区块注采对应率由76.35%提高到79.43%，水驱控制程度由70.77%提高到72.78%，自然递减为14.87%、同比下降0.52个百分点；创新精细油藏描述技术，优化编制综合调整方案；优化油井措施方案，提高单井增油效果，有效率86.8%；扩大三次采油实施区块，提高老油田开发水平；加强油气藏动态监测，不断深化油藏认识。2014年，开展“产能建设质量年”活动，新建产能82.1万吨；实施措施挖潜818井次，累计增油29.5万吨；深化油田注水专项治理，治理区块注采对应率由69.5%提高到73.3%，水驱控制程度由71.5%提高到72.9%，开井分注率由43.9%提高到46.1%。2015年，深化油田注水专项治理，整装治理区块21个，井口日产油由2805吨上升至3293吨，自然递减率由16.8%下降至12.9%，含水上升率由0.67下降至0.12，水驱控制程度由65.1%提高到68%；在坚持“三优化”“三控制”“三达标”基础上，新建原油生产能力77万吨，其中在板桥、刘官庄等新增储量区，当年建成产能11.8万吨；以重组层系井网为出发点，大力实施措施挖潜，开展长停井恢复、储层压裂改造等进攻性措施，实施油井措施698口、有效609口、有效率87.41%，增油25.16万吨；稳步推进老油田二次开发，实施区块平均单井日产油由2.99吨提高到3.52吨，综合含水率下降0.43个百分点，自然递减率下降5.05个百分点。

紧密围绕勘探开发技术需求，以重大科技专项为平台，强化顶层设计、突出重点领域、优化资源配置、注重专家领衔，深入开展基础地质理论认识研究，持续加强核心技术攻关，积极推动优势特色技术培育，不断强化技术推广与产业化。2014年，以油气主营业务需求为导向，围绕勘探效益增储、老油田稳产、天然气上产、滩海快上产等重点，推动实施国家重大科技专项——“渤海湾盆地黄骅坳陷滩海开发技术示范工程”、中国石油重大科技专项“大港油区大油气田勘探开发关键技术研究”，并新设立“孔南长期稳产配套技术研究”“滩海油田快上产配套技术研究”“天然气勘探开发及综合配套技术研究”3个配套研究项目。2015年，以重大科技专项为依托，深化断陷湖盆沉积体系与储层描述等地质基础研究，有效指导勘探部署；加强中高渗高含水油田、中深层低渗透油藏提高开发水平等配套技术攻关，有力支撑开发生产；优化完善三次采油、复杂储层改造等主体工程技术，取得良好应用效果。

2016—2019年，大港油田年原油产量保持在400万吨以上。2016年，新增三级储量6984万吨，在新增储量区整装建成2个百吨区块，产油6.1万吨。2017年，钻百吨井9口，创近10年新高，累计新增三级储量8654万吨；建成3个5万吨以上产能新区，新增储量区贡献产量10万吨。为期3年的中国石油重大科技专项“大港油区大油气田勘探开发关键技术研究”通过验收，重大科技专项“大港油区效益增储稳产关键技术研究与应用”通过立项申请。2018年，大港油田页岩油勘探取得重大突破，官东1701H井、1702H井高产稳产，初步形成5000万吨级效益增储规模，在国内率先实现陆相页岩油工业化开发的突破，获中国石油2018年油气勘探重大发现一等奖。滩海自营区“海油海采”首口产能评价井——埕海6-H1井产油228吨。全年完成原油产量407万吨（表5-5）、天然气5.21亿立方米，分别超产1万吨、1.3亿立方米，呈现“油气双增”良好局面。2019年，在沧东凹陷新增页岩油探明储量+预测储量1亿吨、新建产能10万吨，实现陆相页岩油工业化开发；在歧口凹陷沙三段见到良好苗头。埕海306井日产油500吨以上，埕海新区新增探明油气地质储量3198.31万吨，创大港油田试油自喷产量近10年单区块效益探明储量规模之最。乌马营含气区新增天然气探明+预测储量315亿立方米、凝析油储量407

万吨，标志着大港油田南部油区首个规模凝析气田的诞生。全年，生产原油417万吨、天然气5.68亿立方米，油气产量为近4年新高；储气库注气18.7亿立方米，采气18亿立方米，完成调峰保供任务。

表5-5 2012—2020年中国石油大港油田主要生产指标

指标	2012年	2013年	2014年	2015年	2016年	2017年	2018年	2019年	2020年
原油产量（万吨）	478.52	470.37	464.70	444.8	407.87	402.78	407.02	417.02	415.02
天然气产量（亿立方米）	4.44	4.06	5.38	2.24	4.73	5.09	5.21	5.68	6.63
新增原油产能（万吨）	87.37	84.69	86.18	80.48	50.8	74.6	85	141.63	66.99
新增天然气产能（亿立方米）	2.25	2.5	1.9	1.9	1	1	1	1.1	0.62
新增探明石油地质储量（万吨）	2148.35	2177.3	1094.42	1076.89	1515.56	1874.46	845.86	3198.31	3223.57
勘探投资（亿元）	17.84	10.24	14.12	12.51	11.59	14.07	12.61	20.09	15.34
开发投资（亿元）	52.90	48.55	45.40	38.89	18.07	40.28	43.85	69.23	35.93

注：此表数据来源于中国石油年鉴。

大港油田石油勘探取得重要进展。2021年8月26日，大港油田部署在歧北斜坡的埕107X1井的沙二段滨3油组试油获得日产百吨高产。埕107X1井是大港油田陆地单层油层最厚、产量最高的一口探评井，是高效勘探的最新成果。这口井，井深4841米，日产油238.2立方米，日产气15.14万立方米，不含水，油质好、油套压稳定。

第六节 > 华北油田持续向好发展

华北油田（为华北石油管理局、华北油田分公司的统称）油气勘探区域主要集中在冀中、内蒙古中部和山西沁水盆地。2012年，生产原油419.02万吨、天然气2.8亿立方米，煤层气5.46亿立方米。截至2012年，累计探明石油地质储量12.89亿吨、天然气地质储量262.25亿立方米；累计生产原油2.58亿吨、天然气112.23亿立方米，累计生产煤层气12.76亿立方米。2017年11月，华北石油管理局完成公司制改制，更名为华北石油管理局有限公司。

“十二五”期间，华北油田年新增探明石油地质储量保持在2500万吨左右，年均自营新建原油产能62.09万吨；油气生产平稳运行，年原油产量保持在420万吨左右，年均天然气产量3.07亿立方米，煤层气由3.94亿立方米上升到8.44亿立方米。2012年，油气勘探呈现油气并举、高产井多、高峰增储的新局面。初步落实廊固凹陷大柳泉构造带固安背斜浅层天然气规模储量，基本实现琥珀营构造多层系含油连片；在大柳泉构造带形成5000万吨规模储量区，获得中国石油股份公司年度油气勘探重大发现一等奖。牛东潜山带预探评价进展顺利，牛东101井再获高产油气流。饶阳凹陷马西洼槽控制较整装规模储量，雷家庄地区变质岩潜山及浅层天然气勘探实现新突破。乌兰花凹陷勘探获得重要进展，八音都兰北洼槽巴77井获得高产油流。建产方式、产能结构更加合理，新建原油产能80.1万吨、天然气产能1亿立方米。老油田综合治理效果明显，多级多段压裂酸化43口井、油水井侧钻大修95口井，可动凝胶调驱122个井组，新增分注井170口、“精细注水减缓自然递减工程”取得阶段性成果，油田自然递减、综合递减同比降低1.4个百分点、1.6个百分点，平均单井日产油稳定在3.1吨。生产组织协调高效顺畅，油气生产平稳均衡受控。2013年，“华北油田上产稳产800万吨关键技术研究与应用”，获得中国石油股份公司科技重大专项立项。钻井工程技术支撑力量增强，高温深井提速、低压油气藏固井技术攻关取得成效；以水力喷射、泵送桥塞等先进分压工艺为代表的储层改造技术序列形成，储层改造针对性和效果大有提升；深井高温分注技术攻关取得突破并推广应用。具有自主知识产权的煤层气勘探开发形成技术系列和规范标准，煤层气开采先导试验基地通过中国石油股份公司重点试验基地资格验收，山西沁水盆地煤层气水平井开发示范工程顺利通过国家科技重大专项中期评估。2015年，华北油田继续保持高峰增储，探井成功率创近10年新高；饶阳凹陷东部、霸州市凹陷中南部分，分别形成5000万吨、3000万吨级规模储量区；乌兰花凹陷南洼槽基本形成3000万吨级规模储量接替区。全年，新增探明石油地质储量2533.93万吨，自营新增原油产能65.34万吨、新增天然气产能1亿立方米；生产原油420.1万吨、天然气2.43亿立方米、煤层气8.44亿立方米。

2016—2017年，华北油田年新增探明石油地质储量保持在2500万吨左右，年新建原油产能50万吨（不含合作）左右；新增探明煤层气储量大幅增长，达到100亿立方米以上规模；油气生产平稳运行，年原油产量保持在400万吨以上，年天然气产量2亿立方米、煤层气8亿立方米以上。2016年，华北油田坚持科学勘探、精细勘探，立足富油凹陷，突出富烃洼槽，打好勘探进攻仗。廊固凹陷杨税务潜山风险勘探实现新突破，安探1X井获高产油气流，展示冀中北部奥陶系深潜山良好勘探前景，获中国石油股份公司油气勘探重大发现成果一等奖。蠡县斜坡整体再评价取得新进展，上报整装探明石油地质储量1635万吨。二连盆地新区勘探获得新发现，乌兰花凹陷形成整装规模储量接替区。

坚持效益开发、精细开发，在大幅压投资、降成本的情况下，通过优化开发部署、调整产量结构、加强生产管理，老井自然产量、措施产量超线运行，措施有效率提高2.9%，油气生产平稳有序，全面完成产量任务。强化产能建设经济评价，压减低效产能，打破新老区界限，整体效益排队，不断优化方案部署，完成开发井180口，利用闲置井39口，新建产能47.8万吨。持续深化精细注水减缓自然递减工程，在12个重点治理区块增油5.6万吨，自然递减率下降5.6%，综合递减率下降8.1%。华北油田整体自然递减率保持在12.2%，开发水平持续向好。

2018—2019年，华北油田强化资源掌控，油气勘探获得重大突破。坚持预探与评价紧密衔接、规模与效益并重、新区与老区并举，取得一批重要发现，超额完成储量任务，2018年新增探明石油地质储量2782.23万吨（表5-6）、新增探明天然气地质储量60.95亿立方米。2019年，优化整体部署、精细井位研究，新增探明石油地质储量3732.72万吨。巴彦河套盆地勘探取得新进展，吉兰泰构造带完钻探井7口，其中吉华16井日产油141.3立方米；评价井12口，7口钻遇超百米油层，新增探明储量2308万吨。新增探明煤层气地质储量235.89亿立方米，生产煤层气11.4亿立方米。三大储气库群保持平稳运行，2019年注气19.4亿立方米，采气20亿立方米，分别同比增长13%、63%，调峰保供能力大幅提升。

表5-6　2012—2020年中国石油华北油田主要生产指标

指标	2012年	2013年	2014年	2015年	2016年	2017年	2018年	2019年	2020年
原油产量（万吨）	419.02	421.01	422.33	420.10	410.96	403.10	407.20	413.00	416
天然气产量（亿立方米）	2.80	3.40	3.02	2.43	2.07	2.40	3.25	3.19	3.19
煤层气产量（亿立方米）	5.46	6.52	7.50	8.44	8.77	9.00	10.35	11.41	12.57
新增自营原油产能（万吨）	60.01	51.33	73.77	65.34	47.82	56.01	70.00	97.86	60.22
新增天然气产能（亿立方米）	1	2	1	1	0.8	1.0	1.0	0.8	0.51
新增煤层气产能（亿立方米）		7.00	1.04	0.32	0.49	2.3	1.7	3.23	2.94
新增探明石油地质储量（万吨）	2404.94	1234.36	2518.26	2533.93	2554.06	3136.03	2782.23	3732.72	3443.65
新增探明天然气地质储量（亿立方米）					37.59		60.95		

续表

指标	2012年	2013年	2014年	2015年	2016年	2017年	2018年	2019年	2020年
新增探明煤层气地质储量（亿立方米）					116.59	104.8	122.02	235.89	189.03
勘探投资（亿元）	19.83	18.97	16.98	12.44	13.72	20.34	18.47	21.16	12.79
开发投资（亿元）	77.47	52.20	42.85	29.43	28.48	40.34	40.16	52.46	32.79

注：此表数据来源于中国石油年鉴。

巴彦河套探区是中国石油首批矿权流转区块。2018年，华北油田在临河坳陷吉兰泰构造带首次获得突破，发现了吉兰泰油田。2020年，河套盆地临河坳陷兴隆构造带临华1X井、兴华1井分别获日产305立方米、日产274立方米高产油流，一举突破河套盆地北部的工业油流关和高产油流关，开辟了河套盆地规模增储新战场。2021年，华北油田获得勘探新发现。3月21日，在内蒙古河套盆地探井再获173米油气层显示，实现临河坳陷新区带勘探突破，为巴彦百万吨油田建设奠定了资源基础。在内蒙古巴彦河套盆地部署的兴华1井，获日产274立方米高产油流。这口高产油流探井，是中海油能源发展股份有限公司工程技术分公司勘探队伍协助中国石油华北油田巴彦勘探分公司，在内蒙古巴彦河套盆地部署的一口风险探井。工程技术公司作为中国石油、中国海油全面深化战略合作框架协议的探路者，双方首度“联姻”便取得重大成果。

第七节 > 中原油田天然气高效开发

中原油田（为中原石油勘探局、中原油田分公司的统称）主要开发区域包括东濮凹陷、普光气田、内蒙古探区。至2012年，在国内拥有探矿权登记区块31个，面积6.36万平方千米；采矿权19个，面积1412.12平方千米。2012年，新增探明石油地质储量981.45万吨、天然气地质储量21.7亿立方米；生产原油252.01万吨、天然气80.12亿立方米；石油工程实现收入172.15亿元，连续12年入选全国对外承包工程企业50强。2017年，中原石油勘探局完成公司制改制，更名为中原石油勘探局有限公司。

“十二五”期间，中原油田在加强东濮老区精细勘探和效益开发、内蒙古探区勘探开发有序推进的同时，以将普光气田打造为世界一流高含硫气田为目标，探索高含硫气田开发规律，提升科技攻关能力，提高安全环保水平，保持平稳运行态势，实现了高产稳产高效。2012年，中原油田加强高含硫气藏机理及开发规律研究，优化生产工艺参数，统筹组织管道智能检测和天然气净化厂联合装置大修，保持普光气田良好的生产态势，生产规模突破100亿立方米。大湾区块集气站、污水站、管道、应急救援分站等地面工程竣工投产，13口开发井的产能达到设计要求，区块按期投入开发。普陆1井试采获稳定工业气流，普陆2井见到良好显示，初步评价普光主体须家河组有利含气面积100平方千米。2013年，为确保普光气田经济运行质量保持高水平，深化动态监测与跟踪分析，加强气藏裂缝分布与气井产出状况研究，合理调控生产压差，及时实施酸压解堵，保持较高产能，弹性产率优于方案设计。优化气井生产与净化工艺参数，52口气井全部开井生产，日产混合气能力最高达到0.31亿立方米。集输系统运营效率由46.2%升至50.4%，天然气净化厂联合装置满负荷运行。加强集气站场、压力管道、联合装置全面检测和维修，保持安全清洁生产。全年，生产混合气106.7亿立方米、净化气81.05亿立方米、硫黄222.65万吨。普光主体、集输、净化等地面工程项目顺利通过中国石化的验收，获国家优质工程金奖。2014年，中原油田开展国家科技重大专项“高含硫气田安全高效开发技术”的研究，深化开发规律认识，实现了高标准要求、高质量管理、高水平运营。加强未动用储量评价和储量动用状况分析，科学编制开发调整方案，将稳产期延长6年；深入探索边底水推进规律，合理控制生产压差，优化气井生产状态。在普光103-1井堵水试验效果良好，日降水300立方米，日产气量保持稳定；研制储层改造转向酸体系，初步形成高含硫气井井筒解堵、二次酸压提高产能技术。严格腐蚀、泄漏监测和智能清管，统筹净化联合装置检修，保持集输净化系统安全平稳运行。

2014年，普光气田成为第4批国家级绿色矿山试点单位。中原油田普光分公司树立“科学管理、效率提升、安全受控、绿色低碳”的理念，开展国家级绿色矿山达标创建活动：编制实施方案，制定发展规划，部署矿山资源高效开发和合理利用，以及科技创新、节能减排、环境保护、生态治理与恢复、企业文化与和谐矿区建设等工作任务；各单位上下整体联动、协调运作，建立严格的绿色矿山标准体系和管理制度，建立气田“全生命周期”开发体系，始终保持气田安全稳定运行，采出水回注率、固废无害化处理率、土地复垦率均达100%，取得良好的经济效益和社会效益。2016年，普光气田绿色矿山建设获国土资源部肯定，被确定为石油行业绿色矿山建设典型。

中原油田石油工程技术研究院参与合作研发的高含硫气井液面监测仪，2015年3月6日在普光气田大湾405-3井完成环空液面测试，测得套压27.4兆帕，硫化氢含量15.3%；共测试3次，声波曲线显示特征明显，且出现液面二次反射波，计算液面深度约1686米，确定了稳定生产过程中的环空液面位置，为制定套管保护措施提供依据。该仪器的成功运用，打破了国外产品的技术垄断，标志着国产化高含硫液面监测仪达到国际先进水平。

毛坝501-1H井为普光气田首口开发调整井，裸眼水平段约1647米，是普光气田开发史上裸眼水平段最长的井。中原油田针对气井的生产特点，确定裸眼水平井永久式一体化完井管柱完井和分段酸化投产的工艺措施，对501-1H井分5段改造。6月9日，放喷求产，油压27.21兆帕，日产气51.46万立方米，计算无阻流量786万立方米/日，超过方案设计249万立方米/日（图5-4）。

2015年，中原油田深化高含硫气藏安全高效开发技术研究，形成8项关键技术，为普光气田安全高效开发提供保障。9月17日国家能源局在北京召开“国家油气重大专项‘十三五’启动项目（课题）和示范工程可行性论证”审查会，院士评审组对中原油田承担的油气重大专项“高含硫气藏安全高效开发技术”二期预验收报告、三期可行性论证报告进行了审查，一致认为：二期履行了合同规定的各项研究任务，整体完成质量高，体现了中国高含硫气田开发的最高水平；三期立项紧贴高含硫气田开发的实际，课题针对性强，是在二期基础上的很好延续，意义重大；原则上同意通过二期预验收、三期可行性论证。

图 5-4　2015 年 10 月 23 日，普光气田首口补充开发井毛坝 501-1H 井顺利开井投产

为确保普光气田经济高效、安全平稳运行，中国石化启动普光气田安全隐患治理工程，并与技术升级改造同步进行，共涉及集气站23座、集输管道2条、天然气净化联合装置6套。为确保全面停产检修改造顺利实施，先后组织5次工程推进会，超前规划准备；设计与建设单位现场踏勘解决设计问题181项，中原油田普光分公司编制2800余项物资采购计划、全面加强对物资质量的管控。2016年5月20日，普光气田全面停产检修开工；6月26日，关停38天的普光气田毛坝503集气站开井复产。至此，普光气田的首次全面停产检修与升级改造顺利完成。与检修改造前相比，普光气田工艺流程得到优化，集输系统4条酸气管线可实现单线关停，净化厂2个生产区域可实现不停产分区检修；23座集气站场放空火炬排污管线、净化厂原料气管线等设备管材升级为抗硫、抗腐蚀级别更高的镍基复合管材。同时，普光气田自控系统软件更新至最新版本。普光气田全面停产检修改造的成功，标志着中国石化已经掌握了高含硫气田从勘探开发、工程建设、生产运行到停产检修的核心技术。普光气田跨入工艺流程更为先进、开发运营更加安全可控的“2.0时代”。

中原油田承担的“十二五”国家科技重大专项“高含硫气藏安全高效开发

技术”，设有6个课题：高含硫碳酸盐岩气藏精细描述及开发规律研究，高含硫气井稳产增产工艺技术，集输系统积液、硫沉积与腐蚀控制技术，百亿立方米级净化厂安全运行优化技术，高含硫气藏超深水平井钻完井技术，高含硫气田开发关键装备及材料研制。2016年6月29日，中原油田受国家重大专项项目组委托，在郑州召开国家科技重大专项“高含硫气藏安全高效开发技术”项目“十二五”课题验收会。经专家组评审，同意通过验收。7月6日，国家油气重大专项实施管理办公室专家组，对项目进行最终评议，以96.45分通过验收。9月7日，“高含硫气藏安全高效开发技术”（三期）项目，通过国家大型油气田及煤层气开发重大专项实施管理办公室院士专家组终审。

2016年7月24日，由中原油田石油工程技术研究院主导技术论证、工程选址、设备采购与安装调试、编制实验室运行方案的高含硫气田腐蚀评价现场实验室，在普光气田普3011站投入运行。这个现场实验室，流程进口压力13兆帕，温度52.5摄氏度；出口压力8.24兆帕，温度33.2摄氏度，气量20万立方米；可完成实验项目9个大类，开展不同温度、压力条件下腐蚀和硫沉积及水合物等评价实验，是国内首个高含硫现场实验室。到年底，已完成高压釜腐蚀实验46组，钢材腐蚀测试8种16组，泡排剂、消泡剂性能评价15组，样品制备分析89个，扫描电镜、成因分析、硬度测试等分析测试900余次。

中国石化自主创新，形成高含硫气田安全开发技术体系，攻克高含硫气田开发世界级难题，使中国成为世界上少数几个掌握开发大型超深高含硫气田核心技术的国家。至2016年年底，普光气田累计外输商品气400亿立方米，为长江经济带发展提供清洁能源，惠及6个省市、2个直辖市的70多个大中型城市的上千多家企业，以及2亿居民从中受益。2017年，中原油田在普光探区实现分水岭构造带长兴组天然气勘探商业发现，取得陆相须家河组勘探上的新认识，上报控制天然气地质储量131亿立方米，预测天然气地质储量181亿立方米。普光分公司优化生产组织，推进产能建设，毛坝504-1H完井，新建产能2.64亿立方米；强化生产运行，推进智能气田一体化业务协同平台建设，实施《不同负荷工况下节能经济生产方案》，全年生产混合天然气76.53亿立方米，商品气超产7.49亿立方米，STC储量替代率由负转正，保持100亿立方米/年的混合气生产能力。2018年，中原油田以创建绿色油田为目标，优化生产结构，加快清洁能源产能建设，生产天然气65.62亿立方米（表5-7）、增加5.85亿立方米，回收硫黄177.34万吨，取得资源综合利用产品增值税退税7200万元。东濮凹陷精细勘探取得成效，东濮老区开发形势好转，原油产量保持在120万吨以上。普光气田提产提效，气田智能化试点建设获批复，高含硫气田生产运行安全控制关键技术创国际先进水平。至2019年10月12日，普光气田安全高效开发满10年，累计生产井口气801亿立方米，上缴税费126亿元，向“川气东送”工程沿线的80余个城市、数千家企业、近2亿人口供应天然气560亿立方米，向社会供应硫黄1635万吨，减排温室气体290余万吨，为推动长江经济带绿色发展及改善区域生态环境、建设美丽中国做出了贡献。

表5-7　2012—2020年中国石化中原油田主要生产指标

指标	2012年	2013年	2014年	2015年	2016年	2017年	2018年	2019年	2020年
原油产量（万吨）	252.01	243.00	231.00	182.64	146.67	126.42	125.34	124.00	125.11
天然气产量（亿立方米）	80.12	85.42	83.05	58.53	39.97	59.76	65.62	70.68	64.05
新增原油生产能力（万吨）	19.50	13.05	14.80	1.53	0.40	5.71	7.74	9.55	10.20
新增天然气生产能力（亿立方米）	23.37	0.23	2.54	0.08	0.12	3.97	1.05	2.93	4.62
新增探明石油地质储量（万吨）	981.45	285.00	251.00				643.07	236.82	305.18
新增探明天然气地质储量（亿立方米）	21.70	2.58	0.31				10.20	72.46	31.60
勘探投资（亿元）	8.13	6.11	5.29	5.17	3.72	5.73	6.82	7.99	7.22
开发投资（亿元）	24.36	16.04	10.10	4.06	5.14	9.04	11.31	16.55	14.79

注：此表数据来源于中国石化年鉴，2015年以后的原油产量不包括中原石油工程公司的产量。

2019年，中原油田深化科技管理体制机制改革，加大科技成果转化力度，高质量推进“四大科技工程”。东濮凹陷效益开发科技工程——加强复杂油气藏滚动勘探技术攻关，发现有利圈闭32个，部署滚动勘探和新区产能井24口；推进水驱提高采收率技术研究，描述8个单元，实施10个区块的调整治理，自然递减下降4.5个百分点，采收率提高1.2个百分点。普光气田高产稳产科技工程——提高采收率技术攻关，建立普光主体、毛坝地区飞三段储层地质模型和地震特征响应模板，在普光气田飞三段部署调整井6口、措施井3口，预计新增动用储量127.3亿立方米，新建产能4.9亿立方米。通南巴评建一体化科技工程——提出老井试气3口，部署评价井1口，编制新区气藏开发方案，在通南巴及川东北地区完成雷口坡－侏罗系野外露头勘探6条，明确雷口坡组－小塘子组地层及沉积相区域展布特征，完成地震地质综合标定13井次。内蒙古探区增储建产科技工程——加强银额盆地拐子湖油气成藏主控因素研究，控制储量1084万吨，预测储量267万吨，攻关高大沙山可控震源地震勘探和储层预测关键技术，部署实施拐10井、拐12井等，常规试油获高产油气流（图5–5）。“超深高含硫气田提高采收率技术项目”成功应用，到2019年12月11日完成

图5-5　中原油田内蒙古探区银额新区拐子湖凹陷南注重点探井

合同规定研究任务，有力指导和保障普光及元坝气田的高产稳产，对中国石化天然气大发展具有重大意义。

普光气田气藏具有埋藏深、压力高等特点，井口硫化氢含量高达15%以上，开发难度大。2021年，普光分公司加强勘探开发、地质工程、普光与通南巴一体化协调，统筹兼顾各个环节，按期或提前完成清溪储气库、通南巴区块1期工程、普光陆相2口井、5口续建井建设投产工作。强化气井精细管理，严格落实“一井一策”，主动开展硫沉积解堵、边底水治理等技术攻关，保障气井平稳生产。截至2021年12月，普光气田毛坝区块自投产以来，累计生产天然气突破100亿立方米。该区块现有8口生产井，平均单井日产气约70万立方米，区块日产气超550万立方米。2021年，普光气田生产井口气89.65亿立方米，商品气达63.05亿立方米。

第八节 > 江汉油田页岩气规模开发

江汉油田（为江汉石油管理局、江汉油田分公司的统称）的生产单位主要分布在湖北潜江、武汉荆州，重庆涪陵、万州，山东寿光，陕西安塞等地。2012年，新增探明石油地质储量1116.23万吨，新增探明天然气地质储量63.88亿立方米；生产原油163.4万吨、天然气1.7亿立方米。2017年，江汉石油管理局完成公司制改制，更名为江汉石油管理局有限公司。

2011年，建南地区侏罗系页岩气勘探获得突破，建111井日产页岩气稳定在2300立方米，累计产气78万立方米。首口页岩气水平井建页HF-1井，试气日产1.1万立方米，创下了页岩气单井压入液量最多、单井压裂加砂量最多、水平井单井一次压裂分层最多、水平段长度最长等中国石化工程施工最新纪录。河页1井在龙马溪组见到油气显示，进一步证实了湘鄂西志留系的页岩气勘探潜力。2012年，在涪陵页岩气产能示范区已完钻4口井，开展试气评价，兴隆101井、福石1井投入试采。焦石坝地区海相页岩气勘探取得重大突破，焦页1HF井志留系龙马溪组压裂试气，获日产气20.3万立方米，采用撬装CNG装置投入试采，日产气量稳定在6万立方米。当年，优化天然气市场和生产配置，加强动态管理，生产天然气1.7亿立方米，比2011年超产1000万立方米；外销天然气1.33亿立方米，推价增收1745万元。

涪陵页岩气产能示范区建设进展顺利。2013年，涪陵页岩气产能建设示范区试验井组首口开发评价井——焦页1-3HF井采用直径12毫米油嘴，在23兆帕压力下，获日产11万立方米高产天然气，进一步证实涪陵龙马溪组具有广阔的页岩气勘探开发前景，标志着涪陵焦石坝页岩气开发取得重大突破。9月3日，国家能源局批准设立重庆涪陵国家级页岩气示范区，面积7307.77平方千米；规划初步建成年生产能力10亿立方米，年产页岩气5亿立方米的生产规模。当年，在示范区内开钻29口井，完钻24口井，完成试气井12口，投入试采井13口；建成页岩气生产能力7.1亿立方米；生产页岩气1.42亿立方米，销售商品气1.32亿立方米。至此，初步落实三级储量2402.36亿立方米，面积283.56平方千米。2014年，完成试气的75口井，平均单井日产能力、可采储量均好于方案预期；地面工程年集输能力达到50亿立方米，年脱水处理能力达到45亿立方米。页岩气工程技术，初步形成一套适用的国产化优快钻井技术体系，油基泥浆钻井、大功率牵引器生产测井、复合材料桥塞、多级射孔与桥塞连作、微地震监测等技术现场应用取得较好效果，填补了多项国内空白。压裂试气配套技术系列逐步成型，创造了页岩气水平井段最长、施工段数最多、液量最大、加砂量最多、完成时效最高、钻塞数量最多的6项国内施工纪录。边测试、边生产的环保节能型进站试气测试技术已形成并申报国家专利。“井工厂”钻井、交叉压裂试验取得突破，提速提效明显，平均单井完井、试气周期分别减少24天、6天。SHE管理水平明显提升，环境保护白皮书和全国首套页岩气勘探开发井控实施细则发布，气田生产建设实现零事故、零污染。《人民日报》头版头条报道《我国首个大型页岩气田提前商业开发》，央视财经频道《对话》栏目专题展播《页岩气引发的能源革命》。

2014年，江汉油田积极应对油价大幅下跌、页岩气市场等不利因素的影响，全面完成涪陵20亿立方米页岩气新建产能，页岩气年产量达到10.81亿立方米，销售10.38亿立方米，占全国页岩气产量的83%，使中国成为美国、加拿大之外实现页岩气商业性开发的国家，为中国石化获得第5届世界页岩油气峰会授予的页岩油气国际先锋奖做出了贡献。

江汉油田适应新常态、应对低油价，2015年围绕“做大总量、提升质量、增加效益”的目标，突出涪陵页岩气田建设，强化开发管理，狠抓安全环保、科技创新等工作，涪陵页岩气示范区整体呈现可持续协调发展的良好势头。年新增探明含气面积277.09平方千米，探明天然气地质储量2738.48亿立方米；累计探明含气面积383.54平方千米，累计探明天然气地质储量3805.98亿立方米，涪陵页岩气田成为全球除北美之外最大的页岩气田。2015年，生产页岩气31.67亿立方米，销售30.41亿立方米。由此，江汉油田获得中国石化2015年规模储量商业发现特别奖。12月11日，涪陵国家级页岩气示范区通过国家能源局验收（图5-6）；12月29日，涪陵页岩气田建成50亿立方米生产能力。中国成为世界上第三个实现页岩气商业开发的国家，标志着中国迈进页岩气大规模商业化发展阶段。

图5-6　江汉油田涪陵国家级页岩气示范区

2016—2017年，江汉油田加快涪陵页岩气田产能建设。2016年，抓好开发管理，气藏工程管理体系不断完善，开发动态管理更趋精细，单井平均技术可采储量达到1.6亿立方米。焦页1HF井累计产气2.32亿立方米，创国内页岩气单井稳产时间最长、累计产量最高纪录。配套完善地面系统工程，年集输能力达到60亿立方米，年脱水能力达到65亿立方米。二期产能工程建设评价稳步推进，江东区块9口井日平均测试产量19.3万立方米，平桥区块6口井日平均测试产量24.5万立方米，证实这2个区块资源落实、产能可靠、技术可行；主体区上部气层评价实现突破，焦页29-S1 HF井获日产24.8万立方米工业气流，展现良好的开发潜力。技术应用与创新取得新进步，深层优快钻井、长水平段压裂改造工艺不断完善，垂深3672米的焦页69-3HF井压裂获日产25.5万立方米页岩气流。全年，新建产能20亿立方米，产气50.37亿立方米，销售48.36亿立方米；累计建成产能70亿立方米，累计产销量超过90亿立方米。央视《中国建设者》栏目，全面报道涪陵页岩气田开发建设历程；新春特别节目——《厉害了，我的国》《新春走基层》报道参战将士“青春作伴新能源”“建功立业大气田”的使命和担当，展示了中国首个页岩气田为国争光、为企增效、不断超越的良好形象。2017年，江汉油田组织开展涪陵地区陆相页岩气整体评价会战，新增探明储量1659亿立方米，累计探明储量5465亿立方米；新建产能23.5亿立方米，累计建成产能100亿立方米。全年，产气60.04亿立方米，销售57.63亿立方米，产销量同比增长19.2%，成为中国石化当年产气量最高的气田；累计产气突破150亿立方米，入选2017年度中国石油行业十大新闻。

2018—2019年，全力抓好勘探开发、市场开拓、创新驱动、改革管理、安全环保、党的建设等工作，各项事业取得新进步。2018年，新增原油生产能力9.81万吨，生产原油117万吨（表5-8）；新增天然气生产能力5.13亿立方米，生产天然气61.41亿立方米。2019年，原油产量保持稳定，天然气产量达到64.43亿立方米，创出历史最高水平。仅用9年时间，天然气产量从1.6亿立方米跃升到64.43亿立方米，是2011年天然气产量的40倍。

2021年，江汉油田牢固树立“资源为王”的理念，将“高质量”贯穿于油气勘探全过程，大打天然气勘探进攻仗、常规油勘探保卫仗，天然气勘探取得“一个重要突破、两个新进展、一个好苗头”好成绩。天然气方面，聚焦涪陵、复兴、红星等增储上产阵地，按照展开、评价、准备三个层次，加强基础研究，深化地质认识，做好勘探评价，加快勘探节奏，取得良好效果。红星地区二叠系页岩气勘探取得重要突破，红页1HF井累计产气1342万立方米，红页2HF井钻遇良好油气显示；复兴地区侏罗系立体勘探取得新进展。兴页1HF井、兴页2HF井直井段分别钻遇东岳庙段优质页岩27.5米、27.8米，综合评价有利区面积1816平方千米。忠1HF井在凉三段新层系致密气勘探中取得重要进展，正积极申报红星二叠系海相页岩气国家级示范区和复兴侏罗系页岩气国家级示范区。寒武系洗象池组常规天然气展开评价见到好苗头，平桥101井、平桥2井分别钻遇气层896米、99米。江汉油田年度油气勘探任务高质量完成。

表5-8 2012—2020年中国石化江汉油田主要生产指标

指标	2012年	2013年	2014年	2015年	2016年	2017年	2018年	2019年	2020年
原油产量（万吨）	163.40	164.92	164.53	151.50	126.34	119.18	117.00	116.57	115.24
天然气产量（亿立方米）	1.70	3.14	12.31	33.07	51.72	61.34	61.41	64.43	68.05
新增原油生产能力（万吨）	20.06	16.07	17.60	6.70	4.79	7.09	9.81	9.30	9.21
新增天然气生产能力（亿立方米）	0.20	5.00	20.30	25.00	20.17	23.50	5.13	8.94	14.89
新增探明石油地质储量（万吨）	1116.23	305.99	69.11	46.71				229.67	226.68
新增探明天然气地质储量（亿立方米）	63.88			3805.98				0.32	
勘探投资（亿元）	13.14	14.63	11.60	14.41	11.20	5.31	9.99	12.27	13.39
开发投资（亿元）	24.14	41.34	99.36	117.66	56.11	25.67	33.43	47.80	62.48

注：此表数据来源于中国石化年鉴。

“十二五”时期，东部石油工业稳定发展。“十三五”期间，东部石油企业坚持“深化东（中）部”发展战略，以松辽盆地、渤海湾盆地等含油气盆地新层系、深层、古潜山、滩海为重点，以构造–岩性、地层岩性圈闭为主要目标，深化精细勘探开发、增储挖潜提高采收率，原油生产基本稳定、天然气产量大幅增长，东部石油工业继续保持稳健发展态势。东部石油企业为实现“十三五”时期“国内石油产量基本稳定”“天然气综合保供”做出了重要贡献。

「 第六章 」

西部石油企业发展全面提速

石油工业进入新时代，西部石油工业快速发展。西部石油工业的主体为中国石油的长庆、西南（四川）、新疆、塔里木、青海、吐哈、玉门油田等油气田企业及地区专业公司，中国石化的西北、西南油田等油气田企业及地区专业公司，陕西省的延长石油集团公司。其中，长庆、延长、新疆、塔里木、西南、青海等油气田为全国主力油气区。

党的十八大以来，西部石油企业坚持“发展西部”战略方针，强化区域规模效益勘探开发，原油产量稳步增长，天然气工业快速发展。中国西部地域广阔、油气资源丰富，是石油工业增加油气资源量、扩大油气生产规模的重点地区之一。西部石油企业发展全面提速，为发展西部石油工业、振兴西部经济做出了重要贡献。

第一节 〉长庆油田油气实现大发展

长庆油田（为长庆石油勘探局、长庆油田分公司的统称）主营鄂尔多斯盆地油气及伴生资源的勘探、开发、生产、储运和销售等业务，工作区域横跨陕西、甘肃、宁夏、内蒙古、山西等省、区，勘探开发面积约32万平方千米。2017年，长庆石油勘探局改制更名为长庆石油勘探局有限公司。

2012年，长庆油田生产原油2261万吨，同比增长12.94%；生产天然气290亿立方米，同比增长12.37%。2013年，油气当量产量突破5000万吨，高水平、高质量建成“西部大庆”。截至2019年，累计探明石油地质储量5.58亿吨、探明和基本探明天然气储量6.5万亿立方米，实现油气当量产量连续7年保持在5000万吨以上生产能力。2020年，长庆油田油气当量产量突破6000万吨，建成中国最大的特大型油气田。

一、储量持续快速增长

长庆油田大力实施资源勘探战略，重点突出碳酸盐岩新领域勘探，持续推进盆地北部和湖盆中部致密油气整体勘探，不断加强陕北、姬塬、陇东和苏里格地区油气预探，储量持续高峰增长。在早期“盆地有多大、油气范围就有多广”经验认识和20世纪末“满盆气、半盆油”平面分布认识的基础上，长庆油田面对“三低”油气藏，不断解放思想、大胆创新，创立“广覆式生烃、满湖盆富砂、全方位运聚、大面积成藏、立体式叠合”等一系列全新油气成藏理论体系，形成对盆地油气资源宏观立体全方位的认识，引领油气勘探不断取得大突破、大发现；落实一批规模储量区和战略接替区，盆地油气资源纵横向分布格局不断明朗，形成了姬塬、华庆、陕北、陇东等4个10亿吨以上原油规模储量区；纵向上形成了长7致密油和长6、长8油藏全盆地分布，长4+5、长9油藏大面积展布，长3以上及长10油藏局部富集的多层楼式立体分布格局。天然气勘探形成了上古生界致密砂岩气全盆地分布，下古生界碳酸盐岩风化壳大面积分布，奥陶系中下组合局部富集的多套成藏组合分布格局。盆地北部落实4万亿立方米储量规模的苏里格超大型含气区，并积极向全盆地拓展，东部的神木、西部的陇东、南部的黄陵以及中部的陕北油区腹地天然气勘探均获得重大发现。地质理论的重大突破与飞跃，进一步推动了油气储量高峰增长，每年新增探明石油地质储量由1亿吨增加到3.5亿吨，天然气探明加基本探明储量每年增长超5000亿立方米；新增油气探明储量占中国石油总探明储量的50%以上。2012年，新增油气三级储量17.9亿吨，为实现5000万吨油气当量产量“上得去、稳得住”、向着更高油气产量目标迈进的资源基础进一步夯实。长庆油田“姬塬地区长4+5段石油勘探”“华庆地区东部长6段石油勘探”“苏里格南区天然气勘探”3项成果，均获得中国石油油气勘探重大发现一等奖。

2013年，长庆油田通过不断深化盆地油气富集规律研究，精细井位部署，油气勘探领域进一步拓展，规模储量持续落实，战略接替区不断扩大。围绕落实规模储量区和战略新发现，新增三级储量10.78亿吨。姬塬多层系立体勘探获得重大突破，落实储量规模16亿吨。盆地致密油攻关取得重大突破，首次整体提交控制储量3.8亿吨；新开辟的庄183水平井扩大试验区，有6口井均获得日产油100立方米以上高产油流，为实现盆地致密油资源向储量、储量向效益转化，以及完善技术系列，开辟了建产新领域。2013—2014年，镇北－合水含油富集区和华庆油田规模储量区进一步扩大，镇北－合水地区石油勘探取得重大进展，新增探明石油地质储量3.4亿吨；盆地浅油层勘探新发现黄陵油田；姬塬、陕北等10亿吨级整装含油规模储量进一步落实。

天然气勘探突出盆地上古生界大面积砂岩岩性气藏和下古生界碳酸盐岩新领域，2013年新增三级储量1.24万亿立方米。靖西地区新发现奥陶系上组合4个高产富集区，落实中组合3个含气有利区。陇东地区上古生界初步形成山1、盒8段复合含气格局，成为新的储量接替区。2013—2014年，苏里格天然气整体勘探进一步向南、向西扩大，形成4万亿立方米大气区；连续8年规模储量超5000亿立方米，探明加基本探明天然气地质储量达到4.23万亿立方米。盆地东部多层系勘探取得新进展，规模含气富集区得到落实；新增探明加控制天然气地质储量近4000亿立方米，形成新的万亿立方米大气区。

至2014年，石油勘探发现姬塬9段和安塞长10段两个亿吨级以上规模储量接替新层系；天然气勘探发现奥陶系盐下高产含气富集新领域，实现“安塞下面找安塞”和“靖边下面找靖边”的战略突破，形成三叠系和奥陶系立体含油气新格局。盆地致密油气勘探取得重要进展，落实10亿吨以上规模储量，探明的新安边油田成为中国陆上首个亿吨级致密油大油田，形成近百万吨产能和配套技术系列，为致密油规模效益开发开辟了新途径。陇东地区天然气勘探评价取得新突破，落实3个有利含气富集区，成为新的千亿立方米规模储量接替区。积极推进高效油藏勘探，盆地侏罗系及三叠系上部浅层勘探发现多个高产油藏，落实3亿吨储量规模，为持续稳产夯实了资源基础。2015年，石油勘探在陇东地区长8油层取得重大进展，发现亿吨级环江整装大油田，实现鄂尔多斯盆地长8油藏大连片。姬塬多层系勘探获得新进展，长8油藏新增探明石油地质储量1.8亿吨，长6油藏新增预测储量2.7亿吨。陕北地区延长组下部新层系勘探获得新的突破，部署在长10油藏、长8油藏的25口井获工业油流，发现新的亿吨级规模储量区，为陕北老区原油稳产进一步夯实后备资源。盆地致密油勘探攻关持续推进，加大陇东、新延边、陕北地区勘探力度，部署的81口井获工业油流，进一步落实三大含油富集区。侏罗系勘探成效显著，部署的67口井获工业油流，发现多个高产含油富集区。

天然气勘探在鄂尔多斯盆地中东部本溪组勘探获重大突破，新发现并落实米46、米62等含气富集区；盆地东部多层系勘探取得新进展，盒8段形成整装含气富集区，新增规模储量3822亿立方米，发现神58等4个新的含气富集区。靖边气田东部碳酸盐岩勘探取得新突破，成为下一步勘探接替领域。苏里格天然气整体勘探稳步推进，在西二区新增天然气探明储量3482亿立方米，连续9年新增规模储量超5000亿立方米，形成探明加基本探明储量规模达到4.46万亿立方米的大气区。

2015年，长庆油田新增探明石油地质储量3.65亿吨，创历史新高；新增探明天然气地质储量6928亿立方米；2016年，新增探明石油地质储量3.68亿吨，再创历史新高；新增探明天然气地质储量6415亿立方米。新增油气三级地质储量当量连续10年突破10亿吨，2016年达到19亿吨，占中国石油当年新增探明油气地质储量的一半以上，新增油气地质储量继续保持高峰增长态势。“陇东地区石油勘探”“苏里格东南区天然气勘探”“中东部新层系天然气勘探”获中国石油年度油气勘探重要成果奖。2017年，新增探明石油地质储量3.54亿吨，连续7年超过3亿吨；新增探明天然气地质储量2407亿立方米。勘探成功率和评价成功率分别达58%、80%，创历史新高。2019年，在陇东地区页岩油新层系获“双百”井组，盆地西缘祁连海域页岩气攻关取得重要进展。新区勘探获新突破，在环西地区发现新的亿吨级规模储量区，在宁夏盐池哈巴湖以北甩开勘探取得新发现。规模储量持续增长，石油预探评价在长3以上浅层获近百口工业油流井，当年建产135万吨。天然气勘探在古隆起东侧靖边地区提交下古生界碳酸盐岩高效储量，夯实靖边气田55亿立方米稳产的资源基础。

2021年，长庆油田围绕“风险勘探、规模勘探、效益勘探”总体布局，大打油气勘探进攻战。陇东页岩油田探明储量超10亿吨，成为中国探明储量规模最大的页岩油整装油田。天然气勘探在奥陶系盐下、太原组灰岩、铝土岩等新层系、新领域取得战略性突破，开启了盆地再找大气田的征程。6月20日，在鄂尔多斯盆地石油勘探中获得重大成果，探明地质储量超10亿吨的页岩油整装大油田，成为中国探明储量规模最大的页岩油大油田。在不到3年时间拿下探明储量超10亿吨整装大油田，成为21世纪以来中国油气勘探领域取得的标志性成果之一。长庆油田地表为黄土塬区厚层黄土覆盖，沟壑纵横，地震勘探、钻井及压裂改造难度很大。长庆油田累计探明石油储量10.52亿吨，得益于长庆油田对鄂尔多斯盆地页岩油勘探地质理论、黄土塬三维地震、测井成像技术的不断创新，更源于水平井优快钻井、体积压裂改造关键核心技术的突破。随着探明储量快速增长，页岩油成为长庆油田高质量发展新的增长极，预计“十四五”时期末，长庆油田页岩油年产量将增长到300万吨，助力油气当量发展冲刺7000万吨新高度。

二、油气开发“两提一降”

长庆油田紧紧抓住低渗透油藏和苏里格气田的上产通道，围绕提高单井产量、提高采收率、降低开发成本的“两提一降”目标，积极转变发展方式，着力推进技术攻关，加大水平井开发力度，油气产量再攀新高。2012年，原油日产水平达到6.5万吨，天然气日产水平超过1亿立方米；年油气当量产量突破4500万吨，具备年产量5000万吨生产能力。

通过加强前期地质研究，优化方案部署、强化随钻分析，规模建产区实施效果良好。在姬塬、西峰、华庆、马岭等地区规模建成产能540.2万吨，初期平均单井日产油3.7吨，新井当年日产油水平突破1万吨，强力助推原油产量快速攀升。以华庆长6、马岭长8水平井示范区建设为抓手，规模推进水平井开发，全年完钻水平井300口，完成计划的176.5%；投产水平井143口，平均单井日产油8.3吨。以精细油藏描述为基础，通过加强精细注采调控、大规模实施精细分层注水、开展裂缝见水区连片堵水调剖、强化油藏综合治理、精细措施挖潜，全年措施增油42万吨，全油田自然递减和综合递减下降0.3%，油田稳产基础得到进一步夯实。实施“两调一分两驱”提高采收率工程，开展整体加密调整、聚表二元驱和空气泡沫驱等3项重大开发现场试验。安塞油田王窑区整体加密调整完成4万吨规模试验，采收率预计提高5%，靖安油田五里湾一区空气泡沫驱先导试验5个井组，采收率预期提高5%以上；马岭油田北三区聚表二元驱开辟5万吨试验区，进入空白水驱阶段。超低渗透油藏原油产量连续5年净增百万吨以上，年产量突破690万吨，占总产量的1/3以上。

天然气开发以提高单井产量和提高气田开发水平为目标，按照水平井规模应用与集中建产相结合、骨架井甩开评价与矿权维护相结合、地下与地面相结合的工作思路，大力推行“水平井+大井组丛式井+体积压裂”开发模式，全年新建产能102.1亿立方米，具备年产气333亿立方米的生产能力。气区水平井规模应用效果显著，全年完钻水平井301口，试气求产平均日无阻流量53.4万立方米，其中19口井超百万立方米；有11口体积压裂井，平均日无阻流量超百万立方米。水平井整体开发区实施效果良好，优选水平井整体开发区8个，部署水平井1453口，累计完钻174口，其中苏53、苏东南、苏48-17-64水平井整体初具规模。苏里格气田水平井建产规模保持在50%以上，中区、西区、苏东南区产能比例达到80%左右，水平井成为低渗致密气藏开发主体技术。2012年，苏里格气田生产天然气167亿立方米，具备年产气200亿立方米以上生产能力。

加快油气上产，油气当量产量突破5000万吨。2013年，长庆油田统筹老区稳产、新区上产、措施增产，强化前期评价与方案优化、精细油气藏管理、规模应用大井组丛式井和水平井，平稳高效推进产能建设，确保油气当量产量5000万吨目标如期实现。全面推广超前精细分层注水，强化重点油藏综合治理和注水专项治理，油田稳产基础进一步夯实。加强新区产能建设方案优化，新井单井日产量同比提高0.5吨。规模推进水平井开发，完钻水平井743口，平均单井产量是相同地质条件直井的4倍。致密油攻关试验平均单井日产油11.5吨，实现规模有效开发。克服陕北、陇东地区洪涝灾害的严重影响，成立12个原油上产帮促小组，大力开展夺油上产立功竞赛活动，夺回灾害造成的产量损失。加快苏里格气田开发建设步伐，推行“多支多向”“多支三维”丛式水平井组布井技术，兼顾下古生界储层开发，天然气产量7年增长12倍，建成200亿立方米的大气田。盆地东部神木气田突破矿权制约，推动大井组开发，建成近20亿立方米的生产能力。苏南、陇东等区域坚持勘探开发一体化，立体评价、重点突破，为规模上产奠定基础。轻烃生产安全运行，年产量达到16.34万吨。坚持把冬季保供作为头等大事，加快新井投产进度，强化增产措施，日产气量达到1.15亿立方米。油气田地面建设单位克服开工滞后、外协难度大等因素影响，确保姬十一联合站、第四净化厂、苏里格第六处理厂等重点建设工程按期建成投运；各油气生产单位克服困难，积极上产，基本实现安全、高效、受控运行；“三院两中心”的技术支撑成为上产的强大动力；油气集输销售、水电通信、机械制造、物资采供、监督监理、技术检测、化工生产、治安保卫、矿区服务等单位，充分发挥服务保障作用；机关部门坚持服务基层、提升效率，较好地发挥管理、协调和服务职能。全年生产原油2432万吨，生产天然气346.8亿立方米，油气当量产量超过5000万吨，高水平、高质量建成“西部大庆”。

2014年，虽然油气生产受控运行，但年产油气当量产量再创历史新高。突出以注水为核心的原油稳产工作，强化精细注采调控、深化油藏精细管理、细化开发技术政策、优化建产方案部署，坚持打责任井、高效井，规模应用水平井，加快提高采收率、致密油开发技术攻关与试验，油田开发主要指标向好发展，自然递减和综合递减各下降0.3个百分点，地层压力保持水平稳中有升，新井平均单井产量创6年来新高。强化生产组织和产销平衡，突出老井稳产、措施增产、新井上产和精细管理，突出上产帮促和技术支撑，原油日产水平突破7万吨。坚持守土有责、效益优先的原则，大力推进水平井规模应用，突出大井组多层系立体开发，苏里格气田形成“集群化部署、差异化设计、工厂化作业、撬装化站场”的建设模式。苏东南建成长庆气区最大的水平井整体开发区；神木气田建成最大的丛式井开发区。开展靖边气田、榆林气田精细气藏描述、区块调控和气井优化，老气田焕发出新活力。按照“保民生、保公用、保重点”的原则，不断完善技术政策，优化保供方案，天然气产量保持40亿立方米以上规模增长，确保特殊时期和冬季用气高峰的安全稳定供应。

2015年，长庆油田按照“效益最优化、管理精细化、运行有序化”的要求，坚定完成全年油气生产任务的信心不动摇，积极探索持续稳产、效益开发的有效途径。以夯实油田开发基础为抓手，强化注水为核心的油藏精细注采调整、综合治理，老区降递减工作成效显著，地层压力保持水平和水驱状况明显好转，当年Ⅰ、Ⅱ级油藏产量占总产量的97.6%，老区油田连续18年保持Ⅰ类油藏水平。当年新井产油133.8万吨，平均单井日产量稳定在3吨以上，新井时率达到148天。油水井措施有效率达到90.2%，增油81.5万吨，同比增加7万吨。立足水驱，开展提高采收率技术攻关与现场试验，阶段效果显著。以提高气田单井产量为核心，深化地质研究、优化产能建设部署，2015年完钻丛式井651口，节约土地333.34万平方米（5000亩）；缩短试气周期12.6天，大井组开发降本增效明显。在苏里格气田8个水平井整体开发区完钻119口，平均水平段1243米，平均砂岩钻遇率81.3%，完井试气求产38口，日平均无阻流量46.3万立方米。根据不同区块地质和气井生产特征，建立不同气井分类标准，形成有效气井管理办法。全面推广一体化站场建设模式，丰富完善水平井整体开发区地面集输主体技术，地面建设水平进一步提高。

“十二五”后两年，新增探明石油地质储量分别为3.23亿吨、3.65亿吨，新增探明天然气地质储量2398亿立方米、6928亿立方米；新建原油产能分别为339.7万吨、237.8万吨，新建天然气产能分别为65.87亿立方米、70.2亿立方米；生产原油分别为2505.02万吨、2480.9万吨，生产天然气分别为381.53亿立方米、374.6亿立方米；实现油气当量分别为5545万吨、5466万吨，连续3年实现5000万吨以上稳产。

2016年，立足精细注水，实施油藏分类分级管理，建立油藏预警机制，深化油藏认识，精细注采调整，强化重点油藏综合治理，加强长停井及低产低效井治理，老区油田稳产基础更加夯实。新区产能建设突出质量效益，坚持勘探开发一体化，从层系、区块、井型和技术政策4个方面优化方案部署，确保单井产量不降。持续推广大井丛组合+高效钻井压裂技术，钻试周期进一步缩短，井筒作业和地面建设投资有效控降。新建6口井以上井场199个，组合井数1470口，覆盖产能150万吨，减少土地征借200万平方米（3000亩），节约投资近亿元。推进气井分类精细管理，充分挖掘低产井潜力，加大排水采气技术推广，现场应用6300口井，全年增产气18亿立方米。坚持效益优先，精细地质研究，优化地面设计，突出个性化井位部署和差异化井型组合，全面推广多层系、大井组开发，大幅减少新建站场，节约土地233万平方米（3500亩）。神木气田建成“双16气煤同采”示范区；苏东南建成30亿立方米规模水平井整体开发示范区。2017年，立足精细注水，实施降递减工程，强化重点油藏综合治理，开展低产低效井挖潜，全年措施增油70万吨，稳产形势持续好转。推进勘探开发一体化，推行“大井丛工厂化”作业模式，创新项目管理模式，实施“六定”管理，单井产能保持稳定，新井贡献率28.6%。集中力量打好神木–绥德新区、宜川–黄龙开发试验区、陇东天然气试采等3个攻坚战，实现了快速建产，产能建设到位率提高3.3个百分点，综合投资成本下降5%。全油田生产原油2372万吨，生产天然气369.43亿立方米，油气当量产量5315.68万吨，较2016年多产油气15.11万吨。2019年，推进建设模式转型，全面实施“大井丛、水平井、立体式、工厂化”建产，大斜度井、水平井占比40%以上，油气田新井贡献率进一步提高。着力打造“三率”提升工程，油气田产能建设到位率分别为50.4%、85.6%，老井开井率分别为82.5%、91.2%，油田分注率和分注合格率得到明显提升。

2021年，长庆油田积极做强资源勘探、油气开发、新能源“三大主业”，做好党建引领、改革创新、提质增效、风险防控“四篇文章”，生产经营各项工作取得新进展。面对低渗、低压、低丰度的极限挑战，以科技“尖刀”撬开磨刀石，聚焦精细地质研究、方案设计、工艺措施、管理手段提升开发效果。在油田开发上，新井单井日产量提升0.3吨以上，老井产能恢复平稳，庆城油田页岩油示范基地年产量突破130万吨。作为全国第一大天然气生产基地，长庆采气人为保障人民群众温暖过冬，通过排水采气、智能间开等手段挖掘气井潜力，致密气开发不断提速提效，冬供期间最高日产量达1.5亿立方米以上。全年，长庆油田实现油气当量产量6244.63万吨，较2020年净增长203万吨，其中原油产量2536.01万吨。截至2021年年底，长庆油田在陇东地区投产页岩油水平井524口，年产页岩油132万吨，支撑陇东油区油气当量产量突破千万吨。长庆油田实施勘探开发一体联动，油气新井单井日产量明显提升，通过加强油藏产能主控因素分析评价、不断优化方案部署、持续开展新工艺新技术试验等方式，加速储量向产能、产量转化。采油二厂浅层建产规模由2021年年初的9万吨增加至20万吨，浅层油藏产能占比达40%，内部收益率达14.2%，实现了新建产能对产量和效益的正向拉动。油气井数字化覆盖率达96.79%，油气田无人值守覆盖率达87.5%。

三、坚持创新驱动发展

长庆油田围绕提高单井产量、提高采收率、降低开发成本，以“1277”（12项关键技术、7项配套技术、7项现场试验）科技创新为平台，扎实开展压裂改造技术攻关、地面工艺流程优化、高效能设备和工具研发，使鄂尔多斯盆地“三低”油气藏有效开发的关键技术获得突破。围绕致密性油气藏提高单井产量的关键技术——水平井+体积压裂技术，大力开展科研攻关，取得了显著成果，并在油气田成功应用。华庆油田建成年产20万吨规模的水平井整体开发试验区，投产单井平均日产油9吨，是直井产量的4倍以上。依托中国石油重大科技攻关，加大长7致密油有效开发和提高采收率项目的工作力度，在陇东地区开辟试验区，开展水平井钻井、压裂及超前注水试验。针对陇东长7页岩油层更加致密的特征，在2011年试验的基础上，2012年部署致密油藏水平试验井8口。阳平10井采用“千方砂、万方液”分段多簇压裂12段，创国内水平井压裂段数、单井加砂量、液量等3项新纪录，试油日产纯油184立方米，显示出水平井体积压裂工艺的增产潜力。自主研发的数字化集成增压装置，用1台设备替代了原来的1个站，工艺流程从三级布站变为1级半甚至1级布站，减少征地面积60%，缩短施工设计周期50%，降低投资20%，实现了无人值守。油水井工况动态分析系统自动投（收）球装置、气井井口电磁阀、丛式油井智能加药、天然气气液两相在线计量、直井机械分层压裂工具、注水井带压作业、油田措施废液再利用等多项先进成熟技术实现了规模化应用，为油气田低成本、效益开发提供了保障。2012年，长庆油田获省部级科学技术进步奖33项，取得授权专利190件，获国家优秀专利奖1项，获中国石油自主创新重要产品认定5项。

全面推广完善以标准化、模块化、数字化和市场化为重点的管理创新，企业管理呈现规范、有序、高效运行的良好局面。基本建成并发布运行标准化体系，油田层面建立3大类22册管理标准，基层单位覆盖面达到95%以上。涵盖标准化建设、标准化流程管理和岗位标准作业程序的标准化体系全面实施。市场主体培育和市场监管基本到位，构建多个主体共同参与、平等竞争的市场格局，有效确保了油气田建设的高效组织、安全和质量。全面推行数字化管理，数字化覆盖率达到90%以上。前端建成以基本生产单元过程控制为核心的生产管理系统，中端建成以生产运行、应急预警和安全环保为核心的生产运行指挥系统，后端以数字化油气藏研究与决策支持系统为核心的四大平台建设取得重要进展。实现了数万口油气水井、上千座场站、几万台生产设备的远程管理，真正变成了“有围墙”的工厂，走上了新型工业化道路。坚持深化改革，推动业务和人员结构优化，构建数字化条件下新型油气田劳动组织构架，盘活用工存量2万多人，组织1.5万人转岗油气生产，有力支持了主营业务的发展。按照《中国石油天然气集团公司开展管理提升活动工作方案》《关于进一步做好管理提升活动有关工作的通知》要求，认真开展管理提升活动和建设“西部大庆”对标管理研究工作，分别从经营业绩、科技创新、企业管理、社会责任等4大项11小项指标，与国内外油田进行对标分析，寻找管理短板，制定对应措施，提升管理水平。

坚持创新驱动，促进致密油气规模效益开发。2013年，瞄准提高采收率和水平井+体积压裂技术两大方向，强化基础研究与技术集成配套，形成具有长庆特色的优势技术。不断完善超前注水开发技术，优化适应不同类型储层的井网形式，单井产量提高20%；强化精细分层注水研究与应用，分注率提高到40%，分注示范区自然递减同比下降0.4个百分点，含水上升率同比下降0.8个百分点。规模应用水平井，探索形成分段多簇压裂、大排量混合水体积压裂改造工艺，自主研发水力喷砂、裸眼封隔器、套管滑套压裂工具，水平井单井产量大幅度提高。苏里格气田靖55-24H1井20段大排量体积压裂试验取得成功，创造长庆致密气先导试验区水平井体积压裂新纪录。水源井+人工湖集中快速备水、压裂液连续混配等工厂化压裂作业试验取得重要进展，初步形成以“丛式布井、集中供水、液体回收、交替作业、连续混配”为主要内容的工厂化压裂模式，有力促进致密油气藏的规模效益开发。“苏里格大型致密砂岩气田高效开发成套技术及工业化应用”项目，被第六届国际石油技术大会，评为三大卓越执行项目之一。

坚持资源、创新、低成本发展战略，全面推广“四化”管理模式，实现管理方式、生产方式、组织方式的变革；提高企业现代化管理水平，在基础管理、成本控制、人力资源管理、信息化建设、安全环保等11个方面实现新的提升。2013年，大力强化“三基”工作，深化标准化“五型”班组和“千队示范工程”建设，组织业务技术与技能培训5.76万人次，促进员工履职能力和队伍整体素质有效提升。落实“三控制一规范”，严控队伍规模，规范业务外包管理和市场化实体培育，实现专业化外包、市场化运作、规范化监管。

坚持科技创新、管理创新，实现低成本集约化内涵式发展。2014年，以国家和中国石油重大科技专项为依托，持续加强低渗透油气藏勘探开发技术攻关研究，突破制约油气田经济有效开发的技术瓶颈。完善和应用三维地震成像、高密度采集、叠前保真处理等技术，上古生界、下古生界天然气勘探开发成功率大幅提高。自主创新形成苏里格低渗透砂岩气藏水平井开发技术，成功研发多级喷射器与多级滑套压裂工具，不动管柱多段连续分压技术达到国际领先水平。自主研发形成致密储层定向井混合水压裂技术，有效提高致密储层单井产量。致密油水平井体积压裂攻关取得重大突破，工具研发和工艺技术全部国产化，实现致密油“资源向储量、储量向产量、产量向效益”的重大转化。强化注水技术研究与应用，探索形成以桥式同心和桥式偏心为主的精细分层注水及堵水调剖技术，成为“三分”精细油藏管理的主要手段。开展油藏加密调整试验，重点探索空气泡沫驱油、表面活性剂驱油等提高采收率技术，超前储备二元驱油、二氧化碳驱油等三次采油技术，初步构建低渗透油藏提高采收率技术体系。一体化、集成化、撬装化联合站和集气站成功研发应用，减少占地面积35%，缩短施工周期50%。2015年，长庆油田积极开展技术集成与创新，强化注水技术研究与应用，首口同心双管分注工艺试验在靖安油田取得成功，有效解决采出水矿化度高、腐蚀结垢严重等问题。针对日益复杂的致密油储层，通过攻关研究与现场试验，攻克水平井体积压裂技术难题，形成水力喷砂体积压裂和大通径桥塞体积压裂两项主体技术，并自主研发EM30滑溜水等3项新材料。在储层相对更差、砂体结构更复杂的宁89区Ⅱ类致密储层开展的长水平段+体积压裂攻关试验，创单趟钻具连续钻磨19个桥塞的新纪录。针对低压低产气井生产特征，自主研发组合管柱用柱塞气举排水采气技术，填补此领域的技术空白，成为低产井排水采气技术利器。低渗透油气藏勘探开发技术系列逐步配套完善，2015年长庆油田“5000万吨级特低渗透－致密油气田勘探开发与重大理论创新”获国家科学技术进步奖一等奖。

坚持管理创新，加强内控体系建设，抓好风险评估和源头防范，狠抓生产经营“六条禁令”和“八个必须”，进一步规范企业行为。2015年，牢固树立过紧日子思想和“量入为出”理念，坚持低成本战略，制定深入推进全面开源节流降本增效的13项48条措施，开展全员、全过程、全方位的开源节流降本增效活动；严格控制投资成本，大力压缩非生产性开支，突出完全成本控制；按照“责权利对等”原则，合理扩大基层单位的生产经营自主权。长庆油田上下改革创效、管理提效、降本增效意识显著增强，运行效率、管理水平和经济效益进一步提高。

2016—2019年，长庆油田年油气当量产量在5000万吨以上持续稳产。2016年，新增油气三级地质储量当量连续10年突破10亿吨；实现油气当量产量连续4年在5000万吨以上运行。特低渗透油藏空气泡沫驱、聚合物微球等现场试验降低递减成效明显，含水上升率有效控制，为提高水驱开发效果提供新的技术方向。创新研发致密砂岩气藏排水采气水平井自缓冲柱塞、固体和液体泡排剂系列，形成下古生界气藏速度管柱技术。油田30万吨撬装化联合站、气田5亿立方米撬装化处理站建成投运，在提高建设效率、控制用工总量、降低运行成本上效果明显。全年20项科研成果获得省部级奖励，获授权专利231件，其中发明专利101件。2017年，强化气田稳产技术攻关，创新应用水平井、大斜度集液气井柱塞气举技术，排水采气年增产天然气超过19亿立方米。推进无人值守站176座，数字化覆盖率达到93.5%。

2019年，在甘肃庆城发现国内最大的10亿吨级页岩油大油田，引领国内非常规油气的勘探开发。在宁夏盐池首次提交上古生界天然气预测储量2036亿立方米，开辟了宁夏区域油气并举的新局面。全年新增油气三级储量首次突破20亿吨，油气勘探成果获中国石油三项年度大奖。黄土塬三维地震通过可控震源井震混采技术攻关，突破了6项技术瓶颈。页岩油最长水平井段达4088

米，创造了国内最长水平段、最短钻井周期新纪录。致密油气储层改造技术获得新突破，水平井体积压裂单井达48段248簇，单日施工12段。DMS可溶球座等一批自主创新产品得到推广应用。低渗透油气藏勘探开发技术达到了国际先进，部分具备国际领先水平。全年打出百吨油井7口、百万立方米气井61口，高产井数超过近3年的总和；新建原油产能345.96万吨、天然气产能115亿立方米，工作量创历年之最。油田建设速度、质量、效益均达到近年来最好水平。全年生产原油2416.03万吨、天然气412.5亿立方米（表6-1），油气当量达到5703万吨，开创长庆油田油气产量历史新高，实现了5000万吨连续7年高效稳产，国内最大油气田、最大产气区的地位得到进一步巩固。全年实现营业收入1339亿元、利润321亿元、现金贡献106亿元、税费196亿元，超额完成了各项经营任务，主要效益指标居中国石油首位。

表6-1　2012—2020年中国石油长庆油田主要生产指标

指标	2012年	2013年	2014年	2015年	2016年	2017年	2018年	2019年	2020年
原油产量（万吨）	2261.02	2432.00	2505.02	2480.8	2392.01	2372.00	2377.02	2416.03	2461.2
天然气产量（亿立方米）	290.29	346.82	381.53	374.6	365.00	369.43	387.48	412.50	448.53
新增原油产能（万吨）	576.70	303.40	339.70	237.8	266.60	244.70	264.40	345.96	329.76
新增天然气产能（亿立方米）	102.80	127.80	65.87	70.2	46.32	86.69	83.28	96.81	92.9
新增探明石油地质储量（亿吨）	3.50	3.61	3.23	3.65	3.68	3.54	3.28		
新增探明天然气地质储量（亿立方米）	2210	27321	2398	6928	6415	2407	2801		
勘探投资（亿元）					59.11	47.14	51.19	51.81	38.12
评价投资（亿元）						19.63	18.18	18.67	16.09
开发投资（亿元）					286.24	374.30	487.49	503.54	426.39

注：此表数据来源于中国石油年鉴。

第二节 > 延长油田全面加快发展

陕西延长石油（集团）有限责任公司（简称“延长石油”），勘探区域包括鄂尔多斯、二连、银－额、松辽、海拉尔等9个盆地，矿业权面积6.42万平方千米，主力探区位于陕西延安、榆林地区。2012年，以“转变开发方式、实现原油增产稳产”为核心目标任务，新增探明石油地质储量4100万吨，生产原油1257.4万吨；投入开发延安气田，新建产能6亿立方米，年产气2.56亿立方米。截至2012年，累计探明石油地质储量22.4亿吨。

一、精细勘探稳增储量

延长石油以“浅层与深层结合、常规与非常规结合”为勘探重点，不断深化特低渗致密油气理论研究与技术攻关，致密油勘探取得突破性进展，年均探明致密油地质储量在1亿吨以上；在银－额盆地、二连盆地的石油勘探取得实质性进展，探明石油地质储量4157万吨。

（1）下组合致密油勘探持续突破。致密油在鄂尔多斯盆地湖盆中心地带平面上大面积分布，纵向上多层系赋存，蕴藏量大，勘探领域广阔。2012—2013年，对下组合致密油资源量进行地质评价，认为赋存于烃源岩中或与烃源岩互层、紧邻的致密砂岩储层中，未经大规模长距离运移，用常规手段难以动用或动用效率较低；地处湖盆中心的长7烃源岩厚度大、品质好，紧邻长7烃源岩的长6、长7、长8致密储层大面积展布，具备良好的成藏基础。根据鄂尔多斯盆地的地质条件，落实了延长油气区内的致密油资源量，纵向上包括中生界延长组下组合的长7、长8、长9等层系。

2014—2015年，针对有利层位、优选有利区域，开展重点井试验。2014年7月，第1口致密油体积压裂水平井——磨平3井钻探成功，水平段长度899米，油层钻遇率100%；投产层段14段，初期日产液49.7立方米，日产油29.9吨。同时，在渭北隆起致密稠油试验完钻旬平1井，产量为常规井的20倍以上。致密油体积压裂水平井，解决了原油稠、压力系数低、储层致密，其直井1周左右即无液产出的难题。2016—2017年，以试验突破的井区为基础，建立黄陵长6、富县长6、志丹长7、定边长7致密油勘探开发试验区。通过探索优化压裂技术，采取常规井+常规压裂、水平井+常规压裂、水平井+体积压裂的油井产量都是常规直井的10倍左右，增产效果明显。通过试验，甜点优选、钻完井工艺、水平井体积压裂等技术逐步完善。

2018—2019年，致密油勘探开发形成规模。2018年，南部探区首次提交探明致密油储量2723.88万吨。到2019年，发现致密油富集带6个，初步落实致密油探明储量2.5亿吨。在定边、吴起、志丹、甘泉、富县、黄陵等地实施致密油水平井415口，主要措施层位为长6、长7、长8油层组；平均单井日产油约4.3吨，建产能50万吨，两年产油超过110万吨。下组合致密油成为延长石油现实的战略接替方向。

（2）上组合特低渗油藏储量持续增长。鄂尔多斯盆地中生界浅部（上组合）油层类型多样，分布广泛，以特低渗为主，因油层成因机理复杂，识别难度大，导致油田老区仍存在大量遗漏油层。2015—2017年，针对东部老区的复杂油藏，开展老井复查，攻关测井技术难题，取得良好的效果。2015年，逐步建立在测井数据标准化、纵向分辨率优化基础上的常规解释–交会图定量识别–油藏整体解剖的多方法综合精细评价技术，提高了测井解释符合率和钻探成功率，试油成功率达80%以上。2016年，大胆尝试、勇于试错，针对薄油层、差油区开展试油工作，探索其含油性及分布特征；试油79口井，有57口获得工业油流，成功率72%。2017年，在东部老区完成针对性的老井复查100口，有70口井获工业油流，成功率70%，为老区稳产提供了有力支撑；新增控制面积约30平方千米，控制储量1000万吨，充分显示了其广阔的勘探前景。开展系统的老井重测工作，对东部老区拓展含油层系、扩大含油面积和高效、低成本勘探具有重要的现实意义。经过3年的探索，逐步形成“复杂油层测试识别技术”“低对比度油层流体替换识别技术”“低阻油层控因逐步识别技术”。

东部老区油层识别成功率由50%提高到81%，新发现含油面积1800平方千米，新增石油地质储量1.7亿吨，建成3个复杂油层勘探开发试验区，产油30.6万吨。

（3）银－额盆地石油勘探获得新发现。2013年，获得银－额盆地探矿权。2017年，在盆地北部的哈日凹陷延哈参1井，获得无阻流量日产气9.15万立方米，后续实施的延哈2井、延哈3井、延哈5井也获得工业油气流。研究表明，银－额盆地发育中生界白垩系、上古生界石炭系－二叠系，其中白垩系整体分布广、厚度大。下白垩统巴音戈壁组发育大套深灰色－黑色含灰泥岩是主要的烃源岩，哈日凹陷中生界油气藏类型多样，常规、非常规油气藏并存。致密砂岩和脆性泥岩中的裂缝、溶蚀孔均可作为有效的储集空间。哈日凹陷的勘探新发现打破银－额盆地中生界埋藏浅、成熟度低的传统认识，证实了具备良好的油气成藏条件、丰富的勘探领域和广阔的资源前景。

2017—2019年，在二连盆地的油气勘探以构造油藏为主要对象。通过持续勘探，发现古潜山油藏、泥岩油藏等类型的新油藏。何日斯太凹陷腾参1井取心发现含油页岩，其油藏特征与银－额盆地延哈参1井相似。额尔登苏木凹陷前白垩纪地层多口井见到油气显示，新发现的油层基本位于阿尔善组底部凝灰岩、凝灰质砂岩、英安岩中，与常规砂岩储层特征明显不同，初步判断为基底潜山型油藏。

二、高效开发持续稳产

2012—2014年，原油产量保持在1240万吨左右；2015年以来，受油价低迷影响，关停部分低产井，原油产量仍保持在1100万吨以上。至2019年，原油产量连续13年稳产在千万吨以上。

（1）以提高单井产量为目标，大力推进水平井开发。2012年以来，发展形成适用于不同油藏类型的水平井开发技术，实现水平井开发层位、应用区域、钻完井模式的转变和应用规模的不断提高。2014年6月2日，延长石油第

1口浅层大位移水平井——七平1井，也是国内实施的第1口水平缝压裂水平井，采用易钻桥塞+分段多簇射孔压裂联作工艺，根据实际钻遇油层和流动单元模型，将水平段分为6段，每1段3～4簇，共计21簇的射孔压裂；实时监测人工裂缝走向，结果表明人工裂缝为水平缝，缝长180～210米，每段都得到了充分改造。七平1井压裂投产后，初期自喷日产油44.2吨，转抽后稳定在日产油6.4吨，投产29.6个月、产油5744吨，是同区直井的16.6倍。在同类型油藏实施水平井64口，稳定日产油5.6吨，是周边直井的20倍。针对浅层油藏动用程度低的问题，研发并成功应用“弓形”水平井技术和1层多缝压裂技术，使油层动用程度从33%提高到86%，使浅层的2.47亿吨储量得到解放。2014年，部署在延长组的水平井占总量的91%，实现了开发层系的转变。其中，在定边采油厂钻探的罗平2井，应用“多簇射孔、环空加砂、长效封隔”新一代水力喷砂（双喷腔）体积压裂工艺，单井日产液量28.01立方米、原油21.3吨。

从2015年开始，每年部署水平井超过150口，同时大胆探索水平井“井工厂”新模式。2015年12月16日至2016年1月17日，黄陵上畛子油田上38井区“井工厂”水平井顺利完钻。施工中采用泥浆不落地技术，处理钻井液约6000立方米，渣土约2500立方米，分离后的固体部分上盖下垫，经检测达到国家一级排放标准；液体部分通过污水处理装置处理后重复利用，做到了液体“不落地”，减小了环保压力；选择泵送桥塞射孔联作的方式进行压裂改造，全井台设计裂缝条数65条。到2017年5月30日，上38井台7口井全部见油，平均单井日产液28.8立方米，日产油8.9吨。这项技术，成功动用了难动用储量，实现了地面和地质难题的双突破。2016年，根据黄陵地区长6油藏地质特点，先后开展了两组“井工厂”试验，有9口水平井投产后平均单井日产油量8.5吨，达到了预期效果。而且，减少林区征地约800万平方米（1.2万亩），节约减少征地、道路建设等钻前费用210余万元，减少钻井液、压裂液费用80余万元，同时大大减少了后期采油生产管理成本，其直接采油成本仅为非“井工厂”水平井的1/3，展现了良好的应用前景。

2018年，针对纵向有多套浅层底水油藏，采用阶梯式水平段建成超浅层底水油藏大位移水平井青平1井，实现了纵向控制多套油层，提高了单井储量控制程度。青平1井投产后，日产油2吨，为东部油区长2油藏的高效开发提供了新的技术手段。

到2019年年底，共钻水平井1237口，水平井技术成为延长油田长期稳产的主要技术储备手段。水平井单井产量与常规井稳定产量相比，在特低渗油藏约为4.7倍、在致密油藏为13～18倍，在东部浅油藏达20倍以上；在井场建设减少40%、道路建设减少20%、吨油管理成本减少60%等情况下，水平井开发使采油速率提高30%、储量动用程度提高20%、递减率降低4.5个百分点、万吨产能投资减少1000万元、投资回收期减少3.4年、最终采收率提高3～7个百分点。水平井开发在实现单井产量突破的同时，有效控制开发成本，推动了延长油田的经济有效开发，为国内同类油田的开发提供了宝贵经验。

（2）精细注水补充地层能量，油田开发效果显著提升。针对“裂缝易水窜，基质驱不动”的难题，以及油田地层能量衰竭导致产量递减快的问题，在实现规模注水的基础上，根据不同类型油藏进行注水开发差异化、精细化调整；通过先示范后推广，形成一套适用于特低渗油藏的精细注水开发模式。

“十二五”期间，注水规模不断扩大，水驱储量每年保持“亿吨级”增长，通过实施3年注水规划，增加水驱储量9.52亿吨；2015年油田水驱面积达3198平方千米、占动用面积的53.67%，水驱储量17.78亿吨、占动用地质储量的63.5%。“十二五”时期，通过注水弥补基础产量递减300.25万吨，等于少钻新井1.44万口，减少投资216亿元。

“十三五”期间，向精细、效益注水转变。全油田水驱面积3579.6平方千米，占动用面积的55.15%；水驱储量18.57亿吨，占动用地质储量64.3%。2016年，打造8个“公司级”注水项目区，树立精细注水标杆。各采油厂优选出19个区块作为“厂级”注水项目区，实现注水项目区在区域、层系的“平扩、纵深”。2018年，是延长油田“三年注水大会战”收官年，通过“项目带动、示范引领”，全面推动了油田开发水平稳步提高，产量结构逐步改善。其间，完成注水工程265项，注水站64座；完钻注水井2141口，投注1629口，转注2275口，新增日注水能力2.64万立方米；完成注水投资36.79亿元。注水区块产量占总产量的比重由2014年的54%提高到63%，注水弥补基础产量165万吨。

在“公司级”注水项目区中，志丹甄家峁项目区通过3年治理，在没有新井投产的情况下，区块日产油从2015年的246.6吨提高到2018年的356吨，单井日产油增加0.45吨。志丹榆咀子项目区通过完善注采井网，加强注采对应，自然递减降低6.1个百分点，增加可采储量73.28万吨，取得了显著效果。在“厂级”注水项目区中，楼坊坪探79项目区通过细化注采单元、精细注采调控等措施，注采对应率提升14.2个百分点，综合含水率降低5.5个百分点，区块日产油由70吨上升到120吨。

延长石油高度重视注水技术攻关，创建了裂缝型特低渗油藏“适度温和”注水开发技术。通过优化注水速度，控制注水强度，降低裂缝水窜，充分发挥渗吸与驱替双重作用，实现了裂缝性特低渗油田的有效注水开发。与传统温和注水相比，“适度温和”注水更加强调注水速度控制，以“时间换空间”充分发挥渗吸作用。从2016年10月开始，逐步对横山白狼城油区的“单向裂缝型”注采单元、非对称型注采单元、主向渗流型注采单元实施“适度温和”注水。实施以来，三向及以上受效油井增多，单井日产油3.0吨，含水率57%；地层压力由1.9兆帕上升到 3.59兆帕，含水率稳定在72%；水驱动用程度持续增加，自然递减、含水上升率控制在1.5%以下。通过对油区采收率的标定，在现有井网和技术政策条件下，实施“适度温和”注水后，油区最终采收率可达35.9%，较常规连续注水开发提高采收率15%。

到2019年年底，全油田水驱储量18.49亿吨、占动用储量58.6%，水驱产量745万吨、占总产量66.5%，注水区自然递减率为8.6%，比前期未注水阶段下降8.16个百分点（图6–1）。

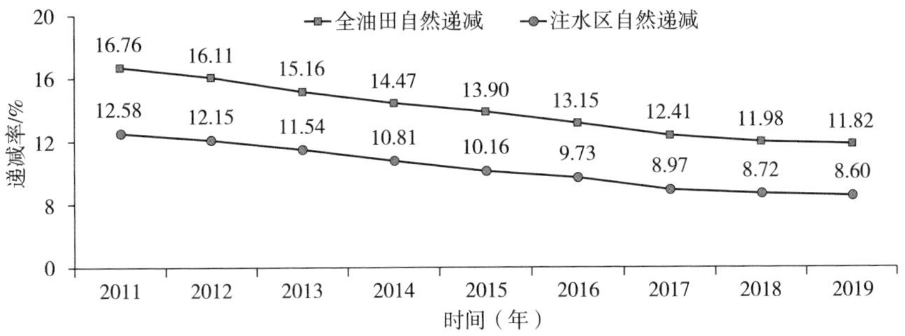

图 6-1　延长油田自然递减率变化曲线

（3）攻关钻完井及储层改造工艺，实现致密难动用储量有效开发。延长油田开发区域属典型的黄土塬地貌，地表沟谷纵横、山峁相间，森林覆盖率高，林地、耕地、矿权重叠，地面因素影响油田产能建设，导致大量资源无法动用或难动用。延长油田通过大位移水平井动用地面受限的资源，采用直井－水平井开发方式，对难采储量进行有效动用。通过攻关致密油水平井储层改造技术，制造多条独立的人工裂缝，形成复杂的裂缝网络，增加泄油面积，实现储层的体积改造，提升单井产量。2013年，为高效动用埋藏较深的多含油层系的低渗透油藏，在吴起油田采用排距130米、井距500米、菱形反九点井网，部署水平井6口，有效增大泄油面积2～4倍、提高采出程度4.8倍。2014年4月，在王平3井采用水力喷砂射孔体积压裂改造，投产后初期日产液26立方米、日产油15.28吨、综合含水率30%；2015年4月2日，日产液5.09立方米、日产油4.09吨、综合含水率5%。4月3日，对王平3井带压泡沫洗井；在关井压力恢复32天后，开抽日产液16.08立方米，日产油10.87吨，综合含水率20%。2015年12月，延长油田东部油区的子平3井完钻，垂深为770米，水平段达985米，是当时延长油田浅层水平井中水平段最长的一口井。投产后，初期日产液22立方米、日产油6.1吨。2016年4月2日，在定边油田乔平10井采用水力喷砂＋环空加砂体积压裂，水平段长797米，压裂改造级数为9级，投产后平均日产液37.92立方米、日产油16.02吨。到2016年，在63口油井应用直（定向）井缝网压裂技术，施工成功率100%，平均单井产量较邻井提高

2～3倍。水平井缝网压裂技术成功应用157口井，施工成功率100%；平均单井日产油8.9吨，比常规水平井压裂日增油3.5吨，取得了较好的增产效果。

2015—2017年，为明确长7致密油藏的水平井开发方式，定边油田开展水平井与常规直井（注水井）七点井网、交错七点井网、五点井网的开发效果对比试验。采用七点井网方式，试验5个井组，投产初平均单井日产液21.85立方米、日产油12.85吨、含水率30.4%；生产两年后平均单井日产液13.25立方米、日产油3.34吨、含水率70.2%。采用交错七点井网方式，试验3个井组，生产两年后乔平2井、罗平3井，能保持初期产量的60%左右，含水率分别上升了8%、12%，只有新平13井产量保持初期的26%、含水率68.2%；表明交错七点井网储量动用程度高，开发过程中可调控性强。采用五点井网方式，试验了2个井组，投产初平均单井日产液18.69立方米，日产油12.19吨，含水率22.8%；生产1年后，平均单井日产液15.37立方米，日产油10.48吨，含水率19.3%。

至2019年7月，延长油田在致密油开发区完钻井1.19万口，其中采油井9790口（常规井9385口，水平井405口），累计产油920.43万吨。

三、建成低渗致密大气田

2012—2019年，延长探区天然气勘探快速增储上产。自2011年，连续4年新增探明天然气地质储量超千亿立方米，到2019年在上古生界石炭系本溪组、二叠系山西组、下石盒子组盒8段、下古生界马家沟组，探明天然气地质储量7296亿立方米，技术可采储量3868亿立方米，经济可采储量2722亿立方米。

高效推进致密天然气勘探。2011年，开展探区北部上古生界地质研究，在延113-延133井区上古生界，探明天然气储量1134亿立方米；在下古生界马家沟组取得重大突破，西部志丹延440井下古生界马家沟组马五1+2段获得无阻流量27.6万立方米/日，突破下古生界高产气流关。2012年，扩大东部和东北部勘探区域，在东北部延513-延183井区实现控制储量1700亿立方米，于2013年升级为探明储量1260亿立方米。2014年，往外围扩展重点部署西部志丹－甘泉及靖边－安塞的区域勘探，在西部志丹－甘泉区域延653－延439井区上古生界本溪组－盒8段，新增探明天然气地质储量1049亿立方米；延834井在下古马家沟组马五5段试气，获得无阻流量18万立方米/日，实现下古中深层重大突破。2015年，重点部署靖边安塞区域和集中评价吴起－志丹－甘泉区域，在下古生界马家沟组马五1–5段升级探明地质储量646亿立方米；在靖边－安塞区域古生界落实控制储量1700亿立方米。

2016年，集中评价靖边－安塞－子长西区域上、下古生界，靖边－安塞－子长西区域上、下古生界探明天然气地质储量1140亿立方米。2017年，巩固宜川、富县、延长东、延川东等主要资源区域，拓展横山北、子洲、吴起、志丹、榆林北部等区域，探索南部黄龙、黄陵、洛川、旬邑等区域。在南部富县区域下古生界取得重大突破，延694井无阻流量135.8万立方米/日，下古海相碳酸盐岩勘探范围进一步扩大。2018年，集中评价横山、宜川、富县等区域。在富县区域滚动勘探开发成果显著，下古生界多口井获得工业气流，其中延2109马五1+2段获得无阻流量50万立方米/日，局部形成规模储量；横山区域延1424井区上、下古生界落实探明天然气地质储量706亿立方米，宜川延259井区上古生界落实探明天然气地质储量298亿立方米，储量规模进一步扩大。2019年，重点部署富县等区域，在富县区域上、下古生界基本落实探明天然气地质储量314亿立方米。鄂尔多斯盆地东南部古生界天然气勘探，历经10多年的积极探索和科技攻关，探明天然气地质储量7296亿立方米，为延安气田百亿立方米产能建设奠定了坚实的资源基础。

高效推进致密天然气开发。坚持勘探开发一体化，实施“勘探探索发现，开发早期介入，加快进程”的开发程序。2011年，在延气2、延128井区设立开发先导试验区，同步开展开发技术攻关研究。2012年，为进一步落实储量和产能，探索、优选适应延长气藏的开发技术政策和工艺技术，为延安气田规模开发提供可靠的地质依据、技术政策、工艺保障。在两个先导试验区投产气井121口，建产能6亿立方米，当年产气5亿立方米。2013年，按照“整体部署、分批实施”的开发原则，采用不均匀井网布井、分压合采、衰竭式开发，由北至南、由主干线向两侧，先肥后瘦的原则，分步实施延气2-延128井区的产能建设；部署实施开发井200口，建产能8亿立方米。2014年，新钻开发井100口，产能达20亿立方米。2015年，扩大产能规模，在东部延145井区投产101口井，建产能3亿立方米。

“十三五”期间，整体部署开发延安气田，分步实施区块产能建设，实现区块和层间接替，保证稳产和高效开发。2016年，在志丹延439井区新钻定向井19口、投产作业井82口，新建产能3亿立方米。2018年，持续推进东部延113-延133井区产能建设，建成年产能14亿立方米。2019年，加快产能释放、提升开发效果、夯实稳产基础，部署开发井417口，投产气井147口；在靖边延929井区建成产能6亿立方米，在延899井区新建产能1.5亿立方米、延873井区新建产能2亿立方米。到2019年10月，建成天然气产能54.5亿立方米。

四、科技创新立足大发展

2012—2019年，延长石油针对低渗致密油气勘探开发技术难题，持续加大科研投入，在科技创新方面取得长足发展。以集团公司研究院为依托，先后建成陕西省油气钻采与污染控制工程技术研究中心、特低渗透油气田勘探与开发工程技术研究中心（图6-2）、页岩气勘探开发工程技术研究中心等省级工程研究中心，建成石油和化工行业陆相页岩气工程研究中心、低渗透油田机采节能产业技术创新中心等国家级工程研究中心，完成陕西省二氧化碳封存与提高采收率重点实验室、陆相页岩气成藏与开发重点实验室等省级重点实验室建

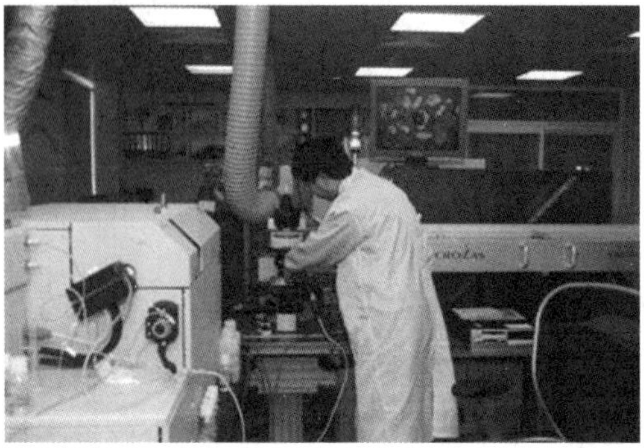

图6-2　陕西延长石油特低渗透油气田勘探与开发工程技术研究中心实验室

设，为开展低渗致密油气开采技术创新研究打下了坚实基础。面对陆相页岩气、CCUS、致密非常规油气等前沿领域，先后与美国得克萨斯大学奥斯汀分校、怀俄明大学，澳大利亚昆士兰大学等国际院校签署战略合作协议；通过科研、技术交流和人才培养等方面的合作，科研水平和国际影响力显著提升。先后与中国科学院、北京大学、中国石油大学、中国地质大学等院校开展广泛的科研合作，共同开展低渗致密油气开发技术创新，提升油田开发效果。延长石油的科研成果多次发布于美国石油地质学家协会（AAPG）、国际石油工程师学会（SPE）、国际地球物理学会（SEG）等大型国际学术会议，引起国内外同行的广泛关注。

2012—2019年，先后承担国家科技支撑、“863”计划、“973”计划、国家科技重大专项、国家重点研发计划等项目6项，省部级科研项目20余项。围绕低渗致密油气勘探开发，形成了系列特色技术和丰硕科研成果。在石油勘探方面，研发了黄土塬地貌无震高效滚动勘探技术，创建了特低渗“交替式”石油成藏理论，指导油田在中生界延长组下组合实现原油储量、产量的重大突破，新增探明石油地质储量2.76亿吨，实现百年油田“延长下面找延长”的梦想。2013年12月25日，“鄂尔多斯盆地中部延长组下组合找油突破的勘探理论与关键技术”获国家科技进步奖二等奖。在油田开发方面，创建了可充分发挥渗吸作用的“适度温和”注水技术，解决了特低渗油田注水开发基质孔隙原油难以采出、裂缝易导致水窜水淹的难题，提高了油田采收率，为支撑百年老油田持续稳产千万吨发挥了关键作用，2016年12月21日，“延长油气千万吨大油田持续上产稳产勘探开发关键技术”获国家科技进步奖二等奖。在致密气勘探开发方面，针对传统认识的“贫气区”——鄂尔多斯盆地东南部，提出了“浅水环境岸线频繁迁移控砂”等地质理论新认识，研发VES-CO_2泡沫压裂工艺等储层改造新工艺和立体井网多层系高效动用技术等，指导发现了千亿立方米级致密砂岩大气田，先后获中国地质学会“全国十大地质科技进展”、中国石油学会“中国石油石化科技创新十大进展”等表彰。

在陆相页岩气方面，借鉴北美及中国南方海相页岩气的成功经验，针对鄂尔多斯盆地中生界陆相湖盆页岩，开展地质理论研究和工程技术攻关，先后承担国家“863”计划“页岩气勘探开发新技术”、国家科技重大专项“延安地区陆相页岩气勘探开发关键技术”研究，创建了地质与工程相结合的陆相页岩气地质评价和“甜点”预测技术体系，研发了高效低成本钻完井工艺技术和以CO_2压裂为核心的陆相页岩储层改造技术系列，建成国内首个国家级陆相页岩气示范基地；通过CO_2压裂，实现页岩气产量的突破（图6–3）。

图6-3　陕西延长石油陆相页岩气井超临界CO_2压裂试气现场

在CCUS方面，先后承担国家“十二五”科技支撑项目“陕北煤化工CO_2捕集、封存与提高采收率技术示范”、国家重点研发项目“CO_2驱油技术及地质封存安全监测”、国家“973”计划项目课题“页岩气储层超临界二氧化碳压裂及增渗机理”等重大科技攻关项目，将煤化工CO_2捕集和低渗–致密油气田CO_2驱油、压裂相结合，成为国内首个获CSLF国际认证的全流程、一体化CCUS项目。

2012—2019年，延长石油坚持“稳油、增气”创新发展战略，进一步夯实资源基础、转变开发方式，实现油田持续稳产在千万吨以上，建成特大型低渗致密延安气田。其间，新增探明石油地质储量12.9亿吨、生产原油9590万吨，至2019年累计探明石油地质储量31.42亿吨；新增探明天然气地质储量5102亿立方米，新建天然气产能31.2亿立方米，生产天然气162.8亿立方米，至2019年累计探明天然气地质储量7296.9亿立方米。“十三五”期间，原油产量保持在1100万吨以上，天然气产量突破50亿立方米（表6-2）。延长石油在油气增储上产方面取得显著成效，为陕北老区经济社会发展和国家能源安全做出了重要贡献。

表6-2　2012—2019年陕西延长石油主要生产指标

指标	2012年	2013年	2014年	2015年	2016年	2017年	2018年	2019年
原油产量（万吨）	1257.40	1262.71	1255.22	1254.22	1115.36	1112.99	1127.94	1127.56
天然气产量（亿立方米）	2.56	5.09	6.07	17.38	20.37	25.75	34.36	50.43
新增原油产能（万吨）	180.00	195.00	145.00	139.94	87.10	115.60	126.00	136.00
新增天然气产能（亿立方米）		6.00	14.00	3.00	6.00	3.00	14.00	8.50
新增探明石油地质储量（万吨）	4100	2300	3700	700	700			1400
新增探明天然气地质储量（亿立方米）			1573.20	0.60	853.10		557.10	1.30
勘探投资（亿元）	41.52	44.66	54.23	33.04	17.53	16.23	15.71	12.72
开发投资（亿元）	92.54	124.59	185.17	137.17	64.07	99.35	133.55	126.34

注：此表数据来源于陕西延长石油（集团）有限责任公司。

2021年，延长石油年油气当量产量达1660万吨，位列全国第八大油气田，其中生产原油1133.79万吨，保持年产油千万吨以上“十五连稳”。

第三节 > 新疆油田油气并举发展

新疆油田（为新疆石油管理局、新疆油田分公司的统称）主要从事准噶尔盆地及其外围盆地油气资源的勘探开发。2012年，生产原油1103万吨、天然气31亿立方米。截至2012年年底，累计探明石油地质储量22.8亿吨、天然气储量1972.7亿立方米；投入开发油气田29个，累计生产原油3.06亿吨、生产天然气657.32亿立方米。2017年，新疆石油管理局完成公司制改制，更名为新疆石油管理局有限公司。

党的十八大以来，新疆油田以经济效益为中心，围绕“掌控资源、配套技术、控制成本、维护稳定”核心任务，加快落实建产资源，夯实开发基础，狠抓安全环保责任落实，强化技术和管理创新，实施低成本发展，打赢提质增效、隐患治理、维稳防恐攻坚战，圆满完成勘探、开发、生产、稳定等各项工作任务。

一、实施储量高峰增长工程

“十二五”时期，新疆油田持续实施储量增长高峰期工程。2012年，超额完成三级储量任务，其中新增探明储量和滚动探明储量7547.8万吨。吉木萨尔凹陷二叠系芦草沟组致密油勘探获重大突破，试油7口井9层获稳定工业油流，井控储量超过10亿吨，是新疆油田历史上发现的最大整装油田。玛湖凹陷环带7口探井获工业油流，落实储量超亿吨；中拐凸起金龙地区石炭系和二叠系乌尔禾组、佳木河组3套油层探明储量预计过亿吨；重点探区大丰1井钻遇白垩系、侏罗系、齐古组数百米厚储层，并见活跃油气显示，展示南缘下组合新的勘探场面。勘探探明2个千万吨级整装区块，重18井区新增侏罗系齐古组稠油储量2152万吨，吉7井区新增二叠系梧桐沟组储量2138万吨，累计探明储量7206万吨。勘探帐北断褶带落实石炭系、二叠系储量近5000万吨；阜康凹陷东环带阜东16井在侏罗系发现三工河组、齐古组新油藏，新增优质储量千万吨；莫21井在侏罗系八道湾组试获工业油流；车510井首次发现新近系沙湾组沙一段优质稠油储量；火山岩气藏滚动勘探在滴西177井、滴西321井石炭系连获突破，预计新增天然气储量300亿立方米。

2013—2015年，持续推进实施储量增长高峰期工程。2013年，石油储量接替率、储采比分别达到2.6、22.3，资源基础得到进一步落实。东道海子富烃凹陷滴南8井二叠系梧桐沟组获得高产工业油流，有利勘探面积1100平方千米，揭开了准噶尔盆地腹部勘探新篇章。玛北地区落实亿吨级储量，玛18井、玛湖1井均获高产工业油流，玛湖凹陷西斜坡基本形成百里油区；吉木萨尔凹陷致密油领域3口井获得工业油流，新增井控储量2.66亿吨，累计达到12.84亿吨。金龙油田中拐凸起金龙2井区二叠系新增整装探明石油地质储量7000万吨，金龙10井区石炭系新增预测石油地质储量8100万吨。风城油田侏罗系重18、重22井区，新增探明石油地质储量4348万吨。整体解剖九区-百口泉断裂上盘石炭系，有14口井获工业油流；重新认识油藏，克拉玛依油田四1区、白25井区11口井，在多个层组获工业油流；深化控藏因素研究，腹部夏盐、石南地区14井获工业油流；加强成藏规律研究，红车断裂带12口井分别在石炭系、古近系-新近系、侏罗系和白垩系获工业油流；克拉美丽气田外围滴西185井等3口井获高产气流，新增天然气储量220亿立方米。2013年，新增探明石油地质储量、可采地质储量、SEC储量分别为1.22亿吨、2536万吨、1760万吨，新增控制、预测石油地质储量分别为1.08亿吨、1.05亿吨。新增探明石油地质储量、滚动勘探新增探明石油地质储量分别居中国石油第二位、第一位。2014年，玛湖凹陷三叠系落实三级储量近2亿吨，获中国石油重大油气发现一等奖。中拐凸起周缘佳木河组，落实油气预测储量近8000万吨；金龙10井区石炭系新增控制储量4117万吨。莫索湾凸起莫24井白垩系、沙湾凹陷中佳3井三叠系获良好油气显示。红车断裂带红153井二叠系获日产油126立方米高产工业油流，八区南部白25井区二叠系、车排子凸起车21井区石炭系、北三台凸起西泉103井区石炭系多口井获得高产，发现并证实4个可动用规模效益储量区块；腹部夏盐11井区侏罗系、石204井区侏罗系、克乌断裂带上盘石炭系落实探明储量2000万吨；滴南凸起滴西186石炭系、中拐凸起克032二叠系等多井获得高产工业油流，预计新增天然气储量300亿立方米。

坚持勘探开发、地质工程、经济技术"三个一体化"制度，推进地质、工程、经营各专业融合，全过程优化方案部署，减少从油田发现到建产的周期和成本，推进多打井、多发现、大发现。2015年上半年完成全部井位部署，下半年完成2016年的探井21口，为环境影响评价和现场实施赢得主动；2015年多打探井10口、评价井14口，预探井数和评价井数完成率分别为111%、166%；试获工业油气流111井131层。

2016—2019年，坚持效益勘探，突出规模现实和浅层高效领域，推进勘探开发、地质工程、技术经济一体化融合。2016年，玛湖东斜坡在百口泉组首次获得突破，达13井、盐北4井获高产油流，落实三级储量9154万吨，继玛湖西斜坡后成为又一个百里油区。风南401井等16口井在侏罗系、三叠系中浅层获突破。在玛湖凹陷勘探领域构建大型浅水扇三角洲沉积模式。玛湖大油气战略发现获中国石油股份公司重大油气发现特别奖。红车拐地区18口井在中浅层获新发现，获中国石油股份公司重要成果一等奖。2017年，玛湖二叠系上乌尔禾组新获工业油气流25井27层，其中玛湖8井、玛湖11井、玛湖013井日产油超过100吨；玛中4井在玛中平台三叠系百口泉组获工业油流，继东西斜坡两大百里油区之后，展现又一个勘探新领域，发现形成玛湖10亿吨级大油区。在吉木萨尔凹陷致密油地区应用大液量、大排量、密切割储层改造技术，两口开发试验水平井平均日产油41.6吨。滴南凸起南带美8井、美001井、滴西121井等多井获工业油流，展现千亿立方米气田规模。克拉美丽气田滚动勘探新增探明天然气地质储量331亿立方米。全年，新增探明石油地质储量10017万吨，新增原油产能202.78万吨、新增天然气产能1.4亿立方米。2019年，新疆油田推进高效勘探、规模增储，在南缘、玛湖、西北缘、腹部等地区获多项重要成果。南缘下组合勘探获历史性突破，高探1井日产原油1213立方米、天然气32万立方米。玛湖整体勘探成效显著，部署探井75口，新获工业油流81井158层。突出西北缘断裂带精细勘探，在克百断裂带六九区石炭系、红车断阶区二叠系佳木河组、红山嘴石炭系新落实石油储量1.6亿吨。腹部高效勘探展现良好前景，沙湾凹陷东北斜坡前哨2井在三工河组试获高产油气流，用10毫米油嘴日产油39.3立方米、天然气20.4万立方米；滴南凸起东西两段滴西110井、滴西507井在石炭系分获16.2万立方米高产工业气流、60.2立方米高产工业油流；东道海子凹陷滴南15井在上乌尔禾组二段两层分别获日产油101.2立方米、413立方米。

二、实施提高单井产量工程

新疆油田深入实施生产稳定、提高单井产量工程。2012年，油田综合递减率、含水上升率，同比分别下降0.5个百分点、0.1个百分点，稠油油汽比稳定在0.14，油井单井日产量达2.25吨。深化注水专项治理，分注率、水质达标率同比提高5.1个百分点、8.0个百分点。全油田新钻井1876口，建产能170万吨，新井产油79万吨，其中新钻水平井232口，建产能59.5万吨，用7.3%的井数完成全油田19.8%的产量；二次开发钻井351口，建产能23.7万吨，年产油11万吨。砾岩油藏聚合物驱试验区、二元驱、红浅火驱阶段采收率分别提高0.7个百分点、1.4个百分点、5.34个百分点。SAGD钻完井、双管循环预热、温压同测等配套技术获得突破，风城超稠油全生命周期项目产油142.3万吨，新建产能97万吨；30万吨SAGD预处理站、特稠油处理站改扩建工程和风城长输管道等配套工程安全投运。实施气井侧钻、连续油管排液采气等措施18井次，新建天然气产能1.2亿立方米，日增气36.5万立方米。精细管理已开发气田，错峰检修天然气处理装置。推进合作开发，受中国石油委托与新疆维吾尔自治区人民政府、新疆生产建设兵团所属企业合资设立红山油田公司，产油11.9万吨；组建低效油田合作开发公司，产油10.1万吨。

2013—2015年，注重有质量、有效益、可持续发展，有序推进“新疆大庆”建设，原油生产保持在1160万吨以上，天然气生产保持在28亿立方米左右。2013年，综合递减率控制在14.3%，含水上升率控制在0.9%。深化注水专项治理，开展老区精细挖潜，全油田分注率、水质达标率同比提高4个百分点、3个百分点。二次开发工程钻井136口，累计建产能近200万吨，有力助推采油二厂连续4年稳产200万吨。砾岩油藏30万吨聚合物驱工业化试验进入前缘水驱阶段，二元驱、红浅火驱阶段采收率分别提高4.3个百分点、9.3个百分点，直井火驱工艺技术基本成熟，水平井火驱4对井开始预热。风城超稠油SAGD技术实现102个井组规模应用，投产74个井组平均日产油14.2吨，同比提高2.8吨，循环预热优化控制技术初步形成；重45高黏稠油试验区3对SAGD井组投入预热，投运2号稠油处理站和风城水处理厂，完成循环预热阶段采出液预处理现场试验，助推风城油田原油产量突破200万吨。吉木萨尔凹陷致密油开发先导试验4口井顺利投产，“工厂化”作业模式初步建立。全油田递减率稳定在12.7%，含水上升率控制在1%；稠油油汽比稳定在0.13。坚持管理与技术、地面与地下、方案与现场相结合，大力推进精细化注汽，重油公司原油重上百万吨。全年新钻井4133口，新建产能286.4万吨；占全油田开井数7.2%的水平井贡献了19.2%的原油产量。稀油新区，全部实现同步注水。合作开发生产原油189.7万吨，同比增加82.7万吨。国内最大的储气库——呼图壁储气库安全高效建成，注气、采气两套系统均一次投产成功，累计注气12.51亿立方米，提高了区域储备调峰和应急保障能力。全年新建天然气产能2.5亿立方米，深挖已开发气藏潜力，实现日增气23.5万立方米；加强气田综合管理，抓好产销综合平衡，实现安全平稳供气。2014年，新疆油田综合递减率控制在14.3%，含水上升率控制在0.9%。新建产能155.51万吨，新区稀油的85%实现同步或超前注水。实施注水专项治理工作量20127井次，年注水能力增加235万立方米，水井分注率、水质达标率同比分别增长1.7个百分点、4个百分点，水驱控制程度86.9%；优化完善增产措施1203井次，增油24万吨。推行优化注汽，稠油开发油汽比稳定在0.13，综合递减率下降0.3个百分点。

老区油田二次开发累计建产能206万吨，单井日产油提高1.7吨，采收率提高8个百分点；克拉玛依油田砾岩油藏，连续7年稳产200万吨以上。六中区砾岩油藏深部调驱试验累计增油2.6万吨，阶段采出程度提高1.3%；七中区二元驱试验累计产油3.56万吨，阶段采出程度6.6%；风城油田超稠油SAGD技术试验年产油50万吨，重45高黏SAGD试验井组日均产油25吨，油汽比达0.23；红浅1浅层稠油火驱工业化试验累计产油6.9万吨，阶段采出程度16.3%；昌吉油田致密油开发先导试验6口井均见产；吉7井区中深层稠油注水开发项目，新建产能11.6万吨。合作开发生产原油243.5万吨，同比增加53.8万吨。实施“增气工程”，新建天然气产能1.97亿立方米，气层气递减率同比下降4个百分点；老井挖潜增气4100万立方米。呼图壁储气库注气18.24亿立方米，采气5.33亿立方米。2015年，玛湖凹陷三叠系勘探新增三级储量1.35亿吨，西斜坡百里新油区实现连片；二叠系盐北4井等多井获得突破，新增三级储量8377万吨；玛湖斜坡成为西北缘断裂带之后的第二个大型油气富集带。落实西北缘断裂带车210井、红153浅层油藏，新增控制石油地质储量1.38亿吨。玛湖斜坡三叠系、红车断裂带多层系勘探获得中国石油股份公司油气勘探重大发现成果一等奖。2015年，推行钻井总承包方式，推广大井丛、多井型、工厂化作业模式，新建原油产能225.86万吨、天然气产能1.7亿立方米。调整产能产量结构，调减稠油产能47.9万吨，压减高成本稠油产量14万吨，稀油产量同比增加34万吨。全过程优化注水注汽，减少低效无效注水102万立方米，节约蒸汽385.8万吨，自然递减率由17.2%下降至15.7%，稠油油汽比由0.13提高到0.14。措施挖潜增油74.9万吨，措施有效率同比提高1.3个百分点。稀油长停井复产111口，恢复生产能力9.97万吨，增油6.4万吨。推广快速预热技术，超稠油SAGD产量增加到70.1万吨。七东1区30万吨聚合物驱项目年产油18万吨；七中区二元复合驱项目日产油水平由18吨提高到42吨；正式启动火驱工业化推广项目。合作开发生产原油144.7万吨。全年，油田综合递减率同比下降0.9个百分点，含水上升率控制在1.1%。呼图壁储气库运行平稳安全，注气20.1亿立方米，采气6.7亿立方米。

2015年，以质量效益为中心，实施“资源、科技、低成本”三大战略，推进低成本发展和精细化管理，深入实施开源节流降本增效，打好稳增长和安全环保隐患治理攻坚战，完成了年度各项工作任务。新增三级石油地质储量3.36亿吨，新增预测天然气地质储量307亿立方米；生产原油1180万吨，生产天然气28.4亿立方米。油气操作成本17.67美元/桶。节能4.9万吨标准煤，节水97万立方米。连续15年实现安全环保无事故。

针对稠油热采过程中携油蒸汽逸散污染环境、高温采出液外溢等问题攻关研究，首次在车排子油田车510井区实现稠油全程密闭集输，杜绝蒸汽、采出液外漏现象。与传统开放式集输工艺相比，密闭集输工艺可优化输送流程，采出液通过管道由单井输送至原油处理站，采出液由于自身高温，无须二次加热，降低了处理运行成本。

首个整装常规注水开发中深层稠油油田建成投产。昌吉油田吉7井区，整装探明石油地质储量7206万吨；油藏类型为普通稠油及特稠油整装油藏，在50摄氏度下平均黏度为2315毫帕·秒，原油流度为5毫达西。采用常规注水、螺杆泵举升及回掺水伴热集输等工艺，解决了吉7井区稠油开采难度大的问题。至2015年，累计完钻新井445口，其中采油井298口、注水井147口，年生产能力30万吨，区块日均产油900吨，年产油在20万吨以上。

2016—2019年，新疆油田科学协调稳定发展。2016年，新疆油田以经济效益为中心，围绕“掌控资源、配套技术、控制成本”核心任务，实施“6+1”战略工程，优化储量和产量结构，强化技术和管理创新，推进低成本发展、精细化管理，加强投资成本和安全环保管控，打好开源节流降本增效攻坚战，完成了各项生产工作任务。优化原油产能产量结构，调增稀油产能18万吨，压减稠油无效产量68万吨，稀油产量占比增长3.2个百分点。推广“多井丛-大平台”工厂化、标准化模式，建产能31.6万吨，减少征地246.67万平方米（3700亩）。实施老井试油、新钻控制（试验）井94口，落实原油产能

176万吨。优化注水、注汽，减少低效、无效注水110万立方米，节约蒸汽616万吨，稀油自然递减率降至9%，稠油油汽比提升至0.138。实施压裂、上返补层等增产措施，增油21万吨。推进化学驱、超稠油SAGD、火驱等重大开发试验，产油110万吨，SAGD产量同比增长16万吨。油田综合递减率下降0.2个百分点，含水上升率控制在1%。天然气超产0.5亿立方米，商品量同比增加4.6亿立方米。呼图壁储气库运行平稳，注气17.2亿立方米，采气12.8亿立方米。2016年，生产原油1113万吨，生产天然气28.55亿立方米。

完善“十三五”投资规划，实施8大类36项提质增效措施，节约挖潜资金24.3亿元。推行标准化设计、市场化运作，有效控减投资。推进资产轻量化，加大历史陈旧收回、清理力度。推进精细成本管控，开展全员成本大调查，分类施策，节约成本1.9亿元。开展降库利库工作，降库率55%。招标率提高8.1个百分点，节约资金4.9亿元。开展投资项目风险评估试点，优化财务管理内控流程253项；加强法律风险防控，避免经济损失0.25亿元。实施经济责任、工程投资、管理效益审计34项，涉及资金8.3亿元。开展合规管理监察88项，整改问题168个。2016年，获全国守合同重信用企业公示证书；获新疆维吾尔自治区守合同重信用企业公示证书，并获“纳税信用等级A级企业”称号。

新疆油田优化产能结构和方案部署，2017年新增原油产能202.78万吨、天然气产能1.4亿立方米，新井产油61.3万吨。推广应用“水平井+体积压裂”“大井丛、平台式、工厂化”建产模式，实施158个平台433口井，减少征地面积135.13万平方米（2027亩），节约投资成本7162万元。优化注水注汽，减少低效无效注水115万立方米，节约蒸汽294万吨。稀油自然递减率由9%下降到8.9%，稠油油汽比保持在0.125。推进化学驱、超稠油SAGD、火驱等重大开发试验，SAGD年产油超过100万吨。全年，生产原油1131万吨，生产天然气28.42亿立方米。2019年，推广玛131示范区提速模板，玛湖地区、吉木萨尔页岩油综合提速15%。优化产能结构和方案部署，超前开展前置项办理，推广“批钻批压、批焖批压”建产模式，新建产能346万吨，新井产油62.8万吨。聚焦控制递减率和提高采收率两项核心工作，全过程优化注水注汽，加大压裂、上返补层、长停井复产等措施力度，攻关推广砾岩油藏化学驱、火驱工业化应用等重大开发试验，稀油含水上升率控制在0.9%；稠油油汽比稳定在0.11，全油田绝对油量递减率控制在7.9%，减缓2.5%。2019年全年，生产原油1247万吨、天然气29.31亿立方米（表6-3）。

表6-3　2012—2020年中国石油新疆油田主要生产指标

指标	2012年	2013年	2014年	2015年	2016年	2017年	2018年	2019年	2020年
原油产量（万吨）	1103	1160	1180	1180	1113	1131	1147	1247	1320.02
天然气产量（亿立方米）	31.0	30.5	27.1	28.4	28.55	28.42	29.10	29.31	30.04
新增原油产能（万吨）				225.86	111.87	202.78	251.00	346.03	302.60
新增天然气产能（亿立方米）				2.55	2.84	1.40	1.67	0.99	1.07
新增探明石油地质储量（万吨）	8079	12200	9564	9045	8089	10017	13030	14441	19210
新增探明天然气地质储量（亿立方米）	16.9					331.0		67.52	
勘探投资（亿元）				36.20	36.95	38.88	38.18	51.23	46.97
开发投资（亿元）				96.9	66.9	104.43	149.13	186.90	133.17

注：此表数据来源于中国石油年鉴。

2021年，新疆油田生产天然气34.8亿立方米。呼图壁储气库调整工程（二期）于11月27日实现地面采气系统扩建投运；于12月23日全面完成年度新井投产任务，新增采气能力200万立方米，日应急调峰能力达3000万立方米以上，周期工作气量35.3亿立方米。截至12月23日，新疆油田呼图壁储气库日采气量达到3000万立方米，创建库以来历史新高。至12月14日，新疆油田采气一厂克拉美丽气田年产油气当量突破100万吨，达到100.18万吨。至2021年年底，克拉美丽气田共投产天然气井142口，累计产气量达108亿立方米，大大提高了新疆北部天然气的供应量。通过加快新区勘探开发、加强老区综合治理，克拉美丽气田产能综合递减率由初期的32%降低到7%，实现年产气量10亿立方米持续稳产6年。新疆油田采气一厂成功应用下节流采气技术，提高了单井建设速度，降低了井站运行能耗，助推新疆油田“双碳”进程。

三、实施推进“大科技”工程

新疆油田深入推进“大科技”工程，有效发挥科技第一生产力的作用。2012年，整合采油工艺研究院和勘探开发研究院工程所成立工程技术研究院。完善以勘探开发协同工作环境为核心的科研办公平台。牵头完成“新疆大庆”重大科技专项立项和顶层设计，设立二叠系致密油形成机理与勘探技术研究等8个重大科技课题。应用科技经费管理平台，完善重大项目制管理模式，以6个公司级重大科技项目和6个重大开发试验项目为核心，开展科研攻关47项、课题285个。水平井大型体积压裂技术创“千方砂、万方液”纪录；超稠油SAGD开发试验形成双水平井设计等8大主体技术；七东1区克下组砾岩油藏聚合物驱经近8年研究和现场工业化试验，形成9项配套技术，通过中国石油的验收，进入工业推广阶段；火驱井连续油管施工、水力喷射五级压裂、稠油井带压作业、超稠油长输管道混输等一批新技术、新工艺取得新进展。2012年，实现科技增油45万吨。全年获得省部级科技进步奖12项，申报专利148件、授权132件，计算机软件著作权4件，实施专有技术有形化4项。

2013—2015年，以“新疆大庆”重大科技专项引领科技攻关，深入推进“大科技”工程。2013年，投入科技资金12.67亿元，攻关49项259个课题，科技项目计划完成率98.5%、优良率80.6%，实现科技增油40万吨。富烃凹陷岩性地层和湖相致密油地质理论认识，浅层超稠油双水平井SAGD技术、砾岩油藏大幅度提高采收率、火山岩气藏综合调整等勘探开发关键技术取得重要进展；复杂油气藏优快钻井、试油与储层改造关键技术、火驱采油与地面配套等工程技术取得突破；重大现场试验和精细注水工艺、连续油管井下作业、带压作业等新技术新产品推广应用成效显著。推进智能油田建设，开展单井问题诊断优化、随钻跟踪辅助研究、智能物资仓储管理等系统建设，启动勘探战略选区、油藏评价目标优选等6个项目前期研究。科技研发组织体系职责和定位进一步理顺，保障体系不断健全，激励机制逐步完善，科技资源配置更加有效，攻关方向更趋集中。2014年，围绕重大科技专项、重大开发试验，投入资金6.02亿元，攻关41项课题，项目完成率97%、优良率70%，实现科技增油36万吨。在油气勘探领域，完善富烃凹陷他源型岩性地层油气藏勘探理论和技术体系，形成玛湖凹陷成藏模式由冲积扇向扇三角洲、局部成藏向大面积成藏转变新认识；攻关推广高密度三维地震、低渗透砂砾岩储层测井分类评价、二次加砂储层改造等技术系列。在油气开发领域，形成克拉玛依砂砾岩油藏剩余油精细描述、层系井网重组、精细注采调控、深部调驱、聚合物驱等二次开发和三次采油技术系列，其成果获中国石油科技进步一等奖；双水平井SAGD技术配套，形成储层和蒸汽腔精细描述、注采参数调控、快速预热、采油工程配套等技术系列，难采储量3000万吨得以动用，其成果获新疆维吾尔自治区科技进步一等奖。在工程技术领域，形成“两宽一高”地震勘探技术，地震预测深度误差由3%降至1%，储层钻遇率由60%提高至90%；水平井体积压裂技术配套应用；风城油田高含盐水处理试验及SAGD高温采出液密闭处理试验通过验收，填补国内空白。2015年，在玛湖凹陷应用“三位一体”沉积相划分与储层预测技术，预测符合率80%以上。应用浅层超稠油SAGD挤液预处理技术，重18井区预热周期从288天缩短到106天，节约蒸汽80万吨。研发水平井裸眼封隔器加滑套分压管柱，实施压裂最大级数12级，较国外同类产品节约成本40%。争取国家油气重大专项和“973”等重大项目，落实科技课题40个。研发智能物资仓储管理等7个系统，投用稀油、稠油、SAGD、天然气单井问题诊断和优化系统；推广中国石油ERP应用集成系统。风城油田物联网示范工程投运，优化人力资源近千人，实现“百万吨稠油油田千人管理”的目标。

2015年，新疆油田承担的国家“863”项目矿场试验——克拉玛依油田七中区克上组油藏内源微生物驱先导试验实施后，日产油由实施前的16.9吨提升至44.3吨，含水率由88.6%下降至77%，阶段采出程度提高1.9%，累计增油1.34万吨。探索微生物驱油技术，这是一种利用微生物活动及代谢产物提高采收率的技术，是继第三次采油技术热采、化学驱、气驱后的又一次技术革新，具有技术性强、工艺技术简便、运行成本低廉、环保无污染、产出液无须特殊处理等优点，能够有效改善老区油田水驱开发效果。

新疆油田玛131井区玛湖1324井、玛湖1325井实施48级压裂，创中国石油单井水平段射孔桥塞联作套管压裂最高级数，最高峰时1天完成3级压裂施工，单级平均规模898.5立方米。其中玛湖1324井的2005米水平段最大长度、26级最多压裂段数，以及低温下24小时连续射孔桥塞联作压裂3段、同步交叉压裂5段，均创中国石油新纪录。

2016—2019年，持续推进“大科技”工程。2016年，投入科研经费3.9亿元，科技项目攻关32项。前陆冲断带勘探技术、二氧化碳驱油示范工程等国家级重大科技项目顺利开题；“新疆大庆”重大科技专项“新疆和吐哈油田勘探开发关键技术研究与应用”通过了中国石油股份公司验收。在环玛湖地区推广水平井+体积压裂建产模式，配套固井完井分级压裂技术，玛18、玛东2等15个区块单井平均日产油27.8吨。配套完善老油田开发稀油“二三结合”、超稠油SAGD驱泄复合等立体综合增储提效技术。研制三维火驱物理模拟试验装置，试验周期较国内外同类装置缩短50%。推进智能化油田建设进程，节约用工1400人；试点应用勘探开发一体化云平台，提高科研效率。数字油田项目入选2016年国家智能制造试点示范项目，成为石油石化行业唯一入选企业。中国石油A11示范工程——新疆油田采油二厂油气生产物联网示范工程正式转入生产运行，人均管井由5.3口提高到11.5口，为老油田数字化改造起到了示范作用。2017年，推进“大科技”工程，投入科研经费5.8亿元，科技项目攻关31项。玛湖致密油开发示范工程、“新疆大庆”（二期）重大科技项目顺利开题。构建地层背景下退积砂体纵向叠置、横向连片大面积成藏新模式，推动玛湖西南斜坡上乌尔禾组勘探。集成配套“水平井+体积压裂”技术，玛18

等重点区块稳产期大幅延长。2019年，加强技术集成与推广应用，砾岩油藏化学驱实现规模化应用，采收率提高18%；完善水平井+体积压裂技术体系，吉木萨尔页岩油单井压裂级数、水平段长度45段3500米，刷新新疆油田纪录。加快推进智能油田建设，建成重点探区勘探开发生产指挥系统，全面启动百口泉、陆梁、风城等老区物联网改造工作。是年，获省部级以上科技成果31项，“新疆浅层稠油、超稠油开发关键技术及应用”获中国石油科学技术进步特等奖。

新疆油田正处于快速上产期、业务调整密集期、油气结构优化期和数字化转型期。为满足油气田高质量发展的需要，新疆油田广泛利用先进的物联网、信息化、智能化技术，积极融入“互联网+”，促使企业科研工作从传统的“人工+计算机”向“数字化、智能化”升级，科研组织模式也更倾向于协同共享的合作模式，促使信息技术与重点业务持续深度融合，生产组织方式、管理效率得到显著提升。2021年，新疆油田实现油气当量1647万吨，其中原油产量1370万吨。

第四节 > 西北油田高效勘探开发

西北油田（为西北石油局、西北油田分公司的统称）主力油气区——塔河油田位于塔里木盆地北部沙雅隆起阿克库勒凸起南部，地处库车市、轮台县境内（图6-4）。截至2012年，拥有有效矿权区块43个，面积约14.38万平方千米，其中勘查区块34个、面积约14.01万平方千米，开采区块9个、面积约0.37万平方千米，全部分布在新疆维吾尔自治区的塔里木盆地；拥有油气远景资源量134.39亿吨油当量，其中，石油75.45亿吨、天然气58.88亿吨油当量，累计完成三级石油地质储量33.93亿吨油当量。投入开发塔河、西达里亚、巴什托3个油气田，以及雅克拉、轮台、大涝坝、亚松迪、三道桥5个凝析气田。

图 6-4　中国石油化工股份有限公司西北油田分公司的主力油田——塔河油田

累计生产原油6502.99万吨，累计生产天然气139.86亿立方米。

“十二五”时期，西北油田原油产量一直保持在700万吨以上生产规模。2012年，探明石油地质储量9594.95万吨、凝析气14.3亿立方米、溶解气10.13亿立方米，控制石油地质储量1.22亿吨、溶解气24.18亿立方米，预测石油地质储量1.01亿吨、溶解气215.86亿立方米；生产原油735万吨、天然气16.45亿立方米，被中国石化授予特别贡献奖。

一、高效推进油气勘探

“十二五”期间，西北油田按照中国石化“三新三高”要求，集中优势力量，团结协作、攻坚克难，精心组织实施，高效推进油气勘探，实现了预期目标。2012年，油气高效勘探取得丰硕成果。重大发现：部署在塔中北坡的顺南1井，在一间房组－鹰山组顶部酸压获油气显示，折算最高日产气3.87万立方米、日产油4立方米，实现了塔中Ⅰ号断裂带下盘加里东中期岩溶领域的重大油气发现。重要突破：塔里木盆地巴楚隆起海米东构造上的预探井——巴探5井，在奥陶系鹰山组试油获得工业油气流，实现巴楚隆起奥陶系加里东中期一幕岩溶领域重要油气突破；部署在顺托果勒与沙雅隆起交会处的跃1X井、跃进2X井，在奥陶系一间房组试油获得高产工业油气流，实现跃参地区奥陶系碳酸盐岩领域油气突破。重要进展：墨玉县境内的玉北地区东段奥陶系油藏评价取得重要进展，断洼部位玉北5井、玉北9井，在奥陶系鹰山组下部与蓬莱坝组钻遇良好储层及油气显示，进一步证实玉北地区东部具有良好油气勘探前景；部署在顺托果勒低隆起志留系领域顺9井区的顺9CH井，加砂压裂获工业油流，顺9井区志留系柯坪塔格组下段致密砂岩油藏评价取得重要进展；塔河油田南部盐下地区奥陶系油气藏研究进一步深入，S115-4等一批探井、评价井获工业油流，奥陶系油气勘探成果进一步扩大。

2015年，西北油田分公司按照“扩大塔河、突破深层、评价塔中、研究巴麦、攻关碎屑岩、探索新领域”的勘探方针，加强基础研究与技术攻关，强化目标评价与优选，科学优化部署，油气勘探工作稳步推进。顺托1井实现新地区天然气重大突破，进一步证实塔中北坡下古生界碳酸盐岩具有整体含气特征，勾勒出顺托大型气田轮廓。顺北1-1井在奥陶系一间房组测试获高产工业油气流，实现下古生界碳酸盐岩油气勘探由沙雅隆起向顺托果勒低隆起的战略转移。碎屑岩隐蔽圈闭落实与“直接找油”技术获得突破，胡杨1井获工业油流，在老区石炭系碎屑岩勘探有新发现。“十二五”期间，钻探井157口，累计探明石油地质储量2.86亿吨、探明天然气地质储量198.13亿立方米；塔里木盆地碳酸盐岩储层预测与圈闭描述技术取得新的进展，复杂地表地震采集与处理技术取得重要进展，优选塔河石炭系卡拉沙依组岩性圈闭攻关初步形成砂岩岩性圈闭识别技术系列，碳酸盐岩储量计算参数与碎屑岩油气藏测井评价技术取得新的进展。

“十三五”以来，西北油田在塔里木盆地的油气勘探，不断有新的突破、新的发现。2016年，以发现规模优质储量为主攻方向，加大轻质油和天然气勘探力度。顺北油气田实现重大商业发现，主干断裂带6口滚动评价井，日产油均在100吨以上，新增商业开发储量1380万吨；甩开部署的顺2井，获得工业油气流，证实顺北地区整体连片含油、局部富集；落实有利勘探面积4800平方千米、资源量17亿吨，为“十三五”建成200万吨级产能阵地奠定了资源基础，实现“塔河之外找塔河”的战略构想。中深层轻质油勘探取得重大发现，部署在塔河南部托甫台地区的鹰1X井，在鹰山组内幕获日产油75吨，展示中深层的勘探潜力；落实圈闭29个、面积837平方千米、资源量3.3亿吨，坚定了“塔河之下找塔河”的信心。碎屑岩隐蔽油气藏勘探取得新发现，部署的胡杨2井日产气11万立方米、日产凝析油8立方米；落实复合型圈闭3个、面积33平方千米、资源量1045万吨，打开老区碎屑岩勘探新局面。

2017年，顺北5井取得顺北5号北北西向主干走滑断裂带重大油气勘探突破，证实北北西向主干走滑断裂带也是储层发育、油气富集的有利部位，勘探开发一体化评价提交控制石油地质储量4718.7万吨油当量。顺北3井实现新目标类型油气突破，证实主干走滑断裂带之间的次级断裂带也具有良好的勘探潜力，展现顺北奥陶系整体含油气的格局。部署在塔深3井西部地区的TS3-3井等4口井获高产油流，证实塔河鹰山组内幕隐伏深断裂具有良好的勘探潜力；TS3-3井区落实控制石油地质储量2556万吨。2019年，顺北油气田勘探成果继续扩大。加大甩开勘探部署力度，顺北53X井获高产工业油气流，初期日产油125吨、日产气7.5万立方米；顺北4井测试日产气12万立方米，证实顺北4号断裂带含油气；顺北1号带、5号带油气评价取得积极进展，顺北5-5、顺北5-6等滚动勘探井在5号断裂带中段获高产油气流，新增商业储量1618万吨。勘探效益进一步提高，探井成功率达60%，提高10个百分点，单井发现控制储量1175万吨，全年提交三级储量2.3亿吨，其中探明石油地质储量4885万吨。在中国石化2019年度油气勘探总结会上，西北油田顺北一区获商业发现特别奖，顺北三区获油气勘探突破一等奖。

2021年，西北油田油气勘探取得重要成果。8月26日，在塔里木盆地顺北油气田的重点探井——顺北44X井，试获油气当量产量超千吨，标志着顺北油气田4号断裂带获得亿吨级油区的重大发现。至此，中国石化在该地区探明油气储量超2亿吨，这是中国石化大力提升油气勘探力度的重要成果，将有效增强西北地区的洁净能源供应能力。顺北44X井位于顺北油气田4号断裂带，完钻井深8261米，经测试获得日产油865吨和日产气59万立方米，相当于油气当量1330吨。这是中国石化继顺北42X井和41X井之后在该地区勘探取得的更大突破，进一步证实了该地区具有“控储控藏控富”的特征，展现了良好的勘探前景。截至2021年8月，西北油田累计探明石油地质储量15亿吨、天然气地质储量740亿立方米，油气当量累计产量超1.4亿吨，是全国陆上十大油田之一。

二、高效推进油气开发

2012年，西北油田紧紧围绕“三率”（自然递减率、采收率、储量动用率），大打新区产能建设攻坚战、老区稳产阵地战，年原油产量创历史最高水平。年内大力开展4个精细、5个100和6项指标评比活动，自然递减率由21.4%下降到20.2%；塔河采油二厂首次将自然递减率控制在16.4%，同比下降3.4个百分点，创碳酸盐岩缝洞型油藏开发新纪录。积极开展油藏评价工作，部署评价井51口，动用储量3720万吨，取得“一个扩大、两个进展”的阶段性成果。全年建产新井255口，新建产能164万吨，储量动用率由62.1%上升到64.1%。积极开展群众性挖潜措施活动，强化低产井、低效井复查，加大深抽、压裂、大修等工作力度，年增油64.5万吨。2013年，紧跟勘探突破，尽早开展油藏评价，跃进区块实现当年评价、当年动用、当年贡献产量；全年部署评价井26口，建产19口，产油4.1万吨。利用新资料、新方法、新认识，推进难开发区域高效开发。利用高精三维资料、断裂残丘刻画技术，明确塔河油田3区东残丘及断裂的控油控储作用，实现高效开发；全年投产14口井，年产油3.6万吨。利用精细断层岩溶刻画技术，深化塔河油田10区南油水关系复杂区地质认识，实现高效开发；全年部署评价井31口，投产24口，平均单井日产油28吨，年产油11.9万吨。通过加强河道刻画技术及深化古河道控储认识，推进塔河油田12区东部风化壳岩溶区开发；全年部署开发井22口，投产19口，平均单井日产油能力18.1吨，年产油6.4万吨。在油藏认识的基础上，积极开展新工艺试验，拓展老区剩余油侧钻挖潜增油；全年部署侧钻井60口，投产58口，平均单井日产油17.5吨，年产油22万吨。年内，西北油田全面完成国家科技重大专项“塔里木盆地大型碳酸盐岩油气田开发示范工程”及相关专题阶段性研究任务。2015年，西北油田算经济账、走开发优化之路，百万吨产能投资比上年降低19.7亿元；措施有效率提高1.9个百分点，吨油成本降低265元；注汽有效率提高3个百分点，吨油成本降低228元；自然递减率降至16.9%。建立完善井位论证效益评价标准，做好方案储备，及时调整优化部署，全年新增经济可采储量400万吨油当量；加强基础地质研究，推进顺北地区、深层领域、石炭系碎屑岩油藏勘探开发一体化进程，落实商业开发储量1100万吨。强化油藏、钻井、采油、地面工程四位一体协同运行，单井日产能力比上年提高1.5吨，钻采投资降低252元。强化注水调驱、单元注汽、碎屑岩底水油藏氮气泡沫驱等五大领域关键技术攻关，老区采收率提高0.4个百分点。“十二五”期间，西北油田新增原油生产能力570.21万吨，新增天然气生产能力10.26亿立方米。

“十三五”以来，西北油田大力实施“保能力、增可采”战略，狠抓“五个优化”，效益开发创新路。2016年，自然递减率比2015年降低1个百分点，产能建设成本降低4美元/桶，措施吨油成本762元、注汽吨油成本696元，原油、天然气储量替代率分别达103.8%、149.5%。优化井位部署，实践定量化注水，完善措施、注汽效益评价机制，在工作量比2015年减少30%的情况下，原油日产能力保持在1.73万吨以上（保持率91%），天然气日产能力保持在475万立方米（保持率95%）。全年，新增原油经济可采储量617万吨，新增天然气经济可采储量20.9亿立方米。深化“断熔体”、小缝洞精细描述研究，精细韵律段建模与微幅构造解释，顺北1井区实现规模增储，碎屑岩老区油水边界区打出高产井，新增商业开发储量1525万吨。开展产品、产量、产液、油品、注水结构优化，增加天然气日产能力60万立方米、轻质油日产能力1600吨，减少低效负效液量81万吨，降低稠油产量57万吨，实现增效2.29亿元，压减费用1.34亿元。

2017年，按照中国石化分类管理标准，科学分析、深入研究，油田区块目标管理取得阶段性成果。按年产量规模分类，塔河油田10区等3个区块属大型油田，年产量406万吨，占油田全年产量69.25%；塔河油田1区三叠系等8个区块中型油田，年产量128万吨，占油田全年产量21.28%；塔河油田2区三叠系等19个区块，年产量69万吨，占油田全年产量11.47%。全年，新建原油生产能力82.7万吨，新建天然气生产能力2.61亿立方米；生产原油630.03万吨，生产天然气16亿立方米。2019年，实施增储上产工程，油气产量保持增长态势，新增油气SEC储量分别为838万吨、23亿立方米。建成顺北地区百万吨油气产能阵地，投产新井17口，单井日产油能力65吨，实现了区块平稳上产。实现塔河油田硬稳定，投产新井88口，新增动用储量1550万吨，新建产能53万吨。深化动用不充分储量认识，大力开展流道调整、流势调控，扩大注水注汽规模，增油量分别为71.5万吨、80万吨，自然递减率降至14.8%，创历史最好水平。积极开展新工艺新技术试验应用，实施60井次，实现增油11万吨，丰富了提高采收率技术手段。

中国石化在顺北油气田建成百万吨级产能。顺北油气田具有超深、超高压、超高温的特点，储层平均埋藏深度超过7300米，是世界上埋藏最深的油气藏之一，勘探难度大。中国石化加大科技攻关力度，攻克一系列世界级技术难题，创新形成顺北超深断控型油气成藏理论，先后发现顺北油气田1号断裂带、5号断裂带及4号断裂带等三个亿吨级油气区。2020年，顺北油气田建成百万吨级产能。2021年6月，累计生产原油突破300万吨、天然气超10亿立方米，成为中国石化“十四五”期间重要的增储上产阵地。

三、高效推进科技创新

围绕“实现二次跨越发展，实现建成千万吨级大油气田”发展目标，西北油田针对勘探、开发、工程、生产经营中的技术瓶颈，积极推进科技攻关和科技成果转化，取得良好效果。2014年，组织新技术研究，为油田降本增效提供技术手段，其中油田太阳能加热原油项目，实现2小时原油出口温度50摄氏度，达到预期加热效果。4月12日，油田分公司AT22井太阳能集输加热系统投入试运行。利用太阳光能加热导热油，通过高温导热油与原油换热，将集输原油温度控制在生产需要水平。在塔里木盆地太阳辐照条件下，集输加热系统热功率峰值可达200千瓦，系统采用新型原油加热器，传热效率比常规换热器提高20%以上。太阳能集输加热系统投用后，每年可节约天然气7.5万立方米，碳排放为零，实现经济效益77.5万元。

塔河油田南侧的托甫台区块超千吨中质原油使用汽车倒运费用昂贵，并且原油挥发损耗大；油区原油和掺稀油倒运，管理点多面广、工作量大、难度大。对此，油田分公司决定对塔河油田地面集输掺稀油系统进行整体优化。工程建设耗时132天，于4月30日将塔河油田托甫台区原油顺利切改进三号联合站生产；5月5日，塔河油田二号联合站第一罐掺稀油混配合格实现外输，标志着掺稀混配优化调整工程一次性投产成功。实施后，日减少原油及掺稀油倒运约2500吨，折算年降低倒运超过90万吨，降低三倒费用近2000万元；折算年降低损耗1.8万吨，挽回经济损失超过8000万元，节约综合能耗2.3万吨标准煤；减少装卸车站场2座，优化用工8人。

2016—2020年，西北油田加快实施创新驱动发展战略，不断攻克瓶颈技术，充分发挥科技助推作用并取得积极效果。2016年，塔河油田奥陶系碳酸盐岩目标处理技术取得新突破，缝洞体精细刻画研究取得新进展，顺北地区分层提速技术取得新突破，低成本采油技术取得新进展，被中国石化评为首批创新型企业。深入推进一体化“大运行”模式，发挥系统优势、各环节无缝衔接，运行高效有力。坚持抓过程、控节点、保质量，钻前工程优良率比上年提高5个百分点，钻井故障率、万米故障损失台时分别控制在3.5%、74小时以内，搬迁安装平均周期比计划节约0.8天。生产信息化水平持续提升，完成生产指挥系统PCSI1.0建设，实现“人工巡井向电子巡井、人工录入向自动采集、事后处置向超前预警、逐级上报向实时决策”的转变。2017年，充分发挥科技助推作用，在下古生界碳酸盐岩勘探技术上取得新认识：顺北地区断裂控储控藏作用明显，油气富集与储层发育程度有关；顺北地区发育受断裂带控制的多成因裂缝-洞穴型规模储集体，断裂带是控制储层发育的关键因素，主干断裂带是规模储层发育的有利部位；巴麦地区发育NE向走滑断裂体系、加里东中期Ⅲ幕逆冲断裂体系和喜山期北西向基地卷入逆冲断裂体系；玉北地区奥陶系碳酸盐岩存在多期成藏与调整改造，油气性质复杂多样，其中中西部地区以喜山期成藏、形成轻质油-天然气藏为主，东部以加里东晚期、海西晚期成藏、形成中质-重质油藏为主，东部断隆带高部位主要为海西晚期充注、后期改造残留油藏；深化塔河地区南部上奥陶统巨厚泥岩覆盖区鹰山组内幕储层发育模式，以加里东中期Ⅰ幕和Ⅱ幕大气淡水深缓流带岩溶作用为主，受控于北北东向-北北西向共轭走滑断裂和古构造，并经历了后期埋藏流体溶蚀改造；深化塔河地区鹰山组内幕油气成藏认识，提出塔河地区南部奥陶系油气纵向运聚模式，喜山晚期寒武系烃源岩直接供烃，沿北北东向和北北西向主干断裂带向上输导，形成“纵向运移，侧向分配”的“多层楼”成藏模式，为塔河深层勘探部署提供依据。建立古生界碳酸盐岩油藏地震勘探关键技术，初步完成断裂模型的物理模拟地质模型建立，通过二维采集处理，深化断裂地震响应特征模式。形成石油工程十大创新技术：顺北优快钻井技术、塔中安全钻井技术、智能控水完井技术、体积酸压技术、深部酸化技术、碎屑岩水侵控制技术、碳酸盐岩流道调整技术、流体自动监测技术、腐蚀防控技术、腐蚀整治技术。2019年，攻克关键核心技术，初步形成超深断控型油藏勘探技术系列。以“三层一带”速度建模、“三保一测”参数优选为核心，建立三维地震立体成像技术体系，断裂带成像质量得到提高；持续完善断熔体有效储层预测方法，为井位部署和轨迹优化提供技术支撑。西北油田承担的“塔河碳酸盐岩缝洞型油藏降低自然递减技术”通过中国石化鉴定，实现4项世界首创及1项填补国内空白，总体达到国际领先水平。2020年，西北油田突出问题导向、集聚创新资源、探索创新模式，攻关方向更加明确。组织召开勘探、开发、工程三大技术交流会，以及开展开放型座谈会，系统梳理出理论技术难题96项。按照构建内外联动、开放合作的大科研团队方向，完成科技创新高水平基础研究平台、高质量技术攻关平台、高效率科研成果转化平台“三大平台”顶层设计，为集聚优质创新资源、提高科技攻关效率奠定了坚实基础。关键技术攻关有新进展，“超深断熔体油气藏空间雕刻及储量计算技术”被行业鉴定为国际领先。“古岩溶系统识别描述技术”支撑了老区注采调整和井网构建。顺北地区推广应用防塌堵漏、复合破岩技术，钻井周期缩短28%。塔河地区攻关试验短半径侧钻技术，侧钻周期降至8.35天。“集成配套超深储层分段酸压技术”为实现“少井高产”创造了条件。

2020年，西北油田以落实规模优质储量为核心，优化井位部署，大打高质量勘探进攻仗，全年新增探明石油地质储量5853.74万吨、天然气地质储量102.41亿立方米（表6–4），完成年度计划的121%，勘探成功率60%，探明储量发现成本47.3元/吨。以提高开发质量和效益为中心，全力推进顺北上产和塔河稳产，持续提升开发水平。全年生产原油670万吨，生产天然气19.1亿立方米，油气SEC储量替代率达125%以上，各项开发经济技术指标持续改善。

表6–4　2012—2020年中国石化西北油田主要生产指标

指标	2012年	2013年	2014年	2015年	2016年	2017年	2018年	2019年	2020年
原油产量（万吨）	735.00	737.00	735.50	703.00	594.30	630.03	650.03	662.01	670.00
天然气产量（亿立方米）	16.45	16.40	16.30	16.00	14.00	16.00	17.42	18.02	19.10

续表

指标	2012年	2013年	2014年	2015年	2016年	2017年	2018年	2019年	2020年
新增原油产能（万吨）	159.60	105.00	83.61	62.30	45.90	82.70	73.60	71.80	62.69
新增天然气产能（亿立方米）	2.17	1.85	2.53	1.69	2.86	2.61	2.65	3.13	3.16
新增探明石油地质储量（万吨）	9594.94	2838.24	1184.77	5339.07	1474.87		5050.00	4885.32	5853.74
新增探明天然气地质储量（亿立方米）	24.43	44.03	31.45	35.80	74.65		142.56	130.69	102.41
勘探投资（亿元）	35.04	22.96	24.49	14.90	17.77	20.19	22.62	30.23	31.57
开发投资（亿元）	92.45	99.20	63.54	30.39	24.88	27.79	29.59	39.41	44.01

注：此表数据来源于中国石化年鉴。

第五节 ＞ 塔里木油田实现稳油增气

塔里木油田（为塔里木油田分公司的简称）作业区域遍及塔里木盆地周边南疆5地州20多个县市。2012年，生产原油580.17万吨、天然气193.14亿立方米。截至2012年，累计探明石油地质储量8.24亿吨，可采储量2.03亿吨；累计探明天然气地质储量14132.61亿立方米，可采储量8883.74亿立方米。

“十二五”期间，塔里木油田原油产量由2011年的577.62万吨上升到2015年的590.01万吨，原油生产保持稳定增长；天然气产量由170.50亿立方米上升到235.52亿立方米，天然气年产量快速增长，保障西气东输的供求需要。2012年，新增油气三级储量当量4.28亿吨，新增油气三级储量当量连续7年超过4亿吨。其中，新增探明天然气地质储量1542.93亿立方米，可采储量925.76亿立方米。全年完成探井75口（其中评价井17口），试油34口井获工业油气流，油气勘探取得重大突破。博孜1井加深钻探，发现千亿立方米级凝析气藏；迪西1井氮气钻井获高产油气流，发现千亿立方米凝析气藏；古城6井获高产气流，新区油气勘探获重大突破；中深1井开辟了塔中地区寒武系碳酸盐岩勘探新领域。神木2井获高产油气流，展示了乌什凹陷岩性油气藏巨大勘探潜力；克深8井获得高产气流，在克深区块发现超千亿立方米气藏。全年投产新井207口，平均日产油3610吨，平均日产气502万立方米；实施措施井259井次，措施有效率83.78%，平均日增油1334吨，平均日增气45.22万立方米。完成年油气当量产量2119万吨，其中生产原油580.17万吨，同比增长0.44%；生产天然气193.14亿立方米，同比增长13.28%。销售天然气181.96亿立方米，同比增长13.54%；其中，通过西气东输管网销售天然气156.69亿立方米。2013—2014年，塔里木油田向西气东输供气分别为172.12亿立方米、183.42亿立方米。至2014年，累计向西气东输供气1410亿立方米，减少排放有害物质845余万吨。西气东输工程投产10年来，先后向上海、北京等14个省、市、区的80多个城市供气，3000余家工业企业和4亿多居民从中受益。

2015年，是塔里木油田实施打造“百年塔里木”发展战略的第一年。按照中国石油的决策部署，塔里木油田坚持有质量有效益可持续发展方针，着力发展油气主营业务，加强主导技术攻关，深化企业内部改革，强化依法合规经营，各项工作取得了新成果、新业绩。加大科技攻关力度，地震提质、钻井提速、完井提产、井筒提效、开发提采等技术攻关取得新进展。创新前陆盆地超深油气地质理论，首次提出“盐上顶篷构造，盐下冲断叠瓦”地质认识。发展超深海相碳酸盐岩油气地质理论，发现大型碳酸盐岩台地控储、走滑断裂控藏、大型缝洞集合体富集的成藏规律。国家重大科技专项“塔里木盆地库车前陆冲断带油气开发示范工程”通过“十二五”预验收和“十三五”可行性论证。塔里木油田牵头完成的“库车前陆冲断带盐下超深特大型砂岩气田发现与理论技术创新”项目，获国家科学技术进步奖二等奖。

围绕三大阵地战和新区新领域，强化富集油气区带整体再评价，完成二维地震1973千米、三维地震1810平方千米，完成探井44口，在29口井试油获工业油气流。2015年，新增探明石油地质储量5466.1万吨，天然气地质储量1404.7亿立方米；至2015年年底，累计探明石油地质储量9.95亿吨、天然气地质储量1.95万亿立方米，油气储采比分别为原油4.46、天然气16.02。

围绕“稳油增气”目标，突出开发质量效益，逐步调整油田开发秩序。投产新井171口，新增原油生产能力70.08万吨、天然气生产能力18.14亿立方米，年产油46.2万吨、产气6.24亿立方米；实施措施井226井次，措施有效率87.61%，增油25.73万吨、增气2.26亿立方米。实施注水专项治理、综合调整、二次开发与滚动接替工程。全年综合递减率10.43%，自然递减率14.73%，综合含水率69.61%。2015年，完成油气当量产量2467万吨；销售天然气220.8亿立方米，其中通过西气东输管网销售186.79亿立方米。

2016年，贯彻中国石油“发展西部”的战略决策，围绕“十三五”规划目标，坚持稳健发展方针，坚持低成本发展之路，加快落实建产资源，着力夯实开发基础。按照“坚持三大阵地战，加强区域风险勘探”的部署，突出效益勘探、规模勘探、精细勘探。库车山前克深北部逆掩叠置带获得重大突破，克深10井、克深11井均获工业气流，新发现两个气藏。台盆区寒武系白云岩潜山天然气勘探获重大突破，其中塔中东部的中古58井获工业油气流，为塔中东部潜山勘探时隔27年后取得的重大发现；位于巴楚隆起－麦盖提斜坡上的罗斯2井获工业油气流，取得继和田河发现20年来的重大发现。在油气开发上，抓住原油产量调减的有利时机，转变开发方式、夯实开发基础，完成油气产量当量2427万吨，其中生产原油550.01万吨、生产天然气235.62亿立方米。塔中西部油田公司，主营塔中西部合作区块的油气资源勘探开发，生产原油9.56万吨、生产天然气0.23亿立方米。

在2017年1月20日召开的五届三次职代会暨年度工作会议上，塔里木油田确立“高质量高水平高效益建成3000万吨世界一流大油气田”目标，实施

“资源、创新、市场、低成本”战略，做到“始终坚持突出发展油气主业不偏离，始终坚持‘两新两高’工作方针不动摇，始终坚持改革创新不停步，始终坚持安全绿色、和谐发展不放松，始终坚持党的领导、加强党的建设不松懈”。根据这一总体部署，全年坚持把资源勘探放在首位，突出中浅层、突出规模效益、突出开发可动用，集中力量打好三大阵地战，稳步推进新区新领域勘探。立足稳油增气目标，精细组织油气上产，高效推进产能建设，着力提高低成本油气资源供给能力，原油生产按计划运行、天然气生产保持高位平稳运行。全年，完成油气当量产量2538万吨，其中生产原油520.21万吨、生产天然气253.27亿立方米。通过西气东输管网销售天然气211.73亿立方米，累计向西气东输管网供气突破2000亿立方米，达到2000.01亿立方米。

2019年，突出资源掌控，加快库车克拉苏天然气集中勘探，加强塔中、塔北碳酸盐岩一体化精细评价，加大新区新领域的风险勘探，新增三级储量当量创近10年新高。库车坳陷博孜–大北地区新发现5个新的含气构造，特别是博孜9井对白垩系巴什基奇克组加砂压裂后测试，用8毫米油嘴求产，折日产气70.55万立方米、日产油167立方米，新发现一个超千亿立方米的整装凝析气藏，实现近8000米超深层油气勘探的重大突破，获中国石油油气勘探重大发现特等奖。塔河南岸富源、果勒、玉科等区块进攻性评价成效显著，钻探的5口井均获日产百吨以上高产工业油流，促进塔北深层碳酸盐岩油藏的效益开发和规模建产。

塔里木油田坚持精细开发，加快新区建产，深化老区挖潜，常态化开展老油气田综合治理，开发生产步入良性循环，油气产量保持百万吨增长。2019年，完成油气当量产量2851万吨，其中生产石油液体576.01万吨，生产天然气285.51亿立方米（表6–5）。油田综合递减10%，自然递减16%，综合含水率74%，递减得到有效控制。

表6-5 2012—2020年中国石油塔里木油田主要生产指标

指标	2012年	2013年	2014年	2015年	2016年	2017年	2018年	2019年	2020年
原油产量（万吨）	580.17	590.45	590.24	590.01	550.01	520.21	551.53	576.01	602.01
天然气产量（亿立方米）	193.14	222.80	235.55	235.52	235.62	253.27	266.21	285.51	311.03
新增原油产能（万吨）	72.65	101.22	95.1	70.08	44.31	59.89	86.20	97.33	92.00
新增天然气产能（亿立方米）	6.31	36.91	44.0	18.10	14.01	21.47	20.95	39.71	41.25
新增探明石油地质储量（万吨）		6870.27	5617.15	5466.10					
新增探明天然气地质储量（亿立方米）	1542.93	1583.27	2312.79	1404.70					
投资完成（亿元）	192.53	234.61	217.53						
勘探投资（亿元）				42.12	32.61	45.66	62.33		
开发投资（亿元）				108.52	64.36	73.61	97.64		

注：此表数据来源于中国石油年鉴。

坚持科技创新发展战略，在地质理论方面，创新发展含盐前陆盆地油气地质理论、台盆区海相碳酸盐岩油气地质理论，引领油气勘探持续突破。在物探技术方面，配套完善山地和沙漠高密度三维地震技术，克拉苏构造带、台盆区碳酸盐岩钻井成功率分别提高到78%、94%。在钻井提速方面，研发塔表Ⅱ井身结构和高强度套管，创新集成分层段配套提速技术，成功钻探垂深8882米的亚洲第一深井——轮探1井，库车山前地区钻完井周期由387天降至313天。在完井提产方面，研发2套加重压裂液体系和耐高温暂堵转向材料，集成配套以酸压、水平井分段改造为主的碳酸盐岩多元化改造技术，实现低品质储层油气效益开发。

塔里木油田在2020年油气产量突破3000万吨的基础上，2021年达到3182万吨的历史新高，连续5年实现超百万吨增长，实现了“十四五”高质量开局。塔里木油田锚定建设世界一流大油气田目标，大力实施资源战略，突出新区新领域风险勘探，强化富油气区带集中勘探精细勘探，在塔里木盆地完成了5.3万平方千米迄今国内最大三维地震数据体，助力2021年获得1个重大突破和13个新发现。在沙漠腹地碳酸盐岩深层找到70条富含油气断裂带，富满10亿吨级超深油气区入选“2021年度央企十大超级工程”。塔里木盆地富满地区发现10亿吨级超深大油气区，这是近10年来塔里木盆地石油勘探的最大发现，重点探井满深2井钻井深度达8470米，测试油柱高度达550米，创造了塔里木盆地大沙漠区最深出油纪录和油柱最高纪录。富满油田主力产层埋深8000米左右，是全球迄今为止发现的埋藏最深、规模最大的碳酸盐岩挥发性油藏。库车山前勘探实现全面突破，克拉－克深、博孜－大北两个万亿立方米大气区资源基础更加坚实。塔里木油田高效组织油气开发生产，加快“发现变储量、储量变产量、产量变效益”步伐。富满油田开采难度居世界前列，塔里木油田攻克高品质地震资料采集处理技术和超深复杂碳酸盐岩布井技术难题，使新井成功率从75%提升到2021年的95%以上，推动大沙漠区超深油气高效益开发。富满油田2021年获得5口千吨井、26口百吨井，成为年产200万吨的集团公司原油效益建产示范区。克拉－克深万亿立方米大气区年产气首破150亿立方米大关。博孜－大北万亿立方米大气区加快上产节奏，年产气冲上50亿立方米，近3年年均产量增长44%。2021年8月，高质量投产天然气乙烷回收工程，相当于新建一座没有递减的百万吨级油田。聚焦超深复杂油气藏勘探开发重点领域，坚持科技自立自强，加快攻克技术难题，实现了难钻地层“打得快”、复杂地质“钻得深”、极端工况“靠得住”、难动用储量“采得出”。2021年，塔里木油田找到的超深层储量占全国的3/4，成为中国石油上游板块唯一的“科技创新型企业”。同时，塔里木油田保民生、保公用、保重点，2021年向西气东输供气247.8亿立方米，向南疆五地州供气超50亿立方米，全国近1/4的百姓享受到来自塔里木的“福气”。塔里木油田已建成中国最大超深层油气生产基地，开辟了保障中国能源安全的新领域。富满油田从发现到投入开发6年间，原油年产量从3万多吨增长到2020年的152万吨，2021年生产原油200万吨。“十四五”期间，塔里木油田将建成年产油气当量500万吨以上超深大油田，引领中国石油工业向超深复杂油气藏高效开发迈进。

第六节 〉青海油田油气“东山再起”

青海油田（为青海油田分公司的简称）主要勘探开发领域——柴达木盆地；工作区域平均海拔2900米以上，是国内自然条件、工作环境最艰苦的油田之一。主力油田有尕斯库勒、花土沟、昆北、英东等油田，主力气田有涩北一号、涩北二号、台南等气田。建成输油气管线9条，年输油能力300万吨、输气能力107亿立方米，天然气远输到西宁、兰州、银川、北京等地。2012年，完成原油产量205万吨，完成天然气产量63.5亿立方米。至2012年，累计生产原油4628.12万吨，累计生产天然气424.35亿立方米。

“十二五”时期，青海油田原油产量由2011年的195万吨上升到2012年的205万吨，这是在2008年受金融危机影响年产原油跌破200万吨以后，又一次跨上年产200万吨大关；2013—2015年，年产油保持在210万吨以上、产天然气保持在61亿立方米以上，年新建原油产能保持在35万吨以上、天然气产能保持在5亿立方米以上。

2012年，勘探发现阿尔金山前千亿立方米含气区；昆北评价进展顺利，整体探明亿吨级油田。通过对东坪1井、东坪3井试气，多层组获得工业气流；提交东坪1井区预测天然气储量245亿立方米，东坪3井区预测天然气储量332亿立方米，打破了柴达木盆地勘探近30年的沉闷局面。在牛1井试气，日产气13.3万立方米，提交预测天然气储量524亿立方米，首次在盆地侏罗系获得高产工业气流。青海油田东坪天然气勘探，获得中国石油股份公司油气勘探重大发现成果一等奖。

坚持勘探评价一体化，昆北评价进展顺利。东西扩展，实现油藏连片，切十六区、切四区新增探明石油地质储量4509万吨，昆北断阶带整体探明石油地质储量1.07亿吨，成为青海油田第二个亿吨级油田。11月29日，中国石油勘探年会上评价："青海油田敢于攻坚啃硬，年年有新亮点，继昆北、英东等发现后，东坪地区天然气勘探又取得新发现，必将为建设千万吨级油气田发挥重要作用。""青海年年都让人吃惊，连续创造了柴达木神话，青海石油人不简单。"

组织"开发基础年"活动，全面开展油气田地下、地面大调查，落实"一井一法、一层一策"精细管理措施。深化地质认识，完善注采井网，合理调控、精细配注，自然递减率、综合递减率、含水上升率分别下降1.8%、0.13%、2.28%，平均单井日产油上升到2.81吨；加强基础管理，及时调整生产运行参数，检泵周期同比增加15天；加大气田管理力度，把递减率分解到气田，细化到层组，落实到井站，合理配置产量，实施均衡采气，开井率达到95%以上，综合递减率控制在8%以内，同比下降0.91个百分点，开发形势更趋好转。马西气田、盐湖气田建成投产，对东坪气田进行试采评价，形成一定的生产能力。坚持科技兴油战略，按照关键技术超前准备、瓶颈技术重点攻关、成熟技术积极推广的总体思路，加大科技攻关力度，加快科技成果转化。英中复杂山地三维地震攻关，获得了高品质地震资料，英东石油勘探被评为青海省科技进步一等奖。水平井7段水力喷砂射孔压裂施工取得成功。连续油管作业、欠平衡钻井、带压作业、开窗侧钻、排水采气、井下节流等工艺技术得到推广应用。加强油田数字化建设，解决了野外探井数据实时传输问题，主力油田96%以上油水井实现远程数据采集和传输，建成投用油田数字化生产指挥中心。2012年，青海油田生产油气当量产量720万吨，完成年计划的104.1%，其中生产原油205万吨、天然气64.7亿立方米。

2013—2015年，实施储量增长高峰期工程，加快产能建设步伐，油气产量逐年上升。2013年，探明中国陆上较大的基岩气藏——东坪气田，基本探明英东一号油田，发现扎哈泉较大的整装致密油田。完成油气三级储量3.35亿吨，其中探明石油地质储量7448.5万吨、天然气地质储量590.5亿立方米，连续4年实现油气储量快速增长；探井成功率45%、评价井成功率78%，油气发现成本1.02美元/桶。完成油气当量产量756.8万吨，其中原油214.5万吨，超产4.5万吨；天然气68.06亿立方米，超产5.56亿立方米。“三率”稳中有降，自然递减率12%、综合递减率7.2%、含水上升率0.43%，注水水质合格率达到90.5%。在控制储量的基础上，英东新建原油产能35万吨；难采储量开发实现效益动用，年产净增原油4万吨。天然气均衡生产，主力气田峰谷差控制在1.53，同比下降0.59，自然递减率为7.79%；东坪牛东地区天然气日产突破200万立方米。优化生产组织运行，提高油、气、水井利用率，分别达到81.9%、72.7%、87.2%。2014年，持续实施储量高峰期工程，重点突出四大勘探领域，油气三级地质储量实现“七连增”，连续5年保持在2亿吨以上。申报英东上盘石油地质储量6685.28万吨、天然气地质储量61.45亿立方米，探明柴达木盆地单个油藏储量规模最大、丰度最高、物性最好、开发效益最佳的整装油气田；在扎哈泉地区落实叠合含油面积142平方千米，落实三级石油地质储量1.92亿吨，获中国石油年度石油勘探重大发现一等奖；对东坪气藏边评价边开发，累计探明天然气地质储量519.41亿立方米，发现中国陆上最大基岩气田——东坪气田；气藏厚度大、产量高、压力稳、储量优，初步建成产能15亿立方米。2015年，在英西地区钻井11口，完井试油均获工业油流，特别是狮38井日产油超千吨，用6毫米油嘴日产油605吨、日产天然气4万立方米，创下油田单井日产最高纪录；落实有利勘探面积120平方千米，新增预测石油地质储量4034万吨，英西地区石油勘探获中国石油股份公司重大发现一等奖。是年，完成中国石油股份公司下达勘探任务的185%，完成油气三级地质储量1.67亿吨，其中探明石油地质储量6104万吨、基本探明石油地质储量3513万吨，探明天然气地质储量42.95亿立方米、基本探明天然气地质储量15.92亿立方米。坚持油气并举，狠抓老区稳产、加快新区上产，开发效益稳步提升；生产油气当量产量712.03万吨，其中生产原油223万吨、超产1万吨，生产天然气61.37

亿立方米。

2016—2019年，勘探新增油气储量持续高峰增长，油气产量稳定上升。2016年，新增油气三级地质储量2.3亿吨，其中，探明石油地质储量5247亿吨，探明天然气地质储量179.6亿立方米；油气三级地质储量连续7年保持在2亿吨以上，青海油田连续8年获中国石油股份公司油气勘探重大发现成果一等奖。在英雄岭构造带实现重大突破，形成英雄岭构造带“一体两翼、连片突破”格局。在英西钻获3口千吨井，狮205井完井测试日产油1108立方米、日产天然气21.7万立方米，创青海油田单井产量最高、稳产时间最长、投资效益最好新纪录；英西深层钻遇5套含油层系，发现4个含油区带，落实两个高产区块，新增含油面积74.9平方千米，新增油气三级地质储量1.18亿吨。在英雄岭构造带勘探的重大突破，青海油田获中国石油股份公司重大发现成果一等奖。2017年，在英西深层发现富油气区，狮210最高日产油1242立方米、日产天然气8.5万立方米，刷新中国陆上近年来单井日产纪录；英中探区狮58井日产油1000立方米、日产天然气200万立方米，创青海油田单井日产天然气最高纪录。阿尔金山前天然气勘探，尖探1井、尖探2井、尖探3井（加深）获工业气流，对气藏分布规律的认识逐步清晰。昆2井加深钻探至7015米，创青海油田最深井纪录，电测发现新的油气层。在油田开发方面，坚持强化老油田精细注水、井网重构和综合治理，自然递减率、综合递减率分别控制在11.88%、6.8%以内；深化气藏精细管理，推行排水采气工艺及增产措施改造，综合递减率控制在8.5%以内。坚持勘探开发一体化，建成原油产能52.4万吨、天然气产能6.5亿立方米，产能到位率分别达86.3%、100%。生产油气当量产量740万吨，其中原油228万吨、同比增加7万吨，天然气64亿立方米、同比增加3.2亿立方米。2019年，创新咸化湖相碳酸盐岩成藏模式，重新认识柴西地区。风西构造部署实施的3口井均获工业油流，提交控制石油地质储量1.17亿吨；南翼山西端部署实施翼探2井，首次在构造翼部发现高产油层，实现老油田的新扩展。青海油田在老区持续稳产，2019年原油产量228万吨（表6-6），连续

8年保持在200万吨以上生产水平。

表6-6　2012—2020年中国石油青海油田主要生产指标

指标	2012年	2013年	2014年	2015年	2016年	2017年	2018年	2019年	2020年
原油产量（万吨）	205.00	214.50	220.00	223.00	226.30	228.00	223.3	228.0	228.5
天然气产量（亿立方米）	63.50	68.06	68.90	61.37	60.80	64.01	64.05	64.00	64
新增原油产能（万吨）	36.24	53.27	40.90	35.93	35.07	48.45	41.66	44.86	31.61
新增天然气产能（亿立方米）	6.50	12.00	7.10	5.30	4.87	6.50	10.36	6.45	9.63
新增探明石油地质储量（万吨）	6726.73		6685.28	6104.00	2801.00	2279.92	775.35	3244.45	
新增探明天然气地质储量（亿立方米）	40.19	519.41	61.45	42.95	15.97	100.58	286.32	3244.45	2389.25

注：此表数据来源于中国石油年鉴。

2021年，青海油田突出效益理念，实施管理创新工程，力求高质量发展。截至2021年，油田连续21年保持盈利。深挖老井潜力，加快产能建设节奏，持续做好气井降液面、降砂面工作。青海油田采气一厂以推进降液面和精细施工提效为重点，完成7096井次措施作业，累计增气1.26亿立方米，有效率较2020年同期提升6.1%。着力攻关升级防砂工艺，设计压裂防砂投产一体化管柱，实施井下作业280井次，累计增气7163万立方米。同时，采气三厂深入推进气田综合治理、新区产能建设、冷湖老井复产及采气工艺试验，气田综合递减率控制在5.37%，措施增产68.4万立方米。东坪区块优化治水策略，完成治理措施井11口，日增气1.1万立方米；牛东区块新钻牛1-2-13井顺利投产，日产气1.1万立方米；尖北区块形成“西区强排、中区弱排、东区助排”分区治理思路，开展增压气举、机采排采试验，日增气2万立方米；冷湖区块完善昆2井试采制度，日产气稳定在12.5万立方米。青海油田突出科技引领，实施技术突破工程，实现油田创新持续发展。加快科技成果转化，获省部级科技进步奖9项，国家授权专利21项，创新形成了符合柴达木油气勘探开发实际的新型成藏理论模式和特色技术体系。全年新增油气三级储量完成计划的129%，页岩油勘探取得重大战略性突破；全年生产油气当量产量732.3万吨，其中生产天然气62亿立方米，超额完成计划指标。

第七节 > 西南油气田天然气高峰增长

西南油气田（为四川石油管理局、西南油气田分公司的统称）地处四川盆地。2012年，生产天然气131.52亿立方米，石油产量15.32万吨。截至2012年，在四川盆地登记勘查开采矿权130个，面积约16.32万平方千米；在西昌盆地登记勘查项目1个，面积5549平方千米；累计探明天然气储量1.56万亿立方米，开发气田110个、含气构造34个，累计采气3475亿立方米，约占全国天然气总产量的30%。建设形成融采、集、输、净化为一体的地面配套系统，建有各类生产气井、集输场站3300余座，集输气管线1.9万千米，年输气能力200亿立方米。2017年，生产天然气突破200亿立方米，达到210.25亿立方米、同比增长11%。11月27日，四川石油管理局完成公司制改制，更名为四川石油管理局有限公司。

一、深化勘探规模发现

“十二五”期间，四川（西南）油气田年新增探明天然气储量，连续保持高峰增长。2012年，以裂缝–孔隙型储层为对象，以寻找大中型整装气藏为目标，主攻盆地震旦系–下古生界，二叠系、三叠系礁滩和上三叠统须家河组，深化勘探石炭系，积极甩开预探和风险勘探新区新领域，强化油气战略发现，取得了历史性突破和重大新成果。在乐山–龙女寺古隆起寒武系龙王庙组的首次发现，开启了盆地勘探的新领域，获中国石油股份公司重大发现一等奖。同时，震旦系勘探取得重要进展，探井7口获得天然气流。全年，获得4个重要新发现、4个重要新进展，新增天然气探明储量、控制储量、预测储量分别为720.33亿立方米、1318.82亿立方米、1121.93亿立方米，连续9年实现了储量持续高峰增长。2013年，天然气勘探取得具有重大里程碑意义的新成果，发现中国历史上单体储量规模最大的特大型海相整装气藏——安岳气田龙王庙组气藏，提交探明储量4403.83亿立方米。同时，坚持全盆地整体勘探、立体勘探，在乐山－龙女寺古隆起下古生界－震旦系勘探获得重大新成果，在盆地须家河组致密气、大川中侏罗系致密油、川东明月峡构造带石炭系勘探获得重要新发现，在龙岗西剑阁区块礁滩勘探获得重要新进展。全年，新增天然气三级储量8827亿立方米，连续10年实现储量高峰增长。

2014—2015年，在全盆地推进整体勘探、立体勘探、精细勘探，保持储量高峰增长。2014年，完成二维地震2944千米、三维地震1167平方千米，新开钻探井29口、完成24口，获工业气井17口，平均单井测试日产气61.6万立方米，探井成功率58.6%。在重点领域方面，高石梯－磨溪地区勘探取得重要新进展，总体控制万亿立方米规模特大型气藏群的含气范围。震旦系灯影组油气富集“甜点”区进一步落实，初步证实富集区带面积超过1000平方千米；寒武系龙王庙组气藏含气面积进一步扩大，初步证实磨溪－龙女寺构造带龙王庙组具有整体含气格局，勘探面积不断扩展。在新区新领域方面，坚持风险勘探和甩开预探相结合，川西、川中地区下二叠统勘探取得重大新发现。川西北部龙门山前带下二叠统勘探获得新成果。大川中地区下二叠统勘探获得新发现。高石梯－磨溪地区勘探重要成果、川西二叠系勘探重要突破，分别获得中国石油股份公司2014年勘探重大发现特等奖、一等奖。2015年，完成试气井21口，获工业气井12口，累计获得测试日产气354万立方米，探井成功率达57.14%；新增天然气三级储量6422亿立方米，连续12年保持储量高峰增长。着力推进高石梯－磨溪地区整体勘探和评价，集中评价台缘带灯四段气藏，控制高产富集区面积达1200平方千米，实现整体控制和局部探明；古隆起东部的高102井等探井测试获气，证实龙王庙组气藏具备扩展勘探潜力；寒武系洗象池组勘探见到新苗头，有利相带面积超过7600平方千米。至2015年年底，高磨地区下古生界－震旦系，累计提交天然气三级储量1.56万亿立方米，成为最具勘探开发潜力的领域。加大盆地下二叠统甩开预探和评价勘探力度，2015年预测储量795亿立方米，展现良好的勘探前景。川中震旦系台缘带勘探成果和栖霞－茅口组勘探重要发现，获中国石油股份公司油气勘探一等奖、三等奖。

“十二五”期间，四川（西南）油气勘探重要发现和重大突破展现良好的发展前景，具备建设300亿立方米战略大气区的资源基础，是中国石油上游板块最具成长性的油气田之一。“十三五”期间，四川（西南）油气田天然气年产量跃上200亿立方米生产规模。2016年，完成探井18口，获工业气井14口井，均测试日产气19.8万立方米；全年新增探明天然气地质储量1527.84亿立方米、SEC储量326亿立方米，提交三级储量3127亿立方米，连续13年实现储量高峰增长。高磨地区震旦系－寒武系勘探，获中国石油股份公司天然气勘探重大发现成果特等奖。灯四段台缘带新获工业气井11口，井均测试日产气18万立方米。川西北部上古生界勘探再获重要新进展，双探3井首次在四川盆地发现新的工业油气层系——泥盆系观雾山组，栖霞组测试获高产工业气流。川中古隆起外围战略拓展勘探获新发现、新苗头，磨溪52井钻获优质滩相储层，测试获工业气流。2017年，四川（西南）油气田突出效益勘探、精细勘探，坚持甩开预探新区新领域，新增探明天然气地质储量2248.4亿立方米，其中页岩气1565亿立方米；天然气SEC储量182.67亿立方米；连续14年保持储量高峰增长。川西南部雷口坡组勘探获重大新发现，兴探1井测试获气，证实该区块孔隙型白云岩储层发育、具有良好的含气性，勘探潜力大，其成果获中国石油股份公司油气勘探重大发现一等奖。川西九龙山地区立体勘探取得新进展，龙探1井栖霞组测试获百万立方米高产工业气流，表明该地区具备多层系勘探的有利地质条件。川西北部双鱼石地区深层海相勘探再获新成果，双探8井测试获高产天然气；进一步研究表明川西北部地区上古生界发育大型构造——岩性复合圈闭，具有多层系、大面积整体含气特征和立体勘探、整体勘探的潜力。高石梯－磨溪地区台缘带扩展评价取得新成果，高石110井等多口探井获高产气流，为下一步储量动用及规模建产提供支撑。2019年，集中实施评价勘探，高效探明川南页岩气、安岳2个储量超万亿立方米的特大型气田，川南页岩气、台内斜坡区震旦系分别获中国石油勘探重大成果特等奖、重要成果一等奖。川西北部二叠系下统和川中致密气勘探取得新成果，双鱼石地区连续获2口百万立方米气井，有望成为新的增储上产区块，致密气最高单井产量35万立方米，秋林地区沙溪庙组致密气获中国石油勘探新发现二等奖。川中古隆起北斜坡勘探见到重要新苗头，角探1井、蓬探1井震旦系灯影组钻遇优质孔隙型储层，有望成为一个新的万亿立方米储量大场面。川西火山岩勘探取得新进展。

2021年，西南油气田油气勘探取得新进展。2021年以来，西南油气田把握“资源基础”，聚焦川中古隆起、川西二叠系、陆相致密气三大重点领域，突出高效勘探，太和含气区立体勘探取得重大新突破，安岳气田灯二气藏取得新进展，为“上产500亿、奋斗800亿”奠定良好资源基础。聚焦海相领域，在川中古隆起太和含气区角探1井茅口组获测试日产气超100万立方米，在高石1井区获测试日产气超50万立方米，在川西北部双鱼石栖霞组新获百万立方米气井3口，均获测试日产气超100万立方米，有8口生产井日产气超200万立方米，为新区开发和气田稳产夯实资源基础。同时，在太和含气区灯四段、川西二叠系多期台缘带、川西南部火山岩勘探见到新苗头。“十四五”期间，西南油气田将陆相致密气作为勘探新方向，部署了四川盆地致密气川中核心建产区勘探工作，在秋林井区、金华井区均获得工业气流，证实该区块目标砂体具有良好的含气性，为公司持续推进致密气效益开发吃下“定心丸”。

二、强化效益规模开发

四川（西南）油气田坚持建设中国天然气工业基地目标，把握“调整、巩固、发展”的工作基调，强化规模效益开发，实现生产经营平稳健康发展，保持矿区平安和谐稳定。2012年，持续深化龙岗地质研究，精细刻画生物礁展布规律，建立龙岗礁体展布新模式，为扩展勘探提供了依据；龙岗气田试采工程安全平稳运行，全年产气12亿立方米。对须家河组气藏进行勘探开发一体化部署，安岳、蓬莱、剑阁区块勘探开发取得新进展，新获测试日产气1320万立方米，新建配套年产能6.32亿立方米。川东北高含硫罗家寨气田进入全面建设阶段，罗家寨净化厂等重点工程按计划推进。强化老气田精细开发与滚动勘探开发，老气田全年产气102.26亿立方米，继续发挥中坚作用。加强重点工程施工组织和管理，相国寺储气库建设有序推进，北外环输气管道工程（二期）等19项重点工程相继建成投产。

加强页岩气资源评价研究，优选出核心建产区和有利目标区；继续攻关页岩气水平井钻完井及体积压裂技术，宁201-H1井压裂测试获高产，取得了重大进展；探索页岩气“工厂化”作业试验，部署2个平台14口水平井，威201井等4口井投入试采，累计销售商品气1259万立方米。积极探索煤层气，初步掌握了蜀南地区煤层气储层岩性、物性及含气性。2013年，加强整体评价研究，优选出长宁、威远2200平方千米核心建产区和川东4500平方千米有利目标区。开展页岩气“工厂化”作业试验和体积压裂、微地震监测等技术攻关，长宁H2、H3平台7口水平井完钻，大幅度缩短了钻井周期；开展页岩气井产能试采评价，页岩气9口井投入试采，累计生产销售商品页岩气7622万立方米；加大页岩气矿权保护力度，新登记矿权区块9个。

通过勘探前期工作，2013年龙王庙组气藏快速探明建产，在不到1年时间建成10亿立方米试采工程，投产8口井，年产气4.88亿立方米；龙岗试采工程安全平稳运行，全年产气10.32亿立方米。在安岳、合川、蓬莱等区块，采用“储层+裂缝+AVO”高产布井模式，平均测试日产气24.16万立方米，年产气8.1亿立方米，年产油10.3万吨，规模效益开发成效显著。加强老气田科学精细开发，加大措施挖潜力度，有效控制了递减，全年生产天然气92.03亿立方米。全年投产新井111口，当年产气9.53亿立方米。合川气田天然气处理厂工程、乐山地区天然气输气管道等13项重点工程相继完工。相国寺储气库工程试注成功，投产注气井3口，注气1.59亿立方米。2013年，生产天然气127.79亿立方米，石油液体产量20.13万吨，连续8年油气当量产量保持千万吨以上。

2014—2015年，形成“规模上产、调整稳产、攻关接替”3个层次、6大领域的开发格局，油气田进入良性开发阶段。2014年，天然气产量止跌回升，生产天然气137.26亿立方米，同比增加11.18亿立方米，主要开发指标创近年来最好水平。按照建设一流大气田的开发目标和思路，推进磨溪龙王庙组特大型气田建设，编制具有国际水准的110亿立方米产能开发方案，已形成55亿立方米生产能力，累计产气40亿立方米；创新建站建厂施工组织方式，用10个月时间建成投产10亿立方米试采工程，用15个月时间建成投产40亿立方米年产能配套地面工程，创出国内同规模开发建设新纪录。有序改善老区的开发生产效果，增产天然气6.5亿立方米，降低综合递减率6个百分点；相国寺储气库建成并投产，成功调峰采气，最高日采气量达600万立方米，为川渝地区调峰保供发挥了作用。2015年，加快新区上产步伐，积极调整老区生产，年生产天然气154.8亿立方米，比2014年增加17.54亿立方米，创历史新高；销售天然气183.5亿立方米；生产原油13.7万吨；新建天然气配套年产能37.2亿立方米。优质高效推进龙王庙组气藏产能建设，用13个月时间完成60亿立方米年产能建设任务、用3年时间建成了百亿立方米特大型气田，创中国石油大型整装气田勘探开发新纪录。稳步推进川东北高含硫项目建设，确保罗家寨气田净化厂成功投产，标志着川东北项目正式进入生产阶段。瞄准消除市场发展和气田生产瓶颈，有序推进骨干、支线管网建设，北外环三期、江纳线等重点管道建成投产，管网输配保障能力进一步提升。相国寺储气库季节调峰效果显著，具备同时向川渝地区和中贵线实施应急调峰功能，2015年调峰采气3.44亿立方米，为冬季供气提供坚实的保障。

瞄准实现20亿立方米产量和规模效益开发的目标，推进国家级页岩气示范区建设，2014年，开钻水平井94口，建成试采干线110千米；新投产井14口，日生产能力达120万立方米。在借鉴北美页岩气开发经验和总结盆地评价研究成果的基础上，完成国内首个页岩气开发方案，指导示范区建设。完善主体工艺技术，单井产量得到提升。在持续研究攻关基础上，优化完善水平井靶体位置、钻井工艺、体积压裂工艺、集输工艺等，支撑钻井提速提效，刷新多项钻井提速纪录。创新体制机制，探索规模效益开发新模式，形成“平台化井位部署、工厂化钻井压裂、撬装化地面建设、数字化生产管理”的高效勘探开发模式，以及“国际合作、国内合作、风险作业、自营开发”等不同作业经营模式竞争发展的格局，推进了示范区建设速度。2015年，完钻井74口，压裂井59口；建成集输管线53.8千米，新投产井66口，建成年产能超20亿立方米，生产页岩气10.5亿立方米。加强整体评价研究，积极落实盆地资源规模，提交中国石油首个页岩气田，探明储量1108亿立方米，证明蜀南地区具备建成年产规模100亿立方米、稳产10年以上的资源基础。不断完善主体技术，支撑钻井提速提效，形成地质工程一体化高产井培育技术，支撑3500米以浅资源的有效动用；长宁区块建产期井均测试日产气较评价期提高89%，威远区块提高45%，长宁H6建成国内首个日产超百万立方米的页岩气平台，初步实现页岩气规模效益开发。

2016—2017年，四川（西南）油气田天然气年产量跃上200亿立方米生产规模。2016年，新增配套产能50亿立方米，年底配套产能达230亿立方米，实现天然气净产量191.68亿立方米，同比增加36.88亿立方米。推进龙王庙组气藏建设，续建7口开发井均获高产，测试井均日产量115.5万立方米；推行“六化”建设模式，完成龙王庙组特大型气田产能建设任务，年生产能力达110亿立方米，年产天然气82.5亿立方米。推进国家级页岩气示范区建设，累计建成年产能25亿立方米，超额完成示范区各项任务；持续攻关页岩气高产井培育技术，长宁、威远区块新井测试产量大幅提高，年超产8亿立方米，实现3500米以浅资源规模效益开发；持续开展3500米以深资源地质评价和工程技术攻关。开展高石梯震旦系试采评价，攻克提高单井产量的技术瓶颈，累计建成投产13口井，配套井均产能21万立方米。推进川东北高含硫项目达产，罗家寨气田净化厂按计划成功投运并满负荷生产，实现900万立方米/日的达产目标，2016年生产商品天然气11.4亿立方米。实施老区气田生产调整，降低综合递减率5个百分点；加大老区滚动勘探开发力度，新获工业气井5口，井均测试日产气57.4万立方米。至2016年，在川渝地区建成国内最完备的天然气输配系统，有“三横、三纵、三环、一库”的骨干管网，集输和配气管道4.2万千米，年综合输配能力300亿立方米以上；区域管网通过中贵线和忠武线与中亚、中缅、西气东输等骨干管道连接，是中国能源战略通道的西南枢纽；建成西南地区首座地下储气库——相国寺储气库，日调峰能力超过1400万立方米，最大应急采气能力2000万立方米/日，在冬春用气高峰发挥重要的调峰保供作用。四川（西南）油气田是川渝地区主要的天然气生产商和供应商，市场占有率达75%。2017年，生产天然气210.25亿立方米，同比增长11%；生产原油7.38万吨。高水平实施龙王庙组气藏开发，启动早期整体治水，加强外围储量动用，为长期稳产90亿立方米以上提供保障，年产天然气95亿立方米。高效实施震旦系试采评价，高产井培育见到明显成效，完成的8口井平均测试日产气75万立方米，Ⅰ加Ⅱ类井比例达100%，一期建成年产能15亿立方米；编制完成二期开发方案，川西二叠系下统试采评价取得重要进展，栖霞组首口试采井双鱼001-1井投产，稳定日产气30万立方米，为扩大试采和下一步建产获取重要资料。精心组织老区开发生产，科学控制开采负荷，综合递减率降至8.5%，下降近7个百分点，生产天然气63.3亿立方米。有序实施对外合作项目，川东北高含硫项目实现安全平稳开采，生产商品气18亿立方米；突破川中致密砂岩气藏开发技术瓶颈，实现效益开发。

2019年，西南油气田科学组织生产，龙王庙组气藏实施整体治水、低渗透动用和外围评价3项精细开发措施，开发井单井产能保持在80万立方米，年产能90亿立方米长期稳产基础牢固；震旦系气藏精准攻关，井均日产量提高到

25万立方米，建成年46亿立方米生产能力，实现气藏开发从无效到有效再到高效的“三连跳”。老气田综合递减率控制在8%以内，夯实50亿立方米的稳产基础。完成川东北铁山坡和渡口河高含硫气田开发准备，具备再上产20亿立方米的能力；川西深层试采评价效果良好，基本形成20亿立方米年产能力；川中北部致密气勘探开发一体化评价获重大进展，具备上产10亿立方米的能力。是年，天然气净产量268.65亿立方米（表6-7），同比增长18.7%，占全国增量的三分之一，成为中国石油第四个跨入2000万吨油气当量行列的油气田。

表6-7　2012—2020年中国石油西南油气田主要生产指标

指标	2012年	2013年	2014年	2015年	2016年	2017年	2018年	2019年	2020年
原油产量（万吨）	15.32	20.13	16.92	13.70	10.04	7.38	5.95	5.72	5.16
天然气产量（亿立方米）	131.52	126.08	137.26	154.80	191.68	210.25	226.33	268.65	318.19
新增原油产能（万吨）	2.00	2.01	1.10						
新增天然气产能（亿立方米）	20.20	31.00	49.10	37.26	31.22	18.63	25.55	63.18	120.22
新增探明天然气地质储量（亿立方米）	720.33	4403.83		3294.09	1527.84	2248.4	1296.3	7003.0	2093.40
勘探投资（亿元）				28.06	26.85	30.16	38.77	58.34	60.29
开发投资（亿元）				54.01	48.78	59.84	123.43	206.54	152.17

注：此表数据来源于中国石油年鉴。

2021年，精细生产组织，聚焦常规气、页岩气、致密气三大领域，狠抓老井稳产保效和新井提速提效，有序加快地面工程建设，优化检维修安排。突出加大提前，着力提高单井产量，创新建设模式，提升建产效率，用少于计划29口井的工作量，新建天然气配套年产能101亿立方米，连续3年新建年产能100亿立方米以上。全年生产天然气354.2亿立方米，迈上350亿立方米新台阶，约占全国天然气年产量的17.2%；同比增长36.01亿立方米，增幅11.3%，年产气量连续3年保持两位数增长，油气当量突破2800万吨。全面建成安岳气田150亿立方米特大型气田，老气田年产量保持40亿立方米以上，川西二三叠系建成产能15亿立方米。加快新井产能建设，以快建快投的方式变产能为产量。致密气通过优化精简工艺流程，日产量达到140万立方米；蜀南安岳高石梯区块实施“三位一体”新井投运模式，共投产新井6口，新增日产能155万立方米。威远气田实施措施作业顺利复产，日产气7万立方米；磨溪201井实施酸化解堵作业，日产气55万立方米，较酸化前增产57%。同时，钻获一批高产气井，常规气磨溪131井等4口气井累计测试日产量高达638.7万立方米，致密气中浅3H井等8口气井累计测试日产量高达525.7万立方米，夯实了天然气保供资源基础。

三、强化科技集成应用

2012年，四川（西南）油气田投入科研及现场试验经费2.5亿元，实施项目186项，获省部级奖励13项；海相碳酸盐岩油气勘探理论技术取得突破，被评为中国石油“十大科技进展”，国家和中国石油科技重大项目攻关研究取得新成果。加强震旦系灯影组和寒武系龙王庙组综合地质研究，明确了储层受控因素和有利沉积相带分布；加强须家河组规模效益开发关键技术研究，开发井成功率和单井产量明显提高；加强页岩气选区评价、体积压裂等方面联合攻关取得重大进展，初步形成了11项关键技术。工程技术应用见到新成效，磨溪地区实现了6～8个月钻井周期的目标；开发布井将水平井作为主要方式，川东石炭系、安岳须家河组二段气藏低渗储量动用率持续提高；全年完成水平井62口、气体钻井22口、欠平衡钻井128口。科研平台建设取得新进展，四川（西南）油气田首个国家级研发中心——国家能源“高含硫气藏开采”研发中心通过评审；2013年获批成立，提升了高含硫气田开发技术领域的影响力和话语权。2012—2013年，组织侏罗系石油勘探开发关键技术研究，公003-H16井采用10段加砂压裂获日产油22吨，攻关试验取得初步成效；加强致密油勘探开发技术攻关，公117H井、高浅1H获高产工业油流。

2014—2015年，抓好重大科技专项的组织实施，在高石梯－磨溪地区勘探开发一体化技术攻关和集成应用、川西北部海相勘探开发关键技术研究、页岩气主体技术攻关等方面取得重要进展，初步建成磨溪龙王庙组气田数字化气藏、井筒、地面一体化管理示范工程。加强知识产权保护和科技成果有形化，2014年申报专利48项，其中发明专利28项；承担起草的天然气总硫测定方面的标准正式发布，实现国内在天然气领域国际标准制定零的突破。在科研系统推行专业技术岗位序列，选聘首席技术专家，有效拓展科研人员成长空间。创新科技攻关及成果转化机制，龙王庙、页岩气等重点领域技术攻关取得系列重要成果并快速转化为生产力，其成果首次获中国石油科学技术进步特等奖、技术发明一等奖。强化“云端网”基础设施建设，场站数字化系统覆盖82%的生产现场，配套完成作业区4大类57项业务流程梳理与重塑，进一步优化生产组织形式。

2016—2017年，四川（西南）油气田加大科技经费投入，科研及现场试验经费分别为2.7亿元、6.2亿元。2016年，实施科技项目203项，获省部级及以上12项。科技成果“古老碳酸盐岩勘探理论技术创新与安岳特大型气田重大发现”获国家科学技术进步二等奖，“磨溪龙王庙组大型碳酸盐岩气藏高效开发理论与关键技术”获中国石油科学技术进步特等奖，“四川长宁－威远国家级页岩气示范区建设关键技术”获四川省科学技术进步一等奖。加强地质综合评价和研究，在超深井优快钻井技术、气井完井技术、试油及储层改造技术等攻关试验中见到成效，双探3井、龙岗70井先后两次刷新中国石油在四川盆地超深井纪录。加强知识产权保护和科技成果有形化，获授权专利19件，国家软件著作权6项；申报专利73项，其中发明专利55项，申报总数和发明专利数均创历史新高。年内，召开科技与信息化创新大会，明确“建成国际一流的天然气勘探开发生产创新型企业”等战略目标。推进数字化气田建设，利用“互联网＋油气开采”，建成“SCADA、DCS、生产物联网”系统，形成“电子巡井＋定期巡检＋周期维护”的运行新模式，推动一线生产组织方式的转型升级。2017年，加强地质综合研究和技术攻关，形成并应用震旦系有效气井识别模式和评价技术，为高石梯–磨溪地区台缘带低渗区、台内带灯影组的储量升级和井位部署提供有力支撑。持续深化页岩气地质工程一体化攻关，组织开展勺型井、深层压裂、长水平段水平井、石英砂替代陶粒等现场试验，长宁区块率先实现Ⅰ类储层钻遇率、井筒完整性、Ⅰ加Ⅱ类井等3个比例95%的目标，井均测试日产气量提高到29万立方米。优化井身结构设计、推广应用精细控压钻井技术，双探8井钻井周期较同区深井大幅缩短，钻成井深7793米的龙岗70井；五探1井钻进超过8000米，刷新四川（西南）油气田深井纪录。以“两化”融合管理体系建标、贯标为目标，加快推进老区信息化改造和新区数字化建设，通过国家认证；在大竹作业区、磨溪龙王庙开展“一老一新”试点示范建设，作业区数字化管理平台和油气生产物联网的建设应用取得重要进展。

2019年，西南油气田立足油公司定位，合作成立三大技术支持中心、六大特色研究中心；投入科研经费3.99亿元，同比增长32.4%。构建完整开放的科研体系，实现以科技创新支撑勘探开发的全面突破。突出深层油气、页岩气等重点领域技术攻关，攻克钻井提速、井漏、深层体积改造等技术瓶颈，页岩气创最短钻井周期21天、水平段最长2820米、最深页岩气井4179米等新纪录。优化压裂设计与工艺，探索石英砂替代陶粒试验，推广大排量多簇射孔暂堵转向压裂工艺，形成适合川南地质工程特征的新一代压裂技术。全面推行“两化”融合和两个“三化”管理，完成全部38个作业区物联网升级改造，新增6个作业区通过国家“两化”融合管理体系评定，基本建成数字化气田，初步建成龙王庙智能气田示范工程，开发生产转型升级成效明显。

第八节 > 西南石油高效开发天然气

西南石油（为西南石油局、西南油气分公司的统称）作业队伍主要分布在四川、重庆、贵州、云南、广西、湖南等地。2012年，生产原油2.2万吨，生产天然气29.61亿立方米；拥有探矿权区块21个、面积2.37万平方千米，累计探明天然气地质储量5036.66亿立方米、探明石油地质储量1543.1万吨；开采区块18个、面积1182.82平方千米，川东北开发准备区块5个、面积1.44万平方千米，投入开发气田21个，累计生产天然气363.8亿立方米、生产原油163.08万吨。2017年，西南石油局完成公司制改制，更名为西南石油局有限公司。

“十二五”期间，西南石油（公司）天然气探明储量、新建生产能力、天然气产量逐年快速增长。2011年，新增天然气地质储量2076.41亿立方米、天然气生产能力3.36亿立方米，生产天然气28.01亿立方米、原油2.07万吨。2012年，实施二维地震勘探649.97千米、三维地震勘探1288.19平方千米，实施探井86口、完钻62口，天然气勘探取得重大突破。广汉－金堂中浅层甩开勘探，广金5井、广金6井钻获工业气流，多口井钻遇良好显示，提交预测储量2372.58亿立方米；马井－什邡中浅层评价，提交探明储量1652.08亿立方米、控制储量1728.58亿立方米；中江－回龙地区须家河组勘探获重大发现，回龙1井在须二段获日产天然气16.43万立方米；川西海相勘探取得重大进展，新深1井在雷口坡组顶部测试获日产气68万立方米；川西须家河组高庙4井、新场15井分别获日产气4.14万立方米、3.11万立方米。探明天然气地质储量突破2000亿立方米，川西中浅层天然气勘探取得重大突破，获中国石化重大突破特等奖。实施开发钻井116口，投产新井121口，新建天然气产能6.5亿立方米，同比增加3.14亿立方米，增幅93.45%。老区综合调整成效显著，生产天然气26.2亿立方米，实现老区产量持续稳定。在新场沙溪庙组、马井蓬莱镇组，优化部署水平井37口，实施完成31口，平均单井日产气2.2万立方米，新增产能2.68亿立方米，促进川西中浅层气藏的持续稳产和规模扩大。实施老井措施231井次，措施增产天然气8114万立方米，增产原油1298吨，分别完成年计划的108.2%、130%。天然气产量达到29.61亿立方米，同比增加1.6亿立方米，增幅5.71%；原油产量2.2万吨，同比增加0.13万吨，增幅6.21%。

2013—2015年，在天然气勘探逐年有所新发现、储量大幅增长的情况下，新建天然气生产能力、天然气产量实现持续增长。2013年，以生产经营为中心，以打好元坝气田产能建设会战和页岩油气会战、加快增储上产为重点，统筹抓好各项工作。油气勘探取得2项重大发现、3项新发现、4项商业发现，新增天然气地质储量4430.57亿立方米，超额完成中国石化下达的储量任务；“川西中浅层天然气勘探”“川西坳陷东坡沙溪庙组天然气勘探”分获中国石化商业发现一等奖、油气发现二等奖。油气开发取得新建天然气产能创历年最高，年新增天然气生产能力达到7.41亿立方米；天然气产量创历史新高，生产天然气首次突破30亿立方米，达到32.25亿立方米。2014年，油气勘探取得2项重大发现、2项新发现、2项商业发现，新增天然气地质储量2062.42亿立方米，超额完成年度储量任务。油气开发成效显著，元坝气田产能建设形成30亿立方米混合气产能；川西中浅层产能建设，新增天然气产能5.39亿立方米；特别是中江－高庙沙溪庙组气藏产能规模不断扩大，形成年产天然气6亿立方米的能力，建成了川西第二大气田。川西中浅层天然气实现稳产高产，连续10年稳产在20亿立方米以上，综合递减率控制在11%以内。天然气年产量创历史新高，达到34.18亿立方米，同比增产1.93亿立方米；天然气产能创历史新高，达到22.5亿立方米，同比增加14.73亿立方米。

2015年，天然气勘探取得重大突破。龙门山前带雷口坡组甩开勘探取得重大突破，羊深1井在雷口坡组四段测试获日产气60.32万立方米，鸭深1井获日产气48.5万立方米，新增预测储量1290.7亿立方米；龙马溪组页岩气勘探取得重大突破，威页1HF井钻遇优质页岩厚度35.5米，测试获日产气17.5万立方米；金页1HF井测试获日产气5.95万立方米，首次实现中国石化在寒武系新层系页岩气勘探的重大突破。全年新增天然气控制储量1112.95亿立方米、新增天然气预测储量1290.7亿立方米。

天然气开发取得丰硕成果。聚焦“一个中心，三大主题”，纵深推进“三大会战”，元坝气田开发建设取得试采工程运行平稳，滚动区建设全面推进。

2015年，完成投产测试井31口、建成年产能31.5亿立方米，总体效果优于方案设计指标；投产17口井，生产天然气16.41亿立方米，占总产量的34%。东坡沙溪庙组气藏滚动评价取得效果，完成测试滚动评价井10口，落实商业开发储量107亿立方米；滚动建产能取得效果，完成测试开发井20口，新建年产能1.66亿立方米，动用储量25亿立方米，具备年产7亿立方米的生产能力，为建成川西第2个10亿立方米年产能气田奠定了坚实基础。老区综合调整取得效果，提高气藏采收率3%，综合递减率控制在11%以内，稳产高产在20亿立方米以上。2015年，新增天然气产能18.11亿立方米，新增经济可采储量51.38亿立方米，储量替代率106.5%。生产天然气48.25亿立方米，再创历史新高，同比增加14.07亿立方米；销售天然气45.02亿立方米；油气完全成本1199元/吨，控制在中国石化股份公司下达指标之内。

2016—2020年，西南石油坚持以提高发展质量和效益为中心，强化“保效益、强基础、谋跨越”重点工作，坚持高效勘探开发，周密组织生产运行，全面完成年度目标任务。2016年，实现“十三五”发展良好开局，新增天然气控制储量652亿立方米，完成年计划的109%；新增天然气预测储量782亿立方米，完成年度计划的112%。新建天然气产能4.55亿立方米，新增经济可采储量17.5亿立方米，储量替代率31.8%。生产天然气55.1亿立方米、同比增加6.85亿立方米，销售天然气51.1亿立方米，全面完成年度产销任务。2017年，威荣页岩气田勘探取得商业发现，新增天然气控制储量1207亿立方米，获中国石化股份公司商业发现特等奖；新增天然气经济可采储量49.5亿立方米，储量替代率82%。生产天然气突破60亿立方米、达到60.68亿立方米，销售天然气56.03亿立方米，均同比增长10%。油气单位完全成本1110元，较计划降低191元/吨。2019年，崇州须三段天然气勘探取得重大突破，新增预测储量788.4亿立方米，获中国石化股份公司勘探突破一等奖。回龙侏罗系新增探明天然气储量397.8亿立方米，永川南龙马溪组新增页岩气探明储量234.5亿立方米，大邑须三段新增探明天然气储量114.5亿立方米，马井雷四段新增天然气控制储量115.6亿立方米，获中国石化股份公司商业发现奖。全年新增探明天然气储量746.8亿立方米，完成计划的149%；新增SEC储量155亿立方米，储量替代率234%；生产天然气66.21亿立方米（表6–8），同比增长4.76亿立方米。

2021年，西南油气分公司在川西斜坡带新领域勘探获得新突破。9月16日，西南油气分公司部署在川西地区绵阳斜坡带的风险探井——永兴1井，试获日产气11.11万立方米工业气流，取得川西地区斜坡带雷口坡组构造–地层圈闭新领域勘探突破，证实地层圈闭构造的富集成藏及资源潜力，对整个川西坳陷斜坡带勘探具有重要带动意义。

表6–8　2012—2020年中国石化西南石油主要生产指标

指标	2012年	2013年	2014年	2015年	2016年	2017年	2018年	2019年	2020年
原油产量（万吨）	2.20	2.23	2.28	1.72	0.75	1.29	2.18	2.69	2.70
天然气产量（亿立方米）	29.61	32.25	34.18	48.25	55.10	60.68	61.45	66.21	67.14
新增原油生产能力（万吨）	0.30	0.32	0.22						
新增天然气生产能力（亿立方米）	6.50	7.41	22.5	18.11	4.55	1.75	2.94	5.29	14.11
新增探明天然气储量（亿立方米）	2060.16	4430.57	2062.42	2403.65	1538.11	1206.58	3419.21	2002.47	2503.07
勘探开发投资额（亿元）	83.03	78.92	78.98	45.41	29.23	36.41	33.40	51.44	50.12

注：此表数据来源于中国石化年鉴。

“十二五”时期，西部石油工业发展加快。“十三五”期间，西部石油企业坚持“发展西部”战略方针，实现以“鄂尔多斯、塔里木、准噶尔、柴达木、吐哈等含油气盆地为重点，加快优质资源储量的探明”，巩固发展“鄂尔多斯、塔里木和准噶尔盆地等西部石油生产基地，增储稳产、力争增产”的目标。坚持天然气发展“常非并举”开发方针，加快常规天然气增产步伐，以“四川、鄂尔多斯、塔里木盆地为勘探重点，强化已开发气田稳产”，加快“鄂尔多斯、四川盆地致密气上产步伐”为目标，依靠科技进步支撑，突出效益勘探开发，实现了“十三五”既定目标。西部石油企业发展全面提速，为促进西部石油工业快速发展、促进西部地区经济社会发展做出了重要贡献。

「 第七章 」

海洋石油企业实现高效发展

中国海油为石油企业海洋油气勘探开发的龙头企业。中国海油贯彻落实“加强海洋、发展海洋”战略方针，在对外合作勘探开发海洋油气资源的基础上，自营勘探开发能力不断提高，勘探开发技术能力、油气田管理水平不断提升，海洋石油装备能力水平不断增强，实现海洋油气开发由浅水向深水的跨越，促进油气储量、产量保持高效高速增长态势。

“十二五”期间，中国海油提出“二次跨越”发展战略。按照“稳中求进”的总基调，加大勘探投入力度，自营勘探发现蓬莱9-1、秦皇岛29-2等多个大中型油气田，海上油气当量保持在5000万吨以上生产能力。中国海油渤海油田、南海东部油田、南海西部油田，为海洋“三大”油气田，是全国油气资源开发的主力油气区；中国石化胜利海上埕岛油田，中国石油冀东、大港、辽河极浅海与滩海等自营油田，保持稳定的发展规模。海洋石油工业发展加快，探明油气储量、完成油气产量创历史新高。

“十三五”时期，海洋石油工业逆势而上，按照国家“加快海域”规划部署，以寻找新的大中型油气田为目标，重点勘查渤海湾海域、珠江口盆地、北部湾盆地等海域油气资源，加大深水区勘查力度、加快油气勘探开发步伐，取得重大进展并获得显著成效，为完成“十三五”规划目标任务、为实现“海洋强国”做出了重要贡献。

第一节 ＞ 渤海油田实现跨越发展

渤海油田地处渤海湾盆地渤海海域，是中国海油规模最大、经济效益最好的主力油田。渤海海域矿区面积4.3万平方千米，总资源量130亿吨油当量。截至2019年，渤海海域勘查矿区7个、面积约4.28万平方千米，其中合作勘探面积约282平方千米；开采矿区38个、面积约0.26万平方千米，其中合作开采矿区7个、面积约857平方千米。勘探发现油气田82个，其中亿吨级17个；三级地质储量68.0亿吨油当量，探明储量45.4亿吨；在生产油田46个，生产平台160座，浮式液化天然气生产储卸装置（FPSO）5座，陆上终端6座。2019年，黄海海域矿区面积10.16平方千米、勘查矿区22个（均为自营勘探），由内部流转后，渤海勘探项目变更为渤海-黄海勘探项目，这对于拓宽渤海油田的发展空间具有重要意义。

一、推进体制机制改革

“十二五”初期，中国海油针对渤海油田管运界面不清、统筹协调不力、勘探开发生产一体化难以深入等问题，以及区域化开发亟待加快的形势要求，成立中国海洋石油渤海石油管理局，进一步理顺渤海油田的管理体制，提高了区域资源统筹协调能力，促进和加强矿区管理与服务；建立油公司与专业公司常态化业务协调、各单位管理层日常沟通协调、利益相关方统筹协调、重大应急事件统筹联动机制，增强区域整体合力，营造良好发展环境，驻地产业带动力和经济影响力显著提升。

实施以“优化机关，强化基层，健全研究院，做实一体化”为主线的深化改革。通过改革创新，改善组织构架、创新管理模式、优化资源配置、提升工作效率、强化科技支撑、增强发展动力、完善体制机制，为实现渤海油田中长期发展目标提供了组织保障、管理支持、科技驱动。作业公司做实责任主体，发挥生产经营主体责任。工程建设和工程技术两个中心构建专业化管理架构，全心全意服务油田生产，区域一体化和专业集约化的效率效益充分释放。渤海石油研究院全面加强科研队伍建设、设计能力建设，科研设计、科技支持工作水平持续提升。一体化管理不断进步，“一盘棋”思想和整体价值最大化理念逐步深入人心，优势互补齐心协力，携手共进蔚然成风。机关作风明显改善，服务意识不断增强，管理水平日益提升。配套深化改革部署，管理模式推陈出新，运用和发挥“模拟利润中心”与“资产价值管理”的良性导向作用，努力追求经济产量、扎实重塑成本优势，渤海油田进一步走上持续健康发展道路。

至2015年，改革成果主要体现在：机关管理精兵简政，主动提供增值服务；作业公司强化能力，充分落实主体责任；工程技术专业集约，统筹推进系统“优快”；工程建设项目统筹，集群管理多快好省；研究院加强系统建设，科研设计能力全面提升；勘探开发生产紧密衔接，一体化管理进步显著；安全环保意识持续提升，质量效益观念不断增强，安全生产持续向好，经营绩效持续优化。

2017年，稳步推动地区公司深化改革，进一步加强与地方政府及市政公司沟通接洽，完成“三供一业”移交框架协议签订；落实集团公司“加大力度、加快进度”的压减要求，完成渤海石油水电服务公司、渤海油田物业服务有限公司法人注销工作，提前完成法人管理层级压减任务；“处僵治困”取得显著成效，“僵尸”企业1家、特困企业2家得到妥善处置；渤海公司全民所有制企业公司制改制工作任务圆满完成。坚持强化作业公司能力建设的改革方向，深化油公司改革创新工作“施工图”，加快推进区域商务共享中心、财务共享中心建设；强化制度体系建设，发布天津分公司权限手册；高度重视创新工作，向“杨氏微压裂解堵技术”主要贡献者等个人和团队颁发总经理即时奖；大力开展群众性创新创造活动，搭建创新孵化平台，营造“人人崇尚创新、人人希望创新、人人皆可创新”的良好氛围，使创新成为公司的价值取向和重要内涵。2018年，稳步实施管理体制、科技创新、人事劳动分配等专项领域改革，深入推进采办管理体制机制改革，强化区域共享服务体系建设，采办共享中心实现平稳运行，风险管控能力不断增强、效率效益稳步提升。构建以“两级专家专项奖”“单项奖”“总经理即时奖”为主的精准激励体系，加强重点骨干人员激励力度，完善月度效益奖精益管理，落实稳产超产激励办法，实现差异化精准激励，充分激发干部员工的工作激情和创新活力。2019年，坚持围绕中心和问题导向，持续强化科技和管理创新，保证改革部署和管理举措层层落实。完成渤海公司深化改革方案，“三供一业”分离移交后续工程进展顺利。实施科技体制机制改革，出台细化措施任务清单，13项任务取得阶段性成果。探索创新引领高质量发展的新路，完成38名钻完井总监划转和优化配置，规范安全监管机构统一管理和人员归并，进一步充实增储扩能上产的安全力量。

二、加强组合-价值勘探

“十二五”期间，加强“组合勘探、价值勘探”，通过科学组织、精细管理，突破地质认识，创新勘探技术，实现管理、研究、作业“三位一体”。2012年，优化勘探管理，提出“五个组合”：试验区与非试验区相组合、自然保护区与非保护区相组合、成熟区与新区相组合、目标预探与油藏评价相组合、深层与浅层相组合。在确保基础工作量稳定投入、确保勘探成功率的情况下，完成探井53口。在作业管理中，各相关部门及时沟通，强化协作，提升了工作效率。在复杂外部环境下，及时分析渤海气象，了解渔业活动规律，实现全海域全时窗的物探作业；在10个工区优化部署，完成三维地震采集7431平方千米，工作量连续7年刷新历史纪录。

以寻找大中型油气田为指导，先后创新建立似层状花岗岩潜山成藏模式、断裂转换带控藏模式等认识，成功评价蓬莱9-1、秦皇岛29-2东、垦利9-1、旅大6-2等油田，预探旅大21-2、垦利2-1、蓬莱15-2等10个商业或潜在商业含油气构造，创自营勘探历史最好水平；先后有多口井连续突破100米、200米单井油层厚度纪录，发现单井225米最厚碎屑岩油层，创渤海探井碎屑岩单井日产超千吨产能新纪录。2012年8月20日，在旅大6-2取得勘探新发现，其中，6-2-4井、6-2-5井分别钻遇40米、147.6米厚油层，测试日均产油850桶。11月23日，中国海油首次颁发“油气勘探重大发现奖”，渤海蓬莱9-1油田荣获特等奖、渤海旅大6-2油田荣获一等奖、渤海垦利9-1油田荣获二等奖。全年新增三级石油地质储量5亿吨，探明石油储量超过3亿吨。

2013年，在渤海石油管理局的协调推动下，努力克服海上军事区、自然保护区、交通航道等外部因素的多种制约，精心组织、高效勘探，完成三维地震采集6510平方千米，实现矿区三维地震全覆盖；完成探井43口，获得8

个商业或潜在商业发现，开展7个油气藏评价，新增三级石油地质储量2.84亿吨，探明石油地质储量2.56亿吨。秦皇岛29-2东等5个油田获中国海油2013年度油气勘探重大发现奖；垦利9-5/6构造获得大中型油气发现，与垦利9-1油田共同形成莱西构造带亿吨级油气区；旅大5-2北构造特稠油测试获得成功，热采日产油80吨，坚定了盘活渤海非常规稠油资源的信心；滚动勘探评价蓬莱15-2构造，新增三级石油地质储量7780万吨，与蓬莱9-1油田连片形成3亿吨级的储量规模。

按照中国海油“做强渤海”发展战略，2014年加大渤海海域油气勘探力度。全年采集三维地震2008平方千米，钻探井51口，获得7个商业或潜在商业发现，新增三级石油地质储量2.66亿吨，新增可采储量124.9百万桶。探明渤中8-4高品位油藏，获石油地质储量5700万吨；创新转换带控藏理论，突破稠油产能测试难关，旅大21-2跃上亿吨级油田规模；实施甩开勘探，拓展新区新领域，发现旅大16-3S构造，在辽中南洼首获中型高产优质油气藏；渤中凹陷西南环天然气勘探取得突破。旅大21-2、锦州23-2、渤中8-4、垦利10-4、蓬莱13-2等5个油田获中国海油有限公司重大发现奖。2015年，成功预探蓬莱7-6、渤中36-1等构造，获商业性或潜在商业性发现11个。“十二五”期间，新增三级地质储量16.1亿吨油当量，探明地质储量11.4亿吨油当量，发现亿吨级油田5个。

2016—2019年，坚持“价值勘探”“一体化勘探”，以寻找可动用储量为导向，瞄准重点区块精准发力、高效勘探，新增三级石油地质储量12.6亿吨油当量，发现亿吨级油田4个，上报探明储量8.1亿吨油当量；渤海海域中深层勘探获重大突破，探明天然气地质储量超过千亿立方米，探明凝析油地质储量超亿立方米，证明中国东部地区存在着大型气田。2016年，针对复杂地质条件，优化勘探部署，新增三级地质储量2.89亿吨油当量，新增可采储量133.2百万桶，新获商业（潜在）发现10个。加强勘探开发一体化，曹妃甸6-4-11d井新增探明石油地质储量904万吨，完善油田整体开发方案，提高了开发经济效益；紧密结合开发需求，高效实施南堡35-2-A34井，推动“双负”油田减负增能，有力支持在生产油田稳产。2017年，深层与浅层兼顾、石油与天然气并举，取得丰硕成果。全年钻探井60口，预探获得11个商业或潜在商业发现，商业成功率为近年最好水平。渤中19-6构造深层天然气勘探获新成果，展现大气田良好前景。高效完成油藏评价5个，渤中36-1构造获得亿吨级油田，渤海东南部有望建立开发新体系；以开发生产需求为导向，勘探一体化渤中34-5-P3井、渤中26-3-B8井等实现快速见产，秦皇岛31-4构造获得高丰度油气发现，渤中26-3油田围区新增探明优质储量550多万吨，进一步夯实在生产油田稳产增产的储量基础。2018年，着力在夯实资源家底上下功夫，优化勘探部署，强化价值勘探。全年钻探井80口，获得11个商业或潜在商业发现，新增三级地质储量4.22亿吨油当量，创渤海油田自营勘探历史最好水平。深化联合攻关、加强协同创新，针对渤中19-6复杂地质情况，启动国内海缆束线最宽方位采集项目论证；推动规模化储量发现向可动用优质储量转变、重地质储量向重经济可采储量转变，储量替代率174%，储采比升至7.3。完成大中型油气田评价，渤中19-6凝析气田探明天然气地质储量超过千亿立方米（图7-1），探明凝析油地质储量超亿立方米，成为超亿吨油当量的“双亿吨”油气田；渤中29-6多轮优化获亿吨级油田规模；龙口19-1北构造获高产轻质油藏，辽中北洼陡坡带勘探层系、辽中南洼斜坡带岩性勘探取得新进展。持续推进一体化滚动勘探，首次实施“一筒双井”获成功，金县1-1油田、旅大4-2油田围区获较好油气发

图7-1　2019年，渤中19-6凝析气田施工作业现场

现，为在生产油田持续稳产提供了储量保障。

2019年，坚决落实保障国家能源安全的指示和要求，全力开拓资源、挖掘潜力，实现储量稳步增长。细化落实“七年行动计划”，成立加大勘探开发力度专责领导小组，明确职责分工、完善工作制度，建立工作台账和月报，加大勘探力度、推进开发进程、完善生产管理，落实产量规划和责任清单，深入剖析制约高质量发展的主要瓶颈，滚动跟踪重点项目和关键节点，为顺利推进提供坚实保障。围绕全年100口探井任务，统筹部署地质研究、方案优化、现场作业和手续办理，油气勘探高效推进。上半年，完成探井52口，新增中型以上储量129.1百万桶，完成年度任务132%。高效推进渤中19-6凝析气田围区拓展评价，渤中22-1构造潜山勘探获成功。深化地质认识和理论创新，在多轮次勘探未获发现的辽西凸起段发现大中型油藏，有望建立渤中-辽东湾新的开发支点。油田围区滚动勘探成效显著，绥中36-1油田、垦利10-1油田围区新增探明储量均超1000万吨。旅大27-1构造稠油测试获得成功，创辽东湾明下段稠油测试日产最高纪录，盘活近3000万吨稠油储量资源。

2021年9月29日，中国渤海再发现大型油田——垦利10-2油田，经自然资源部评审备案，新增石油探明地质储量超1亿吨。垦利10-2油田位于渤海南部海域，距离天津市约245千米，平均水深约15.7米，发现井垦利10-2-4井共钻遇油层27米，完钻井深1520米。经测试，单井日产油可达81.55吨。垦利10-2构造位于渤海莱州湾凹陷区，这个区域历经40余年多轮勘探，构造油藏勘探难度越来越大，发现的油藏规模也越来越小，均没有商业价值。同时，按照传统认识，莱州湾凹陷区浅层、深层地层均为富泥沉积，地下深处的油气被不同岩性的地层所阻隔，无法向浅层运移聚集，因此多年来岩性油气藏勘探一直未获得突破。面对诸多不利因素，勘探人员基于扎实的基础研究，大胆创新勘探思路，提出新近系岩性油藏成藏新模式。在新思路指导下，逐步摸清了油气藏的富集规律和勘探方向。经过一年的评价，在莱州湾凹陷浅层成功发现大型岩性油气藏——垦利10-2油田。垦利10-2油田的成功发现，打破了渤海油田凹陷带浅层从未获得亿吨级岩性油田发现的局面，展示了渤海岩性油气藏勘探的广阔前景，对类似盆地的勘探具有重要的指导意义。中国海油牢牢把握油气勘探这一龙头，以发现大中型油气田为目标，持续深化地质认识和技术创新，争当国内油气增储上产主力军，为实现“十四五”良好开局和推动海洋石油工业高质量发展贡献力量。

三、实施区域整体开发

“十二五”时期，按照“整体规划、统一布局、阶段推进、分区实施”原则，稳步推进区域开发效果显著。2012年4月，蓬莱9–1含油气构造评价获得成功，证实为一大型油田，是渤海近年来勘探发现规模最大的油田。8月14日，在秦皇岛29–2东构造的2口评价井获得成功，其中29–2东–4井，油层厚度218.4米，单层最大油层厚度133.7米，测试日均产油约6600桶、天然气约450万立方米（1立方英尺=0.028立方米），创渤海碎屑岩的最高产能。

践行区域开发理念，开发质量稳步提升。开展前期研究项目20个，涉及油田32个。提前介入勘探评价，为加快油田建设进程、提高开发质量做好准备。践行勘探开发一体化理念，实现旅大6–2油田当年完成勘探评价、当年完成储量申报、当年完成油藏方案编制。创新管理模式，与研究总院及时组建项目组，开展渤中28/34油田群的前期研究工作，提高了项目运行效率。深化环境风险识别，建立预警机制，加大协调力度，完成总体开发方案编制项目5个，为实现“十二五”产量目标奠定基础。

区域开发取得新成果，在垦利3–2油田区域开发的基础上，继续推进垦利10–1油田群和渤中28/34油田群区域开发规划；开创以充分共享资源、注重长远发展为原则的区域开发新模式，形成区域开发格局。垦利10–1油田群开发项目，动用储量6000万吨，高峰年产油200万吨，为垦利区域建成500万吨年产规模夯实基础；渤中28/34油田群区域开发项目，新建平台5座，增加动用储量3000万吨，提高采收率10%，为提高油田经济效益目标奠定基础。

在建油田实现储量、产量双丰收。对锦州25-1、锦州25-1南及金县1-1等3个在建油田，按照“以好带差，以落实带潜力”的滚动开发思路，合理优化开发井位及轨迹，累计新增探明储量2680万吨；探索形成厚油层稠油油藏水平井分层开发等多种开发新模式，油田采收率提高8个百分点，填补了国内该类油藏高效开采的技术空白。在建3个油田，实现全年贡献产量330万吨，超过ODP设计100万吨。2012年，渤海油田生产原油2619.8万吨、天然气21.4亿立方米。

2013年，完善辽东和渤西南天然气管网规划，推动了周边天然气资源的勘探评价；完成中长期规划新建11个项目的前期研究，规划贡献产能1000万吨；蓬莱9-1、旅大6-2、旅大5-2北等油田勘探评价阶段同步启动开发方案的编制，渤中25-1/19-4油田群实现永久性复产，歧口18-1油田综合调整项目正式投产，绥中36-1油田二期综合调整项目试生产，锦州25-1南油气田营口天然气终端投入试运营，渤中28/34油田群综合调整项目稳步推进，为上产4000万吨奠定了基础。坚持以地质油藏为核心，以提高油田采收率为目标，有效实施开发井、调整井随钻工作，新建产能均达到或超过ODP设计指标，增加动用储量3000万吨。锦州25-1南油田等5个开发生产项目，获中国海油2013年度新增可采储量有效动用奖，成为中国海油有限公司油气产能建设的典范。2014年，开展前期研究项目20个，专家审查通过5个。全面梳理油田12亿吨“低、边、稠”储量，提出“多种模式并举”、与关联企业“共享共担”等边际油田开发策略，推进低品位储量动用。强化工程技术、工程建设、开发生产“三位一体”，凝心聚力系统“优快”，垦利3-2、秦皇岛32-6等新项目提前投产，新建产能297万吨，累计提前130天，增产近37万吨。5月12日，垦利3-2油田群7座平台及陆地终端一次性全面投产油井33口，年生产能力上百万吨。6月25日，重达1.3万吨的秦皇岛32-6油田综合调整项目CEPI组块顺利完成浮托安装，作业时间为14小时15分钟，创渤海湾浮托用时最短纪录。深化油藏研究，夯实稳产基础，有16个油田实现负递减。油公司与专业技术服务公司协调配合，全面带动系统“优快”，全年钻井工作量在创新高的同时钻机待机率为零，作业效率达历史最好水平。全年生产原油2610.1万吨，生产天然气25.02亿立方米，原油产量占中国海油年产量的65.85%。2015年，高效评价渤中34-9、旅大16-3/16-3南、曹妃甸6-4等3个轻质高产、可动用中型油田；专家审查通过4个开发项目；渤中34-9油田勘探评价与方案研究并轨推进，当年完成储量评价和开发方案；渤中34-1油田F平台外挂项目“短平快优”开发。2月3日，锦州9-3油田综合调整项目投产，日产油约7600桶。3月9日，秦皇岛32-6综合调整项目投产，包括4座平台和99口生产井，日产量高峰达360万桶。4月23日，垦利10-1油田投产，包括1座中心平台、2座井口平台和70口生产井。“十二五”期间，完成17个新建开发项目前期研究工作，新建产能1702万吨。2015年，渤海油田原油产量突破3000万吨，达到3053万吨。

“十三五”期间，油田经济开发取得新成效。2016年，开展前期研究项目14个，完成ODP审查项目5个，设计新建产能500万吨。坚持效益优先，开发井和调整井投产199口，产能达到设计要求，建成日产能超万吨。2017年，完成ODP项目6个，其中5个项目通过中国海油有限公司投委会审查，高峰产能607万立方米；完成考核指标，平均综合桶油成本24美元/桶，实现高质量源头控本。坚持创新驱动，大力盘活“低、边、稠”储量，旅大21-2油田、旅大16-3油田区域开发项目，成功建立首个“海上稠油热采技术集成创新应用”井发示范区；实践延长测试新模式，储量落实与产能建设同步，曹妃甸2-1油田延长测试获得高产；产能建设以精细地质油藏研究为抓手，及时优化调整方案，投产开发井58口井，产量超年度计划；坚持超前谋划、统筹部署、效益优先原则，投产调整井90口，效果优于钻前配产，下年度152口调整井计划提前落实；埕北油田A14H1井获高产，树立老油田挖潜采收率的新典范；深化滚动扩边、滚动挖潜，渤中34-1油田新增探明地质储量近3000万立方米，渤海南部增添亿吨级大油田。不断提升科技创新主导能力，成功打出中国海上首口中短半径水平井，自主掌握中短半径钻完井关键技术。2018年，中国海油启动“渤海油田3000万吨再稳产10年”工程。渤海油田经济可采储量、调整井工作量创历史新高，有23个老油田实现零递减、负递减，实现储量高峰增长、产量稳健运行。坚持规划引领、提质增效，完成前期研究项目7个，平均综合桶油成本26美元/桶，高峰产能332万立方米，超额完成考核任务。细化落实“七年行动计划”方案，完善增储上产的“时间表”“路线图”。践行“四个一体化”开发部署，渤中19-6气田开发高效推进；完善新型命运共同体开发模式，完成首个整装特稠油油田——旅大5-2北开发方案；以曹妃甸2-1为试点，探索边际油田开发商务合作模式，健全开发技术体系；锦州31-1气田创新应用水下生产系统，成功摸索出盘活受限储量的新路子。产能建设全面发力，蓬莱19-3油田1/3/8/9区、蓬莱19-3油田4区综合调整项目开发井、调整井联动，优化井位置换，较年初计划超产8.25万立方米；调整井钻完井工作量和投产井数均创历史新高，日产量超配产计划1.34倍；精准实施滚动评价，连续4年滚动增储超千万立方米，南堡35-2油田扩边挖潜探明储量有望突破亿立方米。深化以支撑稳产高产为核心的工程技术攻关，打破集团公司钻完井纪录7项，渤中19-6潜山井段钻井提速获重大突破，实现机械钻速、单只钻头进尺、作业周期缩短“三个翻倍”，初步形成中深层勘探开发配套技术体系。工程建设单位积极应对风险挑战，蓬莱19-3油田1/3/8/9区综合调整项目WHPG平台、WHPV平台，渤中34-9油田开发项目CEPA导管架均较计划超前运行；工程建设标准化重大专项正式启动，成果转化与应用形成阶段性成果，蓬莱19-3油田4区调整、蓬莱19-9油田二期开发项目WHPK平台导管架较计划提前23天开工建造。

2019年，加快前期研究和产能建设步伐，完成基本设计项目4个、可行性研究项目2个。持续探索边际油田开发新模式，提升8个中小型油田开发效益。统筹资源、优化管理，实现调整井工作量、产量双提升，上半年投产101口井，创历史新高。加强老油田滚动扩边、纵深挖潜，评价落实新增探明储量

4870万立方米。深入落实“双20%”工作要求，成立提效工作小组，将奋斗目标分解到季、滚动到月、追踪到周、落实到人；渤中34-9油田CEPA平台提前26天投产，两口井日产油超千立方米；完成旅大21-2/16-3、秦皇岛33-1南等项目导管架海上安装，曹妃甸综合调整项目WHPJ平台组块完成首次横向浮拖。工程技术创日均60个作业点的高峰纪录，整体工作量实现历史新高，渤中19-6-12井、16井先后打破井深纪录，中深层钻井刷新5000～5500米井深、渤中25-1-F39H井打破2500～3000米水平井最短钻井周期纪录。2019年，渤海油田油气当量产量在3000万立方米以上持续稳产10年。

通过实施“稳产老油田、加快新油田、突破低边稠”开发策略，开展并完成13个新建开发项目前期研究工作及9个项目的基本设计，产能规模近900万吨。完成开发调整钻井919口，实施井下各项措施5310井次，新建各类平台8座，新油田1个、油田综合调整项目3个及511口调整井陆续投产。

四、推动高效稳产增产

2012—2013年，渤海油田原油生产逆势企稳。2012年，在蓬莱19-3油田停产造成产量缺口、全年没有新油田投产的严峻挑战面前，渤海石油人直面困难、精细管理、深入挖潜，确保生产安全平稳运行。①千方百计稳产增产，提高时率与措施增油并重。优化注水体系，年增加注水量308万立方米，提高了地层能量及水驱动用程度，基础产量增加174万立方米；实施调整井158口，自营油田超百口；在优质油田寻找高产井，多口井日产达300～500立方米，高产调整井历年最多，产量贡献92万立方米；停产井、低效井治理取得突破，实施大修作业74井次，油水井措施超1000井次，总量创新纪录；扩大实施南堡35-2油田多元热流体热采工艺，规模效应初步显现；利用渤西南联网供气管网，冬季日供天然气增加40万立方米，供气保障能力稳步提升。②稳油控水技术不断丰富和完善，主力油田注采关系更加合理，开发指标进一步转好，地层压力稳中有升，水驱动用程度平均达80%；采油速率总体水平为

1.6%，生产能力稳定；自然递减率控制在10%以下，整体开发形势良好；渤海油田总递减率为1.98%，有16个油田实现负递减，油田稳产基础得到进一步夯实；自营油田年原油生产突破1800万立方米，创自营油田产量新高。③调整井滚动增储上产见成效。科学策划，合理安排，开发过程中不断提升储量动用程度。在调整井井位设计中，充分利用领眼井、过路井、水源井、注水井等多种手段，摸索出一条在生产油田滚动评价储量之路；年实施8口调整井滚动评价，增加三级石油地质储量2128万吨，实施调整井14口，增加可采储量达300万吨以上。④全力以赴推动蓬莱油田复产。积极推动蓬莱19-3油田群维护治理和复产准备工作，有效解决了井筒出砂、回注能力下降、气油比明显上升、产液量大幅下降等突出问题。环境影响评价报告和ODP整改报告，陆续得到国家海洋局和国家能源局的批复，蓬莱19-3油田群已具备复产条件。⑤安全生产总体平稳。结合隐患排查情况，对HSE体系中37个文件进行修订完善，实施重大作业全过程管理和承包商全方位管控，安全风险防控能力显著提升；制定隐患排查贡献奖评选制度，重新任命安全总监，对基层管理者进行授权，安全生产理念深入人心；生产平台严格执行“半小时巡检制度”，及时发现并化解埕北油田储罐隐患、渤中34-1油田海管风险，避免了非计划性关停和重大安全环保事故的发生；渤海海管通球率创历史新高，海管内检测成果广泛应用，保障了海管运行安全；全面建设海上AIS系统和雷达预警系统，海上设施安全得到保障；完善应急指挥中心管理制度，应急指挥中心高效运行。年内未发生人员死亡事故，未发生1吨以上溢油事故和单次经济损失超过100万元的责任事故，OSHA指标为0.05，低于中国海油有限公司下达的0.6的指标。⑥节能减排规范高效。通过节能减排信息系统的应用，节能量统计更加规范，能源消耗得到有效管控；节能减排项目向余热利用和推广节能新技术、节能产品等方向扩展，取得较好效果。全年实现节能量18万吨标准煤，单位产量能耗控制在0.0425吨标准煤/吨以内，超额完成中国海油和中国海油有限公司下达的节能指标。⑦工程建设项目取得新进展，垦利3-2油田、绥中36-1

油田Ⅱ期综合调整、秦皇岛32-6油田综合调整、锦州25-1南油田登陆管道、歧口18-1油田综合调整、渤中25-1南油田永久复产等项目迅速推进，渤西处理厂搬迁项目顺利开工，完成中国海油第一个弃置项目曹妃甸1-6油田工程设施废弃。2013年，面对埕北油田事故停产等不利因素影响，积极应对、提前谋划，通过优化注水保产量、增产措施挤产量、实施调整井抢产量，圆满完成全年生产任务，实现油气产量2808万吨油当量，比年初计划超产11万吨。扎实推进综合注水各项工作，老油田综合递减水平维持在5%以下，有12个油田实现零递减；创新管理模式，优化工作流程，投产调整井118口，贡献产量106万吨；推广采油工艺新技术，南堡35-2油田热采井15口，日产油从201吨提高到605吨。

2014—2015年，油气生产攻坚克难。水驱动用程度不断提高，2014年主要油田地层压力稳中有升，自然递减率维持较低水平，有16个油田实现负递减，递减率为-1.86%；油井生产时率达97.1%较高水平。投产投注调整井135口，年产油115.6万吨，再创新纪录；加强计划管理，优化检修方案，努力减少计划内外油田关停检修次数和时间，追回油气产量23万吨；油田作业公司充分发挥主体责任，配合深化油藏研究，实施各项增产措施，进一步夯实稳产基础。强化安全生产，实现从“要我安全”到“我要安全”的根本转变。2015年，工程技术、工程建设与开发生产无缝衔接，提前投产13座平台；渤海第一个“短平快”一体化项目——垦利10-4油田，排除万难建成投产。调整井作业提前30%，连续5年完成“双百目标”——井数超百口、产量上百万立方米。加强油藏研究和生产管理，加大在生产油田调整力度，油气产量再攀历史新高峰。各作业公司积极主动开拓进取，全力以赴攻坚克难，各尽所能努力担当，为增产降本保增长做出难能可贵的贡献。“十二五”时期，实施井下各项措施2907井次，工作量同比“十一五”增加2倍。新建平台47座，终端3座；新油田7个、油田综合调整项目7个及近600口调整井陆续投产，新增探明石油地质储量16817万吨，新增动用储量19088万吨，新增可采储量11685

万吨，采收率提高4%。其间，渤海油田生产原油13566.3万吨、天然气113.54亿立方米，年原油产量保持在2700万吨以上、天然气产量保持在22亿立方米以上。

2016—2019年，狠抓精细管理，无缝对接油田生产。2016年，渤中13-1降压增产项目比计划提前35天投产，蓬莱19-9综合调整项目比计划提前22天机械完工。推进工程技术管理创新、技术创新，优化小井眼井身结构，完成22口非常规井眼的探井作业，累计节约钻井工期约53.9天；发挥区域钻完修一体化作业优势，仅用61.83天完成垦利项目11口修井作业，节省工期17天，提效22%。油气生产精细管理再上新水平，建立产量任务责任清单，量化工作目标，推动产量落实。以深入油藏研究为基础，加大注水井综合治理，注水井分注率大幅提升，有16个产量计量单元基础产量超产；加强单井动态跟踪，强化地面设备管理，扎实做好日常维护，生产时率保持在97.7%的较高水平，非计划关停次数产量影响同比大幅降低。开展长停低产低效井治理取得较好成效，实施121口井，年增油11.9万吨。蓬莱19-3WHPM平台外挂井槽、渤中13-1BOP项目、蓬莱19-9WHPJ平台、埕北油田整体升级改造等重点项目，全部提前安全投入试生产。加强质量风险控制，强化现场质量管理，项目建设质量水平持续提升。稳步推进安全生产标准化达标工作，旅大27-2油田、旅大32-2油田获石油行业安全生产标准化一级企业，渤中3-2油田、渤中26-3油田、埕北油田获二级企业。严格控制污染物达标排放，各类污染物排放总量符合年度减排指标要求。狠抓矿区消防安全和人员密集场所管理，规范管理“三废”排放工作，平安绿色矿区建设稳步推进。培育节能文化，开展节能考评，全面完成节能指标任务，渤中26-3油田放空气回收项目、垦利油田群天然气利用项目，年回收天然气8000余万立方米。公司OSHA统计为0.07，远低于考核指标。2017年，坚持“稳产核心在注水”的油藏经营思路，不断夯实稳产基础，有29个产量单元超过配产；含水上升率控制在3%以内，自然递减率控制在15%以下，开发形势趋好；创新生产模式和外输方式，曹妃甸油田海管更换期间成功实现临时生产，增产5.2万立方米。以3000万吨责任清单为抓手，充分发挥作业公司责任主体，营造赶帮超的工作氛围，在年初预计欠产160万吨的严峻形势下，追回产量123万吨。探索创新创效新路子，大力推广应用以“微压裂”为代表的新工艺、新技术，有效降低解堵成本；加强长停井、低产低效井治理，长停井平均单井日增油是2016年的2倍以上，低产低效井平均单井日增油10吨，为油价“寒冬期”提质增效注入新活力。2018年，落实“百日上产提效”工作部署，全面完成基础、措施、调整井、开发井、天然气等各项预期目标。完善产量、效益责任清单，统筹优化作业安排，精细组织生产运行，全油田月均生产时率达97.73%，渤西作业公司生产时率创历史最好水平。聚焦老油田稳油控水、增产增注等技术创新，在线调驱、增压解堵、规模化热采等方面取得技术创新成果10余项，累计增油6万余立方米。强化装备全生命周期管理，扎实开展预防性维护、计划性检修，非计划关停同比大幅下降；电泵管理时效连续8年打破纪录，检泵周期大幅上升，创造历史最好水平；落实长停井、低产低效井低成本侧钻等挖潜策略，实现增产近百万吨；辽东作业公司深化海陆联动、深挖油藏潜力，油水井作业时效同比提升15%。讲政治、顾大局、保民生，扎实做好重点时段天然气保供，天然气产量同比增长9%，曹妃甸油田外输商业天然气量首次突破30万立方米/天，为完成冬季保供任务贡献渤海力量。

2019年上半年，咬定3000万吨目标不放松，优化生产运行流程，科学提高生产时率，基础、措施、调整井、开发井及天然气产量总体超产24.7万吨油当量。辽东作业公司狠抓天然气产能建设，实现对葫芦岛驻地企业连续27年稳定供气，累计供气超百亿立方米。秦皇岛32−6/渤中作业公司精细挖潜老油田，新增低阻油藏储量2400万立方米，年内贡献产量15万～20万立方米。渤南作业公司狠抓老油田优化注水，主力油田开发效果持续改善，超产11万吨。曹妃甸作业公司立足区域特点，首次采用二次固井技术，实施措施增油取得积极成效。完成生产设施全面“体检”，重点排查老旧设备设施，安全生产基础保障进一步夯实。蓬勃作业公司超前完成年度停产检修，推进水下结构隐患治理，优化海管海缆完整性管理。渤西作业公司深化精细管理，创造性实施海管跨接改造，实现原油和天然气同步反输，多贡献油气产量4.6万吨。坚持提高政治站位，加快绿色低碳发展，通过落实主体责任、强化工作导向、推进技术应用、塑造绿色文化，努力实现本质安全、本质环保。落实“夯实基础、完善体系，深化全员安全生产责任年”工作要求，完善18项QHSE责任制度体系，升级全员责任清单，确保安全环保责任层层落实。

五、强化管理再上水平

“十二五”以来，渤海油田桶油成本快速攀升，成本优势、经济效益不断下滑，核心竞争力和可持续发展能力面临前所未有的压力和挑战。面对改革创新的新使命、转型升级的新要求，特别是面对不期而遇的低油价，渤海油田全力推动发展方式由产量驱动向产量效益双轮驱动转变。2012年，以深入开展“管理提升活动”为契机，着力强体系、夯基础、促提升，取得良好效果。通过对管理体系进行全面升级，优化低效的管理制度，删除重复的管理环节，有效推动“勘探开发一体化”等理念的落实，从制度上确保责任与权利的统一，促进了专业融合，实现了油田生产与地质油藏的无缝衔接，公司向管理现代化、运营规范化不断迈进；以“夯实管理基础，促进科学发展”为目标，在投资决策管理、全面预算管理、全面风险管理等13个方面实施自检自查和管理诊断工作，在安全生产管理等17个领域开展专项提升工作，管理漏洞和重大风险得到有效控制。结合管理提升活动，成立“渤海油田提高钻井作业效率”工作小组，广泛应用新技术、新工艺，钻完井总体作业效率提升2.95%，累计节约成本约1.5亿元；对船舶合同进行梳理，增加了约束条款和试用期条款，有效降低了作业成本。横向扩展和深度推进“五好平台”建设，促进考评机制与实际工作相结合，形成公司、作业区和平台层面的三级考评架构，充分激发一线员工奉献青春、投身油田建设的热情，渤中34−1油田、绥中36−1油田和秦皇岛32-6油田等3个平台，被评为“2011—2012年度中国海油有限公司海上十佳平台”。

2013年，在工程技术领域率先实施“优快”再创新工程，以歧口18-1油田综合调整项目为试点，跟进实施垦利油田群开发项目和秦皇岛32-6油田综合调整项目。在各协作方的密切配合之下，“优快”钻完井再创新工程成效显著。歧口18-1油田综合调整项目，仅用4个半月顺利钻完井8口井，比计划工期提前66天，平均单井钻井周期较前次“优快”提高40.5%。“优快”钻井3个项目，钻井144口、完井110口，打破14项22井次中国海油钻完井纪录，累计节约工期572天，节省投资6亿元。在“优快”精神鼓舞下，随钻工作再上新台阶。在7个新建项目中，随钻168口井，优化调整方案48井次，减少低效井29口，新增探明石油地质储量1500万吨，贡献产能100万吨。积极应对用海矛盾和海况条件等多种影响因素，歧口18-1油田综合调整项目3个平台机械完工时间累计提前3个月，锦州9-3油田综合调整CEPD导管架安装提前2个月。践行“时空协调、组合勘探”新模式，钻井平台待机时间明显减少，勘探效率稳步提高，勘探成本大幅降低；合理下放审批权限，与关联公司签署1200余个工作订单，累计提高时效260天。“优快”精神，成为推动渤海油田创新发展的制胜法宝。

借助渤海石油管理局成立之势，加强对合作油田的协调管理。中方接管曹妃甸油田群管理权，担当作业者表现良好，生产经营管理水平稳中有升，年超产原油22万吨；国家海洋局正式批复蓬莱19-3油田复产，中外双方齐心协力，共同推动蓬莱油田产量回升，年超产原油30万吨。渤海石油管理局与康菲公司开展高层对话，深入沟通坦诚交流，卓有成效地解决了包括溢油赔偿金、离职补偿金、硫化氢治理和新区开发规划等一系列矛盾难题，为2014年7月1日中方接管蓬莱油田作业权扫清障碍。

2014—2015年，按照中国海油“质量效益年”活动总体要求，积极引导广大干部员工牢固树立效益为本、效率优先的科学发展理念，坚决摒弃重生产轻经营、重产量轻效益的落后观念，大力开展提质降本增效活动。2014年，探井作业效率同比提升21%，每米成本降低14.95%，节约投资3.63亿元；开发井、调整井累计节省工期689天，综合提效11.06%，节约投资16.09亿元，降本14.65%；全面提质提速、降本增效，在建工程项目19个，节约投资7.16亿元。各作业公司通过优化船舶运行、加大自检自修、推动国产化等措施，年节约操作费10.72亿元，降本11%；通过强化管理、优化策略，商务采办降本23.22亿元。年利润总额比年初计划增加48亿元，可控桶油成本同比下降9%，一举扭转连续9年一路上升的被动局面。2015年，面对经济发展新常态和国际油价深度下跌，强化勤俭办企责任意识，抗严冬、保增长，攻坚克难降本增效，努力打造“质量效益年”活动升级版。通过油公司自身努力和与专业公司齐心协力，深入挖潜降本增效，完全桶油成本进一步降低到36.75美元/桶，同比下降37.5%，为保增长做出了艰苦努力和积极贡献。各专业自我加压深入挖潜，优化勘探部署、提高效率，全年投资较紧缩预算节省1.8亿元、降本6%；前期研究优化5个项目开发方案，降低开发投资58亿元、降幅达21%，IRR平均提高6.3%；深化工程技术“优快”作业，节省年度预算5.52亿元、降本5.76%；优化工程建设配置资源、严控合同价格，节省年度预算10.45亿元、降本10.22%；节省生产直接作业费年度预算9.45亿元、降幅10%，桶油作业成本降至6.78美元/桶、降幅24.6%，回归到“十一五”末水平，降本增效成效显著。在安全环保节能减排方面，深入贯彻安全环保新“两法”要求，强化红线意识。发布实施首版QHSE管理体系，建立全员QHSE培训机制，开展形式多样的QHSE文化建设，营造人人参与、齐抓共管的安全文化氛围。大力推进风险隐患排查治理，扎实开展安全环保“扫雷行动”。促进开发建设项目QHSE手续办理，持续开展企业达标工作，保障生产运营合法合规。实施生活污水处理装置改造，努力实现生活污水稳定达标排放。完善节能制度，扎实开展能源审计、计量审查，提高能源利用效率。未发生人员死亡以上等级的生产安全事故和重大溢油事件，可记录事件率为0.04，完成中国海油下达的QHSE

指标，安全环保和节能减排工作整体平稳、持续向好，为保增长提供了坚实保障。

2016—2019年，以“精细深实”为抓手，全面提升生产经营管理水平，各项基础管理工作的保障作用进一步强化。2016年，“质量效益年”活动取得成效。探井钻井作业米成本较2015年下降19.6%，创历年最好水平；储量评估与财务摊销联动，实现增储降本13.69亿元。以管理带动勘探、开发、生产一体化联动，优化设计5个重点前期项目，开发投资减少近100亿元，桶油成本由35美元/桶降至24美元/桶。通过深化船舶管理、扩大自检自修等各项措施，全年桶油作业成本下降为6.19美元/桶，为近3年最好水平。顺利完成“海洋石油102”FPSO解脱及拖航，除隐患、降成本一举两得，节约年度操作费近1亿元。重点落实账外物资使用和账内无动态物资盘活，建立“限总量、用存量、防呆滞”的库存优化机制，全年账内库存物资减少3.02亿元，账外物资消耗1.92亿元，处置废旧物资3.34亿元。进一步规范物资调拨、内部转让制度，实现分公司之间、合作油田和自营油田之间物资调拨转让使用，为提质增效做出了积极贡献。开展在生产油田盈利能力分析，对于“双负”油气田进行成本结构分解，有力指导“双负”油田扭亏为盈。主动顺应形势任务，加快生态文明建设、推进绿色发展，深入推进“人本、执行、干预”的海油安全文化，筑牢底线思维、强化红线意识，追求安全环保管理率先实现国际一流。全年未发生10吨以上溢油事故，未发生人员死亡责任事故，未发生单次直接经济损失100万元以上的各类责任事故，可记录事件率为0.04，职业健康体检率达到100%，各类污染物排放总量均满足年度减排指标要求。严格落实安全生产责任制，深化完善QHSE责任体系，构建安全生产“层层负责、人人有责、各负其责”的工作格局；密切跟踪法规文件要求，广泛吸收借鉴最佳实践，强化体系制度执行力度，进一步健全安全生产长效机制；坚持齐抓共管、层层示范，领导班子带头开讲安全课，落实安全生产约谈机制，践行中国海油领导干部安全标志行为；大力开展“安全月”“质量月”活动，荣获全国“安全生产月”活动先进单位；首次开展安全生产先进个人评选，创新开展基层安全文化共建活动，巩固“安全最后一厘米”，干部员工安全发展意识不断提升；坚持监督履行到位、管理落实到位，大力开展专项检查排查活动，隐患整改率继续保持较高水平；筑牢安全环保合规“底线”，各种法定手续办理依法推进；不断完善质量管理体系，积极推进基础性工作，质量基础更加扎实，秦皇岛32-6CEPI平台鹰眼班组获得全国质量信得过班组，“歧口17-3平台中控盘国产化升级改造”被评为2017年度中国石油和化工行业“质量标杆”。2017年，坚持控成本、增活力、防风险，持续巩固核心竞争优势。扎实开展“质量效益年”活动，牢固树立成本管控意识和精细管理理念，实现生产措施单井核算，强化油气资产动态管理，精准实施治理亏损油田，所有油田全部实现盈利。充分挖掘内部服务市场潜力，与中海油服、海油发展、海油工程在协同增效、技术应用推广、“三新三化”、模式创新等方面深层次对接，协调发展、共度“严冬”的能力进一步增强。坚持做好增量、盘活存量、主动减量，狠抓库存管控、资源优化、物资采购、资金管理、风险管控等系统性工作，天津分公司总库存降幅达20%；深入开展“备件寄售”专项工作，建立辐射全局的备件仓库及合格产品供应链，向“零”库存目标努力；工程技术、工程建设公司编制“渤海特色”物资判废标准，夯实物资处置技术支撑；落实自营与合作油田“五方协议”，打破合作油田物资壁垒，钻完井物资实现共享流转。聚焦重点领域、重要环节和重大项目，优化审计资源配置，建立联席会议机制，扎实开展审计整改回头看，建立闭环管理模式，有效发挥审计促进合规运营、风险管控、效率提升方面的保障作用。矿区工作优化管理创效益，通过“拧毛巾”“挤海绵”，与年度预算相比减少补贴4000万元，与2016年同比减少4800万元，创历史最好水平。2018年，大力推进生产经营机制创新、精益化管理、数字化转型，创新驱动提升管理水平。统筹勘探开发、安全生产、经营管理等协同研究和综合应用，持续提升信息化工作水平，智能油田试点项目运行良好，稳步推进A2项目。建立规范高效的开发规划数字化共享平台，向科学决策、智能规划迈出关键一步。加快建设后勤支持管理系统，搭建业务协同平台，为优化流程、提升效率、完善资源配置提供有效载体。稳步实施“213”人才工程，制定“2017—2020年技术技能队伍人才规划”，完善主体工种操作人员岗位级别晋升方案，充分释放骨干人员立足一线、干事创业的热情。大力推动“知识管理工程”建设，扩大技师创新工作室建设。持续巩固成本领先优势，优化库存管理和物资处置，加强物资长协订单管理，扩大“五方协议”共享范围，库存较年初下降22.8%。推进船舶管理降本增效，深化资源统筹共享，严格落实耗油综合指标考核制度，自营油田船舶综合耗油连续4年下降。深化钻完井源头降本，完成600余口井设计优化，节约投资11.12亿元。提升财务精细化管理水平，油井作业费单井核算成效显著，单井措施投入成本更为清晰，为技术推广应用和科学评价提供数据支撑。围绕采办管理、合同管理、制度建设、内控合规等重点领域和关键环节，加强审计监督，推动专项审计，实现所属单位内部控制审计全覆盖，保障经营管理规范高效运行。以“两个维护”的政治高度，以过硬的作风、坚决的态度和严格的措施，守好筑牢安全环保底线，全年OSHA可记录事件率为0.05，安全环保工作整体平稳向好。落实“全员安全生产责任年”要求，领导干部带头践行“安全标志行为”；落实一把手安全约谈制度，完善QHSE制度体系，确保制度体系执行效果。凝练渤海油田特色安全文化，安全生产“四道防线”“八大认识”深入人心；完成典型事故隐患案例汇编，实施“五想五不干”提示卡进口袋计划，持续开展安全环保精准对标。高标准完成三大石油公司综合应急演练，区域应急联动和突发事件处置能力进一步提升。积极主动办理HSE手续，建设项目依法合规推进。深入实施隐患排查治理，推进危险化学品、电气火灾等综合治理，开展隐患排查贡献奖评选，授予39名员工隐患排查贡献奖。落实“以人为本”理念，借助大数据实现职业病防护指标量化，提升职业健康精准防护水平。坚持全方位质量管理理念，强化过程管理和人才队伍建设，质量管理水平全面提升，171个QC小组活动成果和24个质量信得过班组被评为行业优秀成果，渤南作业公司“海肠子QC小组”获2018年全国优秀质量管理小组。打造油气合作发展共同体，共建共享呈现新气象。2019年，坚持围绕中心和问题导向，持续强化管理创新。加快商务管理体系构建、调整采办系统，落实品类化和专业化要求，共享服务体系建设持续推进。初步实现大库存管理体制，加强供应链整体协同，持续推进库存压减，3年以上无动态物资库存较年初下降5%。开展与国际一流一体化及E&P公司对标，统一自营与合作油田财务规范，建立管理报告重点事项跟踪分析和销号管理机制，有效降低财务运行风险；全面开展重大专项风险排查，优化风险管控措施，加强风控常态化管理，提升防范和化解风险的能力。

在国际油价低迷状态下，渤海油田通过与近10家国际一流石油公司对标，其盈利能力位于首位，具有保持比肩国际一流的成本竞争优势和抗风险能力。这主要取决于：在科技攻关上，根据油田实际需求，重点围绕地球物理集成、稳油控水、稠油开采、边际油田开发、优快钻完井等关键技术攻关研究，努力攻克技术瓶颈、大力推行“三新三化”、加大科技创新和成果转化力度、强化降本增效源头的把控、不断推进“短平快优”开发项目；在安全生产上，大力弘扬中国海油“安全第一，环保至上，人为根本，设备完好”QHSE理念，深入落实“五想五不干”安全准则，坚持“五不开钻”基本原则，贯彻新《安全生产法》《环境保护法》要求，树立法治思维、红线意识、安全就是效益的观念，及时修订QHSE管理体系，完成所有老油田的停产检修工作，全方位开展安全环保“扫雷行动”。“十二五”以来，渤海油田获得国家级科技奖励2项、省部级科技奖励143项，专利授权261项，公开发表科技文献1547篇；安全生产管理持续改进，安全生产形势持续向好，建成了全渤海6小时应急网络。

以新发展理念推动油田高质量发展。渤海埕北油田是中国海油第一个完全按照国际规范建设的现代化油田。在合作开发时期，日方合作者在对油田进行精密计算后认为，到2000年基本上可以采完可动用储量。自营开发时期，特别是“十三五”以来，在整体设备设施升级改造后成功换“心”，完成世界海洋石油开发史上极为罕见的“全科手术”，埕北油田“返老还童”重返历史巅峰产量。渤海油田牢牢把握科技创新这个核心、管理创新这个关键、商业模式创新这个新动能，形成开放高效的创新体系，打造了具有国际一流标准的创新型油田。始终以生态文明建设为标尺，主动投入“渤海综合治理攻坚战”“蓝天保卫战”等国家级行动中，实施“全生命周期的环境保护”，将绿色低碳放到更加突出位置，将绿色发展作为各级党组织所承担的政治责任。推进“环保升级三年行动计划”，加强海洋生态修复，加大清洁能源供给，以更严格的“硬杠杠”加快自我倒逼，在建设“蓝色渤海，绿色油田”进程中实现油田建设与生态环保的双赢。以协调、开放、共享夯实发展根基，统筹协调协同发展命运共同体，实现了资源优化配置、能力优势互补、工作齐心协力，打造了思想上“一条心”、行动上“一盘棋”发展态势，全面提升了质量效益。探索“中中”合作、混合所有制新模式，实现了互促互进、互利互惠、共同发展。实践证明，让新发展理念作为生产实践的“指挥棒”“红绿灯”，将“创新、协调、绿色、开放、共享”融入企业改革发展的顶层设计、谋篇布局之中，是渤海油田实现从跟跑到并跑甚至领跑的动力、步入高质量发展轨道的底气。2021年，渤海油田原油产量达3013.2万吨，成为中国第一大原油生产基地。

渤海油田始终以党的政治建设为统领，服务于国家战略安全，用7年时间实现从900万吨到3000万吨的跨越并持续稳产10年；为党和国家“加油争气”，2019年再次提出“七年行动计划”，力争到2025年突破4000万吨油当量，以“我为祖国献石油”作为守初心担使命的实践诠释。在发展过程中，将油田开发建设融入“五位一体”总体布局和“四个全面”战略布局，融入建设“美丽中国”、建设“海洋强国”、京津冀协同发展、“三大攻坚战”等党和国家重大部署之中，持续推动渤海油田的高质量发展。

第二节 〉南海东部油田提速发展

中国海油在南海东部海域建成惠州、西江、番禺、陆丰、流花、恩平、白云等7个油气田群，在生产油气田42个。2012—2019年，南海东部油田发展提速，投产油气田23个（含3个开发调整项目），油当量由2012年的996.8万吨上升到2019年的1605.1万吨。

一、油气产量持续上行

“十二五”期间，新油田开发建设拉动油气产量持续上行。加大滚动开发、区域开发的力度，使一批中小型边际油田投入生产，利用现有设施不断接入新的油田，增加了产量接替。2012年，启动又一轮新油田开发建设，流花4-1、番禺4-2、番禺5-1综合调整项目的实施，使南海东部油田产量重上1000万吨。2014—2015年，番禺10-2油田、番禺10-8油田、惠州25-8油田、西江24-3油田（综合调整）、陆丰7-2油田、恩平24-2油田等6个油田，以及荔湾3-1油田、流花34-2油田、番禺34-1油田、番禺35-1油田、番禺35-2油田、流花19-5油田等6个气田陆续投产，2015年油当量达到1631.2万吨，创南海东部油田历史上最高年产量纪录。“十二五”时期，南海东部油田生产原油4586.4万吨，年均达900万吨以上；生产天然气124.65亿立方米，年均25亿立方米。

随着西江、惠州、陆丰等老油田进入特高含水期开发阶段，剩余油分布零散，调整井含水上升快。深圳分公司应用比较成熟的水平井控水方式——ICD控水，减缓了调整井的含水上升。2016—2017年，恩平18-1油田、恩平23-1油田、恩平23-2油田、恩平23-7油田等恩平二期油田，以及番禺10-5油田、番禺11-5油田等边际小油田的陆续投产，为南海东部油田可持续发展注入新的活力。2018—2019年，随着惠州33-1开发、惠州32-5综合调整项目的实施，2019年产量重上1600万吨。

2016—2019年，年原油产量保持在1100万吨以上、年天然气产量保持在

30亿立方米以上的生产规模。

二、开发低能量油田

南海东部油田多数油藏属海相沉积环境，天然能量充足，主要依靠天然能量开发。因在油田早期未考虑注水开发，现有平台设施无基础开展地面注水。2012年2月，为解决惠州25-3油田主力层L30up的能量不足问题，进行了专项试验，采用倒灌注水到自流注水方式，使油层的能量问题得到较好的解决，从而开启了南海东部油田自源闭式注水开发的模式。先后在惠州25-8油田、恩平18-1油田、惠州25-3油田、陆丰13-1油田等油田开展自源闭式注水，取得了预期成效。在此基础上，又在恩平18-1油田利用地层深层热水进行地热水驱，进一步提高了稠油油藏的采收率。深圳分公司在实践中不断摸索、创新，形成了独具特色的自源闭式注水技术。

注水开发低能量油田，至2019年年底，惠州25-8油田等4个注水油田注水受效层位储量3272万立方米，日产油3577立方米，年注水量148万立方米。

三、开发深水气田群

开发建设南海第一个深水气田群。2012年，南海东部海域只有惠州21-1气藏、番禺30-1气田。2014年，自营卫星气田LH19-5依托番禺30-1气田投产，外输至珠海终端。

迈向深海寻找大气田，是南海东部石油人的梦想。2014年4月，中国海油与加拿大哈斯基能源联合开发的荔湾3-1气田投产，开启了中国深水天然气资源开发利用的序幕。此后，流花34-2气田、番禺34-1气田、番禺35-1气田、番禺35-2气田等气田相继投产，形成中国南海第一个深水气田群。荔湾3-1平台、珠海高栏终端等深水气田生产设施规模居世界前列，应用了众多行业领先的新技术、新工艺、新设备。中国海油与哈斯基在荔湾3-1气田开创“双作业者”模式，中外双方利用各自专长联合作业，共同负责深水气田日常生产管理。

到2019年年底，白云气田群年产610万立方米油当量，占南海东部油气田产量的35%，南海东部以原油为主发展到油气并举。

四、加强管理降本增效

持续开展对标分析工作，通过费用对标、工作量对标，完善对标方向；通过延伸对标层级、拓宽对标领域，提升对标维度；通过实现对标制度化、常态化，精准提质增效。优化直升机、供应船资源量，提高利用率，并结合国际油价情况，执行油价对应阶梯费率。加强化学药剂的现场跟踪支持、费用分析和合同管控，积极推动药剂筛选工作，进一步优化药剂种类及浓度；执行药剂费率与油价挂钩，稳步提升管理水平。推动各单位梳理优化工作计划，突出重点，以计划、预算、执行三者统一为抓手，从周期、标准、费用等方面进行优化减少计划外项目，强化成本控制。引导削峰填谷，作业前移，规避台风作业，维护老旧设施安全。加大合同统筹力度，通过“团购”等方式以量还价。积极推进国产化进程，扩大国产化范围，助力提质增效。坚持底线思维原则，转变思路，优化停产检修工作，在减少产量损失的同时减少检修维保费用。结合产量要求等实际情况，优化井下作业工作量，积极开展费率谈判，降低修井单井费率。优化水下检测作业方案，严控作业船舶的作业效率，减少不必要的待机，积极开展费率谈判，进一步降低成本。发挥创新工作室专家作用，打造价值内核，着力解决海上设施疑难杂症，实现创新驱动降本增效。

五、采油工程技术进步

2012—2014年，为采油工程起步阶段。在开展上返补孔、酸化解堵、机械堵水和换大泵等常规措施的基础上，积极探索新工艺新技术。创新发展MRC水平井改造技术，陆丰13-1-29H1井在老井眼的基础上派生出两个分支，增大了油藏接触面积，为南海东部油田首次将MRC应用于大修井增产措施领域，增油效果显著。该井作业的成功，为南海东部低渗储层增产另辟一条新的途径，同时为低孔低渗储层在生产水平井规模化改造铺平了道路。西江24-3/30-2油田回归自营后，在综合治理过程中完成大修井技术集成突破，形成套损井查堵漏系列技术，以及水平井分段酸化、水平井深穿透射孔解堵、套损井的长段跨接机械堵水、定点切割+打捞、复杂修井落鱼分段打捞等一系列创新技术，为其他疑难井处理奠定了技术基础。

2015年，爆燃压裂酸化技术取得实质性突破。5月，对LF13-1-6井实施爆燃酸压增产措施，在技术上消除“措施后形成垂直裂缝造成油井高含水”的疑虑，明确工艺方案方向后，针对施工所涉及的一系列技术难点，先后采用“管柱加压、全井筒压力校验、施工位置核算、多级减震、井口安全泄压模式、复合酸化”等多种创新性技术手段，使该井复产后取得显著成效，作业后成为陆丰13-1油田第一高产井。

大修井工艺方案设计保障挖潜上产。水下井口油井LH4-1-A8m井属智能双分支完井，生产确认ma分支不产液。通过对动静态资料分析和作业历史梳理，明确了对A8m井空心斜向器重新射孔，沟通a分支释放产能的方案，措施实施后日产油1100桶。该井的修复，不仅实现了挖潜上产的目标，而且为以后水下井口油田开发，双分支完井技术方案适应性提供论证依据。

裸眼水平井爆燃酸压、低成本井下助流注水、水平井引能改造、连续封隔体堵水等技术方面取得突破。2016年，在多次进行地面实靶试验的基础上，确定采用小当量级火药方案既实现爆燃造缝需要又避免损坏筛管，同时提出爆燃枪脱手设计的预案，应对卡枪风险保障水平段液流通道；在HZ26-1-20Sb井实施后，增产倍比超过6倍，年增油6.6万桶。该井裸眼爆燃压裂成功为国内首例。针对LF13-1-24H2井生产时间短、含水低、泥岩段“屏蔽”剩余油潜力大的特点，利用“定向射孔引能改造+定点酸化”复合措施，揭开“屏蔽”剩余油砂层泥岩盖板，引流下伏剩余油，解除近井地带堵塞，以充分释放产能、提高单井产液量，措施后日产量是措施前的2.5倍。

2017年，针对惠州25-8油田地层能量不足、难以稳产的问题，开展惠州

25-8油田能量补充技术研究，发展形成自源闭式注水技术，在没有增加平台地面注水设施投资的前提下，在2口注水井实施后，地层压力保持在71%以上，采油速率提高4.5个百分点，受效井提液后，年增油达14.8万吨。爆燃压裂多级爆燃技术升级，成功解决极低产能井建产问题。措施井HZ19-2-7Sa引能通道打开，产能大幅提升，产液量为措施前5倍，多级爆燃措施增产倍比超过3倍。该井为国内海上油田首次应用一趟管柱多级爆燃压裂工艺。针对流花礁灰岩油田上水快、采收率低的问题，引进了连续封隔体控水技术。在LH11-1-A4H4井进行现场试验，取得初步成效，验证了该项技术对具有高角度裂缝的礁灰岩具有较好的控水作用。

2018年，在恩平油田开展地热水驱能量补充，恩平18-1油田实现日增油95立方米，累计增油近2万立方米；推动实施二次完井井筒再造技术，恩平油田A8H/A9H单井增产倍比达1.78；推广连续封隔体CFSP技术，在LH11-1-A4H5井实施，通过深度改善双孔介质渗流均衡基质裂缝流场解决了礁灰岩油藏高角度裂缝底水上窜世界级难题，含水率及含水上升动态均创历史最好水平；参与制定多级跨接集成堵水技术方案，救活长关井HZ21-1-6Sa井，而且使这口水井变身油田第一高产油井；引进低密度自适应堵水新技术，利用密度差异在油水界面形成隔离带，在HZ19-3-9水平井笼统堵水工艺上首次取得突破，含水率下降12个百分点。

以发展为引领推进自源闭式注水，2019年完成HZ25-8-A5H井转注、EP18-1-A20井投注工作，均达到预期的能量补充效果，其中HZ25-8-A5H井日注水930立方米，邻井A2H/A6H/A7H/A9H四口井受效明显；EP18-1-A20井日注水710立方米，受效井回配井组日增油约80立方米。针对恩平油田泥质含量高、易出砂、近井区域可能存在水敏及微粒运移堵塞“带”的地层特点，引入T型位移井改造增产新技术。T型位移井改造增产新技术试验井EP23-2-A1产液量由45.5立方米/天增至222.9立方米/天，产油由19.2立方米/天增至95.9立方米/天，增产倍比达5.0。

2012—2019年，实施各类常规增产措施308井次，措施当年累计增油179万立方米。开展采油工艺研究攻关30余项，形成一系列解决海上油田面临的低渗储层改造、稠油提高产能、疏松高泥质油藏高效控砂完井、礁灰岩控水等增产新技术，同时从国内外引进新工艺、新技术10余项，积极开展现场试验完成技术向产量转化，为完成产量任务和在生产油气田递减率控制做出了贡献。

2021年1月26日，自然资源部油气储量评审办公室审定惠州26-6油气田，探明地质储量为5000万立方米油当量。这一重大油气发现，将有效增强华南地区的清洁能源供应能力。惠州26-6油气田位于中国珠江口盆地，距离中国香港东南62千米，平均水深约113米，探井钻遇油气层厚度约422.2米，是中国海油在珠江口盆地自营勘探发现的最大油气田。惠州26-6油气田的发现井，经测试日产油超过500立方米、日产天然气60多万立方米。这个油气田投产后，可带来非常可观的社会和经济效益，为南海东部油田上产2000万吨提供资源保障。该油气田是中国首次在南海东部海域古潜山新领域获得勘探重大突破，一举打破了南海东部海域在潜山领域40余年无商业资源发现的历史。南海东部油田成为中国重要的海上油气生产基地，连续25年实现油气产量超1000万立方米，连续6年产量超1500万立方米[1]。2021年，南海东部油田油气当量产量1778万吨，其中天然气年产量突破66亿立方米。

第三节 > 南海西部油田稳步发展

中国海油南海西部油田，负责南海西部海域的勘探开发生产业务。2012年，南海西部油田生产原油401.4万吨、天然气64.9亿立方米，油气当量达到

---

❶ 据《中国油气产业发展分析与展望报告蓝皮书》，王志刚、蒋庆哲、董秀成、高潮洪主编，中国石化出版社，2022年。

1050.4万吨。“十二五”时期，南海西部油田生产原油2172万吨、年均434.5万吨，生产天然气300亿立方米、年均60亿立方米。2016年，南海西部油田原油产量突破500万吨。

一、精心组织高效勘探

“十二五”期间，根据中国海油“二次跨越”发展纲要的目标要求和钻机资源状况，湛江分公司集中资源、攻坚克难，精心组织实施，高效推进油气勘探。2012年，按照“地震先行，研究指路；自营与合作相结合，稳油上气；创新技术与管理，有效控制成本”勘探指导思想，坚持埋头苦干、扎实工作，油气勘探取得较好成果。全年，新增天然气三级地质储量638.96亿立方米，探明储量532.50亿立方米；新增原油三级地质储量1712.71万吨，探明储量894.44万吨。天然气勘探获重大突破，发现并成功评价东方13-2气田为高产、优质、整装大型天然气田，探明东方13区中深层高温高压天然气地质储量超过650亿立方米，是继中国近海发现崖城13-1气田、东方1-1气田之后发现的又一个大型气田。原油勘探取得进展，围绕涠西南凹陷及文昌区块周边展开滚动勘探获得一系列发现，落实一批可动用地质储量。2014年，在琼东南深水区钻探陵水17-2气田获得成功，探明天然气储量近千亿立方米，是中国海域自营深水勘探首个重大发现。评价乌石17-2油田取得成功，成为乌石凹陷首个大油田，为实现开发奠定了基础。在大崖城区钻探陵水25-1气田取得成功，乐东凹陷勘探取得重大突破，获得三级储量554亿立方米，其中探明天然气储量298亿立方米；陵水13-2含气构造评价获得高产气流；向西拓展新近系重力流水道岩性圈闭群，成功钻探超高温、超高压的YC27-2-1井，钻获高成熟煤层气，大崖城区向第三个千亿立方米气区大步迈进。新发现涠洲6-13涠洲组轻质油田。2015年，深化地质研究，统筹风险组合，在深水区、乐东和乌石获得多个油气发现，新增三级油气地质储量2.32亿吨，探明油气储量9093万吨油当量；特别是超深水区首次获得高产优质气田的重大发现，为南海西部油田的发展奠定了良好基础。是年，天然气勘探再获陵水18–1气田、陵水18–2气田、陵水25–1气田等3个大中型优质天然气田，新增三级地质储量1079.78亿立方米、探明储量669.57亿立方米（包括LS25–1–2井储量）。其中陵水18–1探明天然气储量142.78亿立方米，DST测试气层无阻流量达2623万立方米/天，为超深水区首个莺歌海组高产中型气田。乐东区高温超高压天然气勘探获得新突破，发现乐东10–1、乐东8–1含气构造，首次在黄流组高温超高压层系发现了富烃气层，揭示了乐东区中深层良好勘探前景。

2016年，以“十三五”规划为指导，坚持“油气并举、地震先行、创新技术、降本增效”勘探指导思想，应对低油价和高温高压、深水等复杂地质条件，通过精心组织、细化管理，深水峡谷区天然气拓展陵水25–1评价获得成功，滚动勘探一体化在老油区新增一批储量，松涛凸起、乐东斜坡带等新领域探索方面取得新进展。新发现油气当量三级储量6502.89万吨、探明储量2783.78万吨，其中天然气三级储量290亿立方米、探明储量146.91亿立方米，石油三级储量3602.89万吨、探明储量1314.68万吨。2017年，乐东10区评价成功，测试获优质高产天然气，实现超高温超高压领域勘探的重大突破，打开了乐东区天然气千亿立方米潜力领域。全年，新发现油气当量三级储量16473万吨、探明储量5030万吨。2018年，高温高压乐东10–1超高温超高压领域勘探获得重大进展，莺歌海乐东区LD10–1–6井在黄流组主水道钻遇厚层气层133米，创莺歌海盆地单井发现气层最大厚度纪录，证实黄流组水道领域勘探潜力，为后续评价并实现探明千亿立方米气田提供了依据。同时，深水东区松南–宝岛凹陷先后钻探ST36–2–1d井、YL8–1–1井，共钻获气层107.5米，烃类气含量超过98%，钻遇优质天然气藏，深水勘探获得领域性突破；证实深水东区松南–宝岛富烃凹陷，获得深水区天然气远距离侧向运移成藏新的理论重大突破。在低角度断侧封能力等创新认识指导下，涠西南油田区小构造勘探获得大油藏，探明石油储量超千万立方米，发现涠洲11–2E千万立方米级中型油田。

2019年，加大勘探工作量，自营探井完成57口（含海南能源1口），同比增加探井20口。加强勘探研究，围绕莺歌海、琼东南深水和浅水区、涠西南、乌石、文昌海中等14个重点领域，开展84个目标/井位研究工作，入库目标/井位68个。围绕成熟区及现实区增加储量，同时拓展新区新领域，以寻求新突破。主要在涠西南进行滚动评价，同时拓展B洼南次洼南斜坡构造带新领域；在乌石东区围绕中区向北扩展评价，获得千万立方米规模储量；在文昌区域近洼成熟区滚动勘探、现实区拓展均发现油气，展现了新层系、新领域前景和方向。在天然气勘探方面，重点评价莺歌海超高温超高压领域乐东10-1水道，取得新进展；拓展深水东区中生界花岗岩潜山新领域，钻探永乐8-1、永乐8-3等构造获得成功；评价深水陵水25-1气田获得成功。

二、精心组织经济开发

2012—2019年，南海西部油田年均原油产量保持在490万吨以上、年均天然气产量保持在53亿立方米以上生产规模，原油产量从401.4万吨持续上升到563万吨。为确保油气产量稳产增产，高效推进油气田开发，大规模动用低品位油气储量，在低油价时期实现了油田的经济开发。

开发低渗油气藏。针对低渗油气藏地质条件复杂、单井产能低、开发难度大、一直未能投入开发的问题，开展多项科学实验以及低阻储层测井综合评价、低渗油气藏储层特征评价、开发井产能评价、开发方式以及采收率评价等研究，建立南海西部低渗油藏开发评价技术系列。应用并形成低阻低渗储层成因与识别技术、低渗储层砂体刻画技术、低渗油层长水平井开发技术、低渗透油藏地层能量保持技术、低渗透油藏储层保护技术，促使文昌13-6油田及文昌9-2气田、文昌9-3气田、文昌10-3气田顺利投产。

开发低阻油藏。针对文昌海相疏松砂岩低阻油层难以识别、储层“甜点”预测困难、产能较低、储层易受钻完井作业污染及难以有效防砂等制约开发的难题，开展测井、地球物理、地质油藏及钻完井等专业关键技术攻关，形成文昌油田海相疏松低渗砂岩油藏有效开发的技术系列：建立了低阻油层多指标高精度测井识别及饱和度解释技术体系、海相疏松低渗砂岩油藏有利储层预测技术、海相疏松低渗砂岩油藏提高产能技术，以及海相疏松低渗砂岩油藏储层保护及有效防砂技术，促进文昌13-2油田综合调整项目顺利实施。

开发高温高压气田。通过海上高温高压气藏产能综合评价技术研究、海上高温高压气藏提高采收率技术研究、海上高温高压气藏生产优化及综合调整技术研究，掌握并建立起包括高温高压气藏产能测试、准确评价和可靠预测、合理开发方式、井网、井型、井距的确定以及开发生产过程中生产制度的优化和综合调整的时机、内容、方法、技术的选择等在内的海上高温高压气藏有效开发技术体系，顺利投产东方13-1气田、东方13-2气田。

开发深水气田。通过南海深水油气藏储量评价技术、油气藏储层综合评价技术、油气藏开发模式、油气藏开发方案研究及设计技术、油气藏开发生产动态监测技术、油气藏生产优化及开发调整技术等研究，掌握南海深水油气藏前期的储层、储量评价和开发方案研究及设计的关键技术和方法，储备、奠定南海深水油气藏大规模开发生产所需的关键技术体系；陵水17-2气田进入实施阶段，并开展陵水25-1气田、陵水18-1气田开发方案研究。

2019年，按照中国海油高质量发展要求，以规划目标为引领，主攻大气区，促进难动用储量投入开发，有效降递减，精细抓实施，扎实推进各项工作。做好开发前期工作，计划开展12个项目，实际开展14个项目，新建产能超过500万吨油当量。9月，通过乌石17-2油田群开发项目的环评，同时加快推进乌石二期开发项目落实；积极尝试“移动采油平台+一体化商务”模式助力涠洲油田群的边际油田开发；提前谋划，积极推进南海天然管道登陆粤西项目；规划引领，科技攻关，推动超高温超高压气田乐东10-1气田、深水气田陵水25-1气田项目开发进程，促进南海大气区建设。加快开发建设，实现中国首个千亿立方米深水大气田陵水17-2气田的提前开钻，保证中国首个海上高温高压整装气田东方13-2气田的实施成效，确保文昌13-2油田综合调整项目高效投产，文昌9区、文昌10区保稳定供气。深化开发调整，围绕涠洲6-1油田、涠洲11-1油田等老油田挖潜减缓涠西南递减，推进文昌19-1油田、文昌13-6油田调整确保新文昌稳产，加大东方1-1油田调整保证下游组分需求。推进开发评价，深耕涠西南凹陷，拓展文昌和莺歌海区。

三、精心组织油气生产

“十二五”期间，南海西部油田精心组织、深入挖潜，完成11个新油气田项目的投产，提前投产累增原油约43万立方米、天然气7000多万立方米。实施各类常规增产措施231井次，累计增油166万立方米，效果显著。面对在生产油田产量递减的形势，通过合理优化调整油气井工作制度及加大增产措施力度，年综合递减率仅为4.5%，远低于规划指标19.5%。针对崖城13-1气田高温低压气井出水情况，通过研究和大胆创新，取得高温、超低压储层保护修井液技术，超深、大斜度、超大尺寸油管切割打捞技术，高温、低压、超深气井射孔点火技术，高温气井气举诱喷缓蚀防腐技术。堵水17井次，增产121.6万立方米，预计累计增产天然气10.84亿立方米。

在采油工艺、地质、油藏方面，开展生产性科研项目38项，解决了油气田在动态监测、储层精细描述、产能评价、剩余油分布研究、注采优化、控水、产能释放等方面存在的诸多问题，为“十二五”期间油气产量稳产奠定了坚实基础。针对水平井底水锥进、高含水的问题，创新性地采取ACP水平井环空封隔化学控水技术，有效阻挡底水锥进，在Wen8-3-A2h井获得成功。开展疏松砂岩储层压裂防砂技术攻关与实践，在Wen13-1-A12井进行矿场试验；解决平台空间、承载、吊机吊装、压裂配液等难题，实现5项技术突破。在文昌13-1油田井口平台建设一套新型脱水装置，释放海管输液能力，日增产原油200立方米。攻克珠海组储层伤害井治理和涠四段储层水侵伤害防治问题，为文昌19-6油田储层产能真实评价做出贡献。

为实现降本增效，组织开展油气田增产措施。通过采取“一事一议”的方式，对每项措施都精心组织论证，尽可能把风险降到最低。2016年，实施常规增产措施67项，增油45.4万吨，完成计划的152%。攻克崖城13-1气田A4井、A6井重大安全隐患治理，掌握7项高温超低压气井套管腐蚀治理技术，其中2项为国内首次。2017年，通过操作费管控，在保证油气田安全生产的同时，实现操作费降本1.05亿元。对涠洲、文昌油田群瞄准油藏潜力，采取优化注水注汽、新增及优化工作制度52项、新增常规措施21项、新增调整井及开发评价井8口等稳产措施，并缩短停产检修时间，提高生产时率，实现年措施增油39.4万吨。对莺琼气田群采取勤协促销、商务谈判、协调优化上下游生产、气田产能与出砂井地面除砂工艺并举、见水气井延缓水锥等手段，在生产6个气田实现超产21万立方米油当量。

2018年，针对涠洲油田群注水水源不足、注水受效良莠不齐等问题，从区域－油田－井组－平面－纵向上全方位开展注采优化，确保注够水，注好水。在区域上，充分考虑各油田产量大小、地层亏空及衰减等，合理分配注水量，优先保障涠洲12-2新油田，以及涠洲6-9、涠洲6-10等亏空严重油田的注采需求；实施注水调配32井次，实现日增油近400立方米。实施增产措施82项，年增油38.5万吨，超计划9万吨。通过技术引领，在保基产、深挖潜方面，应用液压举升装置修井技术、钢丝起下电潜泵修井技术，分别在WZ11-1-A8S2井、Wen8-3-B3H井成功应用，打破了常规修井作业模式，实现了边际油田修井新技术的突破；采用化学防砂新工艺，解决了老井细粉砂治理难题，为气井细粉砂治理及文昌油田群微粒运移堵塞难题的解决奠定了坚实的基础；首次引进并成功应用封隔颗粒+ICD筛管控水工艺技术，日增油70立方米、含水率降低15%，实现了高含水井降水增油的目标，为一大批类似井的治理提供了可行的技术手段；高温高盐油藏调驱技术，在南海西部注水井首次成功实施。2019年，通过实行“日跟踪、周分析、月滚动、季剖析”四级剖析机制，以及“动态分析会、季度剖析会、专题研讨会”模式，实现对31个油气田、532口油气井的精细管理及深度挖掘。全年，研究并提出125井次增产措施；按照“先肥后瘦、先易后难”的原则，实施95井次，增油44.1万吨，超计划8.6万吨。在WZ11-1N-A12Sa井采用轻质颗粒与AICD控水阀耦合工艺，实现含水率下降30%、日增油120立方米；在Wen19-1-C5H井采用管外封隔器+中心管控水实现含水率下降6%、日增油255立方米的效果。优化涠洲12-1油田涠四段下返补孔方案，完善注采井网；注气区块日产油量从年初的373立方米增至1376立方米。成功应用高温高盐油藏在线调驱技术、AICD（自动调流控水装置）智能控水工艺、解堵与化学防砂联作新工艺、桥式偏心注水工艺等新工艺技术。完成东方1-1气田A平台无人化改造运行，推进乐东15-1气田、文昌19-1C平台智能化油田建设。

四、科技创新引领发展

南海是中国唯一发育深水盆地的海域，面积超200万平方千米，是海洋油气最重要的战略接替区之一。2000年以前，BP等6家国际石油公司应用当时最先进的勘探理论和技术，在南海北部深水区钻井15口，全部失利；认为深水盆地规模小、优质烃源岩和大型储层缺乏、勘探风险极大而相继退出。作为国家重大战略问题，中国海油立项组织联合攻关，突破传统的深水油气地质认识，创建南海北部陆缘深水拆离盆地“成盆-成烃-成藏”油气地质理论，取得了深水勘探关键技术的重大突破，累计探明天然气地质储量3000.9亿立方米、石油地质储量6829.96万立方米。2016年，“南海北部陆缘深水油气地质理论技术创新与勘探重大突破”获得国家科学技术进步二等奖。主要创新点：①创新提出了南海北部陆缘深水拆离作用控制大规模盆地群形成。首次提出并证实南海北部陆缘深水存在大型拆离盆地，深刻改变了传统深水盆地结构样式和成盆机理的认识，在南海北部深水厘定出11万平方千米的拆离盆地群，支撑了走向深水的重大勘探决策。②首次阐明规模烃源岩的高温快速生烃机理及巨大油气资源。首次揭示在伸展拆离作用控制下，分别形成陆相、海陆过渡相和海相三类规模烃源岩，阐明高温快速生烃机理，预测南海北部深水存在近百亿吨油当量的资源潜力。③创立深水优质储层分布及高丰度油气成藏模式。发现南海北部陆缘存在古珠江与古红河－蓝江两大沉积体系和三种优质储层的分布规律，建立了深水大型轴向峡谷、深水扇和陆架边缘三角洲三种油气成藏模式，其中大型轴向峡谷模式为世界首创。④创新针对深水复杂地质条件的专有地球物理勘探技术。研发立体震源激发、“犁形”缆接收的宽频地震采集处理技术，地震频宽达3～120赫兹；首次用机器人系统测量并建立了海水层速度模型，深度预测精度从成果应用前的69.3米提高到成果应用后的23.2米；研发去调谐综合定量振幅烃类检测技术，气层预测成功率从成果应用前的12%提高到成果应用后的88%。⑤创建深水安全探井作业关键技术。首创平台拖曳隔水管移位技术，实现探井表层批钻，并自主研发适用于深水弱成岩地层的探井井壁实时强化等技术，钻井米成本较外方降低43%；创建耐温抗压防冲蚀为核心的测试模块化工艺，保证了深水开发高配产条件下测试极限产能的平台安全，单井节约测试成本1亿元以上。

2018年1月8日，“南海高温高压钻完井关键技术及工业化应用”获得2017年国家科学技术进步一等奖，标志着中国海上高温高压钻完井技术体系跻身世界前列。南海地处三大板块交会处，地质构造极其复杂，储层温度高达249℃，储层压力系数高达2.38，二氧化碳含量50%，是世界公认的三大海上高温高压区域之一，钻完井难度极大。BP等6家国际石油公司在南海区域钻井15口，由于钻井事故频发，耗资49.5亿元未能实现钻探目的而退出。该项目以国家“863”、重大专项等为依托，历经近20年攻关和实践，实现了南海高温高压钻完井关键技术重大突破，安全高效实施52口高温高压井作业，勘探发现5个大中型气田，建成中国第一个海上高温高压气田。主要创新关键技术：①创建基于多源多机制压力精确预测的海上高温高压安全钻井技术，钻井成功率100%。首次揭示自源、他源耦合作用形成南海异常高压的机理及高温对压力窗口的影响规律，创立了多源多机制压力预测方法，精度由70%提高至95%；首次提出双向动态循环井身结构设计方法，套管层次由7～8层优化至5

层；发明“微压差连续循环定量控制”钻井系统，实现了0.01～0.02克/立方厘米微压差下的不停泵接立柱安全钻井，使井下事故复杂时效由65%降至5%以下。②首创海上高温高压高含二氧化碳气井多级屏障井筒完整性技术，解决了环空带压世界级难题。首创“五防”及“自修复”固井水泥浆体系，建立了27.9兆帕二氧化碳分压条件下的组合防腐技术，构建了6级屏障井筒完整性技术，实现了南海所有高温高压井环空“零”带压，远低于国外海上50%～70%带压比例。③首创海上多因素多节点高温高压测试技术，解决了平台狭小空间安全测试难题，成功率100%。首创基于远程动力控制、出砂监测、震动监控等8大因素98个控制节点的安全测试技术和环空保护液自动平衡控制系统，使中国海上高温高压气井测试成功率远高于国外56%的平均水平，创造了中国海上高温高压气井单层877万立方米/天无阻流量的测试纪录。④创新形成海上高温高压钻井综合提速和储层保护技术，使平均钻井周期由175天降至52天。发明复合冲击提速工具和射吸钻头，研发高温高压丛式井表层“钻进、预斜、防碰”一趟钻高效钻井技术，研发低成本高密度低固相双效钻完井液体系，解决了高温高压储层保护难题，渗透率恢复值由70%提高到90%以上，钻井速度提高162%。

图7-2 “深海一号”大气田（中国海油提供）

2021年，中国海油南海西部油田油气当量产量达1137万吨。是年，中国首个自营1500米深水大气田“深海一号”全面投产（图7-2）。“深海一号”大气田由东区和西区两部分组成，综合考虑施工工期、水下生产系统能力等各种因素，在气田东区、西区共部署了11口开发井，2021年6月25日先期投产西区，以实现气田的快速、高效开发。9月7日，随着东区最后一口生产井成功开井，中国首个自营1500米深水大气田“深海一号”实现全面投产。“深海一号”大气田（2014年勘探发现），探明天然气储量超千亿立方米，最大水深超过1500米，距海南省三亚市150千米，是中国自主勘探发现的水深最深、开发难度最大的海上深水气田。气田投产后，深水天然气将通过海底管线接入全国天然气管网，年供气量30亿立方米。

“十二五”时期，海洋石油工业发展加快。中国海油贯彻落实国家关于“提高海洋资源开发能力，发展海洋经济，保护海洋生态环境，坚决维护国家海洋权益，建设海洋强国”的方针政策，以“能源报国”为己任，推动海洋石油工业迈上新台阶。其间，中国海油先后与11家石油公司签订石油合同20个，在执行合同区外资直接勘探投入19.93亿美元；新增探明石油地质储量13.73亿吨，新增探明天然气地质储量5400亿立方米；完成原油产量3.1亿吨、天然气产量1015亿立方米。2015年，海洋“三大”主力油气田的油气产量创历史新高。其中，渤海油田原油产量突破3000万吨，天然气产量达25.7亿立方米；南海东部油田原油产量1190万吨，天然气产量达44.1亿立方米；南海西部油田原油产量498万吨，天然气产量达52.6亿立方米。是年，中国海油完成原油产量4773万吨，完成天然气产量134.9亿立方米（表7-1）；中国石油辽河、大港、冀东滩海油田生产原油128万吨、天然气7.25亿立方米；中国石化胜利海上埕岛油田原油产量突破300万吨。

表7-1　2012—2019年中国海油及各油气田石油天然气产量

年度	中国海油		渤海油田		南海西部油田		南海东部油田		东海油田	
	石油（万吨）	天然气（亿立方米）	石油（万吨）	天然气（亿立方米）	石油（万吨）	天然气（亿立方米）	石油（万吨）	天然气（亿立方米）	石油（万吨）	天然气（亿立方米）
2012	3857	112.6	2620	21.4	401	64.9	821	17.5	14.7	8.8
2013	3938	106.7	2574	23.4	428	58.1	917	17.3	18.7	8.0

续表

年度	中国海油		渤海油田		南海西部油田		南海东部油田		东海油田	
	石油（万吨）	天然气（亿立方米）	石油（万吨）	天然气（亿立方米）	石油（万吨）	天然气（亿立方米）	石油（万吨）	天然气（亿立方米）	石油（万吨）	天然气（亿立方米）
2014	3964	117.7	2610	25.0	446	56.8	888	27.0	19.5	8.8
2015	4773	134.9	3053	25.7	498	52.6	1190	44.1	32.5	12.4
2016	4555	120.1	2865	25.0	540	47.0	1113	32.7	36.5	15.1
2017	4288	131.5	2700	26.3	527	47.5	1021	42.2	39.5	15.5
2018	4210	146.5	2679	28.7	569	46.1	924	57.0	37.6	14.7
2019	4302	154.4	2695	29.2	563	52.3	1002	60.3	41.5	12.6

注：此表数据来源于中国海油。

中国海油坚持“做强渤海，拓展南海、加快东海”发展战略，渤海油田主力地位更加巩固，南海深水油气勘探取得新突破。坚持装备建设和科技研发并举，专业服务能力不断提升，在随钻测井、完井防砂、高温高压钻井、大型浮托安装、水下安装工程技术等多个领域取得突破；海洋装备施工能力大幅提升，拥有亚洲领先的海上钻井、物探、安装与铺管等作业船队，尤其是深水装备和作业能力建设取得重大进展，建成包括“海洋石油981”在内的各类深水平台船舶57艘。利用好两种资源、两个市场，对外合作持续深化，自营业务规模不断扩大。2016—2019年，持续低油价使主要盈利来源的上游业务面临巨大压力。中国海油发挥政治核心作用，围绕“把方向、管大局、保落实”，以紧扣求生存、谋发展、促改革、强党建为主线，推进油气勘探开发各项工作。其间，中国海油油气净证实储量逐年增长（表7-2），其中，天津分公司由2016年的1.27亿吨、78.91亿立方米，提高到2019年的1.63亿吨、314.96亿立方米（表7-3）。2019年，中国海油完成原油产量4302万吨、天然气产量154.4亿立方米，天然气产量高峰增长、比2016年提高34.3亿立方米；中国石化海上油田，原油产量达342.5万吨（表7-4），比2016年增加29.93万吨，连续15年保持产量增长势头；中国石油辽河、大港、冀东海上油田，完成原油产量117.8万吨、天然气产量4.0亿立方米。中国海油、中国石油、中国石化等石油集团公司，为发展海洋石油工业做出了重要贡献。

表7-2　2012—2019年中国海油石油天然气净证实储量及产量

年度	石油储量（万吨）		天然气储量（亿立方米）		石油产量（万吨）		天然气产量（亿立方米）	
	—	年底净证实储量	—	年底净证实储量	年产量	累计产量	年产量	累计产量
2012		23320.36		1262.65	3857.2	46314.0	112.6	1052.9
2013		23696.68		1267.33	3938.1	50252.1	106.7	1159.6
2014		23682.82		1346.96	3964.8	54216.9	117.7	1277.3
2015		20028.40		1516.25	4793.2	59010.2	134.9	1412.1
2016		20240.22		1654.74	4575.7	63585.8	120.1	1532.2
2017		22782.62		1673.70	4287.1	67873.0	132.1	1664.3
2018		24964.80		1729.52	4208.8	72081.8	147.6	1811.9
2019		26595.66		1781.13	4301.5	76383.3	172.7	1984.6

注：此表数据来源于中国海油上市年报，天然气产量数据为未含中联煤层气产量。

表7-3　2012—2019年中国海油石油天然气净证实储量

年度	天津分公司		湛江分公司		深圳分公司		上海分公司	
	石油净证实储量（万吨）	天然气净证实储量（亿立方米）	石油净证实储量（万吨）	天然气净证实储量（亿立方米）	石油净证实储量（万吨）	天然气净证实储量（亿立方米）	石油净证实储量（万吨）	天然气净证实储量（亿立方米）
2012	14940.66	167.78	3146.64	675.32	4956.42	332.92	276.64	86.63
2013	15225.84	156.58	3195.64	709.44	4997.44	315.50	277.76	85.82
2014	15563.52	136.15	2940.14	656.41	4926.74	291.55	252.42	262.85
2015	12715.64	108.01	2089.50	887.05	4998.28	269.45	224.98	251.74
2016	12652.64	78.91	2356.06	1103.45	5082.84	242.08	148.68	230.30

续表

年度	天津分公司		湛江分公司		深圳分公司		上海分公司	
	石油净证实储量（万吨）	天然气净证实储量（亿立方米）	石油净证实储量（万吨）	天然气净证实储量（亿立方米）	石油净证实储量（万吨）	天然气净证实储量（亿立方米）	石油净证实储量（万吨）	天然气净证实储量（亿立方米）
2017	14705.88	86.56	2750.72	1098.70	5207.30	274.80	118.72	213.63
2018	15457.26	213.33	3122.56	1052.14	6279.70	255.88	105.28	208.17
2019	16264.36	314.96	3127.04	1020.18	7007.14	226.57	197.12	219.42

注：此表数据来源于中国海油上市年报。

表7-4　2016—2019年中国石化、中国石油海上石油天然气产量

年度	中国石化海上		中国石油辽河海上		中国石油大港海上		中国石油冀东海上	
	原油（万吨）	天然气（亿立方米）	原油（万吨）	天然气（亿立方米）	原油（万吨）	天然气（亿立方米）	原油（万吨）	天然气（亿立方米）
2016	312.57	1.06	11.36	0.2168	25.70	1.42	79.3	4.25
2017	325.80	14.21	10.6	0.1822	24.63	1.25	80.5	3.2
2018	332.40	13.42	9.6	0.1580	25.20	1.42	80.2	2.3
2019	342.50	12.70	9.2	0.1516	25.30	1.90	83.8	1.96

注：此表数据来源于中国石化年鉴、中国石油年鉴。

「第八章」

践行“一带一路”倡议

历史上"古丝绸之路"，作为中国与外国贸易往来、文化交流的通道，推动了沿线国家经济社会的共同发展。两千多年来，古丝绸之路跨越千山万水，将亚、欧、非许多国家连成线，在人类文明发展史上写下了重要篇章。改革开放以来，随着经济社会的长足发展和不断进步，中国同亚、欧、非国家关系快速发展，古老丝绸之路日益焕发出新的生机活力，并以新的形式把中国同亚、欧、非国家的互利合作关系不断推向新的历史高度。

2013年9月、10月，国家主席习近平出访中亚、东南亚国家期间，先后提出共建"丝绸之路经济带"和"21世纪海上丝绸之路"的倡议，旨在借用古代丝绸之路的历史符号，高举和平发展的旗帜，积极发展与沿线国家的经济合作关系，共同打造政治互信、经济融合、文化包容的利益共同体、命运共同体和责任共同体。中国提出"一带一路"[1]倡议，得到全球100多个国家和国际组织的积极支持和参与，其中40多个国家和国际组织与中国签署"一带一路"合作协议，由此也为中国石油企业带来加快发展的新机遇。石油企业践行"一带一路"倡议，推动油气能源合作开发国际业务稳健发展。

"十三五"时期，石油企业集团公司借力国家"一带一路"倡议，坚持"互利共赢、共同发展"的合作理念，秉持"共商、共建、共享"原则，围绕"一带一路"建设的"五通"[2]要求，把与中亚、俄罗斯和中东、非洲以及亚太地区，作为推进油气业务合作的重中之重，不断巩固和扩大区域油气合作规模，海外油气合作成果不断扩大。

---

[1] "丝绸之路经济带"和"21世纪海上丝绸之路"合称为"一带一路"倡议。"丝绸之路经济带"倡议，是指涵盖东南亚经济整合、涵盖东北亚经济整合，并最终融合在一起通向欧洲，形成欧亚大陆经济整合的大趋势。"21世纪海上丝绸之路"倡议，是指从海上联通欧、亚、非三个大陆，与"丝绸之路经济带"形成一个海上和陆地的闭环。

[2] "五通"是指政策沟通、设施联通、贸易畅通、资金融通、民心相通。

第一节 > 油气能源开发合作开新局

石油企业在国家改革开放政策指引下，树立“大资源、大市场、大合作”的发展理念，坚持“有质量、有效益、可持续”的发展方针，面对复杂多变的国际形势，主动适应海外业务新常态，把握海外环境变化及国家“一带一路”倡议带来的重要机遇，优化海外资源配置和资产布局，不断提高海外业务盈利能力和抗风险能力。石油企业集团公司海外油气合作领域，从单一的老油田提高采收率项目扩展到风险勘探、大型油气勘探开发项目，从陆上常规石油勘探开发扩展到油气并举、陆海并进、常规与非常规油气兼顾的格局，在中东、中亚、北美等高端市场开展多个大型油气项目合作，用声誉、技术和实力赢得伙伴公司的信赖与尊重，合作的水平和规模不断提升。

一、中土阿姆河项目

中国与土库曼斯坦的天然气合作——中土阿姆河项目，是具有战略性的能源合作项目；它充分体现了两国的政治互信和优势互补，是“一带一路”建设互利共赢的典范。

土库曼斯坦的天然气资源位居世界第四，天然气探明可采储量达35万亿立方米。一边是丰富的清洁能源，渴望着多元化的出口市场；一边是世界第二大经济体，有着清洁能源的需求，双方的合作基础由此奠定。在党和国家领导人的英明决策和亲自推动下，这一构想变成了现实，也铸就了中土能源合作的辉煌。2013年9月3—4日，国家主席习近平访问中亚－俄罗斯地区期间，首站到访土库曼斯坦，中土升级为战略伙伴关系。习近平亲笔题词“加强能源合作，造福中土人民”，并在接见中资企业代表时深情地说：“我们在这里的24小时形成的成果，主要依靠你们之前所做的工作打下的基础”“台上十分钟，台下十年功”。2016年6月23日，上合组织峰会期间，习近平会见土库曼斯坦总统时，再次强调“能源合作是中土战略伙伴关系的重要组成部分，开展好并拓展能源合作，有利于两国经济社会发展”。这是对新时代石油人为实现“蓝金梦”而持之以恒、锲而不舍、开拓进取精神的充分赞誉。被土库曼斯坦总统盛赞为“英雄般的建设者”——中国石油阿姆河天然气公司，充分发挥大庆精神铁人精神，仅用18个月时间就在广袤的沙漠中提前建成50亿立方米年生产能力的阿姆河项目一期工程，将西方石油公司认为不可能实现的目标变为现实；二期90亿立方米工程也提前半年竣工，创造出了“中国石油速度”。在项目建设高峰期，中方员工3720人在现场连续工作半年以上。萨曼杰佩气田增压一期工程于2017年11月提前7个月竣工投产，为完成冬春保供商品气任务争取了主动。中国石油阿姆河天然气公司干部员工不忘“为国添绿、为民送暖”初心，经过不懈艰苦努力，商品气年产能达到170亿立方米，实现了“稀井高产、少井高效”的目标；至2017年，累计向中国供气712亿立方米。尤其是在历年国内冬春季保供气关键时刻，阿姆河公司面对峰谷差巨大的挑战，以“无一时短供、无一日断供”的稳定供气能力，向祖国交出了圆满的答卷。中土能源合作基础扎实、前景广阔，两国签订协议在“十四五”期间，土库曼斯坦向中国供气能力可达650亿立方米。

中国和中亚国家间古老的丝绸之路，在新时代的能源合作中再次焕发生机。中国和土库曼斯坦秉承“互利共赢、共同发展”的合作理念，打造更为稳定的能源战略伙伴关系，为“一带一路”建设做出了贡献。

二、中阿陆海项目

2013年5月19日，中国石油与阿联酋开启陆海项目合作，实现了中阿两国石油上游领域合作零的突破。项目公司以“效益导向、技术争光、品质优异”为指导思想，把控项目工作节点，加快推进项目实施。2015年，中国石油阿联酋陆海项目公司，以技术合作为突破口获得与阿方合作的主动权；通过过程创效、合同复议、严控联合公司人员规模与管理费用等多项措施开源节流、降本增效。完成海上三维地震采集、地震处理解释一体化研究等工作；对海上油田总体开发方案进行4轮优化，确定了“分期开发、滚动投资，少井高产、有油快流”的开发策略。第1口开发评价井完钻，第2口开发评价井进展顺利，并增加签约了试油项目；海上油田开发配套工作同步启动，各项工作按计划运作。2017年，双方签约陆上合作项目，这是中国石油在中东产油国首次获得上游合作份额。中国石油充分发挥专有技术特长和油田精细化管理优势，为合作项目持续降本增效做出了重要贡献。2018年3月，中国石油阿联酋陆海项目实现首次提油，同时，双方牵手海上合作项目，中阿石油工业互惠合作战略布局初步形成。

中国石油与阿国家石油公司的合作一直保持高速运转，合作领域在不断深化，取得令业界瞩目的合作成果。在工程服务及装备供应领域，中国石油为阿方油田上产等战略性工程提供高质量的服务和关键石油物资装备，也实现了自身在阿联酋油气服务市场的业务突破和快速发展。特别是签署海上和陆上三维采集合同，合同金额16亿美元，是全球物探行业有史以来三维采集作业涉及金额最大的一笔合同，受到全球物探行业的广泛关注。当地时间2018年7月20日，在国家主席习近平和阿联酋副总统兼总理、阿布扎比王储穆罕默德的见证下，中国石油董事长与阿联酋国务部长兼阿布扎比国家石油公司首席执行官在两国签约仪式上，交换了《中国石油天然气集团公司与阿布扎比国家石油公司战略合作框架协议》，这标志着在中国“一带一路”倡议与阿联酋“向东看”战略的有效对接下，中阿能源合作伙伴关系得到进一步扩展和深化。

中阿油气合作在两国经贸合作中扮演着“压舱石”角色。可以说，经过5年的快速发展，以阿布扎比为主的阿联酋油气市场已成为中国企业投资中东市场的“新高地”。

三、中加尼克森项目

中国海油坚持“资源、回报、风险”三大原则，审慎选择海外并购目标。

经过对尼克森资产规模、运营情况、股价表现及发展前景进行深入研究和全面评估后，战略性锁定尼克森公司作为收购目标，并向国家发改委备案。

中国海油持有加拿大OPTI公司的35%权益，从而与持股65%的尼克森公司成为合作伙伴。尼克森公司的资源量丰富，分布在加拿大西部、英国北海、美国墨西哥湾和尼日利亚海上等全球最主要的资产中包含了常规油气、油砂以及页岩气资源。经过对尼克森公司资产及管理架构的深入了解，中国海油抓住有利时机，于2012年年初成立收购尼克森项目组，启动中国石油企业最大的海外并购项目。在长期跟踪的基础上，中国海油认真考量、积极寻求收购目标的价值低点。5月4日，中国海油董事会批准收购的非约束性报价；在向尼克森表明收购意向后，经多次商讨确定正式意向，即对尼克森公司开展专业和全面确认性调查。为摸清目标公司的资金、财务等情况，确保资产估值的真实、公允和合理，中国海油收购团队成员在审阅资料室查阅大量的文件，连续几个昼夜不眠。经过几个月的艰苦谈判，与尼克森公司就交易文本达成一致。7月23日，与尼克森签署协议，双方正式对外发布公告，宣布中国海油以每股27.50美元的价格，现金收购加拿大尼克森公司所有流通中的普通股，交易总对价约为151亿美元。8月29日，中国海油向加拿大政府提交收购申请。12月8日，中国海油收到加拿大工业部通知，收购申请获得部长批准；同月，得到中国发改委的批准。由于尼克森在墨西哥湾、北海等地也拥有部分油气资产，2013年2月12日美国外国投资委员会正式批准中国海油对尼克森公司位于美国墨西哥湾资产的收购建议。至此，中国海油收购尼克森项目的政府审批全部完成。2月26日（北京时间2月27日），中国海油收购尼克森公司的交割签字仪式在加拿大卡尔加里举行，这场中国有史以来最大的跨国收购案尘埃落定。

中国海油并购尼克森，主要基于尼克森超过90%的储量位于“经合组织”[1]国家，其资产组合的地缘政治风险较低，有利于公司海外业务的长期、稳健发展。收购尼克森，其优质资产组合与中国海油互补性较强，使中国海油的全球化布局得以增强。根据“有效整合，平稳过渡；合理管控，创造价值；用好平台，积累经验；勇于变革，积极探索”的总体要求，中国海油制定“一年稳定、两年生根、三年见效”的总体思路，保持尼克森公司管理架构、管理授权、管理团队、员工薪酬待遇以及公司名称基本不变，扎实有效有序进行双向融合、整合，促进和带动公司业务全面发展。按照“稳中求进、诚信为本、控而不死、放而不乱”的指导思想，坚持“突出重点、部分整合、双向调整、持续改进”的原则，通过与尼克森公司管理的对接、资源的重组、技术的共享、人才的配置和文化的整合，进一步提高公司的产业拓展能力、资源整合能力、技术创新能力和多元文化建设能力。成立有限公司整合领导小组，并根据主要业务流程设立计划预算、财务资金、业务发展、投资决策、全球勘探、健康安全环保、人力资源、销售贸易等整合工作小组，全面制定整合方案。建立中国海油对尼克森的授权体系，尼克森公司需就其管理权限范围之外的事项执行请示报告制度，尼克森管理层每季度董事会前须向中国海油管理层进行工作汇报；建立高管层定期会谈、中层互访交流的沟通机制。通过举行CEO对话、互派专业团队交流、定期召开电视电话沟通会议、派中方人员进驻尼克森公司参与整合工作，使整个整合工作扎实有效有序。2013年，在投资决策方面，基本形成“技术同行审议－尼克森管理层推荐－有限公司批准”的标准化决策流程；就海外勘探战略及勘探资产评价标准达成共识，实现了资料信息共享，为勘探资产优化奠定了基础；财务、资金、计划规划、预算管理等方面的整合顺利推进。全年，尼克森公司生产原油1188万吨、天然气28.3亿立方米，

[1] “经合组织”（OECD），是指政治经济和社会发展稳定的经济合作与发展组织国家，包括美洲的加拿大、智利、墨西哥、美国，欧洲的奥地利、比利时、捷克、丹麦、爱沙尼亚、芬兰、法国、德国、希腊、匈牙利、冰岛、爱尔兰、意大利、拉脱维亚、卢森堡、荷兰、挪威、波兰、葡萄牙、斯洛伐克、斯洛文尼亚、西班牙、瑞典、瑞士、土耳其、英国，亚洲和太平洋的澳大利亚、以色列、日本、韩国、新西兰。

实现利润总额43.2亿元。

从2018年年初开始，中国海油按照全球一体化整体构想，围绕“一个管理平台、一套管理体系、一支支持队伍”工作目标，加大对国际业务和尼克森公司的机构整合、业务资产优化，初步搭建形成“既有中国海油特色，又符合国际惯例”的海外上游业务统一运营管理平台和全球一体化管理框架。整合北美地区业务，推动中国海油在加拿大多伦多市场挂牌交易，将其打造为中国海油海外发展的区域业务中心；统筹使用两个企业业务发展的资源和能力，共享核心技术，充分发挥协同效应；提高跨文化经营管理能力，建设多元文化环境下的企业核心价值，促进文化交流和融合；吸引一批较高素质国际化人才，形成3500多人规模的中外方员工队伍，有效保障了海外上游业务的高质量发展。2019年1月14日，按照“管理架构重组、业务流程整合、资产优化重组和文化统一融合”四方位重组目标，中国海油正式完成原尼克森公司的品牌注销和资产融入处置工作。中国海油充分发挥尼克森公司“以点带面”的放大效应，为全球化发展储备人才、技术和管理经验，不断提高国际化经营能力。

为保障国家能源安全，推动能源高质量发展，石油企业积极开展国际合作，不断拓展能源国际合作领域及合作水平能力。中国石油围绕中亚－俄罗斯、中东、非洲、拉美和亚太五大国际油气合作区，优化投资结构和区域布局，以“一带一路”沿线为重点持续推动海外油气合作，在全球35个国家和地区开展海外油气投资业务及石油工程技术服务。2021年10月18日至19日，在第二届“一带一路”能源部长会议上，中国石油3个项目获能源国际合作最佳实践案例。中国石油持续完善公司在全球油气运营、贸易网络体系，运营范围遍及全球80多个国家和地区，亚洲、欧洲、美洲三大国际油气运营中心管理水平进一步提升。中国石化在全球24个国家投资46个油气勘探开发项目，初步形成油气并举、海陆兼顾、常规和非常规多样化的境外油气战略布局。中国海油业务遍及40多个国家和地区，在“一带一路”地区油气产量占海外油气总产量的比例提升至近40%，累计在“一带一路”区域及临近辐射区域投资约2600亿元，还为“一带一路”沿线百余个项目提供服务。

第二节 > 共商油气开发合作新机制

中国石油企业作为国家能源供应的重点骨干企业，在国家推动能源革命战略、实施“一带一路”倡议中发挥了中坚作用。石油企业依托20多年丰富成熟的跨国经营经验，在参与“一带一路”所在国油气能源开发合作中，坚持“共商、共建、共享”原则，形成“互利共赢、共同发展”合作机制，在为实现“一带一路”倡议与提供政策沟通、设施联通、贸易畅通、资金融通等目标的实施中发挥了积极作用。

一、油气开发合作双赢机制

石油企业与“一带一路”沿线国家，共商油气能源开发合作新机制新模式。以油气能源开发合作项目为载体，签署了一批重要合作协议，建成投运了一批重点合作项目。通过发挥特色技术和管理优势，特别是发挥上中下游一体化优势，积极参与所在资源国的石油工业建设，为其提供“一揽子”解决方案，实现合作方的双赢。

（1）被誉为“新时期能源坦赞铁路”的坦桑尼亚天然气处理厂及输送管线项目，由中国石油技术开发公司与坦桑尼亚石油发展公司签署EPC总承包合同。2013年6月20日，项目建设全面启动。该项目，利用中国进出口银行提供的12.25亿美元，由中国石油技术开发公司联合管道局、工程设计公司一道，组成项目联合体，握指成拳、统一指挥，形成商务、设计、采购、施工团队的EPC最优组合；充分发挥中国石油的整体优势，在海外外资项目进行“乙乙”强强联合运作新模式探索。在项目运作中，中国石油技术开发公司充分发挥国际市场营销网络优势、商务运作及管材物资、生产组织、堆场物流的经验，项目洽谈、立项签约、融资借款等逐一生根落地，管材招标、生产、运输、堆存全部顺利完成。中国石油管道局精心选拔管道建设队伍和优秀焊接机组，为项目建造第一艘铺管船铺设海底管道，并以高质量、高标准的焊接工艺技术，创造出了陆上管道焊接一次合格率均在99%以上，海底管道日焊接64道口、铺管778米的最高施工纪录，实现了陆上与海洋一体化作业，保障了项目的进展。中国石油工程设计公司发挥多年来天然气处理厂的设计优势，在两座天然气处理厂设计、建造中，通过国内设计、撬装设备制造及海外施工，积累了经验、锻炼了队伍。

作为首次执行大型EPC工程项目，中国石油坦桑尼亚项目联合体在确保工程质量、进度和HSE控制等方面，建立了三方联合会商机制，克服了当地民众认识不足、业主技术支持不够及政策缓慢等困难，加强与坦桑尼亚政府能矿部、财政部、业主及PMC等方面的沟通协调。按照中国石油的总体要求，联合体建立公共外交工作体系，制定公共外交工作方案和具体行动方案，与中国驻坦使馆密切配合，把企业危机公关工作上升到开展公共外交活动的高度，进行了一系列公共外交实践；在管材物资、管道施工、处理厂建设等各个环节，实现经济效益与工程质量的良性互动，践行中国石油“务实合作、互利共赢”的国际合作理念，维护了中国石油和国家的利益。2014年，中国国家领导人在驻坦中资企业座谈会上特别指出：“人家从以前反对这个项目，到现在欢迎你们，这就是中国在非洲的故事，要把这个故事好好讲一讲，宣传出去，就叫作《中国石油在坦桑尼亚》。你们开展公共外交工作，使坦桑尼亚项目得到了当地民众的理解、支持和拥护，树立了中国石油良好的企业形象，为项目建设顺利进行营造了安全稳定的大环境。”中国石油坦桑尼亚项目，受到中国驻坦使馆的高度评价，并连续被授予公共外交工作先进单位。

在坦桑尼亚，从姆特瓦拉到达累斯萨拉姆濒临印度洋的天然气管道沿线，中国石油坦桑项目联合体全体参战人员与坦桑尼亚当地雇员一道，战酷热、顶风雨、抗疟疾、斗蛇虫，攻坚克难，打造出“新时期能源坦赞铁路”精品工程，实现1400万工时安全无事故的成绩，成为第三方监理——国际著名的沃利帕森PMC在全球监理项目中排名第五位的安全项目。2015年10月10日，坦桑项目管线及处理厂举行竣工典礼，坦桑尼亚总统出席竣工仪式，并向承包商颁发了杰出贡献奖。2016年8月16日，项目全面竣工交付，进入保运维护阶段。2017年10月15日，项目管线部分运维工作圆满完成，深受业主好评。坦桑尼亚项目在海外传承弘扬石油精神，把项目建设成了政治工程、共赢工程、质量工程、安全工程、效益工程，在非洲大地上铸起了中国建造的丰碑。

2020年1月28日，中国石油阿布扎比陆海项目一期工程顺利竣工，其油田进入了全面开发生产阶段，这为陆海项目整体高质量发展再添动力。至3月12日，阿布扎比陆海项目累计生产原油36万桶。项目未受新冠肺炎疫情影响，按照年初计划配产正常进行。项目一期工程顺利投产，是中国、阿联酋双方融洽合作的重要结果，实现了低油价条件下的效益开发，进一步夯实了中国石油与阿布扎比国家石油公司在上游领域的合作基础。

开启上游领域核心技术合作。2021年12月7日，中国石油勘探开发研究院代表中国石油与俄罗斯石油股份公司签订了《关于转让RN-GRID压裂设计软件使用许可的协议》。双方研发团队以此为契机，针对裂缝内支撑剂运移模型等共性难题，联合开展物模试验及模型算法研究，实现共享技术成果。这个协议，是中俄双方达成的15项重要成果之一，标志着中国石油与俄石油开启了上游领域核心技术合作的新篇章。

（2）中国海油按照“两个市场、两种资源”发展战略，将业务布局与国家“一带一路”倡议相契合，不断扩大和追求对外合作双赢。2013年10月，中国海油作为与巴西石油公司、壳牌、道达尔及中国石油组成的联合投标体中的一员，获得一份为期35年的产品分成合同，用以开发位于巴西海上桑托斯盆地的盐下石油——利布拉油田，区块面积约1550平方千米、水深约2000米。在中标的联合投标体中，中国海油持有10%的权益、中国石油持有10%的权益，其他合作方壳牌、道达尔各持20%的权益。2017年，巴西利布拉区块开始生产，每天原油生产及处理能力5.0万桶、伴生气400万立方米。项目实施以来，顺利实施数十项降本举措，率先进入开发期的西北区盈亏平衡油价下降幅度明显，降本成效显著。利布拉项目西北区Mero油田包括 4个生产单元，其中Mero1油田、Mero2油田已完成最终投资决策，Mero3项目已完成油田开发方案设计。巴西深水油气是全球最重要的深水油气开发区域之一，中国海油参与利布拉油田项目后，又在巴西接连中标ES-M-592区块等2个区块；2019年成功中标巴西Búzios Surplus项目，获得项目5%权益，标志着中国海油在巴西深水盐下区的油气开发迈出较大的一步。

2021年3月15日，中国海油与马来西亚国家石油公司签署战略合作谅解备忘录。在此框架下，中国海油与马石油在现有液化气中短期和现货贸易、海外上游项目合作的基础上，探讨将双方合作扩大至全产业链，包括重点战略区域勘探开发、油田和工程服务等方面的合作。

（3）中国石化融入“一带一路”建设，推进“开放合作”战略的实施；根据油气业务发展需要，加深与相关资源国政府与合作伙伴的交往。在“一带一路”沿线国家推动油气勘探开发，石油与炼化工程服务，原油、设备材料及石化产品贸易等板块的海外业务发展。2015年，中国石化炼化工程板块在境外共执行项目27个，合同总额92.18亿美元。全年新签合同额29.44亿美元，完成合同额19.19亿美元。中国石化与TR、韩华共同组成的联合体中标科威特新炼油厂项目，是中国石化在中东地区最大的炼化工程EPC项目。至2015年，中国石化在全球8个国家拥有7个炼油化工、仓储物流项目。2016年1月20日，国家主席习近平与沙特国王出席沙特延布炼厂项目投产启动仪式，是中国“一带一路”建设的标志性项目。2017年，在国家主席习近平和沙特国王的见证下，中国石化与沙特基础工业公司签署战略合作框架协议。

2021年12月10日，中国石化国际石油工程有限公司墨西哥子公司成功中标HUELTLI三维地震采集处理项目，总合同额3.57亿美元，施工面积达3100

平方千米，系墨西哥近20年来最大的陆上三维地震采集处理项目，也是中国石化物探领域在海外中标的单个最大三维地震采集处理项目。

二、油气开发合作圆桌会议

国际油气合作是“一带一路”建设的重要组成部分。2017年5月16日，中国石油成功举办“一带一路”油气合作圆桌会议，国家能源局、国际能源组织、资源国国家石油公司、中国石化、中国海油等国内知名油气企业及金融机构的20多名官员和高管，围绕构建“一带一路”油气合作新模式、新机制这一主题进行深入交流，分享深化“一带一路”油气合作的设想，并就坚持“共商、共建、共享”基本原则、开展互利共赢合作达成广泛共识：

（1）推动实现政策沟通。建立区域内合作伙伴定期交流沟通机制，加强“一带一路”油气合作的政策及相关财税政策、工程服务与装备制造产业标准等方面的商讨，实现在重大政策、重点技术和产业标准上协同对接。健全完善贸易和投资合作的法律基础，推动双边、多边投资保护协定签订，为油气合作创造良好环境。

（2）推动实现设施连通。保持跨国油气输送管道的安全、高效、平稳运行，共同合作开发管道沿线及周边地区有潜力的勘探区块和成熟的油气项目，着力推动和实现天然气产业快速发展，构建区域天然气互连互通体系，惠及沿线各国。

（3）推进实现贸易畅通。建设开放包容的交易平台和产能合作平台，不断扩大油气贸易规模，优化完善油气贸易定价与交易结算机制，确保各相关方之间实现利益平衡。共同参与东南亚、中亚、南亚等地区国家石化产业园区建设，发挥各自的优势，拓展终端消费市场。通过合资合作的方式，推动工程服务业务国际化、专业化，建设若干个石油装备制造基地，完善服务支持网络。

（4）推动实现资金融通。加快推进能源与金融一体化，构建大型油气合作项目不同国别投资主体共同参与的投资体系，建立服务于“一带一路”油气合作项目的多边金融支持平台。深化与国内外金融机构和各类资本的合作，推动区域各国在防范重大风险、货币价格稳定、投融资平台和信用评级等方面开展务实有效合作。

（5）推动实现民心相通。共同关注区域内本地化人才培养，加强合作伙伴之间的人才交流、文化交流，培养一批高素质项目关键技术和管理人才；培养一批当地化的项目操作运行维护人员。同时，加强在安全防恐、市场动向、舆情舆论等方面的信息共享，构筑有效的区域风险管控体系，特别是要构建管道安全保障、应急协调等相关双多边合作机制，保障油气合作项目和跨国油气管道长期安全平稳运行。

“一带一路”油气合作圆桌会议上，俄罗斯天然气工业股份公司表示，愿意为中国实现燃气发展目标做出自己的贡献；哈萨克斯坦国家石油公司指出，“一带一路”倡议对于对接哈萨克斯坦“光明大道”新经济计划具有非常现实的意义，希望能够在“一带一路”框架中不断扩大哈中油气领域合作；乌兹别克斯坦国家油气公司期望通过建设跨国油气管道干线满足沿线各国能源需求，进一步提高油气合作效率，造福当地人民。

2017年，中国石油在“一带一路”地区油气权益产量当量超过7300万吨，占中国企业在“一带一路”地区油气权益总量的80%以上；中国石油海外9个千万吨级大型油气项目中就有7个位于“一带一路”地区。到2017年年底，中国石油在“一带一路”沿线20个国家参与运作管理52个油气合作项目，发展形成了“互利共赢、共同发展”的合作机制。中国海油在经营模式、管理模式上与国际接轨，不断扩大海外油气合作领域，海外油气产量当量超过4000万吨。中国石化积极寻求境外油气勘探开发，认真做好涉外管理、协调与服务工作，为全面提升全球资源配置能力和国际化经营水平打好基础；至2018年年底，在全球26个国家拥有50个油气勘探开发项目，实现年权益油气当量产量4250万吨。

2019年4月28日，由中国石油主办的第二届“一带一路”油气合作圆桌会议在北京举行。来自国家能源局、资源国政府、国际能源组织、资源国国家石油公司、国内外知名油气企业及金融机构的官员和高管，围绕发挥各自优势共建“一带一路”地区大型油气合作项目，大型、特大型油气合作项目建设和运营的关键成功要素，推动构建有利于多国多方、惠及业务价值链各环节的稳定机制等议题广泛深入交换意见，达成普遍共识。能源合作是共建“一带一路”的重点领域，企业是“一带一路”能源合作的市场主体。要坚持开放包容，推广三方、多方合作形式，充分发挥各方的优势和潜能，共同建设高质量、可持续、抗风险、价格合理的大型能源项目。中国石油践行“一带一路”的实践表明：必须打造牢固的伙伴关系，相互协同、优势互补、相得益彰；必须注重项目管理，按照国际惯例和东道国法律法规运作项目；必须注重可持续发展，积极履行企业社会责任，让合作成果惠及“一带一路”沿线最广大的民众。

三、“一带一路”能源部长会议

能源合作是共建“一带一路”的重点领域。2018年，首届“一带一路”能源部长会议在中国苏州成功举办。其间，中国与17个国家发布了《建立“一带一路”能源合作伙伴关系部长联合宣言》，为推动全球能源绿色可持续发展提供了新模式新机制。2019年4月，为落实首届“一带一路”能源部长会议成果，“一带一路”能源合作伙伴关系在北京成立，伙伴关系成员国共同发布了《“一带一路”能源合作伙伴关系合作原则与务实行动》。“一带一路”能源合作伙伴关系以共商、共建、共享为原则，打造开放包容、互利共赢、市场运作、绿色低碳、以人为本的合作平台。这个平台具有广泛的包容性和开放性，在各国能源主管部门作为国家代表的同时，面向成员国能源企业、金融机构、智库机构、科研院所等各类社会机构全面开放。这次会议期间，“一带一路”能源合作伙伴关系合作网络成立，绿色能源、互联互通等7个工作组正式组建。

中国提出共建“一带一路”倡议，得到国际社会广泛认同和热情参与，油气能源开发合作等各领域合作全面展开。国家主席习近平强调指出，中国愿同各国在共建“一带一路”框架内加强能源领域合作，共同促进全球能源可持续发展，维护全球能源安全。中国积极构建“一带一路”能源合作伙伴关系，推动“一带一路”能源合作取得了一系列重要进展。2021年10月18日，第二届“一带一路”能源部长会议在中国青岛开幕。这次会议，以“携手迈向更加绿色、包容的能源未来”为主题。会上，“一带一路”能源合作伙伴关系进一步扩员，迎来古巴、摩洛哥等新成员国，《“一带一路”绿色能源合作青岛倡议》正式发布。

中国提出共建“一带一路”倡议8年来，能源国际合作取得积极成效。中国先后与90多个国家和地区建立政府间能源合作机制，与30多个能源类国际组织和多边机制建立合作关系，参与双多边能源合作机制近百项，签署了100余份能源合作文件，与10个国家和地区开展双边能源合作规划。石油企业集团公司积极践行“一带一路”倡议，形成了国际油气能源开发合作新机制，开创了新时代中国石油工业战略发展新格局。

第三节 > 合作开发共建利益共同体

面对新的历史机遇，石油企业坚持“共商、共建、共享”的原则，共同应对国际能源的大变革；积极推进“一带一路”油气合作向更宽领域、更深层次、更高水平发展，构建开放共赢、互利互惠的油气合作利益共同体，为世界提供更多优质清洁能源，促进人类社会持续健康发展。

一、中油阿克纠宾项目

中国石油与“一带一路”沿线国家，共建油气合作利益共同体。作为中国石油在中亚的第一个油气合作项目——中油阿克纠宾油气股份公司，在当初阿克纠宾公司原油产量低下、资金短缺，近万名员工长达8个月发不出工资、公司濒临破产边缘的情况下，中国石油技术管理团队进驻并接管阿克纠宾公司艰难起步，攻坚克难、拼搏奋进；通过投资建设、自主勘探和股权并购，不断扩大油气业务规模，稳步提升经营效益，走出了一条滚动发展之路。

中油阿克纠宾油气股份公司，依靠中国石油整体技术优势，不断推进技术进步，创新应用针对复杂油气田勘探开发系列技术，成功破解不同类型油气田勘探开发难题，持续改进油田勘探开发效果。依靠科技进步和精细管理，中油阿克纠宾油气股份公司逐步发展建成千万吨级油气田，累计生产原油超过1亿吨，实现了规模发展。2017年，中油阿克纠宾公司油气当量产量达到接管初期的3.3倍。通过建设完善油气处理及储运销配套设施，提高油气处理能力，构筑并依托国际化油气销售通道，积极探索原油出口国际市场的有效途径，打破早期原油只能在哈萨克斯坦和俄罗斯市场销售的固有格局，实现原油销售与国际市场接轨，形成多元化油气销售格局，使有限的资源实现最大的经济价值。同时，将生产的油气通过中哈原油管道、中亚天然气管线输往中国，为保障国家能源安全做出了贡献。

积极吸收和引进国际大石油公司先进管理方法和理念，持续对苏联管理体制下“大而全”的管理模式进行现代化、国际化改造，构建起一套适合自身特点的管理模式和运行机制，提升了公司国际化管理及运作水平；成功挑战成本极限，在各种复杂内外部环境下，始终保持较强的盈利能力。至2017年，累计实现利润总额143亿美元，累计分红82.4亿美元，其中中方权益分红72.6亿美元，是中国石油初始投入的14倍，投资回报率超过20%。

紧紧围绕中国石油建设综合性国际能源公司的发展目标，认真落实中国石油海外人才发展战略，为中国石油海外业务培养了一大批国际化人才；累计向中油国际和其他项目输送各类俄语人才200多名，为中亚－俄罗斯地区业务开拓发挥了重要作用。同时，持续推进员工本土化和人才构成多元化；通过开展员工岗位培训、选派年轻专家、优秀学生出国培训等方式培养选拔人才，提高当地人员的业务素质，上千名哈方人员成长为业务骨干。在实现自身规模、有效、可持续发展的同时，以投资业务带动国内产品、装备、技术和服务走出国门。通过公开招标方式，累计与国内相关单位签署合同额超过100亿美元，共同实现了中方整体利益最大化。

坚持互利共赢发展理念，积极履行社会责任，赢得了当地政府、社会各界和民众的广泛支持和尊重，被中哈两国领导人赞誉为“中哈合作的典范”。累计缴纳税费154亿美元，为当地经济社会发展做出了突出贡献。先后投资近10亿美元建设油气处理设施，将天然气综合利用率由23%提高到98%以上，实现了企业与社会、环境的和谐发展。按照哈萨克斯坦政府定价，每年以低于成本的价格为阿克纠宾州及哈南部居民和企业提供优质、廉价天然气，为哈萨克斯坦社会经济发展和民生改善提供了强有力的支持。

作为“一带一路”建设的先行者和重点项目，中油阿克纠宾油气股份公司是中国石油在哈油气当量规模最大、效益最好的项目。2017年，中油阿克纠宾油气股份公司在中国石油海外90多个项目中排名前三位。随着第76号合同延期合同和新中标勘探区块合同的签署、天然气化工项目的建设，中油阿克纠宾公司实现了产业链向勘探拓展、向下游延伸，公司的综合实力和盈利能力进一步提升，为“一带一路”建设、深化中哈油气合作发挥了更为重要的作用。

二、亚马尔液化气项目

亚马尔LNG项目作为中国“一带一路”倡议提出以来，中国石油参与的规模最大的海外油气合作项目，因高标准、高质量、高效率推进，被合作方誉为中国和俄罗斯能源合作的典范；因其对国内相关制造业巨大的示范拉动效应，成为“一带一路”建设特别是“冰上丝绸之路”的重要支点。不论1650万吨LNG和100万吨凝析油的年产规模，还是其对于全球能源供应格局带来的改变，毫无疑问都将使这一全球最大的液化天然气超级工程，在世界油气工业发展史上写下浓墨重彩的一笔，其建设模式和建设经验将深刻影响未来全球油气行业发展的方向。

亚马尔LNG项目位于俄罗斯北极地区，是集天然气勘探开发、液化、运输、销售于一体的上下游一体化合作项目。由于项目地处高纬度高寒地带，全年有超过9个月是冬季，而且是酷寒，温度低至零下50摄氏度，自然环境恶劣、远离居民区。2016年，亚马尔LNG项目工程建设全面展开，中国石油所属俄罗斯公司、海洋工程公司、寰球工程公司、技术开发公司等十余家企业先后参与项目建设和运营。因现场施工条件限制，为了减少成本、节约建设时间，中俄亚马尔项目采用模块化建造，整个项目共由147个模块组成，包括中国石油在内的中国企业承造其中120个模块。凭借优质优价、充足的原材料供应，中国石油海洋工程公司（图8-1）、中国海洋石油工程股份有限公司、青岛武船麦克德莫特等7家中国海工建设企业脱颖而出，承担了120个模块的建造订单；广船国际、沪东船厂等船企也争取到为项目建造2艘模块运输船、1艘凝析油运输船、4艘大型LNG运输船订单。在项目建设过程中，共有45家

图8-1 亚马尔项目模块在中国石油的海洋工程公司青岛场地建造

中国厂商为项目提供了百余种产品，项目带动和促进了国内钢铁、电缆等众多产业技术创新和转型升级，国内产品出口额超过百亿美元。亚马尔LNG项目，对中国制造业产生巨大的示范拉动效应。

通过练兵亚马尔，中国石油带领中国企业实现了由单一产品到项目承包，由低端制造到高端“智”造的跨越式发展。2017年12月8日，全球纬度最高、规模最大的中俄能源合作重大项目——亚马尔液化天然气项目一期工程正式投产。中国石油全价值链参与项目运作，持有项目20%股份，成为国际LNG产业发展的重要参与者。2018—2019年，项目二期、三期工程陆续投产，具备年产1650万吨生产能力，每年有400万吨以上液化天然气产品运回中国。中俄能源合作亚马尔项目，是全球在北极地区开展的最大液化天然气工程，也是中国“一带一路”倡议提出后实施的首个海外特大型项目。至2017年年底，中国石油在全球投产的天然气液化项目分布于19个国家。北极亚马尔项目的加入，扩张了全球天然气供应版图，对于天然气依存度不断攀升的中国而言，来自亚马尔项目的天然气无疑增加了能源供应安全。

亚马尔项目开创了中国企业独立完成国际LNG核心工艺模块建造的先河，为人类在北极圈内建设大型LNG工程提供了参考范本，刷新了世界单场地项目安全纪录。中国海油通过亚马尔LNG（液化天然气）项目模块成功外输，标志着掌握了LNG核心工艺模块建造技术，具备打入国际高端油气装备市场的能力。昔日，中国丝绸、茶叶、瓷器等货物沿着丝绸之路自东向西运往亚欧大陆；今日，北极圈内丰富的油气资源从亚马尔半岛自西向东输往中国。中国海油在国内拥有完整的LNG产业链，至2018年年底已在国内建成LNG接收站9座，从南到北分别是海南、珠海、广东大鹏、深圳、粤东、福建、浙江、上海、天津，以及海外LNG生产基地，加强了资源保障能力；累计进口LNG 1.41亿吨，年接收能力达3380万吨，可供1亿户普通家庭1年生活用气所需。中国海油LNG运输船——“泛美号”，是中国自主研制的国内最先进的大型LNG运输船；它一次可运输LNG 17.4万立方米，气化之后可供60万居民使用一年。在核心技术方面，中国海油自主研发LNG全容储罐核心技术（CGTank），达到世界一流水平。

三、伊拉克米桑项目

伊拉克米桑油田群项目是中国海油第一个拥有准作业权的海外陆上石油开采项目。2010年5月，中国海油携手土耳其国家石油公司与伊拉克石油部签署米桑油田技术服务合同，合同期限20+5年；合同区面积1500平方千米。

米桑油田群位于伊拉克东南部米桑省，是伊拉克作业环境最恶劣的油田之一。米桑油田为一特大型碳酸盐岩油田，岩性及物性复杂、含水上升规律复杂、沥青析出严重，开发难度极大。中国海油项目团队通过不断探索、科研攻关，在深层碳酸盐储层三维地震资料采集及处理、巨厚盐下三维变速构造成图、碳酸盐岩油田注水开发等方面不断取得突破，形成一整套碳酸盐油田高效开发技术。同时，针对米桑油田钻完井工艺技术难点、井下复杂等情况，通过技术研究、攻关、优化、提升和实践，实现一系列技术突破，形成伊拉克－中国海油特色的钻完井综合配套技术体系。

中国海油秉承“安全第一、环保至上、人为根本、设备完好”的核心理念，在安全管理团队构建和培养伊方员工方面下大功夫，出台了121项安全管理制度，建立形成规范的健康安全管理体系；因地制宜推行区域安全管理机制，全员参与安全管理，使得当地工作人员安全意识显著提高。米桑油田所在位置曾经是两伊战争的主战场，到处都是战争留下的地雷、炮弹。中国海油在米桑油田排雷作业的成功实践，赢得合作方的高度认可，多次受到伊拉克环境部、石油部等主管部门的表彰。代表伊拉克石油部参与油田管理的联管会主席阿里・胡木德评价说，这一实践证明行之有效的程序标准受到伊军方及政府主管部门的高度肯定。米桑油田排雷作业的程序标准，被伊拉克环境部排雷主管部门在全国范围内推广。在伊拉克石油部对进入伊国的国际石油公司的评比中，中国海油伊拉克公司位列前三名，米桑油田被伊拉克石油部评为IOC高绩效运营油田。

项目实施以来，在中国海油项目团队的努力下，2016年米桑油田日产达16万桶，2017年油田日产提高到19万桶，2018年实现日产25万桶产量目标。2018年4月，赴米桑油田参加天然气处理厂（图8-2）投产典礼的伊拉克石油部长卢埃比评价说，米桑油田现代化建设取得突破性进展，这离不开中国海油卓有成效的管理。中国海油米桑油田项目建设，不仅拉动当地经济发展，创造就业机会，更为伊拉克石油工业发展做出巨大贡献。从合同生效至2019年，中国海油在伊拉克米桑油田建成现代化油、气、水、电一体化终端，包括年处理能力1700万立方米的处理厂、伊境内第一个年处理能力15亿立方米的天然气处理厂、年处理能力410万立方米的淡水处理厂、年处理能力350万立方米的含油污水处理厂、发电厂等；新建集输干线166千米，新建原油外输管线53千米。在中国海油主导下，一座现代化油田在战后重建的伊拉克平地而起。米桑油田成为中伊两国共建“一带一路”务实合作的新亮点。

图8-2　2018年4月，建成投产的米桑油田布泽干终端天然气处理厂

第四节 > 共享开发合作发展成果

中国提出“一带一路”倡议，从建设理念转化为实际行动，从远景转变为现实，建设成果丰硕显著。2014—2016年，中国同“一带一路”沿线国家贸易总额超过3万亿美元，对“一带一路”沿线国家投资累计超过500亿美元。中国企业在20多个国家建设56个经贸合作区，为有关国家创造近11亿美元税收和18万个就业岗位。可以说“一带一路”倡议来自中国，但其成效成果惠及世界。

中坦项目建设高峰时，当地员工超过2000人。为加快培训当地员工的工作技能，中国石油坦桑尼亚项目联合体积极协调、精心安排。2014年下半年，分批组织120名当地员工到地处中国成都的工程设计公司西南分公司，进行为期1个月的天然气处理厂操作技能培训；2015年5月在达累斯萨拉姆，中国石油管道局组织40多名当地员工开展为期1个月的管道操作技能培训，为坦桑尼亚培养了一批石油天然气管理、操作人才。中国石油坦桑尼亚项目联合体，加强与当地政府、业主及监理公司的沟通协调，有针对性地开展全方位、多层次的系列公益活动；深入姆特瓦拉、林迪地区管道沿线社区，援建姆特瓦拉市政排洪工程，开展捐助学校、解决生活用水困难、促进就业等公益活动，为当地民众雪中送炭，扩大了项目的影响力，传递了正能量，树立了中国企业的良好形象；建立从政府到民间多渠道、多层次的公共外交体系，为项目建设顺利进行创造了安全稳定的大环境。一直把中坦建设项目列为执政首要工程的坦桑尼亚总统基奎特，在多个场合盛赞中坦友谊；认为没有中国政府和中国公司的全力支持，破解坦桑尼亚电力短缺的梦想将深陷困境。

在“一带一路”向西延伸的欧亚大陆中心地带，中亚合作项目成为中国与中亚国家共建经济走廊、共建互联共保油气安全体系的利益共同体、成果共享者和受益者，不仅为中亚人民带来实实在在的经济利益，而且为其丰富的油气资源提供了广阔的市场，为中亚能源多元化出口创造了条件，也密切了中国与中亚国家的关系。中国石油相继建成投产西北、东北、西南和海上“四大油气通道”，建成亚洲运营中心和欧洲油气运营中心，不仅实现中国油气进口的多元化，有力保障了国家能源供应安全，而且也惠及“一带一路”沿线国家的油气工业发展。作为第一条直接与国际终端市场相连的管道——中哈原油管道，具备每年向中国输送2000万吨原油的能力，对实现哈萨克斯坦原油出口多元化具有重大意义。中哈管道全长2833千米，西起里海的阿特劳，东到中国边境阿拉山口，至2017年累计向中国输油1.1亿吨。至2017年年底，中国石油在中亚累计生产原油超过3亿吨、天然气超过800亿立方米。中亚油气合作油气当量产量，从1997年的319万吨增长到2017年的4000万吨规模；中国石油在中亚各国累计投资超过450亿美元，上缴税费超过400亿美元，能源合作在中国与中亚经贸合作中举足轻重。2017年，中国石油在“一带一路”地区油气贸易量达2.3亿吨油当量。

在油气勘探开发领域，创新集成一批先进适用技术，取得令资源国震惊的成果。中国石油在滨里海盆地成功发现哈萨克斯坦独立以来最大的陆上油田——北特鲁瓦油田，并在勘探程度较高的南图尔盖盆地新发现多个油气藏；在土库曼斯坦阿姆河右岸，发现并落实6个千亿立方米天然气区；突破哈萨克斯坦盐下复杂碳酸盐岩油田开采世界级难题，并使让那若尔油田成为中国石油海外最大的气举采油油田；针对土库曼斯坦“三高”气藏及复杂构造，研发了一系列钻井工艺配套技术，钻井成功率达到100%。在天然气管道建设领域，中国石油与哈萨克斯坦国家石油天然气公司共建的中哈天然气管道——C线及哈南线，进一步满足了哈萨克斯坦南部各州对清洁能源的需求。哈萨克斯坦南线主要气源为哈萨克斯坦里海的天然气，全长1454.2千米，途经哈萨克斯坦4个州，形成年100亿立方米输送能力，开辟了中国与中亚地区天然气资源输送的第二通道。

中国海油在“一带一路”沿线所涉及的亚太－中东－东欧地区国家积极开展工作，逐步建立完善“一带一路”建设管理机制。全面启动“一带一路”能源合作专项规划，成立“一带一路”项目组，专门负责“一带一路”沿线国家的油气勘探新项目评价，以寻求获取有价值的油气资产，尤其围绕现有中东的伊拉克基地、东南亚印尼生产基地所在国家及周边开展工作；不断加强“一带一路”沿线国家的油气资产研究，积极寻求新的投资机会；在落实低成本、开发一体化、绿色低碳战略的同时，不断优化资产布局。先后在“一带一路”沿线16个国家开展油气勘探开发项目评价约30个。通过创新管理，印尼BD气田项目于2016年11月安全顺利完成“三高”（高温、高压、高硫）钻完井作业，成为海外首个成功完成的“三高”气田水平井钻完井项目。在马杜拉区块BD气田实现商业供气，第2条接气管线也于2017年12月28日正式投用，并在BD气田建成世界上第1个海上脱硫和液硫回收FPSO装置。

秉承“尊重、互信、共赢”的理念，中国海油致力于与“一带一路”沿线国家和当地社区携手并进、共同发展，促进双向交流融合。创造就业机会，中国海油海外员工本地化率近80%。在印度尼西亚，连续十余年培育种植红树林，为当地海洋环境保护做出贡献，并通过多种方式支持当地教育事业。中国海油是在尼日利亚投资最多的中资企业之一，也是当地的纳税大户；在乌干达作业区投资修建了总长超10千米的跨崖道路（图8-3），连续多年开展中国海油绩优奖学金项目，积极参与灾难救助、体育、健康等领域的公益慈善活动，为当地社会发展做出贡献；在刚果参与当地社会项目建设，资助了当地多所学校。中国海油以“双赢”理念为纽带，在所在国赢得了中国企业的良好声誉。

图 8-3 乌干达总理与时任驻乌大使到 KF 油田为跨崖道路开通剪彩

中国企业与中亚合作伙伴在丝绸之路精神的光照下，“和平合作、开放包容、互学互鉴、互利共赢”。资源丰富的中亚与市场庞大的中国，已成为筋骨相连、互补合作的利益共同体，合作双方在能源金桥上续写着不朽的共建共享业绩与成果。作为联通中亚多国与中国的重要能源通道，中亚天然气管道为推动中亚各国天然气开发利用水平，改善区域能源结构、促进产业结构调整、应对气候变化发挥了极为重要的作用。形成每年550亿立方米输气能力，横贯中亚3国的中国－中亚天然气管道A、B、C线同路由铺设，西起土乌边境，经乌兹别克斯坦、哈萨克斯坦到达中国霍尔果斯口岸，全长1833千米。至2018年7月31日，中亚天然气管道向中国境内累计输气2315亿立方米，惠及25个省、自治区、直辖市的5亿多人口。中国石油践行“一带一路”倡议，积极响应和履行环境责任，及时公开环保业绩，成为首批签署“绿色一带一路”倡议的国内企业之一，在“一带一路”沿线国家获得环保类奖项30多项。中国提出“一带一路”倡议以来，中国石油在“一带一路”沿线国家履行社会责任累计投入超过3亿美元，带动当地就业超过10万人；油气合作项目惠及当地人口超过300万人，员工本地化率超过85%，为当地培养了数万名石油工业技术和管理人才，树立了良好的中国企业形象。

“十二五”时期，石油企业积极参与“一带一路”建设，围绕“五通”目标，深化国际油气合作取得丰硕成果，其经济“红利”惠及“一带一路”沿线国家和地区，也成就和弥补了中国油气能源的短缺。中国进口70%左右的石油、90%左右的天然气来源于“一带一路”沿线国家和地区。到2015年，中国石油基本建成中亚－俄罗斯、中东、非洲、美洲和亚太“五大”海外油气合作区，基本建成横跨中国西北、东北、西南和东部海上“四大”油气运输通道，基本建成亚太、欧洲、美洲“三大”油气运营中心架构。

“十三五”时期，石油企业按照建设“和平之路、繁荣之路、开放之路、创新之路、文明之路”[1]战略决策，打造开放共赢、互利互惠的油气合作利益共同体，与“一带一路”沿线各国的油气合作领域进一步拓展、合作规模进一

[1]《习近平在“一带一路”国际合作高峰论坛开幕式上的主旨演讲》，新华社，2017年5月14日。

步扩大、合作质量进一步提升。2019年，石油企业集团公司面对瞬息万变的国际经营环境，全面贯彻落实习近平总书记提出的“四个革命、一个合作”能源安全新战略和“持续推进更高水平对外开放”的指示精神，统筹“两种资源、两个市场”，发挥集团化、一体化竞争优势，巩固和扩大“一带一路”建设成果，总体呈现稳中有进、稳中提质、稳中向好的发展势头。在国际油价严重冲击和全球新冠肺炎疫情严重影响下，2020年中国石油在“一带一路”沿线19个国家执行51个油气合作项目，沿线油气产量当量占海外权益总产量的83%，其合作项目累计向沿线各国上缴税费近700亿美元，带动当地就业超10万人，惠及资源国人口300万人。中国石化与全球26个国家相继开展了油气资源开发、工程技术服务、原油贸易等合作，成效显著。中国海油海外业务遍及六大洲40多个国家，集团公司海外资产总额超5200亿元，集团公司国际竞争力和影响力显著提升。中国提出“一带一路”倡议，石油企业积极践行“一带一路”建设，其成效惠及世界。

「 第九章 」

中外油气合作展现新局面

中国石油工业进入新时代，石油企业为全面建成具有世界先进水平的国际能源公司，积极开展对外交流合作，强化新技术和先进管理经验的引进推广，扩大对外油气合作勘探开发规模、拓展油气国际贸易领域，以利用“两种资源、两个市场”确保石油工业规模有效可持续发展。

石油企业坚持“走出去”“引进来”发展战略，不断扩大对外油气合作开发领域、生产规模，取得显著成效。“十二五”时期，石油企业面对国际油价的严峻挑战和错综复杂的发展环境，以“四个全面”和“一带一路”建设为引领，坚持稳健发展方针和质量效益优先原则，大力实施资源、低成本和创新战略，不断提高国际化经营管理水平，促进国际油气业务逆势稳定增长。

“十三五”时期，石油企业坚持规模化、一体化、品牌化经营发展战略，发展和巩固海外油气合作生产规模，拓展石油工程技术服务领域，带动石油装备制造产品走出国门，发挥整体优势、提高经济效益，实现了中外合作双方互利双赢。石油企业跟踪了解把握国际油气领域科技发展最新趋势，开展与国际石油组织、国家石油公司的交流合作，不断提升企业自身核心竞争力；为创造良好的投资环境，围绕海外主营业务开展公共外交活动，不断扩大国际影响力。中国国有石油企业在国际市场上牢固树起中国企业信用的品牌形象。

第一节 > 国内油气合作勘探开发

石油企业对外合作油气资源勘探开发，突出现有项目执行和新项目开发两条主线，推进非常规油气开发，强化新技术引进推广，对外合作产量规模和经济效益均创下历史最高水平。

2012年，中国石油对外合作在执行原油项目15个、天然气项目10个、煤层气项目9个，全年生产原油409.9万吨、天然气41.9亿立方米。到年底，在执行对外合作项目36个，其中产品分成合同34个，联合评价协议2个。其中大港赵东项目，2012年实现原油商品量103.5万吨、天然气外输7637万立方米，全面完成年度利润指标；至2012年，赵东项目累计生产原油已超1000万吨。在执行常规天然气项目中，长北、川中和迪那1号项目处于生产期，其他项目处于开发期、勘探期；在执行煤层气项目，均处于勘探期。2015年，面对国际油价持续走低、石油供应供大于求、天然气需求增速大幅回落等挑战，中国石油围绕“特色发展、互利双赢、发挥优势、服务整体”的工作方针，优化生产经营运行、强化项目管理、深化开源节流降本增效，全面超额完成生产经营任务；对外合作油气产量保持历史高位，生产原油391.58万吨、天然气65.92亿立方米。2015年年底，在执行对外合作项目37个，全部是产品分成合同。

2013年，中国石化与雪佛龙、赫氏、壳牌、道达尔等公司联手，推进龙里、东营凹陷、湘鄂西、宣城项目的联合研究工作，页岩油气等非常规油气能源勘探开发的合作取得较大进步。2014年，以促进技术进步和结构调整为导向，加强与国际石油公司的合资合作，与美国FTS公司的压裂服务、与美国威德福的钻井服务项目分别设立了合资公司。与BP签署孔雀河地区非常规资源联合协议，基本完成与雪佛龙合作龙里地区页岩气、与壳牌合作湘鄂西地区页岩气联合研究；完成凯里、龙里、五指山、綦江、孔雀河等地区对外开放的申报和批复工作。2015年，与壳牌开展济阳坳陷致密油项目的前期研究工作，完成宣城页岩气联合研究项目，开展贵州页岩气区块对外合作的可行性研究，致密油、页岩气勘探开发合作取得阶段性成果。2019年，响应更高水平对外开放要求，积极推动境内重点国际合资合作项目的落实。在能源领域，与俄罗斯NOVATEK公司签署在中国境内建立天然气和LNG贸易合资公司的关键条款协议；与壳牌公司的东营凹陷页岩油联合项目、与康菲公司的涪陵页岩气联合项目取得积极进展。

中国石油对外合作油气产量，连续3年保持900万吨油当量以上高峰水平。2016年，生产油气912.6万吨油当量，其中原油312.6万吨、天然气75.3亿立方米。5月24日，中国石油下发《关于调整勘探开发对外合作业务管理体制的通知》，归口统一管理对外合作业务，由中国石油股份公司勘探与生产分公司统筹管理国内油气勘探开发对内、对外合作业务，对外合作部不再列为总部机关职能部门，改称对外合作经理部，列股份公司直属单位序列。年底，在执行原油项目15个，其中赵东、孔南等14个项目处于生产期，扶余1号项目处于开发期；在执行天然气项目13个，在执行煤层气项目10个。2017年，是中国石油国内勘探开发对外合作业务有史以来油气产量最高、对国内上游业务利润贡献率最大的一年。全年生产油气986.6万吨油当量，其中原油248.42万吨、天然气（含煤层气）92.64亿立方米。年底，在执行对外合作项目35个，全部是产品分成合同；年内签署产品分成合同终止协议2个项目。2019年，抓好现有项目、开拓新项目，强化合规管理，通过稳油增气、提质提效、扎实推进各项工作，国内对外合作生产原油239.09万吨，天然气产量首次突破100亿立方米、达到104.57亿立方米，油气当量1072万吨。中方账销售104.06亿元，税前利润40.43亿元。完钻勘探（评价）井、开发井324口，钻井进尺78.52万米。年底，原油项目15个，其中赵东、孔南、冷家楼等12个项目处于生产期，扶余1号等2个项目处于开发期，高升项目处于产品分成合同终止谈判状态；天然气项目8个，其中长北、苏里格南、川东北、川中等6个项目处于生产期，喀什北项目处于开发期，西昌项目开展产品分成合同终止相关工作。内江－大足项目、荣昌北项目2019年签署产品分成合同终止协议。煤层气项目10个，其中4个处于勘探期、2个处于开发期、2个处于生产期。

中国海油秉承“双赢”合作理念，与外国石油公司合作勘探开发海洋油气资源。2012年，分两批进行海上区块对外合作招标。第一批开放南海地区9个海上区块，总面积约16.01万平方千米，均位于南海深水区域；第二批开放26个区块，包括渤海湾1个区块、东海丽水凹陷3个区块、南海东部18个区块、南海西部4个区块。2013年，推出总面积约10.26万平方千米的25个油气区块对外合作，其中包括渤海湾2个区块、东海3个区块、南黄海3个区块、南海东部10个深水区块及南海西部7个区块。2014年下半年，在国际油价开始下滑并持续走低期间，中国海油举行2014年、2015年的区块推介会，吸引了澳大利亚、韩国等国的中小型油公司的参与合作，2015年签署5个石油合同中有4个是来自于中小型油公司。

“十三五”期间，2017年中国海油推出22个对外开放合作区块，总面积约4.73万平方千米，主要分布在南海珠江口盆地和北部湾地区。2018年，新推17个区块对外招标。通过对外合作，南海深水海域的油气勘探开发取得重要进展，与赫斯基公司合作开发的位于南中国海的荔湾3−1天然气田、流花34−2天然气田全面投入开发生产。到2019年，对外合作发展势头良好，先后与壳牌、雪佛龙、埃尼、赫斯基等公司签订36个石油合作合同，实现了利用对外合作杠杆推进海洋勘探开发的目标。2020年5月22日，中国海油与康菲石油中国公司合作开发的蓬莱19−3油田二期项目投产。蓬莱19−3/19−9油田位于渤海海域，平均水深约28米，是中国海上最大的整装油田，由中国海油与康菲石油中国公司合作开发；中国海油拥有蓬莱19−3油田4区调整/蓬莱19−9油田二期开发项目51%的权益，并担任作业者，康菲石油中国公司拥有49%的权益。双方克服疫情影响，较原计划提前48天投产，实现了合作共赢。11月2日，中国海油与哈斯基石油中国有限公司合作开发的流花29−1气田顺利投产，这是继荔湾3−1气田、流花34−2气田之后在中国南海投产的第三个深水气田，为保障国家能源安全和粤港澳大湾区绿色低碳发展再添“底气”。流花29−1气田顺利投产，是中国海油以更大力度吸引外资、推进对外合作的又一范例。

2021年8月28日，中国海油海域19个勘探区块对外合作招商，总面积约2.66万平方千米，涵盖渤海湾盆地、珠江口盆地、琼东南盆地、莺歌海盆地。海洋石油工业具有高科技、高投入、高风险的特点，是中国吸引外资最多的产业之一。作为中国首个“海上特区”，中国海油始终将对外合作作为公司发展理念之一。

第二节 > 海外油气合作勘探开发

“十二五”时期，石油企业海外油气合作业务进入规模化发展阶段，在海外30多个国家和地区拥有一批从事油气田勘探开发、管道运输、石油工程技术服务、石油工程建设等石油企业，初步形成中亚、中东[1]、非洲、美洲、亚太[2]五大油气合作区。“十三五”时期，在国家“一带一路”倡议带动下，石油企业海外油气合作进一步向更深层次、更广领域拓展。

（1）中国石油海外油气勘探开发业务进入规模化发展阶段。2011年，海外油气权益当量产量突破5000万吨，实现建成“海外大庆”的战略目标。2012年，海外油气生产保持亿吨级当量水平，自主风险勘探、滚动勘探开发获得重要进展；海外完成原油作业产量当量1.04亿吨，其中原油作业产量8978.4万吨、天然气作业产量182亿立方米，完成权益产量当量5242.8万吨；年输送原油2056万吨，天然气261亿立方米。主要油气生产经营指标全面超越上年水平，“海外大庆”建设成果得到巩固。到年底，中国石油在海外31个国家运营管理着82个项目，其中参与管理和运作的勘探项目27个、开发项目40个、独立管道项目5个、炼化项目9个；建成4个千万吨级油田，海外油气管道运营总长度达1.05万千米，海外原油总加工能力达到1360万吨，形成上中下游一体化的海外油气业务链。

大庆油田海外市场开发稳步发展，实现油田开发技术走出去的历史性突破。2012年，应对复杂多变的国际形势，科学调整思路布局，稳健开拓外部市场。全年实现海外市场收入93亿元、利润15.3亿元，同比增长22.4%、36.3%。中标鲁迈拉16口深井大包合同，续签委内瑞拉2862万美元的物探项目，在哈萨克斯坦获得1.49亿美元的服务合同。与印尼国家石油公司签署战略合作框架协议，对13个油田进行提高采收率技术服务；油田总地质储量2亿

[1] 中东：阿拉伯半岛国家、伊朗、伊拉克、以色列、约旦、黎巴嫩、叙利亚。

[2] 亚太：中东以外亚洲国家和地区，大洋洲国家和地区。

吨，日产油1.1万桶，利用大庆油田现有技术，可在2~3年内把产量提高到一个新水平。这是大庆油田提高采收率技术整体走出去、开创国际油气综合一体化合作新局面的良好开端。2013年2月28日至3月3日，大庆油田与印尼国家石油公司签署为期20年的增产作业合同。在成功进入印尼市场后，2014年推进印尼油田三元复合驱试验和12个区块的洽谈合作，推进哈萨克斯坦水驱精细挖潜及聚驱提高采收率技术合作，推进阿联酋低效油田开发和南北苏丹油田增产合作，实现海外市场的规模增长、跨越发展。2015年，虽然受低油价影响，市场开发难度增大，但仍然呈现出稳健发展的良好态势。伊拉克鲁迈拉、艾哈代布、沙特钻修井项目，收入、利润同比增长10.6亿元、7.3亿元；蒙古塔木察格项目原油产量首次突破百万吨，拟续签新的区块；推进苏丹6区稀油项目、哈萨克斯坦油田合作开发项目的开展。大庆油田坚持面向全球谋发展，抢抓机遇走出去，市场开发实现了由探索起步向规模发展的历史跨越。海外市场形成苏丹、蒙古等国家3个收入超亿美元的重点地区，非中国石油市场也取得重大进展，初步构建了覆盖中东、亚太、中亚、非洲、欧美五大区域的市场开发格局。这一局面的形成，推动大庆油田由地域型企业向国际化企业的迈进，为长期发展奠定坚实基础、创造了有利条件。

中国石油海外油气业务经过20多年的创业发展，从单一的老油田提高采收率项目，扩展到风险勘探和大型油气勘探开发项目，业务领域从上游延伸到中下游，形成了集勘探、开发、管道和炼化于一体的海外油气业务链；从陆上常规石油勘探开发拓展到油气并举、陆海并进、常规与非常规兼顾的格局，合作的水平和层次不断提升；完善集成以地质勘探、油气田开发和新项目评价三大核心业务为主体的，包括被动裂谷盆地油气地质理论及勘探技术、复杂碳酸盐岩油气田开发技术在内的十大优势技术系列，成为中国石油国际化经营的竞争利器。2015年，海外完成原油作业产量当量1.38亿吨，完成权益产量当量7202万吨，同比增长10.5%，其中原油5513万吨、天然气212亿立方米，同比分别增长9.2%、14.9%；输送原油2653.5万吨，天然气402.5亿立方米，较上年有较大幅度上升。至2015年年底，中国石油海外油气投资业务分布于全球38个国家和地区，运作管理94个油气合作项目，基本建成中亚－俄罗斯、中东、非洲、美洲、亚太“五大”海外油气合作区，基本建成横跨中国西北、东北、西南、东部海上的“四大”油气运输通道，亚太、欧洲、美洲“三大”油气运营中心架构初现。

“十三五”时期，中国石油按照建设世界一流综合性国际能源公司的奋斗目标，坚持稳健发展方针和质量效益优先原则，大力实施资源、低成本和创新战略，推进开源节流降本增效工作，油气储量和产量稳步增长，提质增效工作成效显著，国际化经营管理水平持续提高，核心竞争力得到进一步提升。2016年，海外完成原油作业产量当量1.46亿吨，完成权益产量当量7601万吨、同比增长5.5%，在低油价情况下保持较强的盈利能力。2017年12月20日，中国石油天然气勘探开发公司与中国石油天然气股份有限公司海外勘探开发分公司，改制更名为中国石油国际勘探开发有限责任公司。公司制改制后，出资人所有权和企业法人财产权分离，企业拥有独立的法人财产权，成为真正的依法经营、自负盈亏、自担风险、自我约束、自我发展的市场主体。2019年，中国石油贯彻落实习近平总书记关于推动共建“一带一路”向高质量发展转变的指示精神，研究提出新形势下海外油气业务优质高效发展的重点目标和任务，统筹推进对外油气投资、承包工程等国际业务不断取得新进展和重要成果。坚持实施资源战略，大力加强勘探工作，采集二维地震2689千米、三维地震2181平方千米，完钻探井55口、评价井18口。油气权益可采储量当量完成年度计划的126.9%。精心安排部署、高效组织实施取得多项重要勘探发现，新区新带风险勘探获规模突破。在深刻分析形势和开发潜力情况下，优选并推动重点项目的开发策略研究，加强开发方案全周期管理，强化油田稳油控水工作，推进重点产能建设，狠抓天然气生产，为海外油气增产、增效提供有力保障。原油作业产量1.51亿吨，天然气作业产量373.3亿立方米，油气作业产量当量1.81亿吨。大庆油田国际市场竞争能力显著增强，东巴格达市场签约一体化等服务合同，艾哈代布油田、哈法亚市场钻修井及潜油电泵服务市场稳定，西非市场乌干达、乍得等项目实现新突破，与斯伦贝谢、哈里伯顿、贝克休斯等全球三大技术服务公司合作进一步加深。截至2019年年底，中国石油在全球35个国家管理运作94个油气合作项目，构建起“五大”油气合作区与生产网络，实现油气产量当量首次突破1亿吨。

（2）中国石化把握国际油气市场发展趋势，抓住机遇、主动出击，加大新项目开发力度。2012年，评价项目90个，签约交割项目5个，签约待交割勘探区块等项目4个，境外资源规模进一步扩大，境外项目结构和布局更加合理；加强在有项目运营，优化勘探开发部署，加快开发建设，强化经营管理，积极防控风险，取得了增储增产、增收增效的好成绩。探井、评价井成功率分别达到59.2%、90.6%；全年勘探新增石油、天然气可采储量分别为2870万吨、117亿立方米，实现权益油气当量产量2905万吨，同比增长27%。到年底，中国石化国际石油勘探开发公司在全球24个国家和地区执行48个油气投资合作项目，总体呈现“油气并举、海陆兼顾、常规和非常规协调发展、资源接替序列清晰”的良好发展局面。2013年，坚持以资源为基础、以效益为中心，充分发挥技术支撑体系重要作用，加强在有项目的运营，开展项目动态评价和排队比选，优化勘探部署，加快储量动用和产能建设，油气勘探保持良好态势，生产经营取得较好业绩。全年勘探新增权益石油储量3607.74万吨、权益天然气储量308.65亿立方米，开发生产获得权益油气当量产量3871.41万吨，同比增长33.3%，创历史新高；新建新增权益产能502万吨，超计划23万吨。在尼日利亚公司KTM油田累计建产能136万吨，实现中国石化境外作业者项目海上油田产能建设零的突破。至2013年年底，中国石化在海外28个国家和地区执行勘探开发项目54个，初步建立了尼日利亚、俄罗斯等5个区域性油气合作中心，总体实现“做强非洲、做大南美、加强中亚－俄罗斯、扩展中东、推进亚太、开拓北美”的既定战略布局。

世界经济复苏缓慢，国际油价连续暴跌，中国石化海外油气业务抗压前行，实现生产平稳运行。2015年，按照“一项一策”原则，对海外油气投资项目逐个分析，制定优化整改方案；全力抓好在有项目运行，落实降本增效的生产管理和技术措施，强化开发生产资产价值管理和产量结构调整，努力增加效益产量；勘探新增储量1500万吨油当量，完成权益油气当量4436万吨。加强投资管理，突出回报导向，严控投资成本，着力抑制单纯追求产能产量的投资冲动，全年投资比计划降低25.5%，桶油成本同比降低约2美元；深化改革、负重前行，牢固树立风险意识，打造具有国际化的中国特色的HSE管理体系，开创“有效益、可持续、有国际竞争力”的海外油气发展道路。

2016—2020年，中国石化围绕“建设世界一流能源化工公司”的战略目标，发挥集团化、一体化优势，坚持以经济效益为中心，实行油价与投资联动机制，积极稳妥发展国际化经营业务。2017年，海外勘探开发取得新进展，现有资产创效能力得到提升，整体呈现稳中向好的态势。在埃及项目获得13项勘探发现，在加拿大等项目获得3项勘探进展、2项勘探突破，探井成功率达到76%，新增储量851万吨油当量；权益油气产量保持高峰水平，完成4372万吨油当量；降本增效成果显著，年投资比计划节省35.7%。2019年，境外油气勘探开发，完钻探井和评价井61口，其中35口井获得商业油气流，成功率达66%；新增权益2P储量和2C资源量1604万吨油当量，创近4年新高。稳步推进开发建产，产量目标超额完成，有效益产量占比超过90%。加强新项目开发和低效无效资产运营，稳步推进卡塔尔、俄罗斯等重大项目前期资产结构优化；践行降本增效，狠抓风险防控，总体呈现稳中有进、稳中提质、稳中向好势头。截至2019年年底，中国石化在全球25个国家拥有51个境外油气勘探开发项目。2020年4月15日，中国石化地球物理公司阿尔及利亚ANT-BDA三维项目提前顺利完工，这是多部门协调配合的成功典范。公司312队员工面对大风天气频繁、黄沙浮土漫天的自然环境和断壁悬崖、沟壑纵横的恶劣地形，做到动态调配设备、有效量化激励、优选施工参数、优化施工方案，比计划提前23天完成任务。

（3）中国海油坚持“经营勘探”理念，以获取投资回报最大为原则，油气权益可采储量稳步增长，形成了北非撒哈拉、南大西洋两岸、东非裂谷带、东南亚、西非岩性等储量规模区。2011年3月29日，中国海油、道达尔与图洛石油公司签署收购乌干达阿尔伯特湖盆地勘探区块协议，各方权益为33.33%；2012年2月21日，与图洛公司完成购买协议的交割；2013年9月，中国海油成为第一个获准在乌干达开展油气田开发生产作业的石油公司。

2013年10月22日，中国海油作为联合投标体中的一员，获得巴西海上利布拉油田为期35年的产品分成合同；在中标的联合投标体中，中国海油持有10%的权益。参与巴西海上利布拉油田项目，标志着中国海油进入了超深水领域的油气勘探开发。中国海油在尼日利亚南部海域拥有勘探区块3个，面积2323平方千米，平均水深600米。到2016年，落实石油可采储量约为1.2亿立方米。中国海油与PTTEP联合投标，获得位于阿尔及利亚东北部沙漠地区的HBR区块。2016年2月，钻探BOG-2井，在三叠系TAGI段测井解释油层8.4米、DST测试日产油616立方米，日产气14.2万立方米，基本落实了REZ油田储量。至此，在HBR区块共钻探井16口，累计发现石油地质储量约4亿立方米，助推HBR区块进入商业开发。中国海油尼克森圭亚那有限公司，获得圭亚那海域勘探区块25%的权益。到2019年共获得14个商业发现，探明可采储量超过60亿桶油当量；建成浮式储卸油生产装置以及水下井口17个。

在非洲加蓬西部海域，中国海油与壳牌共同在BCD10区块发现了Leapard气田，为西非最大气田，距陆地约145千米，水深为1620～2560米。2015年，探明天然气地质储量达到2890亿立方米，是加蓬深水区盐下第一大潜在商业发现。2016年，探明天然气地质储量为3170亿立方米。经过3年谈判，中国海油2019年获得BC9 04-224、BCD10 04-225两个区块100%的股份。2020年9月，中国海油在圭亚那的勘探区块，获得了第16个勘探发现，区块内累计可采资源量超80亿桶油当量；到2021年10月，获得第21个新发现，区块资源量提高至100亿桶。这些发现，为中国海油尼克森圭亚那有限公司可持续发展奠定了资源基础。

“十三五”期间，中国石油、中国石化、中国海油在海外的油气勘探开发作业产量和权益份额逐年增长。2019年，中国石油海外原油作业量达1.51亿吨，海外权益份额7925.8万吨；海外天然气作业量373.3亿立方米，海外权益份额315.1亿立方米（表9-1）；中国石化在全球运营着50个油气勘探开发项目，年权益油气当量产量4252万吨（表9-2）；中国海油海外油气勘探开发业务涉及20多个国家，境外石油产量达3614.1万吨（表9-3）。

表9-1　2012—2019年中国石油海外油气作业产量和海外油气权益份额

年度	海外作业产量		海外权益产量	
	原油（万吨）	天然气（亿立方米）	原油（万吨）	天然气（亿立方米）
2012	8978.0	182.0	4154.6	136.6
2013	10586.4	217.0	4721.1	150.5
2014	10762.4	249.1	5050.0	184.5
2015	11550.4	285.6	5514.7	211.9
2016	12151.4	311.3	5752.8	231.9
2017	13618.3	333.3	6880.1	254.5
2018	14463.0	348.0	7535.0	286.5
2019	15111.0	373.3	7925.8	315.1

注：此表数据来源于中国石油年鉴。

表9-2　2012—2019年中国石化境外油气勘探开发油气当量储量、产量

项目	2012年	2013年	2014年	2015年	2016年	2017年	2018年	2019年
新增权益石油储量（万吨）	2870	3608		1500			900	1604
新增权益天然气储量（亿立方米）	117	309						
权益油气当量产量（万吨）	2905	3871	4092	4436	4295	4372	4250	4252

注：此表数据来源于中国石化年鉴，2015年及以后新增石油储量为油气当量储量。

表9-3 2012—2019年中国海油境外石油天然气产量

项目	2012年	2013年	2014年	2015年	2016年	2017年	2018年	2019年
境外石油产量（万吨）	1329.1	2745.6	2904.2	3197.0	3142.0	3273.4	3204.9	3614.1
境外天然气产量（亿立方米）	52.0	90.6	102.0	106.8	115.7	116.2	117.2	106.3

注：此表数据来源于中国海油，天然气产量包括气电集团柯蒂斯项目产量。

第三节 > 石油工程企业在海外发展

石油企业实施“引进来”“走出去”发展战略，并随着石油工程技术的提高、技术服务能力和管理水平的不断提升，走出了一条由“引进来”消化、吸收、借鉴、成熟、武装自己到“走出去”发展壮大海外市场经营的道路。石油工程企业走向海外，其技术服务领域不断扩大，质量和效益不断提高。石油工程企业在海外的声誉不断提升，在世界石油工业发展中占有了重要地位。

（1）中国石化坚持以做强做大境外市场为导向，积极应对国际市场变化，及时调整经营策略，在五大战略目标区加大市场开发力度，制定了品牌化、一体化、规模化发展战略，突出高端优势业务，提高市场竞争能力和项目管理能力，中东、中亚、非洲、拉美等规模化市场经营格局更加稳固。在地面工程业务领域，先后中标并实施一批大型EPC总包项目；相继在测录井和固井、压裂酸化、浅海钻井等高端技术领域及油田综合服务市场取得新的突破，在物探数据处理和解释领域取得较大进展，境外石油工程技术服务产业链基本形成，具备为境外油公司提供勘探开发整体服务的能力。

2012年7月，中国石化胜利石油工程公司中标土耳其地下天然气盐穴储气库钻井大包项目，包括钻前工程、钻井（修复2口井，新钻10口井）、测井、固井、完井、取心、水力压裂试验等服务。这一项目是胜利工程公司海外第一次承接的非常规钻井工程，是胜利工程公司加快转型发展、探索海外业务发展新途径的一次成功探索，并在施工中形成储气库工程“十大技术”系列，弥补国内多项技术空白。同年，沙特市场收入超过2亿美元，成为胜利工程公司海外市场运作成熟的一个高端市场。中原石油工程公司加强与国外石油公司和技术服务公司的战略合作，拓展高端领域，巩固原有市场，开辟乌干达等新市场，实现非洲市场有序接替，中东、中亚市场快速发展，东南亚、南美市场全面恢复，到年底海外钻机达41部；海外市场新签合同额9.5亿美元，首次突破9亿美元，实现收入38.3亿美元。至2012年，中国石化上游企业在43个国家和地区执行498个石油工程技术服务合同，合同总额148.2亿美元，其中当年新签合同额43.49亿美元，完成合同额29.73亿美元，同比分别增长22.51%、21.84%；境外各类施工服务队伍达420支，境外中方员工4210人。2014年，中国石化有效发挥海外业务管理职能作用，充分调动国内地区公司、专业公司的积极性，努力开拓海外市场、扩大业务规模，在科威特市场签约27台钻修井机项目，合同额11.5亿美元，为科威特国家石油公司服务的钻修井机达42台，成为科威特国家石油公司最大的陆上钻井工程承包商；沙特市场新签合同额4.5亿美元，完成合同额8.3亿美元，为沙特阿美公司服务的钻修井机达54台，成为沙特阿美公司最大的陆上钻井工程承包商；与厄瓜多尔国家石油公司签署油田综合服务项目，合同期15年。胜利石油工程公司中标科威特国家石油工程公司7000米钻机项目，科威特市场钻机数量扩大到6部；中标3个修井机服务合同，钻修井机数量扩大至11台（套），成为继沙特之后的海外第二大市场。与印度尼西亚签署KASURI区块综合技术服务合同，为其提供区块勘探开发全过程技术支持和监督服务，参与项目全周期管理（合同期25年），实现以劳务和设备输出为主向技术管理和工程服务并举的转变。与孟加拉国签署提塔斯气田4口井大包工程服务合同，包括钻井、定向、固井、录井、测井、测试、钢丝作业、岩心和PVT分析等10种服务，标志着胜利石油工程在南亚油气工程服务市场开辟了新区域。2015年，境外石油工程技术服务面对严峻多变的市场环境和激烈的市场竞争，中国石化石油工程在挑战中抓机遇、在艰难中谋发展、在逆境中求突破，努力开拓市场、强化管理、控制风险、争创效益，实现了海外业务规模、效率和效益稳步提升。是年，新签合同额30.1亿美元，完成合同额26.4亿美元。1月18日，胜利石油工程公司与土耳其签署4口地热钻井大包项目，合同额1620万美元，标志着在海外非常规非油气市场迈出可喜的一步。到年底，中国石化在40多个国家执行石油工程技术服务合同598个，合同总额224.3亿美元。

面对国际油价低位徘徊、工作量大幅下滑、服务价格不断下跌、停待队伍居高不下等多种困难，中国石化大力推进海外区域资源优化，灵活调整经营策略，推动项目提质增效，努力破解生存发展困局。2016年，新签合同额28.61亿美元，完成合同额23.79亿美元。2017年5月，胜利石油工程公司与土耳其签订地热发电项目——生产井/回灌井钻探工程合同，工作量为25口井，总工期30个月；2018年4月，成功中标孟加拉国钻井大包项目，为交钥匙工程，包括井场建设、钻井、钻井液、录井、测井、固井等20余项；2019年9月1日，中标沙特阿美石油公司2部非常规气井钻机，3+1年期日费制合同；2019年10月29日，中标墨西哥DS石油公司2019—2020年EBANO油田定向井、地质录井及固井服务项目，这是继签署CPA公司钻井一体化服务合同后，将固井技术服务一举引入市场，使石油工程技术服务产业链更加完整。2019年，中国石化海外市场布局优化成效显著，沙特、科威特、厄瓜多尔、阿尔及利亚等重点规模市场巩固扩大；2020年，统筹疫情防控和生产经营两大任务，扎实开展“百日攻坚创效”“持续攻坚创效”行动，紧盯年度目标任务，大力开拓市场，优化项目运行，推动复工复产、增收创效，集中优势深耕重点市场、稳固传统市场地位，沙特、科威特等主力市场效益突出，项目运行高效平稳。全年新签合同额26.8亿美元，完成合同额17亿美元。截至2020年年底，中国石化在境外37个国家执行石油工程项目（合同）397个（表9-4），合同总额162.7亿美元。

表9-4　2012—2020年中国石化境外石油工程技术服务

项目	2012年	2013年	2014年	2015年	2016年	2017年	2018年	2019年	2020年
执行技术服务合同（个）	498	485	552	598	470	845	626	507	397
合同总额（亿美元）	148.2	151.8	187.1	224.3	217.4	218.2	170.5	199.5	162.7
年新签合同额（亿美元）	43.49	46.00	39.00	30.10	28.61	24.12	31.5	34.3	26.8
年完成合同额（亿美元）	29.73	29.00	30.80	26.40	23.79	21.71	25.92	23.53	17.0

注：此表数据来源于中国石化年鉴。

2021年，中国石化168钻井队承揽多项石油工程服务。9月4日，顺利开工厄瓜多尔项目，这是中国石化国际石油工程公司厄瓜多尔子公司中标的第一个钻完井总包项目，也是江汉石油工程厄瓜多尔项目部为海外业主同时提供钻机、钻完井液、定向岩屑外运处理等10多项石油工程服务项目。中国石化坚持加快高质量“走出去”步伐，坚持用好两个市场、两种资源，持之以恒推动各项业务联动走出去，全力稳定海外油气供应链，不断提升国际化经营水平。

（2）中国石油海外石油工程业务牢牢把握工程进度、质量和投资控制，强化项目管理，有效发挥集团公司整体优势，各重点工程建设项目有序推进。中东项目取得重大成就：2012年6月16日，提前15个月实现一期500万吨产能项目建成投产，创出投产当年即启动回收投资的业绩。大庆油田稳健开拓海外市场，2012年中标鲁迈拉16口深井大包合同，续签委内瑞拉物探项目，签约土库曼斯坦PC工程建设项目，在哈萨克斯坦签约服务合同。辽河油田3支基层队伍海外工程技术服务，年实现产值0.7亿元，同比增长22.7%，新增合同额7000美元。2013年，中国石油严把质量、工期、投资和安全“四大”关键点，产能建设项目、天然气处理厂项目、管道建设项目等十大重点工程项目有序推进。海外钻井工程，动用运行钻机316部，其中中方钻机178部，分布在20个国家33个海外上游项目，共开钻1817口、完钻1746口，完成钻井进尺334.4万米。管道建设工程项目取得重要成果，中亚天然气管道哈南线9月投产，比计划提前1个月，建成60亿立方米的年输气能力；中哈原油管道二期二阶段8号、10号泵站于12月通过哈萨克斯坦国家验收。中亚天然气管道C线，2013年机械完工具备投产条件；2014年精心组织投产方案的编制、审查，认真落实各项投产技术、商务条件，严格实施各项投产前检查和验收工作；通过科学、缜密的组织，实现全线1830千米线路及其附属工程一次性投产成功。2015年，重点项目建设扎实推进，多项地面工程如期投产。年底，海外工程技术服务和工程建设项目分布于全球76个国家和地区。其中，海外工程技术服务（设备）队伍数达1274支，当年新签合同额51.66亿美元，完成营业额48.8亿美元；海外工程建设项目，当年新签合同额109.8亿美元，完成营业额47.2亿美元。

海外重点工程建设通过强化科学管理取得积极进展，新项目开发及合资合作力度持续加大，业务布局进一步优化。2016年，中国石油中亚天然气管道建设项目C线完成乌兹别克斯坦天然气接入，三线总输气能力提升至510亿立方米/年，实现输气达357亿立方米；中缅天然气管道项目，通过加强协调，年输气达42亿立方米。2017年，中油国际公司加强统筹协调长输管道项目，强化安全运行，其中中哈、中缅原油管道分别安全输送1230.1万吨、497.4万吨，中亚、中缅天然气管道分别安全输送天然气396.9亿立方米、38.6亿立方米。2019年，中国石油海外重点工程建设投资总体受控，一批重大产能建设项目投运，工程项目管理取得新进展，管理制度建设取得新突破；充分发挥一体化和专业优势，不断优化市场布局，强化科技创新和精益管理，工程技术、工程建设等业务服务质量水平和市场竞争力持续提升。2020年，中国石油东方物探签署巴新项目框架协议、测井公司完成孟加拉国项目过油管射孔作业任务、测井公司中标苏门答腊SRB项目、中油油服海外新签合同额同比增长六成、工程建设中东地区公司新签合同逾2亿美元。

2021年，中国石油管道四公司完成孟加拉国项目试压作业、渤海钻探顺利开启米桑项目和进入印尼高端技服市场、大庆工程建设公司中标哈法亚项目、工程建设有限公司启动伊拉克项目和中标阿布扎比国家石油建设公司总承包合同、长城钻探进入秘鲁油服市场。中国石油按其海外资产、海外收入、国际员工数综合排名是为中国最大的跨国公司，中国石油工程技术、工程建设质量在国际合作、海外业务上享有较高声誉。

（3）中国海油石油工程技术专业服务公司，坚定不移地扩展海外市场。2012年，中海油服国际市场新增泰国、巴基斯坦作业区，在印尼、墨西哥、挪威、缅甸等国的市场规模不断扩大，自升式钻井平台在国际高端市场取得突破；伊拉克项目以“成功钻穿盐膏层、高效实施酸化作业”为标志，取得重大进展；油基泥浆服务在印尼市场取得新突破。通过梳理和调整，中海油服在亚太、中东、美洲、北海四大海外区域布局基本完成，海外业务开始朝着越来越健康的方向发展。2013年，中国海油钻井业务重返缅甸海上市场，固井和油套管服务随之进入缅甸市场。首次进入泰国湾钻井市场，成功获得卡塔尔海上钻井合同。聚胺钻井液体系在印尼应用效果良好，为后续泥浆业务扩大市场打下了良好基础。总包伊拉克米桑油田项目，成功攻克世界性难题的大段盐膏层作业。墨西哥市场在原有钻机成功续签长期合同并获得费率提升基础上，又获得新的钻井服务合同。在伊拉克中标第二轮6口井钻井及相关技术服务项目。挪威市场3座半潜式钻井平台和2座生活支持平台全部展开作业。2014年，中海油服钻井业务首次进入马来西亚市场，中标马来西亚1+1年钻井合同；中标缅甸项目，执行首个海外深水钻井作业合同；伊拉克米桑油田项目，新签11口井钻井一体化服务合同，中标45口新井完井服务。2015年，面临油价大幅度下跌造成的冲击，对所有海外项目保持高度的敏感性，提前预判各种可能出现的问题，及时与客户沟通，确保合同不中止、作业不停止，并切实替客户着想，做到降价不降服务标准、保证服务质量，提供符合客户需求的作业服务；按照战略定位，巩固和扩大了亚太、中东、美洲、北海等海外区域布局，新增泰国、柬埔寨、巴基斯坦、加拿大、马来西亚、新西兰等国外市场，海外客户增至30多家，海外收入占比增至33%。在亚太区域，中标壳牌新西兰二维地震采集项目；包揽印尼仅有的2个海上钻井合同。在美洲区域，成功中标墨西哥湾“派特法”作业项目，中海油服成为墨西哥湾最大的钻井承包商之一。

2016年，中国海油借助“一带一路”相关政策，扩大海外市场布局。中海油服先以优势项目进入东南亚、中东、非洲、远东等区域市场，然后再带动其他业务进入，每个市场做到优质高效，做到比对手服务得更好。在中东获得阿曼DNO钻井服务合同，首次进入定向井市场；在东南亚获得SAKA钻井合同，赢得印尼一体化技术服务项目；在美洲中标泛美石油公司海上钻机及船舶服务捆绑合同，为在墨西哥湾实现一体化总包目标打下坚实基础；物探、钻井、船舶等业务板块首次全面进入远东市场，并积极应对新客户要求，以完好作业实践赢得了客户高度评价。中海油服在原有海外市场规模基础上，新进入远东、沙特、阿曼等市场，2016年新签海外合同128个，其中超亿元合同10个。2017年，新签海外合同140个，合同额为近3年最高。固井、泥浆业务实质性进入墨西哥湾市场；新开拓巴布亚新几内亚、阿根廷、科威特、喀麦隆等国市场，以合营公司形式进入马来西亚市场；新增印尼、阿联酋、美洲、欧洲等24个客户。2018年，新增海外客户29个，新开拓海外市场15个，新签海外合同133份，成功进入沙特、马来西亚、新西兰、英国、巴西等市场。2019年，中海油服借助国家“一带一路”政策及信用融资、信用担保等金融工具助力区域市场开拓，新签海外合同84份；海外市场承揽额实现再增长，获得了加拿大LNG、沙特MARJAN等国际重点项目。至2019年，中海油服海外业务覆盖钻井服务、油田技术服务、船舶服务及物探勘察服务，主要作业区域分布在亚太、欧洲、美洲、中东、远东等地区，包括缅甸、印尼、马来西亚、加拿大、阿根廷、巴西、伊拉克、沙特、新西兰、加蓬、喀麦隆、墨西哥、挪威等国家；先后在“一带一路”沿线国家设置8个分支单位，并与俄罗斯、沙特、文莱等10多个国家开展了50余个工程项目合作，合同额超百亿元。

2021年3月，中国海油与马来西亚国石油公司签署战略合作谅解备忘录，探讨双方合作扩大至全产业链合作，寻求包括重点战略区域勘探开发、液化天然气基础设施投资、油田和工程服务等方面的合作；4月，中国海油与乌干达、坦桑尼亚、道达尔签署东非原油管道建设项目最终协议。中国海油积极开展海外油气业务，扎实推进国际化发展战略，加快与“一带一路”沿线国家开展油气能源合作开发，取得重要进展、显著成效。

石油工程企业实施“走出去”发展战略，积极应对国际市场形势变化，不断强化拓市场求生存的危机意识、紧迫意识、担当意识，一切观念向市场转向、一切工作向市场聚焦，从健全制度体系、完善管理机制、创新商务模式、加强项目管理、强化考核激励等多个角度全面发力，实现海外业务转型升级、高质量发展。“十三五”时期，石油企业集团公司海外工程业务总量稳步增长，业务结构不断优化，经济效益不断攀升，逐步向高端、非常规、综合性业务迈进，在测录固井、测试压裂、浅海钻井和泥浆服务等高端技术领域、储气库和地热非常规业务领域、油气田综合服务市场取得新突破，形成较为完整的海外石油工程技术服务产业链，具备为海外油公司提供勘探开发整体解决方案和一体化服务的能力，实现了规模化、效益化、高端化发展。

第四节 > 石油装备制造企业走出国门

中国石油工业石油装备制造企业在开拓海外市场中，与上游企业加强业务合作，发挥一体化整体优势，形成推动海外市场发展的长效机制。通过海外市场竞争，石油装备制造优势产品海外占有率稳步提升。

（1）中国石油装备制造业务由装备制造分公司统一归口管理，负责管理直属专业公司中国石油技术开发公司、宝鸡石油机械公司、宝鸡石油钢管公司、渤海石油装备制造公司、济柴动力总厂，以及非直属企业大庆、长庆、吐哈、青海、玉门和东方物探公司、测井公司、钻井院、运输公司等单位的石油装备制造业务，负责管理在亚洲、非洲、北美洲、南美洲的7个国家建有的10家制造工厂。主要企业全部通过ISO 14000、ISO 10012等体系认证，产品涵盖钻井、采油、钢管、动力、海洋、天然气、物探、测井等九大类200多个品种，覆盖油气上中下游业务领域，形成较为完善的研发、生产和服务体系；关键设备基本实现国产化，部分产品跃居世界领先水平，具备为重点工程建设和海外油气战略区提供强有力物资装备保障服务的能力。全系统员工5.42万人，其中直属专业公司3.1万人；资产总额812亿元。2012年，中国石油技术开发公司与制造企业密切配合，实现国际市场收入逆势增长，外资市场签约额42亿美元；首次与乌干达等6个国家和地区的客户签订合同，产品累计出口扩大到78个国家和地区。宝鸡石油机械公司钻井泵首次打入巴西市场，国际新增订货量同比增长17.69%；宝鸡石油钢管公司连续管订货，在俄罗斯市场实现零的突破。济柴动力总厂在伊拉克鲁迈拉项目中再获60台发电机组保运合同。大庆油田装备制造业务海外市场签约额达10.7亿元，中标乍得公司3544万美元的潜油电泵租赁合同。2015年，中国石油借助《中国制造2025》实施机遇，进一步加大结构调整力度，推动装备制造业务由生产型制造业务向产品研发、制造、销售、服务综合一体化业务转型升级；突出钻井、采油、石油钢管和动力装备等优势核心业务，加快先进高端新产品研发和产业化，提升高附加值产品比例，优化产品结构；积极拓展国际市场领域，海外营销网络布局日趋完善，生产制造的石油物资装备出口到全球81个国家和地区。按照中国石油《扩大装备出口指导意见》，中国石油技术开发公司与各制造企业签订框架协议，联合开拓国际市场，2015年出口收入占到国内外总收入的46%。中国石油技术开发公司、宝鸡石油机械公司携手合作，与土库曼斯坦签订10套钻机订单；获阿联酋阿布扎比国家钻井公司第三批12台沙漠快速移动钻机合同，累计达到39台。大庆油田成功签订南苏丹37区1.04亿美元的潜油电泵租赁合同。2016年，大庆油田巩固南北苏丹、哈萨克斯坦和印尼电泵市场份额，积极进入阿联酋电泵市场；射孔器材在乌兹别克斯坦、蒙古等市场，抽油机在加拿大市场，都取得新突破，新签合同额5.84亿元。

中国石油技术开发有限公司，是中国石油从事国际能源装备业务的综合服务商，是石油石化物资装备国际贸易公司。2019年，抓好服务保障和带动产品出口，全年签约12.7亿美元、同比增长11%，收入74.12亿美元；发挥中国石油综合一体化优势，加强与内部兄弟单位合作，加大项目获取力度，做好项目的执行运作，获取500万美元以上项目40个、1000万美元以上项目14个。凭借良好的客户关系，攻克技术标准和关税壁垒，获取克孜勒奥尔达–阿斯塔纳天然气管线项目，项目金额1.3亿美元，为公司近5年来最大金额的外资项目。带动内部装备制造产品出口，发挥系统内装备制造企业的产能、技术等优势，联合渤海装备、宝鸡钢管积极参与项目投标；科学优化投标技术方案，最终以最优技术和价格中标项目，合同金额3.2亿美元。公司在45个国家和地区建立57个境外机构，累计出口产品到84个国家和地区，在中亚–俄罗斯、非洲、美洲、中东、亚太等地区形成稳定的规模市场。

中国石油渤海石油装备制造有限公司，是中国石油所属全资子公司；主营业务包括输送装备、油气井管、钻井装备、采油装备等产品链和“制造+服务”业务链，是一家综合性石油装备制造企业。2019年，公司国际市场签约7.34亿元，同比增长1倍。其中，获取钢管订单8万吨，中标尼日尔一期电泵项目，工作量1.65亿元。中国石油宝鸡石油机械有限公司，是国家油气钻井装备工程技术研究中心的依托单位。主导产品包括全系列（1000～12000米）陆地钻机、车装钻修机、海洋钻井系统、修井机、甲板装备、水下装备和系列钻头、井口井控设备、压裂设备、油田工程车辆、电气电控设备等，产品覆盖50多个类别、1000多个品种规格，其中14大类59项产品获美国石油学会API徽标使用权，产品远销中东、美洲、欧洲、非洲、大洋洲、中亚、东南亚等66个国家和地区。

（2）中国石化于2012年12月组建石油工程机械公司，将江汉油田所属的三机厂、四机厂、钢管厂、江钻股份、四机赛瓦和机械研究院等6家单位整体划入并完成注册。2013年4月11日，四机厂与美国达德利公司合作研发的“160吨油气不压井作业装备”，通过国家国际科技合作专项立项；研发出的系列不压井作业装备达到国际先进水平，并获得委内瑞拉的6套产品订单。4月17日，中国石化“石油四机”牌钻机获中国机械工业优质品牌称号。四机厂通过加强钻机自动化控制技术、移动技术、集成技术等研究，先后开发出直升机吊装钻机、4000～7000米海洋钻机、页岩气专用钻机等新产品，满足了国内高性能、适应性钻机的需求，还出口美国、委内瑞拉、利比亚等国家和地区。11月，中国石化胜利钻井院自主研发的膨胀悬挂器，在哈萨克斯坦Konys油田两口侧钻水平井成功应用，较好地解决了侧钻水平井窗口出水的难题。到2014年，中国石化石油机械装备产品形成门类较为齐全、特色技术优势较为突出的研发、制造、销售和服务体系，市场覆盖全国各油气生产区域，并出口40多个国家和地区。2014年5月27日，四机厂首次以自营出口形式向加拿大出口石油设备，成套钻修设备走进壳牌集团；5月29日，继3套7000米钻机出口委内瑞拉后，又与阿根廷签订1套ZJ70D大配套钻机供货合同。2017年，中国石化机械公司自主研制的DYJ160/105独立式油气井带压作业装备，出口委内瑞拉、泰国（7台套），实现带压作业设备由进口到出口的突破。胜利地质录井公司研制的中高端综合录井仪走出国门；公司承担国家863课题“录井井下气体检测关键技术研究”项目，于2017年5月通过国家科技部验收，并成功注册“EXPLORER”英文商标。2018—2019年，为科威特国家石油公司(KOC)累计提供7台EXPLORER-ZH-3综合录井仪用于录井施工服务。2019年5月，向山东科瑞机械制造有限公司销售2台综合录井仪，用于埃塞俄比亚录井施工现场。中国石化石油机械股份有限公司，是中国石化油气装备研发、制造与专业技术服务企业，2020年在海外市场适应常态化疫情防控需要，创新方式落实现有订单，精心准备重点项目定投标，先后取得印尼修井机、沙特输水管线等项目订单，守住了海外业务“基本盘”。3月，公司生产的一批直缝埋弧焊管，海运至沙特。公司生产的直缝埋弧焊钢管、螺旋埋弧焊钢管通过沙特阿美资质认证，被列为沙特阿美在中国采购的材料序列。公司以高品质、高性价比为沙特市场提供油气钢管、输水管线、桩管等钢管产品批量出口，为巩固沙特市场打下了坚实基础。

（3）中国海油工程根据国际化发展需求，建立国际业务专门机构，海外业务呈现快速增长新局面。2014年5月，海油工程签约俄罗斯亚马尔LNG项目工艺模块建造合同，合同额上百亿元人民币。这是海油工程有史以来中标金额最大、技术等级最高、投标时间最长的一笔订单，也是中国首次承揽LNG核心工艺模块建造项目。到2017年8月，核心工艺模块36个全部交付，海油工程由此跻身国际LNG核心工艺模块建造“第一梯队”，打破了国际同行在LNG核心工艺模块建造领域的长期垄断。成功承揽巴西FPSO（P67/P70）项目，涉及两条30万吨级FPSO的部分设计、部分上部模块的建造、所有集成与调试、运输及交付等；2018年5月，P67船实现成功交付，标志着海油工程具有完全自主进行超大型浮式生产储油轮的建设能力、设计能力、调试能力。2019年12月，P70船成功交付（图9-1），创出国际超大型FPSO交付的新速度。

中国石油工业石油装备制造和出口业务，加快向着“制造+服务”模式转型，推进产业产能转移和国际产能合作。通过技术营销和特色服务带动产品提档和产业升级，营销网络布局日趋完善。石油装备制造和出口业务实现从装备制造商向综合服务商转型，形成“电泵租赁+一体化服务”“钢管销售+保供服务”“钻修井机+一体化服务”“高精端设备+配套服务”等标准化服务模式。石油装备制造和出口

图9-1　2019年12月P70船交付现场

业务持续推动产品创新和技术升级，进一步拓展扩大了海外市场的应用规模。

第五节 > 扩大国际油气合作贸易

中国的石油消费量由2011年的4.59亿吨上升到2012年的4.84亿吨，位列世界第二位；天然气消费量由2011年的1305亿立方米上升到2012年的1438亿立方米，位列世界第四位。2012年，中国原油和油品总进口量为3.54亿吨，总出口量为2709万吨；管道气进口量为214亿立方米，出口量为28亿立方米。石油企业在逐年增加探明油气储量资源、扩大国内油气生产量的同时，积极开拓国外油气资源市场、稳健组织国际油气贸易，为保障国内油气消费量需求、确保国家能源安全发挥着重要作用。

中国石油国际事业有限公司，统一归口管理和组织实施原油、成品油、天然气等油气产品进出口和国际贸易业务，是中国石油所属的国际贸易专业公司。2012年，公司完成贸易量3.07亿吨，同比增长21%。年内，掌控原油资源的能力不断提高，实现贸易量1.86亿吨；落实管道天然气和LNG资源，实现贸易量284.7亿立方米。到2015年，公司境外分支机构达38家，在国内70多个口岸开展通关服务，贸易范围遍及全球80多个国家和地区，基本覆盖全球主要油气资源地和市场地，经营油气种类上百种，基本形成集贸易、加工、仓储、运输“四位一体”的综合性国际能源贸易公司。原油业务调节保供、优化资源能力进一步提升，完成原油贸易量2.5亿吨；精心组织来料加工业务，为炼化企业返出成品油，实现贸易量1.03亿吨；优化管道气和LNG进口方案，降低天然气采购成本，对气质气量严格把关，为冬季保供和促进天然气市场平衡发挥重要作用，实现天然气贸易量885亿立方米。随着国内油气消费量增长，到2017年贸易量达4.7亿吨。2019年，中国石油国际事业有限公司全力应对风险挑战明显上升的内外部环境，进一步提升“三种能力”、实施“四项工程”、处理“五大关系”，全年贸易量5.4亿吨，税前利润首次突破80亿元，经营业绩再创历史新高，高质量发展的基础更加夯实。

中国石化坚持国际贸易多元化发展战略，总体贸易规模持续扩大。2012年，充分发挥国内外一体化采购优势，资源获取能力、市场运作能力和综合贸易实力进一步增强，保障了国内需求，且降低了采购成本。全年，实现原油进口1.76亿吨，第三方贸易原油7957万吨；灵活组织成品油贸易，出口成品油545万吨。2013年，拓展资源渠道，提高市场影响力，最大化降低采购成本，做大第三方贸易，努力保障国内原油供应，共进口39个国家的96个原油品种，进口量达到1.9亿吨，原油第三方贸易9500吨；充分发挥两种资源、两个市场的优势，在保证国内成品油的基础上，出口成品油798万吨，同比增加46.4%，重点保障了港澳地区资源供应。到2015年，进口原油达到1.98亿吨，同比增长1.32%；第三方原油贸易完成1.24亿吨，增长20.34%。建立全球化运作机制，不断增强资源优化能力，国际贸易稳步推进，2017年进口原油达到2.1亿吨；完成第三方原油贸易1.54亿吨。海外LNG进口561万吨，折合79亿立方米，增长68%。根据国内成品油市场平衡情况，全年出口成品油2000万吨。2019年，强化对国际原油市场的跟踪分析，降低采购成本，进口原油2.21亿吨；在确保国内成品油供应安全的情况下，合理安排成品油出口总量和品种结构，出口成品油2650万吨。把握国际LNG市场向买方倾斜的有利时机，拓展LNG进口现货和短期贸易，推进降本减亏，全年LNG进口1524.1万吨，增长62.8%。与“一带一路”沿线59个国家的125家供应商和154家采购商建立合作，实现工业品贸易112亿美元，增长124%；实现金砖国家贸易金额14.3亿美元，增长170%。2020年，面对国际市场低迷形势，受全球新冠肺炎疫情等诸多不利因素影响，进口原油2.096亿吨，出口成品油1630万吨，LNG进口1747万吨、折合246亿立方米，增长13.8%。

中国海油充分利用“两种资源、两个市场”，推进国际贸易。中国海油进出口公司坚持向市场找资源，向管理要效益，发展形成油气销售、油品贸易、仓储物流、油品运输等产业格局，油品贸易量分别从2012年的0.35亿吨跃升至2019年的1.09亿吨。中海石油气电集团有限责任公司（中国海油全资子公司）以液化天然气（LNG）及相关业务为核心，致力于为中国沿海地区提供持续、可靠、充足的天然气清洁能源；资源主要来源于亚太、俄美和非洲等稳定供应地，长期LNG合同量居世界第三位。经过多年发展，建立了较为完善的LNG贸易运营管理体系。LNG进口量连年上涨，2015年进口1316万吨，2017年进口量达到2046万吨。扩大LNG资源采购，开拓LNG市场需求，2017年销往东北亚等地区48万吨；2018年向日本、韩国、泰国销售LNG近90万吨。2019年进口LNG量达到2769万吨，并通过LNG罐箱等新型方式开发菲律宾、缅甸等东南亚市场。2020年6月，中国海油与壳牌东方贸易公司签署两船碳中和液化天然气资源购销协议，为中国首次引进碳中和LNG资源。这两船碳中和LNG用于发电后，可满足近30万户家庭一年的用电需求。8月28日，中国海油与道达尔公司通过国际LNG线上系统达成一船LNG交易，成功摘得首单线上交易。11月2日，中国海油与沙特阿美达成首单国际LNG船货招投标交易，交易量为6.5万吨；中国海油上海石油天然气交易中心国际LNG船货招标交易业务的推出，有助于满足不同市场主体的要求，实现国内外两个市场、两种资源双循环，更高效地满足冬季供暖的天然气需求。2021年4月，中国海油与俄罗斯北极2公司签署LNG长期协议。根据协议，俄罗斯北极2公司每年将以离岸交付的方式向中国海油气电集团供应LNG约198万吨，基础合同期20年。7月7日，中国海油与马来西亚国家石油公司签署为期10年的LNG供应协议，涉及每年220万吨LNG供应；9月29日，与卡塔尔石油公司签署为期15年、350万吨/年的LNG购销协议。中国海油是中国第一大、世界第三大LNG进口商，与卡塔尔石油公司签署长期LNG购销协议，是中卡两国能源合作的又一重大成果。

第六节 ＞ 国际石油科技交流合作

为全面建成世界水平的综合性国际能源公司，石油企业集团公司加强对外科技交流合作，促进和加快实施科技创新、管理创新发展战略，支撑和保障油气主营业务高质量可持续发展。

“十二五”期间，石油企业对外石油科技交流合作，主要围绕提高油田采收率、非常规油气勘探开发、工程技术等领域，与国际石油公司、国家石油公司、高端制造公司以及高科技公司，开展石油科技交流合作与研发，以实现商业应用。2012年，中国石油围绕勘探开发，开展“华北雾迷山潜山油藏气驱提高采收率技术可行性研究”等10项国际科技合作研究专题；安排科技项目人才引进计划项目13个，其中2个项目列入国家外国专家局引进国外技术、管理人才项目计划。中国石化明确科技发展战略与任务，持续提升核心技术、专项技术水平，积极开展前瞻性、基础性研究以提高原始创新能力，深化“十条龙”攻关机制，加快“开放式”协同创新、海外研发中心建设，为国内外油气生产提供技术支撑。年内，推进沙特等3个国家的研发中心筹建；加强石油科技合作交流，与澳大利亚联邦科学院、美国勘探地球物理学家学会、丹麦技术大学、英国帝国理工大学油藏地球物理研究中心等国外大学和研究机构，就油气勘探开发技术进行合作，安排了一批国际科技合作项目。

2013年，中国石油代表国家成为国际能源署（IEA）提高石油采收率项目合作实施协议（EOR IA）正式成员，彰显中国在提高石油采收率技术领域的主导地位。中国的国际影响力和话语权不断提升，由中国石油主办、埃克森美孚公司协办，于2013年3月成功组织召开了第六届国际石油技术大会，实现高端国际技术会议由参与到主导的重大突破。年内，中国石油－壳牌页岩油联合研发中心正式成立，开启了国际大油公司间共同应对页岩油技术领域理论与方法创新、前沿技术储备和共同贡献资源的合作研发新模式。2014年，中国石油与国际科技交流合作，有多项研发成果实现商业应用。在提高石油采收率领域，研制、生产新型高温抗盐聚合物GL-100产品，形成两项溶剂辅助注蒸汽开采重油的基础理论方法；非常规油气勘探开发领域，建立页岩层系储层微观孔喉结构定量表征方法，以及页岩油定量测定及评价方法、页岩油赋存状态实验及评价方法；天然气净化处理领域，成功推出中国石油国际合作领域的第一个国际标准《天然气硫化合物的测定——用氧化微库仑法测定天然气总含硫量》，提升中国在此领域的国际影响力；在装备制造领域，通过国际合作，形成高速大功率、高性能柴油机的设计与制造技术，成功研制高性能12A 175型柴油机，有效提高了中国石油钻探动力装备水平。中国石油代表国家成为国际能源署提高石油采收率技术协议实施工作组（IEA-EOR IA）正式成员，并在北京成功承办第三十五届国际能源署提高石油采收率技术年会。中国石油测井公司承担的“随钻仪器工艺技术与应用研究”项目列入国家外国专家局的引进国外智力计划，同美国奥利登公司专家团队合作，采取研习会、短期工作相结合的形式，在随钻电阻率成像测井仪器的现场试验、生产资料准备和推广应用阶段提供技术支持，并实地分析解决多项相关技术问题，为该项装备与技术的批量投产及推广应用奠定了基础，提高了中国石油随钻测井技术研究水平。

中国海油加强与国际油公司、服务公司的科技交流与合作。荔湾3-1项目，克服了诸多技术难题，实现了中国海上工程由水深330米到1500米的跨越。项目执行期间，与国际知名技术公司合作，于2014年被评为“《Offshore》全球最佳海上油气田工程项目”；在每年度的国际海洋技术会议（OTC）上，专门组织了荔湾3-1气田工程专题论坛；项目的关键技术之一，“油气两相流动预测方法”得到了业界的高度评价。流花16-2油田群开发项目，是中国海油首个自主开发的整装深水油田项目。在项目技术管理人才方面、关键技术设计阶段、设备方面，通过与国际知名技术公司的合作交流，提升了技术及管理水平，保证了项目的顺利实施。

推动落实与国外石油科技公司的技术交流与项目合作，建立组织完善、方向明确、形式多样的交流合作机制，在技术研发、国际化人才队伍建设等方面取得进展。2015年，中国石油与壳牌公司在致密油（页岩油）合作研发等方面形成7项技术，为页岩油未来经济开发奠定理论技术基础。中国石化围绕重点、热点科技问题，有针对性地开展对外合作交流；全年组织交流活动26场，组织多家境外合作伙伴参观涪陵页岩气项目，推动外国公司与国内企业的技术交流。通过参加第26届世界天然气大会、第9届国家石油公司论坛战略研讨会等重要国际会议，借助会议平台展示中国智能化水驱技术、化学驱提高采收率、先进钻完井等新技术新工艺，进一步提升了中国石油工业的国际影响力。

中国海油通过搭建领域间、企业间、专家间科技交流与合作平台，实现与国际高科技企业的对接，不断提升自主创新能力。积极开展国际会议交流活动，鼓励科研人员参加国际研讨会、学术交流会；按照公司业务发展的方向逐步培养自有品牌的国际交流研讨会议；加强与国际油公司、服务公司科技交流合作；资助国际合作研究项目。自2015年开始，按照国家的能源发展战略，结合集团公司数字化转型及发展、核心技术突破等目标，不断扩展科技交流活动的范围，在原有科技交流计划的基础上，建立企业自有品牌的科技交流活动，设立相应的技术交流版块，鼓励国内外行业专家共同参与。2015年，中国海油创办“深海能源大会”。历届大会涵盖深海能源开发工程技术与装备、深海能源勘探与开发、新型船舶与深海作业平台、深海钻完井技术、油气数字化和智能化等方面内容。2017—2019年，连续召开三届中挪近海石油天然气研讨会，中国海油技术人员与来自业界知名公司的嘉宾，共同探讨了深水油气田勘探开发及数字化技术在海上油气田的应用等。会议旨在践行国家能源发展主导思想，通过国家、海洋能源行业及国际知名技术公司搭建集中研讨沟通平台，为海洋石油发展献计献策，共同推进深海能源尤其是油气资源相关领域的前沿研究和技术创新。2019年，中国海油承办由中国工程院、国家能源局联合主办的以“海洋石油开发”为主题的第五届能源论坛，中外学者共同探讨中国油气资源开发尤其是海洋油气开发与能源安全、环境保护和谐发展路径。中国海油积极扩宽国际科技合作渠道，设立科技国际合作资助项目。至2019年底，中国海油共支持“海洋石油勘探国家工程实验室”等8个国际合作资助项目；获得外方研发的软件11套、药剂配方8种、建立实验方法11种、获得新型驱油方法与技术7种、建立机理模型4套等。

2012—2020年，石油企业集团公司紧紧围绕国家大政方针和整体外交战略开展对外交往，推进国际石油科技交流合作。石油企业依托国家“一带一路”倡议架构，进一步巩固和扩大了国际油气交流合作的空间及领域。

石油企业海外发展往往伴随复杂的国际经济、政治、社会和环境因素。树立底线思维，不断增强抵御风险的识别能力，控制好那些对企业和项目合作有着重大威胁的风险，守住底线才能立于不败之地。海外油气业务高科技有质量有效益，才能惠及其他“利益相关者”，才能实现可持续发展，才能推动政治、文化、战略等全方位合作。“十三五”时期，石油企业集团公司本着油气能源开发合作优先、扎实稳健推进的原则，以“项目投资与合作”为要、以“联合参与、合作多方共赢”为基础，以打造“人类命运共同体”为根本目的，建立起一种长效运行机制，国际化经营管理能力不断提升。石油企业集团公司作为中国国有大型骨干企业，在国际油气能源开发合作中不断开创新局面，为保障国家能源安全做出了重要贡献。

「 第十章 」

高质量党建引领推动改革发展

石油工业进入新时代，石油企业以习近平新时代中国特色社会主义思想为指导，切实加强党建工作，不断建立完善党的领导体制机制，积极履行全面从严治党主体责任，党建工作研究、交流、信息化建设水平稳步提升，为引领企业深化改革高质量发展提供了坚强政治保证。

习近平总书记高度重视石油工业的发展，在作出大力弘扬以“苦干实干”“三老四严”为核心的石油精神的重要批示中，高度概括石油精神的精髓，饱含着对石油工业发展的厚望，充分体现对石油职工队伍的亲切关怀。石油企业深入学习贯彻习近平总书记重要指示批示精神，推动习近平新时代中国特色社会主义思想迅速转化为生动实践，扎实推进党建工作，党的领导进一步加强，管党治党责任进一步压实，以高质量党建引领企业高质量发展。

石油企业坚持以社会主义核心价值观为引领，丰富发展体现时代特征、独具石油特色的企业文化。大力实施文化强企战略，把“我为祖国献石油”作为核心价值观纳入企业文化体系建设；弘扬大庆精神铁人精神、继承石化传统，坚持内强素质、外塑形象，不断增强企业的凝聚力、提高企业的竞争力；不忘初心、牢记使命，弘扬“苦干实干”“三老四严”为核心的石油精神，建设符合企业发展方向、发展战略的企业文化，努力实现企业文化建设与企业发展战略相统一，企业发展与员工发展相统一，企业文化优势与竞争优势相统一，支持和促进企业实现可持续高质量发展。在加快自身发展的同时，将企业的经济责任作为基础和大局，将企业的政治责任作为使命和根本，将企业的社会责任作为公德和义务，积极支持社会公益事业。石油企业坚持党和国家的利益至上，积极履行企业的社会责任，不断增强国家能源安全的保障能力，致力于为国民经济和社会发展保障能源供应，将保障国家能源安全、实现安全环保绿色发展、促进员工素质提高、支持社会公益事业和带动地方经济发展，作为企业履行责任的重要行动，努力实现“三大责任”的有机统一，以企业和谐发展促进经济社会和谐发展。

第一节 > 党建工作质量稳步提升

新时代党建工作，引领推动石油工业经济、政治、社会各个领域的全面高质量发展。石油企业以党的十八大、十九大精神为指导，以习近平重要讲话精神为根本遵循，进一步增强大局意识、忧患意识和责任意识，从严管党治党、从严依法治企、从严管理队伍，大力弘扬石油工业优良传统作风，振奋精神、凝心聚力，努力塑造忠诚担当、守法合规、稳健和谐的良好形象，推进石油工业高质量稳健发展。

中国石化党组坚持以习近平新时代中国特色社会主义思想为指导，突出加强党的政治建设，推动全面从严治党向纵深发展，党的领导进一步加强，管党治党责任进一步压实，党建质量明显提高，风清气正干事创业的政治生态持续向好，有力保证和促进了公司改革发展稳定。

（1）突出政治建设，“两个维护”更加坚定自觉。坚持把党的政治建设摆在首位，制定实施《中国石化加强党的政治建设重点措施》，自觉坚定地推进党的政治建设，增强“四个意识”、坚定“四个自信”、做到“两个维护”。

坚定落实首要政治任务。把学习贯彻习近平新时代中国特色社会主义思想作为首要政治任务，把习近平总书记重要讲话和指示批示作为中心组学习的核心内容和党组会的第一议题，制定实施学习贯彻习近平总书记重要指示批示精神落实机制，党组全年集体学习39次，做到第一时间学习、第一时间贯彻、第一时间落实，紧跟总书记步伐、紧扣党中央节拍。

切实扛起重大政治责任。梳理汇编、反复学习习近平总书记关于国有企业、能源领域和石油化工行业的重要论述、指示批示，主动服务党和国家重大战略，推进“两个三年、两个十年”，打造世界一流战略部署、实现更高水平“振兴石化”。

全面经受巡视政治体检。将中央巡视作为推动公司全面从严治党和改革发展的难得机会，主动配合中央巡视，保障高效完成巡视工作。强化政治担当，认真落实中央巡视整改，深化保障国家能源安全、肃清流毒影响、选人用人工作、党组巡视工作等4个专项整改，以重点问题整改带动全面整改。其中，159项整改措施已完成149项，有效解决了企业存在的突出问题，建立健全了一批有效管用的制度机制，促进公司从严治党、改革管理、创新发展和生产经营等各项工作水平整体得到了提升。

（2）坚持从严从实，压紧压牢管党治党责任。坚持“两个一以贯之”“既报经济账又报党建账”，突出大抓责任、大抓质量、大抓实效，强化党委领导力、基层组织力、队伍创造力，推动党的领导融入公司治理各环节，推动党建工作与生产经营深度融合，推动党建工作向基层下沉、向实效发力。

党的领导更加坚强有力。制定实施《党组工作规则》，修订完善《“三重一大”决策制度》《董事会议事规则》，严格落实前置程序，充分发挥党组领导作用。推进直属单位董事长（执行董事、分公司代表）和党委书记“一肩挑”领导体制，组建四大业务板块同步成立党工委，制定实施党工委工作规则，加强整体工作和重大事项统筹协调；调整完善境外代表处党组织，一个代表处设立一个党工委，一个代表处（党工委）由一名公司领导联系指导；成立党组编制办、组织部、宣传部、审计办等机构，加强党组对编制、组织、宣传和审计工作的集中统一领导，把加强党的领导落实到公司治理各领域各环节。

层层压实管党治党责任。制定实施《党组全面从严治党责任制实施办法》和责任清单，健全主体明晰、责任明确、有效落实的党建工作责任体系。修订《中国石化党建工作考核办法》，增强考核的针对性实效性。连续6年开展党建考核，连续4年开展党组织书记抓党建工作述职评议，强化考核结果应用，切实把党建责任压实到岗、压实到人、压实到事。

深度融合迈上新的水平。制定实施《关于党员领导干部“一岗双责”融合落实的指导意见》，推动党的建设、质量效益、安全生产、环境保护、党风廉洁、队伍稳定等各方面“一岗双责”融合落实。优化融合落实途径措施，把“一岗双责”作为党员领导干部分管范围的第一责任人职责，做到与分管范围业务紧密结合，同步研究部署推动工作。突出融合落实大局重点，围绕学习贯彻习近平总书记重要指示批示精神和党中央重大决策部署等重大任务，党和国家重要会议、重大庆典、主场外交等重大活动，重大工程建设，改革重组、处突维稳、抢险救灾等关键时期，充分发挥党建工作引领保障作用。搭建融合落实平台载体，完善党员领导干部联系基层、联系群众制度，拓展延伸“双示范”创建工作，推动落实“责任区”“责任承包点”等制度，促进党内“三基本”和企业管理“三基”工作融合落地。

（3）统筹“选育管用”，干部人才队伍不断加强。坚持党管干部、党管人才原则，大力建设政治坚强、本领高强、意志顽强的高素质专业化干部人才队伍。

选人用人工作质量不断提升。修订《中国石化领导人员选拔任用办法》，强化党组织在选人用人各环节的领导和把关作用。制定实施《关于加强干部工作“五大体系”建设的实施意见》，全面提升“选育管用”质量。健全干部常态化考察机制，深化领导班子全面考察、综合考评、绩效考核等工作，突出政治素质考察，创新实施政治素质反向测评。

优秀年轻干部队伍加快建设。加强年轻干部工作战略研究和顶层设计，在全系统开展优秀年轻干部调研，建立起1467人的优秀年轻干部“数据库”，推动年轻干部工作由满足近期需要向重视战略发现储备转变。

激励干部担当作为切实加强。开展干部不担当不作为慢作为问题专项整治，结合综合考评结果，对直属单位6名班子正职、11名副职进行谈话提醒，采取提前退出现职、免职、降职等方式，调整不适宜担任现职领导人员22人。帮助异地交流干部解决住房、夫妻两地分居等问题，定期开展领导人员身心健康状况调研，建立健康档案，落实关爱措施，让干部安心安身安业。

各类人才队伍建设全面推进。大力实施人才强企工程，制定实施人才成长通道横向贯通、院士培育服务、职业雇员等制度，不断健全人才发展“生聚理用”机制。加快领军人才培养步伐，2人当选中国工程院院士。实施“双百计划”，大力引进科技领军人才和新兴业务骨干人才。

（4）着力提质增效，基层党建不断走深走实（图10-1）。坚持“根”从基层扎牢、“魂”从堡垒筑强，在抓重点、补短板、强弱项上持续用力，推动基层党组织全面进步全面过硬。

图 10-1　2018 年 11 月 20 日，国务院国资委党委在胜利油田召开落实全国组织工作会议精神，推进中央企业基层党建座谈会

“三基本”建设、组织力提升工程进一步深化。制定实施《关于加强基层党的“三基本”建设的实施意见》，深化组织力提升工程。制定实施《加强基层班组党员力量覆盖的若干措施》，明确措施目标，有序扩大覆盖。大力开展“示范党支部书记行”，高质量整顿基层党组织软弱涣散问题，推动后进赶先进、中间争先进、先进更前进。组织“党建专家行”，对党建考核排名靠后的直属单位现场帮扶指导，促进晋位升级。加强基层党支部“带头人”队伍建设，党支部书记三年轮训计划全面完成。

党支部标准化、规范化建设进一步深入。制定实施《基层党支部工作细则（试行）》《党内关怀帮扶实施细则（试行）》《关于深入学习贯彻落实〈中国共产党党员教育管理工作条例〉的安排意见》等制度。党务共享平台上线运行，运用共享理念和信息化手段为基层党组织提供支撑，减轻基层负担。

机关党建、境外党建进一步加强。深化做好“三个表率”、建设“模范机关”，着力加强理论武装、正风肃纪，机关党建成效明显。召开境外机构党建工作推进会，制定实施《提升境外机构党建工作质量若干措施》，组织专家现场“望闻问切”、找准短板弱项，促进境外党建质量提升。公司境外党建工作经验在中央组织部、外交部党委海外党建工作联席会上作了交流。

（5）深化标本兼治，政治生态实现持续向好。坚持用好治标利器，夯实治本基础，巩固拓展落实中央八项规定精神成果，一体推进不敢腐、不能腐、不想腐，持续净化和修复政治生态。

持续保持惩治腐败高压态势。坚持有贪必肃、有腐必反，共立案479件，党纪政纪处分765人，其中党组管理领导人员27人；运用监督执纪“四种形态”处理2766人次，其中第一、二种形态占91%以上。制定实施《纪检监察机构加强日常监督工作的意见（试行）》，聚焦重点领域和关键环节，进一步做实做细日常监督。针对销售、工程等领域，加大基层“微腐败”查处力度。强化以案促教，在公司工作会上通报违纪违法典型案例，两次召开全系统警示教育大会通报典型问题；编印并组织学习《严重违纪违法案件忏悔录（二）》；制作警示教育片，以身边事教育身边人，增强党员干部的“红线”意识。

从严查处违反中央八项规定精神问题。制定实施《关于学习贯彻习近平总书记重要指示批示精神，深入落实中央八项规定精神的若干措施》，开展纠治“四风”专项行动，全面彻底关停企业驻京办（联络处），从严从快处置涉及“四风”问题线索，共查处违反中央八项规定精神问题30起，处理57人。

大力整治形式主义官僚主义突出问题。落实中央“基层减负年”精神，印发《关于解决形式主义突出问题为基层减负的重点措施》，强化执行情况监督，全年检查压减87%、评比压减67%、党组和集团发文下降5%、召开党组管理领导人员参加会议下降20%。贯通总部和企业两个层面，持续推进“马上就办”，“寓管理于服务”“狠抓落实”逐渐成为干部员工的自觉行为习惯。

坚守政治巡视定位推进巡视巡察工作。制定实施《党组巡视工作规划

（2018—2022年）》，围绕“狠抓落实”开展专项巡视，结合深化中央巡视整改开展巡视，促进全面从严治党向基层延伸。

（6）强化宣传引导，凝聚打造世界一流合力。坚持团结稳定鼓劲、正面宣传为主，进一步增强宣传思想工作针对性实效性，凝聚了打造世界一流的强大合力。

扎实开展形势任务教育。聚焦党中央重要文件和会议精神、集团公司党组重要决策部署和企业中心任务，加强形势政策宣讲，发挥“奋进石化”平台作用，推动形势任务教育直达基层班组，引导广大员工主动拥抱“四大革命”、跨越“四大关口”，坚定落实“两个三年、两个十年”打造世界一流战略部署。

有力管控意识形态风险。制定实施《关于进一步加强和改进媒体工作的意见》，对全系统网站开展拉网式、全覆盖检查，干净彻底删除有害信息，推动意识形态工作责任落到底，实现意识形态领域总体稳定。

积极选树宣传先进典型。开展传承石油精神、弘扬石化传统教育，大力宣传闵恩泽、陈俊武先进事迹，评选表彰第五届“感动石化”人物，激发了担当奉献、苦干实干的正能量。

不断壮大主流舆论引导。策划组织媒体绿色企业行、重大工程行和精准扶贫行主题采访，开展“中国石化在当地”责任专题活动，升级打造“公众开放日”品牌活动，人民日报、新华社、中央电视台等权威媒体报道增长15%，负面舆情再创历史新低。推动落实海外传播“六个一”机制，成功打造了中国石化在沙特社会责任名片。公司品牌价值蝉联中国能源化工行业第一。

（7）做实群众工作，企业大局保持和谐稳定。坚持加强对统战、群团工作的领导，持续推动群团组织“强三性”“去四化”，充分发挥统一战线和群团组织优势，促进员工与企业共同发展，为改革发展营造了和谐稳定环境。

深入做好思想引领。制定实施《关于加强和改进新时代职工队伍思想政治工作的实施意见》，广泛开展庆祝新中国成立70周年活动，组织“我和我的祖国”群众性主题宣传教育，召开“迎华诞、忆初心、共奋进”统战代表座谈会，多层级深化青工政治轮训，引领员工始终听党话、坚定跟党走。

大力服务企业发展。完善统战工作责任体系，发挥统战工作领导小组成员部门作用，建立统战代表人士建言献策工作室。全心全意依靠员工群众办企业，深化开展“当好主力军、奉献在岗位、建功创一流”主题劳动竞赛、“师带徒”和青年突击队（手）竞赛，组织劳模事迹宣讲和青年讲师团赴企业宣讲，员工立足岗位、建功一流热情高涨。

推动企业和谐稳定。深化“走基层·访万家”长效机制，加大帮扶救助力度，特困员工兜底措施进一步完善。加强离退休人员“三项建设”，落实离退休人员“两项待遇”，增添正能量活动深入开展。组织集中攻坚，一批历史遗留信访问题得到解决，公司大局保持总体稳定。

2021年10月29日，中国石化党组召开学习贯彻习近平总书记视察胜利油田的重要指示精神大会。强调要把学习贯彻习近平总书记重要指示精神作为首要政治任务，从中感悟真理、汲取力量，切实把重要指示精神转化为接续奋斗的强大动力和高质量发展的务实之举，用勇立潮头、奋勇争先的实际行动，开辟中国石化改革发展新境界，在建设社会主义现代化国家新征程中再立新功、再创佳绩。坚定不移把总书记的重要指示落实到实际工作中去，把总书记的殷殷嘱托转化为推动高质量发展的思路举措，以强烈的历史自觉扛稳扛好保障国家能源安全、引领石油石化工业高质量发展、担当国家战略科技力量核心职责，加快建设世界领先洁净能源化工公司，努力创造让总书记放心、让党和人民满意的新业绩。2022年2月28日，中国石化召开“牢记嘱托、再立新功、再创佳绩，喜迎二十大”主题行动启动会，扎实推动习近平总书记视察胜利油田重要指示精神落实落地，咬定目标、精准发力，出大成果、作大贡献，坚决扛稳扛牢政治责任，担当职责使命，狠抓主题行动重点任务攻关，做好主题行动8方面45项重点工作，高质量完成全年目标任务。

第二节 ＞ 突出创新党建工作

中国石油高质量发展，党建工作质量稳步提升。管党治党的责任、制度、保障“三个体系”建设扎实推进，党建工作的研究、交流、信息化“三个平台”建设不断取得新突破，用“四力”标准检验党建工作更有成效，“不忘初心、牢记使命”主题教育深入开展，“两个前列”目标全面实现，为建设世界一流综合性国际能源公司提供坚强保证。连续2年在中央企业党建工作责任制考评中名列前茅，被国务院国资委党委推荐为贯彻落实全国国有企业党的建设工作会议精神央企典型。

中国石油党组把深入学习贯彻习近平新时代中国特色社会主义思想作为首要政治任务，带头在学懂弄通做实上下功夫，带领各级党组织深入学习领会习近平总书记系列重要讲话和指示批示精神，推动指示批示精神在中国石油落地生根、开花结果。特别是习近平总书记专门致信祝贺大庆油田发现60周年，对中国石油寄予重大政治嘱托和殷切期望，集团公司党组立即组织集中学习讨论，研究制定贯彻意见。在中俄东线天然气管道投产通气仪式上，习近平总书记发表重要讲话，党组迅速学习传达，研究贯彻落实具体举措，坚决扛起保障国家能源安全和推动“一带一路”建设的责任担当。

在中国石油党组带领下，集团公司上下兴起学习贯彻习近平总书记重要指示批示精神热潮，凝聚起干事创业磅礴力量。大庆油田以“当好标杆旗帜、建设百年油田”为目标，精心组织宣讲，推动贺信重要指示精神进机关、进一线、进班组。辽阳石化把贯彻落实习近平总书记“两个一以贯之”要求、当好“种子队”作为新起点，推动党的建设与生产经营工作相互促进、相得益彰，实现原油加工量、主营业务收入等指标稳步增长。每一次学习、每一场研讨，都如一粒粒种子，在各级领导班子成员和广大党员心底生根发芽，推动党的创新理论学思用贯通、知信行统一。

中国石油分两批组织开展“不忘初心、牢记使命”主题教育。各级党组织和广大党员聚焦主题主线，在深化理论武装中坚定理想信念，在深入调查研究中做到以行促知，在深刻检视查摆中增强斗争精神，在推进整改整治中砥砺初心使命，进一步增强“四个意识”、坚定“四个自信”、做到“两个维护”。各级党员领导干部学在前、干在前，带头深入基层一线，累计组织集中学习3.2万次、专题研讨1.2万次，开展调查研究2.9万次。广大党员干部普遍反映，这次主题教育学得最深刻、最扎实、最系统，学出了思路、学出了力量。

学，是为了更好地做。各级党组织强化问题导向，坚持学做结合、查改贯通，将主题教育检视问题整改整治与中央巡视反馈问题整改相结合、一体推进，坚持把“当下改”与“长久立”结合起来，集团公司上下累计制修订制度规范3780个，固化形成一批科学有效、务实管用的制度机制。聚焦员工群众关心关切，不畏难、不怕烦、不计小，累计解决“急难愁盼”问题1.9万个，员工群众的获得感、幸福感、安全感显著增强，主题教育群众满意率达到98.7%。作为唯一企业代表，集团公司主要领导同志在中央学习贯彻党的十九届四中全会精神、深入推进第二批主题教育工作座谈会上做交流发言。

“强国企必先强党建，党建强则国企强”。中国石油党组着力完善企事业单位党的领导体制机制，注重发挥党委把方向管大局保落实作用，稳步推进“企业法人”“行政负责人”与党委书记“一肩挑”，84%的所属企业理顺领导体制，推动党的领导和公司治理相统一，党组织发挥作用组织化、制度化、具体化。落实党建责任，关键在“人”，特别是“第一责任人”。集团公司连续第三年组织企事业单位党委书记现场述职评议考核，38家单位党委书记走进“考场”、接受检验，同时对部分单位开展“解剖式”“佐证式”述职，完成首轮全覆盖。各单位积极推进述职评议向基层延伸，各级党组织书记纷纷“晒”出抓基层党建“业绩清单”。集团公司坚持把抓基层打基础作为长远之计和固本之举，充分发挥基层党组织战斗堡垒作用，激活基层党组织细胞，不断提升基层党组织组织力、战斗力。

管党治党责任上紧起来。充分体现考评“指挥棒”作用，集团公司首次对全部所属企事业单位党委开展多维度、多层次、全方位党建工作责任制量化考核，同时进一步强化考核结果应用，按10%权重纳入年度业绩合同，与业绩考核硬挂钩，构建起明责、履责、考责、问责的完整闭环；持续深化基层党建“三基”建设，深入推进党支部达标晋级管理，探索推行党支部书记持证上岗，强化“五清三会”基本功训练；组织对薄弱基层党组织开展层层排查，逐一制定整改方案，全部完成整改，基层堡垒更有战斗力；举办6期总部机关及在京单位处级干部党性教育培训班，在大庆油田铁人学院举办党支部书记培训班16期，连续第3年举办行政干部党建“一岗双责”示范培训班和党建工作部门骨干培训班……一系列务实举措将党建责任压得更紧更实。

践行“四个诠释”，永葆党员先锋本色。连续第三年开展“四个诠释”岗位实践活动，并作为主题教育特色载体和实践抓手，党组隆重表彰999名优秀共产党员、499名优秀党务工作者、597个先进基层党组织。举办“守初心担使命、践行四个诠释”报告会和专题研讨会，深入总结选树“铁人式的好干部”“中央企业优秀共产党员”“央企楷模”陈建军等典型，大力宣传“最美奋斗者”“人民楷模”先进事迹，激励广大党员干部弘扬大庆精神、铁人精神，用担当诠释忠诚、用实干诠释尽责、用有为诠释履职、用友善诠释正气。各级党组织将“四个诠释”岗位实践活动作为广大党员干部广泛持久的“实践性党课”，在推动改革发展稳定各项工作中当先锋、作表率。

“实”是完成使命的最好回答，“干”是践行责任的最好承诺。吐哈油田305个党支部投身上产会战，发挥党员先锋队和青年突击队作用，组织带领员工积极增储上产；兰州石化、长庆石化等单位紧紧围绕检修改造任务，发出建功立业动员令，广大党员干部争当排头兵；四川销售打响“新零售建设”进攻战，充分激发党员赶超意识、争先意识，成为中国石油首个单月销量破百万吨的销售企业……在“四大攻坚战”的基层一线，处处活跃着党员干部的身影，为集团公司创建世界一流示范企业贡献力量。

党的干部是党的事业的骨干。创建世界一流示范企业，需要干部担当作为。过去一年，集团公司党组制定实施《关于在领导人员选拔任用工作中突出政治素质考察的实施办法》，引导各级领导人员涵养忠诚、干净、担当的政治品格；研究出台《关于激励干部担当作为的若干措施》，调动激发广大干部干事创业的积极性、主动性、创造性；修订完善《企业领导人员管理规定》和《企业领导人员选拔任用工作规范》，进一步规范和明确选拔任用和管理监督的程序环节，干部管理制度体系愈发完善。

中国石油技术技能人才队伍建设驶入快车道——出台激发科研机构和科研人才动力活力的二十六条措施，深化专业技术岗位序列制度改革，组织“弘扬爱国奋斗精神、建功立业新时代”活动；作为首家央企，与人社部、国资委共同举办“技能中国行——走进中国石油”活动，构建了“技能中国行”走进企业新模式。举办首届一线创新成果交流推介活动，创新技能“大练兵”“大比武”竞赛方式，激发技能人才创新热情，拓展技能人才评价选拔渠道……一个个技术能手和技能专家脱颖而出，一批石油名匠走进大众视野，2人入选国家百千万人才工程，3名技能领军人才入选央企“百名工匠”。一系列配套制度、务实管用的新思路、硬举措，在中国石油树立奋勇担当、开拓进取的导向，释放出以事业为上激励干部人才担当作为的强烈信号。

实践创新和理论创新永无止境。面对新时期党建工作新情况、新变化，如何把党建优势转化为企业发展优势和竞争实力，是中国石油必须探索的新课题。习近平总书记强调：“如果党过不了互联网这一关，就过不了长期执政这一关。”“石油党建”信息化平台上线以来，已成为覆盖4万个基层党组织、50万名在岗党员的网上红色精神家园，平均日活跃28万人。围绕平台功能优化，中国石油积极推进平台与业务融合，累计线上转接组织关系33万次、缴纳党费突破2.5亿元。2019年9月29日，中国石油党建信息化平台2.0建设项目正式启动，充分应用大数据、云计算、人工智能、5G等信息技术，将成为全面涵盖党建、工会、共青团等五大业务的综合党建平台，实现由“互联网+党建”向“智慧党建”的跨越。

以“四个维度”考评持续加强机关作风建设。在总部部门和专业公司层面，集团公司出台《总部部门和专业公司作风建设考评办法（试行）》，创新形成了集团公司领导测评、部门与专业公司互评、企事业单位测评、领导小组考评“四个维度”，促进机关部门履职尽责，提升服务水平和服务质量。考评内容设置体现了差异化，更有针对性，为建设忠诚担当、业务精通、高效务实、清正廉洁、团结和谐，让党组放心、基层群众满意的模范机关提供了制度保障。

党建研究成果丰硕。中国石油完成国资委“马工程”子课题“加强国有企业境外单位党的建设研究”任务，成果编入国企党建首本权威教材《新时代国有企业党的建设教程》。完成中组部、国资委党委《基层党组织书记案例选编（国企版）》编写工作，这是全国党员教育培训工作最新辅导教材，已正式出版发行。承担中组部《中央企业党委（党组）发挥领导作用》研究课题，研究提出了把党的领导融入公司治理的措施意见，厘清了所属企业经营管理事项决策范围和运行程序。在全国党建研究会六届四次理事会上，中国石油作党建研究工作经验交流。

2022年6月10日，中国石油举行第五届石油精神论坛，深入学习贯彻习近平新时代中国特色社会主义思想，进一步落实习近平总书记的重要指示批示精神，深刻体悟总书记对石油战线和石油员工的关心关爱，汲取思想伟力、赓续精神血脉，进一步凝聚新时代新征程团结奋斗的磅礴力量。

中国石油把习近平新时代中国特色社会主义思想和总书记重要指示批示精神作为思想航标精神旗帜，认真贯彻落实习近平总书记关于加强党对国有企业的全面领导、能源的饭碗必须端在自己手里、高水平科技自立自强、推进绿色低碳和碳达峰碳中和、建设世界一流企业等重要指示批示精神，坚决做党和国家最可信赖的骨干力量、依靠力量，建设国家战略科技力量和能源与化工创新高地取得积极进展，绿色发展和低碳转型迈出坚实步伐，公司治理效能和规模实力持续提升，不断推动中国石油高质量发展迈上新台阶。

站在“两个维护”的高度，深刻领会并丰富发展石油精神、大庆精神铁人精神的内涵要义，创新传承路径，赓续精神血脉，让石油精神放射出新的时代光芒。石油精神是石油战线红色基因和优良传统的凝练升华，是中国共产党人精神和中华民族伟大精神的生动体现，必须将石油精神深深融入广大员工的血脉，使其代代相传，成为社会主义核心价值观的丰富滋养，成为鼓舞激励广大干部员工拼搏进取、从胜利走向胜利的强大精神动力。弘扬石油精神和大庆精神铁人精神，必须坚持“干”字当头、“实”字托底、“严”字为要，始终保持狭路相逢勇者胜、越是艰险越向前的进取精神，心无旁骛干事业、聚精会神抓发展。

深刻领会“两个确立”的决定性意义，牢记中国石油是党的中国石油、国家的中国石油、人民的中国石油，把“石油工人心向党、坚定听党话跟党走”的忠诚融入血液。要坚定不移砥砺初心使命，持续加大国内勘探开发力度，加快绿色低碳转型，全面推进“油气热电氢”综合性国际能源公司建设，推动高水平科技自立自强，加快打造“数字中国石油”，切实担负起保障国家能源安全的时代重任。要坚定不移弘扬优良传统，锻造永葆本色永远向前的新时代石油铁军，善于从中华文明中汲取营养，加快推进新时代石油先进文化建设，持之以恒强作风，深入实施人才强企工程，全面实施青年精神素养提升工程，确保石油事业薪火相传、后继有人。要坚定不移践行责任担当，坚决贯彻落实党中央“疫情要防住、经济要稳住、发展要安全”的部署要求，高效统筹疫情防控、生产经营和改革发展，毫不松懈抓好安全生产，确保安全环保形势稳定、企业和队伍大局稳定，以主动作为和优异业绩迎接党的二十大胜利召开。

第三节 > 持续加强党建工作

中国海油党组把学习贯彻落实习近平新时代中国特色社会主义思想作为主线，以开展“不忘初心、牢记使命”主题教育作为重大政治任务抓紧抓实；贯彻全面从严治党要求，全面加强企业党建；坚持和加强党的全面领导，抓党建工作注重实效，推进党的建设和生产经营深度融合，有力保证和促进了公司改革发展稳定；贯彻落实习近平关于加大国内油气勘探开发力度、保障国家能源安全的重要批示精神，争当国内增储上产主力军；贯彻落实中央关于打赢“三大攻坚战”决策部署，为决胜全面建成小康社会贡献海油力量。

（1）加强党建阵地和载体建设。在党中央深入开展“三严三实”专题教育之际，中共中国海洋石油总公司党校（简称“海油党校”）于2015年5月15日正式成立。海油党校是在中国海油党组直接领导下培养党员领导干部、提升党员领导干部党性修养的学校。海油党校坚持“理论教育是根本，知识教育是基础，党性教育是关键”的原则，通过建立“海油党校－党校分校－教学点”三级培训体系，实现党校教育全覆盖，选优训强党建队伍。

中国海油党组借鉴编制年度生产经营报告和可持续发展报告的模式，于2016年1月编发《中国海油2015党建工作年报》，以翔实的案例和数据为依托，内容涵盖思想建设、组织建设、作风建设、反腐倡廉建设、制度建设、宣传文化、群团工作等七个方面，做到了党建工作各领域的全覆盖。《中国海油2015党建工作年报》的编写，内容包括中国海油党组按照中央要求开展的各项重点工作，包含大量党建工作在基层的实践和案例。同时注重数字、图表、图片的运用，用直观的形式展示党建工作成果。这是中央企业第一份党建工作年报，得到企业各级党组织和党员的好评，起到很好的示范引领作用。

（2）加强全面从严治党向纵深发展。2015年2月28日至4月30日，中央第二巡视组对中国海油党组进行专项巡视，是对中国海油贯彻落实党的路线方针政策、党风廉政建设和反腐败斗争的一次全面“测试”；6月15日，中央巡视组向中国海油党组反馈了巡视意见（图10-2）。2019年3月27日至6月15日，中央第二巡视组对中国海油党组进行巡视，是对中国海油党组学习贯彻习近平新时代中国特色社会主义思想和贯彻落实党中央决策部署、履行工作职责的一次政治体检，是对党组“不忘初心、牢记使命”主题教育效果和对党忠诚度的

图 10-2　2015 年 6 月 15 日，中央第二巡视组专项巡视中国海洋石油总公司情况反馈会

重要检验；7月26日，中央巡视组向中国海油党组反馈巡视意见。中国海油党组对中央巡视组反馈意见中指出的问题完全赞成、诚恳接受，在认识上高度重视，在整改上较真碰硬，在行动上坚决有力，从严明政治纪律和政治规矩的高度，以强烈的政治责任感、使命感、紧迫感，以踏石留印、抓铁有痕的务实作风，不折不扣地抓好整改工作。

中国海油党组以推进中央专项巡视、抓好整改为契机，扎实推进新时代全面从严治党向纵深发展。中央巡视意见反馈后，中国海油党组第一时间召开专题会议，深入传达学习习近平总书记关于巡视工作的重要讲话精神，进一步提高政治站位，增强推进巡视整改的政治自觉、思想自觉和行动自觉，把学懂弄通做实习近平新时代中国特色社会主义思想作为根本政治任务；把抓好巡视整改作为一项严肃的重大的政治任务抓紧、抓实、抓好，作为增强“四个意识”、坚定“四个自信”、做到“两个维护”的重要举措和检验标准。中国海油党组以严实作风推动巡视整改工作，对照中央巡视反馈意见，党组专题研究，按照谁主管谁负责、谁牵头谁协调原则，逐个落实负责领导、整改牵头及协助部门和单位，逐个拿出有针对性的整改措施。坚持长期抓、持续抓、深入抓，确保全部整改到位，到2019年12月落实119项整改措施已完成110项。

中国海油党组始终把坚持纪律和规矩挺在前面，运用监督执纪“四种形态”，抓早抓小，防微杜渐，培养党员干部守规矩、讲纪律、知敬畏，营造风清气正的政治生态。2019年4月至5月，中国海油党组成立4个巡视组，分赴欧洲及北美地区、中东地区、非洲地区和东南亚及大洋洲地区，针对境外企业的党建工作和管控能力开展专项巡视，共巡视8家二级单位的31个境外企业党组织，发现境外企业党组织党建和管控问题283个。这是党的十九大后集团公司党组开展的第一轮巡视，也是党组首次开展境外巡视。10月至12月，中国海油党组组建4个巡视组，对标对表中央巡视，采用“一拖二”方式对天津分公司等8家二级单位党委开展常规巡视，同时组织选人用人、巡察工作和网络意识形态专项检查，形成监督合力。本轮巡视聚焦政治责任，盯紧“关键少数”，以“四个落实”为重点，突出54个“是否”监督任务，对被巡视党组织进行全面“政治体检”。中国海油将全面从严治党向基层延伸。2019年，集团公司二级单位党委和机关党委完成常规及专项巡察55项，涉及65个下级单位和总部部门，开展个别谈话1105人次，发现问题601项。推动巡视巡察上下联动，在下半年党组巡视期间，组织8家被巡视单位对52家所属单位和机关部门进行常规巡察、专项巡察或巡察“回头看”。

（3）牢记初心使命，奋力担当作为，扎实推进中国特色国际一流能源公司建设。按照中央统一部署，中国海油分两批扎实开展“不忘初心、牢记使命”主题教育（图10-3）。党组把开展“不忘初心、牢记使命”主题教育作为重要政治任务摆在突出位置，严格遵循中央要求，各级党组织和党员领导干部牢牢把握主题教育的根本任务、总要求和具体目标，坚持学习教育、调查研究、检视问题、整改落实有机融合、贯穿始终，推动主题教育取得成效。

中国海油党组通过专题学习、集中研讨、个人自学、讲授党课等多种形式，聚焦主题，狠抓学习。2019年6月24日至28日，开展为期5天的“不忘初心、牢记使命”专题读书班，坚持认真精读《习近平关于“不忘初心、牢记使命”重要论述选编》《习近平新时代中国特色社会主义思想学习纲要》等，坚持读原著、学原文、悟原理，认真学习党章党规，不断深化对党的初心和使命

图 10-3 2019 年 6 月 3 日，中国海油党组召开“不忘初心、牢记使命”主题教育动员大会

的认识。7月1日至8月13日，中国海油党组成员聚焦学习贯彻习近平新时代中国特色社会主义思想，分别到基层党组织讲授专题党课共12次，讲个人认识体会、差距不足、思路措施和感悟收获。各所属单位坚持目标导向和问题导向，切实在多思多想、学深悟透，系统全面、融会贯通上下功夫，在全系统营造浓厚学习氛围。

按照中央“四个对照”“四个找一找”要求，从政治上找差距、思想上找症结、工作中找问题。从2019年6月18日到6月26日，由中国海油党组成员带队的9个调研组分赴北京、天津、浙江、海南等片区18家单位开展调研。调研中，党组成员通过召开调研专题座谈会、个别访谈、实地走访、征集问题和意见建议等多种形式，深入基层一线摸实情、查症结，共发现问题159项。党组把检视问题作为坚定“两个维护”的试金石和检验“两个责任”的重要标尺，坚持问题导向、目标导向、效果导向，务实查摆问题，对调查研究中发现的159项问题进行全面“会诊”、全方位梳理，围绕党的建设、深化改革、创新发展等七个方面提炼归类，形成涵盖51项内容的检视问题清单。

（4）坚持和加强党的全面领导，推进党的建设和生产经营深度融合。融入治理体系，推进党建与生产经营深度融合。贯彻落实党的十九届四中全会精神，制定《中国海油党组贯彻落实〈中共中央关于坚持和完善中国特色社会主义制度、推进国家治理体系和治理能力现代化若干重大问题的决定〉实施意见》，推进治理体系和治理能力现代化。融入绩效考核，实现党建与生产经营互相促进。2019年保持“党建工作”考核指标占所属单位年度经营业绩16.7%权重，领导人员年度业绩考核的“党建工作”指标权益增至20%，将考核结果与各所属单位领导人员绩效挂钩，作为干部奖惩任免重要依据。融入生产一线，发挥党支部战斗堡垒作用。将支部达标考核中的“攻坚”指标直接与生产经营指标挂钩，以改革发展成果检验党组织工作成效。

（5）强化选人用人制度约束，健全干部选任制度机制。修订《党组直管领导人员管理办法》，将国有企业领导人员“二十字”标准进行具体化，将干部选任流程予以制度化。坚持民主集中制，发挥党组班子合力。严格执行《党委(党组)讨论决定干部任免事项守则》，既保障党组对选人用人的集体审议决策权，又防止个人或少数人说了算。制定《领导人员选拔任用工作规范》，突出党组织对领导人员选拔任用工作的领导和把关作用，使领导人员选拔任用的程序更加标准、规范。

深化选人用人工作检查，组成2个专项检查组内嵌到4个党组巡视组中，对8家所属单位开展选人用人专项检查。把提醒、函询和诫勉工作作为干部日常监督重要手段，组织人事系统共开展提醒谈话1749人次、函询17人次、诫勉62人次。组织个人有关事项报告填报和抽查核实。树立重实绩重实干用人导向，制定《关于进一步激励干部担当作为有关具体措施》。建立领导人员任期考核《多维度综合测评指标体系》，有针对性地设置“担当、作为”测评内容，并在2019年7月首次运用到直管班子、直管领导人员任期综合测评中。加强干部教育培训提升新时代发展要求的能力。贯彻落实《2018—2020全国干部教育培训规划》，将习近平新时代中国特色社会主义思想纳入主体班次。

加强年轻干部队伍建设。制定《关于适应新时代要求大力发现培养选拔优秀年轻干部的实施意见》，对做好新时代年轻干部工作进行部署。深入开展优秀年轻干部调研。从2019年9月中旬开始，分赴各所属单位和集团总部各部门开展优秀年轻干部专题调研，建立起近期可以使用的、近期培养锻炼的、中长期储备关注的优秀年轻干部队伍。把年轻干部选拔融入日常。坚持每季度定期盘点建立健全领导班子和干部队伍情况，对标“双50%”目标对年轻干部选拔情况进行实时监控。

落实中央企业人才工作会议部署，建立健全人才培养激励保障机制。坚持人才是第一资源，落实“党管人才”。及时调整党组人才工作领导小组组成人员及职责；落实党组成员联系专家制度，大力集聚各方人才。畅通人才发展通道，首次评选集团公司资深技术专家，向上打通技术人才职业通道；选拔培养国际化领军人才、青年科技英才和数字化人才等670人。建立健全多元化长效激励机制，试点所属上市公司股权激励，探索职业经理人薪酬市场化改革，完善技术技能专家奖励机制，建立高层次人才协商薪酬机制，4家所属科技型企业实现岗位分红激励。着力改善基层一线和青年员工待遇。完善人才发展战略规划，以集团公司发展蓝图和阶段性目标为指引，制定到2025年、2035年、2050年三个阶段“人才兴企”战略实施方案。

2021年，中国海油贯彻落实习近平总书记关于建设海洋强国、加快深海油气资源勘探开发的重要指示精神，大力实施“三大工程、一个行动”，推动增储上产、科技创新、绿色发展、提质增效再上新台阶。高质量推进党史学习教育，深入推动“我为群众办实事”实践活动，教育带动党员干部弘扬伟大建党精神，从党的百年奋斗历程中汲取奋进力量。将深入学习宣传贯彻党的十九届六中全会精神作为深化思想认识的重要抓手，深刻认识“两个确立”“十个坚持”的深邃内涵；抓好组织学习，强化实践转化，切实将思想和行动统一到全会精神上来，用过硬作风、优秀业绩展现“在经济领域为党工作”的使命担当。

第四节 > 扎实推进党建工作

延长石油集团党委坚持以习近平新时代中国特色社会主义思想和党的十九大精神为指引，认真学习贯彻全国国有企业党建工作会议精神，不断建立完善党的领导体制机制，积极履行全面从严治党主体责任，扎实推进党的建设各项工作，为引领企业深化改革高质量发展提供了坚强政治保证。

强化政治理论学习，坚决做到“两个维护”。把深入学习贯彻习近平新时代中国特色社会主义思想作为重要政治任务贯穿党员干部学习教育全过程。抓好党委理论学习中心组学习，制定印发《党委理论学习中心组学习计划》，全年组织中心组学习18次，专题学习党的十九届四中全会精神，开展对照党章党规等专题研讨6次，编印调查研究、党内法规、习近平总书记重要论述及指示批示等3期学习资料1000余册。抓好领导人员教育培训，制定《企业领导人员教育培训计划》，依托集团党校组织各类主体培训班次15期、培训学员901人次，开展习近平新时代中国特色社会主义思想和党的十九大精神轮训工作，教育各级党员企业领导人员不断增强“四个意识”、坚定“四个自信”、做到“两个维护”。拓宽学习渠道平台，紧扣经营管理中心，聚焦集团公司主业发展、党建理论、领导方法等精心选题，举办延长石油大讲堂4期。统筹安排各级领导干部参加省委、省国资委举办的改革发展、科技创新、政德修养等专题培训班，进一步提升领导干部队伍素质。认真贯彻党内制度法规，印发《关于在党委理论学习中心组开展党内法规专题学习的通知》，集团各级党委中心组对党章、党支部工作条例、党员教育管理条例、加强政治建设的意见等重要党内法规进行专题学习，逐项提出贯彻落实意见，确保中央、省委重大决策部署有效落地。集团公司被省国资委表彰为思想政治工作先进集体。

落实党委主体责任，系统提升党建质量。延长石油集团党委把坚持党的领导、加强党的建设，作为企业的“根”和“魂”，认真贯彻落实全国国有企业党建工作会议精神和新时代党的建设总要求，以特色党建为总纲要，系统提升党建工作质量。完善党的领导体制机制，贯彻落实“两个一以贯之”，指导所属二级法人单位全部完成党建工作入章程，以企业内部“法”的形式明确党组织在法人治理结构中的法定地位，有序推进三级法人单位党建入章程工作。督促指导各单位全面修订党委会议事规则，落实党委会前置研究讨论企业重大事项要求，推行党委书记与董事长由一人担任，党员总经理兼任党委副书记，做到“进入”就要尽责、“任职”就要履职。落实党建工作责任制，印发党建工作要点和党建工作目标责任书。召开党委书记抓党建工作述职评议会议，安排10家党委书记分别进行全年、半年会议述职，其他书记书面述职，并进行民主评议。印发党建工作考核情况通报，评定出10家优秀党委、20家合格党委。印发集团公司党委主体责任清单，明确牵头领导、责任领导和完成时限。建立党员班子成员党建工作联系点。开展“强根固魂、引领发展”党建工作体系建设，制定印发《关于推进“强根固魂、引领发展”党建工作体系建设，全面提高延长石油党建工作质量的意见》，分解党建工作体系7个方面43项重点工作任务。加强释义宣贯，推出系列解读文章5篇，分层举办培训班7期，开展基层送教8场次，累计培训527人次。召开专题推进会，安排部署试点任务，开展专题调研，通报集团公司党建工作体系重点工作任务推进情况，已形成试点任务成果15项。加强基层组织体系建设，严格落实党支部工作条例、党员教育管理工作条例和组织生活各项制度，规范组织设置和党员教育管理工作，下发《关于开好民主生活会组织生活会和做好民主评议党员工作的通知》，督促指导各级党组织开展组织生活会和民主评议党员。开展春节期间走访慰问困难党员工作，审定党建工作经费，安排部署发展党员工作，按照有关规定扎实做好党费的收缴、使用和管理工作。

从严从实管理干部，全面实行任期管理。坚持党管干部原则，全面推行任务书、业绩档案、综合考核评价办法和任期制管理“两工具两制度”，坚持从事业发展需要出发，着力打造高素质专业化干部队伍。规范选拔任用管理，严格执行干部选拔任用规定，根据企业发展需要和干部队伍实际，调整配备干部

12批次，按程序及时调整退休、调离人员。研究批复33家所属单位管理的职务名称表、22批次备案管理干部的调整工作。完善集团管理干部的备案信息，新增325人、更新182人、撤销33人。规范因私出国(境)备案工作。创新选人用人机制，积极试点现代企业职业经理人制度，指导西北院制定《关于面向集团公司范围内市场化选聘西安元创化工科技股份有限公司总经理人选的方案》，完成元创公司总经理的市场化选聘和经理层职业化改造。扩大选人用人视野，启动了财务专业管理岗位人员公开竞聘摸底工作。加强优秀年轻干部选拔培养，初步形成各级年轻干部标准，建立年轻干部信息库。组织8名年轻干部与西安市交流挂职，1名银行系统干部到集团挂职交流。强化“两工具两制度”运用，对集团公司所属30个单位党委、239名班子成员和集团公司机关62名部门负责人年度工作进行了综合考核评价，形成了考评等次并予以通报，作为薪酬兑现、选拔任用和“三项机制”运用的重要依据。修订任务书编制说明，完成了任务书年初编制、半年自查和调整备案。下发《关于签订任期合同及合同确认书的通知》，组织集团管理的27名新进入班子及工作单位发生变动的领导人员签订任期合同确认书。制定领导人员业绩档案管理细则，逐人逐份建立领导人员工作业绩档案。加强信息化管理，召开干部信息管理系统操作培训会，加大数据维护、日常管理、保密纪律等工作力度，进行问题解答，确保系统运行管理精准有效。参加省委干部教育培训管理系统工作会，完成330余名干部的教育培训基础信息录入工作。

加强宣传舆论工作，推进企业文化建设。以学习宣传贯彻习近平新时代中国特色社会主义思想为主线，统筹抓好思想政治、意识形态管理、新闻宣传、企业文化、精神文明建设等各项工作，为企业追赶超越高质量发展营造了良好氛围。做好形势任务教育，开展“筑梦新时代，奋斗新征程”主题形势任务教育和企业精神学习宣传月活动，宣传老一辈延长石油人创业故事，在人民网等媒体平台宣传《延长油矿勘探的最初岁月》。开展“贯彻集团党代会精神、推动企业高质量发展”主题大讨论，积极用好“学习强国”学习平台，组建32

个学习管理组，全部党员进入学习平台开展日常学习和答题活动。抓好意识形态和舆论工作，贯彻落实省委《关于进一步加强对论坛、讲坛、讲座、年会、报告会、研讨会、读书会、展览、展演等阵地管理的实施意见》，印发了《集团党委网络意识形态阵地管理办法》。积极在媒体讲好延长石油追赶超越高质量发展故事，用发展强音占领意识形态各阵地。央视新闻频道《奋斗新时代——共和国发展成就巡礼陕西篇》，播出了延长石油靖边煤油气资源综合利用项目高质量发展实践和绿色清洁发展业绩。加强企业文化及精神文明建设，"延长石油展示中心"投入使用，成为展示集团历史文化和科技发展的重要平台。与省延安精神研究会持续开展延安精神宣讲活动百余场次。组织了文化文学采风活动和"我和我的祖国"主题微诵读大赛。延长石油油田公司杏子川采油厂、勘探公司、管道公司等单位的多名员工获"陕西好人"荣誉称号、荣登"中国好人"榜。

第五节 > 发挥党建品牌建设作用

铁人学院是中央组织部确定的国有企业唯一一家"全国党员教育培训示范基地"，是一所集人才开发、人才培训、党员教育、国有企业基层党组织带头人及产业工人领军人才培养于一体的专门研训基地。铁人学院2018年3月正式挂牌运营，截至2019年年底，共举办培训班732期、培训5.15万人次；成功举办中央组织部、国务院国资委、全国总工会、中国石油、黑龙江省等一批示范项目；深入开展党建研究，确立集团公司级课题12项、省级课题2项；从中央到地方、从国企到民企、从油田内到油田外、从送培单位到受训学员，均对学院给予高度评价。很多学员通过培训，将大庆精神、铁人精神传播到本单位，转化为推动发展的内生动力，有力促进了学院品牌向全国延伸。

铁人学院诞生于中国特色社会主义新时代。2016年3月，习近平总书记在参加十二届全国人大四次会议黑龙江代表团审议时指出，“大庆就是全国的标杆和旗帜，大庆精神激励着工业战线广大干部群众奋发有为”。为贯彻习近平总书记对大庆油田的重要指示精神，2016年12月，中国石油党组印发了《关于大庆油田当好标杆旗帜建设百年油田的意见》，要求大庆油田“当好弘扬石油精神的标杆”“创新发展大庆精神铁人精神”“高举大庆红旗，发挥政治文化优势”“永葆大庆红旗的鲜艳本色”。

2016年年底，中共中央召开全国国有企业党的建设工作会议，将国有企业加强党建工作进一步上升到新高度，强调坚持党的领导、加强党的建设，是国有企业的光荣传统，是国有企业的“根”和“魂”，是国有企业的独特优势。要通过加强和完善党对国有企业的领导、加强和改进国有企业党的建设，使国有企业成为“六个力量”。2017年4月，中共中央、国务院印发《新时期产业工人队伍建设改革方案》，提出造就一支有理想守信念、懂技术会创新、敢担当讲奉献的宏大的产业工人队伍。党的十九大提出“建设知识型、技能型、创新型劳动者大军，弘扬劳模精神和工匠精神，营造劳动光荣的社会风尚和精益求精的敬业风气”，为产业工人队伍建设进一步指明了方向。

大庆油田作为党领导下的国有重要骨干企业，作为全国的标杆旗帜，坚持党的领导、加强党的建设，是一以贯之的。同时，大庆油田开发建设近60年来，积累了许多以大庆精神铁人精神为内核的政治文化资源和培训资源。大庆精神铁人精神，已成为中华民族精神和中国共产党伟大精神的重要组成部分，得到了历届党和国家领导人的充分肯定和高度评价，得到了包括工人阶级在内的全社会的广泛认同。特别是“铁人”二字，已经成为一个具有标志性意义的符号。

如何更加充分地传承好、利用好这些宝贵的精神文化资源，不断赋予其新的时代价值和意义，为党和国家事业发展提供精神动能和人才输出，是大庆油田党委一直在深入思考的问题，也是铁人学院的创办初衷。2016年年底，油田召开领导办公会议，研究提出创办铁人学院构想。2017年3月起，派员赴全国各地开展对标、调研；8月17日，成立筹备组，开始铁人学院的筹建工作。2018年3月30日，学院正式揭牌成立。在上级组织和社会各界的亲切关怀下，学院的发展基础不断夯实，影响力不断提升。2018年5月25日至26日，经中国石油党组和国务院国资委党建局推荐，中央组织部党员教育中心领导赴大庆油田调研考察；6月8日，中央组织部确定遴选增补铁人学院同梁家河培训学院、古田干部学院等7家单位为第二批全国党员教育培训示范基地，铁人学院成为17个全国党员教育培训示范基地中，唯一一家国企培训机构。2019年4月，铁人学院被中央组织部列入干部党性教育基地备案目录。2020年，被全国总工会确定为"全国工会干部教育培训基地"。

铁人学院肩负着新时代的新任务新使命。坚持学院姓党，强化政治统领。铁人学院以习近平新时代中国特色社会主义思想和党的十九大精神为指引，全面落实意识形态工作职责，把学院姓党原则贯穿到培训设计、课程开发、师资聘请、教学管理、理论研究、教材编写、队伍建设等办学治院全过程、各方面。认真学习贯彻《中国共产党党校（行政学院）工作条例》《2019—2023年全国党员教育培训规划》以及中央组织部党员教育中心、黑龙江省委、中国石油党组、大庆油田党委等上级组织要求，结合实际，研究制定《铁人学院高质量发展纲要》，作为统领当前和今后一个时期工作的根本遵循。

跟进中央和上级最新指示精神和重大决策部署，及时融入教学科研等各项工作中，做到重大节点有声音、重大问题亮观点。习近平总书记致大庆油田发现60周年贺信发布后，第一时间进行传达学习、研讨交流，组织精干力量，精心备课，开展送党课下基层活动，切实发挥学院主渠道、主阵地作用。学院侧重对国有企业、非公经济组织基层党组织书记和党员开展党的理论教育、党务工作能力培训；对劳动模范、工匠（技能专家）等产业工人领军人才开展理想信念、综合素质、作风品格教育培训；对企业高层次管理人才、专业技术人才（专家）、国际化人才开展战略思维培养、业务能力提升和职业素养培育；对国有企业基层党建实践和产业工人队伍建设实践进行理论研究及成果转化；

提供与人才开发相关的人才测评、企业管理咨询和智库服务。

铁人学院以习近平新时代中国特色社会主义思想为根本遵循，以《中国共产党支部工作条例（试行）》、全国党员教育培训工作规划、全国国有企业党建工作会议精神和《新时期产业工人队伍建设改革方案》为指导，瞄准造就一支“守信念、讲奉献、有本领、重品行”的基层党组织带头人队伍、“信念坚定、政治可靠、素质优良、纪律严明、作用突出”的党员队伍、“有理想守信念、懂技术会创新、敢担当讲奉献”的产业工人队伍和高素质专业化的工会干部队伍目标，充分发挥大庆油田政治文化培训资源优势，努力打造一流的基层党建和产业工人队伍建设研训基地。坚持把政治建设放在首位，致力建成理论武装的“主阵地”、党建研究的“思想库”、决策服务的“智囊团”，为坚持党的领导、巩固党的执政基础、加强党的建设提供有力抓手，为强化干部员工队伍思想政治建设提供有效途径，为弘扬大庆精神铁人精神和会战优良传统打造有效平台。

铁人学院具有优质的教学资源。①具有浓厚的红色基因。从毛泽东主席1964年发出“工业学大庆”号召、在工业战线树起大庆旗帜开始，到习近平总书记致大庆油田发现60周年贺信作出“大力弘扬大庆精神、铁人精神，不断改革创新，推动高质量发展”重要指示，大庆油田始终听党话、跟党走，得到历代党和国家领导人高度重视和悉心关怀。铁人学院突出政治引领，通过创造性转化、创新性发展大庆油田政治资源优势，激励带动学员传承弘扬红色基因，抬高标准，奋勇争先。②具有独特的精神文化。大庆精神、铁人精神是中华民族伟大精神的重要组成部分，是大庆油田企业文化的灵魂。大庆油田在长期发展实践中孕育形成了丰富的文化资源，打造出一大批爱国主义、企业精神教育基地和标杆站队，是大庆油田独特的精神、文化、管理、党建等培训资源实景呈现，有力推动了大庆精神、大庆作风、大庆经验传承创新的常态化、体系化、载体化，成为特色鲜明的政治文化培训优势，为加强国有企业基层党组织带头人、党员骨干和产业工人队伍领军人才教育培训提供了生动、鲜活的课程和教材。③具有鲜明的师资优势。长期以来，坚持政治强、业务精、作风好的标准，完善择优选拔、组织考察、培训考核等工作机制，强化师资开发，建立了稳定的专、兼职师资队伍，形成了一大批理想信念坚定、能力素质过硬的内外部师资团队。特别是内部师资，来自油田优秀的各级领导干部和党务干部，还有油田会战老领导、老专家、基层劳模、先进典型等，他们政治素质高、专业理论突出、实践经验丰富，为打造高质量一流培训学院提供了有力保障。④具有成熟的办学经验。通过20多年办学实践，学院建立了完善的人才开发与培训体系，积累了丰富的办学经验，在课程体系研发、方法体系搭建、理论研究、人才测评、队伍建设、服务保障等方面取得了突破性进展。同时，利用油田爱国主义、企业精神教育基地和基层标杆站队，开发了30多个现场教学基地和体验式培训基地，"变参观为体验、变讲解为教学"，办学水平走在了石油企业培训机构的前列，为进一步对标前沿、提档升级奠定了扎实基础。

铁人学院研发形成了特色鲜明的教学体系。①构建标准化课程体系。突出劳动模范、工匠(技能专家)等产业工人领军人才的理想信念、综合能力、作风品格教育培训，构建思想素质、能力素质、作风素质三大模块，开发系列课程159门；面向各级工会干部，构建政治理论与形势任务、工会工作实务、大庆精神铁人精神传承三大模块，研发《习近平总书记关于工人阶级和工会工作重要论述》《中国工人运动的历史回顾重点与启示》《新形势下中国工会的性质地位职能与作用》《新时代工会工作创新》《强化思想政治引领，打造听党话跟党走的产业工人队伍》《国企改革与工会工作》等系列特色课程近百门；突出国有企业、非公有制经济组织基层党组织书记、党员骨干的理论教育和党务工作能力培训。以习近平新时代中国特色社会主义思想教育为核心，以理论武装、增强党性为主题，以大庆精神、铁人精神传承为特色（图10-4），构建政治理论与形势任务、党性修养、党建实务三大模块，开发系列课程360余门。②构建专业化师资体系。以习近平总书记提出的"六要""八坚持、八统一"

图 10-4　新时代大庆 1205 钻井队的钢铁誓言

为标准，开发培养油田不同时期的老会战老专家、各级领导干部、优秀党务工作者、先优模等内训师400余名。放眼全国，广泛考察遴选各行业大国工匠、知名劳模、专家和领导200余名，以先进代表人物为榜样师资，讲述成长历程、典型案例、企业精神，传播正能量。③构建特色化教材体系。教材开发覆盖党性教育、劳模工匠培养、大庆精神铁人精神弘扬等领域，系统研发《习近平总书记关于工人阶级重要论述摘编》《大庆油田基层党建创新实践》《铁人画传》等原创性、独创性教材近60套，形成方便携带、简单易学的卡片教材、活页教材、案例教材、影视教材等配套教材体系，丰富教学资源，增强教学效果。④构建体验式教学体系。突出实践教学模式，“变参观为体验，变讲解为教学”，挂牌油田31家铁人学院现场教学基地，如铁人王进喜纪念馆、“三老四严”发源地——中四采油队、全国示范性劳模和工匠人才创新工作室、“全国先进基层党组织”1205钻井队党支部和井下修井107队党支部等。紧跟习近平总书记脚步，与中国一重、中车齐车等东北地区老工业基地合作，形成了落实总书记重要讲话精神、学习老基地振兴新经验的实践教学脉络。将老铁人馆升级改造为具有精神传统演示、会战生产体验、会战生活体验3个功能区和10个体验项目的体验式培训基地，使参训学员身临其境，亲身体验，增强互动性和体验性。开发多种学习方式，使教育培训更加生动灵活，更富有感染力。⑤构建智能化智慧校园。推进智慧学习系统、智慧管理系统等智能系统建设，为教育培训、人才开发、管理运行、培训保障等提供高效快捷的教培支撑。对标一流，构建铁人学院（微）网站、微信公众号、学院APP和“抖音”APP的“两微两端”新媒体平台体系，共产党员网、新华网等多个主流媒体添加网站链接，形成及时传播党的声音、弘扬精神传统、传递培训信息的红色新媒体矩阵，有力推动教育培训由课堂向现场拓展，由大庆向全国延伸。⑥高效率推进开放办学。与中国劳动关系学院、工业和信息化部工业文化发展中心、梁家河培训学院等30余家单位签订战略合作协议，与古田干部学院、中国浦东干部学院、中国航天科技集团、华能集团等百余家单位展开深度交流，与全国能源化学地质劳模博物园、南网工匠大学联合成立发展战略联盟等，合作领域覆盖30余个省、百余家单位，学院知名度和品牌影响力持续扩大。学院揭牌成立以来，举办了全国劳模、大国工匠、五一劳动奖章获得者培训班、全国民营企业党组织书记培训班、中央企业基层党委书记培训班、全国能源化学地质系统大国工匠培训班、黑龙江省民营企业党组织书记培训班、中国石油集团公司基层党支部书记培训班等一批示范班次，这些培训班学员层次高，反响强烈，均取得了良好效果。

第六节 > 加强企业文化建设

党的十八大以来，石油企业以习近平新时代中国特色社会主义思想为指导，以社会主义核心价值观为引领，大力弘扬“苦干实干”“三老四严”为核心的石油精神，建设符合企业发展方向、具有鲜明时代特征和石油特色的企业文化，形成以“我为祖国献石油”为价值引领的企业文化体系，充分发挥文化优势以提升企业管理水平和核心竞争力。

一、弘扬发展石油文化

中国石油启动“石油魂”宣讲活动，成为大庆精神、铁人精神再学习再教育再深入的重要载体和时代品牌。2012年4月9日，中央企业创先争优活动领导小组、国务院国资委党委以视频形式召开中央企业先进精神首场报告会，启动大庆精神铁人精神、载人航天精神和青藏铁路建设精神巡回报告会，中国石油“石油魂”宣讲总队随中央企业先进精神报告团，先后赴广东、上海、江西、甘肃等14个省市做宣讲报告，在中央企业乃至社会产生极大反响，受到听众的高度评价。2012年，中国石油党组下发《关于深入开展学雷锋活动的实施意见》，部署开展文明单位、和谐矿区创建活动。下发《关于推荐评选首届中国石油道德模范的通知》，在逐级推荐评选的基础上，把270人的事迹进行网上公开展示，并在集团公司网站设立专题广泛宣传。命名第五批企业精神教育基地46个，组织69名新进领导班子成员签订了职业道德规范确认书。组织申报第十二届“五个一工程”评选，其中申报的《奠基者》荣获全国“五个一工程”优秀作品奖，电影《铁人王进喜》和歌曲《再唱我为祖国献石油》荣获中央企业优秀作品奖；集团公司在中央企业精神文明建设“五个一工程”工作座谈会上作经验介绍。2013年，总结企事业单位、基层单位以及在海外项目、重点工程、重大项目实施中探索实践企业文化建设的经验成果，提炼形成集团公司企业文化建设基本规范，形成以《企业文化建设纲要》《企业文化建设工作条例》等规章制度为规范的企业文化建设体系，明确集团公司企业文化建设的指导思想、主要目标、基本原则、核心要素、基本任务、主要载体、传播手段等内容，为抓好企业文化建设提供基本遵循，进一步推进集团公司企业文化建设规范化、制度化、科学化；明确集团公司及所属企事业单位企业文化“六统一”要求，实现企业宗旨、企业精神、企业核心价值观、企业核心经营管理理念、企业标识、司旗司徽司歌的规范一致。编印颁布《企业文化手册》，内容包括公司概况、历史沿革等20个部分，集中展示中国石油深厚的文化积淀和丰硕的文化成果，展现被实践印证、历史磨砺、大力弘扬、广泛认同的中国石油企业文化。《企业文化手册》的颁布，对于激励广大员工牢记使命、坚定信念、艰苦奋斗、石油报国，进一步弘扬大庆精神铁人精神，推动企业科学发展具有重要意义。集中开展《中国石油企业文化辞典》总册及38家企业分册的编纂工作，组织撰写《中国石油企业文化辞典企业分册编纂手册》，提供编纂技术规范。首次召开集团公司成立以来的第一次专题企业文化建设工作会议，强调把握根脉、继承发展，始终坚持大庆精神、铁人精神的文化核心地位，建设具有中国石油特色的企业文化。各企事业单位认真落实集团公司企业文化建设工作会议精神，部分单位制定修订《企业文化手册》《员工手册》等，不断强化企业文化的引领和凝聚作用。以铁人90周年诞辰为契机，举办纪念铁人王进喜90周年诞辰、弘扬大庆精神铁人精神座谈会，深切缅怀为新中国石油工业做出突出贡献的工人杰出代表，号召百万石油员工高举大庆精神铁人精神旗帜，凝聚建设世界水平综合性能源公司提供强大精神力量。至2013年年底，“石油魂”大庆精神铁人精神宣讲总队，累计宣讲达345场、听众逾百万；宣讲总队被中华全国总工会授予“全国工人先锋号”。

大庆油田践行“奉献能源、创造和谐”的企业宗旨，实现文化与历史的共进、队伍与发展的共进、企业与社会的共进，其中企业思想政治精神文化、科技创新文化、生产安全环保文化、清正廉洁文化等企业文化建设，在生产建设和各项业务工作中发挥了重要作用。2013年，启动《中国石油企业文化辞典：大庆油田分册》编辑工作，先后总结提炼了11个方面1100多个词条目录；参与编写《大庆精神（弘扬革命精神）》《中央党校大庆教学基地读本》《大庆油田企业文化读本》《大庆油田工程哲学实践》等书籍，积极推介油田企业文化建设成果；加强各类文化教育基地建设管理，推荐西水源、“三点定乾坤”等4家市级工业遗产保护单位为省级文物保护单位，申报“五把铁锹闹革命”精神发源地、勘探开发研究院采收率研究室等5家单位为第六批集团公司企业精神教育基地。以纪念铁人王进喜90周年诞辰为契机，举办“中国梦·石油情”歌曲大赛、电影周等活动，推动形成职工群众自我教育的浓厚氛围，进一步增强广大职工传承弘扬大庆精神、铁人精神的坚定性和自觉性；推进“珍惜·感恩·回报”教育活动在基层的广泛开展，通过感动油田人物评选、征文演讲等职工乐于参与的有效形式，大力唱响主旋律、激发正能量，职工队伍社会公德、职业道德、家庭美德和个人品德不断提升；切实发挥先进典型的示范引领作用，着力培养具有时代性和感召力的英模群体，广泛宣传以大庆新铁人李新民为代表的先进模范人物，影响和带动广大职工自觉发扬大庆优良传统、筑牢核心价值观。2013年7月10日，国务院国资委召开中央企业文化建设经验交流会。大庆油田与其他29家企业，被命名为“中央企业企业文化示范单位”。

2014年，大庆油田开展企业安全文化理念、精神、警句、制度征集，累计征集作品条目近千条，使岗位员工对于这些简单、简明、简洁、易懂、易记的安全文化理念能够记得住、用得上，在实际生产操作中发挥了重要作用。大庆油田之所以能够长期保持安全环保平稳态势，根本的一条在于：始终重视安全环保文化建设和文化保障，始终重视良好行为习惯养成和培育，始终重视弘扬优良传统、培育过硬作风。广大职工发扬“三老四严”的优良传统，讲求实际、务求实效，不搞不必要的形式，不搞走过场的检查，不做无意义的虚功，老老实实、真抓实干，真正把各项工作落到实处；发扬“严细准狠”的优良传统，严格执行落实，严格监督检查，要求不放松，工作不跑粗，人人出手过得硬，项项工作争一流，不折不扣地贯彻落实各项规章制度、管理流程和工作标准；发扬“三个面向、五到现场”的优良传统，立足基层、深入基层、服务基层，眼睛盯在一线，功夫下在现场，深入查找问题、研究解决问题，把基层打造成为安全环保的坚固堡垒。

以大庆精神铁人精神为灵魂，把“我为祖国献石油”作为价值观纳入企业文化体系，丰富发展体现时代特征、符合企业发展方向、独具石油特色的企业文化。2014年，中国石油下发《关于进一步培育和践行社会主义核心价值观的实施意见》。大力开展社会主义核心价值观教育，凝聚员工共识，引导员工积极投身到建设世界一流综合性国际能源公司之中。做好精神文明建设“五个一工程”的申报工作，2014年推荐企业文化作品13部，其中《红色圣地上的呼唤》《土豆花开》《中国石油雄狮》分列全国文艺图书类、音乐类、电视片类作品第一名，并获中央企业第二届“五个一工程”优秀作品；《土豆花开》获全国第十三届“五个一工程”优秀作品，成为国务院国资委系统唯一获奖作品。2015年，组织开展《中国石油企业文化辞典》编纂工作，实施企业精神教育基地上网工程，设立讲述石油人故事、弘扬石油文化的微信平台“油微感觉”，不断夯实百万石油员工团结奋斗的共同思想基础；举办“石油魂·中国梦”系列报告会，凝聚发展共识，增强发展信心；开展企业文化建设课题研究，探索市场化国际化背景下企业文化建设的思路方法。编制《企业文化建设“十三五”规划》，提出了企业文化建设“十三五”发展思路、目标、基本原则和任务、措施、重点项目以及工作进程。

大力弘扬以“苦干实干”“三老四严”为核心的石油精神，2015年下发《关于学习宣传贯彻习近平总书记重要批示凝聚新时期干事创业精神力量的通知》，开展系列学习宣传活动和石油精神时代新内涵研究，举办“弘扬石油精神、推进稳健发展”“弘扬石油精神、重塑良好形象”等巡回报告会。通过广泛组织集中学习、个人自学、宣讲辅导、座谈交流，举办各类主题论坛、大讲堂、小讲堂、微讲堂，积极引导干部员工围绕“企业形象是什么”“形象受损为什么”“重塑形象靠什么”“我为重塑形象做什么”等话题展开讨论，认真查找问题，抓好整改落实，影响企业形象的突出问题得到有效解决。研究制定《关于深入推进重塑公司形象工作的意见》，确定每年6月第一周为“弘扬石油精神、重塑良好形象”活动周，努力推进形象建设常态化长效化。

“十三五”期间，中国石油按照企业文化“十三五”发展规划和企业文化建设工作条例，实施企业文化“六统一”[1]，大力弘扬以“苦干实干”“三老四严”为核心的石油精神，传承和创新特色企业文化，建设符合企业发展方向、具有鲜明时代特征和石油特色的企业文化，形成以“我为祖国献石油”为核心的价值追求的文化体系。2016年，以社会主义核心价值观引领石油文化，广

[1] 企业文化“六统一”，是指企业文化与企业战略的统一，企业发展与员工发展的统一，企业文化优势与竞争优势的统一，充分发挥文化优势，提升企业管理水平和核心竞争力。

泛开展践行社会主义核心价值观各项活动，凝聚员工共识，引导员工积极投身到世界一流综合性国际能源公司建设中。持续深化“道德讲堂”建设，广泛开展群众性精神文明创建活动；坚持办好“最美一线石油工人”电视栏目，制作《弘扬石油精神推进稳健发展》专题片。落实《集团公司基层建设纲要》，完善送书工作流程，按照要求严格审定书目，排定全年送书工作内容和时间节点；确定为每个基层队配送15种纸质图书和5种电子图书，并且选用石油工业出版社的本版图书，做到配送的图书更适合基层员工，全年为基层队（站、车间）配送图书4.33万套。完善移动阅读服务，不断优化数字化移动阅读平台，基层员工可以通过微信公众号和手机APP客户端阅读所送书目。2018年，深化石油精神再学习再教育，举办弘扬石油精神论坛，深入开展石油精神研究、探索、宣传，深挖蕴含的时代内涵；推进《企业文化辞典》的编辑出版工作；制定企业精神教育基地管理办法，验收第六批企业精神教育基地，大庆油田“铁人第一口井”入选国家工业遗产。2019年，总部机关、各企事业单位认真学习习近平总书记重要批示精神，特别是大庆油田发现60周年贺信精神，推动全员学深做实；深化石油精神、大庆精神再学习再教育，举办石油精神论坛，开展石油精神研究，深挖蕴含的时代内涵；在征集25家企事业单位意见建议的基础上，制定印发《集团公司石油精神教育基地管理办法》《集团公司工业遗产管理办法》，对石油精神教育基地的设立与申报、评选与命名、管理与要求等方面作出集体规定，并将前期命名的153家企业精神教育基地更名为石油精神教育基地。

中国海油迎接新挑战、创造新机遇，充分发挥企业文化的引领作用，统一思想凝聚力量，传递压力增强信心，扎实推进企业文化建设，全力保障生存发展。企业文化是企业发展的力量源泉，2017年开展“弘扬石油精神”大讨论活动，由各级党委牵头，以基层党支部为活动主体。各级党组织书记讲授石油精神专题党课百余次，各单位组织重温创业史讲座、现场参观、演讲征文比赛等特色活动。《中国海洋石油报》开辟《弘扬石油精神在行动》等栏目，新媒体发布专题微信22条，策划制作24篇大讨论活动访谈视频；举办“弘扬石油精神”主题报告会巡讲11场，以党建促生产为主线，聚焦党组重点关注的、关乎企业改革发展大局的重点、热点，生动展示了各业务板块的工作亮点和海油员工的精神风貌。2018年，在全系统组织开展“与祖国同行，与时代共进”庆祝改革开放四十周年主题宣传活动。积极推进“五个一”工程——报告文学《奋进40年》、专题片《敢为天下先》、《海上特区40年》纪念画册、“光辉历程”图片展、海洋石油工业展览馆更新开展等系列活动，集中展示公司发展成就；组织召开庆祝改革开放40年大会，深刻反映中国海油作为改革开放“海上特区”40年来的奋斗历程，从一个行业的探索与实践证明改革开放是党和国家的英明决策，引导广大干部职工深入学习习近平总书记关于改革开放的重要思想，激发干部员工的使命感、自豪感和干事创业的热情。2019年，以庆祝新中国成立70周年为主线，开展“星耀海油”“我和我的祖国”等群众性主题宣传教育活动；品牌形象片突显公司价值，品牌用语“蓝色能源贡献者”深入人心；以典型选树为抓手弘扬石油精神，总结提炼以“爱国、担当、奋斗、创新”为核心内涵的新时代海油精神。“海上铁人”郝振山荣获新中国“最美奋斗者”荣誉称号，牛成民当选全国海洋人物。《追梦人》《国家宝藏》《中国舆论场》等专题片和“陵水17-2”宣传报道在央视播发，提升了中国海油的企业形象和社会影响力。

二、建设核心价值体系

按照发挥“五个作用”、实现“六个转化”的总体要求，中国石化立足强化系统化管理，整合资源，大力推进企业文化建设和精神文明建设，为建设世界一流能源化工公司提供坚强的思想和政治保证、文化支撑和精神动力。

（1）中国石化在价值观表述、企业理念及内涵表述的基础上，丰富完善企业文化核心价值理念体系。2012年，召开“中国石化网上文化博物馆建设项目”设计评审会，提出中国石化内外一体的网上文化博物馆具体建设内容，界定了馆藏资源数据库、博物馆管理平台、博物馆创意与制作等主要工作的建设范围，并启动“网上文化博物馆·发展历程厅”设计方案及脚本创作。

胜利油田始终牢记“我为祖国献石油”的责任担当，坚持“油田与心田共建，文化与文明共创”先进理念，传承石油精神、弘扬石化传统，用新思想指导文化实践，用新理念引领创新创效，为保障能源安全、建设一流企业、打造百年胜利提供有力文化支撑。2012年，深入贯彻落实《中国石化集团公司企业文化建设纲要》以及《2012—2014年胜利文化建设规划》，着力推进创新实践，打造文化建设新亮点；规范使用中国石化标识，油气生产现场外观形象标准化建设取得重大进展。2013年年初，结合油田生产实际和管理需要，更新理念引领企业改革发展，将工作中实用有效的做法经验，总结提出并大力培育“想胜利油田好，为胜利油田好”主流价值观，并启动以“主流价值观”为主要内容的讲故事比赛，形成了讲述身边故事、践行主流价值的良好氛围。

中国石化在集团公司内外部进行深入调研访谈，分析中国石化未来品牌发展机会和品牌定位方向，对各单位涉及企业名称和产品、服务品牌方面的相关信息进行普查和收集，梳理母子品牌架构关系，制作《中国石化2014企业宣传片——责任与梦想篇》和《数说中国石化》FLASH短片，取得良好的宣传效果。2014年8月8日，正式发布经修订的新版《企业文化建设纲要》，确定了“为美好生活加油”的企业使命，“建设成为人民满意、世界一流能源化工公司”的企业愿景，“人本、责任、诚信、精细、创新、共赢”的核心价值观。2015年，明确相关标准，开展公司核心价值理念与公司管理制度对接工作，推动建立理念、流程、制度、职责“四位一体”的有机管理体系。制定《企业文化建设“十三五”规划》，强化专项文化建设，坚持总部相关部门牵头组织、统筹规划、合力推进，着力加强安全、环保、质量、法制、廉洁、组织人事等专项文化建设，促进企业文化建设融入业务管理，提高企业基础管理水平。在广泛调研的基础上，中国石化党组印发《中国石油化工集团公司企业文化建设考核评价办法（试行）》，从组织管理、工作落实、工作效果等3大类15项，对企业文化建设工作进行考核，推动企业文化由“虚”做“实”。加强媒体传播力度，进一步增强干部员工对企业核心价值理念的认知和认同，“中国石化为美好生活加油”的企业使命等核心价值理念深入人心。2015年，成功举办了中央企业践行社会主义核心价值观交流会，展示了中国石化企业文化建设的丰硕成果和员工良好的精神风貌。正式启动中国石化网上博物馆运作，进一步推动企业文化建设核心价值理念的传播，用多媒体交互、虚拟现实等方式，全面展示中国石化发展历程及取得的成就，打造企业文化教育阵地。

2014年，面对低油价严峻形势的历练，胜利油田积极培育“管理越是从严越能体现公平”“有岗必有责、上岗必担责”等新理念，引领一切工作向质量效益聚焦；创造形成“能创效就是好岗位”“不靠油价靠作为”“知难不畏难，越是困难越向前”等富有哲理、独具特色的胜利文化格言。层层发动、全员参与，把“践行主流价值，讲好胜利故事”作为弘扬主旋律、传播正能量、振奋精气神的有效载体，不断拓展讲故事的深度和广度；组织编写《胜利故事新编》，扩大了故事的传播范围和影响力。在观念引导中突出主流价值，举办“想胜利油田好，为胜利油田好”主流价值巡回报告会，编写形成《凝聚在胜利的旗帜下》宣讲材料，在油田和二级单位进行宣讲。2015年，胜利油田坚持从“企业长青，文化制胜”的战略高度出发，与中国石化企业文化相承接，深入宣贯集团公司新版企业文化建设纲要，继承弘扬石油石化优良传统，持续创新推进胜利文化建设，突出做深做实、强化执行落地，着力在理念引领、队伍凝聚、优势转化上下功夫，把文化理念融入制度、融入管理，变成员工的自觉行为，为油田打好“寒冬期”保效创效提供强力文化支撑。以“保增长，促发展，强基础，抓党建”为主线，培育文化理念，丰富文化内涵，创新载体形式，探索创建基层文化，树立企业良好形象。开展理念与制度对标，对“文化理念融入制度行为”“胜利文化优势转化应用”进行立项研究。梳理升级胜利文化建设理念体系，编印下发《胜利文化手册》。围绕油田面临的新形势新任务，突出先进理念引导，深入开展以“创效益比作为”为主要内容的讲故事活动，基层单位普遍开展了“班前小故事”“每周新故事”会。在广泛征集的基础上编写62个故事，以图文并茂的方式出版《胜利故事新编》。通过故事传播文化价值主张，体现胜利人对中国石化“人本、责任、诚信、精细、创新、共赢”核心价值观的生动实践。组织开展“我的美丽油田”员工群众文化创作成果展、“主流价值在心中”公益广告创意设计比赛、“为美好生活加油——中国石化之歌”创作征集活动，聚人心、鼓士气、展形象，增强广大员工的使命感。胜利油田的“胜利故事汇”得到国资委宣传局高度评价，“讲述胜利故事，践行主流价值”活动荣获全国企业文化建设优秀案例奖。

中国石化结合集团公司发展环境变化和发展需要，在继承优良传统的基础上，坚持不断创新与发展，修订印发2016版《企业文化建设纲要》、完善制定《“十三五”企业文化建设专项规划》，以及宣贯实施方案；编印出版了《中国石化企业文化故事集》和《2017年工作手册》，有序推进核心价值理念的推广。召开专项文化建设研讨会，开展“我为生态文明献计策”和“深入开展生态文明示范企业建设”活动，推动核心价值理念在直属单位落地。完成《中国石化品牌建设“十三五”规划》，修订《中国石化品牌视觉形象规范管理系统》手册，制定《企业新媒体视觉识别VI规范》和《企业对外简称规范》，规范了石化品牌形象使用；提出“主品牌+少量优质子品牌”的品牌架构总原则，推动产品品牌建设，增强用户对中国石化及其产品的认知和信任。

2016年，胜利油田以“践行严细实，全力创效益”为主题，推动观念转变、融入制度流程、养成行为习惯、提升企业形象，不断提升企业文化软实力。适应低油价新形势要求，积极培育“油价低士气不能低”“左右不了油价可左右成本”“低成本应对低油价”等9个方面的53条新理念，树立新导向、聚力新发展。坚持“理念故事化，故事理念化”，突出以人为本、改革创新、质量效益、安全生产等主题，挖掘身边人身边事，以多种形式讲挖潜增效、讲爱岗敬业、讲转变观念等故事。坚持把基层文化作为胜利文化的源头活水，根据基层队伍状况、行业性质和管理特点，突出共性，兼容个性，着力建设“严细实”的基层文化和高素质的基层团队。制定出台《关于规范提升基层文化建设的实施意见》，积极构建以“有魂、有规、有情、有形”为要素、具有石油行业特点和胜利油田特色的基层文化。“有魂”，是坚持弘扬“苦干实干”“三老四严”为核心的石油精神，继承优良传统、强化理念引领、弘扬主流价值、增强精神动力；“有规”，是将文化理念融入管理制度、规范岗位操作、推动责任落实；“有情”，是倡导“快乐工作，幸福生活”理念，营造亲情氛围，体现人文关怀，建设幸福和谐团队；“有形”，是丰富文化载体，开展文化活动，对接管理指标，将基层文化具体化、直观化、情景化、指标化，使基层文化引导行为规范，促进管理提升。坚持推进以专项文化建设为重点，加强对安全文化、质量文化、廉洁文化的专题探索研究，建设“家风文化”，传讲“家风故事”，推进文化理念渗透融入生产建设、经营管理和各项业务之中；以制度行为为重点，加强创新文化建设，突出理念创新、技术创新和管理创新，推动转变观念和管理提升，调动各要素生产积极性，最大限度释放创新潜能。7月，胜利油田《以创新文化推进管理创新》获国务院国资委征文一等奖。10月，开展评选“基层文化建设示范点”活动；通过抓典型树标杆，提升文化建设整体水平，推动“软实力”发挥硬作用。

中原油田把社会主义核心价值观化无形为有形，通过电视、网络等媒体展现给广大职工。实施员工践行社会主义核心价值观考核工作，将培育和践行社会主义核心价值观融入具体岗位和具体工作，把宏观抽象的价值准则细化为明确具体的行为规范，把正面引导与规范约束紧密结合，有效推动社会主义核心价值观具体化、生动化，确保中原油田的持续健康发展。2016年5月26日、27日，为总结交流中央企业培育践行社会主义核心价值观的经验做法，推进中央企业社会主义核心价值观建设，国务院国资委在中原油田召开中央企业社会主义核心价值观建设交流会。中宣部、国务院国资委、中国石化等有关领导及108家中央企业、31家地方国资委、30家中国石化所属企业代表、媒体记者共229人参加会议；会议采取现场参观、经验交流、汇报演出、专题报告等形式，全方位、多层次诠释社会主义核心价值观的深刻内涵。

中国石化依据企业文化建设考核情况，2017年年初首次评选企业文化建设先进单位20家、先进个人155名。推动专项文化建设，结合“安全生产月”活动，树立“安全高于一切，生命最为宝贵”等安全文化理念，做实安全文化建设，推动安全文化与安全管理有机融合，提升企业本质安全能力。探讨完善集团公司安全文化建设工作思路，出台《中国石化安全文化建设指导意见》。做实基层文化建设，推动“苦干实干”“三老四严”“精细严谨”等石油石化精神和“严细实”的企业作风在基层落地。通过调研和系统梳理，经反复征求意见，制定中国石化品牌架构总览图，下发《中国石化品牌架构管理办法》，明确相关部门的主要职责，规范品牌架构管理的审批程序，从源头上有效控制子品牌的数量；下发《中国石化品牌视觉形象规范管理办法》，进一步规范品牌标识的应用和管理。按照品牌战略落地计划和子品牌发展规划，开展品牌创优活动，提升全员品牌意识，将石化机械公司下属的5个子品牌整合，成立“中国石化机械”品牌，有效提升在行业中的品牌竞争力。

2017年，胜利油田围绕“转观念、转方式、转作风；创效益、创一流、创和谐”的主题，继承优良传统、弘扬石油精神，推动转变观念、提升企业形象，不断提升企业文化软实力，为胜利油田高质量发展提供精神动力和文化支撑。梳理宣传油田改革发展新战略新理念，编写完成《胜利文化手册》（2017版）。举办“三创三转”故事会，突出讲好深化改革、精细管理、安全生产故事；全油田43家单位参加讲故事比赛、2000多名观众现场听故事受教育，并通过网络直播方式，实现4.4万人同步在线观看；以《激荡价值创造的力量》为题，在胜利日报进行整版报道，促进“挣一分钱比花一分钱更有价值”“能创效就是好岗位”等新理念深入人心。以企业发展、职工幸福为目标，出台《关于开展“全家福”文化行动的实施意见》，分为健康、安全、廉洁、创造、文明、和谐6个“福包”运行，由局工会、局纪委、企业管理处、安全环保处等有关处室扎实推进；成立课题组进行深入研究，开展“全家福”征文，调动广大职工参与活动的积极性，打造胜利和谐幸福高地。组织油田基层文化建设示范点评审答辩会，评选表彰了30个油田基层文化示范点；梳理典型做法，固化先进经验，进一步发挥典型示范带动作用，把标杆变为标准，把示范变为规范。在第十二届全国企业文化年会上，胜利油田获“2016—2017年度全国企业文化”优秀成果奖。胜利油田连续被中国企业研究会、中国企业联合会评为“2012—2017年度品牌文化建设十大典范组织”“改革开放40年中国企业文化典范组织”。

品牌创建凸显企业竞争实力。胜利油田按照“同举一面旗，同打一个品牌”的要求，坚持高举“中国石化”旗帜，扎实推进品牌建设，加强企业声誉管理，传播核心价值理念，着力将文化优势转化为品牌优势，对外展示“高度负责任、高度受尊重”的企业品牌形象。规范使用品牌标志，分会务、行政办公、多媒体、线上媒介、环境导示、生产设备设施等12个系统，细化制定落实方案和推进措施，全面贯彻落实VI体系，统一规范使用中国石化标识，集中树立中国石化品牌形象。2018年，修订《油气田地面生产设施设备外观形象标准化规范》企业标准，成为集团公司下属企业制订的首个外观形象企业标准，填补中国石化系统油田板块生产现场外观形象标准化的空白，从源头上规范执行，提升现场管理，统一品牌形象。启动实施“品牌创优工程”，分产品、服务、技术三个类别开展创优活动，共评选出15个“胜利油田技术品牌”、16个“胜利油田服务品牌”、8个“胜利油田产品品牌”，搭建平台建立开展宣传推介工作，推动品牌建设水平不断提升。胜利油田隐蔽油气藏勘探技术入选中国石化“十大优秀技术品牌”。2019年，突出贯彻新发展理念，坚持用新思想新理念指导新实践，对照改革发展稳定和党建工作的核心理念要求，明确了转变观念更新理念160条和机关职能优化76条，破立并举、旗帜鲜明，引领推动油田决胜全面可持续高质量发展。

中国石化统筹规划企业文化建设，围绕建设基业长青、世界一流企业，提出了企业文化建设纲要的内涵框架。围绕中心工作，起草下发《关于2019年建设安全绿色健康文化》的通知。所属企业将安全绿色健康文化列为重点工作，抓好顶层设计和统筹协调；企业分管领导主抓，与安全环保部门通力协作，形成共同推进安全绿色健康文化建设的良好氛围。2019年，在国务院国资委发布的中央企业工业文化遗产15个项目中，中国石化胜利油田的功勋井——华8井、江汉五七油田会战指挥部旧址等5个项目入选。华8井等入选项目，具有较高的历史价值、科技价值、社会价值，是重要的政治思想文化教育基地。

中国石化以"打造世界领先洁净能源化工公司"作为企业愿景，践行"创新、协调、绿色、开放、共享"的新发展理念，落实高质量发展的要求，着力构建"一基两翼三新"产业格局；坚守"人本、责任、诚信、精细、创新、共赢"的企业价值观，将其作为全体员工在打造世界领先企业中共同遵守的基本价值准则，作为公司经营发展过程中必须坚守的原则和标准；积极培育"严、细、实"的企业作风，传承和弘扬以"苦干实干""三老四严"为核心的石油精神和以"求真务实、精神严谨、家国情怀"为内涵的石化传统，将其贯穿到企业经营管理的全过程。2020年，持续推动企业文化与经营管理融合不断深化，安全、绿色、质量、廉洁等专项文化建设有序开展。坚持顶层设计建设企业文化，编制"十四五"企业文化建设专项规划，为企业文化建设向文化管理升级奠定基础。

（2）中国海油以中国特色社会主义核心价值观引领企业文化建设，完善海洋石油先进文化制度体系，巩固全体员工团结奋斗的共同思想基础。2016年，习近平总书记作出大力弘扬以"苦干实干""三老四严"为核心的石油精神的重要批示后，组织开展"弘扬石油精神大讨论"活动，挖掘新时期石油精神新内涵；将石油精神纳入培训课程体系，成为各级干部员工学习的必修课；发挥文化力，完善中国海油核心价值理念，进一步推进文化体系建设。以弘扬石油精神为主题，将企业文化和品牌建设作为系统工程来推进，对内精神引领、凝心聚力，对外树立品牌、展示形象。

中国海油作为全球契约成员和“能源革命”的推动者，秉承“创新、协调、绿色、开放、共享”的原则，坚持“绿水青山就是金山银山”的理念，强化绿色供应链一体化管理，将环境保护贯穿到生产经营全生命周期。致力于减少企业生产运营对环境的影响，实现人与自然的和谐共生，提供更多优质能源产品以满足人民日益增长的优美生态环境需要，努力践行“让海更绿天更蓝”的庄严承诺。

中国海油是保护海洋生态环境的积极倡导者与实践者，高度重视保护作业区周边的生物多样性。坚持项目全生命周期的生态保护原则，提前开展环境风险与评价，识别项目周边环境敏感目标，及早规避环境风险，以实现经济项目与生态环境的和谐相处。通过中国海油海洋生态环境与生态保护公益基金会平台，积极参与环保倡议，致力于生物多样性的研究与保护项目，推动所在区域的资源修复与环境改善，形成了斑海豹保护、增殖放流等特色项目，努力为推进“美丽中国”建设创造更好的生态条件。2018年，中国海油首次组织召开生态环境保护工作会议，深入学习习近平生态文明思想，全面贯彻落实全国生态环境保护大会精神和国务院国资委中央企业生态环境保护工作会议的部署，提出中国海油绿色发展行动计划，助力国家打好污染防治攻坚战。积极开展绿色油田、绿色电厂、绿色制造试点工作，所属中海化学公司获得国家级“绿色工厂”称号，中海油湛江分公司等企业获得石油石化行业“绿色工厂”称号。2019年，中国海油发布《绿色发展行动计划》和《绿色发展行动计划实施方案》，顺应全球能源转型发展大势和国家生态文明建设要求，明确中国海油近期、中期、远期的绿色发展目标，形成了绿色发展的整体框架和发展思路，指引绿色发展方向，构建高质量现代化经济体系。

三、推广员工帮助计划

中国石化积极探索并大力推广员工帮助计划（EAP），改善职工心理状况。选择胜利油田、中原油田、国际石油工程公司、国际石油勘探开发公司等6家单位，作为EAP工作的试点单位，运用心理学创新思想政治工作方法，促进职工群众的精神健康和身心和谐。2012年，胜利油田以EAP为主要内容，扎实推进胜利心田工程。中国石化召开“石化集团公司EAP胜利油田现场观摩会”，通过现场参观EAP示范单位、典型经验介绍等，与会代表对如何开展EAP、如何开发员工心理资本和促进心理资本增值，有了更深刻的认识和理解。2013年，制定下发《集团公司员工帮助计划（EAP）试点工作方案》，进一步明确EAP工作的总体目标、实施步骤和保障机制。本着“统筹推进、系统策划、自主开展”的原则，重点协调和指导12家试点单位开展EAP工作；发行6万册《员工心理疏导ABC》，指导企业运用手册开展员工心理服务；参加第8届中国EAP与职业心理健康年度论坛，培训试点单位人员。举办“幸福讲坛”，培育职工阳光心态，帮助员工关注心理健康，注重情绪管理，获得快乐工作、幸福生活的方法。

为推动应用员工帮助计划（EAP），胜利油田印发《胜利油田推广应用员工帮助计划（EAP）指导意见》。推广“孤东EAP进车厢”“录井EAP外部市场一线行”等特色做法，促进EAP更好融入中心、进入管理。2013年，《胜利油田EAP本土化应用的探索与思考》《胜利油田宣传思想文化工作一体化考评体系》分获中国石化思想政治工作研究成果一等奖和二等奖。

2014年，中国石化召开EAP试点总结交流会，集团公司12家试点单位的党委领导和其他自行开展EAP工作的单位代表参加，试点单位8家、非试点单位2家做了交流汇报。自EAP开展以来，中国石化除选定的12家试点单位之外，另有近30家企业自发开展EAP工作，覆盖人群达20多万人。各单位开通了微信、手机报，建立了员工心理档案，成立了心灵工作站、服务站，培育心理健康专员和幸福教练，建立了志愿者团队。胜利油田紧紧围绕油田中心任务，推进EAP融入管理，探索接地气、接油气的EAP应用方法，促进EAP服务“进基层、到岗位、入人心”。2014年，参加全国EAP与职业心理健康年度论坛，在中国石油石化产业发展论坛上介绍油田推进EAP应用的经验做法。

EAP工作彰显知心服务效力。中国石化坚持以员工帮助计划（EAP）的方式，创造性地推动做好员工的思想工作，2015年下发《关于推广应用员工帮助计划（EAP）指导意见》，有力推动了EAP工作的开展。胜利油田作为中国石化首批EAP试点单位，制定下发《关于推广应用员工帮助计划（EAP）的实施意见》，要求对班组长以上的培训班都要嵌入EAP培训内容。2015年12月，中央企业EAP工作交流会在胜利油田召开，中央企业80家、中国石化系统106家企事业单位和总部机关8个部门的260多名代表参加会议。胜利油田在不断探索实践中形成“一体化运行，本土化推进，模块化应用”EAP应用模式，得到与会代表的认可与好评。至2015年年底，中国石化已有50余家企业开展EAP工作，在宣传普及、团体培训、环境营造、心理咨询、队伍建设等方面进行了积极探索，惠及人群达到40余万人。2016年，胜利油田启动“EAP服务一线行”活动，送课服务30余场次，千余名基层干部员工参与交流。同年，《胜利油田EAP的实践应用》被中央财经大学作为企业应用EAP教研案例。2017年，成立山东EAP委员会胜利油田分会，建立借智借力、系统提升的新平台、新机制。2018年，胜利油田启动“知心辅导员”培养计划，推动日常思想政治工作往深里做、往实里做、往心里做。2019年，促进员工身心健康，开展员工健康排查，对健康高危人员制定并落实干预措施；中国石化部分企业在生产现场设置应急医疗健康室，在人员密集场所配备自动体外除颤仪（AED）、血压计等应急医疗设施；进一步加强员工帮助计划（EAP），利用网络平台开展心理咨询，推动安全心理建设和危机预防，收到较好效果。胜利油田心理服务热线由油田党校（培训中心）EAP教研室的志愿者负责日常运行，十多年来义务服务线上员工9800余人次，提供面对面心理咨询1950余人次。为应对新冠肺炎疫情，EAP教研室心理咨询师团队，建立小组运行督导、应急处理机制，为受心理困扰的员工群众提供心灵安抚、情绪疏解和心理支持。2022年1月至4月，受理来电179个、转接心理咨询服务147人次，为员工群众筑起了一道疫情防控的“心灵防火墙”。

中国海油积极倡导“快乐工作，快乐生活”，努力实现工作与生活的平衡。持续开展“健康走遍海油”活动，积极倡导运动健康理念，加强员工的身心健康管理。做实职工关爱和维权保障工作，营造和谐健康发展环境。

四、石油文化境外融合

中国石化注重加强境外企业文化建设，推进跨文化融合。2012年，根据中央7部委《中国境外企业文化建设若干意见》的精神，收集汇总集团公司22家涉外企业文化建设有关情况，提出加强境外企业文化建设初步实施意见；召开15家企事业单位企业文化建设与党建工作专题座谈会，确定国际石油勘探开发公司、炼化工程（集团）有限责任公司的驻外单位，作为中国石化境外企业文化建设试点单位。国际石油勘探开发公司举办国际形势与国家安全、党史学习教育和党的十八大精神解读等专题讲座；研究提炼具有国际特色、符合发展要求的愿景、使命和核心价值观，为海外油气业务文化发展战略实现奠定基础。组织“洋劳模”和优秀国际员工的评选和表彰宣传，提升了国际员工的荣誉感和归属感；以“实惠”为落脚点，积极推动EAP员工帮助计划，建立以“海外员工家庭动态档案库”为基础的帮扶工作信息网络；设立“海外员工之家”，提供一站式温暖服务；以各类协会和工会小组为载体，开展形式多样的群众性文体活动。2013年，国际石油勘探开发公司发布实施“责任、尚德、共赢、进取”的企业核心价值观，大力宣贯并逐步成为全体中外员工一致认同、积极践行的行为准则和信念准则。以《国勘报》等为载体，营造和谐的企业文化氛围。成立公司团委，举办青年论坛、微信悦读、青年联谊等活动，推进共青团工作全面开展。2015年，国际石油勘探开发公司海外党组织克服多地办公等困难，以“严细实”的扎实作风开展专题教育；本着务实有效、安全可靠的原则，通过网络、视频等形式开展党建工作，以党建聚人心、促发展；建立党建工作月报制度，保证各项工作有序推进。2017年，中国石化在国际化发展过程中，始终坚持践行理念内涵，维护集团公司的使命及相应的价值准则，努力促进油气业务、石油工程所在国的经济、环境、社会和谐发展，印发英文版《企业文化建设纲要》，为涉外企业文化建设和传播提供政策依据。2019年，中国石化“牢牢坚持正确舆论导向，牢牢坚持正面宣传为主”，加大油气勘探开发、“绿色企业行动计划”等工作的宣传力度，唱响主旋律、弘扬正能量。按照“六个一”工作机制要求，贯彻落实国务院国资委“加强海外宣传体系建设”的部署，发布《中国石化在沙特》《2019中国能源化工产业发展报告》，制定《中国石化海外品牌传播工作规划》等制度，精心策划“一带一路”国际传播，持续聚焦对外文化宣传取得较好效果，被授予海外传播突出贡献奖。搭建与国际智库合作平台，有序推进跨文化传播特色项目，打造中国石化在国外的责任名片。

中国石油在海外油气业务经营过程中，始终秉承“互利共赢、合作发展”的理念，坚持不懈地建设完善海外特色企业文化，努力将中国石油政治文化优势转化为公司的跨国经营比较优势；通过文化工程建设提升海外油气业务的科学发展能力和国际市场竞争力，在树立中国石油良好形象和企业品牌形象方面做了大量工作。2012年，发布新版《企业文化手册》，出版《中国石油海外油气业务大事记》；新揭幕的海外企业文化展厅，被集团公司命名为“中国石油企业精神教育基地”；为海外员工配发《石油员工基本知识读本》，组织开展海外员工读书活动；推进共青团工作和青年工作，成功举办了“奉献海外，携手共进”主题竞赛活动；海外油气业务建立了10多个业余文体组织，因地制宜开展丰富多彩的文化体育活动，受到员工和家属的普遍欢迎和赞扬。2013年，将海外油气业务企业文化建设作为党建、思想政治工作的载体和平台，推动海外队伍思想政治工作创新发展，重点开展人文关怀与心理疏导工作，应用EAP方法疏解员工心理问题。同时，深入开展大庆精神铁人精神再学习再教育和“以爱国主义为核心，以艰苦奋斗为精髓”主题教育活动，坚持用大庆精神铁人精神铸魂育人。各海外企业、海外项目的党组织，通过组织开展各种文化活动和表彰活动，在海外奏响“我为祖国献石油”主旋律，为海外油气业务优质高效可持续发展提供正能量。2014年，做好海外各类先进典型的选树宣传活动，发掘海外典型人物和事迹；讲好海外石油人故事，完成《海外创业故事》等一批文化产品。2015年，召开扎实开展“三严三实”专题教育，不断强化海外党建工作；深入开展重塑形象大讨论活动，制定颁布《海外员工行为准则》，促进员工行为的国际化职业化。11月24日，成功举办“走近我，了解我”海外创业故事会，对集团公司企业文化的传播产生深远的影响。2016年，认真落实全面从严治党要求，加强海外企业党的建设和企业文化工作，从“两学一做”学习教育、弘扬石油精神、重塑良好形象等重点工作入手，着力打造坚强有力的领导班子，培育勇于创新的人才队伍，为海外企业稳健发展提供有力的思想保障和文化支撑。印发落实两个责任实施细则，组织签订党风廉政建设责任书和承诺书，落实中央八项规定精神，开展“四风”问题整治情况“回头看”，完成海外板块的专项巡视工作，并积极推进巡视反馈问题整改落实；利用各种媒体开展反腐倡廉宣传，推进廉洁文化建设。

中国海油为建设有中国特色的国际一流能源公司，不断统一思想、凝聚全体员工的共识，明确公司使命、愿景和价值观，使员工对企业有归属感、认同感和荣誉感，促进团队融合、助力业务发展。根据国际化发展战略统筹推进国际化人才培训工作，建立国际商务法律培训体系；启动关键岗位人员海外轮换，打造国际化人才海外轮换培养体系；开展外派相关制度与政策宣贯，建立外派员工行前培训体系。秉承“安全第一、环保至上，人为根本、设备完好”的健康安全环保核心价值理念，保持与国际油气生产者协会及国际同业在安全文化方面高度一致，开展“安全月”“环境日”“质量月”安全文化活动，以人本、绿色、低碳和社会友好的理念开展经营活动。伴随公司发展，员工的国籍、种族以及文化教育背景日趋复杂，为做好文化融合和团队融合，在组织开展“青年榜样”“优秀青年”评选时，把外籍优秀青年纳入评选范围，有十余名优秀外籍青年获得荣誉称号；组织开展“我的中国故事”征文、“好Young青春”青年才艺比赛活动，以及激扬青春系列青年英语演讲比赛，吸引了大量外籍员工参与，推进了中外籍员工之间的互知互信。

石油企业重视海外企业文化建设，海外石油企业文化融合所在国文化，逐步发展形成具有中国特色、石油特色的爱国奉献、温暖关爱、和谐融合、合作共赢、人本安全、创新发展、廉洁奉公等企业文化。

第七节 > 履行企业社会责任

为构建和谐社会，石油企业坚持安全第一、质量至上、以人为本的发展思想，在建设资源节约型社会、减轻国家和地方负担、维护社会和谐稳定，自觉参与社会公益和赈灾救灾、开展定点扶贫和对口支援、支持教育和环保公益等方面，发挥了国有骨干企业的表率作用。

石油企业响应党和国家的号召，积极履行企业的经济、政治、社会责任。始终坚持党和国家利益至上，正确处理经济、政治、社会责任三者关系，为实现企业利益、维护员工利益、统筹兼顾社会利益创造多赢局面，以实现企业价值的最大化。

一、定点扶贫与对口支援

2012年，中国石油继续在贵州、江西、河南等地开展定点扶贫。在江西横峰县，援建全长8.5千米通村道路，解决周边近2万人、5所中小学近千名师生的出行难问题，促进农产品运输及区域资源开发；在贵州习水县援建的龙马公路竣工，实施黔北民居危房改造工程、解决2000多人生活问题；在河南范县援建安全饮水工程，解决7个村近2万居民的饮水安全。对口支援西藏双湖、青海冷湖、重庆开县和帮扶福建长汀取得进展。在宁夏、黑龙江、甘肃、海南、四川、内蒙古、河北等省（区、市）的贫困地区，开展兴建新村、筑路修渠、助残帮扶、帮学助教、建设文化体育设施等多项扶贫项目。是年，扶贫帮困投资2.63亿元，被国务院国资委授予“中央企业扶贫开发先进单位”称号。2014年，中国石油积极响应中国政府为支持联合国千年发展目标而提出的“消除贫困、改善民生、实现共同富裕”的号召，努力为国家实现减贫目标贡献自己的力量；落实国家定点扶贫和对口支援的部署，以开展业务所在地扶贫援助为主线，持续支持经济落后地区的发展；以提高受援地可持续发展能力为重点，将扶贫开发与合作相结合，实施“智力、产业、民生”三大扶贫工程，在19个省（自治区、直辖市）投入资金2.07亿元，取得明显的经济效益。2015年，结合公司业务和受援地资源、市场优势，通过技能培训、供应链延伸等促进和提升当地自我发展能力，在新疆、西藏、青海、河南、江西等20多个省（自治区、直辖市）投入资金3.41亿元，实施基础设施改造、教育培训等社会公益项目，受益人数过亿。2016年，连续第11年发布社会责任报告，并发布行业内首部扶贫开发社会责任专题报告——《中国石油扶贫开发（2006—2015）企业社会责任专题报告》。2017年，在新疆定点扶贫县中的巴里坤哈萨克自治县、察布查尔锡伯自治县、托里县、青河县，通过国家专项评估检查，实现脱贫。2019年，中国石油在定点扶贫与对口支援的新疆、西藏、青海、重庆、河南、江西、贵州的13个县（区）投入资金1.53亿元，实施帮扶项目近70个（含培训班）；培训基层干部、致富带头人、技术人员3570人次。全年，中国石油公益总投入8.54亿元，惠及数亿人，其中扶贫帮困2.44亿元（表10-1）。

表10-1　2012—2020年中国石油社会公益资金投入

项目	2012年	2013年	2014年	2015年	2016年	2017年	2018年	2019年	2020年
扶贫帮困（万元）	26341	22744	20687	34110	19767	21817	23291	24388	23224
支持教育（万元）	19648	25365	12817	23803	8956	10092	4937	8269	10544
赈灾捐赠（万元）	2847	7487	16866	588	192	7975	1154	4421	1271
公益捐款（万元）	28674	16340	39526	63203	23985	46612	37807	43933	30264
环保公益（万元）	16495	13153	10864	14899	9241	22076	4904	4421	6492

续表

项目	2012年	2013年	2014年	2015年	2016年	2017年	2018年	2019年	2020年
主要公益总投入（万元）	93645	85089	100759	136604	62141	108572	72093	85432	71795

注：此表数据来源于中国石油年鉴。

中国石化履行社会责任，定点扶贫、对口支援，援藏投入资金2786万元，实施完成项目9个，有力促进了班戈县经济社会发展和民生的切实改善。2014年，在安徽、湖南投入扶贫资金7749万元，完成扶贫项目31个；在甘肃东乡县投入扶贫资金5500万元。援藏援青投入资金3750万元，从多个方面提高了当地百姓的生活环境和质量；出资建设的青海茫崖行委文体活动中心竣工，为当地百姓提供了舒适的室内文体活动场所。2015年，在安徽岳西和湖南泸溪、凤凰等地开创产业帮扶，增强“造血”功能，助力当地经济收入的提升。“十二五”时期，在西藏班戈共投入资金1.3亿元、完成项目43个，在青海茫崖行委援建两大工程，有力促进了地方经济发展，提高了当地百姓的生活水平。2016年，中国石化首次发布《中国石化精准扶贫白皮书（2002—2016）》，先后承担西藏、青海、江西、安徽、湖南、甘肃、新疆等7个省（自治区）的11个县（市）的扶贫开发任务，选派75名扶贫挂职干部深入扶贫第一线；所属单位也相应承担着各级政府安排的定点扶贫等工作任务。中国石化自成立至2015年，全系统累计投入扶贫资金11.61亿元。累计投入对口支援资金3.39亿元，实施120个扶贫项目，并投入定点扶贫资金3.45亿元。发布中国石化首套公益标识，构建以品牌标识为核心的公益视觉规范体系，重点突出对外传播中统一的中国石化公益形象，应用于公益慈善、扶贫救灾、环境保护、社会服务、志愿服务等业务领域，体现中国石化“报国为民、造福人类”的责任品牌形象。2017年，在6个定点扶贫县实施扶贫项目44个，投入扶贫资金9292元，受益贫困人口2.85万人；与中国扶贫基金会合作，在湖南凤凰县、芦溪县和甘肃东乡县实施美丽乡村旅游开发扶贫项目，投入资金1600万元；投入援藏资金3289万元，在西藏班戈县实施合作社运输、资助贫困大学生、扩建医疗卫生服务中心等援藏项目11个；援助青海泽库县1045万元，受益人口4602人。2018年，继续承担在6个定点扶贫县的扶贫任务，承担对口支援西藏班戈县、青海泽库县任务，共投入资金1.5亿元，实施扶贫项目67个，受益贫困户1.3万户3.7万人，有效助推当地经济社会发展，带动贫困群众脱贫奔小康。其中，安徽岳西县、西藏班戈县分别于2018年、2019年正式脱贫。第二次发布《中国石化精准扶贫白皮书（2017—2018）》，首次发布《中国石化在新疆（1978—2018）责任报告》，全面系统阐述中国石化精准扶贫、支援新疆发展的履责实践，彰显企业责任担当。2019年，承担全国8个县的对口支援和定点扶贫任务，投入帮扶资金1.65亿元，实施扶贫项目66个，受益贫困群众达5.7万户11.4万余人，其中安徽岳西县和颍上县、西藏班戈县、湖南凤凰和泸溪县已实现"脱贫摘帽"；截至2019年，中国石化67家直属企业承担地方政府安排的709个村的扶贫任务，共派出扶贫工作专兼职人员1945人。胜利油田认真履行国有企业的政治责任和社会责任，高度重视精准扶贫工作，发挥内部消费、渠道平台等优势，2019年帮助贫困地区农副产品打开销路，采购扶贫产品以及落实采购订单790余万元；到2019年年底，共派出"第一书记"6批23人次，帮包村19个，助力一批建档立卡贫困户走上了脱贫致富路。

中国海油担当央企责任，先后承担甘肃、海南、内蒙古等省（自治区）的6个县（市）和1个贫困村的定点扶贫及援藏任务。围绕民生扶贫、教育扶贫、产业扶贫等扶贫工作重点，办实事做好事，形成了一套强有力的组织保障体系，积累了宝贵的实践经验。其中，海南省五指山市水满乡新村，在中国海油派驻第一书记的带领下，于2016年率先脱贫"摘帽"。中国海油对口帮扶的甘肃省合作市于2018年正式退出贫困县，成为甘肃省第一批脱贫的县市之一。对口援助的西藏尼玛县，从藏北无人区一个贫穷落后的小县城变成"藏北明珠"。2018年10月，中国海油在精准扶贫上再进一步，与各扶贫点联合，开展"消费扶贫""全员扶贫"；"扶贫产品体验馆"在中国海油大厦开业，五指山黎锦、野生蜂蜜、卓资烧鸭、乳制品等特色产品受到海油人的追捧。中国海油线上线下齐推进，形成了以“消费扶贫”为主体、长期供销合同为保障的扶贫方案，有力解决了贫困地区农副产品销售难的问题。中国海油多措并举探索产业扶贫新模式，结合专业优势，积极开展教育扶贫、消费扶贫、旅游扶贫，连续两年在中央单位定点扶贫工作考核中获奖，一名挂职干部荣获全国脱贫攻坚“创新奖”。2019年，中国海油定点扶贫的6个县市——甘肃省夏河县、甘肃省合作市、海南省保亭县、西藏尼玛县、内蒙古卓资县、海南省五指山市，已全部实现脱贫摘帽。

二、积极支持教育事业

石油企业十分重视和支持教育事业。中国石油继续通过石油奖学金、助学金、捐建希望小学、资助社会机构等多种形式支持国内教育事业；与北京大学、清华大学、中国石油大学（北京）等高校签署合作协议，设立中国石油奖学金，并向贫困生倾斜。2012年，为青海省基层贫困农牧区学校捐赠的第三批400个“油海助学希望书架”配发至海西州、海南州、黄南州、玉树州、果洛州的所有学校。至此，“油海助学希望书架”1000个、20万册图书全部到位，完成对青海6州一地一市的全覆盖，解决了青海省部分中小学校课外图书较为缺乏的情况，丰富了当地青少年精神生活。为贵州习水县革命老区30所乡镇小学捐赠2万册各类图书、150台计算机和100个书架。2014年，投入1.28亿元支持教育事业。在河南社旗县开展的“石油·助学”活动，改善当地20所农村中小学教学与生活条件，学生们有了多媒体课堂，告别了架子床。“十二五”时期，支持教育事业投资10.06亿元；先后资助13所高校中的3175名大学生、研究生，累计发放奖学金1995万元。2016—2017年，支持教育事业共投资1.91亿元。2017年，中国石油专注于教育领域的公益项目——“旭航”助学，实施规模由2省4校扩大到四川、河南、贵州、江西省的10县10所学校，全年为1500名特困高中生提供资助。2019年，关注教育领域、支持科技文化教育，中国石油奖学金表彰优秀学生635人，发放奖学金399万元。

中国石化为贫困地区捐资援建希望小学148所。2012年投入资金60万元，在安徽肥西县捐资援建的中国石化第149所希望小学，举行了揭牌仪式；为西藏班戈县贫困学生设立200万元的“中国石化助学基金”，共为512名考入大中专院校的贫困牧民子女提供奖学金、助学金。2014年，修订《中国石化助学金发放管理办法》，提高了助学金额。全年向教育事业捐款696万元，其中投入教育扶贫资金500万元，包括助学资金200万元，共资助学生939人。2021年3月，中国石化在发布的助力乡村振兴“十四五”计划中，明确将教育帮扶作为乡村振兴重点工作；在全系统捐建的246所学校中优选出37所，由37家直属单位“一对一”结对帮扶；从集团公司层面加大教育硬件投入，对24所学校的教学设备和配套设施进行改造。2021年，中国石化宿州分公司落实“捐资助学”专项资金500万元，在泗县、砀山、埇桥区等地捐建希望小学10所，资助贫困大学生73名。

中国海油以“扶贫先扶智，治穷先治愚”思想为指导，积极改善各地教育环境，帮助贫困地区的孩子们接受良好教育，以一人受教育带动全家转变观念，调动贫困群众脱贫的内生动力。在海南省先后建设了五指山第一小学、五指山中学、五指山红星学校、保亭中学、南茂中学等一批教育硬件设施，为当地教育事业发展打下坚实基础。在内蒙古卓资县，捐资264万元建设幼儿园，为500名儿童提供入园条件。在西藏自治区尼玛县，投入500万元，开展县域义务教育均衡配套项目，对教室、实体、宿舍等设施进行升级改造，提升薄弱学校办学水平，缩小学校间差距，促进当地教育事业发展。为帮助贫困大学生，设立“中海油贫困大学生助学基金”，17年来累计捐资超过4700万元，支持37所高校逾1.5万名贫困大学生顺利完成学业，成为社会有用之才。设立“雏凤”助学基金，从每年的扶贫资金中拿出10万元，资助贫困女学生完成学业。近千名女孩得到“雏凤”助学协会的帮助，上百名“雏凤”走出大山、金秋圆梦。2019年，中国海油组织开展员工与定点帮扶县市贫困高中生的“结对帮扶”活动，党组领导带头结对，提供1000元/人/学年的资助，直至高中毕业，共有683名贫困高中生得到帮扶。

三、参与社会公益活动

石油企业支持社会公益事业，参与社会健康医疗公益活动。2012年，中国石油为帮助西北边远地区解决饮水困难，改善当地妇女儿童生存和发展环境，向中国妇女发展基金会捐赠2万口“母亲水窖”和100辆“母亲健康快车”[1]，由此获得中国妇女发展基金会颁发的中国妇女慈善奖最高奖项——典范奖。2013年，中国石油大力推进“母亲健康快车”公益项目，相继向湖北、山东、河北、广西、四川等省（自治区）捐赠150辆“母亲健康快车”，用于改善贫困地区缺医少药现状。

中国石化捐赠的“光明号健康快车”，每年开往全国3个贫困地区，免费为白内障患者实施复明手术。2014年，中国石化捐赠的“健康快车”开进广东、山东、山西省，治愈白内障患者3006人，其中广东湛江1010人、山东泰安764人、山西晋中1232人；在四川广安市人民医院建成1所“中华健康快车”——中国石化白内障治疗中心。到2014年年底，中国石化连续10年捐赠慈善事业——“健康快车”，累计捐资1.18亿元，免费治愈白内障患者3.15万人；捐赠的“健康快车”开进了新疆、青海、宁夏、西藏等16个老少边远地区，共计29站次；建造“中国石化光明号”火车医院1列，在新疆建造显微眼科手术培训中心1所，捐赠“健康快车”白内障治疗中心10所。2015—2018年，“光明号健康快车”先后驶入湖北恩施、黑龙江齐齐哈尔、四川凉山、河南洛阳、贵州安顺、四川资阳、新疆喀什、吉林白山、广西桂林、河南商丘、新疆伊犁、广东肇庆等省（自治区）的贫困地区，每年治愈白内障患者都在3000人以上。2019年，中国石化“光明号健康快车”驶入山西长治、甘肃定

[1] “母亲健康快车”活动，是由中华全国妇女联合会、国务院妇女儿童工作委员会主办，中国妇女发展基金承办的公益项目，旨在保障母子平安和妇女儿童健康权益。

西、湖北应城，为3000多名贫困白内障患者实施手术。截至2019年年底，中国石化为“健康快车”公益事业累计捐赠超过1.8亿元，为18个省市38个地区近4.5万名贫困白内障患者免费实施复明手术，捐建21所“健康快车”眼科中心。中国石化“光明号健康快车”连续15年获中华健康快车基金会颁发的光明功勋特别奖，获中宣部全国最佳志愿服务项目称号、获国务院国资委精神文明委员会颁发的中央企业优秀志愿服务项目。

石油企业倡导社会主义新风尚，大力弘扬“奉献、友爱、互助、进步”的志愿者精神，积极开展志愿者活动，广大石油石化员工积极主动投身社会公益事业。2014年，中国石油青年志愿者队伍达6862支18.47万人，受益人数达170万人。开展志愿服务活动，传递社会正能量，提升员工自豪感。2017年，中国石化注册志愿者已达20余万人、志愿服务队1500余支，建立各种志愿服务基地2000余个，党员志愿者、青年团员志愿者在抢险救灾、扶贫济困、捐资助学、传播正能量等各个方面都发挥了重要作用。4月3日，在全国学雷锋志愿服务推进会上，胜利油田党员服务社获得“最佳志愿服务组织”称号。截至2017年，胜利油田共建成党员服务社97家，功能定位也由最初的非在职党员教育管理服务向服务群众、服务改革、服务和谐、服务区域延伸拓展，成为胜利油田3.8万名非在职党员过好组织生活的“红色家园”、关怀服务的“温馨港湾”、共建和谐的“桥梁纽带”。胜利油田创建发展党员服务社的典型做法获得第三届全国基层党建创新案例最佳案例。2018年3月3日，胜利油田成立志愿服务总队，志愿服务运行更加系统；拥有注册青年志愿者9800余人，建立区域化服务阵地43个，创新各类志愿服务项目50多个。胜利油区活跃着500多支志愿服务队伍，热心公益事业，关爱帮助他人，为建设和谐油田做出积极贡献。2019年，中国石化青年志愿者服务达80万人次；截至2019年年底，累计注册志愿者20万余人，志愿服务队1500余支，建立志愿服务基地2000余个。中国石油坚持将企业发展与业务所在地可持续发展结合起来，关注民生和社会进步，与当地分享发展机遇和资源价值，积极参与社会公益，促进经济和社会和谐发展，做优秀企业公民。弘扬和倡导志愿精神，鼓励和支持员工积极参与服务社区和服务社会的志愿者活动；2019年志愿者队伍3322支11.3万人，志愿服务时长135万小时，288万人次收益。

支持社会公益事业，参与社会普法公益活动。中国石化向中国法律援助基金会累计捐款1000万元，为贫困地区困难群众提供法律援助服务。2016年，中国石化200多名“1+1”行动志愿者，奔赴西部12个省（自治区）和新疆生产建设兵团的115个县（区），开展法律援助服务。2017年，中国石化连续第6年向中国法律援助基金会捐赠资金，支持“1+1”法律援助志愿者行动项目，当年获得法律援助基金会20周年法律援助公益事业突出贡献单位称号。截至2017年年底，累计向中西部地区的392个县（区）派出1300余人次法律援助志愿者，共办理法律援助案件5.4万余件，开展普法宣传和法治讲座超过1.8万场，直接受益群众1570万人，为受援群众挽回经济损失近30亿元。2018年，继续支持中国法律援助志愿者行动项目，以扶贫攻坚为主题，派出140名律师志愿者及98名大学生志愿者和基层法律服务工作者，奔赴中西部地区15个省（自治区）的140个县（区）开展法律援助工作，服务当地法治建设。

持续开展海洋环保特色项目，探索公益科普新方式。2016年5月，中国海油“蔚蓝力量”青年志愿者行动入选中央企业十大志愿服务品牌。2017—2019年，投入资金4000多万元，资助专业机构开展海洋生态环保专项研究、海洋环保政策研究以及海洋环保活动，资助范围包括山东典型海岸带生物资源与环境保护修复、甲壳类增殖风险评估、沉潜油监测及防控、西沙增殖放流等20余个项目，充分发挥央企在海洋环境保护中的作用。“蔚蓝力量”青年志愿服务队，积极开展和宣传海洋环保理念等志愿活动。截至2019年，中国海油累计投入海洋环境保护资金1624.9万元。

中国石油企业作为国家油气资源勘探开发和生产保供企业，坚持绿色低碳发展战略，积极履行政治、经济、社会责任。2012年，在联合国气候变化框架公约第21次缔约方大会上，中国石油承诺并认同全球气温升幅控制在2

摄氏度以内的共识。2015年，中国石油正式加入国际油气行业气候倡议组织（OGCI）。2016—2021年，石油企业在履行联合国气候变化框架公约方面做出积极贡献，为中国在国际上赢得良好声誉。

石油企业在为国家经济发展提供稳定能源供应的同时，坚持将企业发展与业务所在地可持续发展结合起来，关注民生和社会进步，与当地分享发展机遇和资源价值，积极参与社会公益活动，促进经济和社会和谐发展。石油企业积极履行“三大责任”，实施定点扶贫和开展对口支援，集合自身业务和受援地资源、市场优势，创新模式、精准扶贫，帮助当地获得经济的自我发展能力，为全面建设社会主义现代化强国做出了积极应有的贡献。

牢记嘱托，端稳能源饭碗

2021年10月21日下午，中共中央总书记、国家主席、中央军委主席习近平来到胜利油田，考察油田开发建设总体情况，走进页岩油实验室、二氧化碳气驱实验室，听取油田坚持自主创新、加快技术攻关应用、保障国家能源安全等情况介绍。习近平强调，解决油气核心需求是我们面临的重要任务。要加大勘探开发力度，夯实国内产量基础，提高自我保障能力。要集中资源攻克关键核心技术，加快清洁高效开发利用，提升能源供给质量、利用效率和减碳水平。他指出，石油战线始终是共和国改革发展的一面旗帜，要继续举好这面旗帜，在确保国家能源安全、保障经济社会发展上再立新功、再创佳绩。

离开研究院，习近平来到位于东营市莱州湾的胜利油田莱113区块，了解二氧化碳捕集、利用与封存技术研究应用情况。他登上二层钻井平台，察看钻井自动化设备，走进操作室，同正在作业的工人亲切交流。2021年是胜利油田发现60周年。习近平代表党中央向为我国能源事业做出贡献的石油工作者们表示崇高敬意。习近平叮嘱大家继承和发扬老一辈石油人的革命精神和优良传统，始终保持石油人的红色底蕴和战斗情怀，始终牢记能源的饭碗必须端在自己手里，保障国家能源安全，为社会主义现代化建设事业做出更大贡献。

习近平总书记在胜利油田的考察行程结束后，胜利油田和胜利工程公司领导班子第一时间深入学习习近平总书记考察期间的重要讲话、重要指示精神。大家感到，在中国共产党成立100周年、胜利油田发现60周年和“十四五”开局之年，在党的十九届六中全会即将召开的关键时刻，习近平总书记到胜利油田进行考察调研，充分体现了以习近平同志为核心的党中央对国有企业、石油石化行业和中国石化的高度重视，体现了对工人阶级特别是石油工人的关心厚爱。其间，总书记发表重要讲话，充分肯定油田60年发展取得的巨大成就、做出的重要贡献，并作出重要指示，为胜利油田改革发展指明了前进方向、注入了强大动力。

中国石化、中国石油、中国海油迅速掀起学习热潮，将把学习贯彻习近平总书记在胜利油田考察期间的重要讲话、重要指示精神，作为当前首要政治任务，以习近平新时代中国特色社会主义思想为指导，深入学习领会核心要义、精神实质、丰富内涵、实践要求，自觉用以武装头脑、指导实践、推动工作，切实增强“四个意识”、坚定“四个自信”、做到“两个维护”，坚定不移按照习近平总书记指引的方向奋勇前进，全力建设领先企业，不断谱写新时代中国石油工业高质量发展新篇章。要聚焦保障国家能源安全，认真落实能源安全新战略，坚持“稳定东部、发展西部、加快非常规、拓展新领域”，大力提升油气勘探开发力度，确保东部规模增储稳产、西部快速增储上产、页岩油形成接替能力，持续推动效益稳产，坚决当好国内油气增储上产推动者，履行政治责任、扛牢央企担当。要聚焦安全绿色低碳发展，统筹保障能源安全和生态环境保护，双向发力、协调并进，着力构建全员、全过程、全方位安全风险防控体系和能源监测、排放物监测、生态观测体系，深化节能降碳减排，做大做优做强新能源，加快CCUS、CCS等脱碳产业发展，建成美丽绿色油田，助力实现“双碳”目标，争当高质量发展的绿色标杆企业。要聚焦打造技术先导型企业，贯彻“四个面向”，围绕国家发展需要持续加强油气勘探开发和绿色低碳关键技术攻关，支撑高效勘探，增强持续效益稳产能力，助力区域新旧动能转换，努力成为石油行业重要创新策源地，在“担当国家战略科技力量”中发挥好主力军作用。要聚焦传承弘扬石油精神，深入学习贯彻习近平总书记“七一”重要讲话精神，深刻体悟伟大建党精神以及石油精神、大庆精神、铁人精神的丰富内涵和时代要求，扎实推进党史学习教育，切实强化党建思想文化引领，将其熔铸到干部员工的思想里、落实到行动上，打造一支有理想、有文化、有道德、有纪律的石油铁军，高举红旗向前，为实现第二个百年奋斗目标、全面建设社会主义现代化国家做出更大贡献。

大事记

2012年

5月9日 中国自主设计建造的首台3000米深水钻井平台“海洋石油981”在南海东部海域成功开钻，标志着中国海洋石油工业“深水战略”迈出实质性步伐。

5月30—31日 中国石油长庆油田主要承担建设的低渗透油气田勘探开发国家工程实验室建设项目顺利通过国家级验收。整体实验装备水平达到国内领先水平。

6月16日 哈法亚油田一期年产原油500万吨产能建设成功投产。哈法亚项目是中国石油作为作业者在海外规模最大的投资项目。

7月31日 中亚天然气管道乌兹别克斯坦段2号压气站开机运行，乌兹别克斯坦天然气正式进入中亚管道，成为继土库曼斯坦天然气之后中亚管道的又一重要气源。

10月16日 西气东输三线工程开工建设。

10月28日 三元复合驱技术在大庆油田获得重大突破，可在水驱基础上提高采收率20个百分点，主力油层总采收率将突破60%，创造世界油田开发史上的奇迹。

11月29日 中国石化正式发布《中国石油化工集团公司环境保护白皮书（2012）》，这是中国工业企业发布的首个环境保护白皮书。

12月30日 西气东输二线工程全线建成投产。作为中国首条引进境外天然气资源的战略通道工程，起于新疆霍尔果斯首站，途经15个省（区、市），全长8704千米，设计年输气能力300亿立方米，可稳定供气30年以上。

本年 中国石油大庆油田生产原油4000万吨、天然气33亿立方米，实现原油4000万吨持续稳产10年。长庆油田年产油气当量突破4500万吨，连续五年增产油气当量500万吨。

2013年

1月18日　在北京召开的国家科学技术奖励大会上，中国石化“特大型超深高含硫气田安全高效开发技术及工业化应用”项目荣获2012年度国家科学技术进步特等奖。

2月26日　中国海油完成收购加拿大尼克森公司的交易，是迄今为止中国公司完成的最大一笔海外收购。

7月28日　中缅天然气管道投产通气仪式在缅甸曼德勒举行。中缅天然气管道起于皎漂，途经4省邦，经南坎进入中国瑞丽，管径1016毫米，长度793千米，设计年输量120亿立方米。

7月30日　中国石化宣布实施“碧水蓝天”环保专项行动。

9月7日　中国国家主席习近平出席中哈天然气管道二期第一阶段工程投产仪式。

10月20日　中缅天然气管道干线建成投产。

11月22日　位于山东省青岛经济技术开发区的中国石化东黄输油管道发生泄漏爆炸特别重大事故，造成62人死亡，136人受伤，直接经济损失7.52亿元。

本年　中国石油累计建成国内外管道长度超过1万千米，投运超过8000千米，创历史最高水平。

2014年

3月24日　中国首个大型页岩气田——涪陵页岩气田进入商业化开发阶段。

5月31日　中亚天然气管道C线顺利投产。C线与A\B线并行敷设，线路总长1830千米，设计年输气能力250亿立方米。

6月13日　中共中央总书记习近平在中央财经领导小组第六次会议上明确提出了“四个革命、一个合作”能源安全新战略：推动能源消费革命、能源供给革命、能源技术革命、能源体制革命，全方位加强能源国际合作。

8月18日　中国石油伊拉克哈法亚油田二期1000万吨产能项目顺利投产。

8月25日　西气东输三线西段全线贯通。西气东输三线是中国首次引入社会资本和民营资本参与建设的国家重点工程。

9月1日　中俄东线天然气管道俄境内段开工。中俄东线天然气管道俄境内段全长2680千米，根据协议将于2018年建成投产并向中国供气。

12月11日　中国石化荣获“2014最具责任感企业”，是唯一连续4年获得该荣誉的石油化工企业。

2015年

2月12日　位于中国南海北部的首个深水自营气田——陵水17－2气田天然气探明储量通过国土资源部审查，储量规模超千亿立方米。

10月　涪陵页岩气田成为全球除北美之外最大的页岩气田。

12月29日　涪陵页岩气田完成50亿立方米/年产能建设目标。

2016年

2月24日　中国海上2016年推出18个开放区块与外国石油公司合作，总面积52257平方千米。

6月25日　在国家主席习近平和俄罗斯总统普京共同见证下，中国石化与俄罗斯石油公司签署合作协议。

6月　“七一”前夕，中共中央总书记习近平作出重要批示，强调要大力弘扬以“苦干实干”“三老四严”为核心的“石油精神”。

2017年

1月19日　国家发改委公布《石油发展“十三五”规划》。

3月16日　在国家主席习近平和沙特国王萨勒曼见证下，中国石化与沙特基础工业公司签署战略合作协议。

5月16日　中国石油主办“一带一路”油气合作圆桌会议。

5月21日　中共中央、国务院《关于深化石油天然气体制改革的若干意见》正式对外公布。

7月20日　“2017年全球财富500强”榜单揭晓，中国石化位居第三。

11月12日　中俄原油管道二线全线贯通。正式投产后，中国进口俄罗斯原油将由现在每年1500万吨增加到3000万吨。

11月　新疆发现10亿吨级砾岩大油区，成为世界上发现的最大砾岩油田。

本年　央企“三大”石油集团公司基本完成公司制改制，由全民所有制企业改为有限责任公司。

2018年

3月26日　中国首个大型页岩气田——涪陵页岩气田如期建成100亿立方米年产能，相当于建成一个千万吨级大油田。

同日　中国原油期货在上海国际能源交易中心正式挂牌交易。原油期货是中国商品期货第一个全球上市的品种。

4月2日　中国石化在总部宣布正式启动“绿色企业行动计划”。

6月19日　中国海油南海西部陵水17-2气田开发项目启动会召开，标志着中国首个深水自营千亿立方米级大气田正式进入开发建设阶段。

7月　中共中央总书记习近平站在党和国家前途命运的战略高度，敏锐洞悉中国油气对外依存度不断上升可能带来的重大挑战，对石油战线做出大力提升油气勘探开发力度重要批示，寄予殷切期望。

7月19日　2018年《财富》世界500强排名公布。中国石化集团公司以3269.53亿美元的营业收入在世界500强中名列第3位。

10月30日　中国石化74家企业1132个“四供一业”分离移交项目全部完成正式协议签订和实施方案上报。

11月15日　中国石化在雄县启动6座换热站，为11个自然村的5155户村民提供优质清洁的地热供暖服务。

同日 鄂尔多斯－安平－沧州输气管道一期工程投产成功，如期实现向河北省供气，将有效缓解华北地区天然气供需矛盾。

12月5日 中国石油天然气集团有限公司在京发布勘探开发梦想云平台，这是国内油气行业首个智能云平台。

12月9日 国家油页岩开采研发中心工作启动会暨第一届学术委员会会议在中国石化石油勘探开发研究院举行。

12月18日 以年产油气当量达到5015.6万吨为标志，长庆油田已连续6年年产油气当量5000万吨以上。

2019年

5月18日 国土资源部中国地质调查局在南海宣布，在南海北部神狐海域进行的可燃冰试采获得成功，这也标志着中国成为全球第一个实现了在海域可燃冰试开采中获得连续稳定产气的国家。

9月29日 中华人民共和国国家勋章和国家荣誉称号颁授仪式在人民大会堂隆重举行。中共中央总书记、国家主席、中央军委主席习近平为大庆油田有限责任公司原总经理助理、副总地质师王启民颁发“人民楷模”国家荣誉称号奖章。

12月9日 国家石油天然气管网集团有限公司成立大会在京举行。

本年 中国实现油气储量和产量双增长。国家能源局2019年12月16日公布的统计数据显示，2019 年，中国石油和天然气新增探明储量分别达到12亿吨和1.4万亿立方米，比上年分别增长25%和68%。2019年，中国原油产量达到1.91亿吨，扭转了2016年以来的持续下滑态势，天然气产量（不含煤制气）达到1733亿立方米，连续3年增产超过100亿立方米。

2020年

1月9日 自然资源部在《自然资源部关于推进矿产资源管理改革若干事项的意见（试行）》新闻发布会上表示，将全面放开油气勘查开采，允许民企、外资企业等社会各界资本进入油气勘探开发领域。

1月10日 2019年国家科学技术奖励大会在北京举行，中国石油3项成果获国家科技进步奖，其中："中东巨厚复杂碳酸盐岩油藏亿吨级产能工程及高效开发"获国家科学技术进步一等奖，"多类型复杂油气藏叠前地震直接反演技术及基础软件工业化"获国家科学技术进步二等奖。

同日 中国石油塔里木油田钻探能力达10000米，标志着塔里木油田陆上超深油气勘探技术达到世界领先水平。

1月19日 亚洲陆上最深油井——中国石油轮探1井获得工业油气流，日产原油133.46立方米、天然气4.87万立方米。这是世界石油勘探开发史上首次在8200米以下的深层找到液态的石油烃。

3月4日 中国石油长庆油田陇东国家级页岩油示范区百万吨产能建设全面启动，标志着庆城10亿吨级大油田进入规模开发阶段。庆城油田已探明石油地质储量3.58亿吨，预测石油地质储量6.93亿吨。截至2019年年底，陇东国家级页岩油示范区已完钻水平井200多口，投产100多口，日产原油1000多吨，具备年产50万吨原油的能力。

3月16日 中国海油宣布在渤海海域发现大型油田——垦利6-1油田，这是继千亿立方米大气田渤中19-6气田之后，在渤海获得的又一重要油气发现。5月26日，自然资源部完成中国海油的垦利6-1油田探明储量报告的评审备案工作；该油田探明地质储量超过1亿吨，成为中国渤海莱州湾北部地区首个亿吨级大型油田。

3月22日 中国石油辽河油田开发建设50周年。50年来，辽河油田生产原油4.8亿吨、天然气880亿立方米，上缴利税费近3000亿元，建成中国最大的稠油高凝油生产基地。

4月10日　国家发展改革委、财政部、自然资源部、住房城乡建设部、国家能源局联合发布《关于加快推进天然气储备能力建设的实施意见》。

4月14日　中国首个深层页岩气田——中国石化威荣页岩气田建设全面铺开。

4月19日　国家重点能源建设项目、中国西部首座储气库群——中国石油吐哈油田温吉桑储气库群开工建设。

同日　海洋工程公司完成中国海域天然气水合物第二轮试采施工，实现从“探索性试采”向“试验性试采”的重大跨越，标志着中国石油完全具备深水钻探总承包能力，增强了中国深海探测和开发能力。

9月30日　国家管网集团举行油气管网资产交割暨运营交接签字仪式，标志着中国油气管网运营机制市场化改革取得重大成果。

10月14日　中国首个自营深水油田群——中国海油流花16-2油田群顺利投产，高峰年产量可达420万立方米。

10月20日　中国石油长庆油田在庆城举行开发建设50周年庆祝大会。长庆油田开发建设50年来，成功开发33个油田、13个气田，累计为国家贡献油气当量超过7亿吨，累计生产天然气4536亿立方米，建成中国最大油气田。

10月29日　中国首个1500米深水半潜式生产平台主体由中国海油建造完成，为全球首座具备万吨级储油能力的半潜式储油平台。

12月10日　中国石化获联合国全球契约组织“2020实现可持续发展目标企业最佳实践”荣誉。

12月14日　中国石油西南油气田年产气突破300亿立方米，建成西南地区第一个年产300亿立方米大气区。

2021年

1月14日　中国海油宣布全球首座10万吨级深水半潜式生产储油平台——“深海一号”能源站在山东烟台交付起航。这一最新海洋工程重大装备，实现了3项世界级创新技术、运用了13项国内首创技术。2月6日，中国海油"深海一号"能源站顺利抵达海南岛东南陵水海域，落位"深海一号"大气田——陵水17-2气田，开启海上系泊、安装和生产调试。4月15日，中国海油建设的中国首个千亿立方米自营深水大气田"深海一号"完成全部开发井的钻完井作业。9月6日，中国海油宣布，"深海一号"大气田实现全部投产。11月24日，"深海一号"日产天然气达1000万立方米，提前达到设计产量峰值，具备年产气30亿立方米的能力。

1月25日 中国海油宣布，自然资源部油气储量评审办公室审定惠州26-6油气田探明地质储量为5000万立方米油当量，标志着中国珠江口盆地再获重大油气发现。

1月26日 世界首个埋深超7000米高含硫生物礁大气田——中国石化元坝气田累计生产天然气200.02亿立方米；该气田创新形成的高效绿色开发技术整体达到国际先进、部分达到国际领先水平。

1月28日 中国最大天然气储气库——中国石油新疆油田呼图壁储气库历经8个采气周期，累计采气量突破100亿立方米。

2月22日 中国海油在渤海获重大油气发现——渤中13-2油气田探明地质储量亿吨级油气当量。

2月28日 中国海油宣布，在山西临兴气田探明地质储量1010亿立方米，中国海油在陆上成功发现千亿立方米大气田。

3月31日 国家石油天然气管网集团有限公司（简称国家管网）全面完成油气主干管网资产整合，实现了中国全部油气主干管网并网运行，实现了"全国一张网"。

4月9日 中国石化华东石油局与南化公司合作建设的CCUS（碳捕集、利用与封存），年捕集二氧化碳超10万吨。

4月29日 中国海油宣布，中国首个海上智能气田群——东方气田群全面建成，海上油气生产运营迈入智能化和数字化时代。

5月7日　中国石油宝石机械牵头研制的国内首台“一键式”人机交互7000米自动化钻机，顺利通过出厂验收，标志着中国已成为全球少数可自主研制自动化钻机的国家。

5月14日　中国海油自主研发的首套浅水水下采油树系统当日在渤海海域试成功。

6月4日　中国石油塔里木富满油田落实一条储量规模超2亿吨超级富油气断裂带，落实资源量超10亿吨，成为中国发现的最大超深海相断控缝洞型碳酸盐岩油藏。这是近10年，在塔里木盆地石油勘探最大的发现。

6月20日　中国石油宣布长庆油田在鄂尔多斯盆地长7生油层探明地质储量超过10亿吨的页岩油整装大油田，成为中国探明储量规模最大的页岩油大油田。

7月5日　中国石化宣布，启动百万吨级CCUS项目——胜利油田-齐鲁石化CCUS建设项目投产。7月20日，中国石化CCUS重点实验室揭牌。

7月15日　国家能源局召开2021年大力提升油气勘探开发力度工作推进会。

7月21日　中国石化顺利完成全国碳市场首笔大宗协议交易，从华润集团买入10万吨全国碳市场碳配额。

8月2日　中国海油宣布，中国首个自营深水油田群——流花16-2全面投产，这是中国海上开发的水深最深的油田群。

8月11日　中国海油宣布，由其牵头研制的国内首套水下应急封井器在南海深水海域海试成功，可应对3000米水下漏油事故。

8月16日　中国石化西南石油局中江气田新增天然气探明储量340.29亿立方米，累计探明储量达1061亿立方米，为中国石化在川渝地区建设中国首个千亿立方米天然气生产基地打下坚实资源基础。

8月26日　中国石化西北油田部署在塔里木盆地的重点探井——顺北44X井，试获日产油气当量产量超千吨，标志着顺北油气田4号断裂带获得亿吨级油气重大发现。

9月9日 中国海油宣布，由中国自主设计建造的全球首艘智能深水钻井平台“深蓝探索”在珠江口盆地成功开钻，标志着中国智能化深水油气装备发展迈出了实质性一步。

10月21日 中共中央总书记习近平在视察胜利油田时，叮嘱石油战线端牢能源饭碗，再立新功，再创佳绩。

10月29日 中国石化党组召开学习贯彻习近平总书记视察胜利油田的重要指示精神大会，强调要把重要指示精神转化为接续奋斗的强大动力和高质量发展的务实之举，在建设社会主义现代化国家新征程中再立新功、再创佳绩。

11月8日 中国石油大港油田储气库群正式采气生产，向北京、天津、河北输送天然气。该储气库已安全平稳运行7669天，21年来储气库群累计注采气量稳居全国首位。

11月12日 国家发展改革委、财政部、自然资源部印发《推进资源型地区高质量发展“十四五”实施方案》。方案中指出，建立安全可靠的资源能源储备、供给和保障体系；加大石油、天然气等战略性矿产资源勘查。

12月12日 中国科学院广州能源研究所成功研制国际首套有效体积2585升、最大模拟海深3000米的大尺度全尺寸开采井天然气水合物三维综合试验开采系统。

本年 中国石化胜利油田济阳页岩油勘探取得重大成果，在完钻的4口页岩油专探井中，樊页平1井日产油171吨。2021年，胜利油田首批上报预测石油地质储量4.58亿吨，标志着济阳页岩油实现商业产能的战略性突破。

2022年

2月28日 中国石化召开“牢记嘱托、再立新功、再创佳绩，喜迎二十大”主题行动启动会，贯彻落实习近平总书记视察胜利油田重要指示精神，做好主题行动8方面45项重点工作，高质量完成全年目标任务。4月，中国石化国内原油、天然气产量分别比去年同期增加7.8万吨、8.7亿立方米。

4月10日 中共中央总书记习近平在海南考察时，视频连线中国海油“深海一号”作业平台，了解现场工作情况，并向工作人员表示诚挚问候，嘱咐他们注意安全、保重身体。

5月 中国首套国产化深水水下采油树在南海莺歌海海域完成海底安装。水下采油树是水下油气生产系统的关键设备之一，全球仅有5家公司掌握设计建造技术，导致设备采办周期长、价格高、维保难。为此，中国海油牵头联合16家单位持续攻关，不仅掌握了设计、制造及测试技术，而且较以往成本降低约27%，这对于加快海洋油气勘探开发具有重要意义。

8月25日 胜利济阳页岩油国家级示范区揭牌。这是中国首个陆相断陷盆地页岩油国家级示范区。到“十四五”末，该示范区将实现页岩油探明地质储量1亿吨，新建产能100万吨，年产页岩油当量50万吨。

参考文献

[1] 中国石油天然气集团公司. 中国石油天然气集团公司年鉴:2013 [M]. 北京:石油工业出版社,2013.

[2] 中国石油天然气集团公司. 中国石油天然气集团公司年鉴:2014 [M]. 北京:石油工业出版社,2014.

[3] 中国石油天然气集团公司. 中国石油天然气集团公司年鉴:2015 [M]. 北京:石油工业出版社,2015.

[4] 中国石油天然气集团公司. 中国石油天然气集团公司年鉴:2016 [M]. 北京:石油工业出版社,2016.

[5] 中国石油天然气集团公司. 中国石油天然气集团公司年鉴:2017 [M]. 北京:石油工业出版社,2017.

[6] 中国石油天然气集团有限公司. 中国石油天然气集团公司年鉴:2018 [M]. 北京:石油工业出版社,2018.

[7] 中国石油天然气集团有限公司. 中国石油天然气集团公司年鉴:2019 [M]. 北京:石油工业出版社,2019.

[8] 中国石油天然气集团有限公司. 中国石油天然气集团公司年鉴:2020 [M]. 北京:石油工业出版社,2020.

[9] 中国石油天然气集团有限公司. 中国石油天然气集团公司年鉴:2021 [M]. 北京:石油工业出版社,2021.

[10]《中国石油化工集团公司年鉴》编委会. 中国石油化工集团公司年鉴:2013 [M]. 北京:中国石化出版社,2013.

[11]《中国石油化工集团公司年鉴》编委会. 中国石油化工集团公司年鉴:2014 [M]. 北京:中国石化出版社,2014.

[12]《中国石油化工集团公司年鉴》编委会. 中国石油化工集团公司年鉴:2015 [M]. 北京:中国石化出版社,2015.

[13]《中国石油化工集团公司年鉴》编委会. 中国石油化工集团公司年鉴:2016 [M]. 北京:中国石化出版社,2016.

[14]《中国石油化工集团公司年鉴》编委会. 中国石油化工集团公司年鉴：2017 [M]. 北京：中国石化出版社，2017.

[15]《中国石油化工集团公司年鉴》编委会. 中国石油化工集团公司年鉴：2018 [M]. 北京：中国石化出版社，2018.

[16]《中国石油化工集团公司年鉴》编委会. 中国石油化工集团公司年鉴：2019 [M]. 北京：中国石化出版社，2019.

[17]《中国石油化工集团有限公司年鉴》编委会. 中国石油化工集团有限公司年鉴：2020 [M]. 北京：中国石化出版社，2020.

[18]《中国石油化工集团有限公司年鉴》编委会. 中国石油化工集团有限公司年鉴：2021 [M]. 北京：中国石化出版社，2021.

[19]《海油 30 年》编写组. 海油 30 年[M]. 北京：石油工业出版社，2017.

[20]《奋进 40 年》创作组. 奋进 40 年：中国海油改革开放的闪亮记忆[M]. 北京：石油工业出版社，2018.

[21]《中国石油工业百年发展史》编写组. 中国石油工业百年发展史[M]. 北京：中国石化出版社，2021.

[22] 中国工业经济联合会，中国石油和化学工业联合会. 中国工业史·石油工业卷[M]. 北京：中共中央党校出版社，2021.

[23] 王志刚，蒋庆哲，董秀成，等. 中国油气产业发展分析与展望报告蓝皮书：2020—2021 [M]. 北京：中国石化出版社，2021.

[24] 王志刚，蒋庆哲，董秀成，等. 中国油气产业发展分析与展望报告蓝皮书：2021—2022 [M]. 北京：中国石化出版社，2022.

[25] 中国石油天然气集团有限公司. 石油巨变：中国石油改革开放石油 40 年[M]. 北京：石油工业出版社，2018.

[26] 中国石油天然气集团有限公司. 石油华章：中国石油改革开放石油 40 年[M]. 北京：石油工业出版社，2018.

[27]《石油精神——文献石油 70 年》编写组. 石油精神：文献石油 70 年[M]. 北京：石油工业出版社，2020.

[28] 徐永国，庞世乾，王维东，等. 端稳能源饭碗 争取新的胜利[N]. 中国石化报，2021-10-25(001).

后　记

数载笔耕不辍，一朝春华秋实。在编纂《新时代中国石油工业》过程中，得到中国石油和化学工业联合会、国资委有关部门、中国企业报社的指导，同时得到了中国石化、中国石油、中国海油、延长石油等石油企业相关专家的大力支持与工作专班坚强支撑，从而使编纂工作进展得又好又快。经过精心打磨，九易其稿，终于推出了这部厚重的精品力作，确保《新时代中国石油工业》实现思想性、学术性与精准性的完美统一，赢得各家石油企业领导、专家的一致认可、充分肯定。

这项编纂工作可谓是“任务艰巨、使命光荣”。德高望重的石油工业老前辈牟书令、王启民、高建华及中国工程院院士李阳担任顾问，中国石油和化学工业联合会会长李寿生欣然为本书作序，中国石油和化学工业联合会党委书记李云鹏、国资委党建局副局长徐宇栋、中国企业报社社长吴昀国，以及中国石油化工集团有限公司、中国石油天然气集团有限公司、中国海洋石油集团有限公司党群工作部及宣传工作部的领导给予关心与支持，在此一并致谢。

参加本书编纂工作的有周洪成、曲晓论、杨荣才、刘茂诚、耿庆昌、孟庆龄、毛怀军、宋涛、宋春刚、赵文、张鹏、薛学通、闫海生、张音喆、李懂章、白栋、杨勇、刘东昌、宋新辉、张飞虎、肖向东、王宜光、常夏玮、米顺林、刘胜华、武超伟、朱荫涛、刘明亮、李修伟、谭运成、张学超、牛汝东、万慧清、张建伟、冯斌、李勇、段鸿杰、张志强、魏海泉、杨晓敏、陈玉豪、肖军、冀延民、向勇、王胜、林国、陈辉、张连声、李景营、张洪伟、冯麒、王聪、侯琳、宋占魁、兰峰、谈晓辉、李祖勤、王锡耘、刘公俊、孟光建、卢小娟、田波、孙喜新、丁东龙、王保生、余满和、陈晶、王永刚、管京伟、王海琳、张玉、刘子军、马珍福、傅延英、王雪梅、朱相兴、于强、李星灼、房伟、宋红妮、胡利平、梁合功、王子宗、阎晓青、景帅、张冬平、易善志、胡渤、盖利波、舒晓辉、王东营、杜力子、夏秀娟、李鹏、周怿、赵婉琪、周伟强、邹彬彬、周立波、于惠波、苏立岭、于峰、徐清奎、祁传良、西传松、薄其军、于海、黄子军、张衍军、陈桂宏、李康、孙朝华、高波、王黎明、姜涛、魏宏忠、朱可民、吕薇、张保贵、李宝峰、栾滨、宋健、韩非子、刘佳、邵伟、尹刚、张滨、朱鹏、王斌、王明磊、王胜利、肖国连、戎卫林、张保国、刘庆军、冯斌、邹斌、段秉红、袁杰、王欣辉、张岩、李法军、杨国栋、朱绪凤、杨海中、张学旺、杨希贤、朱红涛、彭斌、杨金友、蔡毅德、赵宁、蒋子鑫、卢惠东、王新纯、李旭军、邵连鹏、王亚洲、王东锋、李艳、刘江宁、关东、余浩杰、牛天军、蔡东清、李栋华、李慧超、王庆林、韦敏、吴柏志、宋帆、李迅、刘国峰、郑奇林等，正是这些编纂人员数年如一日，倾注大量心血，刻苦编纂，九易其稿，确保《新时代中国石油工业》终于能够高质量出版。

感谢中国石化出版社有限公司周志明书记、毛增余总经理、黄志华副总经理等对本书编辑出版工作作出的辛勤努力。

党的二十大即将胜利召开，谨以此书献给成功召开的党的二十大，献给全国石油工业战线的百万石油英豪。在本书出版发行之际，诚恳欢迎广大读者指正，提出好的意见，以便我们在适当时机再版时能够订正、充实与完善。

编著者

2022年9月2日于北京